矿区生态环境修复丛书

矿区生态扰动监测与评价

汪云甲　黄　翌　邵亚琴　林丽新
刘茜茜　赵　峰　刘竞龙　著

科学出版社
龍門書局
北京

内 容 简 介

本书为作者及其团队在国家自然科学基金项目（50774080、51174287、51574221、41874044）、测绘地理信息公益性行业科研专项项目（201412016）、国家科技支撑计划项目（2011BAB01B06）、国家重点研发计划项目（2016YFC0501109）等资助的矿区生态扰动监测与评价方面的部分研究成果。本书共8章，分别为矿区生态扰动监测与评价概述、井工开采对植被-土壤生物量及碳汇扰动监测与评价、开采塌陷地土壤全氮高光谱估测与评价、煤矿区矸石山自燃监测与评价、地下煤火多源遥感监测与评价、煤矿区地表形变监测与评价、石油和地下水开采地表形变监测与评价、草原区煤电基地生态扰动与修复评价。

本书可供从事环境、测绘、土地、采矿、地质、管理等专业的科技工作者、研究生和本科生参考使用。

图书在版编目（CIP）数据

矿区生态扰动监测与评价 / 汪云甲等著. —北京：龙门书局，2021.7
（矿区生态环境修复丛书）
国家出版基金项目
ISBN 978-7-5088-6037-4

Ⅰ.①矿… Ⅱ.①汪… Ⅲ.①矿山开采-生态环境-环境影响-环境监测 ②矿山开采-生态环境-环境影响-评价 Ⅳ.①X822.5

中国版本图书馆 CIP 数据核字（2021）第 139843 号

责任编辑：李建峰　杨光华 / 责任校对：高　嵘
责任印制：彭　超 / 封面设计：苏　波

科学出版社
龍門書局 出版

北京东黄城根北街16号
邮政编码：100717
http://www.sciencep.com

武汉精一佳印刷有限公司印刷
科学出版社发行　各地新华书店经销
*

开本：787×1092　1/16
2021年7月第　一　版　　印张：24 1/2
2021年7月第一次印刷　　字数：580 000

定价：308.00 元

（如有印装质量问题，我社负责调换）

“矿区生态环境修复丛书”

编　委　会

“矿区生态环境修复丛书”序

我国是矿产大国，矿产资源丰富，已探明的矿产资源总量约占世界的12%，仅次于美国和俄罗斯，居世界第三位。新中国成立尤其是改革开放以后，经济的发展使得国内矿山资源开发技术和开发需求上升，从而加快了矿山的开发速度。由于我国矿产资源开发利用总体上还比较传统粗放，土地损毁、生态破坏、环境问题仍然十分突出，矿山开采造成的生态破坏和环境污染点多、量大、面广。截至 2017 年底，全国矿产资源开发占用土地面积约 362 万公顷，有色金属矿区周边土壤和水中镉、砷、铅、汞等污染较为严重，严重影响国家粮食安全、食品安全、生态安全与人体健康。党的十八大、十九大高度重视生态文明建设，矿业产业作为国民经济的重要支柱性产业，矿产资源的合理开发与矿业转型发展成为生态文明建设的重要领域，建设绿色矿山、发展绿色矿业是加快推进矿业领域生态文明建设的重大举措和必然要求，是党中央、国务院做出的重大决策部署。习近平总书记多次对矿产开发做出重要批示，强调“坚持生态保护第一，充分尊重群众意愿”，全面落实科学发展观，做好矿产开发与生态保护工作。为了积极响应习总书记号召，更好地保护矿区环境，我国加快了矿山生态修复，并取得了较为显著的成效。截至 2017 年底，我国用于矿山地质环境治理的资金超过 1 000 亿元，累计完成治理恢复土地面积约 92 万公顷，治理率约为 28.75%。

我国矿区生态环境修复研究虽然起步较晚，但是近年来发展迅速，已经取得了许多理论创新和技术突破。特别是在近几年，修复理论、修复技术、修复实践都取得了很多重要的成果，在国际上产生了重要的影响力。目前，国内在矿区生态环境修复研究领域尚缺乏全面、系统反映学科研究全貌的理论、技术与实践科研成果的系列化著作。如能及时将该领域所取得的创新性科研成果进行系统性整理和出版，将对推进我国矿区生态环境修复的跨越式发展起到极大的促进作用，并对矿区生态修复学科的建立与发展起到十分重要的作用。矿区生态环境修复属于交叉学科，涉及管理、采矿、冶金、地质、测绘、土地、规划、水资源、环境、生态等多个领域，要做好我国矿区生态环境的修复工作离不开多学科专家的共同参与。基于此，“矿区生态环境修复丛书”汇聚了国内从事矿区生态环境修复工作的各个学科的众多专家，在编委会的统一组织和规划下，将我国矿区生态环境修复中的基础性和共性问题、法规与监管、基础原理/理论、监测与评价、规划、金属矿冶区/能源矿山/非金属矿区/砂石矿废弃地修复技术、典型实践案例等已取得的理论创新性成果和技术突破进行系统整理，综合反映了该领域的研究内容，系统化、专业化、整体性较强，本套丛书将是该领域的第一套丛书，也是该领域科学前沿和国家级科研项目成果的展示平台。

本套丛书通过科技出版与传播的实际行动来践行党的十九大报告“绿水青山就是金山银山”的理念和“节约资源和保护环境”的基本国策，其出版将具有非常重要的政治意义、理论和技术创新价值及社会价值。希望通过本套丛书的出版能够为我国矿区生态环境修复事业发挥积极的促进作用，吸引更多的人才投身到矿区修复事业中，为加快矿区受损生态环境的修复工作提供科技支撑，为我国矿区生态环境修复理论与技术在国际上全面实现领先奠定基础。

干 勇 胡振琪 党 志
柴立元 周连碧 束文圣
2020 年 4 月

前　言

矿区资源开发，容易造成各类地质灾害及土地破坏、植被退化、水质污染、大气污染等生态环境问题。尽管各类生态环境扰动表现方式和演变机制各不相同，但生态环境灾害孕育、形成和衰退阶段都会在地表和近地表层呈现出特定的几何、物理或化学性异常。监测和分析矿区生态环境各种典型信号和异常已成为环境保护、生态恢复等工作的重要基础，以遥感（RS）、全球导航卫星系统（GNSS）和地理信息系统（GIS）为主的空间对地观测技术是解决这一问题行之有效的手段。

矿区生态扰动监测是指运用各种技术探测、判断和评价矿区资源开发对生态产生的影响、危害及其规律，分为宏观微观监测、空-天-地监测、干扰性生态监测、污染性生态监测和治理性生态监测等，具有综合性、空间性、动态性、后效性、不确定性等特征。从20世纪90年代开始，美国及欧洲的一些发达国家利用先进的光学、红外、微波、高光谱等对地观测技术和数据，对矿区各类生态及灾害要素，如开采沉陷、水污染、植被变化、土壤湿度、大气粉尘等进行了长期有效的动态监测，为矿区土地复垦与生态修复监测目标的定量分析提供了依据。受技术和数据限制，国内相关研究起步较晚，但发展很快，如有关高校"九五"期间就将"矿区生态环境监测与治理"列入"211"重点学科建设项目，深入研究了地面测试和空间对地观测集成研究的作业模式、精度匹配，以及地理、环境和资源环境遥感与非遥感数据复合处理的关键理论和技术方法。随着各种卫星的发射升空，以及各类天基、地基、巷基传感器等装备及信息系统的成功研制和使用，我国学者综合运用对地观测、无人机遥感监测、三维激光扫描、地面生态监测等手段及物联网等技术，在矿区生态环境领域开展了多方面的基础和探索研究，并取得了较大成果。

近15年来，本书作者及其研究团队先后在国家自然科学基金项目（50774080、51174287、51574221、41874044）、测绘地理信息公益性行业科研专项项目（201412016）、国家科技支撑计划项目（2011BAB01B06）、国家重点研发计划项目（2016YFC0501109）等一批项目支持、牵引下，开展了矿区生态扰动监测与评价系列研究。研究区涉及河南平顶山、河北峰峰、山西大同、江苏徐州及新疆乌鲁木齐等地下矿区；发表了数十篇论文，十多项成果获省部级及以上科技奖励；第一作者指导完成了《煤炭开采对植被-土壤物质量与碳汇的扰动与计量——以大同矿区为例》（黄翌，2014 年）、《开采塌陷地土壤养分高光谱估测研究》（林丽新，2016 年）、《基于多源星载 SAR 数据的矿区地面沉降监测研究》（刘茜茜，2018 年）、《基于多源动态监测数据的草原区煤电基地生态扰动与修复评价研究》（邵亚琴，2019 年）等博士学位论文，以及《矸石山自燃机理及自燃特性实验研究》（孙跃跃，2008 年）、《多平台时序 InSAR 技术的地表形变联合监测方法研究》（赵峰，2016 年）、《新疆米泉火区多源遥感协同探测与分析》（刘竞龙，2020 年）等一批硕士学位论文，一篇论文获江苏省优秀学位论文。

本书是在考虑内容系统性、监测及评价方法代表性基础上，由汪云甲、黄翌、邵亚琴、林丽新、刘茜茜、赵峰、刘竞龙等作者及其团队将已有研究成果筛选、整合、编汇而成的。参加过相关研究工作的还有：李永峰教授、邓喀中教授、王坚教授、范洪冬副教授、闫世勇副教授，博士研究生盛耀彬、田丰、原刚、党立波，硕士研究生赵慧、魏长婧、邵倩倩等。

需要指出的是，由于本书研究成果时间跨度大、涉及矿区多，既有15年前研究的平顶山矸石山自燃监测，又有近期开展的新疆煤田自燃多源遥感协同感知，某些装备、数据源及分析、评价结果可能与当前情况已不完全一致；矿区生态扰动监测对象及指标众多、复杂，矿区生态修复的区域及目标不同，其监测对象、指标、监测及评价方法也有所差异，本书仅涉及了部分领域。故本书试图通过监测与评价典型实例介绍，举一反三，展现以问题为导向提出针对性监测与评价方案及方法、进行结果分析及应用的具体过程。

本书中研究区及应用实践涉及多个知名企事业单位，包括中国平煤神马集团、冀中能源峰峰集团有限公司、大同煤矿集团有限责任公司、徐州矿务集团有限公司及新疆维吾尔自治区煤田灭火工程局等，在此对以上各大企事业单位的大力支持表示衷心感谢！本书获得国家出版基金、江苏高校优势学科建设工程项目（测绘科学与技术）的资助，在此一并表示感谢！

由于矿区资源开发对生态扰动具有特殊性、复杂性和高度动态性，单一监测与评价手段、小尺度和单一矿区研究尚难以奏效，亟须发展多源多尺度空-天-地-井协同监测与智能感知体系，其中需要解决的问题很多，希望本书的出版能对该领域的研究起到促进作用。本书也可能存在诸多不足，欢迎大家批评指正！

作　者

2020年10月

目　录

第1章　矿区生态扰动监测与评价概述

矿产资源开采在为国家建设提供大量优质资源的同时也严重破坏了矿区的生态环境。矿区多种自然资源共存，共同构成"矿区生态要素"这一有机整体。受矿产开采破坏影响，与矿产资源同位异构的各类生态要素在质和量上受到不同程度的扰动。揭示矿产开采对矿区主要生态环境要素的扰动特征和规律，对减轻开采损害、实施有效的生态环境治理具有重要价值，监测和分析矿区生态环境各种典型信号和异常已成为环境保护、生态恢复等工作的重要基础。本章将进行矿产开采对矿区生态扰动的理论分析，总结矿区生态扰动监测与评价研究内容及特点，从地表形变与沉降、地下煤火与煤矸石山自燃及其他生态要素监测等方面讨论矿区生态扰动监测研究进展，进行国内外进展比较及发展趋势展望。

1.1　矿产开采对矿区生态扰动的理论分析

本节在对矿区生态要素受采煤影响相关理论回顾的基础上，总结矿产开采对环境要素影响的机理和过程。

1.1.1　理论基础

矿区发展演变及资源环境受矿产开采影响研究中，形成了如"矿区生命周期理论""矿区资源环境累积效应理论""生态矿区建设理论"等理论，对这些经典理论及其科学方法进行回顾，有助于明晰植被、土壤等本书研究对象受矿产开采的扰动基础，理顺其相关关系和作用特征。

1. 矿区生命周期理论

矿区生命周期理论描述了从规划到建井、投产、达产、稳产、衰退、闭坑的过程及各个阶段中矿区形态演变、产业发展和对环境的扰动特征[表1.1，主要参考(李永峰，2007)]。

表1.1　矿区生命周期及对环境的扰动特征

生命周期	对环境的扰动特征
投产阶段	扰动开始显现
达产阶段	扰动逐渐加强，但尚未形成严重影响
稳产阶段	扰动不断扩大，环境安全受到很大挑战
衰退阶段	受累积效应影响，扰动并未减小，甚至继续扩大，有可能突破生态底线
闭坑阶段	资源开发对环境影响的滞后性得到体现，负效应加强，环境治理负担增加

根据矿区生命周期理论，在矿区开采的全阶段内开发强度与环境扰动强度如图 1.1 所示。投产阶段，开发强度及其环境效应都较低；达产阶段，开发强度迅速上升，此时，对环境的扰动逐渐加强，但受到滞后性及环境的自我净化等作用，上升幅度较开发强度平缓；稳产阶段，开发强度基本保持不变，此时对环境的扰动幅度增量却因累积性和滞后性表现得尤为突出；扩建阶段，开发强度上升，对环境的扰动进一步加剧；衰退和闭坑阶段，开发强度逐渐减小，但其带来的环境效应却要持续很长的时间。

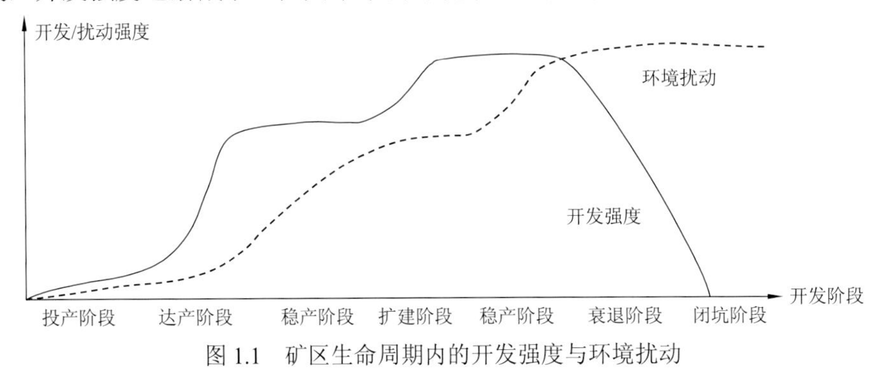

图 1.1　矿区生命周期内的开发强度与环境扰动

矿区生命周期理论阐明了矿区发展演变的规律，以该理论为基础，衍生出了许多矿区相关环境要素演化的科学命题，如矿区土地利用演化模拟、不同时期煤炭开采对矿区环境扰动量的测算、环境因子受扰动变化的时滞分析等。

2. 矿区资源环境累积效应理论

矿区资源环境累积效应理论阐述了矿产开采活动对环境影响在不同产业上的复合性、时间上的持续性、空间上的拥挤性和扩展性，强调多项活动或多次重复活动在长时间和较大空间范围内对环境的叠加累积性影响，使得资源环境扰动在时间尺度和空间尺度上发生累积变化，引发一系列的资源环境效应。其中，多影响源导致的空间累积效应模式如图 1.2（张大超，2005）所示。

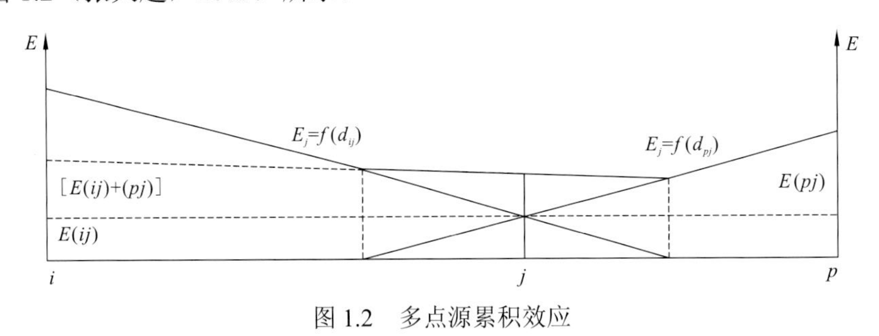

图 1.2　多点源累积效应

图 1.2 反映的是多源导致空间点 j 累积结果，设影响源 i 和 p 的影响度均以线性递减，$E(ij)$为影响源 i 对 j 点的环境影响，$E(pj)$为影响源 p 对 j 点的环境影响，$E_j=f(d_{ij})$为影响源 i 对 j 点环境影响与 ij 间距离的函数，$E_j=f(d_{pj})$为影响源 p 对 j 点环境影响与 pj 间距离的函数，$E[(ij)+(pj)]$为不考虑累积效应时影响源 i 和 p 对 j 点的影响。当在空间上相互叠加后，累积效应得到加强和放大。其中，j 点总的环境累积效应表达式为

$$E=\sum_{k=1}^{n}\int_0^t e_{ij}^k(x_i,t)\mathrm{d}t+\sum_{l=1}^{m}\int_0^t e_{pj}^l(x_p,t)\mathrm{d}t \tag{1.1}$$

式中：n 和 m 为点源 i 和 p 的影响因素个数；t 为时间；$e_{ij}^k(x_i,t)$ 和 $e_{pj}^l(x_p,t)$ 为各因子对 j 点的影响效应。

矿区资源环境累积效应充分揭示了矿区环境受采动影响的时间持续性、空间叠加性、开发周期性、影响多样性、来源广泛性、作用复合性、机制复杂性等特征，或将成为矿区环境研究与评价的经典理论之一。

3. 生态矿区建设理论

“生态矿区”是近几年来热度较高的矿井建设理念，自从钱鸣高院士提出“绿色开采”的概念（钱鸣高 等，2003）以来，绿色开采、科学开采等理念得到广泛的认同，引起了各方面的关注，产生了强烈反响。在国家相关政策的激励下，有关矿区纷纷将相关理论与技术作为攻关目标，国内部分矿山企业建设了循环经济试点矿井，力求将矿产开采对环境的影响降低到最小，如大同矿区塔山矿、同忻矿等。区别于传统开采模式和“开采—破坏—治理”末端治理模式，生态矿区建设的关键在于从建井阶段就充分采用绿色开采技术和循环工艺，同时充分重视并及时治理开采对环境的影响，始终做到“不欠新账”。

生态矿区建设理论通过熵增模型对传统开采模式和生态矿区模式进行对比，“熵增”描述了矿产开采中矿区环境的破坏和降级，从环境污染的热力学本质揭示矿业系统对环境的影响（Sleeser，1990）。通过构建熵增模型，仿真模拟不同开发模式的总熵值，该理论得出的熵增趋势图见图 1.3。

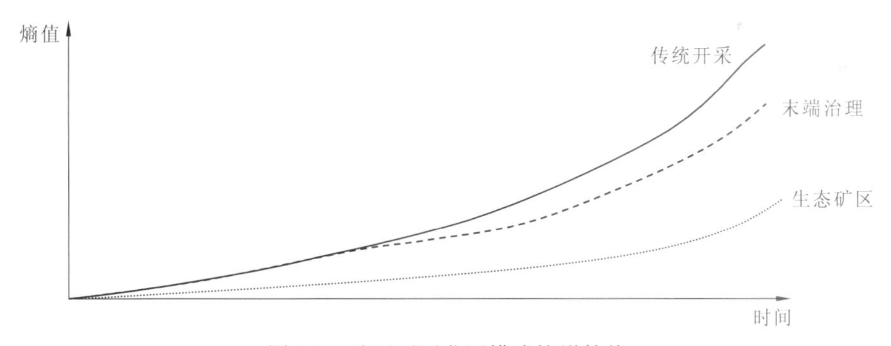

图 1.3　矿区不同发展模式熵增趋势

图 1.3 表明，生态矿区建设期，通过从源头开始持续开展环境保护和治理，矿区熵增得到有效控制，使矿区生态系统的热力学平衡破坏得到一定程度的缓解。

此外，生态矿区理论还通过构建仿真系统，抽取生态矿区发展过程中所波及的作用空间，对环境、经济效益等进行模拟和综合评价（朱青山 等，2010）；生态矿区建设期环境成本和效益的变化过程研究表明，虽然在建井及投产初期，生态矿区受绿色工艺成本高、生态保护投入大等因素影响，环境成本较高，环境效益不明显，但到了维护期，其环境成本将大大降低，环境效益逐渐显现并稳定上升，最终环境成本将低于环境效益，二者在矿区生命周期内呈现正反两个“双 S”形曲线，生态矿区形成了矿区环境保护与矿产开采、成本支出相协调的良性循环。

虽然生态矿区理论发展时间较短，仍然缺乏大量的实践检验和理论提升，但积累了一定的理论成果，在当前建设“美丽中国”的大背景下，以生态矿区理论为指导的矿区建设力度势必会大大加强。

1.1.2 矿产开采的生态扰动特征及成因分析

受矿区生命周期理论、资源环境累积效应理论、生态矿区建设理论的启示，结合矿区发展普遍规律及相关实例，本小节将归纳矿区生态要素受扰动的主要特征、成因和机理。归纳起来，生态要素受矿产开采表现为强烈的时空累积性、时序滞后性、空间外延性三大特征。

1. 时空累积性

时空累积性特征来源于矿山开采沉陷现象和井工开采模式的独特性。

矿山开采沉陷现象是指工作面采空后，在岩体内部形成空洞，其周围的应力平衡受到破坏，应力重新分布的过程中导致岩层移动，形成地表沉陷、水平移动和变形。

井工开采模式是指矿产开发过程中不断地布置新的工作面，又不断地采空原有的生产工作面，致使开采地点不断转移、滚动式发展，导致矿区采矿系统的动态变化（韩宝平，2008）。其中，井工矿山通过主、副井和巷道连接地表及地下工作面，主、副井又串联了地下不同煤层的巷道和工作面。各同层采空区之间、矿层之间，甚至不同年代矿层之间，在空间坐标和垂直关系上重叠，此为空间累积效应；受重复采动影响，老采空区对地表的影响尚未结束，新采空区又不断叠加，在时间上的累积效应也十分显著。

井工开采模式带来的采空区在时间和空间上的重叠、累积等效应引起了复杂的岩层应力变化，导致岩层移动的复杂性，传递到潜水层和包气带，有可能破坏和污染地下水；传递到地表，导致沉陷产生，破坏了土壤结构等地表要素，给环境带来更大的压力。因此，以开采沉陷引起的环境扰动为例，煤矿区地表要素受煤炭开采累积效应主要表现形式如图 1.4 所示。

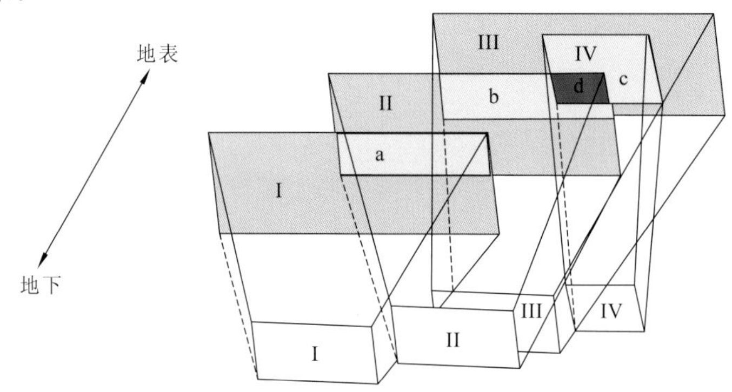

图 1.4　煤矿区地表要素受煤炭开采累积效应主要表现形式

图 1.4 中白色平行四边形代表采空区，浅灰色平行四边形代表开采工作面对地表的影响范围（沉陷区）；中灰色和深灰色为产生累积效应的区域。其中，采区 I 与采区 II 的沉陷区相互重叠，在 a 区域产生空间累积效应；采区 II 与采区 III 的沉陷区相互重叠，在 b 区域产生空间累积效应；采区 IV 的沉陷区位于采区 III 的沉陷区内，在 c 区域产生空间累积效应；累积效应区 b 和 c 重叠的部分在 d 区域产生空间累积效应。以上空间累积效应区，如果其回采时间不同，则产生时间累积效应。因此，地表各单元承载的扰动量为像元水平范围内在空间垂直关系上相互重叠的各采空区扰动量的叠加。

根据矿井生命周期理论，矿产开采对矿区环境的破坏随着时间的演变形式类似环境 logistic 曲线：在矿井生命周期的投产阶段，矿产产量稳步增加，矿区资源环境原有的相对平衡被逐渐打破，矿产开采对环境的影响逐渐显现；达产阶段，由于回采强度提高，对矿区环境的影响已经非常明显，并随着开发强度的增强而迅速增长；稳产阶段，这一时期是矿产开采对矿区环境影响最大的时期，但是由于已经接近区域环境承载力，其进一步扩大的趋势表现得较为稳定，从整个过程来看，伴随着矿产产量的增长，矿区环境受扰动量从整个阶段来看表现出“S”形的趋势，如图 1.5 所示。

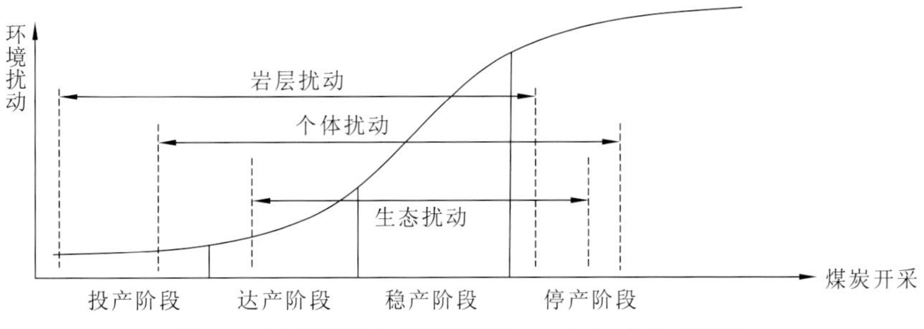

图 1.5　矿产开采与环境破坏的 logistic 曲线示意图

德国数学家 Verhust 于 1837 年提出的 logistic 方程（“S”曲线）假说，早期用于对生物繁殖和生长过程的研究，发展至今，它的应用从人口增长的生物种群模型拓展到较多领域（姚远 等，2010）。综合矿井生命周期理论和煤炭开采对环境扰动累积效应理论，本书对 logistic 方程进行适当的修正，受矿产开采影响的环境要素扰动量（$m_{(x,y,t)}$）为时空点矿产开采强度（$q_{(x,y,t)}$，开采强度与时空单元的矿产产量、开采方法和工艺等有关）、空间累积效应维度（S）的函数，矿产开采与环境扰动间的时间序列 logistic 过程表达式：

$$\sum q_{(x,y,t)} = \sum_{S=1}^{n} S\left[\int_0^t q_{(x,y,t)}\mathrm{d}t\right] \tag{1.2}$$

$$m_{(x,y,t)} = \frac{K}{1+a\mathrm{e}^{b-r\sum q_{(x,y,t)}}} \tag{1.3}$$

式中：$\sum q_{(x,y,t)}$ 为位置(x, y)在时间 t 的开采强度；r 为常数；$m_{(x,y,t)}$ 为空间单元(x, y)在时刻 t 的环境受破坏量；a、b 为参数；K 为常数，表示上限容纳量。

利用式（1.2）和式（1.3），结合矿区土壤、植被等相关要素受扰动的时空数据，求解 a、b 等参数，构建 logistic 方程，一方面能够分析矿井周边环境所处的扰动阶段（矿区生命周期阶段）；另一方面能为研究区今后的环境扰动预计提供参考，必要时可以通过优化开采模式、生态修复等措施改变方程参数，减小环境扰动。当然，式（1.2）和式（1.3）只是理论上的表达式，其计算结果参数可能只适用于参与计算的矿井或矿区，对于不同的环境要素，其扰动参数也可能不尽相同，需要分别讨论。

2. 时序滞后性

研究表明，矿区环境受采动变化影响明显滞后于开采活动，但随着开采的进行逐渐进入恶化阶段，如地表沉陷出现于当回采工作面自开切眼开始向前推进的距离相当于 1/4～1/2（张书建 等，2012）平均采深之时，而土地资源破坏等指标滞后开采期长达十余年（连达军和汪云甲，2011），形成了独特的矿区生态环境扰动特征。尽管矿区环境扰动的时序滞后性已经得到广泛的认可和实测的证实，但仍缺乏理论上全面的分析。综合来看，滞后性主要由岩石的物理力学性质、生物体的耐受性和生态系统的净化能力等原因引起。

1）岩层的物理力学性质

一般情况下，未采动的地下岩体处于受力平衡状态。井工开采在地下形成采空区，改变了岩石的受力方向和大小。此时岩石孔隙被压密，发生弹性变形，但初期仍有一定的承载力。随着采空区范围的扩大，岩石在应力作用下发生变形，当其内部拉应力超过岩层的抗拉强度极限时，直接顶板首先断裂，并向其他岩层传递。地下岩层形变与断裂将会自下而上影响到承压水层、潜水层和包气带；当岩层移动发展到地表时，便形成下沉盆地，甚至产生地裂缝，并破坏地表水、土壤和植物的根系。岩层受开采影响的滞后时间可用式（1.4）（何国清 等，1991）表示：

$$T \in 0.25H/V \sim 0.5H/V \tag{1.4}$$

式中：T 为地表环境受开采影响的滞后时间（d）；V 为开采速度（m/d）；H 为采深（m）。

2）生物体的耐受性

耐受性指生物体对某种刺激作用的反应低于预期，或在时间上明显滞后于该刺激，表现为个体的自我保护和调节能力。例如，一些植物可降低铅的生物有效性，缓解其对环境中生物的毒害；一些植物通过根际微生物改变根际环境的 pH 值和 Eh 值来改变重金属的化学形态，固定土壤中的重金属等（龚惠红，2007）。生物体对环境破坏的耐受性因不同的个体类型和扰动强度差异很大。

3）生态系统的净化能力

一定范围内大量的各类生物体及周边环境间相互作用构成的有机复合体为生态系统，由于生态系统具有系统的物质循环、生态传递、生态平衡、生物多样性和一定的能量流动规律，生产者、消费者、分解者各司其职。整个系统在受到自然因素或人为因素影响时，具有抵御外界侵扰、维持自身功能和结构处于较稳定状态的能力，如被污染的水域依靠其自净能力和一定的时间可以恢复原状、绿色植物净化大气、水生生物净化水等。生态系统自我调节能力的强弱是多方因素共同作用体现的，结构与成分单一的生态系统自我调节能力弱；反之，组成多样、物质循环途径和能量流动复杂的生态系统自我调节能力相对较强（Manuel，2006）。

引起矿区环境时序滞后性的三个原因在时间上有着先后和重叠关系，但其滞后时间并不是三个时间的简单相加。首先，近地表的岩层开始发生形变后，影响土壤的物理化学性质。此时，受生物体的耐受性作用，部分生物指标并未发生明显改变，若此时停止开采活动，开采对环境的扰动极小。若继续开采，地表沉陷的范围和深度逐渐增大，土壤剥蚀、塌陷、裂缝等现象愈发明显，其物理性质和营养物质的变化影响对植物根系的固结作用和根系对养分的吸收，沉陷区内部分生物体因生存环境恶化而死亡，但整个生态系统仍然依靠调节和净化作用得以维持，当开采破坏超越了整个生态系统的环境承载力时，对环境的扰动力由量变转变为质变，形成突变，环境质量急剧恶化，甚至演变为不可逆转的境地。

矿区环境扰动的时空累积性和时序滞后性紧密结合，如图 1.5 所示，本书将时序滞后性分为三个扰动阶段——岩层扰动、个体扰动和生态扰动。岩层扰动在开采初期即显现，至开采结束后持续一段时间停止；生物体的个体扰动滞后于岩层扰动，受累积效应影响，在岩层扰动停止后仍将持续；而生态扰动效应在投产阶段极小，至达产阶段才显现，并急速上升。因此，在开采的同时，应注重生态矿区建设，大力发展绿色开采技术，尽可能避免超越生物体耐受性和环境净化能力的扰动。

矿产开采的时空累积性和时序滞后性特征对由植被构成的生态系统破坏作用较明显，是研究植被受扰动时空特征和物质量计量的理论基础，第 2 章将分别对大同矿区忻州窑煤矿植被和土壤受开采影响展开研究与计量。

3. 空间外延性

空间外延性主要描述井工采煤对地表环境要素的扰动超出沉陷区范围的特征。这一特征在水流方向、流量、水流长度、土壤侵蚀变化等领域表现得较为明显。如图 1.6 所示，当开采沉陷导致正中心栅格高程降低时，引发流域水流流向变化，进而导致沉陷区原下游区域水流长度和汇流累积量改变，而汇流量是影响土壤侵蚀坡长因子的重要因素。

	水流方向			汇水面积			水流长度（逆流）		
沉陷前	1	1	4	0	2	3	0	$\sqrt{2}$	$1+\sqrt{2}$
	128	2	4		0	4	0	0	$2+\sqrt{2}$
	1	1		0	1	8	0	1	$3+\sqrt{2}$
沉陷后	2	4	4	0	0	0	0	0	0
	1	2	4	0	4	1	0	$\sqrt{2}$	1
	128	1		0	0	8	0	0	$2\sqrt{2}$

图 1.6　开采沉陷对地形因子影响示意图

因此，开采沉陷将可能导致山区沉陷区以外的土壤侵蚀变化。此外，在高潜水位矿区，沉陷区地下水位下降后，受水流流动作用，可能导致沉陷区外水流流进沉陷区以补给沉陷区下降的水位，引发沉陷区外植被因缺水而死亡。

图 1.6 表明，当中心栅格发生沉陷后，部分周边栅格的水流方向、汇水面积和水流长度发生了变化。进一步表明，开采沉陷对地形的重塑作用将外延到沉陷区以外的地形和水文因子。

1.2 矿区生态扰动监测与评价研究进展及趋势

1.2.1 研究内容及特点

矿区资源开发，致使矿区面临严重的地表沉降、土地破坏、植被退化、水质污染、大气污染等生态环境问题。尽管各类生态扰动表现方式和演变机制各不相同，但在灾害孕育、形成和衰退阶段都会在地表和近地表层呈现出特定的几何、物理或化学性异常。监测和分析矿区生态各种典型信号和异常，方便、快速、低成本地获取精确、可靠、及时的矿区生态数据资料，客观、准确反映矿区生态环境状况是土地复垦与生态修复工作的重要基础及关键，也是国内外研究的热点、重点和难点。

然而，矿区生态扰动监测与评价研究往往局限在小尺度和单一矿区，尚难以对各类环境和灾害要素的时间和空间演化特征进行精准评价，矿区生态扰动单一监测手段难以奏效，亟须发展多源多尺度空-天-地协同监测与智能感知体系。

矿区生态扰动监测对象及指标众多且复杂，矿区土地复垦与生态修复的区域及目标不同，其监测对象、指标、监测及评价方法也有所差异（表 1.2）。

表 1.2 矿区生态扰动监测内容及相关指标

类别	监测内容	主要指标
自然环境相关	地质条件	地质构造、含水层、隔水层
	地形地貌	高程、高差
	景观	斑块、廊道
	水文条件	地表径流量、地下水位、水网密度
	气候气象	气温、降水量、蒸发量、风速、风向、空气湿度
生态环境状况	土地占用/利用	土地利用类型
	生物多样性	生物多样性指数、丰度指数
	植被	植被覆盖率、裸化率、植被总量与结构、珍稀植物、种群密度、生长量
	土地生产力	pH 值、肥力、土壤容量、氮含量、磷含量
	水土流失	水土流失模数、水土流失和土地沙化的区域面积

续表

类别	监测内容	主要指标
地质灾害	地表沉陷	形变量、沉陷区数量、沉陷面积、沉陷坑最大深度、积水深度、沉陷破坏程度
	地表裂缝	地裂缝数量，最大地裂缝长度、宽度、深度，地裂缝走向，破坏程度
	地下煤火与煤矸石山自燃	着火点位置、深度、范围
	不稳定边坡	相关定性指标
环境污染	污染物排放量	“三废”产生量、排放量、堆存量、化学成分等
	大气污染	二氧化硫、氮氧化物、一氧化碳、烟尘、粉尘、总悬浮颗粒物
	地表水污染	酸碱度、浊度、色度、电导率、溶解氧、悬浮物、化学需氧量、生化需氧量、氨氮、总磷、总氮、铜、锌、氟化物、硒、砷、汞、镉、六价铬、铅、氰化物、挥发酚、石油类、硫化物等
	地下水污染	地下水位、开采量、酸碱度、溶解氧、化学需氧量、生化需氧量、总有机碳、氨氮、硝酸盐、亚硝酸盐、挥发性酚类、氰化物、砷、汞、六价铬、总硬度、铅、镉、铁、硫酸盐、氯化物、大肠菌群
	土壤污染	酸碱度、有机质、盐分、土壤颗粒、镉、汞、铅、铬、砷、铜、锌、镍、六六六、滴滴涕、石油烃类
	噪声污染	声压级（分贝）
环境治理	“三废”处理资源利用	“三废”处理率
		土地复垦率
		矿井水回用率
		瓦斯利用率
		煤矸石利用率

1.2.2 研究进展

本书主要考虑应用需求及研究的关注度与深度、广度，侧重地球空间信息技术应用角度，从地表形变及沉降、地下煤火及煤矸石山自燃、矿区其他生态环境要素监测与评价方面对主要研究进展进行叙述。

1. 地表形变及沉降监测与评价

矿产开采引起上覆岩层及地表产生移动与变形，这是开采沉陷及其衍生灾害产生的根源。快速获取岩层、地表的移动与变形是进行沉陷灾害评估预测、土地复垦与生态修复的前提。国内外学者在地表沉降变形监测方面做了大量研究，传统的地表沉陷观测手段主要是通过布设地表移动观测线或观测网来获取地表移动和变形数据，通过对这些观测数据的处理，反演出相应的物理力学与几何参数，进而预测未来地表形变强度及其影响范围，采用的方法包括三角测量、精密导线测量、精密水准测量、近景摄影测量、全球定位系统（global positioning system，GPS）等。常规的监测方法虽然精度较高，却存在工作量大、成本高、变形监测点密度低且难以长期保存等缺点，不便于获取地表形变的三维空间形变信息、历史信息及大范围作业；全球导航卫星系统（global navigation satellite system，GNSS）连续运行参考站（continuously operating reference stations，CORS）系统具有定位精度高、观测时间短、可以提供三维坐标等优点，但存在只能进行点、线测量，只适用于小范围的静态变形监测等缺点。

合成孔径雷达（synthetic aperture radar，SAR）测量技术为解决上述问题提供了新的技术途径，成为近年来的研究热点，德国、澳大利亚、法国、英国、韩国等国外学者及我国香港学者在实践、理论、算法与应用等方面取得了众多成果。我国于 21 世纪初将干涉合成孔径雷达（interferometric synthetic aperture radar，InSAR）技术用于矿区开采沉陷监测，随着 ENVISAT、ALOS、RadarSAT-2、TerraSAR 等卫星的升空，可用于干涉处理的 SAR 影像数据越来越多，影像的分辨率、波长、入射角等不尽相同，推动了国内的相关研究。实践表明，与传统的开采沉陷监测方法相比，InSAR 技术监测地面沉降具有面积大、时间跨度大、成本低的优势，探测地表形变的精度可达厘米甚至毫米级。但由于开采地表沉降量大、速度快，且不少矿区地表植被覆盖好，InSAR 技术极易造成失相干，出现了诸多问题需要解决。为此，人们逐渐从以往的高相干区域转移到了长时序上个别的高相干区域甚至是某些具有永久散射特性的点集上，通过分析它们的相位变化来提取形变信息，以此对 InSAR 技术进行了拓展，如永久散射体差分干涉测量（permanent scatterer interferometric synthetic aperture radar，PS-InSAR）、人工角反射器差分干涉测量（corner reflector interferometric synthetic aperture radar，CR-InSAR）、短基线差分干涉测量（short baseline interferometric synthetic aperture radar，SB-InSAR）等，以提高形变监测的精度，这些技术在徐州、西山、神东、唐山、皖北等矿区得到应用，取得了重要成果，但仍然存在诸多问题，如矿区地表沉降是以非线性形变为主，上述技术的解算模型则是建立在线性模型的基础上；矿区开采导致地表变形大，现有的解决方法并不能得到大变形梯度条件下的地表变形（朱建军 等，2019；Du et al.，2017；Hu and Xia，2017；Yang et al.，2017；Fan et al.，2015；吴侃 等，2012；Jiang et al.，2011a；Ketelaar，2010；Ge et al.，2007；Carnecm and Delacourt，2000）。

此外，国内外学者还采用精密单点定位（precise point positioning，PPP）、连续运行参考站（CORS）、三维激光扫描及无人机等现代测量技术，集合传统高程及平面监测数据，构建了复杂矿山高精度测绘框架，开发了相应的软件系统，在此基础上，进行变形监测及开采沉陷参数反演等研究。

近几年，针对空-天-地沉降监测中多源数据时空分辨率多样、技术方法各异、数据质量和可靠性存在差异等问题，结合各类数据、方法、技术优势，国内深入开展了多源数据融合和信息提取关键技术的研究与开发，主要工作及取得的创新成果如下。

1）基于知识的矿区形变 SAR 信息提取技术

（1）研究了基于 D-InSAR 和概率积分预计模型的联合解算地表沉降方法、融合累积 D-InSAR 和子像元偏移方法提取矿区地表变形方法等结合开采沉陷知识的矿区大变形 SAR 信息提取技术。以峰峰矿区万年、徐州庞庄、榆林大柳塔等煤矿为实验区域，获取了矿区概率积分法参数，得到了大形变梯度条件下地表沉降，证明了方法的有效性，为矿区地表沉降提供了新的研究思路（范洪冬，2016）。

（2）引入了超短基线干涉测量技术进行老采空区沉降监测。该方法相比传统的干涉差分 SAR 技术具有无需外部数字高程模型（digital elevation model，DEM）的优势，避免了外部 DEM 的引入所带来的误差。利用该方法获取了老采空区沉降速率和形变时间序列，在此基础上建立了地表残余下沉速度循环周期与采厚、下沉速度循环峰值与深厚比的经验关系式，为预测和评价老采空区残余形变提供了基础。

（3）对于矿区塌陷裂缝，提出了采用滤波后的差分干涉图对应的伪相干图进行精确定位，采用纹理分析法实现地裂缝的自动提取，采用不同时期的伪相干图揭示地裂缝的时空活动特征。采用伪相干图一次性探测了神木煤矿十余个矿井的塌陷位置信息，与已有的煤矿分布图具有很强的一致性。

（4）针对 InSAR 技术大尺度形变监测，采用星基增强系统（satellite-based augmentation system，SBAS）方法（短基线集）对满足一定时空基线的干涉对进行了处理，有效地缓解时空基线引起的失相干问题，在提高 D-InSAR 结果精度的同时提高形变的时空分辨率；针对大地形变场研究的热门方法——位错模型，研究基于垂直方向的简化后位移位错模型，并结合 InSAR 结果利用大地测量反演方法反演煤矿塌陷机理。

（5）构建了 InSAR 技术监测与预计一体化模型。该模型利用 InSAR 技术的全天候、高精度、大区域等优势进行开采沉陷监测，获取开采沉陷的影响范围与发展趋势，得到其时空演化规律。在此基础上将监测结果作为支持向量回归算法的训练与学习样本建立已观测数据与未来沉降之间的函数，进行开采沉陷动态预计，最终实现开采沉陷监测与预计的一体化。

2）多尺度多平台时序 SAR 影像地表沉降信息获取方法

（1）提出了一种综合利用 SAR 影像幅度和相位信息获取矿区地表时间序列沉降的新方法。该方法一方面利用基于幅度信息的跟踪振幅技术进行大梯度形变区域的监测，另一方面采用基于相位信息的（人）干涉点目标分析（人）技术进行微小形变区域的监测，再将二者得到的形变监测结果进行融合得到形变区域的完整监测结果。相比单独利用相位测量技术，融合后的结果能获取大形变区域的形变信息。同样相对单独利用强度跟踪技术，融合后的结果得到了更多更精确微小形变的信息。

（2）研究了利用 ENVISAT、ALOS、RadarSat-2、TerraSAR-X 及 Sentinel-1A 等不同卫星影像提取地表变形方法。将 ENVISAT、ALOS 卫星获取的不同尺度的 SAR 影像提取的地表时序沉降信息进行融合，联合获取地表变形信息。上述方法在峰峰等矿区进行了应用及验证。

（3）提出了融合多源 SAR 影像提取矿区三维形变场并反演概率积分法参数的方法，为矿区地表移动监测及开采沉陷预计提供了新的技术途径，弥补了离散地表监测点不能全面描述真实地表形变信息的缺陷。

（4）研究了基于多轨道 SAR 影像的地表三维形变提取方法。该方法采用不同轨道获取的至少三景影像（如 RadarSat-2、TerraSAR-X、Sentinel-1A），根据卫星航向角、入射角等信息，基于最小二乘原理将干涉 SAR 技术得到的视线向变形分解到三维方向，从而建立矿区地表三维形变场。研究了基于偏移量跟踪算法的矿区地表方位向及距离向二维地表形变方法，在一些矿区进行了应用及验证。

3）SAR 与 GNSS、LiDAR 及无人机数据的融合方法

（1）研究了基于 GNSS 的干涉图中大气延迟相位的估计方法及轨道误差修正方法、多轨道 SAR 影像同 GNSS 结果融合的地表三维形变解算方法、地面控制点与时域相干点合成孔径雷达干涉测量技术的融合方法等，并进行了应用及验证。

（2）提出了一种基于地面 LiDAR 点云数据和 InSAR 数据融合的矿区地表大梯度形变监测方法。该方法一方面利用反距离权重插值法对 SAR 形变场中的大梯度形变和失相关区域进行填补，另一方面对地面 LiDAR 点云形变场和 InSAR 形变场的公共覆盖区域进行均化融合，一定程度上解决了 InSAR 技术应用于矿区大梯度形变中所遇到的问题（Fan et al.，2015）。

（3）研究分析了 ENVISAT、ALOS、TerraSAR-X、RadarSat-2、Sentinel-1A 等多源多尺度 SAR 数据的融合解算方法，提取了更为全面的地表时序地表沉降量。在此基础上，研究了 SAR 技术同地面三维激光扫描、GPS、水准数据、无人机等融合方法。针对时序 InSAR 处理方法，提出了基于无偏相干估计的时序观测量选取算法、联合解算轨道误差和形变的时域相干点合成孔径雷达干涉测量模型，在峰峰等矿区进行了应用及验证。

4）利用多平台 SAR 数据和三种基于水平形变假设的地表形变联合监测方法

（1）利用多平台 SAR 数据、基于无水平形变假设的地表形变联合监测方法主要利用多时相 InSAR 技术监测结果和“同名点对”搜索与融合方法来进行基于多平台 SAR 数据的地表竖直形变联合监测，联合监测结果与单一平台 SAR 数据监测结果相比具有监测频率高（时间分辨率高）、监测点密度大（空间分辨率高）和噪声点少的优势，更有利于非线性（时间维度）或非均匀（空间维度）地表形变的监测和反演。

（2）利用多平台 SAR 数据、基于水平形变速率不变假设的地表形变联合监测方法首先利用多时相 InSAR 技术得到各平台 SAR 数据形变监测结果，而后基于“同名点对”搜索和加权最小二乘方法来反演研究区水平形变速率（各监测点水平形变速率相同）和竖直形变速率。该联合监测方法较单一平台 SAR 数据监测方法，具有能够反演地表三维或“伪三维”形变速率的优势。

（3）改进了利用多平台 SAR 数据、基于小基线技术和正则化方法的地表形变联合监测方法。将观测值权重引入该方法中，并根据研究区地表形变的特点将正则化矩阵由原方法的单位对角矩阵扩展为一般矩阵，改进的方法能够更好地考虑各差分干涉测

量值的观测质量和研究区的地表形变特点。该联合监测方法可以得到地表形变二维或三维（由具体的数据情况决定）的时序监测结果，具有能够增加监测频率、反演多维地表形变的优势。

5）矿区地表沉降、建筑物沉降及结构物形变监测的自动化监测系统

采用液体静力水准开展了矿区公路、建筑物沉降自动监测；开发了基于光学影像的试验模型沉降高精度、自动化获取方法；开发了基于测量机器人的结构物形变监测控制系统，实现了矿区大型构筑物形变信息的快速获取。

2. 地下煤火及煤矸石山自燃监测与评价

地下煤火主要是指煤矿由于人为因素或自燃形成的煤田火和矿井火，在中国、美国、澳大利亚、印度、印度尼西亚等国家普遍发生。自燃煤火已经成为全球性的灾难。煤火在造成巨大能源浪费的同时，伴随产生的 SO_x、CO、NO_x 等有害气体及大量烟尘严重污染空气，威胁着居民的身体健康，煤火燃烧产生的温室气体 CO_2 和 CH_4 加剧了全球气候变暖。地下煤炭燃烧也导致了地表沉降，严重时会产生大量地表裂缝，形成严重的地质灾害。煤火探测主要从勘查区的热异常、地表沉陷和区域空气异常三个方面进行。同时，煤火探测的主要目的是确定煤火的空间位置及状态。早期主要采用测温、钻探等直接方法进行煤火探测。随着科学技术的发展已逐步发展为测温、钻探、物探、遥感及红外探测相结合的综合探测方法。遥感监测煤火的研究开始于 1963 年，HRB-Singer 公司在美国宾夕法尼亚州的斯克兰顿用热感相机 RECONOFAX 红外侦察系统，进行探测和定位煤矸石的可行性试验，这是科技人员首次利用热红外遥感技术研究和探测煤火，此后国内外学者对煤火问题展开了一系列研究，形成了大量基于遥感探测煤火的成果，包括煤火温度的定量反演、煤火异常区提取、煤火区特征地物信息提取、煤火动态监测等。目前更加注重对地下煤火信息提取的研究，如利用航空、航天热红外遥感数据提取地下煤火信息，利用雷达影像探测地表沉陷，利用可见光影像提取煤火产生的地表裂隙等，煤火遥感监测方法正不断地向精确化、自动化方向发展。我国学者针对地下煤火的类型和特点，将火区地质模型（燃烧分带、燃烧系统、燃烧阶段等模型）认识与高精度遥感的优势相结合，通过燃烧裂隙、燃烧系统和采煤工作面等重点信息的提取，大幅度提高了煤火信息的获取水平和探测精度。对生产矿山地表浅层燃烧的暗火火区，已结合矿区实际，初步建立了集成无人机、遥感、热红外成像仪、GPS、InSAR、三维激光扫描仪等软硬件的立体监测技术体系，指导了煤火灾害治理工作，提高了煤火调查、预警及治理的效率。

利用遥感手段探测煤矿火区的方法与所用的传感器密切关联，低分辨率热红外卫星因其空间分辨率过低而不能满足小区域煤火的监测需求；通过中分辨率卫星的 Landsat 热红外传感器和 ASTER 反演地表温度的算法较为成熟，以辐射传导方程法、单窗算法和单通道算法精度最高，应用也最多。在地表温度反演的基础上，许多火区圈定的方法被提出，在火区自动提取方法中，尤其以移动窗口算法和自适应梯度阈值法最为著名。中分辨率的卫星虽能识别火区及其动态变化，但是受太阳热辐射、植被、地形、气象等

条件的影响，反演的地表温度精度不高，导致火区的识别精度不能得到根本性的提升。机载热红外数据可以满足火区识别的精度要求，但是仪器昂贵，数据采集成本居高不下，未能得到广泛应用。近年来，测量型无人机的出现为煤火监测提供了新的技术手段，无人机的优势在于采集数据的成本低、测量数据的精度高，无人机热红外技术获取的地表温度精度更高，更有利于圈定火区，已经开始逐步应用到煤火监测领域。

煤矸石是煤炭开采和洗选过程中的必然产物，尽管我国东部矿区煤矸石利用率较高，但中西部煤矸石综合利用率低，尤其是煤炭开采的战略西移使大量煤矸石仍然在地面堆积成山。据不完全统计，我国中西部矿区的煤矸石山达 1200 余座，且大多容易自燃。近年来，我国学者突破了煤矸石山自燃监测预警关键技术，取得了系列成果。

我国在地下煤火及煤矸石山自燃监测评价近期取得的主要成果如下。

1）地下煤火地-空一体化探测

依据地下煤火发展过程中各阶段的物理场效应、地下煤火信息的传输过程和地下煤火的动态监测模型理论，采用地-空一体化技术，即高空间分辨率的航空自然彩色遥感技术、高光谱分辨率热红外遥感技术和地面热红外探测技术、氡气探测技术、地质雷达探测技术，提取并获得了某煤田客观、准确的煤火信息，结合对研究区常规地质资料和往年火区探测资料的综合分析，完成了对研究区的火区宏观动态监测；以光学和影像学为基础，从航空遥感的热场、光场、微波场等方面，获取研究区煤火燃烧信息，圈定了研究区的煤火温度异常区，从地面的热场、化学场和磁场等方面，进行了野外地面综合探测验证，从不同观测角度对研究区煤火情况进行了系统的对比分析研究，最终圈定火区范围，钻探证明该方法所圈定的火区范围准确性可达 95%以上；通过飞机上搭载自然彩色数码相机和使用 TASI-600 热红外成像光谱仪，在某煤田进行了航空大面积煤田煤火探测工作，经过数据获取、校正、影像镶嵌、影像配准、地面同步测温、地表温度反演和影像解译一系列过程后，获取了煤田火区地表热异常信息，由于该煤田火灾基本发生在 0～50 m 的浅埋层中，通过野外地面综合探测验证，仅通过航空可见光遥感和热红外遥感所圈定的火区范围准确性就可达 89%以上；采用地面红外探测技术对从航空高光谱遥感提取的重要热异常信息进行野外探测，验证和补充了地表煤火异常情况，采用地面氡气探测技术大致圈定出了研究区的燃烧中心和范围，采用地面地质雷达探测技术对重要的煤火热异常点进行探测，探测的煤火燃烧造成的塌陷情况与遥感提取的煤火信息基本一致，进一步修正了遥感探测的煤火信息，对火区煤火燃烧的空间信息和发展趋势有了更好的掌握（Hu and Xia，2017；Wang et al.，2014；Gangopadhyay et al.，2012；Jiang et al.，2011b；Mishra et al.，2011；蒋卫国 等，2010；陈云浩 等，2005；Stracher and Taylor，2004）。

2）煤火靶区及地裂缝无人机精准监测

我国不少矿区古窑开采、小煤窑私挖滥采形成了众多在地表浅层燃烧的暗火火区，这些火区资料缺乏，情况不清，且工作面、采空区与地表裂隙相互连通，形成了复杂的立体交叉漏风网。因此，在数百平方千米的井田范围内，如何快速、准确确定燃烧点的位置及范围、地表裂隙位置，在此基础上开发有效的治理技术已成为矿井火区治理亟待解决的重大技术难题。我国学者针对地表浅层燃烧的暗火特点，获取研究区天基热红外波段，通过影像融合，得到较高时空分辨率的热红外影像，选取合适的算法反演不同时期研究区的地表温度，圈定地下煤火研究靶区；在无人机、GPS、三维激光扫描等技术、设备的支持下，结合煤火区地裂缝的纹理、线特征和灰度值等信息，建立知识模型；利用地理信息系统（geographic information system，GIS）空间分析、地统计学、趋势分析和聚类分析、空间热力学、传热学等方法理论，研究解决地基红外热成像煤火探测中地表温度场信息挖掘、三维温度场构建、地下燃烧点的位置确定问题（Wang et al.，2014）。

3）煤矿区矸石山边界信息提取及温度异常信息监测诊断技术

（1）提出了融合多尺度分割和分类与回归树（classification and regression tree，CART）算法的煤矸石山边界信息提取技术。针对传统的像素分类法提取煤矸石山边界信息普遍存在“椒盐现象”极大干扰面积统计的问题，融合多尺度分割能统一精细尺度的精确性与粗糙尺度的易分割性和CART算法处理高维、非线性数据的高准确性，提出了多尺度分割和CART算法融合的煤矸石山边界信息提取技术，与单纯像分类法相比，抑制了“椒盐现象”，有效减少了提取结果的噪声（赵慧，2012）。

（2）发明了表面自燃温度监测定位技术。针对酸性煤矸石山自燃着火的问题，发明了红外遥感与全站仪、近景摄影测量、三维激光扫描、GPS等相耦合的表面自燃位置监测定位技术，解决了多源监测设备站位优化、控制点布设、特征点识别、坐标基准耦合等问题；提出了热红外温度信息的距离、气候等补偿模型，基于立方卷积等空间插值方法解决了温度信息与空间信息的数据融合，构建了表面自燃温度场的四维模型（Hu and Xia，2017；夏清和胡振琪，2016；孙跃跃，2008；盛耀彬 等，2008）。

（3）构建了内部自燃位置点解算模型。针对内部自燃位置点无法确定的难题，利用空间热力学、传热学等理论，依据煤矸石山多孔非连续介质导致热量非均匀传播的特性，经大量野外测量数据分析，在对连续介质热传导模型进行修正的基础上，利用内部自燃点所垂直对应表面温度与邻近温度比值的推演，建立了基于表面温度的内部自燃位置点解算模型，采用拟合逼近真值的方法进行数值求解（夏清和胡振琪，2016；盛耀彬 等，2008）。

3. 矿区其他生态环境要素监测与评价

传统的矿区生态扰动监测一般首先进行实地调查、样品采集，之后利用化学、物理或者生物指标诊断等手段对所采集样品进行定性或定量分析，不仅工作量巨大，而且需要耗费大量的人力、物力和时间，同时部分地区因特殊的地理环境，系统的采样布点难以实现。卫星遥感技术以其监测范围广阔、时效性强、数据丰富等特点，为矿区生态扰动监测提供了一种快速、动态、全面的技术手段。

从不同遥感平台可获得不同光谱分辨率、不同空间分辨率及不同时间分辨率的遥感影像，形成多级分辨率影像序列的金字塔，为矿山环境信息提取与防灾减灾提供了丰富的数据源，多年来一直是国内外研究热点。随着遥感数据分辨率的提高与波段信息的增加，以遥感数据为主要手段的矿区生态扰动监测向着定性与定量两个方向逐渐发展，其研究对象主要包括矿山地表水、大气、土壤和矿区植被4个方面。20世纪90年代以来，国外将高光谱遥感应用于矿区环境监测的研究逐渐增多。美国、加拿大、欧盟和澳大利亚等发达国家和地区纷纷将高光谱遥感技术和方法应用于本国（地区）矿区环境监测，其中以美国和欧盟的试验和研究最为系统和深入。美国地质调查局（United States Geological Survey，USGS）利用高光谱遥感技术，系统研究了若干典型煤矿区污染水的主要成分，检测了受污染水域的空间分布范围，欧盟的应用先进地球技术评价和监测欧洲采矿活动影响项目则联合英国、德国、葡萄牙、奥地利、芬兰5个国家，在6个矿区建立试点，应用HyMap机载高光谱数据和星载Hyperion数据，精确描绘采矿污染源及其扩散分布情况，研究矿区环境下的植被胁迫效应，并给出相应的环境评价结果（杜培军 等，2008）。由于机载高光谱遥感影像兼具高空间分辨率的特征，近年得到迅速发展。一些学者采用基于机载Probe-1传感器获取的高光谱数据，结合空间、光谱特征，实现了矿山尾矿区的异常信息提取。

国内高光谱数据在矿区环境监测中的应用起步较晚。如利用高光谱遥感技术，系统研究了矸石山污染物的吸收光谱特征和受污染植被的光谱变异规律；利用实用型模块化成像光谱仪（operational modular imaging spectrometer-1，OMIS1）数据系统全面地研究了矿区环境污染探测等相关问题，其中包括植被、土壤、水体和粉尘等内容，以上工作为国内深入开展矿区高光谱（星载和机载）遥感研究奠定了基础（Lin et al.，2016；Tan et al.，2014）。

国内近几年取得的主要创新成果如下。

1）多源遥感矿区环境及灾害动态监测技术与评价预警系统

（1）针对多源遥感矿区环境及灾害动态监测技术中的多元信息数据集，研究了多元信息数据处理的理论与方法，构建了多元数据的模式集和子模式的理论与方法，建立了多元信息数据集的模式描述和模式划分方法及度量和分析矩阵模式间的差异，提高了多元空间数据模式分析的正确性，并应用于多源遥感矿区环境及地质灾害动态监测中。

（2）利用高分辨率遥感影像和大比例尺基础地理数据，总结了地质环境灾害遥感影像识别标志，研究了地质环境灾害信息增强技术，建立了遥感与地理信息系统相结合的地质环境灾害参数提取方法，提出了原始影像与边界突出结果相结合的地质环境灾害边界信息突出方法，建立了基于单因子曲线拟合与多因子逻辑回归相结合的矿山地质环境灾害评价模型。

（3）通过对矿区植被、水体等典型地物的光谱参数、大气参数、植被生化组分参数、水质参数的野外监测与多源遥感数据的处理，构建了矿区生态环境参数多源遥感数据反演模型，通过去邻近像元效应研究，解决了矿区水体面积小、水质参数反演受邻近像元效应影响的问题，通过植被生化组分光谱模型抗土壤背景分析研究，解决了植被生化组分反演中矿区植被稀疏、土壤背景影响显著的问题，根据植被胁迫程度，确定了矿区生态环境临界值模型及评价预警模型。

（4）针对示范矿区地质灾害与生态环境变化野外巡查及数据采集的需要，通过综合应用 GPS、CORS、平板电脑（portable android device，PAD）、通用无线分组业务（general packet radio service，GPRS）、实时动态载波相位差分技术（real-time kinematic，RTK）、GIS 等技术，突破精密定位、多媒体信息实时采集与传输等技术瓶颈，实现了矿区野外巡查系统的设计与开发。

（5）针对矿区环境监测的需求，通过集成气体传感器、ZigBee、GPRS、GPS 和 GIS 等多种最新技术，进行了矿区大气环境监测传感器的硬件研发，开发完成了矿山环境多屏幕动态监测网络平台，实现了污染气体的动态采集、分析与可视化表达等功能。

（6）突破多源异构的遥感数据、地物波谱数据与空间矢量数据集成管理和多重检索技术，创建了矿区地质灾害与生态环境变化综合数据库及分析评价临界值监测模型库，以此为核心进行了矿区地质灾害与生态环境变化分析预警系统的设计与开发，并基于浏览器/服务器体系结构，实现了预警结果的存储、管理和远程发布。

2）基于 NPP 的矿区生态扰动监测与评价系统

（1）提出了采用植被净初级生产力（net primary productivity，NPP）作为矿区生态扰动的监测指标。在分析矿区生态扰动的特征及其生态响应机理的基础上，结合矿区生态扰动监测的内容和目标，采用 NPP 对矿区生态扰动进行监测，通过理论和实证分析，得出 NPP 作为监测指标是可行的（侯湖平和张绍良，2013）。

（2）基于遥感学和植被生态生理学原理，建立了中等尺度的 NPP 遥感估算模型。模型体现了三个方面的特色：建立了光合有效辐射吸收比例（fraction of photosynthetic active radiation，FPAR）与植被覆盖度的遥感反演模型；提出归一化植被指数（normalized difference vegetation index，NDVI）的确定方法；提出采用中等分辨率的遥感影像、不同植被采用不同最大光能利用率、提高土地植被分类精度三个方面提高基础数据的精度。对模型结果采用收获值和其他模型模拟结果进行对比，表明模型结果具有一定的可靠性。

（3）在矿区生态系统演替规律和生态系统扰动特征分析的基础上，从矿区生态系统扰动的机理、影响因素、扰动程度、生态响应特征 4 个方面，分析了矿区生态系统中的非生物因子、生物因子和景观因子的生态响应机理，结果表明采矿扰动能导致矿区生态系统因子发生不同程度的变化。

（4）运用改进的卡内基-埃姆斯-斯坦福方法（Carnegie-Ames-Stanford approach，CASA）模型，对徐州九里矿区生态扰动的 NPP 变化量进行了定量评价，从 NPP 变化的时空分布、矿区不同阶段 NPP 变化程度、NPP 变化的影响因素角度分析得出，采矿活动是导致矿区 NPP 变化的主要因素，NPP 变化程度对采矿活动具有敏感性（Huang et al.，2015；Tian et al.，2013）。

3）矿区地表环境损伤立体融合监测及评价技术

（1）针对煤矿区地表环境类型多样、损伤动态、尺度跨度大、显性隐性信息交融的特点，研发了星-空-地-井（航天-航空-地面-地下）“四位一体”的监测手段立体融合技术和多源多尺度时空数据的实时交互与转换融合问题，明确了不同地表环境损伤因子、不同监测尺度的监测手段耦合机制，与传统技术方法相比，突出了地下采矿信息的先导作用，实现了井上下信息耦合，为科学界定损伤边界，进行与开采时序相结合的煤矿区地表环境损伤因子监测提供了保障。基于该技术，揭示了我国煤炭-粮食复合区面积为10.8%（煤炭保有资源量）和42.7%（资源总量）及其存在问题的空间分布。

（2）针对单纯遥感技术无法直接获得采煤沉陷边界信息、传统以地表下沉10 mm为边界划定的沉陷地损毁范围过大，导致复垦成本剧增的问题，从影响植物生长角度，考虑地面积水、土壤裂缝发生和地面坡度变化等土地损毁因素，构建了沉陷土地损毁边界计算模型；提出了星-空-地-井多源数据（D-InSAR、三维激光扫描仪、GPS、水准测量等）解算与融合成图的损毁边界信息提取方法及沉陷监测模式。

（3）针对煤矿区受采动影响土地生态变化剧烈的特点，创建了基于元胞自动机（cellular automata，CA）差值法的土地生态变化信息遥感自动发现技术，综合考虑了遥感影像各个波段间、各个波段与地物之间的相互关系，使各主成分的物理意义得到了明确表达。

（4）针对传统的基于分级对比方法研究植被覆盖度难以提高定量表达精度的问题，研发了以局部性和空间相关性为主的矿区植被覆盖度时空效应获取技术，运用空间关联指数，在单纯基于NDVI值获取趋势分析的基础上，从全局演变和局部效应的视角揭示植被受采矿扰动的时空演变和内在作用机制（王行风 等，2013；汪云甲 等，2010）。

4）采煤工作面沉陷裂缝损伤与生态因子监测技术（Hu et al.，2012；雷少刚，2010）

（1）针对风沙区地表动态裂缝发育规律难以获取的问题，基于开采沉陷学相关理论确定了超前裂缝角值，结合开采进尺量确定了监测始点、范围、时间间隔等关键参数；开发出动态裂缝监测仪器与装置，可直接观测微小毫米级裂缝宽度与落差，解决了动态裂缝难以持续高精度观测的难题。揭示了动态裂缝18天周期的开-闭-开-闭“M”形双峰波形规律，建立了动态裂缝发育时间T的通用函数模型，形成了动态裂缝发育到闭合的全生命周期理论，为揭示煤炭开采对区域土地生态环境的影响机理及其自修复周期提供了技术支撑。

（2）土壤裂缝是采煤沉陷水田变旱地及废弃的主要原因。针对隐性土壤裂缝难以识别的难题，研发了开采沉陷预计先导（预计裂缝区）、地球物理手段探测（高密度电法探测漏水通道、探地雷达确定裂缝位置）、田间渗水验证相结合的探测技术，实现了地表以下2 m内土壤裂缝的位置确定。

（3）风沙区煤炭地下开采导致地表浅层裂缝的形成与发育是地面水土流失加剧与植被退化的主要诱因。针对神东矿区永久性边缘地裂缝治理困难、效果欠佳及地下发育特征数据欠缺的难题，研发了石灰浆体示踪剂灌注、高精度探地雷达（ground penetrating radar，GPR）探测、Lensphoto近景摄影测量技术建模的浅层地下裂缝发育监测方法，实现了对3 m左右的浅层地下裂缝发生特征的探测和三维形态的获取，为裂缝精准充填与治理提供了技术支撑。

5）风沙区一体化的地表环境监测体系与土壤水分监测技术

（1）针对风沙区开采对地表影响持续时间长、范围大，且缺乏精准长时序地表环境监测技术与手段的难题，研发了基于开采过程和超前影响距的地表环境损伤监测体系与方法，重点解决了监测布点（20 m 间隔）、监测时间间隔（基于开采影响的三阶段式）等关键参数；配套发明了用于土壤理化性质等指标监测的土壤取样及渗透系数测定仪器与装置，揭示了开采影响下地表环境与土壤理化性质等的变化规律与特征，实现了对开采影响下的地表环境损伤空间变异数据的获取；构建了基于三区（对照、采空、裂缝）的 10 m 样方调查与室内元素含量分析的方法。

（2）针对风沙区土壤水分动态规律监测的空白，分别构建了裂缝区与影响区差别化的土壤水分动态监测技术，建立了消除时空差异与降水影响的土壤水分解算方法，实现了对地裂缝发育全周期的水分监测；建立了基于中子仪和沉陷损毁分区特征的浅层土壤水分监测方法与布设参数，揭示了沉陷裂缝区土壤水分的自修复周期（约 18 天）及土壤 2 m 内水分含量分为速变层（60 cm 以上）和稳定层（60 cm 以下）的规律，构建了沉陷裂缝附近土壤水分自修复周期模型。

6）基于物联网技术的矿区生态扰动监测系统

（1）以遥感和物联网技术为核心，系统收集了神东矿区 1990～2015 年的遥感影像数据，提取了土地利用、土壤温度、植被覆盖度、土地复垦率、土地绿化率和水体 6 项遥感监测专题信息，开发了“神东矿区水保生态信息管理系统”，实现了环境的遥感监测；在大柳塔沉陷区建设了视频实时监控系统，集成了已有的生态、灌溉水质、土壤风蚀三个方面的监测系统，实现了从宏观与微观两个方面对矿区的生态环境进行监控与展示，为矿区环境监管可视化、数据管理一体化、环境决策科学化提供了基础资料。

（2）提出了基于物联网技术的煤电基地生态扰动监测技术体系的设计方案，并从感知层、传输层、支撑层、应用层、用户层的角度，论述了利用物联网技术在煤电基地进行生态扰动监测的技术体系的具体方法，该技术具有监测成本低、数据质量高的优势。

（3）启动建设矿山地质环境监测系统，利用传感器技术、信号传输技术，以及网络技术和软件技术，从宏观、微观相结合的全方位角度，监测各种关键技术指标；记录历史、现有的数据，分析未来的走势，以便辅助企业及政府决策，提升矿山地质环境保障水平，有效防范和遏制重特大事故发生。系统依托智能的软件系统，建立分析预警模型，实现与短消息平台结合，当发生异常时，及时自动发布短消息到管理人员，尽快启动相应的预案。例如，焦作市建成的矿山地质环境监测网络由地下水环境监测网、地面形变监测网、土壤环境监测网、地形地貌景观破坏及土地资源损毁监测网组成，工程主要包括地下水动力场监测孔 113 个、地下水水位动态统调监测孔 400 个、地下水水质监测点 156 个、智能降水量监测点 1 个、基岩标 3 个、水准监测点 228 个、GPS 监测墩 33 个、土壤监测点 96 个，同时安装了地下水水位自动监测仪 10 套、自动雨量仪 1 套等监测设施。

4. 矿区生态环境评价

国内外对煤炭开发的生态环境效应评价经历了从简单到复杂、从单项评价到综合评价的过程。20 世纪 90 年代以后，关于将沉陷预测模型、环境污染模型与 GIS 及空间信息统计学等相结合，对开采沉陷、水、气、土、噪声等污染破坏，对采矿中的环境与人类系统交互作用进行计算机模拟分析等方面的研究显著增加。西方发达国家，强调矿业开发应注意使社会净现值达到最大化，矿区资源开发规划及生态环境评价的主导思想经历了经济利用、景观重构、可持续发展等阶段。国内研究者在评价指标体系及权重确定、评价信息系统及可视化表达等方面做了大量工作，针对不同的目标，提出了多种方法方案，如由大气环境、水质、植被覆盖度、地质灾害组成矿区生态环境评价指标体系，利用综合指数法进行基于栅格数据的综合评价；通过对影响矿区的自然环境、生态环境、人类活动及降水量、植被覆盖度、采矿活动、居民建筑用地、水网密度、排土场、地形坡度等 3 个子评价和 14 个单指标评价因子的分析建立递阶层次结构模型，并应用层次分析法（analytic hierarchy process，AHP）构建判断矩阵，确定影响矿区生态环境各因子的权重值；用系统聚类与 Delphi 法结合筛选参评因素，用层次分析法确定其权重，在 GIS 软件中用矢量数据叠加确定矿区生态环境现状的等级，等等。

针对煤炭开发活动具有较强的时间持续性、空间扩展性，开发周期长，对矿区环境系统扰动形式多，影响来源广，机理复杂，传统评价中生态环境影响的时空效应、各个工程项目之间对生态环境产生的综合影响或累积影响等考虑不够等缺陷，我国学者开展了煤矿生态环境损害累积效应评价研究。近几年我国学者取得的主要研究进展（汪云甲 等，2018；黄翌，2014）如下。

1）矿区环境综合评价与时空变化规律分析

以矿业资源型地区空间结构分析、动态变化检测和定性定量遥感解译信息为基础，耦合资源型城市生态环境分析模型，对典型资源型地区的地物要素提取、植被净初级生产力、生态安全、人居环境质量等进行了综合评价，提出了一种基于特征选择的光谱-空间地物要素提取方法，提出和实现了遥感“时空谱”特征和定性定量解译信息、调查统计数据与矿区生态环境分析模型的级联和松散耦合技术，实现了从遥感数据、专题信息到生态环境知识服务的提升。

2）地表环境损伤评价及整治时空优化技术

针对煤矿区地表环境损伤类型多样的特点，构建了地表环境损伤综合评价指标体系，创立了基于 GIS 栅格数据的空间模糊综合评判算法，提高了数据处理的自动化和可靠性；提出了基于遥感影像图斑、评价指标权重及指标值栅格面积的损伤评价单元划分方法，克服了传统评价单元划分方法不能兼顾评价精度与评价成果应用的缺陷；针对井工煤矿区损伤地表环境整治混乱无序的现状，研发了基于综合评价的损伤地表环境整治时空优化技术。

3）煤矿生态环境损害累积效应评价方法

（1）构建了适合煤矿区的生态环境累积效应分析框架，揭示了井工开采对资源环境要素的累积影响机理、效应特征、累积影响源、途径及效应类型，选择土、水、生物资源等要素，构建了相关表征模型；提出了地理信息系统方法、对地观测和遥感遥测信息采集方法、数学模型方法、计算机模拟及实验室实验方法、模糊数学评价法、综合法等煤炭开发累积效应定量评价方法。

（2）构建了由景观类型结构偏离累积度指数、景观格局干扰累积度指数和生态敏感性退化度指数所组成的煤矿区景观空间累积负荷表征模型；建立了适用于矿区水、土利用演变模拟的人工神经网络-元胞自动机（artificial neural network-cellular automata，ANNCA）模型；建立了时空累积效应系统动力学-元胞自动机-地理信息系统（system dynamics-cellular automata-geographic information system，SD-CA-GIS）模型；基于幕景分析原理，设定不同的幕景形式，对矿区不同时期的生态环境变化进行了分析和对比。

（3）揭示了研究矿区采煤塌陷盆地土壤中氮、磷的时空分布规律，以及塌陷地淹水后土壤中氮、磷的释放规律和释放机理，确定了塌陷地土壤“源”“汇”功能转换的临界条件，土地塌陷前后土壤侵蚀模数及氮、磷流失量变化。

4）煤炭开采对植被-土壤物质量与碳汇的扰动与评价方法

（1）结合生命周期、累积效应和生态矿区等煤矿区发展规律、理论及相关实例，归纳了煤矿区主要碳汇类型，探讨了时空累积性、时序滞后性、空间外延性、结果双向性等煤矿区植被、土壤受扰动的特征及成因和机理，提出了扰动计量的理论和方法。

（2）在对研究区土地利用演变分析的基础上，利用空间数据分析中的变差函数、分维数、空间自相关、高/低聚类分析、热点分析、异常值分析等方法研究了植被时空演变格局，探讨了其在全局性、局部性和空间方向上的特征，构建了植被受扰动的演化图谱，讨论了植被在空间上的分布状态，对其驱动力进行了分析；通过实验研究了开采沉陷在全流域不同位置发生时引起的坡面汇流变化，分析了对坡长乃至土壤侵蚀的空间影响格局、作用机理和规律。

（3）推演出植被变化与煤炭开采的关系，提取了自然因子和采矿扰动对NDVI的复合影响序列，测度了流域尺度上采煤沉陷引起的地表土壤侵蚀方程中坡度、坡长、植被覆盖三大因子在空间上的改变量及由此导致的矿区土壤侵蚀变化量，讨论了沉陷与侵蚀变化的正负关系，验证了采矿对土壤侵蚀影响的双向性和空间外延性。

（4）讨论了煤炭开采扰动下植被对气候变化响应改变而造成的碳吸收量减少机制，绘制了植被NDVI对气候变化的响应曲线，改进了光能利用率模型，测算了煤炭开采扰动导致的生物量和NPP损失量，通过实地取样，定量分析测算了沉陷区土壤的有机碳汇变化，构建了植被-土壤系统受开采影响的有机碳变化模型，并据此测算了生态系统的碳汇变化量。

1.2.3　国内外研究进展比较

1. 重视程度与研究深度

德国、美国、加拿大等发达国家矿区土地复垦与生态修复研究起步早，20世纪70年代起，各国逐步开展了生态环境的调查、监测与评价的研究。发达国家一般根据场地和利益相关者调查建立可持续目标，将目标分解为具体监控和评估指标，依据国家规定或文献确定修复标准，再进行具体的规划设计，包括场地生态环境调查、生态环境风险评估、功能定位及修复策略、生态修复规划设计和后期环境监管等步骤。矿山开采前，必须对当时的生态环境状况进行研究并取样，获得数据并作为采矿过程中及采矿结束后复垦的参照；在采矿权申请阶段，必须提供矿区环境评估报告和矿山闭坑复垦环境恢复方案，由政府环境、资源等有关主管部门共同组织专家论证，举行各种类型的听证会。因此生态扰动监测与评价工作一直贯穿始终，具有特别重要的地位，受到高度重视。研究人员对生态监测与评价作了大量研究，形成了针对不同区域、采矿方法及地理环境条件，不同土地复垦与生态修复目标的监测与评价方法、方案。我国矿区土地复垦与生态修复研究近几年发展迅速，开展了大量生态扰动监测与评价研究，某些技术方法甚至达到或处于国际先进水平，但总体而言，其受重视程度仍然不够，围绕矿区土地复垦与生态修复目标的系统、深入、长期的研究仍然不足，对关键生态扰动规律掌握不透。

2. 监测分析方法

我国虽然在矿区生态扰动监测与评价方面起步晚，但起点高，实例多，需求大。特别是《国务院办公厅关于印发生态环境监测网络建设方案的通知》促进了矿区生态扰动监测与评价发展，带来了难得的机遇。但与国外比我国在这方面还存在很多问题，主要表现在：矿区生态扰动监测综合能力尚须加强，生态扰动监测的内容、广度、频度、信息发布需进一步完善，数据共享难，尚难完整准确地对跨区域生态环境进行大尺度的宏观综合监测与分析；由于各种监测数据的特点各异，解译技术方法的研究尚不系统、完善，如发达国家更着重于环境因素的深入定量分析和遥感反演，我国在信息获取和综合质量评价应用方面研究较多；所用装备及软件，不少为国外进口，特别是监测装备研究很少，传感器等监测设备严重依赖进口；围绕生态修复目标的监测分析研究仍不足，指导治理工程效果仍有待加强，多源信息重视不够，数据集成和深度分析能力不足；矿区生态环境评价因素考虑不够周全，跨学科的综合研究、社会参与不够，等等。

1.2.4 发展趋势展望

近年来，我国提出要加快推进资源节约型和环境友好型社会建设，并把生态文明建设放在了突出地位，矿区土地复垦与生态修复得到前所未有的重视。与此同时，《国务院办公厅关于印发生态环境监测网络建设方案的通知》提出，建立生态环境监测数据集成共享机制，构建生态环境监测大数据平台，统一发布生态环境监测信息，积极培育生态环境监测市场。到2020年，全国生态环境监测网络基本实现环境质量、重点污染源、生态状况监测全覆盖，各级各类监测数据系统互联共享，监测预报预警、信息化能力和保障水平明显提升，监测与监管协同联动，初步建成陆海统筹、天地一体、上下协同、信息共享的生态环境监测网络，使生态环境监测能力与生态文明建设要求相适应。特别重要的是，卫星通信技术、空间定位技术、遥感技术、物联网、大数据及云计算技术飞速发展，所有这些将给矿区生态扰动监测与评价带来新机遇、新要求、新挑战，将呈现出从单一数据源到多源数据的协同观测、从常规观测到应急响应、从静态分析到动态监测、从目视解译到信息提取的自动化与智能化的发展趋势和发展方向，无人机、激光雷达、视频卫星等新型对地观测技术及物联网、大数据、云计算技术将得到更多的研究和应用，生态扰动监测、评价将与矿区土地复垦、生态修复要求更加紧密，目标导向、问题导向的特点更加凸显。其近期目标是研究卫星遥感、无人机监测、地面固定及移动观测、特定观测点相组合的全景、立体式矿区生态扰动协同获取理论与方法；运用物联网、云计算、大数据等技术，解决从矿区生态扰动监测与评价野外数据采集到传输、存储、管理、加工处理、共享、分析过程中存在的一系列问题，建立多源多尺度、异构异质矿区生态扰动监测与评价大数据融合处理和知识挖掘理论体系，提出从背景、状态、格局、过程、异常等不同角度揭示矿区生态灾害的形成演化、临灾预报预警及控制的理论与方法，构建最优对地观测传感网，将空-天-地一体化对地观测传感网和矿山物联网相结合，研究以高性能传感器为代表的空-天-地协同监测及智能感知体系（何国金，2017；汪云甲，2017；李恒凯 等，2014）。需要在下述方面进行攻关。

（1）矿区特殊地物类型遥感特征变化的采动影响机理，主要包括矿区典型地物类型多/高光谱特征库的构建方法，矿区地下水、土壤湿度演变遥感模型与方法，采动影响下矿区特殊地物类型的遥感特征变化规律，大气污染气体多源遥感反演及评估方法，矿区生态环境退化的规模效应与时间效应等。

（2）矿区生态扰动监测及智能感知体系构建，主要包括矿区地表非线性变形多源探测方法，矿区不同生态扰动监测及预警技术，矿区生态扰动协同无线观测传感网的构建方法，矿山时空监测基准、矿山地面生态扰动监测地学传感网数据整合、监测空间数据聚类分析、监测功能分区、区域动态形变场理论和地学传感网地理信息系统模型理论，事件智能感知及多平台系统耦合技术等。

（3）空-天-地多源数据信息协同处理理论，主要包括矿区生态环境要素空-天-地协同观测模式；多源观测数据配准与融合方法；空-天-地异质数据在时间、空间、光谱维度的特征描述方法；多源遥感数据的一体化融合及同化模型等；集成空-天-地连续观测的多源多尺度信息，借助云计算、人工智能及模型模拟等大数据分析技术，实现生态环境大数据的集成分析、信息挖掘，提出符合矿区土地复垦及生态修复要求的生态环境要素及综合评价方法。

参 考 文 献

陈云浩, 李京, 杨波, 等, 2005. 基于遥感和 GIS 的煤田火灾监测研究: 以宁夏汝箕沟煤田为例. 中国矿业大学学报, 34(2): 226-230.

杜培军, 郑辉, 张海荣, 2008. 欧共体 MINEO 项目对我国采矿环境影响综合监测的启示. 煤炭学报, 33(1): 71-75.

范洪冬, 2016. 矿区地表沉降监测的 DInSAR 信息提取方法. 徐州: 中国矿业大学出版社.

龚惠红, 2007. 城市公园遗留地重金属污染及园林植物耐受性研究. 上海: 华东师范大学.

韩宝平, 2008. 矿区环境污染与防治. 徐州: 中国矿业大学出版社.
何国金, 2017. 矿产资源开发区生态系统遥感动态监测与评估. 北京: 科学出版社.
何国清, 杨伦, 凌赓娣, 1991. 矿山开采沉陷学. 徐州: 中国矿业大学出版社.
侯湖平, 张绍良, 2013. 基于遥感的煤矿区生态环境扰动的监测与评价. 徐州: 中国矿业大学出版社.
黄翌, 2014. 煤炭开采对植被-土壤物质量与碳汇的扰动与计量: 以大同矿区为例. 徐州: 中国矿业大学.
蒋卫国, 武建军, 顾磊, 等, 2010. 基于遥感技术的乌达煤田火区变化监测. 煤炭学报, 35(6): 964-968.
雷少刚, 2010. 荒漠矿区关键环境要素的监测与采动影响规律研究. 煤炭学报, 35(9): 1587-1588.
李恒凯, 吴立新, 刘小生, 2014. 稀土矿区地表环境变化多时相遥感监测研究: 以岭北稀土矿区为例. 中国矿业大学学报, 43(6): 1087-1094.
李永峰, 2007. 煤炭资源开发对矿区资源环境影响的测度研究. 徐州: 中国矿业大学.
连达军, 汪云甲, 2011. 开采沉陷对矿区土地资源的采动效应研究. 矿业研究与开发, 31(5): 103-108.
钱鸣高, 许家林, 缪协兴, 2003. 煤矿绿色开采技术. 中国矿业大学学报, 32(4): 343-348.
盛耀彬, 汪云甲, 束立勇, 2008. 煤矸石山自燃深度测算方法研究与应用. 中国矿业大学学报, 41(4): 545-549.
孙跃跃, 2008. 矸石山自燃机理及自燃特性实验研究. 徐州: 中国矿业大学.
汪云甲, 2017. 矿区生态扰动监测研究进展与展望. 测绘学报(10): 1705-1716.
汪云甲, 张大超, 连达军, 等, 2010. 煤炭开采的资源环境累积效应. 科技导报, 28(10): 61-67.
汪云甲, 王行风, 麦方代, 等, 2018. 煤炭开发的资源环境累积效应及评价. 北京: 中国环境科学出版社.
王行风, 汪云甲, 李永峰, 2013. 基于 SD-CA-GIS 的环境累积效应时空分析模型及应用. 环境科学学报, 33(7): 2078-2086.
吴侃, 汪云甲, 王岁权, 2012. 矿山开采沉陷监测及预测新技术. 北京: 中国环境科学出版社.
夏清, 胡振琪, 2016. 多光谱遥感影像煤火监测新方法. 光谱学与光谱分析, 8: 2712-2720.
姚远, 李效顺, 曲福田, 2010. 中国经济增长与耕地资源变化计量分析. 农业工程学报, 28(14): 209-215.
张大超, 2005. 矿区资源环境累积效应与资源环境安全问题研究. 徐州: 中国矿业大学.
张书建, 汪云甲, 范忻, 2012. 基于 Knothe 时间函数和 InSAR 的煤矿区动态沉陷预计研究. 煤炭工程, 4: 91-94.
赵慧, 2012. 融合多尺度分割与 CART 算法的矸石山提取. 计算机工程与应用, 48(22): 222-225.
朱建军, 杨泽发, 李志伟, 2019. InSAR 矿区地表三维形变监测与预计研究进展. 测绘学报, 48(2): 135-144.
朱青山, 蔡美峰, 叶鸿, 等, 2010. 生态矿区建设的系统分析及实践研究. 金属矿山, 12: 128-134.
CARNECM C, DELACOURT C, 2000. Three years of mining subsidence monitored by SAR interferometry, near Gardanne, France. Journal of Applied Geophysics, 43(1): 43-54.
DU Y, XU Q, ZHANG Y, et al., 2017. On the accuracy of topographic residuals retrieved by MTInSAR. IEEE Transactions on Geoscience and Remote Sensing, 55(2): 1053-1065.
DÜZGÜN S D N, 2011. Remote sensing of the mine environment. New York: CRC Press.
FAN H, GAO X, YANG J, et al., 2015. Monitoring mining subsidence using a combination of phase-stacking and offset-tracking methods. Remote Sensing, 7(7): 9166-9183.
GANGOPADHYAY P K, VAN DER MEER F, VAN DIJK P M, et al., 2012. Use of satellite-derived

emissivity to detect coalfire-related surface temperature anomalies in Jharia coalfield, India. International Journal of Remote Sensing, 33(21): 6942-6955.

GE L, CHANG H C. RIZOS C, 2007. Mine subsidence monitoring using multi-source satellite SAR images. Photogrammetric Engineering and Remote Sensing, 73(3): 259-266.

HU Z, XIA Q, 2017. An integrated methodology for monitoring spontaneous combustion of coal waste dumps based on surface temperature detection. Applied Thermal Engineering, 122: 27-38.

HU Z, XU X, ZHAO Y, 2012. Dynamic monitoring of land subsidence in mining area from multi-source remote-sensing data-a case study at Yanzhou, China. International Journal of Remote Sensing, 33(17): 5528-5545.

HUANG Y, TIAN F, WANG Y, et al., 2015. Effect of coal mining on vegetation disturbance and associated carbon loss. Environmental Earth Sciences , 73(5) : 1-14.

JIANG L, LIN H, MA J, et al., 2011a. Potential of small-baseline SAR interferometry for monitoring land subsidence related to underground coal fires: Wuda (Northern China) case study. Remote Sensing of Environment, 115: 257-268.

JIANG W, ZHU X, WU J, et al., 2011b. Retrieval and analysis of coal fire temperature in Wuda coalfield, Inner Mongolia, China. Chinese Geographical Science, 21(2): 159-166.

KETELAAR V B H, 2010. Satellite radar interferometry: Subsidence monitoring techniques. New York: Springer.

LIN L, WANG Y, TENG J, et al., 2016. Hyperspectral analysis of soil organic matter in coal mining regions using wavelets, correlations, and partial least squares regression. Environmental Monitoring & Assessment, 188(2): 97.

MANUEL M, 2006. Ecology: Concepts and applications. New York: McGraw-Hill.

MISHRA R K, BAHUGUNA P P, SINGH V K, 2011. Detection of coal mine fire in Jharia Coal Field using Landsat-7 ETM+ data. International Journal of Coal Geology, 86(S1): 73-78.

SLEESER M, 1990. Enhancement of carrying capacity option ECCO. London: The Resource Use Institute.

STRACHER G B, TAYLOR T P, 2004. Coal fires burning out of control around the world: thermodynamic recipe for environmental catastrophe. International Journal of Coal Geology, 59(1-2): 7-17.

TAN K, YE Y Y, DU P J, 2014. Estimation of heavy-metals concentration in reclaimed mining soils using reflectance spectroscopy. Spectroscopy and Spectral Analysis, 34(12): 3317-3322.

TIAN F, WANG Y, RASMUS F, et al., 2013. Mapping and evaluation of NDVI trends from synthetic time series obtained by blending landsat and MODIS data around a coalfield on the Loess Plateau. Remote Sensing, 5: 4255-4279.

WANG Y, TIAN F, HUANG Y, et al., 2014. Monitoring coal fires in Datong Coalfield using multi-source remote sensing data. Transactions of Nonferrous Metals Society of China, 25: 3421-3428.

YANG Z, LI Z, ZHU J, et al., 2017. An extension of the InSAR-based probability integral method and its application for predicting 3-D mining-induced displacements under different extraction conditions. IEEE Transactions on Geoscience & Remote Sensing(99): 1-11.

第 2 章　井工开采对植被-土壤生物量及碳汇扰动监测与评价

植被是生态环境的重要指示因子，植被的变化在一定程度上体现了矿区生态系统的综合变化情况。依据相关研究，煤炭开采对矿区植被的破坏主要表现在：采煤引起地表塌陷、地裂缝及地面微地形的变化，改变了植被根系的生长环境；矸石山及地下煤火燃烧，导致植物大面积枯萎或死亡；土壤理化性质变化影响植被对养分的吸收；地下水污染及潜水位下降阻碍了植被对水分的吸收等。同时，植被又与土壤共同构成矿区乃至地表的主要碳库，植被与土壤间存在紧密的碳交换，煤炭开采对植被-土壤系统的碳扰动是矿区碳循环的重要组成部分。

本章将以山西北部的大同矿区为例，利用卫星遥感技术、地理信息空间分析技术对矿区植被-土壤的生物量和碳汇变化及生态补偿进行监测和定量评价分析。

2.1　井工开采对矿区植被扰动时空效应的图谱分析

大同矿区地理坐标为 39°52′～40°10′N，平均海拔 1 200 多米，地形复杂多变。20 世纪 70 年代以来，随着采煤工艺的提高和煤炭需求量的迅速增加，煤炭资源开采力度加大，导致当地生态环境恶化，对该地区生态环境的监测、治理显得极为重要。就已有的研究而言，植被覆盖度的计算方法已较为成熟，多数文献对植被覆盖度进行分级，对比分析多时相分级结果，得出区域植被覆盖度的全局趋势和变化规律并加以解释，这些基于分级的对比分析能够在一定程度上表现区域植被演化特征，但是很难进一步提高定量表达的精度，同时，全局趋势分析在研究局部空间问题中也受到限制。因此，本节将综合运用以局部性和空间相关性为主的 GIS 空间分析及数理统计方法，研究矿区植被覆盖度受煤炭开采影响的时空效应，以期更加深入地分析煤炭开采活动对矿区植被的影响机制。

2.1.1　数据来源与处理

选择山西大同矿区作为研究区域（图 2.1），以空间关联测度的图谱视角来表达大同矿区植被覆盖度演变的时空格局，探索煤炭开发对矿区生态环境的影响机制。

大同属温带大陆性季风气候，干旱、半干旱地区。矿区地貌以中低土石山群和黄土丘陵为主，相对高差 450 m，山体陡峭，树枝状冲沟极为发育，地形支离破碎，沟壑纵横。全区土壤类型主要包括山地栗钙土、淡栗钙土和少量草甸土及盐潮土。土质疏松，

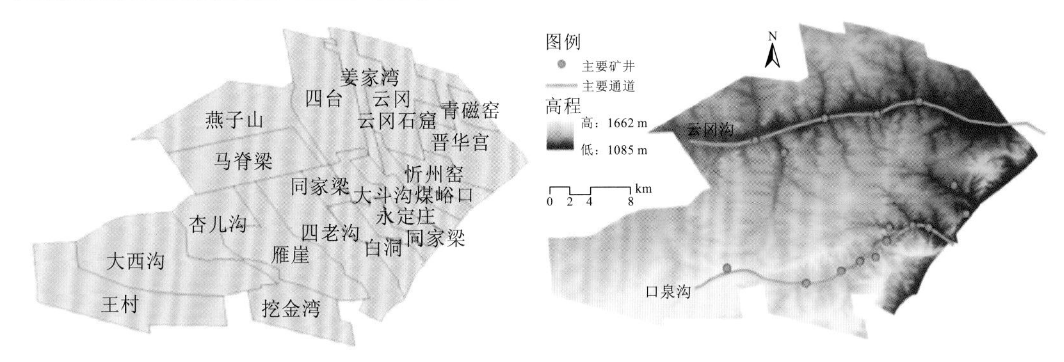

图 2.1　研究区矿井分布和地形

肥力贫乏，有机质含量低，抗冲力低。矿区植被总体稀疏，多样性差，种类贫乏，旱化特征明显，具有雁北干草原过渡地带特征，表现出个体生态与群落生态的高度统一。据初步统计，自然植被组成以温性落叶阔叶灌丛为主，天然植物共 18 科 35 属 57 种。草本植物多为旱生、中生植物，有华北落叶松、油松、山杨和桦；灌丛主要有沙棘、虎榛子、绣线菊等。

大同煤田为双纪煤田，走向 NE—SW，上部为侏罗纪含煤地层，位于大同煤田的东北部，下部为石炭纪、二叠纪含煤地层，除最北端局部地层外，几乎遍布整个大同煤田。矿区自大规模开发以来的数十年，始终以开采埋藏较浅的侏罗纪煤炭为主，石炭纪、二叠纪煤炭开发近几年刚刚起步，因此本节的研究范围限定于侏罗纪煤田界限。研究区内，共有 17 对大型矿井，5 对分布在北部云冈沟，主要开采侏罗纪煤炭；12 对位于南部口泉沟，其中 10 对开采侏罗纪煤炭，2 对开采石炭纪、二叠纪煤炭。开采侏罗纪煤层的井田年开采规模 100 万～500 万 t，开采年限普遍在 50 年以上；开采石炭纪、二叠纪煤层的井田年开采规模 1500 万～2000 万 t，大规模开采年限 10～15 年。

以大同矿区 1999～2010 年同期（10 月）12 景 TM/ETM+遥感影像数据，使用 ERDAS 软件首先提取归一化植被指数（NDVI），根据像元二分法原理，利用 ERDAS 的建模工具 Spatial Modeler 根据 NDVI 计算出 1999～2010 年 12 年间大同矿区植被覆盖度。

2.1.2　植被覆盖度时空效应的测度

已有的研究大多基于植被覆盖度的空间格局演变，从总体上揭示矿区植被覆盖度的全局演化过程，但是空间效应可能是大尺度的趋势也可能是局部效应，前者一般称为“一阶效应”，描述的是某个参数的总体变化性，“一阶效应”忽略了局部性和空间相关性等因素，在应用中会带来偏差，需要引入“二阶效应”的方法；“二阶效应”是由空间依赖性和空间异质性产生的，表达的是空间上邻近位置上数值间的相互趋同或背离的倾向。受以煤炭开发为主的多种因素的共同作用，矿区植被覆盖度表现出明显的局部依赖性和异质性，因此，空间数据分析的“二阶效应”方法在矿区植被覆盖度研究中具有重要意义。运用空间关联指数 Global Moran’s *I*、Getis-Ord General *G*（简称 General *G*）、

Getis-Ord Gi*、Anselin Local Moran *I* 来测度全局和局域的空间聚簇特征，前两者用于探测整个研究区的空间关联结构模式；后两者用于识别不同空间位置上的高值簇与低值簇，即热点区（hot spots）与冷点区（cold spots）的空间分布。

1. 全局演变特征分析

利用 1999～2010 年大同矿区植被覆盖度计算 Global Moran's *I* 的值和 General *G* 估计值[*G*(*d*)]及其相关指标（表 2.1）。

表 2.1 植被覆盖度的变异系数、Global Moran's *I* 的值和 General *G* 估计值（1999～2010 年）

年份	植被覆盖度	变异系数	Global Moran's *I*	*G*(*d*)	*Z*(*I*)	*Z*(*d*)
1999	0.425 9	0.245	0.765	0.007 782	3.448	3.433
2000	0.385 2	0.189	0.816	0.007 924	5.760	1.953
2001	0.345 5	0.231	0.770	0.007 980	4.509	3.610
2002	0.330 7	0.251	0.783	0.007 891	6.629	3.703
2003	0.306 4	0.211	0.909	0.007 879	4.920	1.457
2004	0.374 2	0.131	0.707	0.007 866	5.310	2.422
2005	0.359 2	0.237	0.745	0.007 814	8.029	4.272
2006	0.414 6	0.149	0.759	0.007 759	7.325	4.057
2007	0.432 1	0.122	0.763	0.007 813	6.585	3.134
2008	0.420 0	0.088	0.634	0.007 845	7.853	4.454
2009	0.465 0	0.117	0.756	0.007 785	2.651	0.756
2010	0.517 3	0.147	0.765	0.007 748	7.027	4.307

注：*Z*(*I*)和 *Z*(*d*)分别是 Global Moran's *I* 和 *G*(*d*)的置信系数。

可以看出，1999～2010 年，Global Moran's *I* 估计值全部为正，检验结果显著，且数值总体稳定在 0.7～0.8，但呈现一定的波动性，2003 年和 2008 年尤为明显，表明 1999 年以来植被覆盖度空间上分布的趋势，即植被覆盖度相似（高或低）的地区在空间上呈现集中分布的特点，且总体上较稳定；在此期间，General *G* 统计指标的观测值和期望值都十分接近，相差不大，且都大于 0，当设定总体显著性水平 *a* 为 0.05 时，可知 General *G* 统计量除 2000 年、2003 年、2009 年三个年份不显著外，其余各年份都显著，这说明检测区域高（或低）值的集聚现象显著，植被覆盖度的变化可能围绕着热点区域来展开，但在不同的阶段呈现不同的集聚特点。

（1）1999～2002 年，Global Moran's *I* 值和 *G*(*d*) 值分别由 0.765 和 0.007782 迅速增

加到 0.783 和 0.007891，$Z(I)$ 值也由 3.448 增加到 6.629，其中 General G 统计指标达到全期最大值。表明矿区内植被覆盖度差异显著扩大，变异系数由 0.245 增加到 0.251。

（2）2002～2003 年，Global Moran's I 值由 0.783 增加到 0.909，$Z(I)$ 和 $Z(d)$ 值分别由 6.629 和 3.703 减少到 4.920 和 1.457。同时，2003 年也是全阶段矿区植被覆盖度最低的时期和转折点，Global Moran's I 值却达到全阶段最大值，矿区的植被受破坏程度呈现高度正相关，植被覆盖度低的地区在空间上呈现集中分布。

（3）2004～2007 年是矿区植被覆盖度震荡上升的阶段，Global Moran's I 值和 $G(d)$ 值变化不大，$Z(I)$ 和 $Z(d)$ 值却有不同程度的提升，均大于 0.05 显著水平上的标准阈值 1.96，表明 Global Moran's I 值和 $G(d)$ 值在统计上显著性增强。

（4）2008 年启动的全矿区范围内的采煤棚户区搬迁工程对矿区植被的扰动较明显。采煤棚户区搬迁过程中，涉及人流、物流等要素的大规模流动，对矿区植被也产生一定程度的破坏。2008 年 Global Moran's I 值降至全阶段最低值，表明植被覆盖度在矿区范围内各处均有不同程度的下降。

（5）2009～2010 年，矿区植被覆盖度迅速提升，Global Moran's I 值趋于稳定，并且缓慢增长，$G(d)$ 值却缓慢下降，并且 $Z(I)$ 值和 $Z(d)$ 值呈现震荡的特点。同时，棚户区搬迁后，由于无人耕种，矿区耕地大量减少，多数转化为草地，在 10 月遥感影像中，农作物已收割，大同地区耕地表现为裸地类型，反映的植被覆盖度值较低，而草地的植被覆盖度的季节差异明显小于耕地，耕地转为草地也是 2009 年以后矿区 10 月植被覆盖度上升的原因之一。

2. 局部效应分析与热点区域的演变

虽然 Global Moran's I 和 General G 统计指标在一定程度上揭示了矿区植被覆盖度全局演变特征，但当需要进一步考虑是否存在局部空间集聚时，全局空间自相关往往会掩盖局部状况或小范围的局部不稳定性及不同位置上的空间变异程度，因此当全局关联特征 Global Moran's I 和 General G 统计指标不能充分揭示空间依赖性和异质性时，采用局域空间关联指数 Getis-Ord Gi*来探测局域空间的集聚程度，识别不同空间位置上的高值簇与低值簇，即热点区与冷点区的空间分布。选取 2001～2010 年相对于 2000 年的植被覆盖度变化情况作为局域统计指标 Getis-Ord Gi*来进一步进行空间关联分析，生成大同矿区植被覆盖度的空间热点演变图（图 2.2）。

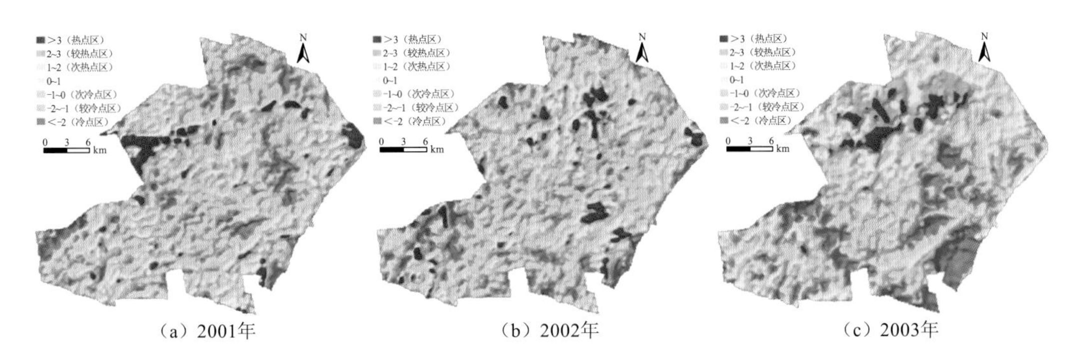

（a）2001年　（b）2002年　（c）2003年

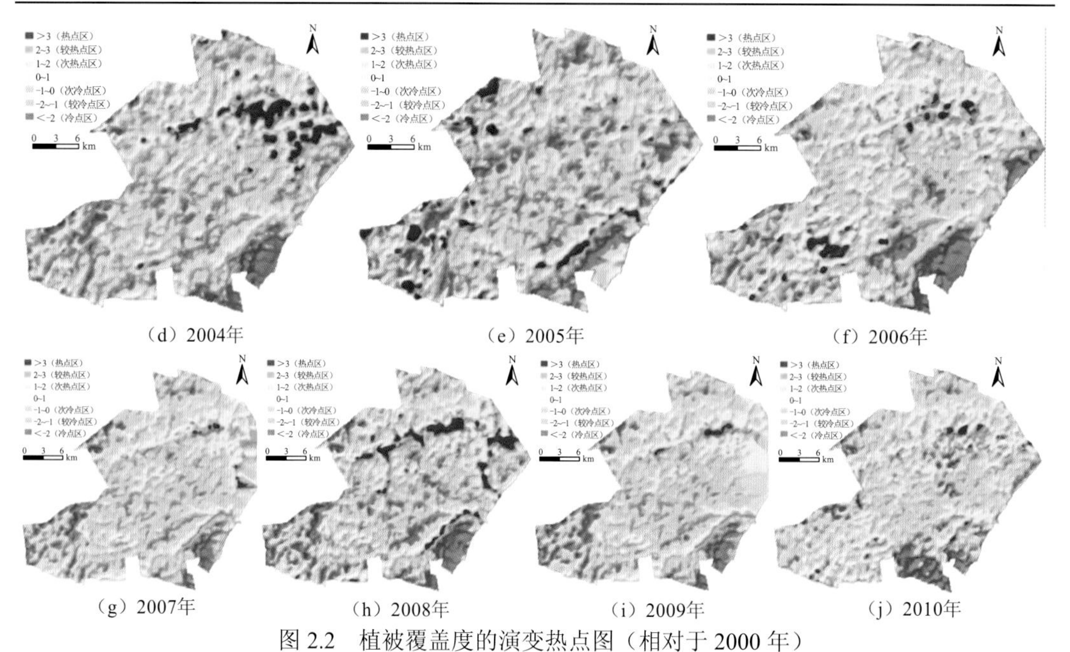

（d）2004年　（e）2005年　（f）2006年

（g）2007年　（h）2008年　（i）2009年　（j）2010年

图 2.2　植被覆盖度的演变热点图（相对于 2000 年）

由于缺乏同时相的 2007 年、2009 年大同矿区东部遥感数据，图中相应年份该处结果缺失，下同

分析图 2.2 得出以下结论。

（1）整体来看，2000～2010 年热点区域的整体格局基本保持稳定，但各种类型区的比例随着时间的推移而有所变化（图 2.3），热点区、较热点区和冷点区、较冷点区的数量逐渐减少，次热点区和次冷点区的数量有所增加，但个别年份变化很大，这说明处于两极（冷点区和热点区）状态的类型区向中间状态（次热点区和次冷点区）分化，两极状态（热点区和冷点区）的类型区集聚效应越来越弱，极化现象越发不显著，总体上呈离散的态势。

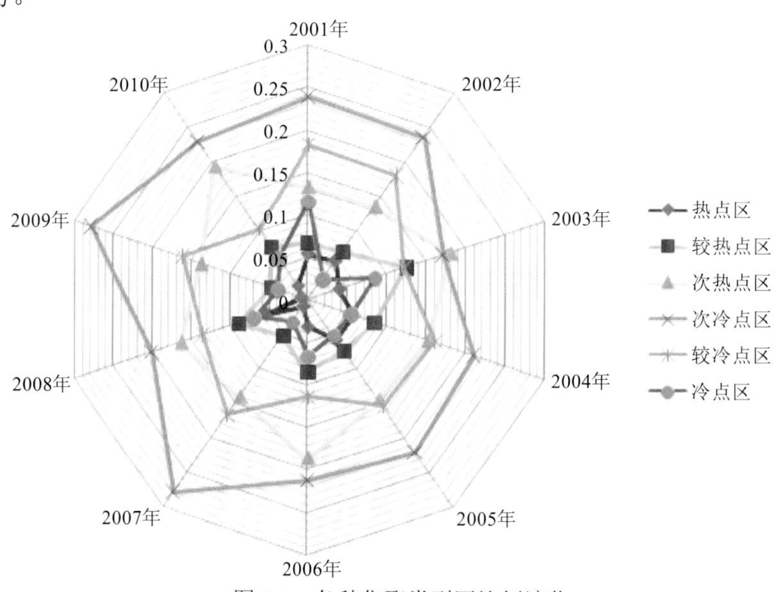

图 2.3　各种集聚类型区比例演化

（2）从空间结构上看，2001～2004 年，热点区向云冈沟周边地区不断集中，而冷点区逐渐形成了以东南部地区为核心并在其周边地区集聚的势态，2005 年以后云冈沟周边的热点区开始减退，又回到以两条沟为轴的热点聚集区，并且分别为次热点区和次冷点区所包围，由此形成了以两条沟为核心的阶梯状“核心-外围-边缘”结构，并且这种结构显得越来越稳固。热点区集中在固定区域的现象较明显，而这两条沟又是矿区煤炭生产、运输的主轴和居民生活的轴线，各种资源物质相互交织，植被覆盖度变化十分剧烈，这其中又以 2008 年采煤棚户区搬迁最为明显，大同矿区绝大部分的棚户区沿口泉沟和云冈沟布局，搬迁活动对沿线植被的扰动显著，2010 年其空间态势又开始减弱，热点区和冷点区范围较往年明显减小。

（3）从各类型区空间分布变化的格局来看，2001 年热点区沿云冈沟分布，主要集中在燕子山矿附近，而冷点区主要分布在云冈沟两侧，口泉沟及周边极化现象不显著；2002～2006 年，热点区从条带状演化为聚集在云冈沟及两侧的巨大组团；值得注意的是，2008 年全国单体规模最大的矿井——塔山高产矿井（年产量 2 000 万 t）大规模投产后，其所在的口泉沟南侧植被覆盖度与之前的 2004 年、2006 年相比变化不大，始终处于冷点区，但 2010 年开始有向热点区演化的趋势。

（4）2001～2010 年，热点区域总体上聚集在矿区的两条发展主轴口泉沟和云冈沟周围，而云冈沟的热点区域范围和热度大于口泉沟，2001～2008 年，云冈沟内矿井的煤炭产量始终高于口泉沟，其植被受扰动的剧烈程度也相应较高，表明煤炭开发对植被的破坏与煤炭产量呈正相关；2009 年，随着塔山、同忻等高产矿井逐步稳产，口泉沟内煤炭产量超过了云冈沟，但热点区并未产生明显的转移。

植被覆盖度热点区域的演变揭示了各年份矿区植被状况空间结构的局域变化，根据图谱分析，可将大同矿区植被覆盖度演化分为三个典型的阶段：云冈沟两侧的热点集聚阶段（2001～2004 年）、沿轴线演化阶段（2005～2008 年）、热点消退阶段（2009～2010 年）。为了研究煤炭开发及相关活动对植被扰动过程的影响是否存在空间上的不一致性，分别选取三个阶段的典型年份 2001～2002 年、2005～2006 年、2009～2010 年，运用 Anselin Local Moran’ *I* 对植被覆盖度的变化进行聚类分析（图 2.4）。

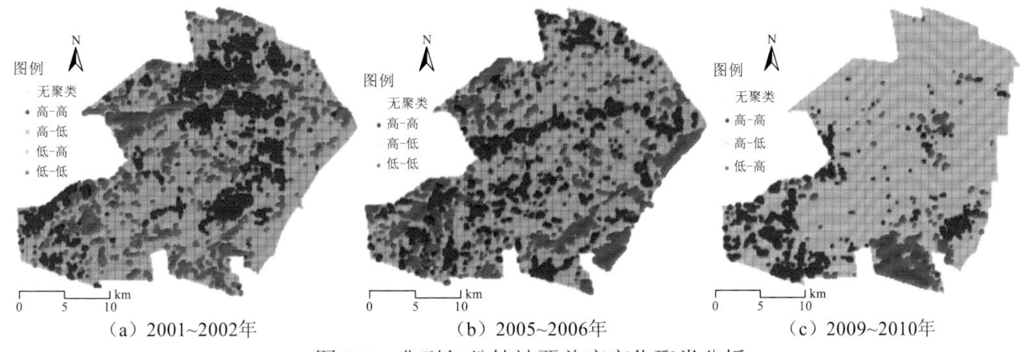

（a）2001~2002年　（b）2005~2006年　（c）2009~2010年

图 2.4　典型年份植被覆盖度变化聚类分析

三个时段各增长单元的集聚类型均发生了变化，2001～2002 年、2005～2006 年呈现明显的聚集效应，而 2009～2010 年聚类效应总体减弱，但在口泉沟南侧却集聚明显。全阶段聚类类型中，基本表现为“高-高”聚类和“低-低”聚类，即植被覆盖度变化大的地区呈集中分布的特点，几乎未出现异常值，即“高-低”聚类的情况，表明在高强度煤炭开采扰动下，植被遭受的破坏是整体性的。

从不同植被类型受扰动效应看，大同矿区植被类型分异明显，山谷内种植有山杨和桦等木本植物，随着海拔的升高，逐渐过渡到以灌丛和草本为主的植被类型，将植被类型与植被覆盖度结合分析，在煤炭开发活动遍及研究区的前提下，对比人类活动均较少的相对高海拔地区（矿区西南部地区）和相对低海拔地区（云冈沟北部地区），高海拔地区植被覆盖度变化较平缓，草本植物受扰动的程度应低于木本植物。但是，矿区植被受煤炭开发、土壤质量变化、区域气候等多种因素共同影响，势必存在一定的演替规律，在共同作用下的演替机制是下一步研究的重点。

此外，口泉沟南侧一直是扰动效应较轻的区域，近年来投产的塔山和同忻矿井虽然是国内单产最大的井工煤矿，但开采的是埋藏较深的石炭纪、二叠纪煤炭，对地面环境的影响具有较强的滞后效应，且采用了高效循环经济工艺，力图使煤炭开发和产能对区域环境造成扰动减小到最低，从投产初期看，其对生态环境的扰动不明显，但煤炭开发对矿区环境的破坏存在累积性和滞后性，其长远扰动效应有待于进一步研究。

2.2 矿区高时空分辨率影像提取

植被是生态环境的重要指示因子，然而大同矿区植被覆盖时间短，集中在 5～11 月，这期间卫星过境时还常有大面积云覆盖，严重影响了 Landsat 影像用于该地区的监测。将 MODIS 影像与 Landsat 影像融合，构建具有高空间和时间分辨率的地表反射率影像序列，对大同矿区生态环境监测具有重要意义。研究表明，与其他卫星遥感影像相比，30 m 分辨率的 Landsat 影像更适合区域尺度的长周期植被变化监测，然而受 Landsat 卫星较长的回访周期（16 天）、研究区严重的云遮挡及 Landsat ETM+传感器部分功能失灵的影响，大同矿区每年可用的 Landsat 影像仅有 2 景左右，部分年份甚至完全缺失，而且可用的 Landsat 影像在时间分布上也不均匀，致使仅利用 Landsat 影像单一数据源不能有效、可靠地监测和评估矿区植被的变化情况。MODIS 影像具有每天的回访周期，其植被指数产品具有 8 天、16 天、每月的时间分辨率，为植被变化监测与评价提供了有效途径，然而 MODIS 影像空间分辨率最高仅有 250 m，不能满足矿区植被监测对空间分辨率的要求。因此，融合多源数据的各自优势，构建同时具备较高空间与时间分辨率的影像数据集，对大同矿区植被变化监测具有重要意义。

2.2.1 STARFM 融合模型

针对单一影像数据源难以满足矿区植被监测的问题，本节研究 Landsat 与 MODIS 影像的融合算法，将 Landsat 影像的空间分辨率和 MODIS 影像的时间分辨率相结合，构建大同矿区 2000～2011 年 30 m 空间分辨率 16 天间隔的 NDVI 时间序列影像数据集，评定融合结果的精度，分析植被的变化趋势，为评价采煤对周边植被的影响提供技术支持，植被变化信息提取流程如图 2.5（Tian et al.，2013）所示。

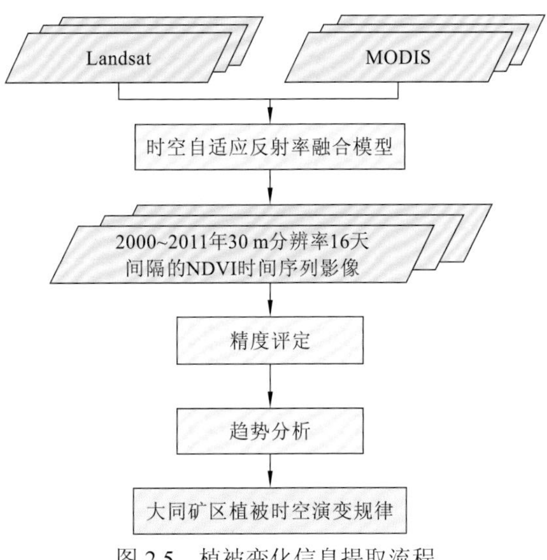

图 2.5　植被变化信息提取流程

我国北方矿区多属于干旱、半干旱气候类型，植被覆盖度低，生态环境脆弱。位于干旱、半干旱气候区的矿区生态环境先天脆弱，极为敏感，矿产资源开发极易引发矿区生态系统进一步退化。利用卫星遥感技术对矿区的生态环境变化进行长期的监测和定量评估分析显得尤为重要。美国陆地资源卫星 Landsat 影像具有 30 m 的空间分辨率，广泛应用于区域尺度的植被监测与评估，大量研究表明 Landsat 影像适合矿区尺度上的土地利用/覆盖监测，其免费获取政策使得该影像数据非常适合时间序列分析，经过大气校正后，Landsat 地表反射率产品能够获取一系列的矿区植被参数（如 NDVI 等）。然而 Landsat 卫星 16 天的回访周期及频繁的云污染极大限制了其在快速地表变化监测中的应用。MODIS 影像具有每天的回访周期，同时提供 8 天、16 天、每月等的合成产品，空间分辨率有 250 m、500 m、1 000 m 三种级别，各个波段的中心波长与 Landsat 影像非常接近，只是带宽要小一些。Gao 等（2006）提出了时空自适应反射率融合模型（spatial temporal adaptive reflectance fusion model，STARFM），融合 Landsat 的空间分辨率与 MODIS 的时间分辨率，为构建高时间分辨率和空间分辨率的合成影像提供了有效手段。研究表明该模型适用于多种植被覆盖类型，构建的影像序列能在 30 m 的尺度上精确地体现植被的物候现象。本节将利用 STARFM 模型构建大同矿区 2000～2011 年的 NDVI 影像数据集，并分别从合成影像与实际观测影像的 NDVI 绝对差值图，近红外、红波段和 NDVI 散点图，以及不同植被类型的物候变化三个角度评价 STARFM 模型的精度与所构建的 NDVI 数据集质量。

1. 数据预处理

Landsat 数据由 USGS（http://glovis.usgs.gov/）提供，经查询 2000～2011 年大同矿区可用的（云量<10%）TM 和 ETM+影像共 7 景，时间分别为 2000-07-01、2001-08-21、2002-09-25、2006-10-14、2007-09-15、2009-09-20、2010-08-22，轨道号为 Path125、Row32。利用 ENVI4.8 的 FLAASH 模块对 L1 级 Landsat 产品进行大气校正，消除大气吸收与散射影响，并将各波段反射率范围归化到 1～10 000，与 MODIS 地表反射率产品保持一致，大气校正效果直接决定了 NDVI 计算的精确度。MODIS 数据采用美国国家航空航天局（National Aeronautics and Space Administration，NASA）对地观测数据与信息系统（https://ladsweb.nascom.nasa.gov/search）提供的 500 m 分辨率 16 天合成地表反射率产品 MCD43A4，该数据为天底点观测值且经过了双向反射分布函数（bidirectional reflectance distribution function，BRDF）改正，时间从 2000-02-18 至 2011-12-31，轨道号为 h26v04 和 h26v05。利用 MRT 软件（https://lpdaac.usgs.gov/tools/modis_reprojection_tool）对 MODIS 数据进行处理，将同一时间的 h26v04 和 h26v05 影像拼接，为保证像元值不产生扭曲，采用最邻近像元法将像元大小重采样到 30 m，并投影到与 Landsat 一致的 WGS84 椭球 UTM49 带坐标系下。

2. STARFM 模型

STARFM 模型的基本思想是以同一期的 Landsat 和 MODIS 影像为基准，根据目标时期的 MODIS 影像计算与其对应的 Landsat 影像。Landsat 和 Terra 卫星过境时间仅相差半小时，TM、ETM+和 MODIS 传感器在可见光-近红外波段的光谱响应函数也非常接近，使得 Landsat 和 MODIS 影像在同一地点的地表反射率值高度一致。但是两者的分辨率不同，地表存在异质性且双向反射分布函数也会随着时间变化，加上影像配准误差和大气校正误差的影响，使得通过已知的 Landsat 和 MODIS 像元值来计算未知的或受云污染的 Landsat 像元值成为病态问题。为此，STARFM 模型引入滑动权重窗口，借助邻域像元提供的辅助信息提高求解精度，生成具有高时间和空间分辨率的时间序列地表反射率影像数据集。

本节利用该模型对大同矿区的 ETM+和 MODIS 影像进行融合实验，通过评价预测结果的精度，探究其对大同矿区特定的地表覆盖、变化情况的适用性。

在忽略配准误差、大气校正误差的情况下，非均质地物类型区域 t_k 时刻的 MODIS 影像可以由同时间的 Landsat 影像加权平均得到，考虑两者不同的光谱和时间分辨率，以及成像时光照条件的差异，它们的反射率会有一定的偏差 ε_k，假设 (x_i, y_j) 处的地表覆盖类型和各项系统误差不随时间变化，那么 ε_k 也就恒定，这样 t_n 时刻的 Landsat 影像反射率就能由该时刻的 MODIS 影像及 t_k 时刻的 Landsat、MODIS 影像求得，公式如下：

$$L(x_i, y_j, t_n) = M(x_i, y_j, t_n) + L(x_i, y_j, t_k) - M(x_i, y_j, t_k) \tag{2.1}$$

式中：L 和 M 分别为 Landsat 和 MODIS 的像元值；(x_i, y_j) 为地表位置坐标；t_k 和 t_n 分别为基准时间和待计算时间。滑动权重窗口根据光谱距离、时间距离、空间距离确定，决定了各邻域像元对中心像元计算的贡献大小。

实际上地表地物类型往往较复杂，相对于 Landsat 的 30 m 分辨率来说，许多 MODIS 像元是混合像元，同时地表覆盖类型及其状态（物候现象）和由光照条件引起的双向反射分布函数也会发生变化，因此仅利用该处单对像元的信息预测不出 t_n 时刻的 Landsat 反射率。

若将邻近的具有相同光谱特征的像元作为辅助信息，则能极大提高预测准确度。选取以预测像元为中心的邻域窗口，并利用权重函数 W 对窗口内像元进行卷积运算，确定中心像元的预测值，在整幅影像上滑动卷积窗口，得到预测影像。计算公式如下：

$$L(x_{w/2},y_{w/2},t_n)=\sum_{i=1}^{w}\sum_{j=1}^{w}W_{ijk}[M(x_i,y_j,t_n)+L(x_i,y_j,t_k)-M(x_i,y_j,t_k)] \tag{2.2}$$

式中：L 和 M 分别为 Landsat 和 MODIS 的像素值；(x_i,y_j) 为地表位置坐标；t_k 和 t_n 分别为基准时间和待计算时间；w 为滑动窗口的宽度；$L(x_{w/2},y_{w/2},t_n)$ 为 t_n 时刻滑动窗口中心像元的像素值。权重函数具有重要的作用，它决定了滑动窗口内各像素对预测值贡献的大小。算法依据光谱距离、时间距离、空间距离三项来确定权重函数。

光谱距离定义为 t_k 时刻给定位置处的 Landsat 像素值与 MODIS 像素值之差：

$$S_{ij}=|L(x_i,y_j,t_k)-M(x_i,y_j,t_k)| \tag{2.3}$$

时间距离定义为给定位置处 t_n 时刻 MODIS 与 t_k 时刻 MODIS 像素值之差：

$$T_{ij}=|M(x_i,y_j,t_n)-M(x_i,y_j,t_k)| \tag{2.4}$$

空间距离定义为窗口内中心像元与邻域像元的欧氏距离：

$$d_{ij}=\sqrt{(x_{w/2}-x_i)^2+(y_{w/2}-y_j)^2} \tag{2.5}$$

假设：①同一地物类别区域的 MODIS 影像反射率随时间变化的值与 Landsat 相同；②在从基准时间到预测时间这段时期内，变化越小的像元提供的辅助信息越可靠；③距离中心像元越近的像元提供的辅助信息越可靠。基于以上三种假设，定义组合距离为

$$C_{ij}=S_{ij}\times T_{ij}\times d_{ij} \tag{2.6}$$

组合距离越大的像元权重越小，因此定义函数权重为组合距离的倒数，归一化后得权重函数表达式为

$$W_{ij}=(1/C_{ij})/\sum_{i=1}^{w}\sum_{j=1}^{w}(1/C_{ij}) \tag{2.7}$$

3. NDVI 数据集构建

STARFM 模型输入所需的基准 Landsat 和 MODIS 影像对选取如图 2.6 所示，包含可用 Landsat 影像的年份将该影像和与其对应的 MODIS 影像作为该年的基准影像对，结合该年内其他时期的 MODIS 输入影像计算相应的未知 Landsat 影像。不包含可用 Landsat 影像的年份，将相邻年份的 Landsat 和 MODIS 影像作为其基准影像对。在 STARFM 模型输出的近红外（Nir）和红色（Red）波段地表反射率数据基础上，根据式（2.8）构建 NDVI 数据集。

$$\mathrm{NDVI}=\frac{\mathrm{Nir}-\mathrm{Red}}{\mathrm{Nir}+\mathrm{Red}} \tag{2.8}$$

STARFM	Landsat	MODIS	
2000年	2000-07-01	2000-06-25	07-10
2001年	2001-08-21	2001-08-13	08-28
2002年	2002-09-25	2002-09-22	10-07
2003年	2002-09-25	2002-09-25	10-07
2004年	2002-09-25	2002-09-25	10-07
2005年	2006-10-14	2006-10-08	10-23
2006年	2006-10-14	2006-10-08	10-23
2007年	2007-09-15	2007-09-06	09-21
2008年	2007-09-15	2007-09-06	09-21
2009年	2009-09-20	2009-09-14	09-29
2010年	2010-08-28	2010-08-13	08-28
2011年	2010-08-28	2010-09-25	08-28

图 2.6 STARFM 时间序列构建的基准影像

2.2.2 多年多时相融合结果与评价

高时空分辨率 NDVI 数据集的精度受多个因素的影响，包括：研究区地表异质程度，Landsat 影像大气校正精度，基准影像对间的数据一致性，STARFM 模型对 Nir 和 Red 波段的计算精度等。为了评价 STARFM 模型对构建 NDVI 数据集的影响，以 2002-09-25 的 ETM+和 MODIS 影像为基准，设定滑动窗口的宽度为 1 500 m，即 3 个 MODIS 像元或 50 个 ETM+像元宽度，利用 2002-06-05、2002-10-11 和 2002-11-12 的 MODIS 影像预测对应时间的 ETM+影像，预测结果如图 2.7 所示（由于 2002-09-25 的影像对为基准影像，故没有该时间的预测影像）。图 2.7 为矿区中部 10 km×10 km 区域的放大显示，图 2.7（a）为 2002-10-11 的实际观测影像，图 2.7（b）为预测影像。

（a）实际观测影像

（b）预测影像

图 2.7 2002-10-11 实际观测影像与预测影像局部比较

对预测结果进行逐像元比较，利用真实影像和预测影像对应波段的散点图对两者像元值的分布情况进行直观表达，如图 2.8 所示，其横坐标为各观测影像不同波段的像素值，纵坐标为对应的预测影像像素值，系数为 10000，图中黑线为 1∶1 直线，红线代表各自的线性回归模型。图 2.8（a）～（c）分别为 2002-06-05、2002-10-11 和 2002-11-12 预测影像与观测影像的近红外波段散点图，总体上三个预测时期的散点图均显示出了较强的相关性，表明 STARFM 算法成功获取了 MODIS 提供的光谱变化信息。2002-10-11 与基准时间 2002-09-25 仅间隔 16 天，其决定系数（R^2）最高，达到了 0.908，回归直线斜率（slope）为 0.993，说明该预测波段与观测波段非常接近。与基准时间相差 48 天的 2002-11-12 预测影像近红外波段的决定系数相对较低，为 0.812，回归直线斜率与 1∶1 直线也非常接近，为 1.075。2002-06-05 与基准时间间隔最长（112 天），其决定系数也最低，为 0.739，回归直线斜率为 1.064。从以上对近红外波段散点图的分析可以看出，

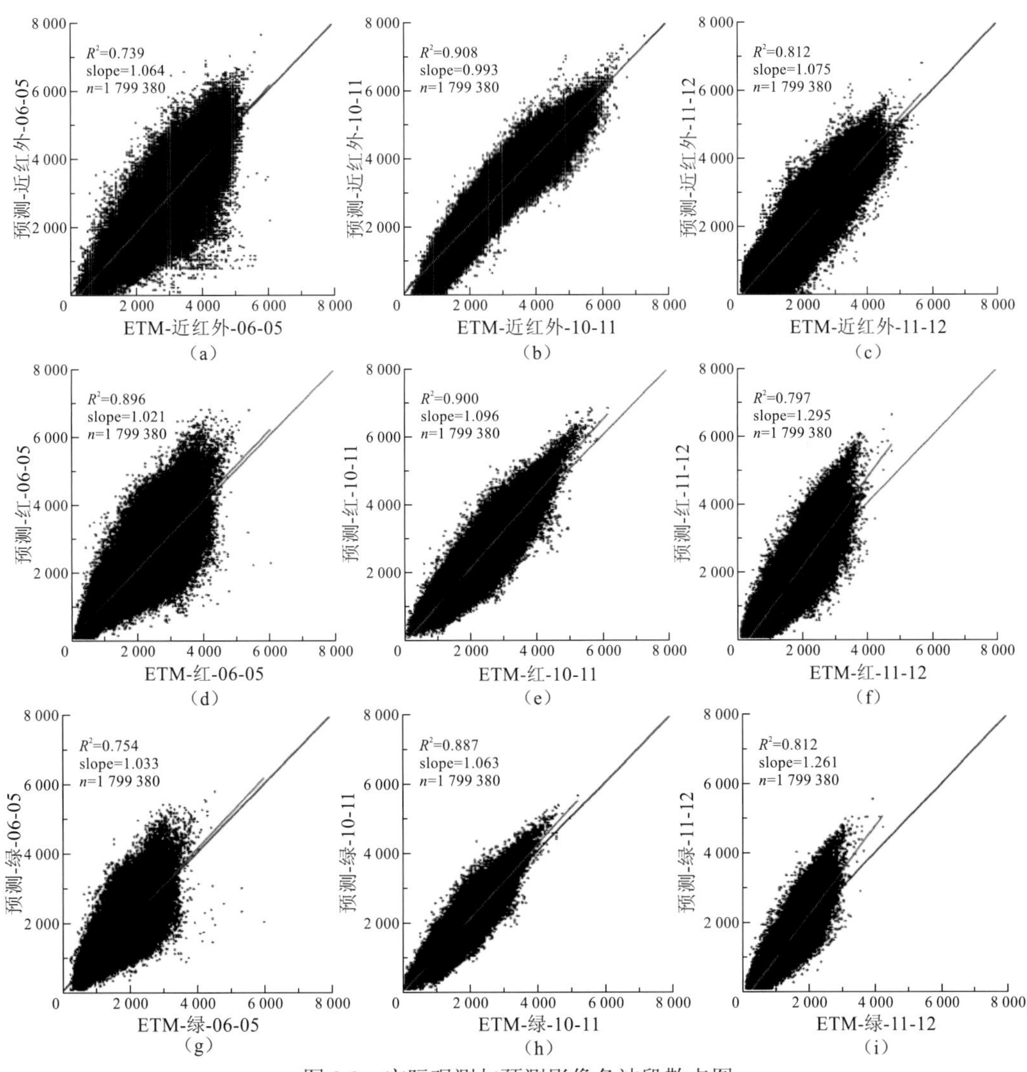

图 2.8　实际观测与预测影像各波段散点图

系数为 10 000

随着预测时间域基准时间间隔的增大，STARFM 算法获取光谱变化信息的能力逐渐减弱，预测结果的精度也随之降低，但总体上预测影像能够较精确地在 ETM+分辨率尺度上体现地表反射率的实际情况。植被在红色和近红外波段的反射率相差很大，在遥感影像上体现出不同的光谱特征，图 2.8（d）～（f）为影像红色波段的散点图，与近红外波段相似，STARFM 也很好地预测了影像红色波段的光谱特征，但 2002-10-11 和 2002-11-12 的红色波段决定系数比近红外波段小，且回归直线的斜率更大，尤其是 2002-11-12，达到了 1.295。图 2.8（g）～（i）为影像绿色波段的散点图，绿色波段与红色波段的光谱特征具有很强的相关性，两者的散点图形状和参数的相似性体现了这一点。红色与绿色波段散点图偏离 1∶1 直线相对较大，这和预测影像色调偏蓝绿色相一致（图 2.7）。近红外波段像素值的波动范围与红色波段相似，均高于绿色波段，这也说明了大同矿区植被覆盖度相对较低。

表 2.2 为预测影像与实际观测影像的反射率差值情况，其中平均反射率差值 σ 和绝对反射率差值 δ 的计算公式分别为式（2.9）和式（2.10）。

$$\sigma = \frac{1}{n}[L_{x_i,y_j}^{\text{observed}} - L_{x_i,y_j}^{\text{predict}}] \tag{2.9}$$

$$\delta = \frac{1}{n}[|L_{x_i,y_j}^{\text{observed}} - L_{x_i,y_j}^{\text{predict}}|] \tag{2.10}$$

式中：$L_{x_i,y_j}^{\text{observed}}$ 和 $L_{x_i,y_j}^{\text{predict}}$ 分别为 (x_i,y_j) 处的实际观测值和预测值；[ ]为求和符号；n 为像元总数；表中的计算值均包含系数 10000。相对误差 $\varDelta$ 的计算公式为 $\varDelta=\dfrac{\sigma}{\frac{1}{n}[L_{x_i,y_j}^{\text{observed}}]}$ 和 $\varDelta=\dfrac{\delta}{\frac{1}{n}[L_{x_i,y_j}^{\text{observed}}]}$，表中相对误差均用百分率表示。

表 2.2 实际观测与预测影像的反射率差值（系数：10 000）

日期	平均反射率差值						绝对反射率差值					
	近红外波段		红色波段		绿色波段		近红外波段		红色波段		绿色波段	
	σ	$\varDelta$	σ	$\varDelta$	σ	$\varDelta$	δ	$\varDelta$	δ	$\varDelta$	δ	$\varDelta$
2002-06-05	76	2.3%	−94	4.4%	−51	2.9%	349	10.6%	307	14.5%	245	14.1%
2002-10-11	−53	1.6%	−106	5.0%	−63	3.9%	203	6.3%	226	10.7%	164	10.0%
2002-11-12	9	0.4%	−110	6.3%	−74	5.5%	268	11.3%	315	18.1%	216	16.0%

总体上，三种误差均维持在较低的水平，表明预测结果体现了实际观测影像的主要信息，进一步还可以分析出 4 个特征：①由于正负误差的抵消作用，平均反射率误差均小于绝对反射率误差；②三期预测影像的红色波段误差相对于其他两个波段更大，这一点和散点图红色波段离散程度较大的特点相一致；③因近红外波段反射率值较大，其相对误差最小，红色和绿色波段的相对误差相近；④2002-10-11 的预测精度较另外两期更

高，虽然 2002-06-05 距离基准时间最长，但其预测精度比 2002-11-12 略高，这应该是 2002-06-05 影像与基准影像地物光谱特征更接近的缘故。

将相应的 MODIS 500 m 日反射率数据（MOD09GA）作为输入，计算以上三期与已知 Landsat 影像同时间的合成结果，分析合成影像与实际观测影像近红外和红色波段及 NDVI 的绝对差值图和散点图。同时选取不同的植被类型区域，比较 STARFM 输出影像的 NDVI 时间序列与 MOD13Q1 产品（250 m 分辨率、16 天合成）的相似度，从植被物候的角度对所构建的 NDVI 数据集进行质量评价，如图 2.9 所示。

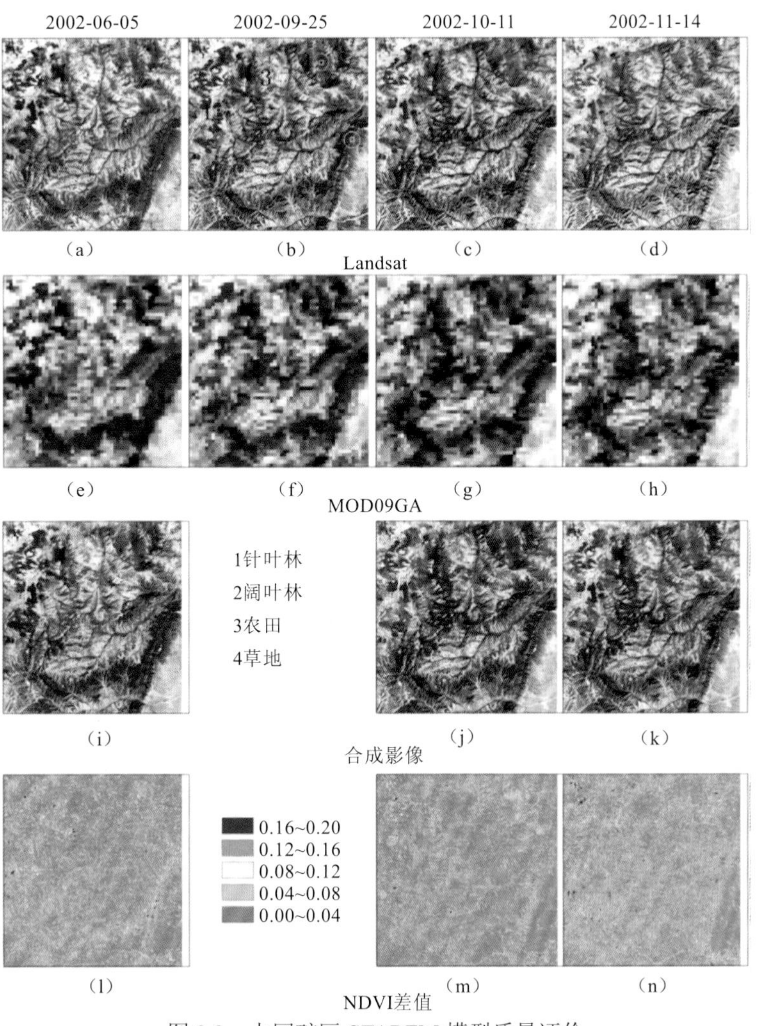

图 2.9　大同矿区 STARFM 模型质量评价

波段组合为红色：近红外、绿色：红色、蓝色：绿色

2002 年的可用 Landsat 影像和相应的 MOD09GA 影像，如图 2.9 第一行和第二行所示，波段组合为红色：近红外、绿色：红色、蓝色：绿色，同一天的 Landsat 和 MODIS 影像具有很好的一致性，两种影像序列均反映了植被的物候变化。图 2.9 中的第三行为 2002-06-05、2002-10-11、2002-11-12 三个时间的 STARFM 合成影像，将其与第一行的

实际观测影像对比可以看出合成影像高度保持了 Landsat 影像 30 m 的空间分辨率，所体现的植被物候现象与 Landsat 和 MODIS 序列一致。2002-06-05 与 2002-10-11 的合成结果与真实的 Landsat 影像非常接近，2002-11-12 的合成效果有所下降。

从目视效果来看，预测影像[图 2.9（I-K）]都具有较高的空间分辨率，从图 2.9 中可以看出预测影像的空间细节与实际影像几乎没有任何差别，不同地物的分界线、山脉纹理和阴影等都得到了清楚的体现，表明 STARFM 算法具有很强的空间细节保持能力。在光谱信息保持的角度上，预测影像图[图 2.9（I-K）]与实际观测影像[图 2.9（A、C、D）]色调一致，预测序列体现了植被随时间变化的物候现象。

图 2.10 为三个时间 STARFM 合成影像与实际观测影像近红外、红色波段和 NDVI 的散点图，红色代表点的密度最大，蓝色代表点最稀疏。各散点图均分布在 1∶1 直线两

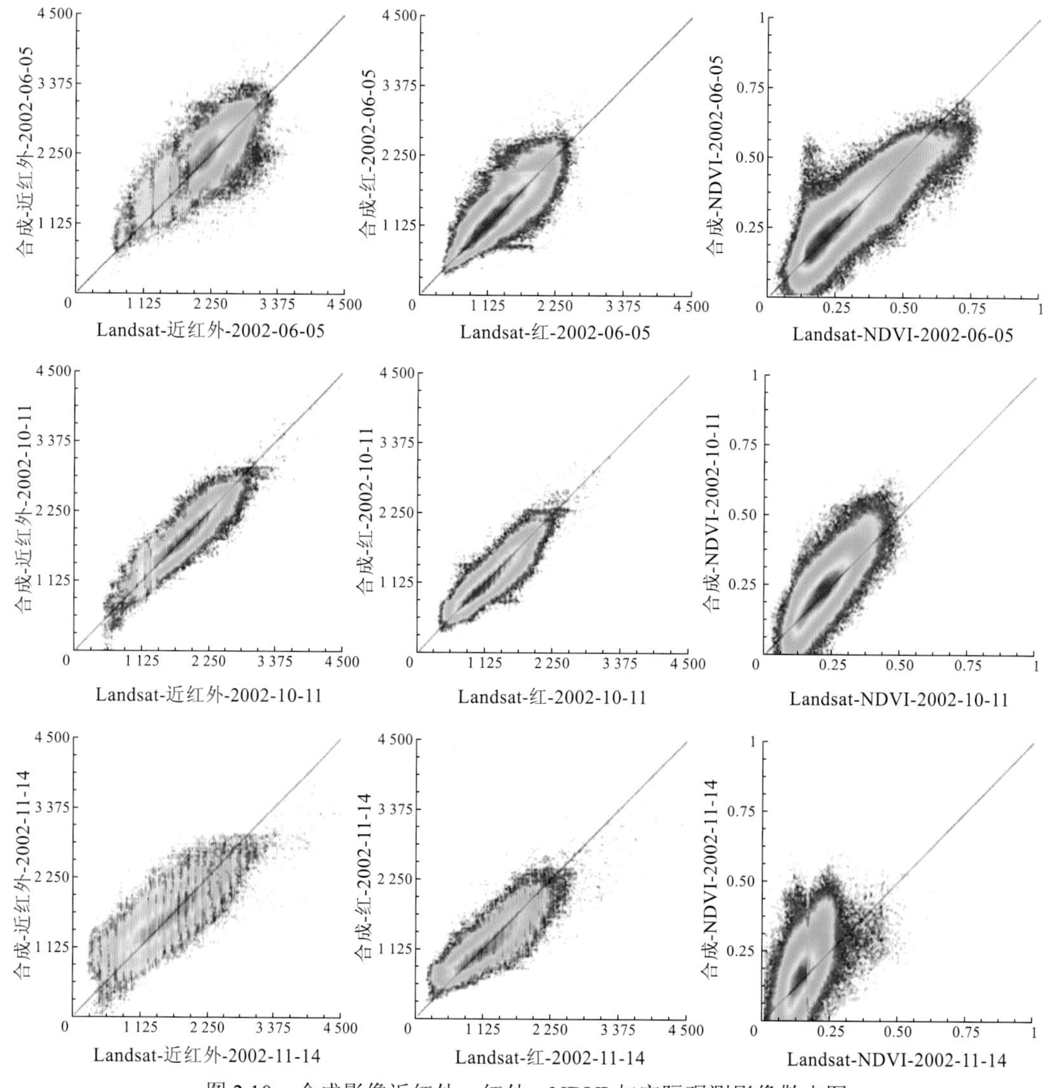

图 2.10　合成影像近红外、红外、NDVI 与实际观测影像散点图

近红外和红外波段乘系数 10 000

侧，表明合成影像与实际观测影像具有一致性。2002-10-11 的各波段散点图的离散程度最低，表明该时间的结果最精确，2002-11-14 的 NDVI 散点图趋势偏离了 1∶1 直线，表明合成结果精度较低，这与 NDVI 绝对差值图所体现的情况一致。STARFM 合成影像与实际观测影像的 NDVI 绝对差值图见图 2.9 第四行，三个时间的 NDVI 差值均在 0.2 以内，且大部分区域小于 0.04，说明 STARFM 模型在大同矿区破碎的地表条件下仍具备较高的精度。NDVI 绝对差值图也体现了每个合成影像内部的精度分布情况，2002-06-05 的合成影像在矿区东部和西部的红色和黄色区域精度相对较低，2002-10-11 的合成影像精度在三个时期内最高，2002-11-14 的合成影像精度最低，这是由于该时期的植被已基本枯黄，与基准影像的反射率差值最大。三幅合成 NDVI 的精度在空间分布上具有一致性，均表现为非植被覆盖区的合成精度低于植被覆盖区，东部高植被覆盖带合成精度略低于其他区域。

植被的物候变化是研究生态环境变化的重要指标，它反映了植被对外界环境变化的响应。不同类型的植被具有不同的物候特点，图 2.11 为研究区内 2000～2011 年针叶林、阔叶林、农田和草地的 NDVI 变化曲线，其值为图 2.9 中不同植被类型所有像素的平均值，黑色线表示 MOD13Q1 的 NDVI，灰色线表示 STARFM 的合成结果，两者均是利用 Savitzky-Golay 滤波器对原始 NDVI 序列的去噪结果，滤波器宽度为 7，拟合多项式次数为 2。总体上，STARFM 合成结果与 MOD13Q1 的 NDVI 时间序列对于 4 种植被类型均具有较高的一致性，针叶林和阔叶林的 NDVI 值高于农田和草地，STARFM 合成结果中农田的时间序列与 MOD13Q1 的符合程度最高。因此，利用 STARFM 模型构建的大同矿区 NDVI 数据集能够反映植被的物候变化。

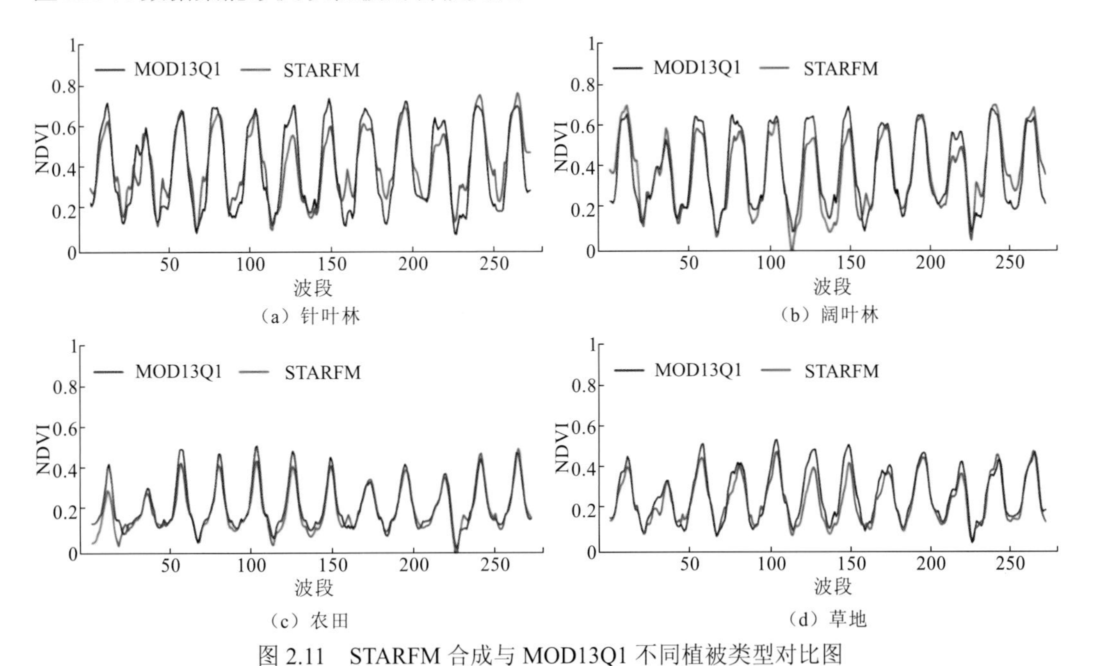

（a）针叶林　（b）阔叶林　（c）农田　（d）草地

图 2.11　STARFM 合成与 MOD13Q1 不同植被类型对比图

2.2.3 植被变化情况

图2.12显示了大同矿区2000～2011年植被变化趋势分布情况，绿色区域表明2000～2011年植被覆盖呈增长趋势，绿度越大增长趋势越明显，红色区域表明呈减少/退化趋势，越红减少/退化趋势越严重，灰色区域表明植被变化趋势不显著。表2.3为植被变化统计结果，2000～2011年大同矿区植被显著增加区域占39.6%，显著减少/退化区域占10.7%，不显著区域占49.7%。

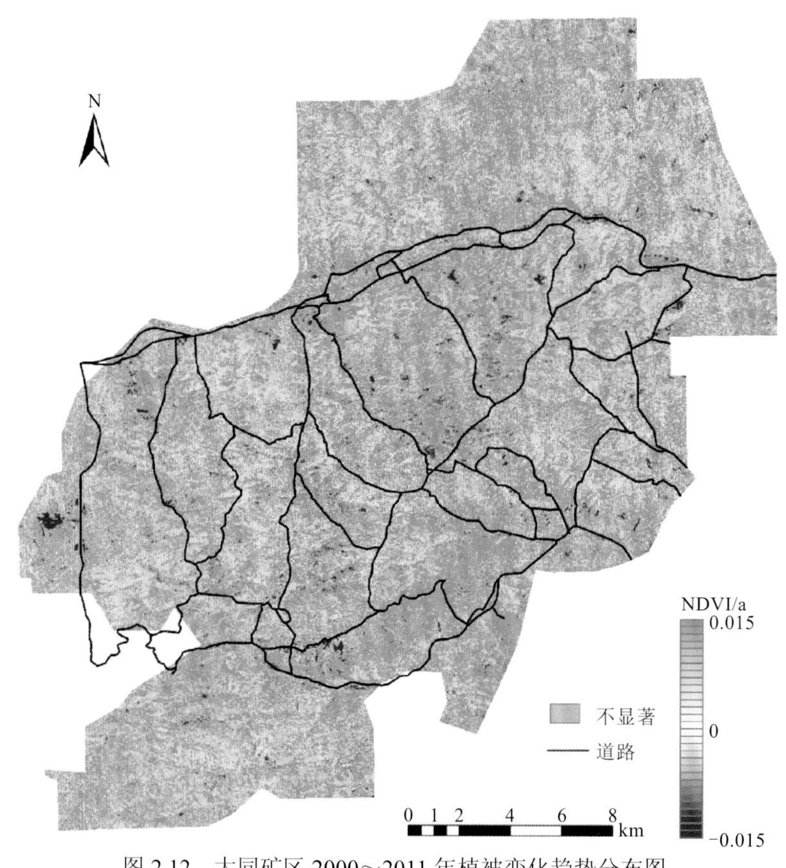

图2.12 大同矿区2000～2011年植被变化趋势分布图

表2.3 大同矿区2000～2011年植被变化统计结果 （单位：%）

项目	变化趋势		
	增加	减少/退化	不显著
比例	39.6	10.7	49.7

2.3　井工开采对植被-土壤生物量与碳汇扰动的计量理论

2.3.1　煤矿区主要地表碳汇类型

碳汇是指从大气中封存 CO_2，自然界最主要的碳汇有海洋（包括海水和海洋生物）、岩石圈、植被和土壤。碳循环是地球生物化学循环的重要组成部分，包括碳元素以各种形态在地质圈、土壤圈、水圈、大气圈、生物圈间的迁移转化过程。各圈层间微小的碳通量变化可能对人类的生存环境造成深刻的影响。工业革命以来，人类活动显著改变了各圈层间的碳通量交换，植被的破坏、化石燃料的燃烧和土地利用方式的变化使得存储在生物圈、地质圈、土壤圈中的碳元素被更多地释放到大气圈中，其中一部分碳又通过水-气交换和光合作用被海洋及陆地上的部分植物吸收，剩余存留在大气中的增量碳则加剧了温室效应，成为影响当今世界的主要环境问题之一。

地球碳循环包括各圈层间的碳交换，如生物圈与大气圈（光合作用、呼吸作用）、生物圈与土壤圈（矿化、分解）、土壤圈与大气圈（土壤呼吸）、大气圈与海洋圈（海洋溶解、浮游生物吸收）、地质圈与大气圈（化石燃料利用）等。其中，煤矿区的碳循环是地球碳循环的有机组成部分，遵循地球碳循环普遍规律的同时，又具有其独特的特征，如大规模的煤炭开采及发电、洗选、煤化工等利用活动使煤矿区成为碳源地区，人类活动和开采过程中对环境的扰动又进一步降低了矿区碳汇载体对碳的吸收能力。

植被与土壤中的有机碳间又存在紧密的联系。植被通过光合作用固定碳元素，其枯枝落叶转化为土壤的有机质，成为土壤有机碳的一部分。因此，植被和土壤受开采扰动的碳变化具有协同性。

煤炭的开采过程破坏了地下瓦斯、煤层气、矿井低温热源等要素的存储结构，伴随大量地下瓦斯气体的排放，瓦斯的主要成分甲烷对臭氧层的破坏能力相当于 CO_2 的 7 倍，产生的温室效应相当于 CO_2 的 21 倍（申宝宏和杨丽，2010）。因此，开采导致的地下碳汇要素扰动与碳排放也相当严重。地下与地表两大碳库的扰动构成了煤炭开采资源环境碳效应的两个主要方面，地表碳汇又包含了陆生植被、水生植被、湿地、土壤等。由于研究区没有明显的湖泊、湿地，河流较少，本章主要讨论和计量陆生植被及与之同位的土壤等地表碳汇要素的扰动作用。

地球碳循环包括各圈层间的碳交换，其中，煤矿区的碳循环是地球碳循环的有机组成部分，遵循地球碳循环普遍规律的同时，又具有其独特的特征，如大规模的煤炭开采及发电、洗选、煤化工等利用活动使煤矿区成为碳源地区，人类活动和开采过程中对环境的扰动又进一步降低了矿区碳汇载体对碳的吸收能力，矿区内碳源、碳汇系统交织耦合，构成了全球碳循环的微观组成。煤矿区碳源/汇机制如图 2.13 所示。

海洋、岩石、植被、土壤、生物体等碳汇要素中的碳可以分为有机碳和无机碳两类，其中，有机碳汇主要分为森林碳汇、草原碳汇、土壤碳汇、湿地碳汇、水生生物碳汇等，而无机碳主要为以碳酸盐或游离态等形式存储在海洋、岩石和土壤中的碳元素。图 2.13

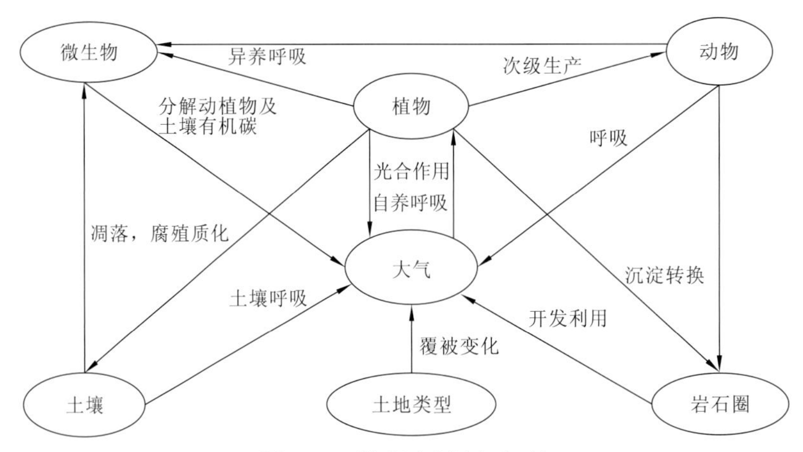

图 2.13 煤矿区碳源/汇机制

箭头代表碳的流动方向

中描述的煤矿区 14 条碳流动路线中，既包含了有机碳的流动和无机碳的流动，又包含了有机碳与无机碳间的相互转化过程。其中，动植物残体经沉积进入地质大循环需经历漫长的年代，本节不做讨论；动物呼吸、次级生产、地表煤炭利用等过程与本节研究内容——煤炭开采对植被、土壤物质量和碳汇的扰动间关联较小，不展开论述。而地层和土壤中的无机碳[土壤无机碳主要来源于土壤母岩风化过程中形成的发生性碳酸盐矿物态碳（于天仁和陈志诚，1990）]研究目前比较薄弱，其受煤炭开采的影响有待于进一步研究。

本章主要研究煤炭开采对植被、土壤中有机碳的扰动效应，包含光合作用、土壤呼吸、凋落、微生物作用、腐殖质化的植被和土壤中碳的动态变化，可以分别用式（2.11）和式（2.12）表示。

$$d(C)/dt_v = P - R_v - f_v \tag{2.11}$$

$$d(C)/dt_s = \Delta A(O - R_s) \tag{2.12}$$

式中：$d(C)/dt_v$ 和 $d(C)/dt_s$ 分别为一定时期内植被和土壤有机碳汇变化；P 为光合作用储存的碳；R_v 为植物呼吸作用消耗的碳，包括自养呼吸和异养呼吸；f_v 为残落物；O 为腐殖质化过程中动植物残体经土壤微生物作用而形成的有机碳；R_s 为土壤呼吸消耗的碳，包括植物根系呼吸和微生物呼吸。以上各因子中的碳汇均有可能受到煤炭开采的影响。ΔA 为因采矿引起的土壤侵蚀而导致的土壤物质量变化。

因此，研究与计量植被和土壤的物质量和碳汇扰动是检验矿区生态环境变化的重要指标之一，对于评价煤炭开采对矿区环境影响机理、实施切实有效的生态修复工程等具有重要的研究意义。

2.3.2 煤炭开采对植被-土壤生物量与碳汇扰动的计量理论

根据煤矿区植被、土壤受扰动的特征及成因，本小节主要探讨植被、土壤受扰动的生物量与碳汇计量的理论。

在衡量植被繁茂程度的要素中，植被覆盖度又称为投影盖度，是指植被植株冠层或叶面在地面的垂直投影面积占植被区总面积的比例，其范围分布 0～1，反映了植被在水平方向上的密度情况，数值越大表明植被覆盖度越高。国内外研究表明，作为重要的气候、生态水文影响因子，植被覆盖度影响区域大气圈、水圈、生物圈层间的各种物质转化和能量转移过程。因此，其演化过程是反映矿区生态环境变化趋势的重要指标之一，对于评价煤炭开发对矿区环境影响机理、实施切实有效的生态修复工程等具有重要的研究意义。目前，国内外关于区域植被覆盖度的研究主要集中在植被覆盖度与气候因子的关系、植被覆盖度变化对区域环境影响、以城市化等为代表的人类活动对植被覆盖度的影响等方面。在煤矿区，煤炭开发及相关生产活动是影响植被的最主要因子。

NDVI 是表征植被覆盖度和生长状况的重要指标，广泛应用于监测植被生长，通过解译遥感影像，煤炭开采对植被的时空累积破坏作用能在 NDVI 分布图中反映出来，表现为采区 NDVI 值的非正常变化，因此本节采用高时间分辨率的多时相 NDVI 值变化计量采矿对植被的影响及其在影像上的损失量。

植被通过光合作用吸收大气中的碳，去除呼吸和凋落的剩余部分转化为其生物量，而由植被枯萎、死亡导致的对大气中 CO_2 吸收能力的削弱量与植被光合作用能力、研究区在研究时间段内的气温、降水、太阳辐射量等变化密切相关，这里引入表征生态系统中物质与能量运转的指标——植被净初级生产力（NPP，植被在单位时间内通过光合作用将光能转换为碳水化合物的总量扣除植物自养呼吸后的剩余部分）（Liu et al.，1999）测度矿区植被受采煤引起的碳损失量。

在表征植被物质量的指标中，植被生物量不仅是衡量植被生产力、固碳能力的重要参考和评估区域植被碳汇的重要参数，也是将植被受煤炭开采在影像上损失量转换到物质损失量的有效途径和测度其碳汇变化的中间环节。因此，植被生物量[某一特定时刻单位面积内一个或若干个生物种（或一个生物群落）所储藏的所有活着的植被总干重]（方精云 等，1996）可以用来测度矿区植被的物质损害量。

植被生物量与 NPP 之间的关系可以表述为

$$\Delta \text{Biomass} = (\text{GPP} - R_a - R_h) / R_c - f_v \tag{2.13}$$

$$\text{NPP} = \text{GPP} - R_a \tag{2.14}$$

式中：ΔBiomass 为单位时间单位面积内变化的生物量；GPP 为光合作用所产生的有机物总量；R_a 为绿色植物自养呼吸消耗量；R_h 为异养呼吸消耗量；f_v 为残落物；R_c 为碳储量转换系数；NPP 为净初级生产力。这里将 ΔBiomass 、f_v 的单位定义为生物体干重，而 GPP、NPP、R_a 、R_h 的单位定义为有机碳的质量，因此，需通过碳储量转换系数进行转换。

植被对碳的固定作用包括植被本身生物体内储藏的碳及植被吐氧纳碳过程中吸收并转换为其生物量中的碳两个部分。煤炭开采一方面引起植被枯萎、死亡，导致植被生物量的损失；另一方面叶绿素的损耗也削弱了其光合作用，导致后续碳吸收能力减弱，使得植被对自然因子作用的反应发生改变。当研究时间段内自然因子促进植被的生长时，植被将从大气中吸收较多的 CO_2 转化成有机质用于自身的生长、呼吸，此时积累的 NPP

较多，而其中一部分 NPP 却因煤炭开采的扰动而并未积累，成为植被对自然因子响应的隐性负面效应。NPP 由光合有效辐射和光能利用率两部分组成，在同一地区，光照、气温等条件一定的情况下，光能利用率为定值，NDVI 与光合有效辐射为正比关系，因此，矿区煤炭开采与自然因子对 NDVI/NPP 的多年影响理论如图 2.14 所示。

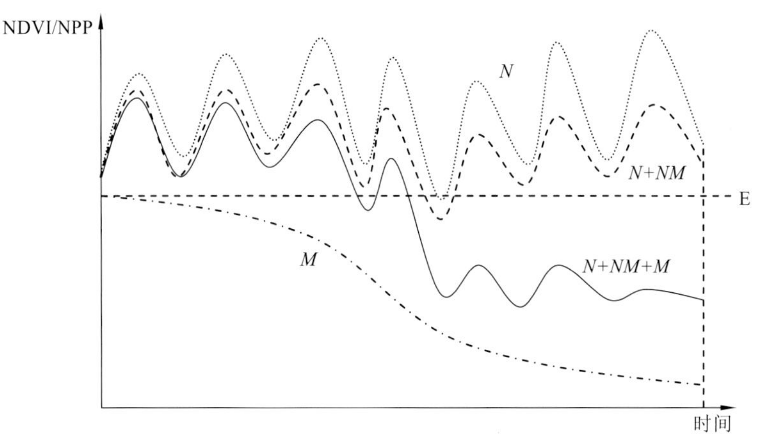

图 2.14　矿区煤炭开采与自然因子对 NDVI/NPP 影响理论图

图 2.14 中，若干年份中自然因子对植被 NDVI/NPP 的影响为曲线 *N*，表现为随季节的波动；地下煤炭开采对植被 NDVI/NPP 的破坏为曲线 *M*，根据相关研究，该曲线符合逻辑斯谛生态曲线；自然因子及其与地下煤炭开采对植被 NDVI/NPP 耦合影响为曲线 *N*+*NM*（由煤炭开采造成的植被对自然因子作用反应变化曲线，即自然因子实际作用曲线）；在自然因子和煤炭开采共同作用下的植被 NDVI/NPP 实际变化为曲线 *N*+*NM*+*M*；曲线 *N*+*NM* 和 *N*+*NM*+*M* 围成的面积为植被受扰动的显性变化量；曲线 *N* 和 *N*+*NM* 围成的面积为植被纳碳能力削弱造成的隐性变化量；而曲线 *N* 和 *N*+*NM*+*M* 围成的面积则为该时间段内由煤炭开采造成的植被受扰动总变化量。

而生态系统的生物量是一个随时间而变化的过程，只有在老龄林，其生物量才趋于稳定，更多表现为由物候和气候而造成的年内及年际波动。矿区煤炭开采与自然因子对植被生物量影响理论图如图 2.15 所示。曲线 *N* 为若干年份中只受自然因子作用的生物量增长曲线，表现为在生长季的持续增加和冬季的略微下降；曲线 *M* 为煤炭开采对植被的破坏曲线；曲线 *N*+*NM* 为由煤炭开采造成的生物量降低而导致的植被对自然因子作用变化曲线（自然因子实际作用曲线）；曲线 *N*+*NM*+*M* 为这两种因素共同作用下生物量实际变化曲线；曲线 *N*+*NM* 和 *N*+*NM*+*M* 围成的面积为植被生物量显性变化量；曲线 *N* 和 *N*+*NM* 围成的面积为植被纳碳能力削弱造成的生物量隐性变化量；而曲线 *N* 和 *N*+*NM*+*M* 围成的面积则为该时间段内由煤炭开采造成的植被生物量总变化量。

以上分析，确定了用于计量煤炭开采对植被影响的三个表征及其相关关系，明晰了煤炭开采对这三个表征量的累积性作用模式，以作为计量植被受扰动在遥感影像上的概念损失、物质量实际损失和碳汇变化的理论基础。

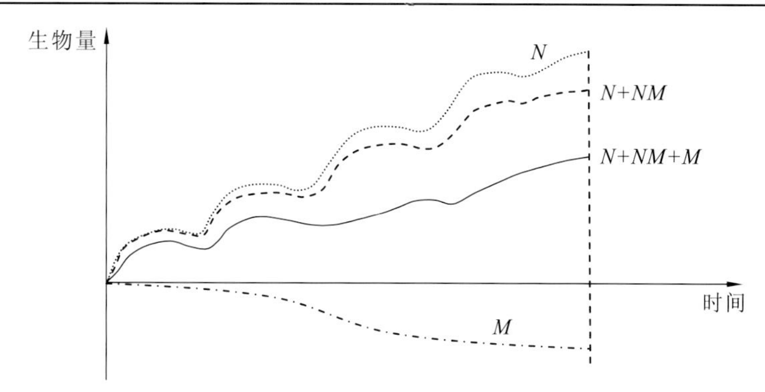

图 2.15　矿区煤炭开采与自然因子对植被生物量影响理论图

2.4　井工开采对植被扰动的物质量变化计量

本节以大同矿区忻州窑煤矿 2001～2010 年开采沉陷区为例，利用融合的高时空分辨率影像构建工作面尺度的植被 NDVI 变化时间序列，提取植被受煤炭开采及自然因子扰动的 NDVI 数据序列值。

2.4.1　植被扰动时空序列分析与 NDVI 损失计量

大同矿区植被演化及时空效应的图谱分析从宏观上明晰了全矿区侏罗纪煤田植被受煤炭开采、压煤村庄搬迁等因子的整体影响格局，本节选取矿区的一个矿井——忻州窑煤矿，从开采工作面的微观尺度研究采煤对植被的影响。

根据本节研究目标，选取对矿区植被影响最大的三类因子——自然因子（包括气候、温度、降水、太阳辐射等非人文因子）、地表人类活动（包括工农业生产活动、植树造林活动等）和地下煤炭开采作为研究植被 NDVI 值演化的驱动力，这三类因子的共同作用导致了 NDVI 在空间和时间上的变化趋势。为解析煤炭开采与矿区植被损害间的定量关系，通过 STARFM（Walker et al.，2012；Hilker et al.，2009；Gao et al.，2006）构建了高时空分辨率的矿区遥感影像；利用矿井采煤工作面分布图从空间上明晰研究区植被与各影响要素间的空间布局关系和时序变化；综合讨论煤炭开采和自然因子对 NDVI 的影响量化值，并以此时间序列的植被扰动量化值为数据源，分别在 2.5 节、2.6 节中研究解决两个问题：①土壤侵蚀区植被覆盖因子计算；②受扰动植被 NPP 变化测度。研究流程如图 2.16 所示。

2.4.2　高时空分辨率遥感影像融合

针对单一影像数据源难以满足矿区植被监测的问题，利用 STARFM 融合 2000～2011 年 Landsat 与 MODIS 影像，结合 Landsat 影像的空间分辨率优势与 MODIS 影像的高时间分辨率优势，以 2000～2011 年每年一景 Landsat 影像和与其对应的 MODIS 影像作为

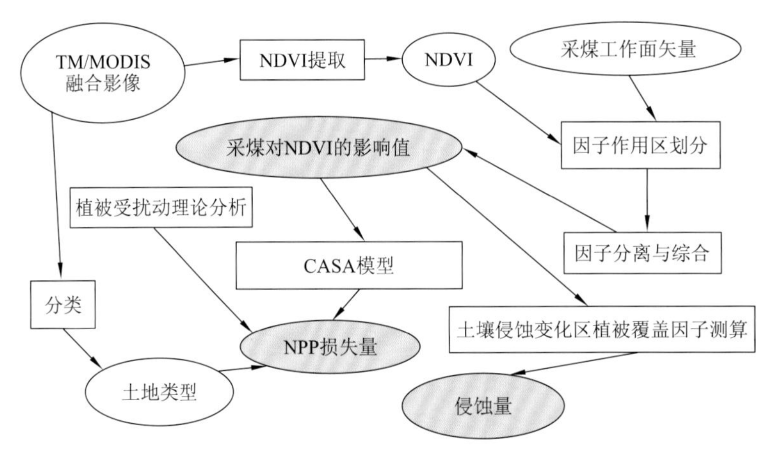

图 2.16　植被受煤炭开采的生物量损失量与碳损失量测度模型

STARFM 模型输入所需的各年份基准影像对，结合该年内其他时期的 MODIS 输入影像计算相应的未知 Landsat 影像，构建大同矿区 2000～2011 年 30 m 空间分辨率 16 天间隔的 NDVI 时间序列影像数据集（详见 2.2 节），将融合后的影像与 MODIS 影像的极值、均值、偏差进行对比（图 2.17）。

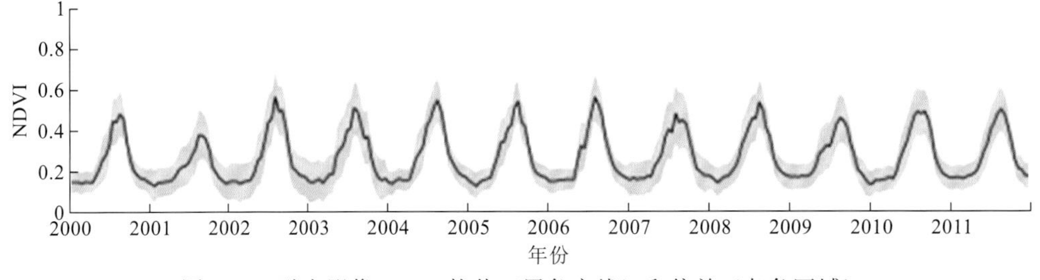

图 2.17　融合影像 NDVI 均值（黑色实线）和偏差（灰色区域）

2.4.3　沉陷区自然因子及采矿对植被的影响

以融合的大同矿区 2000～2011 年时间序列影像 NDVI 提取 2001～2010 年自然因子及采矿对植被 NDVI 的影响。根据 2.3 节的理论分析，煤炭开采对环境要素的扰动具有一定的时空累积性和时序滞后性，但其滞后时间受诸多因素影响，十分复杂。理论上，2001～2010 年植被受煤炭开采扰动效应的累积性能够体现在这一时期内植被 NDVI 值的变化上，但在时间边界上与这一时期的煤炭开采并不一致。因此，本节所研究的 2001～2010 年植被 NDVI 变化并非这一时期煤炭开采导致的植被 NDVI 变化，而是指一定时期内煤炭开采导致的 2001～2010 年植被 NDVI 变化。

大同矿区植被变化受多种因子的共同作用，要研究煤炭开采这一因子对植被的独立影响模型，必须先量化并分离出其他因子的影响量值，为此在空间上根据大同矿区植被影响因子的复合关系将研究区域划分为云冈石窟（作为国家级风景名胜区，是大同矿区为数不多的禁止开采区之一，内部保持了较多较好的只受自然因子作用的原生态植被，且距离忻州窑煤矿只有 5 km，两地具有极为相似的自然条件）、采煤沉陷区（井工开采在地表形成的远大于地下采煤工作面的塌陷区，植被受自然因子、地表人类活动与煤炭开采的共同影响）和非沉陷区（植被受自然因子和地表人类活动的共同影响）三类。

井工开采方式中，地下煤炭采出后，形成采空区，导致覆岩受力变化，产生形变，传递到地表，在采区上方形成了远大于采煤工作面的沉陷区。土地塌陷导致地面微地形的变化，重塑了地表形态和土体结构，改变了土壤理化性质，影响植物根系对水分养分的吸收。因此，井工采煤导致沉陷区范围大于采空区工作面对应的垂直地表，为测算矿区一定时间段(t_1, t_2)内开采沉陷的范围，在 t_2 时刻实测 DEM 的基础上，必须反演出 t_1 时刻 DEM。以 2001～2010 年忻州窑煤矿采空区为研究对象，利用开采沉陷理论和方法（连达军 等，2010；何万龙，2003）反演 2001 年矿区 DEM。

研究区为“三硬煤层”，采煤沉陷规律不同于一般的软、中硬围岩采煤地区的条件，不是缓慢即时沉陷，而是突然整体塌陷，并具有明显的滞后性、突发性和随机性（戴华阳 等，1995），无实测数据。因此在计算时，根据煤炭科学研究总院等科研单位对大同矿区采煤沉陷地表移动参数（黄庆国和赵军，2008）的调查分析，参考相关文献（侯志鹰和张英华，2004），根据局部观测计算得出大同矿区长壁式综合机械化开采下沉系数等参数，见表 2.4。以 2001 年以来研究区各采空区煤层厚度（1～7 m）、开采方式（长壁综采）、开采深度（9 号煤层约 300 m，11-2 号煤层 320～360 m）、煤层倾角等相关参数作为地表沉陷下沉参数，在 MSPS 软件中计算下沉量。下沉 DEM 如图 2.18 所示，沉陷区面积 11.201 km^2。将下沉 DEM 与 2010 年实测 DEM 叠加，反演得到 2001 年沉陷前 DEM。

表 2.4 研究区开采沉陷参数

参数		值
下沉系数	初采	0.5
	一次复采	0.6
	二次复采	0.7
水平移动系数		0.3
主要影响角正切	初采	1.6
	复采	1.8
最大下沉角		90°−0.5α
采深/m		300～370

注：α 为煤层倾角。

图 2.18 研究区下沉 DEM

以云冈石窟内保持较好的原生态植被区 NDVI 值变化函数作为忻州窑煤矿植被 NDVI 受气候等自然因子影响的分量，通过对沉陷区和非沉陷区像元 NDVI 变化值建立函数分离出气候变化和地表人类活动对矿区植被的影响因子（表 2.5）。

表 2.5　矿区植被影响因子分类

类型	影响因子
云冈石窟	自然因子
非沉陷区	自然因子、地表人类活动
沉陷区	自然因子、地表人类活动、地下煤炭开采

在 2.2 节融合的影像数据集中，提取云冈石窟植被核心区和忻州窑煤矿 2001～2010 年 30 m 空间分辨率 16 天间隔的 230 景 NDVI 时间序列影像数据集作为定量研究煤炭开采对植被影响的表征量（图 2.19）。同时，以影像分类、实地调研和资料处理相结合的方式对该地土地利用状况进行分类，结合矿区 DEM 等空间和属性数据，作为研究的辅助资料。

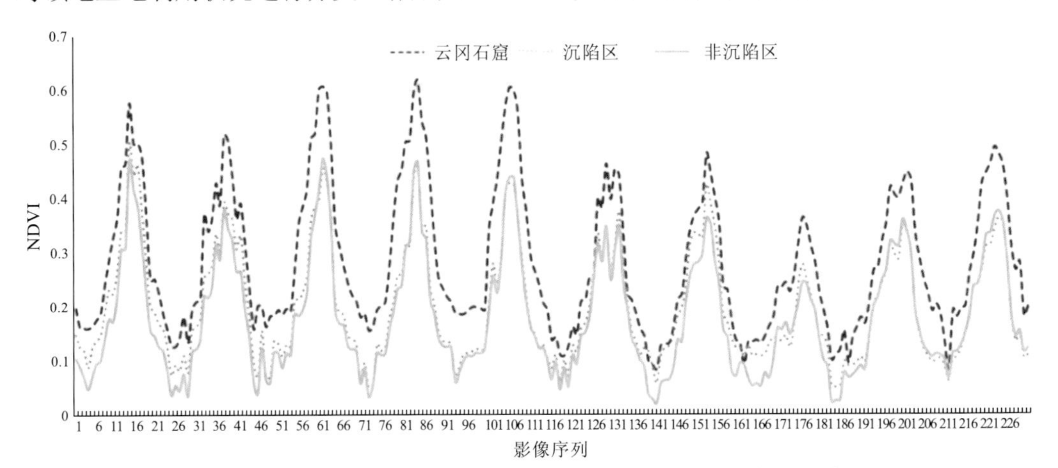

图 2.19　三类区域 10 年 16 天间隔 230 景 NDVI 均值实际曲线

经过前文分析，沉陷区植被 NDVI 变化量与各影响因子之间必然存在如下函数关系式：

$$\mathrm{NDVI} = f(N,H,M) \tag{2.15}$$

式中：N 为自然因子影响值；H 为地表人类活动影响值；M 为煤炭开采影响值。

由于矿区三类因子对植被的影响具有一定的耦合效应，其中煤炭开采和地表人类活动对植被的影响使得植被对自然因子作用的响应值发生改变，而煤炭开采与地表人类活动对植被的影响间不存在明显的制约关系。因此，植被 NDVI 实际值可以表述为

$$\mathrm{NDVI} = N + M + H + NH + NM \tag{2.16}$$

式中：NH 为地表人类活动与自然因子间的耦合作用；NM 为煤炭开采与自然因子间的耦合作用。

由式（2.16）可知，煤炭开采和自然因子对矿区植被的扰动量为

$$\mathrm{NDVI}_{NM} = N + NM + M \tag{2.17}$$

式中：NDVI_{NM} 为自然因子和煤炭开采共同作用下矿区植被 NDVI 变化值。

对各因子作如下定义。

（1）自然因子（N）：云冈石窟内每两个相邻时间段影像 NDVI 值为该时期自然因子影响量值，记为 N_y，时间上在前的影像 NDVI 值为 NDVI′，在后的影像 NDVI 值为 NDVI″，虽然在同时期内相距颇近的沉陷区和云冈石窟所受自然因子变化影响相当，但考虑自然因子对 NDVI 的作用效果同时受到自然因子的作用力和 NDVI 初始值的双重影响，相同的自然因子变化作用力对不同 NDVI 基础值的作用效果不尽相同，因此 NDVI 值较低的非沉陷区和沉陷区受自然因子作用的变化率与云冈石窟间并不是简单的相等关系。而自然因子的作用力是时刻变化的，在年内及年际间均不相同，由于时间的连续性，其真值本质上无法测得，但是拟合时的时间分辨率越小，其精度越高，这里假设本研究基于的最小时间尺度（16 天）内自然因子的作用力相同，利用云冈石窟植被保护区内各相邻景影像栅格间 NDVI 值构建每 16 天内的自然因子单一作用与植被 NDVI 值间的关系函数，如式（2.18）所示。利用该函数计算非沉陷区和沉陷区植被 NDVI 受自然因子单一影响的变化情况，如式（2.19）和式（2.20）所示。

$$N''_y = g_N(N'_y) \tag{2.18}$$

$$N_s = g_N(N'_s) \tag{2.19}$$

$$N_v = g_N(N'_v) \tag{2.20}$$

式中：N'_y 和 N''_y 分别为云冈石窟前一景和后一景植被 NDVI 实际值；N_s 和 N_v 分别为沉陷区和非沉陷区植被 NDVI 在不受采动影响下模拟值；g_N 为 230 景植被 NDVI 变化函数；N'_s 和 N'_v 为沉陷区和非沉陷区前一景植被 NDVI 模拟值，其中，2001 年 1 月 1 日第一景影像采用的是其 NDVI 实际值。

g_N 拟合式的相关系数（R^2）均值达到 0.916，表明不同像元植被 NDVI 受自然因子影响的变化与其基础值间存在较高的线性关系。将 230 景 g_N 拟合式的 R^2 按时间顺序连成曲线，如图 2.20 所示。

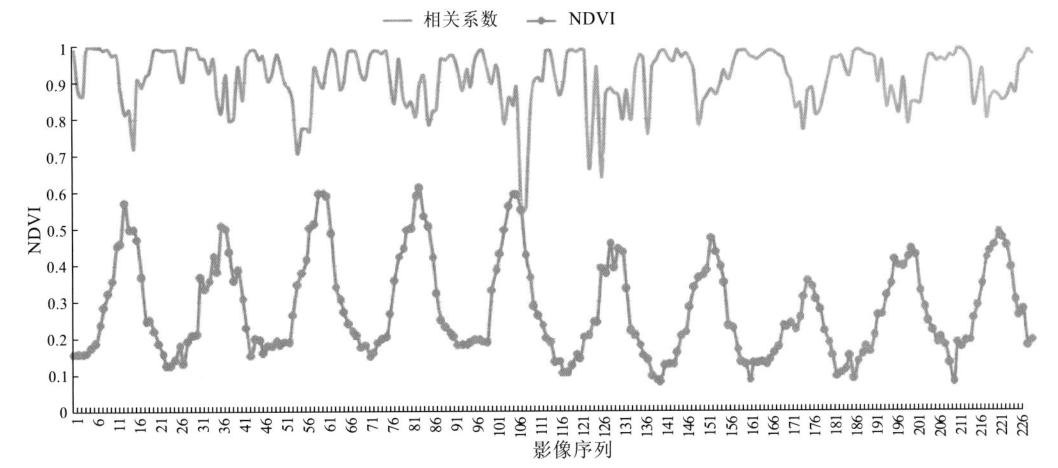

图 2.20　年际 NDVI 变化与拟合函数相关系数间的关系

观测图 2.20 发现，R^2 与 NDVI 呈反比例关系，6～9 月 NDVI 较高时，R^2 普遍在 0.7～

0.9，拟合效果较差，而冬春秋季 R^2 普遍高于 0.95，月 R^2 间比较如图 2.21 所示，表明研究区 NDVI 变化的拟合精度与气温的变化呈现密切负相关，当 NDVI 达到饱和后，其变化变得杂乱无章，变化率的规律性降低。

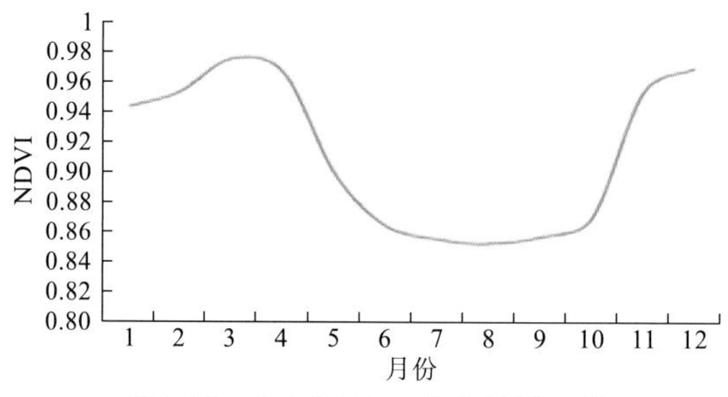

图 2.21　月 NDVI g_N 拟合效果比较

（2）地表人类活动（*H*+*NH*）：大同矿区地表人类活动主要表现为十多年来的植树造林、人为破坏等，其结果为近年来植被覆盖率上升。由于沉陷区地表人类活动与非沉陷区无异，且缺乏能够测度人类活动对植被的影响表征量，这里以非沉陷区植被 NDVI 变化量与自然因子变化量之差表示：

$$(H+NH)_{\mathrm{s}}=(H+NH)_{\mathrm{v}}=R_{\mathrm{v}}-N_{\mathrm{v}} \tag{2.21}$$

式中：R_{v} 为非沉陷区植被 NDVI 实际值；$(H+NH)_{\mathrm{s}}$ 和 $(H+NH)_{\mathrm{v}}$ 为地表人类活动影响值。

（3）煤炭开采（*M*+*NM*）：包括煤炭开采及自然因子和煤炭开采耦合作用对植被 NDVI 的影响：

$$M+NM=R_{\mathrm{s}}-N_{\mathrm{s}}-(H+NH)_{\mathrm{s}} \tag{2.22}$$

$$N+NM+M=R_{\mathrm{s}}-(H+NH)_{\mathrm{s}} \tag{2.23}$$

式中：R_{S} 为沉陷区植被 NDVI 实际值。

由此可根据式（2.15）～式（2.23）计算各影响因子对 NDVI 的量化值，解算得到 2001～2010 年沉陷区自然因子、煤炭开采对植被 NDVI 影响曲线（图 2.22）。

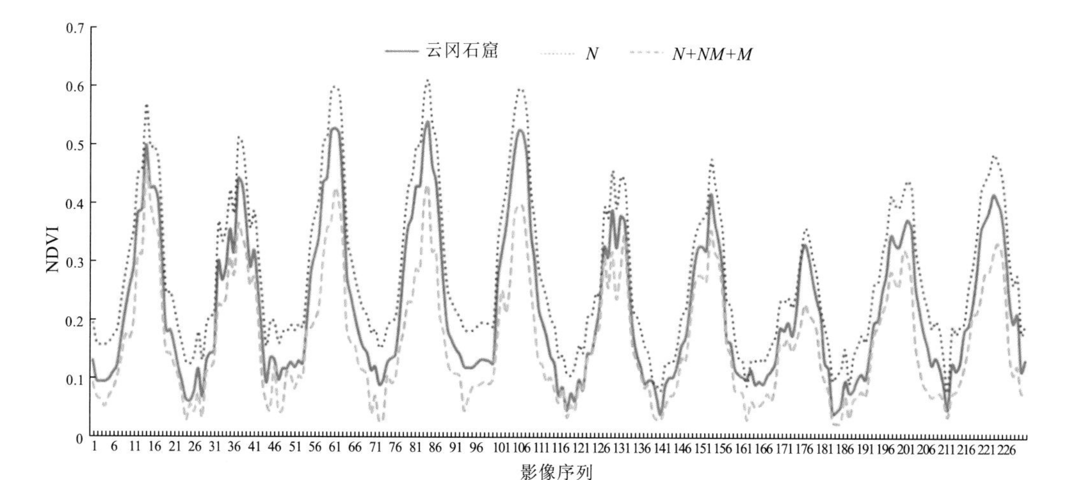

图 2.22　沉陷区自然因子（*N*）、煤炭开采（*N*+*NM*+*M*）对植被 NDVI 影响曲线

2.4.4 植被 NDVI 损失测度

由图 2.14 和图 2.15 的理论分析可得，设沉陷区 NDVI 理论变化函数为 $f(N)$（即图 2.14 中曲线 N）；煤炭开采作用下的 NDVI 变化函数为 $i(M)$（即图 2.14 中曲线 M）；煤炭开采影响下自然因子对沉陷区 NDVI 作用函数为 $g(N+NM)$（即图 2.14 中曲线 $N+NM$）；而煤炭开采与自然因子对 NDVI 的共同作用函数为 $h(N+NM+M)$（即图 2.14 中曲线 $N+NM+M$）。其中：用于拟合 $f(N)$ 的离散值可由式（2.19）得出；用于拟合 $h(N+NM+M)$ 的离散值可由式（2.23）得出；用于拟合 $g(N+NM)$ 的离散值的计算过程与式（2.19）相近。不同点在于计算时前一景影像的计算结果并不作为后一景影像的初始值，只作为最终的记录值生成曲线，其初始值为 $h(N+NM+M)$ 的结果值，递推公式如式（2.24）所示，进而可通过式（2.25）求得用于拟合 $i(M)$ 的离散值。

$$N+NM=g_{N}[R'_{s}-(H+NH)'_{s}] \tag{2.24}$$

$$i(M)=h(N+NM+M)-g(N+NM) \tag{2.25}$$

由此得到 2001～2010 年代表沉陷区 NDVI 的 $f(N)$、$i(M)$、$g(N+NM)$、$h(N+NM+M)$ 的各 230 个均值离散点，如图 2.23 所示。

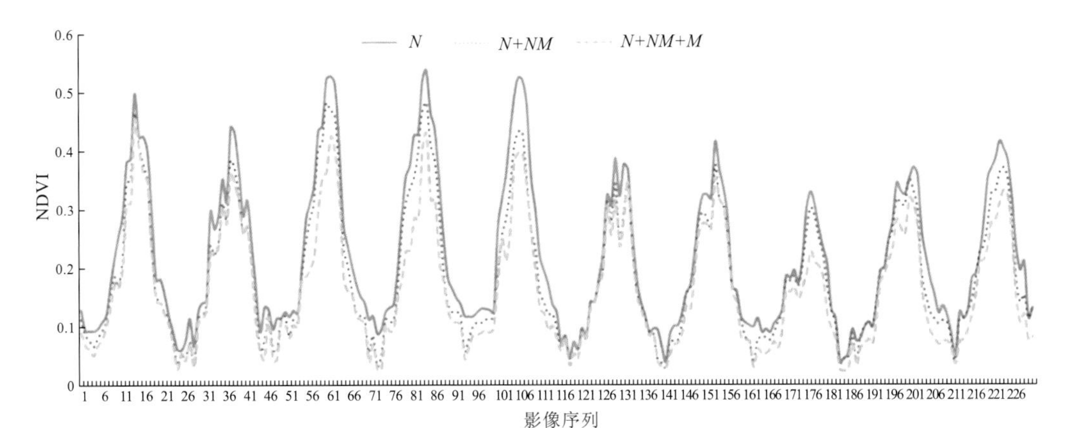

图 2.23　2001～2010 年自然因子与煤炭开采对 NDVI 变化函数曲线

为深入研究自然因子对云冈石窟与沉陷区 NDVI 影响曲线差异，选择均值之差（$\Delta\mu$）、样本标准差之差（ΔS）、离差之差（ΔR）作对比分析的参数，结果如表 2.6 所示。

表 2.6　2001～2010 年自然因子对云冈石窟与沉陷区 NDVI 影响曲线统计对比分析

变量	年份									
	2001	2002	2003	2004	2005	2006	2007	2008	2009	2010
$\Delta\mu$	0.010	0.019	0.020	0.030	0.034	0.032	0.015	0.009	0.008	0.023
ΔS	0.014	0.007	0.008	0.017	0.017	0.018	0.011	0.008	0.000	0.008
ΔR	0.020	0.000	0.018	0.014	0.010	0.016	0.010	0.008	−0.01	0.011

表 2.6 表明，除 2009 年外，自然因子对云冈石窟内植被 NDVI 影响的 $\Delta\mu$、ΔS、ΔR 均高于沉陷区，$\Delta\mu$ 与 ΔS 变化曲线如图 2.24 所示，说明 $\Delta\mu$ 与 ΔS 呈正比，云冈石窟内植被总体上好于沉陷区，但其波动更大，对自然因子的响应更敏感。

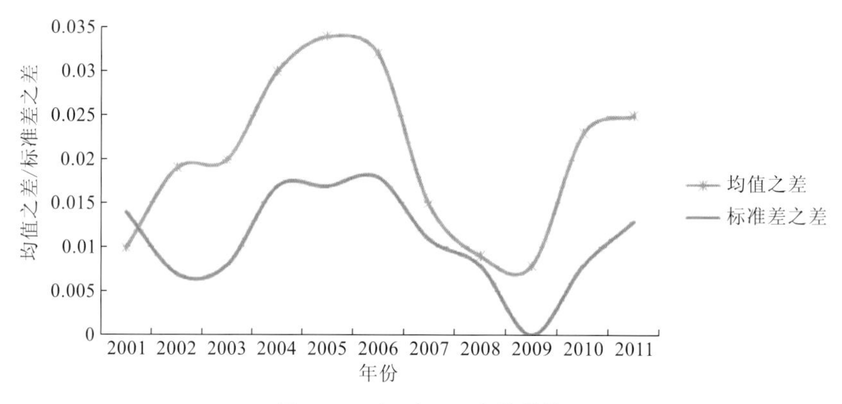

图 2.24　$\Delta\mu$ 与 ΔS 变化曲线

除 NDVI 这一影像上的表征量以外，生物量也是表征植被生长状况及物质量的重要指标，由于植被生物量与其 NPP 和碳汇能力密切相关，植被受煤炭开采在遥感影像上的 NDVI 损失量转换到其生物量损失量的过程将在 2.6 节重点讨论。

2.5　井工开采沉陷对土壤侵蚀的影响

2.5.1　山地 DEM 反演

山地矿区强烈的煤炭开采扰动效应重塑了地表结构和形态（图 2.25）。大量观测资料表明，开采沉陷影响下的山区地表形变和移动规律与平地有明显的不同，根据坡度、水流方向、水流长度的计算原理，平地区域开采沉陷后，沉陷盆地内为汇水区，沉陷边坡区的坡度及坡长增加，进而引发土壤侵蚀量增加。而山地本身坡度和坡长并不为零，以及沉陷导致山体滑移现象的存在，其 DEM 为山地原 DEM、平地开采沉陷 DEM 变化机制和由滑移现象导致的地表移动的叠加，地形因子变化机制较为复杂，并且引起了土

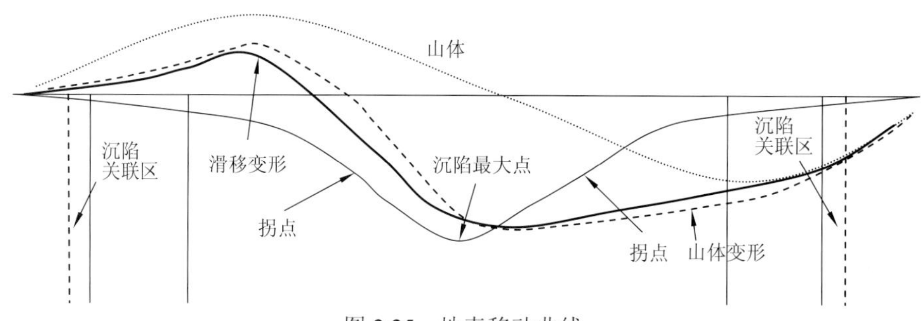

图 2.25　地表移动曲线

壤侵蚀的变化。因此，山地开采沉陷地表变形导致的土壤侵蚀因子特别是坡度、坡长因子的改变量与平原地区存在明显的区别。

作为典型的山地地貌区，黄土高原沟壑密布，地形破碎度高，地表起伏大，特征变异明显，是我国土壤侵蚀最严重的地区。黄土地区强烈的煤炭开采扰动效应引起地表坡度和水流长度变化，改变了土壤侵蚀作用。当前，各类土壤侵蚀模型的研究已相对成熟，但是缺乏针对黄土地区采矿扰动叠加区与采煤工作面开发布局相结合的采矿对土壤侵蚀作用改变程度的定量分析。本节以开采沉陷规律和模型为基础，以山西大同矿区为例，研究山地开采沉陷对坡度、坡长、植被覆盖等地表土壤侵蚀影响因子的改变机制及由此导致的土壤侵蚀变化量，以期为山地矿区土壤侵蚀量及侵蚀区位的变化提供依据。

选取大同矿区忻州窑煤矿采区及其所在流域为研究区。单纯以矿界作为研究范围会割裂采动对环境影响在空间上的连续性，在地形分析中表现得尤为明显，因此以完整的流域作为研究区有助于更清晰地揭示采动效应的外延性和整体性。根据矿井上下对照图和采煤工作面分布图，该矿井采煤工作面的长宽分别为500～1 000 m和100～150 m。

地形因子对流域土壤侵蚀评估的影响最明显（杨琴 等，2011），而坡长、坡度等主要地形因子的确定等都密切依赖于DEM，因此精确的DEM是保证研究精度的根本。以实测矿区高程点、等高线生成忻州窑煤矿2010年5 m的高分辨率DEM数据，力求细致地描述工作面内部土地沉陷情况和地形坡度变化，并结合井田范围外30 m分辨率DEM数据，利用水文分析原理提取水流方向，填洼并生成流域，流域面积238.25 km^2，以此作为研究区域（图2.26）。此外，通过忻州窑煤矿区工作面布置图提取各开采工作面；融合区内2000～2010年TM和MODIS遥感影像，生成高时空分辨率影像，提取NDVI。

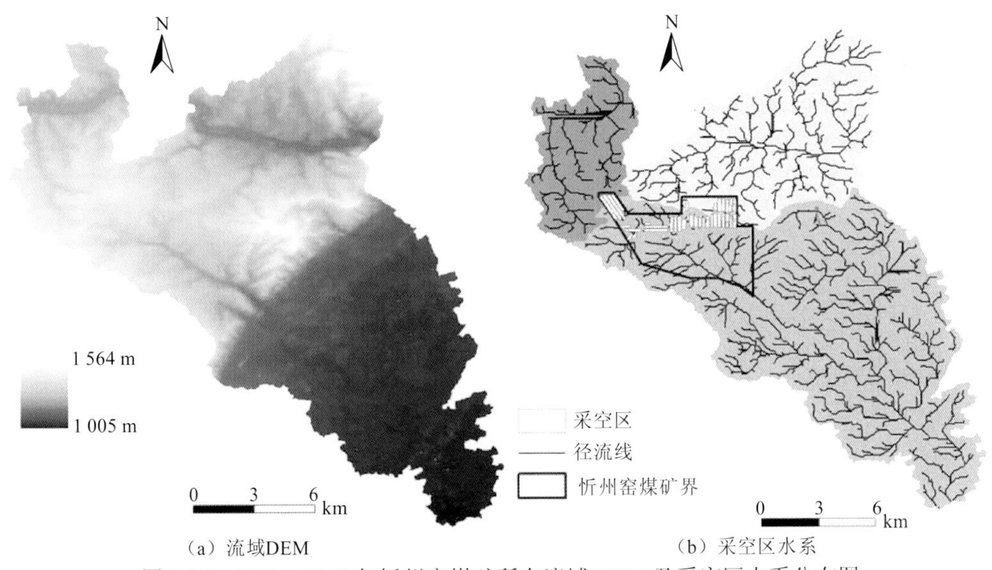

（a）流域DEM　　（b）采空区水系

图2.26　2001～2010年忻州窑煤矿所在流域DEM及采空区水系分布图

修正通用土壤流失方程（revised universal soil loss equation，RUSLE）是当前应用最普遍的土壤侵蚀计算公式，此公式充分考虑了植被、土壤、地形等黄土高原区关键地表要素，被广泛用于黄土高原区土壤侵蚀测算，其计算公式如下：

$$A = R \cdot K \cdot L \cdot S \cdot P \cdot C \tag{2.26}$$

式中：A 为单位面积单位时间平均的土壤流失量[$t/(hm^2 \cdot a)$]；R 为降水侵蚀力因子[$MJ \cdot mm/(hm^2 \cdot h \cdot a)$]；$K$ 为土壤可蚀性因子，为某种给定土壤上单位侵蚀力的土壤流失速率[$t \cdot h/(MJ \cdot mm)$]；L 和 S 分别为坡长和坡度因子；P 和 C 分别为水土保持因子和地表植被覆盖因子。

要测算因煤炭开采造成的矿区土壤侵蚀量，必须提取开采前后影响土壤侵蚀的各因子值变化量。根据修正通用土壤流失方程评价黄土区土壤受煤炭开采侵蚀量，需要将采煤造成的侵蚀叠加效应与原本黄土侵蚀量区别开，式（2.26）中，降水侵蚀力因子、土壤可蚀性因子和水土保持因子在沉陷区和非沉陷区基本相同，而受采矿影响，沉陷区地表 DEM 变化，进而影响地形和土壤理化性质，导致汇水区域发生变化，水流长度和坡度改变，土壤质量的改变及地下水的影响间接改变了矿区植被的生长环境，最终影响地表植被覆盖情况。因此，沉陷区土壤侵蚀的叠加效应是开采引起的坡度、水流长度和植被覆盖等多因子变化综合作用的结果。以下分别估算这两类因子，再将因采煤造成的侵蚀变化与原本土壤侵蚀量区别开，最终得到采煤沉陷对土壤侵蚀的影响量。

2.5.2 山地开采沉陷对土壤侵蚀量的影响

1. 降水侵蚀力因子 *R* 估算

降水侵蚀力因子 R 不受采矿影响，结合 RUSLE 中降水因子的计算方法，根据中国气象科学数据共享服务网（http：//cdc.cma.gov.cn）下载的距研究区最近的右玉县气象站 2001 年和 2010 年逐日降雨量分别计算降水侵蚀力因子[按黄土高原侵蚀性降雨标准（谢云 等，2000），日降雨量大于 12 mm 为侵蚀性降雨，引起土壤侵蚀，右玉县气象站点 2001 年和 2010 年侵蚀性降雨日期和降雨量见表 2.7]。

表 2.7　2001 年和 2010 年右玉县气象站>12 mm 降雨日期及降雨量

日期	降雨量/mm	日期	降雨量/mm	日期	降雨量/mm
2001-07-19	24.6	2010-04-21	13.5	2010-08-17	16.4
2001-08-16	29.5	2010-05-18	14.2	2010-08-21	17.9
2001-08-18	15.5	2010-06-20	18.5	2010-09-18	24.3
2001-08-19	45.9	2010-07-09	44.5	2010-09-20	45.8
2001-08-28	17.2	2010-07-10	16.3	2010-09-21	17.6
—	—	2010-08-07	23.3	—	—

测算得出 2001 年降水侵蚀力因子 R_{2001} 为 1 463.338 $MJ \cdot mm/(hm^2 \cdot h \cdot a)$，2010 年降水侵蚀力因子 R_{2010} 为 2 391.092 $MJ \cdot mm/(hm^2 \cdot h \cdot a)$。

2. 土壤可蚀性因子 *K* 估算

土壤可蚀性因子 K 主要由土壤颗粒平均几何直径决定（刘宝元 等，1999），研究区土壤主要为山地栗钙土，还有淡栗钙土和少量草甸土及盐潮土。由于研究区范围较小，原本的土壤变异程度也较小，这里假定土壤颗粒度不受采矿影响，可蚀性因子的计算方法参考秦伟等（2009），计算结果 K=0.045 t·h/（MJ·mm）。

3. 水土保持因子 *P* 估算

水土保持因子 P 主要包括耕作措施和工程措施两大类，大同矿区由于压煤村庄搬迁后人烟稀少，耕地大量转化为草地，根据项目组实地调研，地表以冲沟和裂缝为主，未发现明显的梯田和鱼鳞坑等水土保持措施（图 2.27），因此将水土保持因子 P 设为 1。

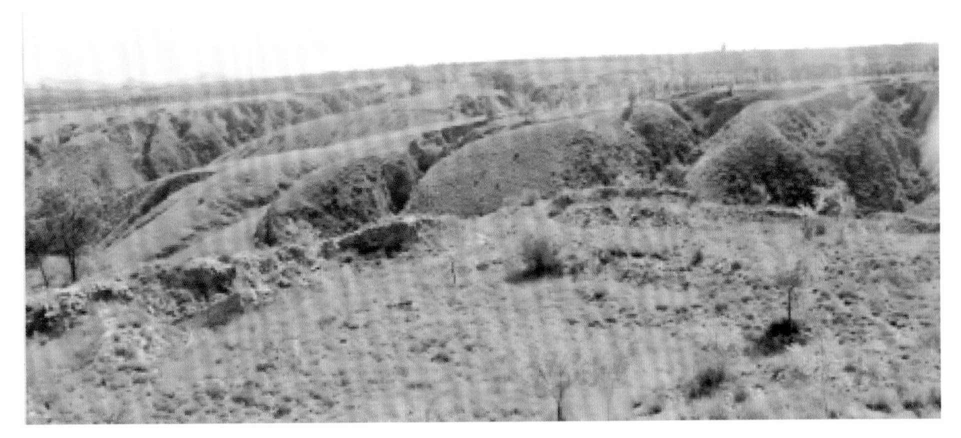

图 2.27　大同矿区 2012 年 8 月照片

4. 地表植被覆盖因子 *C* 变化估算

地表植被覆盖因子 C 受煤炭开采影响较大，土壤质量的改变及地下水的影响间接改变了矿区植被的生长环境，最终影响地表植被覆盖情况。实际中，受植树活动作用，研究区 2010 年的植被覆盖状况好于 2001 年。通过煤炭开采对植被扰动的分析得到植被 NDVI 在煤炭开采和自然因子耦合作用（即 $M+NM$）下的变化值。再根据二分像元法及江忠善等（1996）提供的植被覆盖度与植被覆盖因子函数关系式计算采矿作用影响下的地表植被覆盖因子 C 变化情况，如图 2.28 所示。

5. 坡度因子 *S* 变化估算

在影响土壤侵蚀的主要因子中，坡度因子 S 和坡长因子 L 是地形的衍生产物，与地形变化密切相关，一般情况下为固定值。但在煤矿区，受开采沉陷影响，地表坡度和坡长在整体和局部尺度上都会产生一定的变化。首先通过 DEM 测算起止年份研究区地表坡度，在 ArcGIS 软件中利用栅格计算器计算坡度变化（图 2.29），坡度变化均值为−0.025°，标准差为 0.644。再以式（2.27）计算 2001 年的坡度因子 S_{2001} 和 2010 年的坡度因子 S_{2010}。

$$S=\begin{cases}10.8\sin\theta+0.03, & \theta<5^\circ\\16.8\sin\theta-0.5, & 5^\circ\leqslant\theta<10^\circ\\21.9\sin\theta-0.96, & \theta\geqslant10^\circ\end{cases}\tag{2.27}$$

式中：S 为坡度因子；θ 为坡度（°）。

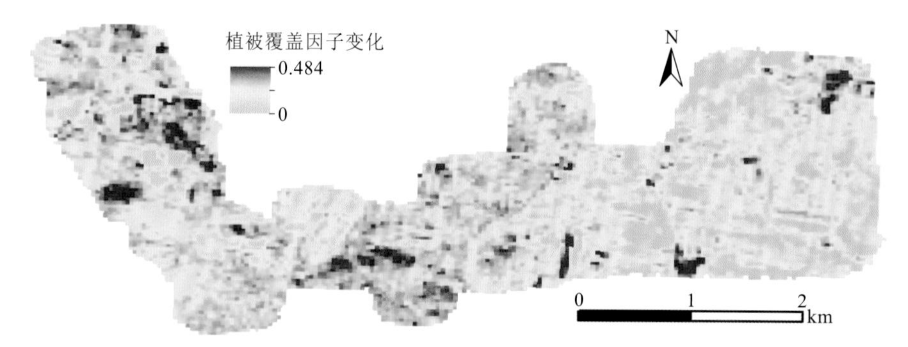

图 2.28 2001～2010 年采矿作用下植被覆盖因子变化

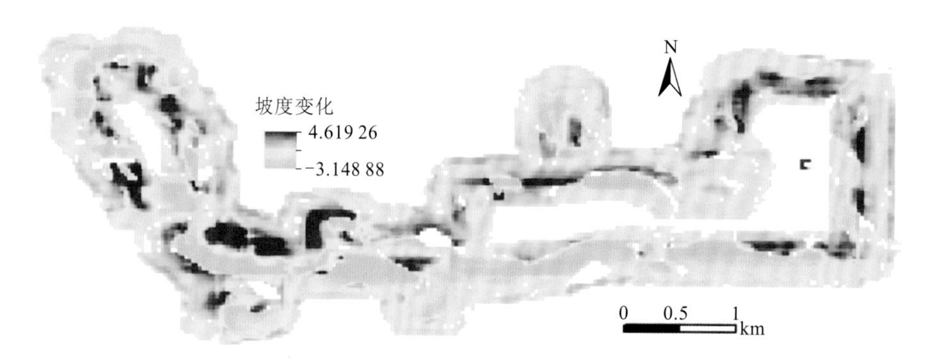

图 2.29 研究区 2001～2010 年坡度变化

6. 坡长因子 L 变化估算

坡长因子 L 是 RUSLE 中研究最多、最难以精确确定的因子，其计算式是实际坡长值与标准化道 22.13 m 坡长的比值，如式（2.28）、式（2.29）所示。

$$L=[(A_{ij}+g^2)^{m+1}-A_{ij}^{m+1}]/(g^{m+2}\cdot X_{ij}^m\cdot 22.13^m)\tag{2.28}$$

$$m=\begin{cases}0.2, & \theta\leqslant1^\circ\\0.3, & 1^\circ<\theta\leqslant3^\circ\\0.4, & 3<\theta\leqslant5^\circ\\0.5, & \theta>5^\circ\end{cases},\quad \theta=180\arctan(\sqrt{f_x^2+f_y^2})/\pi\tag{2.29}$$

式中：L 为坡长因子（m）；A_{ij} 为栅格处的汇水面积（m²）；g 为栅格分辨率（m）；m 为坡长指数；$X_{ij}=|\cos\beta|+|\sin\beta|$ 为等高线在该栅格内的有效长度（m），β 为坡向（°），计算时需要将坡向角度转换为弧度；θ 为坡度（°）；f_x^2 和 f_y^2 分别为 x 方向和 y 方向的高程变化率。

以上指标均可通过沉陷前后的 DEM 提取，其中坡长的截止位置是汇水面积 A_{ij} 确定的难点，RUSLE 中以汇流形成的水道与坡长的交点为坡长的截止点。同时，相关研究表明：小于 2.86° 的坡面不产生侵蚀，累积坡长从此处重新起算（唐克丽，2004）。本节首先通过 DEM 利用平面曲率和坡形组合法（汤国安和杨昕，2012）提取出山谷线，用以表达汇流水道；再提取坡度小于 2.86° 的区域，用以表达汇流被拦截的区域；这两类栅格坡长因子为零，不参与汇水面积的计算。将其去除后，提取其他栅格的流向和汇流量，得到较准确的 A_{ij} 值。在此基础上计算 2001 年和 2010 年坡长因子 L_{2001}（图 2.30 和图 2.31）和 L_{2010}、沉陷前后的坡长因子（图 2.32）变化，坡长因子变化均值为−0.139，标准差为 1.790。

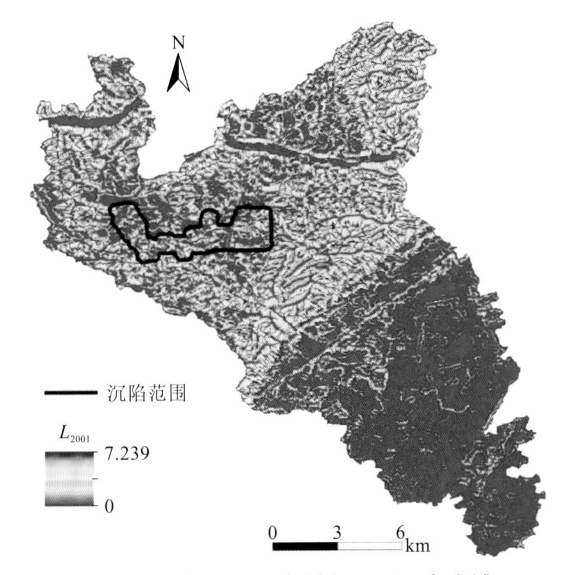

图 2.30　研究区 2001 年坡长因子（全流域）

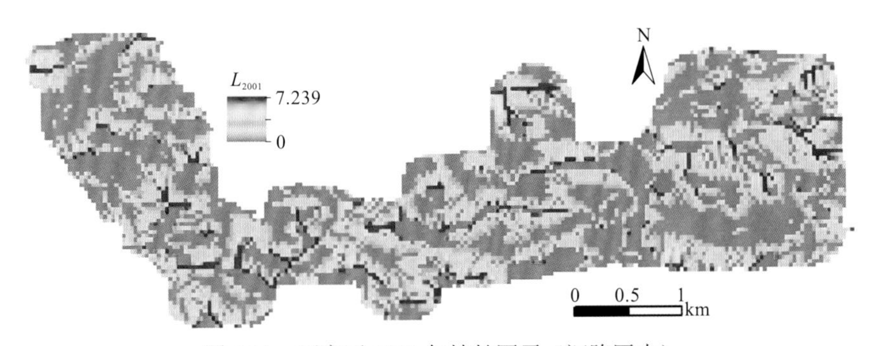

图 2.31　研究区 2001 年坡长因子（沉陷区内）

7. 土壤侵蚀量变化估算

根据通用土壤流失方程评价山地矿区土壤受煤炭开采侵蚀量，需将因采煤造成的侵蚀叠加效应与原本土壤侵蚀量区别开，则式（2.26）转化为式（2.30），采用做差的方法去除降雨侵蚀这一非采矿因素造成的土壤侵蚀量，测算 2001～2010 年因采矿造成坡度、坡长、地表植被覆盖三大因子变化对土壤侵蚀影响的分布图，如图 2.33 所示。

$$\Delta A=(|R_{2010}-R_{2001}|)KPL_{2010}S_{2010}C_{2010}^{\text{mining}}-(|R_{2010}-R_{2001}|)KPL_{2001}S_{2001}C_{2001} \tag{2.30}$$

式中：ΔA 为 2001～2010 年土壤侵蚀变化量[t/(hm^2·a)]；R_{2001} 和 R_{2010} 分别为 2001 年和 2010 年降水侵蚀力因子[MJ·mm/(hm^2·h·a)]；K 为土壤可蚀性因子[t·h/(MJ·mm)]；P 为水土保持因子；L_{2001} 和 L_{2010} 分别为 2001 年和 2010 年坡长因子；S_{2001} 和 S_{2010} 分别为 2001 年和 2010 年坡度因子；C_{2001} 为 2001 年地表植被覆盖因子；C_{2010}^{mining} 为 2010 年采矿作用单一影响下地表植被覆盖因子模拟值。以上各变量值均已在本节中求出，故 ΔA 可解。

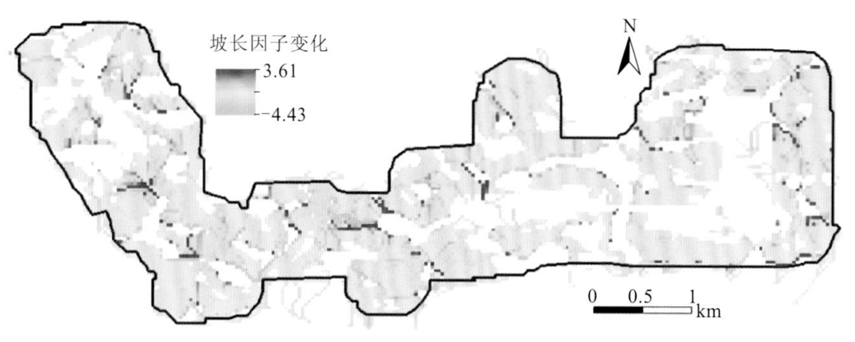

图 2.32　2001～2010 年坡长因子变化

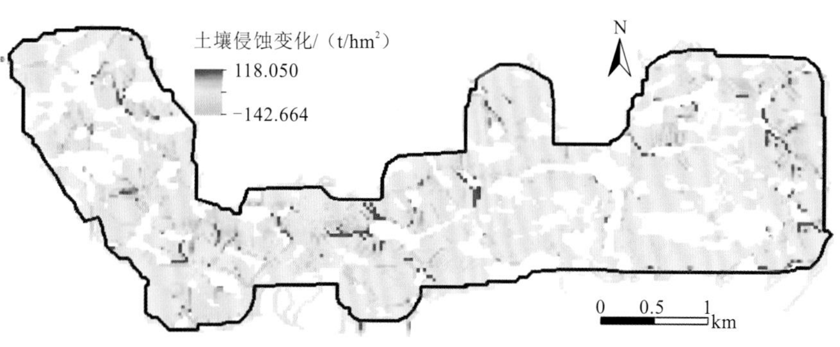

图 2.33　采矿引起的土壤侵蚀变化量

经计算，2001～2010 年大同矿区忻州窑煤矿开采导致土壤侵蚀总量减少 78426.95 t，平均减小 689.892 t/(km^2·a)。

对 2001 年和 2010 年沉陷前后研究区坡度、坡长因子和土壤侵蚀量不变、增加、减小区域的总面积进行统计分析，结果见表 2.8。由表 2.8 可知，坡度不变的区域主要集中在沉陷盆地，其不变与变化的总面积与沉陷区面积相同。坡长不变的区域分布在沉陷盆地及沉陷前后坡度均小于 2.86° 的区域，但是变化的区域会延伸到沉陷盆地内及沉陷区之外，其不变与变化的总面积大于沉陷面积。土壤侵蚀量不变区域的面积小于坡长不变的面积，沉陷盆地内植被覆盖度降低，导致坡度较大的植被覆盖区侵蚀量增加。

表 2.8　2001～2010 年坡度、坡长因子及侵蚀量变化区域的面积统计信息

参数		不变/km^2	减小/km^2	增加/km^2	总面积/km^2
坡度		1.445	4.879	4.878	11.202
坡长因子	沉陷区内	3.951	3.857	3.394	11.202
	沉陷区外	0	0.143	0.023	0.166
	总计	3.951	4.000	3.417	11.368
侵蚀量	沉陷区内	3.083	3.412	4.707	11.202
	沉陷区外	0	0.143	0.023	0.166
	总计	3.083	3.555	4.730	11.368

2.5.3　土壤侵蚀变化成因与机制分析

1. 山地开采沉陷对土壤侵蚀的影响具有正负双向特征

由于山地 DEM 变化为原 DEM、沉陷 DEM 和滑移的叠加，坡度和坡长变化受地表形态及沉陷区的位置、沉陷深度影响较大。从图 2.30、图 2.32 和图 2.33 可知，在沉陷区内外，土壤侵蚀量均既可能增大，也可能减小，虽然整体上研究区土壤侵蚀量呈下降态势，但仍存在侵蚀量增加的区域，而且侵蚀量增加的面积多于减小的面积（升降比为 1.269 : 1），只是平均增加幅度低于减小幅度。因此，开采沉陷对土壤侵蚀量的变化存在正负双面效应。

2. 开采沉陷对沉陷区外土壤侵蚀的影响

2010 年，沉陷引起的沉陷区外侵蚀面积为 0.167 km^2，可见开采沉陷引起了沉陷区外的土壤侵蚀。坡度和坡长因子变化是开采沉陷影响土壤侵蚀的主要原因，由图 2.29 可知，沉陷区地形的变化对地表坡度的影响仅限于沉陷范围内及与沉陷区拓扑邻接的地表栅格单元，而对坡长的影响却波及沉陷范围外、沉陷所在流域内的部分区域。因为开采沉陷对地貌的重塑改变了沉陷区的水流方向，进而改变了原本与沉陷区水流相通的其他区域的汇水面积，如图 2.34 所示，受沉陷洼地影响，汇流在沉陷区被阻滞，沉陷区外坡面 L_4 处汇水面积将减少，此为沉陷对汇水面积影响的一种情形。因此，开采沉陷对土壤侵蚀的影响不仅仅局限于沉陷区内部。但是当发生将沉陷洼地填平的侵蚀性降雨时，这种阻滞作用将消失。

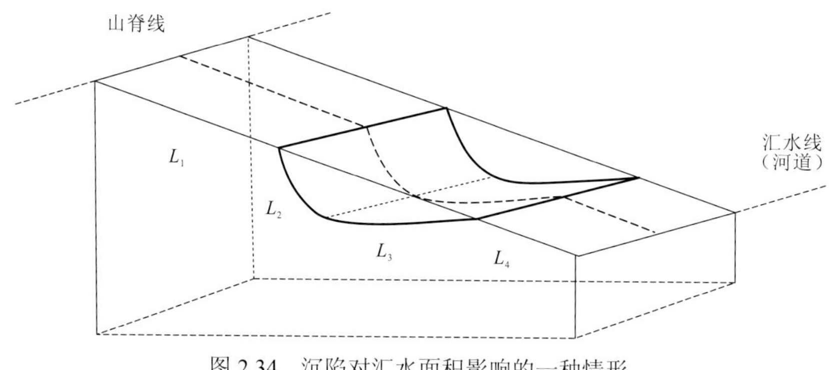

图 2.34 沉陷对汇水面积影响的一种情形

L_1、L_2、L_3、L_4分别为沉陷后的各段坡面

3. 沉陷盆地内侵蚀因子变化机制

由图 2.29、图 2.31、图 2.32 可知，在沉陷区内部中心的沉陷盆地，坡度并未发生明显变化；而坡长因子的变化机制与沉陷区外类似，其主要原因是沉陷盆地内各点下沉值基本相同，其坡度和水流方向不变。但下沉改变了土壤理化性质，破坏了植被，植被覆盖因子是影响该区域土壤侵蚀的主要因子，导致沉陷盆地内土壤侵蚀量普遍增加，但增加量较小。

4. 沉陷对坡长因子及土壤侵蚀在空间上的影响机制

该研究区恰巧位于其周边 3 个流域的上游，区位特殊。由图 2.34 可知，坡面上游区域的开采沉陷将改变下游的坡长因子值，而坡面下游区域的开采沉陷不改变上游的坡长因子值。由图 2.35 可知，坡长因子变化均发生在沉陷边界处自内向外为顺流的位置，但其变化机制会终止于坡长因子的截止位置（图 2.36），而沉陷边界处自内向外为逆流的位置坡长因子均未发生变化。这一发现对井工煤炭开采沉陷区外土壤侵蚀防治区位的确定具有一定的价值。

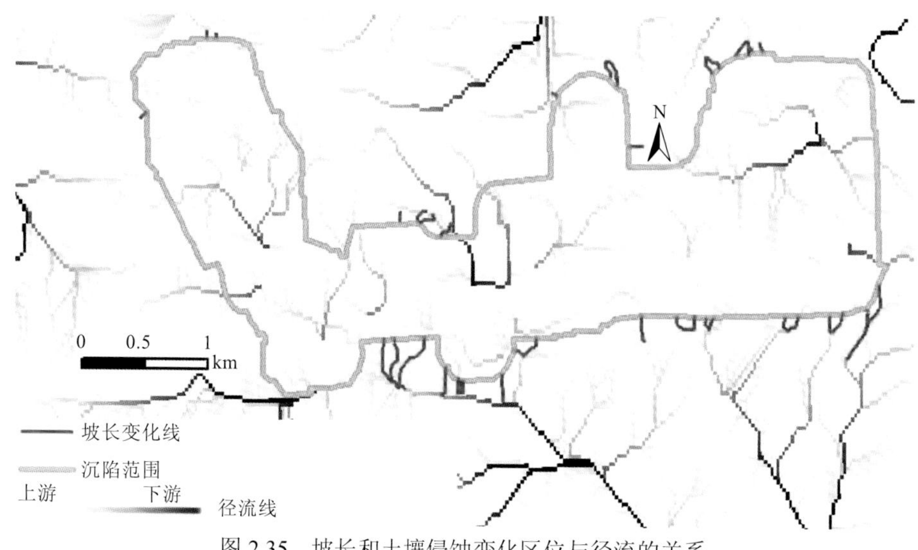

图 2.35 坡长和土壤侵蚀变化区位与径流的关系

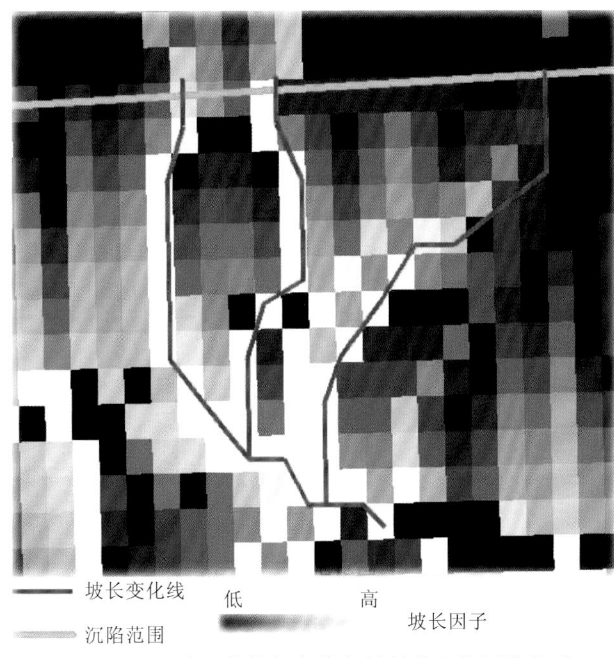

图 2.36　沉陷区外坡长变化与坡长截止位置的关系

沉陷范围线上侧为沉陷区内部，下侧为沉陷区外部

5. 开采沉陷对土壤侵蚀的空间外延性

沉陷对地貌的重塑改变了沉陷区的水流方向，进而改变了原本与沉陷区水流相通的其他区域的汇水面积。沉陷区内外的汇水面积变化是开采沉陷影响坡长因子及土壤侵蚀的重要体现，是煤炭开采对环境影响特征的重要表现形式。由于沉陷区外坡度不变，水流方向不变，坡长因子截止位置也不变，径流上游开采沉陷对土壤侵蚀的影响将会沿径流线波及沉陷区以外、沉陷区所属流域内的部分下游区域，并终止于坡长因子的截止位置。其研究结论可为山地矿区土壤侵蚀区位、侵蚀量预测、防治及沉陷区农业工程利用提供一定的理论依据和实践探索。

2.6　井工开采对植被-土壤扰动的碳汇变化计量

采矿对植被的直接或间接影响破坏了其生长环境，遭受破坏的植被吸收大气中 CO_2 的能力减弱，使原本的碳汇作用大大降低，进一步加剧了煤炭开采对环境的负面作用。本节将以 2.3 节的理论研究和碳循环、碳源/汇等理论为基础，以植被的扰动研究成果为依托，分析受扰动植被、土壤等要素的碳汇变化，以期更全面地测度煤炭开采的环境效应。

2.6.1 植被受煤炭开采扰动的碳汇变化测度

为进一步定量地反映煤炭开采对矿区植被的影响及后续环境效应，以便为生态补偿额度确定提供重要的科学依据，本节在 2.4 节高时空分辨率（230 景）遥感影像拟合的 NDVI 曲线研究煤炭开采对植被的影响模型的基础上测算植被 NPP 损失积累量，以期更精确、更全面地分析煤炭开采对环境的影响。

2.4 节研究了煤矿区植被 NDVI 受煤炭开采的损失量，在概念上量化了采煤对植被的影响程度，然而要测度植被因此受损的物质损害量及碳汇变化，必须将 NDVI 转换为实物量指标。考虑本节中测度的是植被受煤炭开采的 NPP 损失量，除通过直接测量方式获取外，还可以通过反演植被在遥感影像中表现出的损失量而得到。基于前述研究结果，本节采用基于遥感信息的分析方法测度 NPP 损失量。

NPP 与矿区自然环境和人类活动的影响间有着密不可分的联系，是衡量矿区生态结构的重要参数。目前，NPP 测算方法主要有统计模型（Potter et al.，2001）、过程模型（Parton et al.，1987）、遥感参数驱动模型（王长耀和牛铮，2008）等。其中，遥感参数驱动模型以采用遥感手段获取面域数据来测算 NPP，既不过于简化生物学过程，又避免过于烦琐地考虑更多的生物物理过程，被普遍用于区域或全球尺度生态系统监测和评价中。

2.6.2 基于 CASA 模型的 NPP 计算方法

常用的 NPP 遥感测算模型主要有 CASA 模型、北部生态系统生产力模拟（boreal ecosystem productivity simulator，BEPS）模型等（Cao and Woodward，1998）。其中，CASA 模型由 Potter 等在 1993 年提出，基于遥感数据、温度、降水、太阳天文辐射、日照时数和百分率，以及植被类型、土壤类型共同驱动，利用植物光合有效辐射（absorbed photosynthetic active radiation，APAR）和植物光能利用率（$\varepsilon_{(x,t)}$）来计算植被 NPP，其函数关系如下：

$$\mathrm{NPP}_{(x,t)} = \mathrm{APAR}_{(x,t)} \cdot \varepsilon_{(x,t)} \tag{2.31}$$

式中：$\mathrm{NPP}_{(x,t)}$为位于空间位置 x 处的像元在时间 t 月的植被净初级生产力[g C/（$\mathrm{m^2}$·month）]；$\mathrm{APAR}_{(x,t)}$为像元 x 在 t 月植被吸收的光合有效辐射[MJ/（$\mathrm{m^2}$·month）]；$\varepsilon_{(x,t)}$ 为像元 x 在 t 月的实际光能利用率（g C/MJ）。

APAR 由太阳辐射和植被的光合有效辐射吸收比例共同决定，公式如下：

$$\mathrm{APAR}_{(x,t)} = \mathrm{PAR}_{(x,t)} \cdot \mathrm{FPAR}_{(x,t)} = 0.5 \cdot R_{\mathrm{s}(x,t)} \cdot \mathrm{FPAR}_{(x,t)} \tag{2.32}$$

式中：$\mathrm{PAR}_{(x,t)}$为像元 x 在 t 月的光合有效辐射[MJ/（$\mathrm{m^2}$·month）]；$R_{\mathrm{s}(x,t)}$为到达地表的太阳总辐射数据[MJ/（$\mathrm{m^2}$·month）]；常数 0.5 为植被所能利用太阳有效辐射占太阳辐射数据的比例；$\mathrm{FPAR}_{(x,t)}$为像元 x 在 t 月的光合有效辐射吸收比例（fraction of photosynthetic active radiation，FPAR）。

$$R_{\mathrm{s}(x,t)} = TI_0 / \pi\rho^2(\omega_0\sin\phi\sin\delta + \cos\delta\cos\phi\sin\omega_0) \tag{2.33}$$

式中：T 为周期（24 h×60 min×60 s）；I_0 为太阳常数，其值为 13.67 J/（$\mathrm{m^2}$·s）；ϕ 为地

理纬度（弧度）；δ 为太阳赤纬（赤道北为正）；ω_0 为太阳入射角；ρ 为日地相对距离。

$$\mathrm{FPAR}_{\mathrm{NDVI}(x,t)}=\frac{(\mathrm{NDVI}_{(x,t)}-\mathrm{NDVI}_{i,\min})\times(\mathrm{FPAR}_{\max}-\mathrm{FPAR}_{\min})}{(\mathrm{NDVI}_{i,\max}-\mathrm{NDVI}_{i,\min})}+\mathrm{FPAR}_{\min} \tag{2.34}$$

式中：$\mathrm{NDVI}_{(x,t)}$为像元 x 在 t 时刻的 NDVI 值；$\mathrm{NDVI}_{i,\min}$为第 i 种植被类型 NDVI 的最小值；$\mathrm{NDVI}_{i,\max}$为第 i 种植被类型 NDVI 的最大值；$\mathrm{FPAR}_{\min}$为常数，取 0.001；$\mathrm{FPAR}_{\max}$为常数，取 0.950。

光能利用率 ε 是影响 NPP 结果的重要因子，其含义是指植被通过光合作用积累的干物质所含的化学能量与单位光合有效辐射能的比例，用来表示植被固定太阳能的效率，单位是 g C/MJ。一般情况下易受大气温度、土壤结构、降水量及大气水汽压力等气象环境的影响，其主要影响因子是温度胁迫因子、水分胁迫因子和最大光能利用率，其函数关系为

$$\varepsilon(x,t)=T_{\varepsilon1(x,t)}\times T_{\varepsilon2(x,t)}\times W_{\varepsilon(x,t)}\times\varepsilon_{\max} \tag{2.35}$$

式中：$T_{\varepsilon1(x,t)}$和 $T_{\varepsilon2(x,t)}$为低温和高温条件下温度变化对光能利用率产生的胁迫影响系数；$W_{\varepsilon(x,t)}$为水分对光能利用率的胁迫影响系数；$\varepsilon_{\max}$为理想状态下的最大光能利用率（g C/MJ）。

根据式（2.31）～式（2.35），在小尺度区域研究中，温度、降水、太阳辐射及植被类型（图 2.37）、土壤类型等共同驱动 CASA 的自然地理因素基本相同。因此，相同植被和土壤下 NPP 在年内和年季的变化与 NDVI 指数呈高度的线性相关。

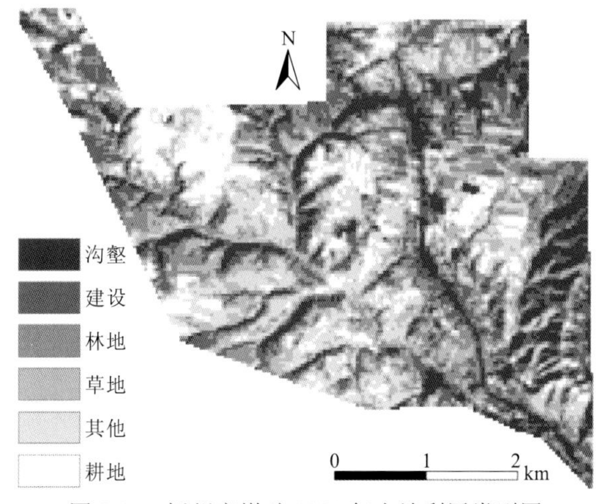

图 2.37 忻州窑煤矿 2001 年土地利用类型图

2.6.3 改进 FPAR 计算方法的受扰动植被 NPP 损失量测度

光合有效辐射吸收比例（FPAR）代表了植被吸收光合有效辐射的比例，是准确测度 NPP 的关键，相同植被和土壤类型下 NPP 的变化取决于 FPAR 的变化。参考相关研究，NDVI 是使用最普遍的植被指数之一，再者大同矿区植被覆盖普遍较低，不易出现 NDVI 值饱和问题。因此，通过式（2.34）计算大同矿区植被 FPAR 是可行的，FPAR 与植被的

覆盖状况、植被类型有着密切的联系，研究认为 FPAR 在年内和年季的变化与植被指数间具有良好的线性关系（朱文泉 等，2007）。其中，NDVI 作为检测植被生长状况的重要指标，是使用最多的植被指数之一，因而 FPAR 的估算精度对 NPP 结果有着决定性的影响，其与 NDVI 间的关系如式（2.34）所示。

对式（2.34）作恒等变形，可得到 FPAR 与 NDVI 间的线性函数关系式：

$$\mathrm{FPAR}_{\mathrm{NDVI}(x,t)} = C_1 \times \mathrm{NDVI}_{(x,t)} + C_2 \tag{2.36}$$

式中：C_1、C_2 为常数，$C_1>0$。

FPAR 受月季气温变化的影响较大，是小尺度区域研究中准确测度 NPP 的关键。目前，依靠 SUNSCAN、ACCUPAR、TRAC 等冠层分析系统进行冠层间的 PAR 观测而得到 FPAR 的地面定位观测方法（董泰锋 等，2012；Nakaji et al.，2007）存在设备购置昂贵、观测范围小、局限于点上信息、观测费用高等缺点。借助遥感植被指数建立 FPAR 的估算模型由于其良好时空性和大范围解译能力，成为获取区域 FPAR 的重要手段。根据相关研究，从某种程度上讲，植被指数与 FPAR 是等效的（Pinty et al.，2009）。

由于 CASA 模型中各参数的时间尺度以月为单位，FPAR 则代表了月光合有效辐射吸收比例。然而由于时间的连续性，要获得准确的 FPAR 值，必须在研究时间段内对植被进行不间断的持续观测，而当前的航空航天遥感光谱仪对地观测时都难以做到不间断观测，如陆地卫星 Landsat 的重访周期为 16 天，搭载 MODIS 的 Terra 卫星重访周期为 1 天，SPOT 的重访周期为 26 天，WorldView-1 的重访周期为 1.7 天等。因此，不论采用何种影像，均不能连续地获取研究时间段内植被 FPAR 值。当前，基于 NDVI 的 FPAR 计算方法普遍采用某月可获取的一幅影像 NDVI 作为数据源，当拥有某月多幅影像时，往往采用最大值合成法或均值合成法得到几幅影像中 NDVI 的最大值。此类方法具有较大的随意性，首先，某一时刻的 NDVI 值显然不能代表整个月的植被整体状况；其次，几个时刻的 NDVI 最大合成值或均值对月植被光合有效辐射的吸收比例也会产生很大误差。例如，一般情况下，北半球上半年，受 FPAR 与 NDVI 间的正比例关系影响，月末的 FPAR 值最大，而该最大值显然无法代表月初及月平均光合有效辐射吸收比例；而如果对月内几个时刻的 NDVI 值作均值，有可能因为样本代表的时刻在时间上集中度过高而使误差过大；此外，受降水、大气环流、冷暖空气过境等气候要素的共同作用，植被月 FPAR 的均值并不是由时间上的月中点时刻决定的，因此月中点时刻的 FPAR 值也无法代表其均值。

因此，只有较精确地计算月 FPAR 均值，才能提高 NPP 测算结果。本节在前人研究成果的基础上，改进 CASA 模型中 FPAR 的计算方法，以忻州窑煤矿沉陷区为例，通过 FPAR 损失量测算各植被 NPP 变化量。

通过 CASA 模型中 FPAR 与 NDVI 间的线性关系[式（2.36）]首先计算得到 2001～2010 年研究区植被的 FPAR（图 2.38）。

由图 2.14 的理论分析可知，t_1～t_2 时间段内矿区植被受煤炭开采 FPAR 显性和隐性损失量为图 2.14 中曲线 N 和 $N+NM$、$N+NM$ 和 $N+NM+M$ 的 FPAR 形式围成图形的面积，这里记自然因子对 FPAR 理论作用函数为 $f'(N)$；煤炭开采影响下自然因子对沉陷区

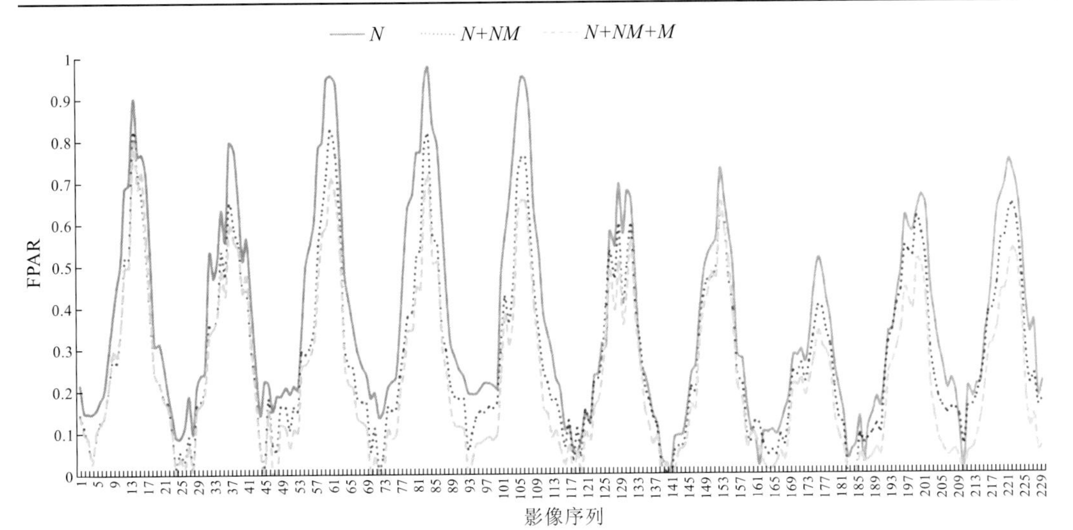

图 2.38 忻州窑煤矿沉陷区 2001～2010 年 16 天间隔 230 景 FPAR 曲线

FPAR 实际作用函数为 $g'(N+NM)$；而煤炭开采与自然因子对 FPAR 的共同作用函数为 $h'(N+NM+M)$，而要更精确地计算月 FPAR 均值，根据积分中值定理，以月为单位求取闭区间上连续函数平均值，植被月 FPAR 的隐性和显性均值则如式（2.37）和式（2.38）所示。

$$\overline{\Delta \mathrm{FPAR}^{y}_{\mathrm{month}}}=\frac{1}{t_2-t_1}\int_{t_1}^{t_2} f'(N)-g'(N+NM)\mathrm{d}t \tag{2.37}$$

$$\overline{\Delta \mathrm{FPAR}^{x}_{\mathrm{month}}}=\frac{1}{t_2-t_1}\int_{t_1}^{t_2} g'(N+NM)-h'(N+NM+M)\mathrm{d}t \tag{2.38}$$

式中：t_1 和 t_2 分别为月初和月末时间。

在 MATLAB 中分别利用图 2.38 中的离散值通过不同的连续且可积函数组合拟合 $f'(N)$、$g'(N+NM)$ 和 $h'(N+NM+M)$ 的函数表达式（图 2.39），经实践得出，8 阶傅里叶级数的拟合效果最好（精度如表 2.9 所示）。

$$\begin{aligned}f(N)=&0.5691\cdot\sin(0.005724\cdot x+0.9638)+0.3047\cdot\sin(0.2729\cdot x-2.33)+0.2106\cdot\sin(0.01172\cdot x\\&+3.258)+0.09523\cdot\sin(0.03816\cdot x+4.713)+0.06932\cdot\sin(0.5423\cdot x+0.2311)+0.03925\\&\cdot\sin(0.2449\cdot x+0.02716)+0.02097\cdot\sin(0.09428\cdot x-0.4186)+0.04173\cdot\sin(0.136\cdot x-0.1783)\end{aligned}$$

$$\begin{aligned}g'(N+NM)=&0.3281\cdot\sin(0.008687\cdot x+0.655)+0.03627\cdot\sin(0.2851\cdot x-2.435)+0.06247\\&\cdot\sin(0.03216\cdot x+0.5571)+0.06665\cdot\sin(0.5447\cdot x-0.03419)+0.4195\cdot\sin(0.06681\\&\cdot x+0.7234)+0.4004\cdot\sin(0.06875\cdot x+3.676)+0.03297\cdot\sin(0.8116\cdot x+2.253)+\\&0.2489\cdot\sin(0.2724\cdot x-2.361)\end{aligned}$$

$$\begin{aligned}h'(N+NM+M)=&0.392\cdot\sin(0.009259\cdot x+0.5038)+0.2497\cdot\sin(0.2729\cdot x-2.421)+0.1669\\&\cdot\sin(0.01514\cdot x+2.676)+0.06046\cdot\sin(0.5456\cdot x-0.1877)+0.2154\cdot\sin(0.07567\\&\cdot x-0.6779)+0.2235\cdot\sin(0.07766\cdot x+2.286)+0.03646\cdot\sin(0.2861\cdot x+4.002)\\&+0.03119\cdot\sin(0.8126\cdot x+1.846)\end{aligned}$$

表 2.9　8 阶傅里叶函数拟合精度

函数	残差平方和	确定系数	均方根
$f'(N)$	0.796 2	0.941 5	0.062 17
$g'(N+NM)$	0.741 3	0.920 7	0.059 99
$h'(N+NM+M)$	0.689 6	0.921 2	0.057 86

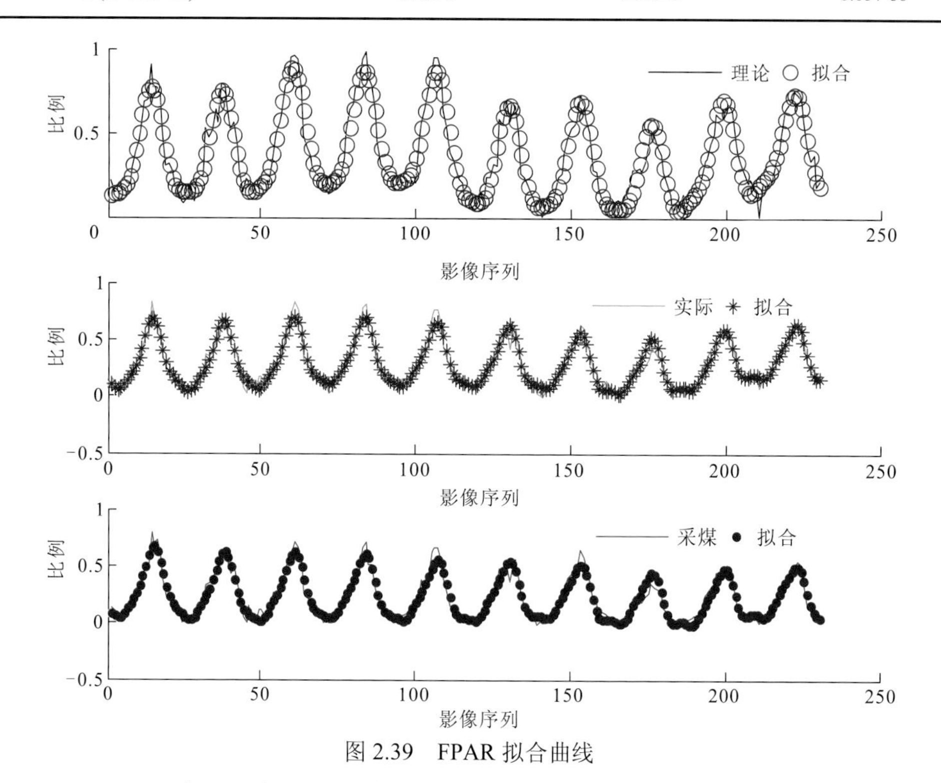

图 2.39　FPAR 拟合曲线

“理论”、“实际”和“采煤”分别代表 $f'(N)$、$g'(N+NM)$和 $h'(N+NM+M)$

以研究区（沉陷区）2011 年的 12 个月为单位，对比本节方法和其他方法求得的月 FPAR 值，如表 2.10 所示。

表 2.10　几种方法 FPAR 值对比

项目	1 月	2 月	3 月	4 月	5 月	6 月	7 月	8 月	9 月	10 月	11 月	12 月
融合日期	1/17	2/18	6/22	7/23	9/25	10/26	12/28	13/29	14/30	16	1/17	3/19
单幅影像	0.099	0.121	0.167	0.295	0.419	0.560	0.627	0.650	0.277	0.224	0.132	0.121
	0.041	0.132	0.220	0.408	0.470	0.564	0.671	0.501	0.192		0.144	0.127
均值合成	0.070	0.127	0.194	0.352	0.445	0.562	0.649	0.576	0.235	0.224	0.238	0.124
本节方法	0.059	0.144	0.215	0.306	0.440	0.533	0.647	0.591	0.403	0.269	0.197	0.118

对比表 2.10 中单幅影像法、均值合成法和本节方法可得，本节方法采用多年 FPAR 构建拟合函数，由积分中值定理计算月 FPAR 均值，规避了由单幅或几幅影像表达月整体 FPAR 的随机性（如 4 月、9 月、10 月、11 月由于成像当天气候反常，单幅影像 FPAR 与月整体值偏离较大），使结果更加稳定，更好地体现了月 FPAR 的整体状况（图 2.40）。

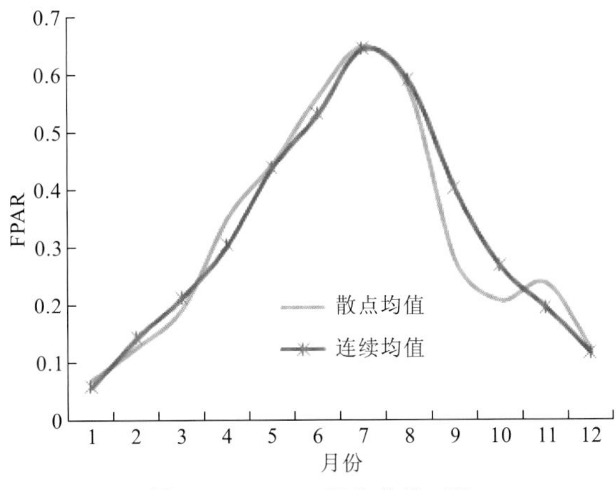

图 2.40　FPAR 拟合曲线对比

由于 FPAR 与太阳辐射量、气温密切相关，在 2001～2010 年研究区 FPAR 真实值已无法通过实测获取的情况下，以气象部门的大同地区多年月平均气候数据（气温、降水）作为衡量本节方法精度的参照物。由于气温、降水是植被生长的主导因子，对 FPAR 具有决定作用，且植被能够改变局地小气候，FPAR 对气温和降水具有反馈作用，FPAR 与气温、降水间存在同期、超前一个月或滞后一个月的相关关系（唐健和汤剑平，2012），据此分别构建散点均值法、连续均值法与大同地区同期、超前一个月及滞后一个月的月平均气温、降水间的回归方程，见表 2.11。得出散点均值法计算的 FPAR 与月平均气温、降水间的平均相关系数为 0.732，而连续均值法（本节方法）计算的 FPAR 与月平均气温、降水间的平均相关系数为 0.803，相关系数提高 0.071，相对精度提高 9.699%。

表 2.11　FPAR 拟合值与大同地区月平均气温、降水的关系

方法	气温超前距			降水超前距			均值超前距
	−1	0	1	−1	0	1	
散点均值法	0.598	0.893	0.762	0.461	0.813	0.866	0.732
连续均值法	0.696	0.983	0.766	0.641	0.936	0.794	0.803

注：超前距为−1、0、1 分别表示 FPAR 滞后于气候因子 1 个月、同期和先于气候因子 1 个月。

传统 CASA 模型中使用单幅或几幅影像表达月整体 FPAR 时，受天气系统多变性和突变性、月内降水分布的不均匀等因素影响，时刻 FPAR 值往往难以反映其所在月 FPAR 的整体性，甚至有可能因为短时间内气温异常造成冬季的 FPAR 高于春秋季，带来较大的偏差，图 2.40 中，采用散点均值法的 2011 年 11 月 FPAR 值高于 10 月，显然是由采样时刻气候异常造成的。而常年月气候由于时间跨度较长，受天气突变的影响较小，形成了稳定的地域气候类型和特征，因此采样连续函数拟合的 FPAR 避免了天气突变的影响，其结果更接近 FPAR 真值，提高了植被 NPP 估算精度。

利用 CASA 模型中 FPAR、$R_{s(x,t)}$和$\varepsilon_{(x,t)}$参数的计算结果计算得，2001～2010 年，大同矿区忻州窑煤矿因煤炭开采造成植被 NPP 显性损失 4 613.656 t C，平均 41.186 g C/（m^2·a）；隐性损失 5 653.330 t C，平均 50.467 g C/（m^2·a）。其间，该矿煤炭总产量为 2 261.67 万 t，吨煤开采引起的地表植被碳排放量为 453.956 g/t。从空间上看，矿区植被 NPP 损失的显性和隐性分布如图 2.41 和图 2.42 所示。

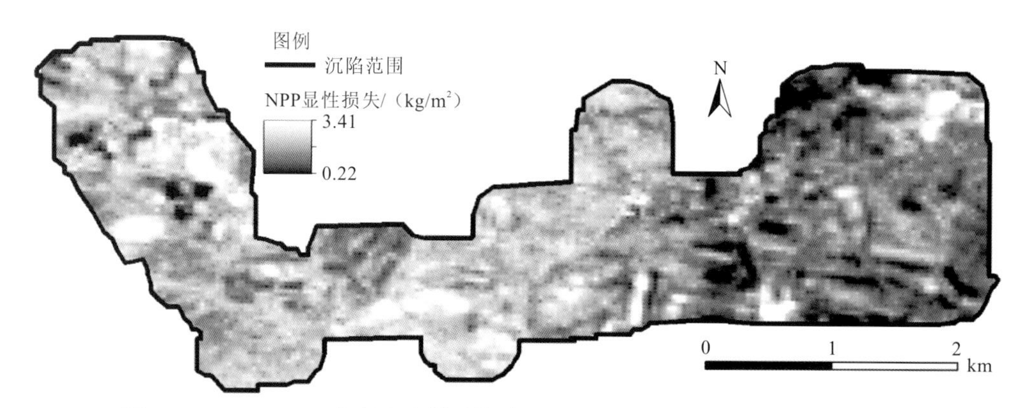

图 2.41　2001～2010 年忻州窑煤矿植被受煤炭开采的 NPP 显性损失量分布图

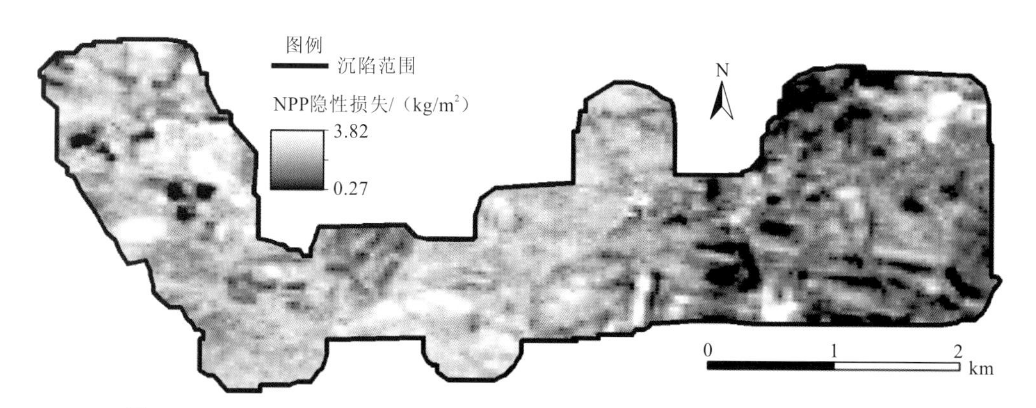

图 2.42　2001～2010 年忻州窑煤矿植被受煤炭开采的 NPP 隐性损失量分布图

2.6.4　土壤受煤炭开采扰动的碳汇变化测度

土壤中的碳包含土壤有机碳（soil organic carbon，SOC）和土壤无机碳（soil inorganic carbon，SIC）。其中，土壤无机碳主要指土壤母岩风化过程中形成的土壤碳酸盐矿物态碳，中国土壤无机碳库主要分布在西北和华北地区（潘根兴，1999）。而土壤有机碳主要为土壤中微生物作用所形成的腐殖质、动植物残体和微生物中的碳。土壤有机碳与植被覆盖密切相关，在植被覆盖区，林地植被凋落物经微生物作用，转化为土壤的有机质，从而增加了土壤的肥力。而草地不像林地那样具有明显的生物量，多年生草本植物的地上部分每年死去，地下部分却存活多年，地下根系构成了土壤有机碳的主要来源。

采煤扰动及矿区植被所遭受的破坏势必影响林下腐殖质化与土壤呼吸等过程，煤矿区植被的破坏与土壤侵蚀的变化可能导致有机碳含量的变化。大同矿区以草地为主，而草地和林地中的土壤碳主要存储在 0～20 cm 的表层土中。本节采用对比的方法，于 2013 年 8 月 14 日赴大同矿区忻州窑煤矿采集土壤，采集的区域为 2001 年以来非沉陷区、沉陷区及土壤侵蚀变化区和无变化区，采集表层及以下约 20 cm 处山地栗钙土土样 50 个作为基本样点，包括沉陷区内外的植被覆盖和裸地土样，采样点的布设主要考虑三方面因素：①尽可能兼顾不同的土地类型，如林地、草地、裸地、耕地，以及土壤侵蚀量变化区的土壤；②尽可能选择沉陷后未重新覆土、人烟稀少且 10 年内土地利用类型未变化地区的土壤；③选择遥感影像中 2001 年由裸地转变为植被的部分土样，作为研究时间段内土壤有机碳净变化量。取土后，通过中国科学院南京土壤研究所红壤生态实验站理化分析实验室测试了各土地利用类型土壤的有机碳、碳酸钙、碱解氮、速效磷、速效钾、氧化铁等指标的含量。其中，有机碳含量、采样点坐标、地物类型、土壤营养物质指标如图 2.43 所示（由于大同矿区属于山地矿区，矿区内沟壑纵横，受陡坡等影响，很多区域难以到达，这部分区域未采样），沉陷区与非沉陷区土壤有机碳含量对比如表 2.12 所示。

图 2.43　采样点分布、类型及有机碳

表 2.12　煤炭开采对土壤中有机碳影响的平均值

区域	林地	草地	耕地	裸地
沉陷区	67.50	25.25	20.53	6.256
非沉陷区	99.88	17.58	18.17	6.205

注：本节未研究土壤无机碳受采动影响的变化与植被间的联系，故不考虑无机碳变化。

研究区采样土壤有机碳与无机碳含量间存在负相关关系，如图 2.44 所示，拟合函数为 $y=66.46e^{-0.001x}$，$R^2=0.408$，与“干旱地区石灰性母质发育的均腐土、淋溶土、干旱土和雏形土的 SOC 和 SIC 之间呈现负相关关系”（杨黎芳和李贵桐，2011）的研究结论相吻合，表明土样测试结果准确性较高。

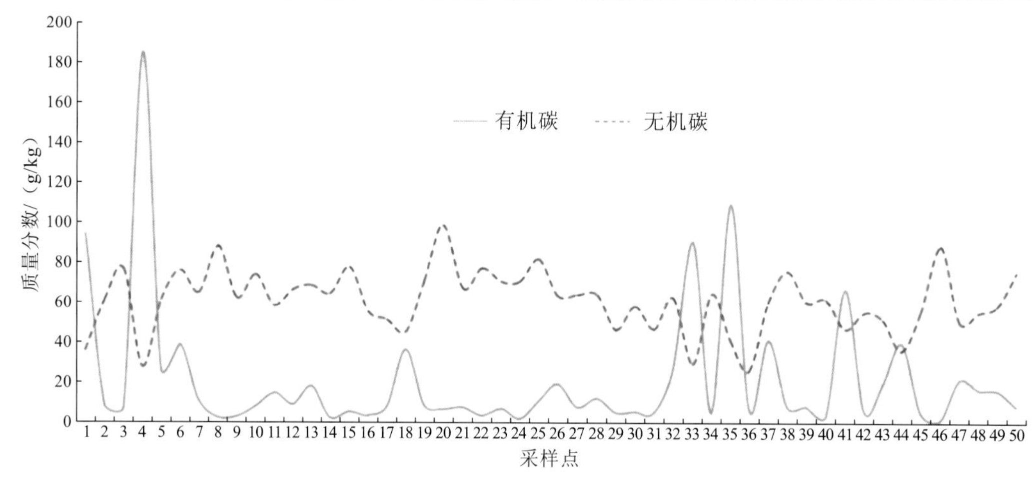

图 2.44　土壤有机碳与无机碳含量的关系

由图 2.44 和表 2.12 可得，裸地土壤的有机碳含量远低于植被覆盖地区，林地土壤的有机碳含量最高，沉陷区内外裸地土壤的有机碳变化较小，沉陷区内草地和耕地土壤有机碳含量高于非沉陷区，而林地土壤有机碳含量低于非沉陷区。土壤有机碳的来源主要为植被生产能力和凋落物，而有机碳的损失主要为呼吸作用和坡面侵蚀漫流等。由于土壤呼吸主要为植被根系的呼吸，可以归为植被 NPP 变化的一部分，而由 2.5 节分析得出，沉陷引起坡面侵蚀变化，由此导致的有机碳流失也与开采有关。

因此，经微生物作用的凋落物引起的土壤有机碳变化是本节研究的重点。对比沉陷区内外各土地利用类型土壤有机碳含量：沉陷区草地和耕地中进入土壤的有机碳量高于非沉陷区，其中，耕地土壤有机碳质量分数变化 2.36 g/kg，草地变化 7.67 g/kg，而林地变化−32.38 g/kg。考虑土壤采样时间为沉陷以来 13.62 年，晚于研究时间段 3.62 年，而土壤微生物分解掉一年累积的落叶往往需要 3～5 年的时间，因此土壤有机碳与植被 NPP 结果在时间上基本匹配。由于沉陷前土壤有机碳含量已不可得到，且难以利用空间插值方法通过沉陷区外土壤有机碳含量估算沉陷区内土壤有机碳含量变化在空间上的分异规律（即空间代替时间），只能通过本节数据计算沉陷区内土壤有机碳变化均值，以沉陷区内外裸地有机碳含量差值对数据进行归一化处理，根据土地利用类型，计算出沉陷区内土壤有机碳质量分数变化均值（0.333 g/kg）。此外，植被土壤的有机质往往集中在本节采集的上部 20 cm 土壤中（约占全部土壤有机质的一半），通过土壤容重（1.1 g/cm^3）将土壤有机碳变化单位与植被相统一，得出研究区 2001～2010 年土壤有机碳平均变化 14.652 g C/（m^2·a）。

2.6.5　植被−土壤系统有机碳汇变化测度

欧美国家和地区在农业土壤长期肥力和温室气体排放预测中，广泛地应用 CENTURY 模型、Biome-BGC 模型等典型的生物地球化学模型预测陆地生态系统中碳和氮的生物地球化学行为（Pathak et al.，2005），此类模型在预测应用中取得了较好的效果，但需要大量与农业生产密切相关的参数模块，如施肥方法、时间、施肥量、化肥类型，以及灌溉时间、深度、方式、次数等。考虑本节研究区农田比例很低，农业生产活动是影响植被-土壤系统碳汇变化的次要因子，且本节并未研究氮元素的地球生物化学循环，因此试从“植被-土壤系统与外界的碳收支”这一视角计量系统的碳汇变化。

植被与土壤中的碳存在一定的相关性，植被从光合作用固定的碳转化为其生物量后，枯枝落叶和腐烂的材质进入土壤成为土壤有机碳的一部分，此外土壤呼吸中的动物呼吸只占很少的比例，大部分为植物根系和微生物的呼吸。因此，从碳收支的角度，可以将植被和土壤看作一个统一的系统，光合作用是该系统的碳汇来源，植被、土壤、微生物的呼吸作用为该系统的碳支出，植被的凋落物和枯枝落叶中的碳可以分为两部分：一部分进入大气，或未被微生物分解，是系统的碳支出；另一部分进入土壤，转变为有机质。因此，植被-土壤系统的碳要素由地上部分生物量、地下部分生物量、枯枝落叶、土壤有机碳和土壤无机碳组成（其中，本节未研究开采扰动下土壤无机碳与植被间的关系，主要考虑植被-土壤系统的有机碳），植被-土壤系统的碳收支如图 2.45 所示。

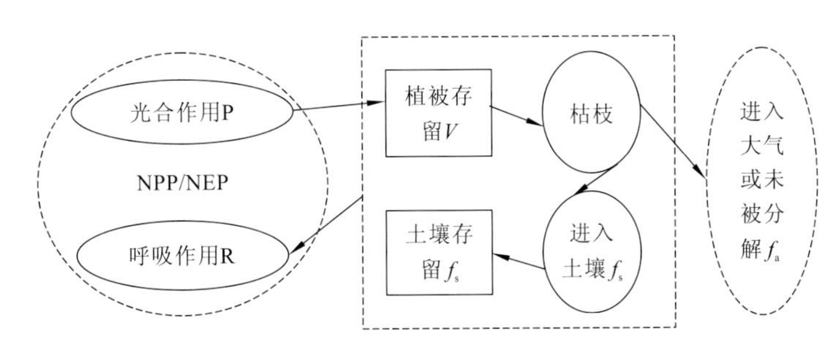

图 2.45　植被-土壤系统碳收支

如图 2.45 所示，开采扰动下，光合作用吸收的碳减少，呼吸作用变化不明，但光合-呼吸作用的碳变化总量可以用 NPP 的变化表示[光合作用与自养呼吸的差值为 NPP，NPP 与异养呼吸的差值为 NEP，由于分离土壤中植物根系呼吸（自养呼吸）和微生物呼吸（异养呼吸）存在较大的技术困难（董恒宇 等，2012），在生物群落不发达、异养呼吸量较小的地区（如大同矿区）近似地以 NPP 代表光合-呼吸作用的碳累积]；生物量的损耗（即枯枝落叶量）可能发生变化，这部分损耗的生物量中，一部分碳未被分解或者被分解后进入大气，另一部分碳则进入土壤，引起土壤的有机碳总量发生变化，其变化量可以用沉陷区和非沉陷区相同植被类型土壤有机碳的差值表示。而沉陷区凋落物的碳量计算为非沉陷情况下凋落物碳量与沉陷区植被扰动引起的凋落物碳量变化之和，而沉陷区植被扰动引起的凋落物碳量变化为沉陷区与非沉陷区植被生物量实际对比变化量与假定非沉陷情况下沉陷区与非沉陷区植被生物量对比变化量之差，如图 2.46 所示。

对于同一区域而言，植被全年凋落物占 NPP 的比例是一定的，则开采扰动前后各碳源/汇量间的关系可以表示为

$$C_1 = P_1 - R_1 - f_{a1} = \mathrm{NPP}_1 - f_{a1} \tag{2.39}$$

$$C_2 = P_2 - R_2 - f_{a2} = \mathrm{NPP}_2 - f_{a2} \tag{2.40}$$

$$f_{s1}=\mathrm{NPP}_1\cdot x\cdot y \tag{2.41}$$

$$f_{a1}=\mathrm{NPP}_1\cdot x\cdot(1-y) \tag{2.42}$$

$$f_{s2}=[\mathrm{NPP}_2\cdot x+(\mathrm{NPP}_1-\mathrm{NPP}_2-f_{a1}-f_{s1}+f_{a2}+f_{s2})-(\mathrm{NPP}_1-\mathrm{NPP}_2)\cdot(1-x)]\cdot y \tag{2.43}$$

$$f_{a2}=[\mathrm{NPP}_2\cdot x+(\mathrm{NPP}_1-\mathrm{NPP}_2-f_{a1}-f_{s1}+f_{a2}+f_{s2})-(\mathrm{NPP}_1-\mathrm{NPP}_2)\cdot(1-x)]\cdot(1-y) \tag{2.44}$$

$$\frac{f_{s1}}{f_{a1}}=\frac{f_{s2}}{f_{a2}} \tag{2.45}$$

$$\Delta C=C_1-C_2 \tag{2.46}$$

式中：C_1为不受开采扰动下植被-土壤系统的碳汇量；P_1为不受开采扰动下光合作用吸收的碳量；R_1为不受开采扰动下呼吸作用消耗的碳量；f_{a1}为不受开采扰动下枯枝落叶进入大气或未被分解部分碳量；$\mathrm{NPP}_1=P_1-R_1$为不受开采扰动下净初级生产力；f_{s1}为不受开采扰动下枯枝落叶进入土壤部分碳量；C_2为开采扰动下植被-土壤系统的碳汇量；P_2为开采扰动下光合作用吸收的碳量；R_2为开采扰动下呼吸作用消耗的碳量；f_{a2}为开采扰动下枯枝落叶进入大气或未被分解部分碳量；$\mathrm{NPP}_2=P_2-R_2$为开采扰动下净初级生产力；f_{s2}为开采扰动下枯枝落叶进入土壤部分碳量；x为植被枯枝落叶比例；y为枯枝落叶中的碳元素进入土壤的比例；ΔC为植被-土壤系统的碳汇变化量；$\mathrm{NPP}_1-\mathrm{NPP}_2$为沉陷区与非沉陷区植被NPP增量之差。

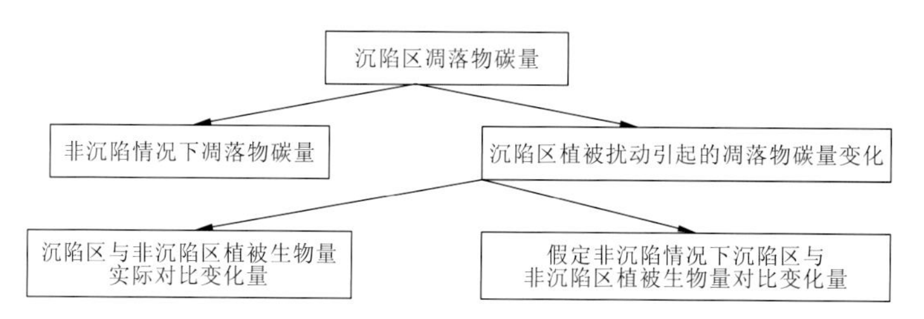

图2.46　沉陷区凋落物碳量计算方法

因此，要计算煤炭开采对植被-土壤系统扰动的碳汇变化，只需分别测度植被NPP及土壤有机碳含量f_s的变化，通过式（2.41）～式（2.45）求解x、y、f_{a1}、f_{a2}。

考虑土壤侵蚀过程中被侵蚀的主要为有机碳含量较高的表层土，土壤侵蚀量变化将会引起土壤有机碳总量的改变，在上文研究结果基础上，将植被受扰动导致的土壤有机碳变化和土壤侵蚀导致的土壤有机碳变化相结合：

$$\Delta f_s=|f_{s1}-f_{s2}-\Delta A\cdot\Delta O| \tag{2.47}$$

式中：Δf_s为土壤有机碳变化总量；ΔO为沉陷区内土壤有机碳含量变化均值（0.333 g/kg）；ΔA为沉陷区内土壤侵蚀变化量（74 629.51 t）。

基于上文的研究结果，将NPP_1（52 320.341 t）、NPP_2（47 706.685 t）、f_{s1}（2 622.699 t，非沉陷区2001年裸地转化为植被地区土壤有机碳变化量）、f_{s2}（3 814.949 t，沉陷区2001年裸地转化为植被地区土壤有机碳变化量）代入式（2.39）～式（2.47），可得x=9.67，y=51.378，f_{a1}=2 456.985 t，f_{a2}=3 630.615 t；2001～2010年，凋落物中的碳增量为3 193.914 t，其中，进入大气或未被分解的碳增量为1 173.63 t，土壤有机碳增量为

1 192.25 t；植被生物量中的碳减少量为 4 613.656 t；植被-土壤系统碳汇直接减少量（ΔC）为 5 787.286 t，加上植被吸收大气中碳的减少量 5 653.330 t，以及土壤侵蚀导致的土壤有机碳变化量 24.852 t，植被、土壤等主要地表碳汇要素碳汇总减少量为 11 465.468 t，平均为 1 123.52 g/m^2。

2.7　井工开采主要碳汇要素受扰动影响价值计量与生态补偿

2.6 节详细分析了植被、土壤两类环境因子受煤炭开采的扰动量及碳汇变化量，其总的环境成本就是这两类环境因子各项价值的总和。植被和土壤作为陆地生态系统的主要碳库，对遏制温室效应、维持碳平衡和生态系统稳定具有重要意义，其受煤炭开采破坏导致的碳汇量变化计量是煤炭开采环境外部性的主要方面之一。已有的测度方法并没有完全考虑煤炭开采对环境因子碳汇的损害量，其完全成本测算等若干基础问题亟须加强。本节将以大同矿区为例，借助空间信息技术，通过环境经济学和生态补偿理论将忻州窑煤矿 2001～2010 年因煤炭开采导致的植被、土壤等环境因子的物质扰动量统一到价值量，并计量其生态补偿额度。

2.7.1　环境价值量计量

1. 基于环境经济学原理的价值量模型构建

植被、土壤两类环境因子受煤炭开采的扰动量及碳汇变化量的总环境成本是其各项价值的总和。其中，植被的环境价值包括涵养水源、保土、吐氧纳碳、维护生物多样性、景观价值和木材价值等；土壤的环境价值包括经济产出、保持肥力、减少土地废弃、减少泥沙淤积、社会保障等。

根据环境经济学原理，植被和土壤的经济价值评估方法主要有实际价值评估、替代价值评估、假想价值评估等。植被和土壤的环境价值中，某些功能是相互影响和制约的，如涵养水源的价值和木材价值不可同时兼得，计量时应避免重复计算，植被景观功能价值研究植物群落的空间形态，大同矿区人烟稀少，植被的作用主要是维持生态，景观价值不明显，不做讨论，这里主要计量植被涵养水源的价值和保土价值；对于土壤的各项价值而言，经济产出、社会保障、保持肥力、减少泥沙淤积的价值分别指进行适当的生产活动，保障农产品特别是粮食供给的价值；吸纳农村大量的剩余劳动力、缓和就业压力、保障社会稳定的价值，以及对生态环境的支撑和改善作用价值。由于大同矿区搬迁后务农人口较少，当地居民以矿工和经商为主，土壤的社会保障价值不做讨论。本节计量其经济产出保持肥力和减少泥沙淤积价值。

植被和土壤各项环境和社会功能的经济价值计量模型如下：

$$V = V_{\mathrm{VW}} + V_{\mathrm{VS}} + V_{\mathrm{SP}} + V_{\mathrm{SV}} + V_{\mathrm{SS}} + V_{\mathrm{C}} \tag{2.48}$$

式中：V 为植被和土壤的总环境价值；V_{VW} 为植被涵养水源的价值；V_{VS} 为植被保土的价值；V_{SP} 为土壤经济产出的价值；V_{SV} 为保持肥力的价值；V_{SS} 为减少泥沙淤积的价值；V_{C} 为植被-土壤系统的碳汇价值。

2．植被价值量计量

当前，核算植被价值时普遍需要使用“植被面积”这一指标，而在煤矿区植被受损核算中，为易于将数据代入核算公式，普遍通过对比开矿前后的矿区植被面积进行核算。然而，本节研究表明，采矿对植被的影响会造成 NDVI 值和生物量减小，但一般不会减小至零（即完全转化为裸地）。此外，影响矿区植被的因素繁多，植被面积的减小很可能是其他地表因素造成的，受种植活动作用，大同矿区近年来植被面积甚至是增加的。因此，首先利用 2.6 节计算出的煤炭开采对植被 NPP 的影响（以碳含量为单位），将其转换为生物量损失量。植被生物量与碳储量的换算系数可以根据植物干重有机物中碳所占的比重计算，大量文献研究表明，不同植被含碳量差异不大，其变化范围在 46.75%～54.89%，平均含碳量为 51.09%（黄从德 等，2008；刘国华 等，2000）。因此，本节以 51.09%作为碳储量换算系数，将植被受煤炭开采生物量中碳损失 4613.656 t 转换为植被生物量损失量：9030.448 t。根据研究区植被生物量蓄积量均值[6.89 t/（hm^2·a）]将其转换为植被面积（131.1 hm^2），代入相关核算公式。

1）涵养水源价值

植被涵养水源的功能主要表现在对降水的截留作用、植被根系对土壤的固结作用、对土壤透水性能和蓄水性的保持作用和进化水质等。当前，植被涵养水源的水量核算方法主要有当量法、蓄水能力法、降水储存量法、水量平衡法、林木发育度法及地下径流法等。其中，降水储存量法利用特定区域多年统计数据进行计算，确定树冠和树干的蒸腾量和扩散量占降水量的比例，剩余部分为水源涵养量（司今 等，2011），而涵养价值的计算包括水量价值和水质价值，水量价值通过建设蓄水工程费用的替代价值核算，水质价值以当前我国水质净化费用核算，植被涵养水源的价值如下：

$$V_{\mathrm{VW}} = \Delta A \cdot P \cdot f \cdot \alpha \cdot (P_{\mathrm{c}} \cdot \beta + P_{\mathrm{w}}) \tag{2.49}$$

式中：ΔA 为植被变化面积（131.1 hm^2）；P 为研究区域的多年平均降水量（383.98 mm）；f 为植被覆盖率（20.11%）；α 为降水除去各类蒸散剩余比例（40%）；P_{c} 为建设蓄水工程单价（5.714 元/t）；β 为洪水期非森林地区径流中以洪水形式溢出水量比例（50%）；P_{w} 为水质净化单价（1 元/t）。

测算得出因植被破坏导致的涵养水源价值损失为 156182.73 元。

2）保土价值

当前计算植被保土价值的方法是以现实土壤侵蚀量（考虑修正通用土壤侵蚀方程 RUSLE 中的所有因子）与潜在土壤侵蚀量（不考虑地表覆盖和水土保持因素）的差值作为植被保土量，2001～2010 年大同矿区忻州窑煤矿煤炭开采降低了地表坡度和坡长，对土壤侵蚀的影响是正面的，但植被破坏单因子对土壤侵蚀的影响是负面的，为更全面计量采矿的土壤侵蚀影响量，这里以全因子影响下土壤侵蚀的变化量为准，通过影子价格法，以水土保持治理费用评估植被的保土价值：

$$V_{VS} = \Delta S \cdot P_p \tag{2.50}$$

式中：ΔS 为采矿引起的土壤侵蚀变化量（−78 426.95 t）；P_p 为水土保持治理费用单价（4 元/t）。

由于研究区土壤侵蚀量减少，水土保持治理费用减少 313 707.80 元。

3．土壤价值量计量

1）经济产出价值

经济产出价值是土壤最主要的功能之一。农产品具有明确的市场价格，因此通过市场价值法，分别选用耕地面积、单产和农作物价格这三个指标反映其经济产出功能。大同矿区 2001～2010 年耕地的减少不完全是由地下煤炭开采引起的。压煤村庄搬迁后居住与耕作距离远，耕地遭到荒废，但是压煤村庄搬迁的主要原因是解放压煤和使居民远离恶化的生存环境。因此，煤炭开采可以看成耕地减少的间接原因。按照生产力变动法，构建土壤经济产出的如下计量模型：

$$V_{SP} = O(A_1 - A_2)P_{cr}R \tag{2.51}$$

式中：A_1 为沉陷前耕地面积（255.31 hm^2）；A_2 为沉陷后耕地面积（43.14 hm^2）；O 为农作物年单产量（t/hm^2，由于难以统计沉陷前后农作物产量变化，这里以大同地区粮食单产替代，3 018.21 kg/hm^2）；P_{cr} 为农作物价格（3 元/kg）；R 为土地复种指数（1.42）（闫慧敏 等，2007）。

经测算，采矿导致的土壤经济产出价值减少 2 727 991.60 元。

2）保持肥力价值

土壤肥力指标包括有机质和碱解氮、有效磷、速效钾等，根据有机质和营养元素的市场价值评估开采引起的土壤肥力变化价值：

$$V_{SV} = \sum_i (\Delta S \cdot \Delta C_i \cdot P_i \cdot T_i) \tag{2.52}$$

式中：ΔS 为耕地土壤的侵蚀变化量（t，以沉陷后耕地面积为准，以避免重复计量）；ΔC_i 为沉陷区和非沉陷区中第 i 种营养元素含量的均值之差；P_i 为第 i 种营养元素的价格（元/t）；T_i 分别为碱解氮、有效磷和速效钾折算成碳酸氢氨、过磷酸钙和氯化钾的系数（5.882、3.373 和 1.667），各营养物质质量分数如表 2.13 所示。

表 2.13 沉陷区内外土壤营养物质质量分数变化

区域	碱解氮/（mg/kg）	有效磷/（mg/kg）	速效钾/（mg/kg）
非沉陷区	41.61	6.00	156.67
沉陷区	40.94	6.74	147.26

本节采用对比的方法，赴大同矿区忻州窑煤矿采集 2001 年以来非沉陷区、沉陷区及土壤侵蚀变化区距表层土约 20 cm 处山地栗钙土土样 50 个，测定其有机碳、碱解氮、有效磷、速效钾等营养元素含量，通过对比沉陷区和非沉陷区土壤营养元素含量，构建煤炭开采对各类用地类型中有机碳和氮、磷、钾影响量值，并将各用地类型的土壤侵蚀变化量数据代入式（2.52），得出土壤保持肥力价值变化为 1036080.40 元。

3）减轻泥沙淤积价值

通过替代工程法，根据蓄水成本计算土壤侵蚀减轻导致的泥沙淤积减少的经济效益（李士美 等，2010）：

$$V_{SS} = \Delta S / \rho \times 0.24 \times C \tag{2.53}$$

式中：ΔS 为土壤侵蚀变化量（−78426.95 t）；ρ 为土壤容重（1.10 g/cm^3）；C 为水库工程费用（5.7 元/m^3）。

计算可得，因土壤侵蚀变化引起的泥沙淤积治理费用减少 97534.61 元。

4．碳排放价值量计量

联合国政府间气候变化专门委员会于 1997 年制定《京都议定书》以来，二氧化碳的价值逐渐市场化，多国开征碳税，国际上较通用的碳交易定价机构有“欧盟排放配额”“瑞典碳税率”“芝加哥气候交易所”等。我国也陆续成立了大连、北京等环境交易所，以健全全国碳排放交易市场，并且使碳价定价多元化。考虑计量的是植被-土壤系统的碳汇变化，采用国家林业局 2008 年 3 月发布、5 月实施的《森林生态系统服务功能评估规范》（LY/T 1721—2008）（中国林业科学研究院森林生态环境与保护研究所，2008）中 1200 元/t 的林地固碳价格作为研究区植被碳汇价值计量的单价。而研究区植被-土壤系统碳收支计量则可以通过分别测度采煤沉陷区植被生物量和土壤有机碳含量的变化得到，通过计算得出，煤炭开采导致研究区 2001～2010 年植被-土壤系统碳汇量减少 11465.468 t，碳排放经济价值为 13758561.6 元。

将植被、土壤和碳价值代入式（2.48），可得 2001～2010 年大同矿区忻州窑煤矿开采导致的主要碳汇要素价值损失为 17949494.28 元。

2.7.2 生态补偿额度确定

因采矿造成的资源环境因子价值量损害，应给予一定的补偿，以作为生态修复等工程的基金。然而，环境因子的价值量计量值又不完全等同于生态补偿额度，综合考虑环境损害值、开采者收益和受害者的谈判力等多因素，才能给出合理的补偿标准。本小节以生态补偿的三原则（第一原则，“谁污染，谁付费”；第二原则，“谁保护，谁受益”；第三原则，“谁使用，谁付费”）为基础，主要运用生态学理论和经济学理论对生态环境补偿进行研究。

1. 生态补偿计算式

科学技术部中国 21 世纪议程管理中心认为，生态补偿是通过调节生态环境利用、保护和建设过程中相关方（主体和客体）的利益关系，使生态环境利用、保护和建设行为的外部效应内部化，以维护、改善和可持续利用生态系统服务的一种手段或制度安排（中国 21 世纪议程管理中心，2009），并且认为 GIS 等技术应用是生态服务价值评估的发展方向。

谭秋成（2009）给出了生态补偿标准的计算方法：

$$S = C_T + \lambda(R - C_T) \tag{2.54}$$

式中：S 为补偿标准；C_T 为受损者的成本（包括直接成本、机会成本和发展成本）；λ 为受损者的谈判力；R 为项目的收益，$R - C_T = \Delta R$。

2. 参数计算

式（2.54）中，R 可以理解为忻州窑煤矿 2001～2010 年开采煤炭的收益，依据矿企财务数据可得，吨煤植被、土壤的环境成本为 0.80 元。当然，本节计量的环境成本是着重针对植被和土壤两大地表碳汇要素受煤炭开采扰动的受损成本，其他自然环境和人文设施如水体、煤层气、大气、建（构）筑物、道路、供电线路等的受损价值量并未涉及，其总破坏成本将远高于 0.80 元/t。

C_T 可以理解为因煤炭开采导致环境破坏的利益受损者，包括矿企本身、矿区居民和政府所代表的子孙后代，这里以 2.7.1 小节植被、土壤和碳排放的计算结果作为受损者的成本，$C_T = 18\ 090\ 058.74$ 元。

受损者的谈判力 λ 是较难定量化的指标，必须依靠有力的谈判依据确定。矿区环境破坏的主要受害者是生活在矿区的居民，然而大同矿区自 2007 年以来实施的棚户区搬迁工程将 40 余万矿区居民搬迁到距离矿区十余千米以外的新区，使其免受环境破坏的侵扰。为计量 2001～2010 年的生态补偿，本节在实地调研的基础上，引入意愿调查方法，通过问卷调查和访谈，提高矿区环境损失的公众参与程度，对比搬迁前后环境状况，定性分析与定量计算相结合，将搬迁前后受调查者认为的环境状况间差值作为生态补偿的谈判力，以充分体现相关利益者的意愿。

在 2011 年 8 月预调研的基础上，课题组于 2012 年 1 月 15～19 日在大同矿区压煤村庄迁址搬迁区 B 区（泰昌里小区）、D 区（泰福里小区）和晋华宫矿就近搬迁区（晋馨苑小区）围绕搬迁前后的生存环境（主要包括搬迁前后空气质量、水资源质量、自然灾害等因素）展开针对矿区居民的调查问卷，共收集到调查问卷 167 份，其中有效问卷 122 份，发放问卷统计和调查样本分布分别如表 2.14 和表 2.15 所示。

表 2.14　发放问卷统计

项目	B 区	D 区	就近搬迁区	小计
发放问卷数量/份	50	70	50	170
有效问卷数量/份	36	55	31	122
有效问卷比例/%	72.00	78.57	62.00	71.76

资料来源：课题组调查、访谈统计汇总结果，以下如无特别注释，资料来源同此处。

表 2.15　调查样本分布　（单位：%）

生态环境	B 区		D 区		就近搬迁区		小计	
	数量	比例	数量	比例	数量	比例	数量	比例
显著改善	12	33.33	15	27.27	13	41.94	40	32.79
有所改善	23	63.89	34	61.82	15	48.39	72	59.01
无改善	1	2.78	2	3.64	2	6.45	5	4.10
恶化	0	0	4	7.27	1	3.22	5	4.10

注：91.80%的被调查居民认为搬迁使生态环境得到改善，仅有 4.10%居民认为环境恶化。

在综合量化（李金华，2000）基础上，构建如下生存环境的量化模型：

$$E_a = \sum_{n=1}^{N} \varepsilon \times E_{fn} \Big/ N \tag{2.55}$$

$$E_b = \sum_{n=1}^{N} \varepsilon \times E_{ln} \Big/ N \tag{2.56}$$

其中

$$\varepsilon = |E_{ln} - E_{fn}| \Big/ \sum_{n=1}^{N} E_{ln} - E_{fn} \tag{2.57}$$

式中：E_a 为居民对搬迁前环境总体感受值；E_b 为居民对搬迁后环境总体感受值；ε 为居民对环境感受情感修正值；E_{fn} 为居民对搬迁前环境感受值；E_{ln} 为居民对搬迁后环境感受值；N 为有效问卷的份数。

将调查问卷数据分别代入式（2.55）和式（2.56），测算出三个调研小区搬迁前生存环境的计量值分别为 39.07、34.44 和 49.27（最高值为 100，下同）；搬迁后的值分别为 71.17、85.76 和 84.27，居民生存的自然环境提升平均值为 39.5。至此，已计算出环境破坏受损者的谈判力为 0.395。

将成本 C_T（18 090 058.74 元）、谈判力 λ（0.395）和收益 ΔR（57 354.42 万元）代入式（2.54）可得，生态补偿值为 237 494 444.5 元，吨煤生态补偿成本为 10.5 元，平均生态补偿价值为 21.20 元/m^2。

根据研究重点，本节并未研究和计量煤层气、大气、水体、动物和微生物、景观等其他环境要素受煤炭开采的扰动变化及矸石等固体废弃物排放的环境成本，分析相关研究结果，植被（林地、草地）、土壤受采矿扰动的损失价值分别占山西潞安矿区自然环境损失价值和自然社会环境损失价值的 36.62%和 6.10%（李永峰，2008）；而在江苏徐州矿区，植被、土壤受采矿扰动的损失价值占自然环境损失价值的 30.53%（徐州市国土资源局，2013）。这些计量结果只是植被、土壤等要素环境价值的显性体现，其对于整个环境系统及其中各要素还起着很多间接的保护与维持作用。

对于大气而言，植被、土壤的光合和呼吸直接影响大气中的 CO_2 含量和温室效应。除 CO_2 以外，部分植被也能够有效吸收煤炭开采过程中释放的 CH_4、CH_2O、SO_2、HF 等温室和有害气体，对于煤矿区的大气污染和呼吸系统疾病具有一定的缓解和防治作用。此外，植被通过改变地表能量、水分和物质交换等方式对与人类生活密切相关的气候特别是局地微气候（如降水量、降水强度、雨型等）具有反馈效应（王铮 等，2010）。

对于水体而言，植被-土壤系统不仅是蓄洪节流、净化水质的重要工具；河带植被缓冲带还对水体污染物具有削减作用（于立忠 等，2013），对煤矿区污水体污染防治具有一定的意义。

对于生物多样性而言，林区和草地是各类昆虫、鸟类、爬行类等动物的重要栖息地，植被的长势和繁茂程度在很大程度上决定了生物的多样性程度。而健康、稳定的土壤环境也有助于细菌、真菌等微生物进行氧化、硝化、固氮等作用。植被和土壤为动物和微生物提供了生存和繁衍的载体和空间，开采破坏对部分动物和微生物的影响可能是灾难性的。

对于景观生态而言，由各类植被构成的自然和人工景观具有一定的美学价值，为人们提供了观赏、休憩的重要场所。

因此，植被和土壤是自然环境最重要的组成部分，其受开采扰动的损失影响自然生态环境的各个方面，其价值难以以货币形式完全体现，应成为煤矿区生态补偿的主要对象。

参 考 文 献

戴华阳, 李树志, 侯敬宗, 1995. 大同矿区岩层与地表移动规律分析. 矿山测量, 16(2): 16-22.

董恒宇, 云锦凤, 王国钟, 2012. 碳汇概要. 北京: 科学出版社.

董泰锋, 蒙继华, 吴炳方, 2012. 基于遥感的光合有效辐射吸收比率(FPAR)估算方法综述. 生态学报, 32(22): 7190-7201.

方精云, 刘国华, 徐嵩龄, 1996. 中国森林植被生物量和净生产力. 生态学报, 16(4): 497-508.

何万龙, 2003. 山区开采沉陷与采动损害. 北京: 中国科学技术出版社.

侯志鹰, 张英华, 2004. 大同矿区采煤沉陷地表移动特征. 煤炭科学技术, 32(2): 50-53.

黄从德, 张健, 杨万勤, 2008. 四川省及重庆地区森林植被碳储量动态. 生态学报, 28(3): 966-975.

黄庆国, 赵军, 2008. 大同矿区地表沉陷类型及成因初探. 煤炭科学技术, 36(9): 92-94.

连达军, 汪云甲, 张华, 2010. 矿区 DEM 的时空模拟与反演方法及其应用研究. 矿业研究与开发, 30(1):

25-32.
江忠善, 王志强, 刘志, 1996. 黄土丘陵区小流域土壤侵蚀空间变化定量研究. 土壤侵蚀与水土保持学报, 2(1): 1-9.
李金华, 2000. 模糊数学方法与统计赋权. 数量经济技术经济研究, 10: 34-38.
李士美, 谢高地, 张彩霞, 2010. 森林生态系统土壤保持价值的年内动态. 生态学报, 30(13): 3482-3490.
李永峰, 2008. 煤炭资源开发对矿区资源环境影响的测度研究. 徐州: 中国矿业大学出版社.
刘宝元, 张科利, 焦菊英, 1999. 土壤可蚀性及其在侵蚀预报中的应用. 自然资源学报, 14(4): 345-350.
刘国华, 傅伯杰, 方精云, 2000. 中国森林碳动态及其对全球碳平衡的贡献. 生态学报, 20(5): 733-740.
潘根兴, 1999. 中国干旱性地区土壤发生性碳酸盐及其在陆地系统碳转移上的意义. 南京农业大学学报, 22(1): 52-57.
秦伟, 朱清科, 张岩, 2009. 基于 GIS 和 RUSLE 的黄土高原小流域土壤侵蚀评估. 农业工程学报, 25(8): 157-163.
申宝宏, 杨丽, 2010. 煤矿区低碳发展途径探讨. 中国能源, 32(2): 5-7.
司今, 韩鹏, 赵春龙, 2011. 森林水源涵养价值核算方法评述与实例研究. 自然资源学报, 26(12): 2100-2109.
谭秋成, 2009. 关于生态补偿标准和机制. 中国人口·资源与环境, 19(6): 1- 6.
汤国安, 杨昕, 2012. ArcGIS 地理信息系统空间分析实验教程. 2 版. 北京: 科学出版社.
唐健, 汤剑平, 2012. 基于植被光合有效辐射资料研究中国地区植被大气反馈作用. 地球物理学报, 55(6): 1804-1816.
唐克丽, 2004. 中国水土保持. 北京: 科学出版社.
王铮, 延晓冬, 侯美亭, 2010. 植被对气候的反馈效应研究进展. 第 27 届中国气象学会年会应对气候变化分会场: 人类发展的永恒主题论文集: 1-13.
王长耀, 牛铮, 2008. 碳循环遥感基础与应用. 北京: 科学出版社.
谢云, 刘宝元, 章文波, 2000. 侵蚀性降雨标准研究. 水土保持学报, 14(4): 6-11.
徐州市国土资源局, 2013. 徐州采煤塌陷区地质环境评价及补偿机制研究. 徐州: 徐州市国土资源局.
闫慧敏, 刘纪远, 曹明奎, 2007. 中国农田生产力变化的空间格局及地形控制作用. 地理学报, 62(2): 171-180.
杨琴, 孙金水, 李天宏, 2011. 不同比例尺流域土壤侵蚀评估及其尺度效应研究. 应用基础与工程科学学报, 19(S1): 201-209.
杨黎芳, 李贵桐, 2011. 土壤无机碳研究进展. 土壤通报, 42(4): 986-990.
于立忠, 王利, 刘利芳, 2013. 浑河上游典型河岸植被缓冲带对水体污染物的消减作用. 2013 中国环境科学学会学术年会论文集(第五卷): 3726-3731.
于天仁, 陈志诚, 1990. 土壤发生中的化学过程. 北京: 科学出版社.
中国林业科学研究院森林生态环境与保护研究所, 2008. 中国人民共和国林业行业标准: 森林生态系统服务功能评估规范(LY/T 1721—2008). 北京: 中国标准出版社.
中国 21 世纪议程管理中心, 2009. 生态补偿原理与应用. 北京: 社会科学文献出版社.
朱文泉, 潘耀忠, 张锦水, 2007. 中国陆地植被经初级生产力遥感估算. 植物生态学报, 31(3): 413-424.
CAO M K, WOODWARD F I, 1998. Dynamic responses of terrestrial ecosystem carbon cycling to global

climate change. Nature, 393: 249-252.

GAO F, MASEK J, SCHWALLER M, et al., 2006. On the blending of the Landsat and MODIS surface reflectance: Predicting daily Landsat surface reflectance. IEEE Transactions on Geoscience and Remote Sensing, 44(8): 2207-2218.

HILKER T, WULDER M A, COOPS N C, et al., 2009. Generation of dense time series synthetic Landsat data through data blending with MODIS using a spatial and temporal adaptive reflectance fusion model. Remote Sensing of Environment(3): 1988-2000.

LIU J, CHEN J M, CIHLAR J, et al., 1999. Net primary productivity distribution in the BOREAS region from a process model using satellite and surface data. Journal of Geophysical Research, 104(D22): 27735-27754.

NAKAJI T, IDE R, OGUMA H, et al., 2007. Utility of spectral vegetation index for estimation of gross CO_2 flux under varied sky conditions. Remote Sensing of Environment, 109(3): 274-284.

PARTON W J, SCHIMEL D S, COLE C V, et al., 1987. Analysis of factors controlling soil organic matter levels in Great Plains grasslands. Soil Science Society of America Journal(51): 1173-1179.

PATHAK H, LI C, WASSMANN R, 2005. Greenhouse gas emissions from India rice fields: calibration and upscaling using the DNDC model. Biogeosciences, 2(2): 113-123.

PINTY B, LAVERGNE T, WIDLOWSKI J L, et al., 2009. On the need to observe vegetation canopies in the near-infrared to estimate visible light absorption. Remote Sensing of Environment, 113(1): 10-23.

POTTER C S, RANDERSON J T, FIELD C B, et al., 1993. Terrestrial ecosystem production: A process model based on global satellite and surface data. Global Biogeochemical Cycles, 7(4): 811-841.

POTTER C S, WANG S, NIKOLOV N T, et al., 2001. Comparison of boreal ecosystem model sensitivity to variability in climate and forest parameters. Journal of Geophysical Research, 106(D24): 33671-33687.

RANDERSON J T, FIELD C B, 2003. Terrestrial ecosystem production: A process model based on global satellite and surface data. Global Biogeochemical Cycles, 7: 811-841.

TIAN F, WANG Y J, RASMUS F, et al., 2013. Mapping and evaluation of NDVI trends from synthetic time series obtained by blending landsat and MODIS data around a coalfield on the Loess Plateau. Remote Sensing, 5: 4255-4279.

WALKER J J, DE BEURS K M, WYNNE R H, et al., 2012. Evaluation of landsat and MODIS data fusion products for analysis of dryland forest phenology. Remote Sensing of Environment, 2(117): 381-393.

第 3 章　开采塌陷地土壤全氮高光谱估测与评价

土壤为植被提供了丰富的养分，是植被健康生长的基质。近年来，土壤资源的过度使用严重影响了土壤质量，使土壤肥力退化严重（Dhillon et al.，2017）。土壤全氮等养分信息的有效监测能为农业精细化施肥提供指导，更能为全球氮储量、氮循环的动态监测提供重要服务，相关研究吸引了越来越多学者的关注，积累了大量研究成果（Lin et al.，2020a；Cheng et al.，2019；Raj et al.，2018；纪文君 等，2012）。然而，大多数已有研究都是以耗时、费力、昂贵的传统实验室化学测试方法为主（Wang et al.，2020；Patra et al.，2019；Jiang et al.，2017）。有限的土壤采样和实验室分析导致获取的土壤全氮信息较难有连续性和准确的空间分布特征（Christy，2008）。因此，为了服务农业生产和有效监测全球氮储量、氮循环，探索高效、实时、动态的土壤全氮监测技术显得极其必要。

遥感技术提供了实用、经济的手段来评价土壤的理化性质，而高光谱遥感由于具有波段多、数据量丰富等特点，可以获取土壤全氮等养分的精细光谱，实现对其有效监测（Tsakiridis et al.，2019）。近年来土壤全氮等养分信息监测研究层出不穷，基于实验室测量的高光谱研究已经得到了广泛的认可（Lin and Liu，2020；Fernandes et al.，2019；Nawar and Mouazen，2017；Wijewardane et al.，2016）。但土壤破坏严重的开采塌陷区的研究相对较少，针对这一特殊区域，建立快速有效的土壤全氮高光谱反演方法，对服务该特殊区域的精准农业施肥和监测区域氮储量及变化显得越来越重要。现有高光谱土壤全氮估测算法的研究可以提供很好的技术支持，但其精度仍受限于大量噪声的影响。本章将在简要介绍研究区概况和土壤全氮含量化学测试方法后，重点介绍应用于各种高光谱建模分析处理方法的基本原理和流程；从白噪声入手，利用局部最大相关（local correlation maximization，LCM）法对噪声进行去除研究；从土色影响入手，利用摄影实测值放大（photography measured-value magnification，PMM）法对土色影响进行去除；考虑高光谱实时动态需求，建立快速有效的去土色方法，利用拟合色学习机（synthetic color learning machine，SCLM）建立全氮估测模型并对结果进行分析评价。

3.1　土壤样品采集与数据预处理

3.1.1　土壤样品采集及制备

从沧州（38° 32′N，116° 45′E）、任丘（38° 42′N，116° 7′E）、峰峰（36° 20′N，114° 14′E）三个地区的资源开发地表塌陷区随机采集表层土样品（Lin et al.，2015）。三个区域的主要土壤类型如表 3.1 所示。沧州研究区塌陷主要由开采地下水导致，而任丘和峰峰地表塌陷分别由石油开采和煤炭开采引发。InSAR技术已经广泛应用于各种地表塌陷的信息获取（Woo et al.，2012；Perski et al.，2009）。沧州和任丘的塌陷信息由PS-InSAR技术获取，而峰峰地区由D-InSAR技术获取。所有土壤样本风干碾磨并过2 mm筛，土壤样品被分为两份，分别用来进行化学实验分析和土壤光谱测量。所有土壤样品被装进8 cm长、6 cm宽的塑料卡口袋中，并储存于纸箱中。

表3.1 沧州、任丘和峰峰塌陷区土壤类型

城市	土壤类型
沧州	始成土
任丘	新成土和始成土
峰峰	新成土和始成土

3.1.2 土壤全氮化学分析

土壤全氮（total nitrogen，TN）用凯氏定氮法测定：①称取风干土样2 g放入凯氏瓶内，加混合加速剂2 g（硒粉、硫酸铜和硫酸钾三者按1∶10∶100的比例混合并研磨成粉）并加水湿润，再加入浓硫酸5 mL；②在380 ℃下消煮2.5 h；③分别加入稀释水、硼酸和40%氢氧化钠溶液15 mL、20 mL和30 mL，并进行蒸馏5 min；④加钾酚绿混合指示剂，并用标定的1 mol/L的盐酸溶液滴定，当由蓝绿变紫红色时，记下数据，计算公式为

$$\mathrm{TN}(\%)=\frac{(V-V_0)\times C\times 0.014}{W}\times 100 \tag{3.1}$$

式中：V_0为所用的HCl体积（滴定空白）；V为所用HCl体积（滴定样品）；C为标准盐酸溶液浓度；W为烘干土壤样品质量。

3.1.3 土壤光谱测量

美国ASD公司生产的ASD FieldSpec 3光谱仪（图3.1）在本研究中被用来采集土壤光谱，350～1 000 nm光谱区间和1 000～2 500 nm光谱区间的采样间隔分别为1.4 nm和2 nm，且该仪器在700 nm处的光谱分辨率是3 nm，而1 400 nm和2 100 nm处的光谱分辨率是10 nm，仪器相关参数详见表3.2。每个土壤样品被置于直径为10 cm、深度为2 cm的容器中，并利用功率为50 W的卤素灯提供平行光源。在调整好光源与土壤样品表层之间角度（30°左右）和两者距离（30 cm左右）之后，每个样本读取10条光谱曲线并利用白板校正，每个土壤样品的原始光谱数据由10条光谱曲线的算术平均值计算得到。所有操作都在暗室中进行，以避免杂散光的干扰。

图 3.1　ASD FieldSpec 3 光谱仪

表 3.2　ASD FieldSpec 3 光谱仪的技术参数

光谱范围/nm	采样间隔/nm	光谱分辨率/nm	输出波段数
350～2 500	1.4@350～1 050	3@700	2 151
	2@1 000～2 500	10@1 400，2 100	

3.1.4　数据预处理

为了减弱或者消除土壤光谱测定过程中光照和背景等影响导致的噪声信息，对光谱仪室内采集得到的土壤光谱进行如倒数的对数、一阶微分、倒数的对数的一阶微分和二阶微分等不同形式的变换。

1.光谱变换

1）光谱微分

土壤光谱在波长 λ_i 处的一阶微分光谱采用如下公式进行计算：

$$R'(\lambda_i)=(R[\lambda_{i+1}]-R[\lambda_{i-1}])/\Delta\lambda \tag{3.2}$$

式中：λ_i 为在 i nm 处的波长；$R(\lambda_i)$ 为波长 λ_i 处的光谱反射率；$R'(\lambda_i)$ 为波长 λ_i 处反射率的一阶微分光谱；$\Delta\lambda=\lambda_{i+1}-\lambda_{i-1}$，$i$=350 nm、351 nm、…、2 500 nm。

2）光谱倒数的对数一阶微分

土壤光谱在波长 λ_i 处的倒数的对数的一阶微分光谱采用如下公式进行计算：

$$(\log(1/R_{\lambda_i}))'=[\log(1/R_{\lambda_{i+1}})-\log(1/R_{\lambda_{i-1}})]/\Delta\lambda \tag{3.3}$$

式中：$\log(1/R_{\lambda_i})$ 为波长 λ_i 处反射率的倒数的对数光谱值；$(\log(1/R_{\lambda_i}))'$ 为波长 λ_i 处反射率的倒数的对数的一阶微分光谱值。

2. 小波去噪

光谱信息在获取和处理过程中或多或少会混入噪声，如果混入的是类似于白噪声的噪声信息，移动平均（moving average，MA）法等方法难以把噪声去除的同时不影响有效信号，在处理随机、低频的信号方面尤甚。而小波去噪（wavelet transform，WT）是一种对信号数据的时频分析，可便捷地从伴随着各种类型噪声的信号中提取出原始信号，因此近年来成为高光谱遥感领域最有效的去噪方法之一。

1）原理

WT 是由满足 $\int_R \phi(t)\mathrm{d}t = 0$ 的一个函数通过平移、缩放等产出的一个函数族 $\phi_{a,b}(t) = |a|^{n} \phi[(1-b)/a], a,b \in R, a \neq 0$。给定信号数据 $x(t)$，即 $x(t) \in L2(R)$，对 $x(t)$的小波变换定义为

$$
\begin{aligned}
\mathrm{WT}_x(a,b) &= \int_{-\infty}^{+\infty} x(t)\phi_{a,b}^*(t)\mathrm{d}t \\
&= (1/\sqrt{a})\int_{-\infty}^{+\infty} x(t)\phi^*[(t-b)/a]\mathrm{d}t \\
&= (x[t], \phi_{a,b}[t])
\end{aligned} \tag{3.4}
$$

式中：$\phi_{a,b}^*(t)$ 为小波函数 $\phi(t)$ 的共轭，尺度因子 a 可对 $\phi(t)$ 作伸缩，在 a、b 的共同作用下，小波函数 $\phi_{a,b}(t)$ 的波形宽度和中心不断变化以满足信号处理需要。

2）方法

将一个含有大量噪声的信号数据表示如下：

$$x(n)=s(n)+u_1(n)\cdot u_2(n) \tag{3.5}$$

式中：$s(n)$为有效信号；$u_1(n)$和 $u_2(n)$分别为加性噪声和乘性噪声。

一般情况下，信号降噪过程可视为线性不变模型，因此式（3.5）可写为

$$x(n)=s(n)+u(n) \tag{3.6}$$

式中：$u(n)$为高斯白噪声。

对式（3.6）做小波变换：

$$\mathrm{WT}_x(a,b)=\mathrm{WT}_s(a,b)+\mathrm{WT}_u(a,b) \tag{3.7}$$

令 $u(n)$是独立分布、零均值的平稳随机信号，记 $\boldsymbol{u}=(u[0],u[1],L,u[N-1])^{\mathrm{T}}$，则

$$P=E(\boldsymbol{U}\boldsymbol{U}^{\mathrm{T}})=E(\boldsymbol{W}\boldsymbol{u}\boldsymbol{u}^{\mathrm{T}}\boldsymbol{W}^{\mathrm{T}})=\boldsymbol{W}\boldsymbol{Q}\boldsymbol{W}^{\mathrm{T}} \tag{3.8}$$

式中：$E(\cdot)$ 为求解均值的运算；而 $\boldsymbol{Q}$ 为 $\boldsymbol{u}$ 的协方差矩阵；U 为 u 的小波变换；$\boldsymbol{W}$ 为正交矩阵。

式（3.8）表明，平稳高斯白噪声的正交小波变换后仍然是平稳高斯白噪声，对于加法型含噪信号模型，经过正交变换能有效去除 $s(n)$的相关性，根据不同尺度下噪声的情况选取较为合适的阈值，通过阈值来决定小波系数，实现去除噪声信息并保留有用信息的目标。以下为小波阈值去噪算法的主要步骤。

第一步：选择正交小波并按照实际情况和要求来确定小波分解较为合适的层数 N，对信号进行 N 层分解处理，symN 小波是常用小波函数之一。

第二步：阈值的确定。小波阈值大小在去噪效果上起到决定性作用，若阈值设置过小则会导致去噪效果不理想，而阈值设置过大则又会导致目标信息的丢失。启发式 SURE 阈值（heursure）为常用阈值选择方法之一。

第三步：通过阈值函数的选取对小波系数进行相应的阈值处理。常用的硬、软阈值法如下。

硬阈值法：

$$d=\begin{cases}d, & |d|\geqslant\lambda\\0, & d<\lambda\end{cases}\tag{3.9}$$

软阈值法：

$$d=\begin{cases}\operatorname{sgn}(d)(|d|-\lambda), & |d|\geqslant\lambda\\0, & d<\lambda\end{cases}\tag{3.10}$$

第四步：小波重构。对阈值处理后的小波系数进行逆小波变换以获得有效信号近似值。

3.2　全氮估测的 LCMCS 方法

作为影响土壤肥力的重要因素之一，全氮（TN）含量严重影响植物的生长，因此 TN 监测是塌陷区土壤修复工程关注的重点。不少高光谱遥感监测 TN 的研究已经展现，但是针对塌陷区这一土壤资源破坏较严重的特殊区域的 TN 监测成果却较少，针对不同资源开采导致的塌陷区的研究更是空白（Samsonova et al.，2013；Jiang et al.，2011）。为此，需要研究已有的 TN 估测模型对塌陷区这一特殊区域的土壤是否合适，高光谱估测模型建立时如何在保留尽可能多的有效光谱信息的同时最大化去噪，如何实现偏最小二乘回归（partial least squares regression，PLSR）和自适应模糊神经推理系统（adaptive neuro-fuzzy inference system，ANFIS）的优势互补来进一步提高 TN 估测精度。

为了找到一个合适的方法来估测塌陷区 TN，局部最大相关优势互补（local correlation maximization-complementary superiority，LCMCS）法在本节被研究。LCMCS 方法具有 PLSR 和 ANFIS 的优点，并且能够有效去除噪声最大化利用 TN 响应信息。本节通过与 LCM-PLSR、WTCS 和 WT-PLSR 等方法的对比，来评价 LCMCS 方法的全氮估测的效果。模型建立的步骤如图 3.2 所示，输入层数据包括土壤样品 TN 实测值和土壤光谱数据。该

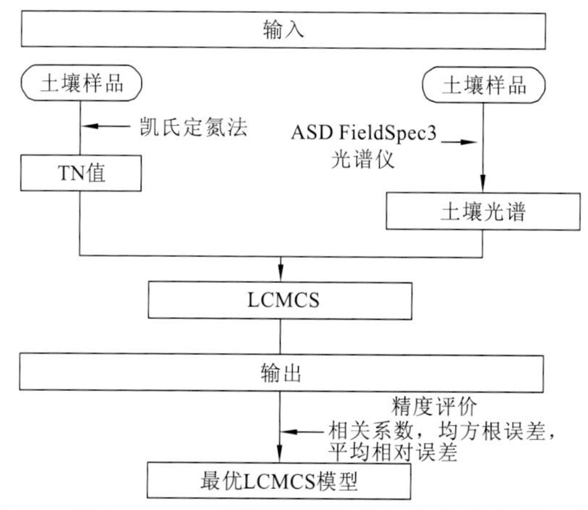

图 3.2　建立 LCMCS 预测模型的输入和分析步骤概述图

图概述了光谱和实测 TN 数据的获取和分析，实测数据与处理后光谱数据经过 LCMCS 方法建立模型并输出结果，最终通过精度评价得到最优 LCMCS 模型。

3.2.1　LCMCS 方法概述

为了建立有效的 TN 估测方法，本节提出具有 PLSR 和 ANFIS 的优点，并且能够有效去除噪声最大化利用 TN 响应信息的局部最大相关优势互补（LCMCS）法。LCMCS 方法主要由局部最大相关法（LCM）去噪、偏最小二乘（partial least squares，PLS）降维和自适应模糊神经推理系统（ANFIS）迭代三部分组成，结构如图 3.3 所示。

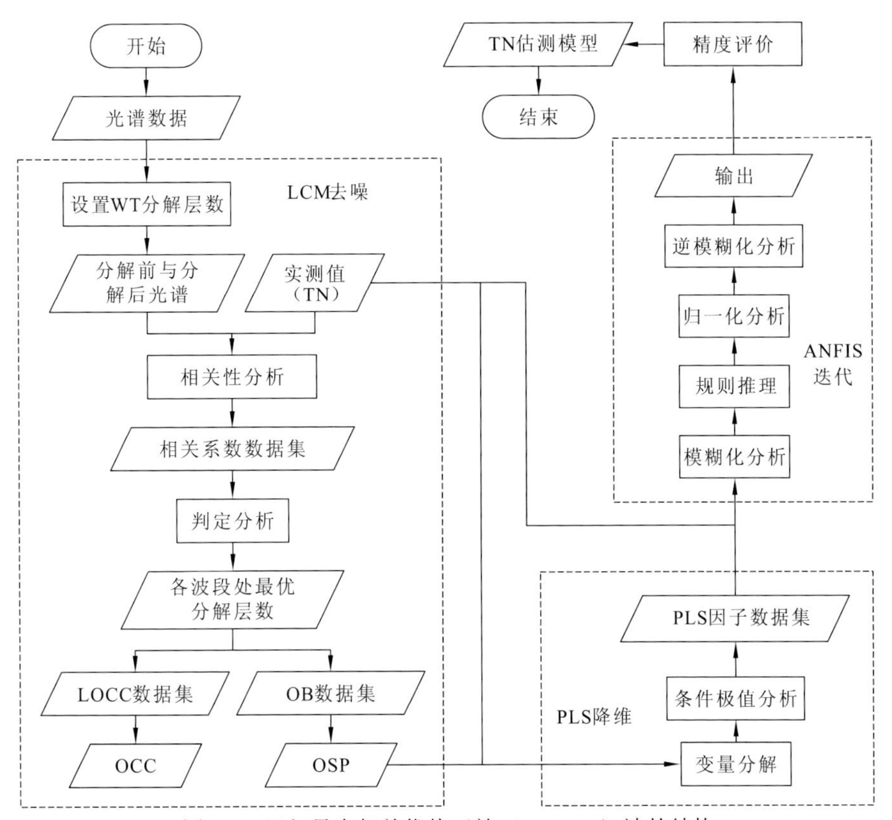

图 3.3　局部最大相关优势互补（LCMCS）法的结构

LOCC，local optimal correlation coefficient，局部最优相关系数；OB，optimal band，最优波段；OCC，optimal correlative curve，最优相关曲线；OSP，optimal spectrum，最优光谱

1. LCM 去噪

LCM 去噪主要分为五步，如下所示。

（1）小波分解。将变换前与变换后光谱输入，设置小波参数并确定分解层数，对光谱数据进行不同层数的分解操作（分解层数为 5），得到分解后光谱数据。

（2）相关性分析。将小波分解前与分解后的光谱与 TN 实测值进行相关性分析，得到各光谱的相关系数数据集。相关系数获取公式如下：

$$r = \left(\sum_{i=1}^{n} [x_i - \overline{x}] \right) \bigg/ \sqrt{\sum_{i=1}^{n} (x_i - \overline{x})^2 \sum_{i=1}^{n} (y_i - \overline{y})^2} \tag{3.11}$$

式中：x 和 y 分别为输入光谱数据和 TN 实测数据；$\overline{x}$ 和 $\overline{y}$ 分别为光谱数据和 TN 值的平均值。

（3）判定分析。找到不同分解层数（1～5 层）去噪的波段与 TN 含量之间的最大相关系数，该分解层数为光谱在该波长处的最优分解层数。获取最优分解层数的代码如下：

```
[~,b]=max(abs(a))
[row_a,col_a]=size(a)
i=(1:col_a)-1
c=a(i*row_a+b)
```

代码中，a 为分解前与分解后光谱数据。

（4）LOCC 和 OB 数据集获取。在获得各个波段处最优分解层数后，对应相关系数和分解后的波段分别被视为局部最优相关系数（LOCC）和最优波段（OB）。

（5）OCC 和 OSP 获取。350～2 500 nm 范围内各个波长处的 LOCC 和 OB 分别组成 OCC 和 OSP。

因此，LCM 去噪算法主要如下。

（1）输入光谱数据 X，对光谱进行小波分解，得到光谱矩阵

$$\boldsymbol{X} = \begin{bmatrix} x'_{11} & x'_{12} & \cdots & x'_{1m} \\ x'_{21} & x'_{22} & \cdots & x'_{2m} \\ \vdots & \vdots & & \vdots \\ x'_{n1} & x'_{n2} & \cdots & x'_{nm} \end{bmatrix} \tag{3.12}$$

式中：m 为光谱波段数；n 为分解层数 +1。

（2）分解前后光谱与 TN 实测值进行相关性分析，得到相关系数矩阵如下：

$$\boldsymbol{R} = \begin{bmatrix} r_{11} & r_{12} & \cdots & r_{1m} \\ r_{21} & r_{22} & \cdots & r_{2m} \\ \vdots & \vdots & & \vdots \\ r_{n1} & x_{n2} & \cdots & r_{nm} \end{bmatrix} \tag{3.13}$$

（3）将相关系数矩阵中 $\boldsymbol{r}_1 = (r_{11} \quad r_{21} \quad \cdots \quad r_{n1})^{\mathrm{T}}$ 进行判定分析，得到该波段的最优分解层数，并重复操作获得最优分解层数矩阵

$$\boldsymbol{L} = (l_1 \quad l_2 \quad \cdots \quad l_m) \tag{3.14}$$

（4）光谱第一个波段 l_1 分解后与 TN 实测值的相关性系数为 LOCC，而该分解后的波段为 OB，重复对光谱的所有波段进行以上操作，得到 LOCC 和 OB 矩阵如下：

$$\boldsymbol{LOCC}_{\mathrm{s}} = (z_1 \quad z_2 \quad \cdots \quad z_m) \tag{3.15}$$

$$\boldsymbol{OB}_{\mathrm{s}} = (v_1 \quad v_2 \quad \cdots \quad v_m) \tag{3.16}$$

式中：z 为各波长处最优相关系数；v 为各波长处最优波段。

（5）所有 LOCC 和 OB 组成了 OCC 和 OSP。

2. PLS 降维

输入样本数为 n 的 OSP 数据 O 和 TN 实测数据 Y，分别提取 O 和 Y 的第一主成分 $\boldsymbol{T}_1$ 和 $\boldsymbol{U}_1$。$\boldsymbol{T}_1$ 和 $\boldsymbol{U}_1$ 分别为光谱数据和 TN 实测数据的线性组合：

$$\boldsymbol{T}_1=\begin{cases} w_{11}o_{11}+\cdots+w_{1n}o_n=\boldsymbol{w}_1^{\mathrm{T}}\boldsymbol{O}_1 \\ w_{21}o_{21}+\cdots+w_{2n}o_n=\boldsymbol{w}_2^{\mathrm{T}}\boldsymbol{O}_2 \\ \vdots \\ w_{m1}o_{m1}+\cdots+w_{mn}o_n=\boldsymbol{w}_n^{\mathrm{T}}\boldsymbol{O}_n \end{cases} \tag{3.17}$$

$$\boldsymbol{U}_1=\begin{cases} v_{11}y_1+\cdots+v_{1m}y_m=\boldsymbol{v}_1^{\mathrm{T}}\boldsymbol{Y} \\ v_{21}y_1+\cdots+v_{2m}y_m=\boldsymbol{v}_2^{\mathrm{T}}\boldsymbol{Y} \\ \vdots \\ v_{n1}y_1+\cdots+v_{nm}y_m=\boldsymbol{v}_n^{\mathrm{T}}\boldsymbol{Y} \end{cases} \tag{3.18}$$

通过最大化 $\boldsymbol{T}_1$ 和 U_1 之间的协方差 $\mathrm{Cov}(\boldsymbol{T}_1,\boldsymbol{U}_1)$ 来使预测变量和响应变量的第一主成分 $\boldsymbol{T}_1$ 和 $\boldsymbol{U}_1$ 相关性达到最大，通过求 $\bar{\boldsymbol{T}}_1=(\bar{t}_{11}\quad \bar{t}_{12}\quad \cdots\quad \bar{t}_{1m})^{\mathrm{T}}$ 和 $\bar{U}_1$ 的内积来代替 $\mathrm{Cov}(T_1,U_1)$ 的运算，即

$$(\bar{\boldsymbol{T}}_1,\bar{\boldsymbol{U}}_1)=(\boldsymbol{E}_0\boldsymbol{W}_1,F_0V)=\boldsymbol{W}_1^{\mathrm{T}}\boldsymbol{E}_0^{\mathrm{T}}\boldsymbol{F}_0\boldsymbol{V}_1\longrightarrow \max \tag{3.19}$$

$$\boldsymbol{W}_1^{\mathrm{T}}\boldsymbol{W}=\|\boldsymbol{W}_1\|^2=1,\quad \boldsymbol{V}_1^{\mathrm{T}}\boldsymbol{V}=\|\boldsymbol{V}_1\|^2=1 \tag{3.20}$$

只需要得到矩阵 $\boldsymbol{M}=\boldsymbol{E}_0^{\mathrm{T}}\boldsymbol{F}_0\boldsymbol{F}_0\boldsymbol{E}_0^{\mathrm{T}}$ 的特征值与特征向量，然后通过求解 $\boldsymbol{W}_1$ 即可得到第一主成分矩阵 $\boldsymbol{U}_1$。重复以上几步得到新的主成分，研究中共获得 5 个主成分。

3. ANFIS 迭代

由 Jang Roger 提出的自适应模糊神经推理系统（ANFIS）具有人工神经网络的自学习功能和模糊推理系统的模糊语言表达能力。它克服了模糊推理系统的专家经验设计模糊规则的缺点，与 BP 神经网络相比，ANFIS 具有明显较强的自学习能力、自适应性和鲁棒性，已开始在各个领域应用（Goyal et al.，2014；Paiva et al.，2004）。ANFIS 结构为 5 层，分别包含输入 2、输出 1 和规则 2，如图 3.4 所示。该部分输入自变量为 PLS 降维得到的主成分矩阵 $\boldsymbol{U}$ 和 TN 实测数据 Y，$\boldsymbol{U}$ 矩阵为

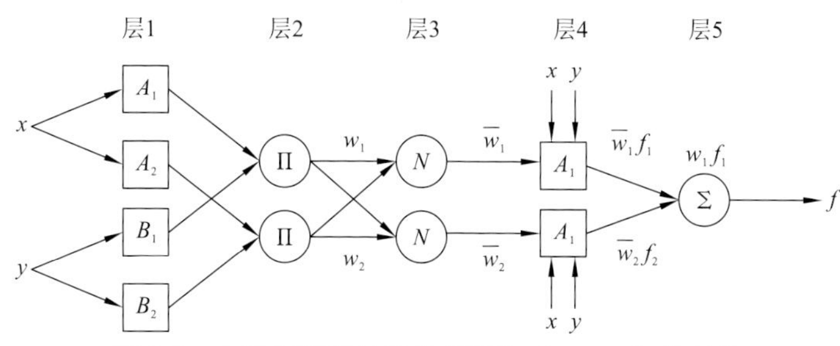

图 3.4　自适应模糊神经推理系统（ANFIS）的结构

$$
\boldsymbol{U}=\begin{bmatrix} v_{11} & v_{12} & \cdots & v_{1m} \\ v_{21} & v_{22} & \cdots & v_{2m} \\ \vdots & \vdots & & \vdots \\ v_{p1} & v_{p2} & \cdots & v_{pm} \end{bmatrix} \tag{3.21}
$$

式中：p 为主成分数量。

首先对输入矩阵 $\boldsymbol{U}$ 和 TN 实测数据 Y 进行模糊化处理，将模糊化输出信息进行乘积运算并输出激励强度。然后对激励强度进行归一化处理，即将节点处激励强度除以激励强度之和。最后进行逆模糊化操作，并计算所有输出结果的总和。详细的 ANFIS 介绍如下。

2 规则如下：

$$
规则 1: 当 (x=A_1) 和 (y=B_1), \quad f_1=p_1x+q_1y+r_1 \tag{3.22}
$$

$$
规则 2: 当 (x=A_2) 和 (y=B_2), \quad f_2=p_2x+q_2y+r_2 \tag{3.23}
$$

（1）模糊化层。对输入自变量和因变量数据模糊化处理，该层各节点的输出公式如下：

$$
O_{1,i}=\mu_{A_i}(x), \qquad i=1,2 \tag{3.24}
$$

$$
O_{1,i}=\mu_{B_{i-2}}(y), \qquad i=3,4 \tag{3.25}
$$

式中：x 与 y 和 A_i 与 $B_{i\text{-}2}$ 为输入变量数据和模糊集；$\mu_{A_i}(x)$ 和 $\mu_{B_{i-2}}(y)$ 通常选取如下的钟形函数：

$$
\mu_i(x)=\frac{1}{1+\left(\left[\dfrac{x-c}{a}\right]^2\right)^i}, \qquad i=1,2 \tag{3.26}
$$

式中：a、b 和 c 均为前提参数。

（2）规则推理层。将输入信息进行模糊化处理，输入信息乘积为此层节点的输出公式，而结果为此规则之激励强度：

$$
O_{2,i}=w_i=\mu_{A_i}(x)\mu_{B_i}(y), \qquad i=1,2 \tag{3.27}
$$

（3）归一化层。对上一层输出的激励强度进行归一化，将节点处激励强度除以激励强度之和：

$$
O_{3,i}=\overline{w}_i=w_i/(w_1+w_2), \qquad i=1,2 \tag{3.28}
$$

（4）逆模糊化层。各规则下输出被计算，如下所示线性传递函数为各节点采用：

$$
O_{4,i}=\overline{w}_i f_i=\overline{w}_i(p_i x+q_i y+r_i), \qquad i=1,2 \tag{3.29}
$$

式中：w_i 为第三层输出；p、q、r 为参数集。

（5）输出层。该单一固定节点计算所有第四层输出结果的总和。

$$
O_{5,i}=\sum_i \overline{w}_i f_i=\frac{\sum_i w_i f_i}{\sum_i w_i}, \qquad i=1,2 \tag{3.30}
$$

因此，ANFIS 学习算法主要如下。

前向、后向传递构成 ANFIS 分析的每一个周期。前向传递时，训练数据集现于 ANFIS 中，一层层计算和输出，而规则的后向参数则由 LSR 表示。在模糊推理过程中，输出函数为线性。因此设置好隶属度函数的参数和给定输入、输出模式为 p 的训练集便可以得到线性方程：

$$\begin{cases} \boldsymbol{y}_d(1)=\bar{\mu}_1(1)f_1(1)+\bar{\mu}_2(1)f_2(1)+\cdots+\bar{\mu}_n(1)f_n(1) \\ \boldsymbol{y}_d(2)=\bar{\mu}_1(2)f_1(2)+\bar{\mu}_2(2)f_2(2)+\cdots+\bar{\mu}_n(2)f_n(2) \\ \vdots \\ \boldsymbol{y}_d(p)=\bar{\mu}_1(p)f_1(p)+\bar{\mu}_2(p)f_2(p)+\cdots+\bar{\mu}_n(p)f_n(p) \end{cases} \tag{3.31}$$

其中

$$f_n(a)=k_{n0}+k_{n1}x_1(a)+k_{n2}x_2(a)+\cdots+k_{nm}x_m(a) \tag{3.32}$$

式中：m 和 n 为输入变量数和神经元个数。在输入 $x_1(p),\cdots,x_m(p)$ 时，$\boldsymbol{y}_d(p)$ 为期望的最终输出。

$\boldsymbol{y}_d$ 的矩阵形式如下：

$$\boldsymbol{y}_d=\boldsymbol{Ak} \tag{3.33}$$

其中：$\boldsymbol{y}_d$ 为输出向量；$\boldsymbol{k}$ 为后项参数向量；$\boldsymbol{y}_d$、A 和 K 分别如下：

$$\boldsymbol{y}_d=[y_d(1)\quad y_d(2)\quad \cdots \quad y_d(p)]^{\mathrm{T}} \tag{3.34}$$

$$\boldsymbol{A}=\begin{bmatrix} \bar{\mu}_1(1) & \bar{\mu}_1(2) & \cdots & \bar{\mu}_1(p) \\ \bar{\mu}_1(1)x_1(1) & \bar{\mu}_1(2)x_1(2) & \cdots & \bar{\mu}_1(p)x_1(p) \\ \vdots & \vdots & & \vdots \\ \bar{\mu}_1(1)x_m(1) & \bar{\mu}_1(2)x_m(2) & \cdots & \bar{\mu}_1(p)x_m(p) \\ \vdots & \vdots & & \vdots \\ \bar{\mu}_n(1) & \bar{\mu}_n(2) & \cdots & \bar{\mu}_n(p) \\ \bar{\mu}_n(1)x_1(1) & \bar{\mu}_n(2)x_1(2) & \cdots & \bar{\mu}_n(p)x_1(p) \\ \vdots & \vdots & & \vdots \\ \bar{\mu}_n(1)x_m(1) & \bar{\mu}_n(2)x_m(2) & \cdots & \bar{\mu}_n(p)x_m(p) \end{bmatrix}^{\mathrm{T}} \tag{3.35}$$

$$\boldsymbol{k}=[k_{10}\quad k_{11}\quad k_{12}\quad \cdots \quad k_{1m}\quad k_{20}\quad k_{21}\quad k_{22}\quad \cdots \quad k_{2m}\quad k_{n0}\quad k_{n1}\quad k_{n2}\quad \cdots \quad k_{nm}]^{\mathrm{T}} \tag{3.36}$$

通常式（3.33）无解，但可通过找到 $\boldsymbol{k}$ 的最小二乘估计 k^*，使误差平方 $\|\boldsymbol{Ak}-\boldsymbol{y}_d\|^2$ 最小，可按照如下公式实现：

$$k^*=(\boldsymbol{A}^{\mathrm{T}}\boldsymbol{A})^{-1}\boldsymbol{A}^{\mathrm{T}}\boldsymbol{y}_d \tag{3.37}$$

学习过程中的误差信号在 ANFIS 系统中的逆向传播如下：

$$H=(y_{ej}-y_j)^2/2 \tag{3.38}$$

式中：y_j 和 y_{ej} 分别为第 j 节点输出值和期望值。在 ANFIS 学习中调整中心 d_{ij}、宽度 σ_{ij} 和全值 w_{ij}：

$$d_{ij}(n+1)=d_{ij}(n)-\eta\frac{\partial H}{\partial d_{ij}}=d_{ij}(n)-\eta\lambda \tag{3.39}$$

$$\sigma_{ij}(n+1)=\sigma_{ij}(n)-\eta\frac{\partial H}{\partial d_{ij}}=\sigma_{ij}(n)-\eta\lambda\bar{w}_j f_j(w_i-y_{ej})(x_i-d_{ij}[n])/\sigma_{ij} \tag{3.40}$$

$$w_{ij}(n+1)=w_{ij}(n)-\eta\mu_{A_i}\mu_{B_j}(y_{ej}-y_j)/\sum_j w_j \tag{3.41}$$

式中：n 和 η 为迭代次数和学习因子，且 $0<\eta<1$，收敛速度的影响公式如下：

$$\lambda=\left([y_{ej}-y_j]/\sum_j w_j\right)\mu_{A_i}\mu_{B_j}(2[x_i-d_{ij}\{n\}]/\sigma_{ij}^2[n]) \tag{3.42}$$

3.2.2 对比评价方案

为评价 LCMCS 的有效性，执行以下三种对比评价方案。

1. WT-PLSR 方法

WT-PLSR 方法主要分为 WT 对光谱的处理过程和 PLSR 分析建模过程。光谱转换有利于减少噪声的影响，因此首先将原始光谱变换为一阶光谱、倒数的对数光谱[log(1/R)]和倒数的对数的一阶光谱([log(1/R)]')，然后对原始和变换后光谱进行 WT 去噪处理，最后对去噪后光谱进行相关性分析统计，得到较合理的去噪分解层数，该分解层数下的去噪光谱与 TN 实测值进行 PLSR 建模分析。PLSR 方法的主要目标是建立一个关于自变量矩阵和因变量矩阵的线性模型，该方法能对大量的高光谱数据进行降维处理，得到的靠前主成分包含了大量有效信息，而靠后的主成分却包含了大量的噪声，根据交叉验证可以获取合适的主成分数量。为了方便后续建模，将主成分数量设置为 8，将去噪光谱的有效波段（满足相关水平条件波段）作为自变量，TN 实测值作为因变量，进行 PLSR 回归分析，建立 WT-PLSR 模型。并利用 R^2、建模均方根误差（root mean square error of calibration，RMSEC）和建模平均相对误差（mean relative error of calibration，MREC）对模型稳定性等进行评定，利用 R^2、检验均方根误差（root mean square error of validation，RMSEV）、检验平均相对误差（mean relative error of validation，MREV）对模型预测能力进行对比和评价。样品数量为 280 个，150 个被用来建模，剩下的 130 个样品被用来作为模型精度检验，最后精度最优模型被确定为 LCM-PLSR 方法建立的模型。

2. LCM-PLSR 方法

LCM-PLSR 方法主要分为 LCM 对光谱的处理过程和 PLSR 分析建模过程。对原始和变换后光谱进行 LCM 去噪处理，以达到最大化保留有效信息的前提下充分去噪的目的。然后对得到的各个变换形式下的 OSP 和 OCC 进行对比分析，寻找最合适的 OSP，再将第一步获得的最优光谱与 TN 实测值进行 PLSR 建模分析。将 OSP 里的有效波段作为自变量，TN 实测值作为因变量，进行 PLSR 回归分析，建立 LCM-PLSR 模型，精度最优模型最终被确定为 LCM-PLSR 方法建立的模型。

3. WTCS 法

WTCS 方法由 WT 去噪和 CS 建模两部分组成，先对土壤光谱进行 WT 去噪处理，然后将去噪后光谱与估测目标实测值进行 CS 建模操作并得到 WTCS 模型。CS 建模主要分为 PLSR 降维提取主成分过程和 ANFIS 分析过程。针对高光谱数据自变量过多和多重共线性问题等方面具有的巨大优势，PLSR 在高光谱监测土壤属性领域得到了广泛的运用并被确定为该领域最可靠的方法之一。该方法能对数量巨大的高光谱数据进行有效降维，将大量有效信息保留到前几维主成分中，从而有效将光谱中的噪声进一步去除。研究中将光谱作为自变量，TN 值作为因变量进行 PLSR 分析，得到若干个主成分以完成第一步，由于自变量过多会导致 ANFIS 迭代报错，设置主成分数量为定值 5。然后获取的主成分和 TN 实测值被用来进行后续 ANFIS 分析，ANFIS 方法具有人工神经网络的自学习功能和模糊推理系统的模糊语言表达能力，且与 BP 神经网络相比较，ANFIS 方法具有较优的自学习能力、自适应性和鲁棒性。TN 实测值和 PLSR 分析得到的主成分被作为 ANFIS 的输入层，设置好参数后经过大量迭代分析得到 WTCS 模型并输出结果，最终对模型精度进行评价分析，最后精度最优模型被确定为 WTCS 方法建立的模型。

3.2.3　建模方案设计

将原始光谱转换为一阶光谱、倒数的对数光谱和倒数的对数一阶光谱。大量学术研究证明 PLSR 在高光谱遥感领域是最有效的建模方法之一，而时间和频率域都有较好局部性的 WT 去噪方法更是当下主流去噪方法之一。因此，研究中利用 WT-PLSR 来分析第一个面对的问题，即现存的 TN 监测模型是否适用于塌陷区土壤 TN 监测。LCM-PLSR 和 WTCS 方法主要面对第二个和第三个问题。最终为了解决三个问题，LCMCS 法被用来反演 TN 含量，利用 R^2、RMSEC 和 MREC 对 LCMCS 模型和 LCM-PLSR 等三个对比模型建模稳定性等进行确定，并利用 R^2、RMSEV 和 MREV 对各个模型的预测结果进行对比和评价。

3.2.4　结果与讨论

1. 土壤光谱反射率分析

不同 TN 质量分数（1.263 g/kg、0.789 g/kg、0.991 g/kg、1.336 g/kg、1.507 g/kg 和 1.870 g/kg）的 350～2 500 nm 区间的土壤样品光谱反射率曲线之间的对比如图 3.5 所示。在 350～590 nm 波段土壤光谱曲线均为凹面，TN 质量分数分别为 0.789 g/kg、0.991 g/kg 和 1.336 g/kg 的土壤样品光谱曲线在 350～550 nm 几乎重叠。土壤光谱反射率较低，均未超过 40%，0.789 g/kg 的土壤样品光谱曲线较其他土壤样品光谱具有更高的反射率，最大光谱反射率为 2 140 nm 与 2 141 nm 波段处的 39.15%。峰峰研究区样品的光谱均较沧州和任丘研究区土壤光谱低得多，而沧州和任丘研究区 4 个样品光谱曲线均较为接近，差异不太明显。观察所有波段可见，各个光谱曲线中间波段区间内的光谱差异较两端区间内光谱差异显著。TN 质量分数为 1.870 g/kg 的光谱曲线的反射率较 1.263 g/kg、0.789 g/kg、0.991 g/kg、1.336 g/kg、1.507 g/kg 光谱低，且该曲线较其他光谱曲线更加平坦，尤其是 610～1 870 nm 波段区间内几乎无多少起伏，可能是由于较高的 TN 含量。整体来看，不论 TN 含量大小，所有光谱的形状都相似。随着波长的增加，各个土壤光谱反射率都呈现增长的趋势，除了在1400 nm、1905 nm和2200 nm 三处有明显的水吸收凹槽。综上，由TN影响的光谱特征已经显现，但直接获取光谱和TN含量的关系仍然较难，尤其在考虑更大量的土壤样品的情况下。有机氮是土壤有机质（soil organic matter，SOM）的主要构成部分之一，因此土壤光谱反射率的降低也可能与SOM含量关联，作为一个巨大的干扰因素，SOM含量会严重影响TN估测模型的估测精度，SOM对TN估测精度的影响研究中，运用了大量算法操作来进行数据挖掘和分析。

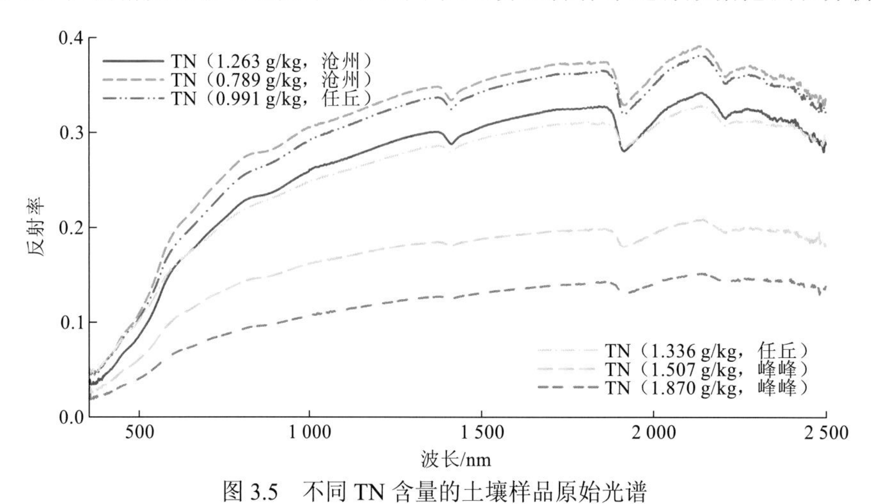

图3.5 不同TN含量的土壤样品原始光谱

2. OSP获取

每条原始光谱反射率（rew spectral reflectance，REF）被转换为一阶光谱（first derivative differential，FDR）、二阶光谱（second derivative differential，SDR）、[lg(1/*R*)]′和[lg(1/*R*)]″等形式。以“sym8”为小波基函数，选择“Heursure”阈值选取规则和“sln”阈值调整方法，将每条转换后的光谱小波分解层数设为5层。然后计算实测TN含量与未滤波光谱和去噪光谱（分解层数分别为1～5层）在350～2500 nm区间的相关系数。实测TN含量与未去噪FDR[REF、lg(1/*R*)和[lg(1/*R*)]′没有显示，以下相同]的相关曲线如图3.6（a）所示，实测TN含量与去噪FDR（1～5层）的相关曲线如图3.6（b）～（f）所示。从图3.6（a）可知，FDR光谱在未去噪情况下，除570～820 nm区间及1400 nm、1905 nm和2200 nm附近的水吸收区间外，光谱相关曲线上下波动极为频繁，起伏不定，表现极为不稳定，曲线上的离散点（各个波段处相关系数值）在大部分波段区间均拥挤于低相关区域呈严重聚集状，说明过多噪声掩盖了TN的响应光谱信息，从而导致大部分波段相关性较低。当分解层数为1时，由图3.6（b）可看出光谱相关性曲线上下波动频繁程度未有较大改观，大多数离散点拥挤于低相关区域的现象改变也不大，说明分解层数过低去噪效果仍不理想。而当分解层数逐渐增加时，相关曲线稳定性得到了明显的改变，分解层数为2时，虽然光谱相关曲线上下波动仍然较为频繁，离散点聚集现象也较为明显，但是曲线波动明显较未去噪和一层分解曲线改善了很多，离散点也逐渐向代表相关性较高的上下两侧移动。当分解层数为3时，由图3.6（d）可知各个变换光谱相关性曲线上下波动不再频繁，较为稳定，450～1 100 nm 波段区间和三个水吸收区间附近的离散点不再聚集，其他波谱区间离散点也不再拥挤，大多数离散点分布于代表相关性较高的两侧。而当小波分解层数为 4 和 5 时，光谱曲线极为稳定，曲线上下波动清晰可辨，且整条曲线上的离散点也较少有聚集现象，表明大多数噪声已被平滑，而有效信息也不可避免地会有丢失，因此不再继续增加分解层数。此外，为了数字化清晰表明结果，表 3.3 给出了未去噪和去噪后的 FDR 与 TN 的最大正负相关系数和平均绝对相关系数等统计信息。由表可知，随着分解层数的增加，除分解层数为 3 相较于分解层数为 2 有少许降低外，FDR 最大正相关系数均稳步增加，当分解层数为 5 时达到了 0.725（2 316 nm 处）。而最大负相关方面，所有去噪后光谱均较未去噪光谱与 TN 相关性大，且总体保持为中间大两头小的趋势，在分解层数为 2 时达到了最大的−0.721（1 421 nm 处）。表 3.3 还表明所有光谱随着分解层数的增加，平均绝对相关系数均逐步提高，当分解层数为 5 时相对于未去噪光谱从 0.253 提高到了 0.500。以上结果表明 WT 分析放大了一些被噪声掩盖的 TN 响应信息。

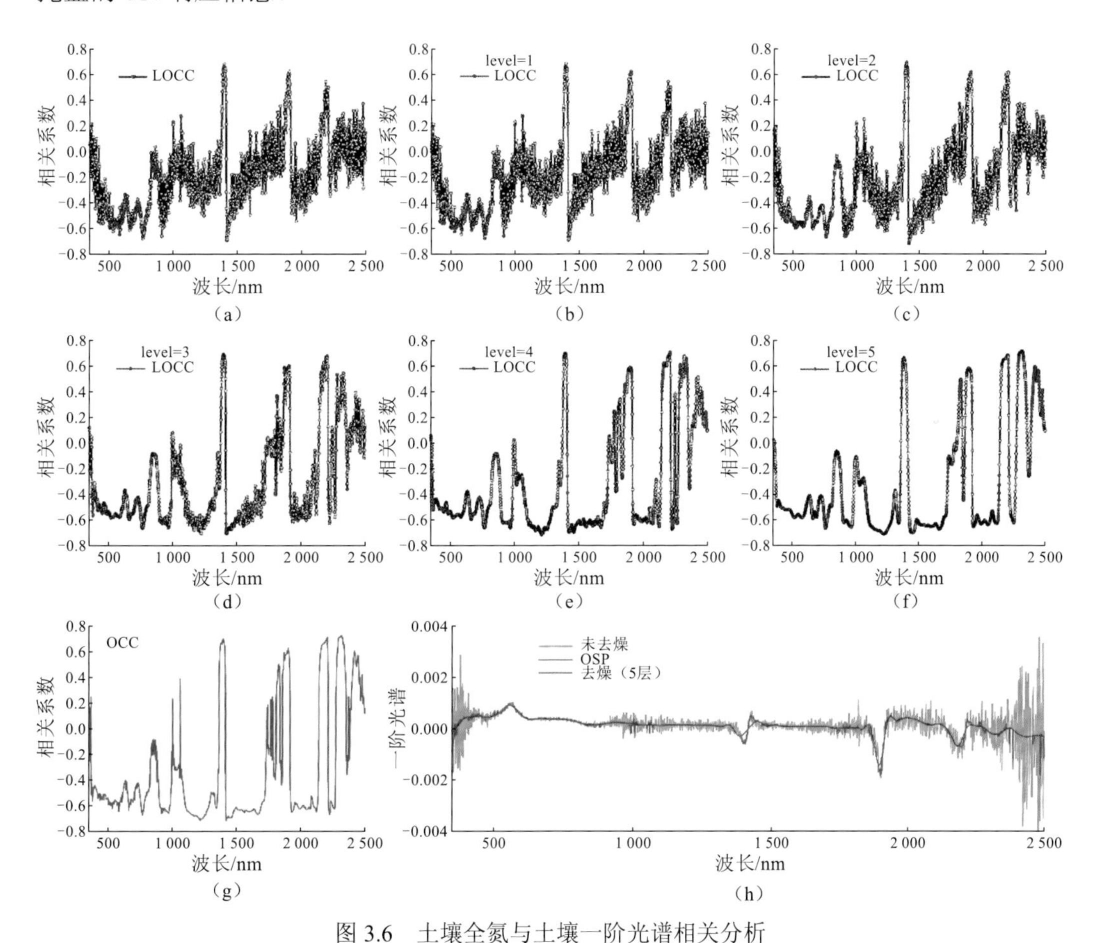

图 3.6　土壤全氮与土壤一阶光谱相关分析

（a）未去噪光谱；（b）～（f）去噪光谱（1～5 层）；（g）最优相关曲线；（h）土壤一阶光谱反射率曲线（未去噪、5 层分解和最优光谱）

表 3.3 TN 与一阶光谱（去噪前与去噪后光谱）的相关性分析

光谱参数类型	最大正相关		最大负相关		平均绝对相关系数
	波段/nm	相关系数	波段/nm	相关系数	
FDR	1 397	0.669	766	−0.672	0.253
FDR（DL=1）	1 397	0.689	1 419	−0.692	0.266
FDR（DL=2）	1 395	0.697	1 421	−0.721	0.331
FDR（DL=3）	1 394	0.695	1 422	−0.704	0.422
FDR（DL=4）	2 205	0.714	1 214	−0.715	0.482
FDR（DL=5）	2 316	0.725	1 223	−0.706	0.500

注：DL 表示分解层数。

为了在去噪的时候保留足够的有效 TN 响应信息，获取各个波段处的 LOCC 和 OB。图 3.6（a）～（f）中的红点为 LOCC，由图可见，未去噪 FDR 的 LOCC 较少，分解层数为 1、2 和 3 的 FDR 的 LOCC 数量较未去噪 FDR 有明显增加，而分解层数为 4 和 5 时 LOCC 数量又比其他分解层数多，且 LOCC 之间呈现较明显的连贯性，然后所有的 LOCC 组成了 OCC[图 3.6（g）]。由图 3.6（g）与图 3.6（a）～（f）对比可得，FDR 光谱的 OCC 明显较未去噪和分解层数为 1、2 和 3 的 FDR 的相关曲线稳定，相关性曲线上下波动不太频繁，相较于分解层数为 4 和 5 的相关曲线又在部分区间内包含了部分波动，但 OCC 明显较其他分解层数的相关曲线相关性高。未去噪 FDR、去噪 FDR（5 层）和 OSP 之间的对比如图 3.6（h）所示，由图可知未去噪 FDR 整条光谱特征除了 450～900 nm 区间和三处水吸收槽附近区间外都不明显，存在大量的噪声，大多数光谱区间轮廓和特征难以识别。而当分解层数为 5 时的光谱曲线又过于平滑，以致部分光谱特征变得模糊，说明部分有效信息在去噪的同时被滤除了。相较于未去噪光谱，FDR 的 OSP 较为平滑，光谱特征明显可辨，曲线轮廓清晰，表明去噪效果较好。而与分解层数为 5 时的 FDR 相比，光谱平滑程度整体差距不大，但保留的光谱特征明显较多，光谱上留有大量的细节信息，说明 OSP 在去噪的同时并未去除过多的有效 TN 响应信息，大部分得到了保留。原始光谱和其他变换后光谱以相同方式获取最优相关曲线 OCC、REF、FDR、lg(1/*R*)和[lg(1/*R*)]′的 OCC 比较如图 3.7 所示。

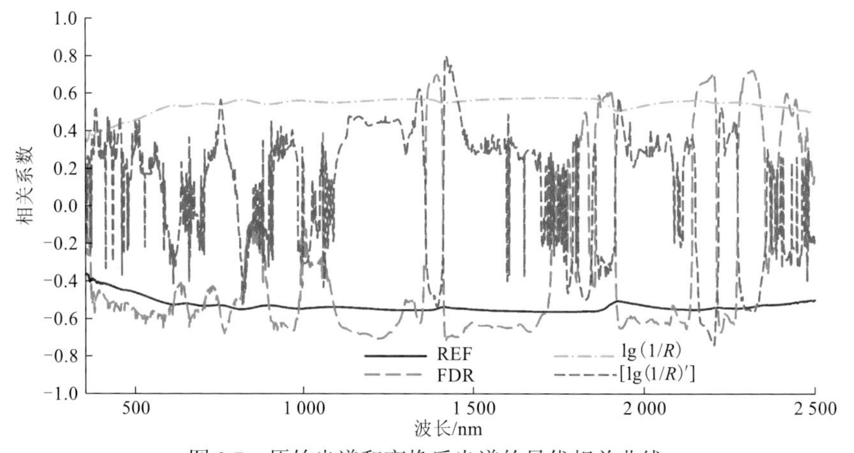

图 3.7 原始光谱和变换后光谱的最优相关曲线

如图 3.7 所示，REF 光谱与 TN 均为负相关，lg(1/*R*)与 TN 为正相关，FDR 的 OSP 在 360～1 360 nm、1 420～1 730 nm、1 920～2 130 nm 和 2 210～2 270 nm 等几个光谱区间均主要呈现与 TN 值的负相关，[log(1/R)]′光谱呈正负相关无规律分布。REF 与 lg(1/*R*)光谱的相关系数值均为在 0.4～0.6 区间分布，由图 3.7 可知，相较于 REF 与 lg(1/*R*)光谱，FDR 和[lg(1/R)]′的 OCC 均表现较为明显的高相关性。对 FDR 和[lg(1/R)]′的 OCC 信息进行统计分析，见表 3.4，由表可得 FDR 和[lg(1/R)]′的 OSP 与 TN 值之间的相关系数分别达到了 0.725 和 0.797。此外，表 3.4 表明 FDR 的 OCC 的相关值远高于 REF 和 lg(1/*R*)的 OCC 情况下，又具有比[lg(1/R)]′光谱的 OCC 更多的高相关系数波段数。因此，FDR 的 OSP［图 3.8（a）］和[lg(1/R)]′的 OSP［图 3.8（b）］被用来后续分析和建立 LCMCS 模型。

表 3.4 一阶光谱与倒数的对数一阶光谱的最优相关曲线对比结果

光谱参数类型	相关水平	波段数	最大正相关		最大负相关	
			波段/nm	相关系数	波段/nm	相关系数
FDR	**	2 023	2 316	0.725	1 421	−0.721
	>0.40	1 759	2 316	0.725	1 421	−0.721
	>0.45	1 654	2 316	0.725	1 421	−0.721
	>0.50	1 510	2 316	0.725	1 421	−0.721
	>0.55	1 291	2 316	0.725	1 421	−0.721
	>0.60	949	2 316	0.725	1 421	−0.721
[lg(1/R)]′	**	1 655	1 422	0.797	2 205	−0.739
	>0.40	566	1 422	0.797	2 205	−0.739
	>0.45	392	1 422	0.797	2 205	−0.739
	>0.50	210	1 422	0.797	2 205	−0.739
	>0.55	134	1 422	0.797	2 205	−0.739
	>0.60	92	1 422	0.797	2 205	−0.739

注：**表示在 0.01 置信水平上。

如图 3.8 所示，经过 LCM 去噪处理后光谱曲线整体较为平滑，FDR 的 OSP 在 350～880 nm、985～1 010 nm、1 735～1 850 nm 和 2 218～2 500 nm 等几个光谱区间包含有明显的毛刺，[lg(1/R)]′的 OSP 在 350～1 100 nm、1 700～1 775 nm、1 850～2 120 nm 和 2 350～2 500 nm 等几个光谱区间同样有着明显的毛刺，这些毛刺均为 TN 响应有效信息。FDR 和[lg(1/R)]′的 OSP 形态整体上对称分布，350～800 nm 区间内 FDR 的 OSP 呈现开口向下的喇叭口，而[lg(1/R)]′的 OSP 呈现模糊的开口向上的喇叭口，且光谱在 1 400 nm、1 905 nm 和 2 200 nm 三处的水吸收特征较为明显，FDR 的 OSP 在三处均为向下的凹槽，而[lg(1/R)]′的 OSP 均为向上的隆起，且 FDR 的 OSP 的凹槽深度较[lg(1/R)]′的 OSP 的隆起幅度大，水吸收响应区间光谱均较为平滑，没有明显的毛刺。以上现象表明 LCM 去

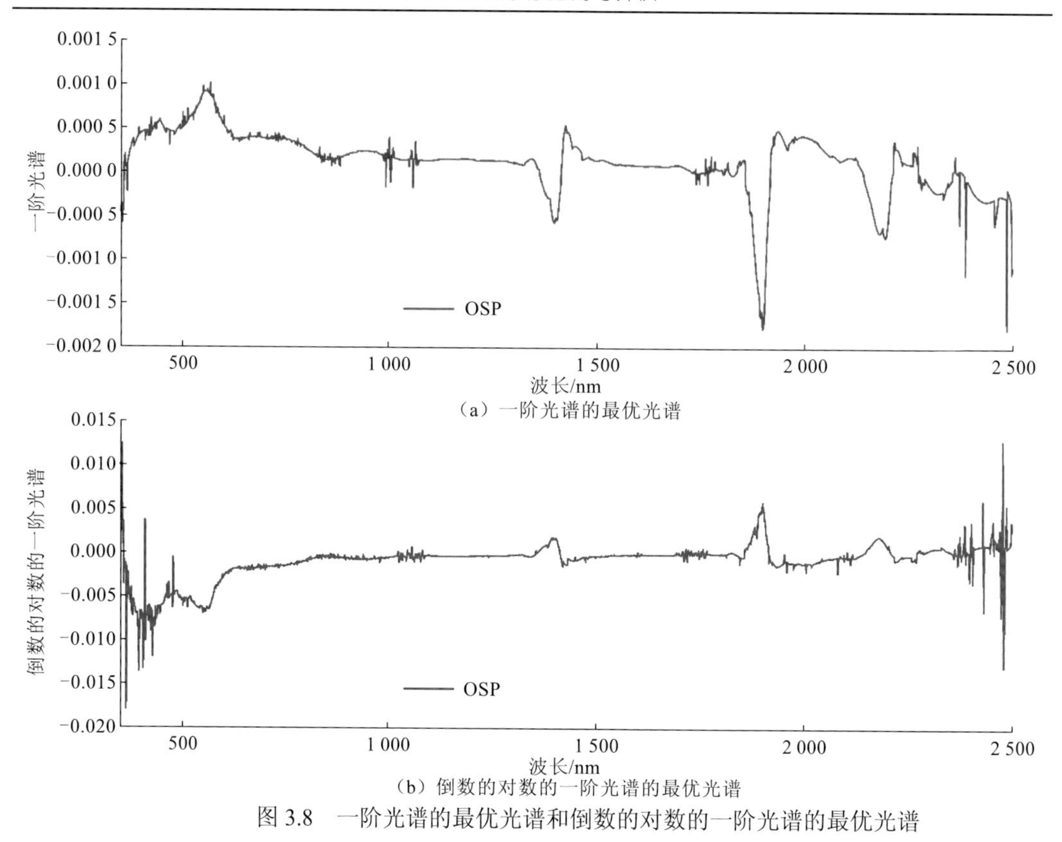

（a）一阶光谱的最优光谱

（b）倒数的对数的一阶光谱的最优光谱

图 3.8　一阶光谱的最优光谱和倒数的对数的一阶光谱的最优光谱

噪处理在明显平滑光谱曲线的同时，较好地保留了光谱有效细节信息。结果表明，在保留有效 TN 响应信息的同时最大化去噪问题得到了有效的解决。

3. LCMCS 模型的应用

OSP 和实测 TN 值被用来 PLSR 分析提取主成分，考虑 ANFIS 迭代分析会因为自变量过多而导致报错现象发生，因此将主成分设定为定值 5。在利用 PLSR 分析提取 5 个主成分后，将获得的主成分与实测 TN 值作为 ANFIS 分析的输入，将输入相关的隶属度函数类型设为“gbellmf”，输出相关的隶属度函数类型设为“linear”，并设置训练迭代次数为 400 次，进行 ANFIS 迭代分析得到 LCMCS 模型，PLSR 和 ANFIS 分析操作均由 MATLAB R2010a 完成。FDR（OSP）和[lg(1/R)]′（OSP）在不同相关水平条件下建立的 LCMCS 模型的精度表现比较如表 3.5 所示。由表可得所有模型的建模决定系数 R^2 均超过了 0.910，而 RMSEC 为 0.269～0.854，MREC 为 1.446%～5.231%，表明所有模型的建模准确度和稳定性均较优。而检验过程中的 R^2 为 0.681～0.885，RMSEV 为 0.898～1.529，MREV 为 5.921%～9.613%。所有模型检验过程的 MREV 均远远小于 30%，可见检验精度也均较优。所有模型中，基于[lg(1/R)]′（OSP）的 1 655 个被选择的有效波段（$P<0.01$），得到的 TN 估测模型较其他模型更理想，不论建模（$R^2=0.991$，RMSEC=0.269 和 MREC=1.446）还是检验（$R^2=0.885$，RMSEV=0.898 和 MREV=5.921）。因此将该模型作为最终 LCMCS 模型，至此 LCMCS 模型建立过程完成。

表3.5 基于一阶光谱和倒数的对数一阶光谱的最优光谱建立的LCMCS模型对比结果

光谱参数类型	相关水平	LVs	建模（n=150）			检验（n=130）		
			R^2	RMSEC	MREC/%	R^2	RMSEV	MREV/%
FDR	**	5	0.951	0.629	3.311	0.808	1.169	7.901
	>0.40	5	0.946	0.667	3.818	0.829	1.095	7.901
	>0.45	5	0.923	0.793	4.909	0.834	1.076	6.969
	>0.50	5	0.920	0.808	5.231	0.823	1.105	6.890
	>0.55	5	0.927	0.767	4.781	0.831	1.080	7.051
	>0.60	5	0.917	0.821	5.168	0.797	1.184	8.068
[lg(1/R)]′	**	5	0.991	0.269	1.446	0.885	0.898	5.921
	>0.40	5	0.939	0.704	4.220	0.681	1.529	9.613
	>0.45	5	0.910	0.854	5.009	0.817	1.123	7.602
	>0.50	5	0.953	0.616	3.615	0.785	1.240	8.178
	>0.55	5	0.954	0.608	3.037	0.779	1.234	7.626
	>0.60	5	0.957	0.588	2.968	0.776	1.255	7.815

注：**表示在0.01置信水平上；LVs表示主成分数量。

为了作对比，分别考虑三个问题，相关的解决方案。

（1）WT-PLSR方法。高光谱遥感土壤属性监测最有效的方法之一的PLSR建模方法和最有效的去噪方法之一的WT去噪方法被用于解决第一个考虑的问题。在WT-PLSR模型建立中，WT去噪的FDR（5层）和[lg(1/R)]′（4层）被用来作PLSR分析，去噪的FDR（5层）和[lg(1/R)]′（4层）与TN实测值相关性分别达到了0.725和0.797。基于1293个[lg(1/R)]′光谱（4层）的有效波段，得到WT-PLSR方法的最优模型并将其作为WT-PLSR方法的最终模型。

（2）LCM-PLSR方法。针对第二个问题，利用LCM去噪方法进行解决。通过LCM结合PLSR方法与第一个对比方法设定方案的PLSR模型对比来判定第二个问题的解决情况。LCM-PLSR模型建立中，首先利用LCM方法获取光谱的OSP，FDR和[lg(1/R)]′的OSP被用来PLSR分析建模。基于1655个[lg(1/R)]′（OSP）光谱的有效波段，得到LCM-PLSR最优模型并将其作为LCM-PLSR方法的最终模型。

（3）WTCS方法。针对第三个需要研究并解决的问题，充分利用PLSR的降维优势对光谱进行降维处理，并作为ANFIS的输入自变量，充分利用ANFIS方法的优势建立最终模型加以解决。在WTCS模型建立中，与PLSR模型相同，WT去噪的FDR（5层）和[lg(1/R)]′（4层）被用来建立模型。基于382个[lg(1/R)]′光谱（4层）的有效波段，得到最优WTCS模型并将其作为WTCS方法的最终模型。

表 3.6 给出了各个方法的最终模型的对比结果。

表 3.6　LCMCS 模型与 WTCS 模型、LCM-PLSR 模型和 WT-PLSR 模型的对比结果

模型	光谱参数类型	LVs	建模（n=150）			检验（n=130/45 C/45 R/ 40 F）				
			R^2	RMSEC	MREC/%	R^2	RMSEV		MREV/%	
LCMCS	[lg(1/R)]′	5	0.991	0.269	1.446	0.885	0.898	0.861 C	5.921	6.463 C
								0.713 R		5.412 R
								1.103 F		5.883 F
LCM-PLSR	[lg(1/R)]′	8	0.916	0.804	5.498	0.799	1.191	1.130 C	7.972	8.899 C
								0.863 R		6.839 R
								1.529 F		8.205 F
WTCS	[lg(1/R)]′	5	0.953	0.620	3.473	0.817	1.147	1.131 C	7.572	8.394 C
								0.945 R		6.958 R
								1.353 F		7.337 F
WT-PLSR	[lg(1/R)]′	8	0.830	1.141	7.756	0.747	1.373	1.354 C	9.525	10.38 C
								1.148 R		9.415 R
								1.608 F		8.683 F

注：LVs 表示主成分数量；C 表示沧州；R 表示任丘；F 表示峰峰。

从表 3.6 可得，WT-PLSR 模型给出了较理想的 TN 估测效果，建模决定系数 R^2 达到了 0.830，RMSEC 和 MREC 分别为 1.141 和 7.756%，而验证过程的 R^2、RMSEV 和 MREV 分别达到了 0.747、1.373 和 9.525%，这表明 WT-PLSR 方法适用于地下水、石油和煤炭等资源过度开采导致的塌陷区土壤 TN 监测。当第二个问题被思考时，LCM-PLSR 模型相对于 WT-PLSR 模型表现出更好的结果，LCM-PLSR 模型检验评价的 R^2、RMSEV 和 MREV 分别为 0.799、1.191 和 7.972%，且在沧州、任丘和峰峰三个研究区的估测精度都得到了提高，沧州研究区检验中 RMSEV 和 MREV 分别从 1.354 和 10.38%降低至 1.130 和 8.899%，任丘研究区分别从 1.148 和 9.415%降低至 0.863 和 6.839%，而峰峰研究区同样由 1.608 和 8.683%降低至 1.529 和 8.205%。此外，基于第三个研究问题建立的 WTCS 模型相较于 LCM-PLSR 模型有了较小的提高，任丘研究区的 MREV 从 6.839%下降到了 6.958%。以上结果表明当第二个和第三个问题分别被考虑时，模型的估测精度能够被明显地提高。然而根据对比结果可以发现，LCMCS 模型与其他三种方法建立的模型对比时，不论在建模（R^2=0.991，RMSEV=0.269，MREV=1.446%）还是检验（R^2=0.885，RMSEV=0.898，MREV=5.921%）上都给出了最低的估测误差。此外，不论在沧州（RMSEV=0.861，MREV=6.463%）、任丘（RMSEV=0.713，MREV=5.412%）还是峰峰（RMSEV=1.103，MREV=5.883%），LCMCS 模型都给出了最理想的估测精度。由

图 3.9（a）可知，LCMCS 模型中样本都分布在 1∶1 线附近，而 LCM-PLSR 和 WTCS 模型中样本偏离 1∶1 线明显较 LCMCS 模型多，WT-PLSR 模型最不理想，建模检验样本相较于其他三个模型均有不少偏离 1∶1 线，直观地表明 LCMCS 模型估测结果明显更加接近 TN 实测值，且不论综合三个研究区还是各个研究区的样品均得到如此结论。此外，所有的模型（除 WT-PLSR 模型外）表明沧州地区的估测精度相较于另外两个研究区是最差的，导致这个结果的原因和塌陷区开采资源的不同和程度对模型的影响有待未来进一步研究。

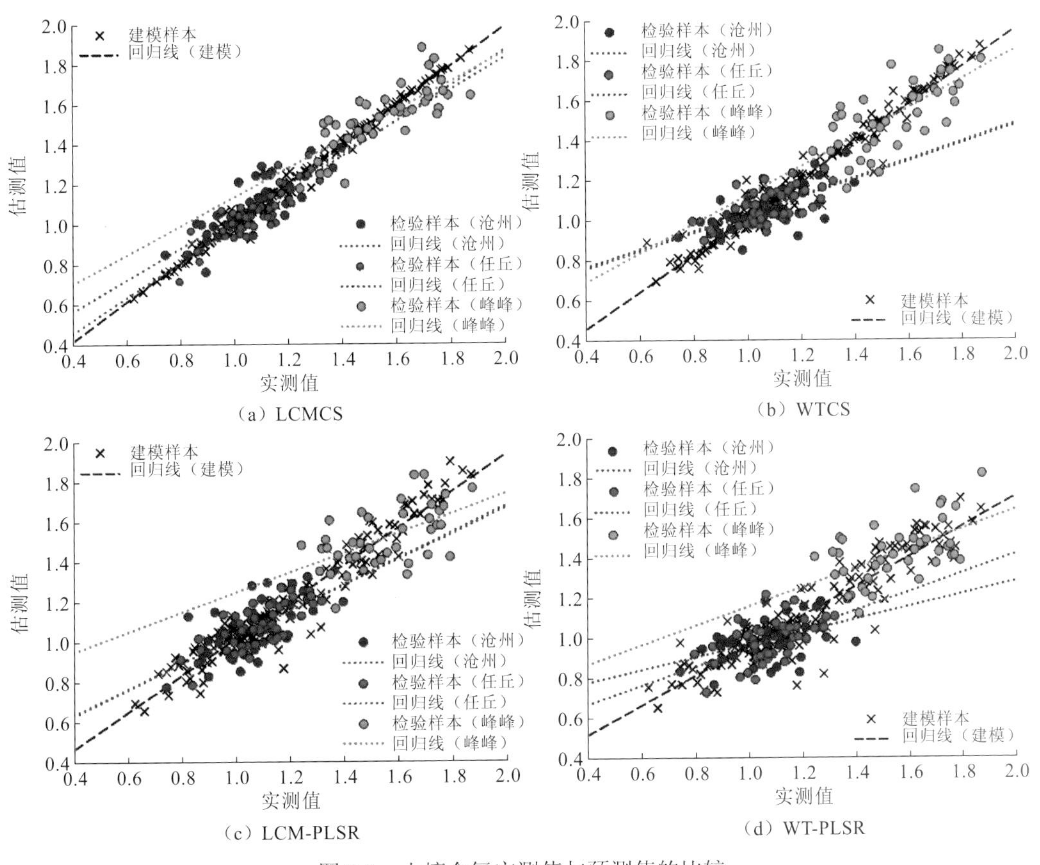

图 3.9　土壤全氮实测值与预测值的比较

3.3　全氮估测的 PMM 方法

尽管不少有效的高光谱遥感 TN 估测模型已经被报道，但是估测精度仍然受制于大量有色噪声影响，包括土色（Lin et al.，2020b；Mikhailova et al.，2017；Rossel et al.，2009）。Moritsuka 等（2014）利用土色计（SPAD-503）和相关分析方法来估测全碳、TN 和活性铁含量。通过 Adobe Photoshop^{TM}，Doi 和 Ranamukhaarachchi（2007）运用摄影技术快速获取了土色值。土色计和摄影技术为快速准确获取土色值提供了有利的支持，但高光谱遥感在土色方面的研究仍局限于利用高光谱数据监测土色值，以获取的较低精度土色值为土色分类提供帮助，或间接分析 SOM 和氮素等的含量。结合快速获取土色技术和高光谱遥感技术进行土壤属性估测方面仍鲜有研究，而针对 TN 研究更是空白。

因此，本节通过摄影技术快速获取土色值，并通过摄影实测值放大（photography measured-ralue magnification，PMM）方法对土色影响进行去除研究，图 3.10 和图 3.11 为本节研究的流程概括。常规组和 PMM 组 TN 估测模型在研究中被建立，PMM 组和常规组模型建立的步骤分别如图 3.10 和图 3.11 所示，输入层数据包括土壤样品 TN 实测值和土壤光谱数据。两图均概述了光谱和实测 TN 数据的获取和分析，常规组实测数据与处理后光谱数据经过 LCMCS 和 LCM-PLSR 方法建立模型并输出结果，得到常规组模

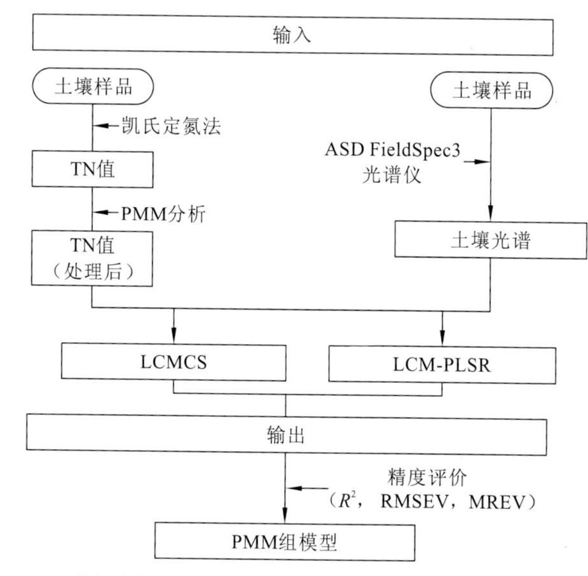

图 3.10　建立全氮预测模型的输入和分析步骤概述图（PMM 组）

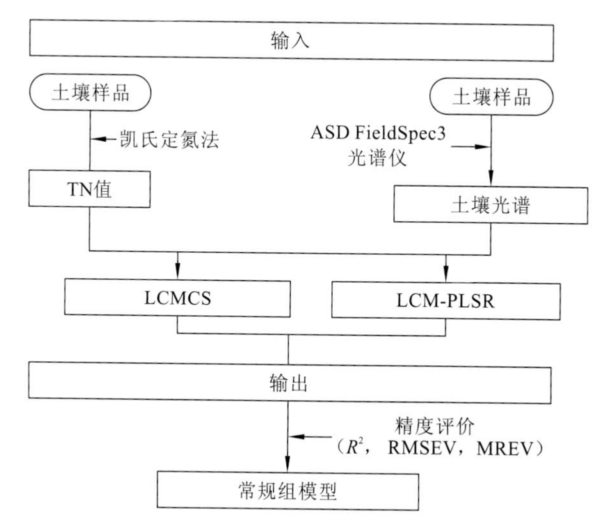

图 3.11　建立全氮预测模型的输入和分析步骤概述图（常规组）

型。而PMM组先通过PMM方法对实测TN数据进行放大处理，并结合光谱数据经过LCMCS和LCM-PLSR方法建立模型并输出结果，最终通过精度评价得到各自最优模型，并作为PMM组模型。

3.3.1 PMM方法概述

土色是重要的土壤理化属性之一，并严重影响土壤光谱，影响示意图如图3.12所示，土色的干扰将严重影响TN模型估测精度。寻找和建立一种实时、动态减少土色影响的方法，以达到提高精度的目的PMM方法在建立TN估测模型中被用来减少土色对模型精度的影响。

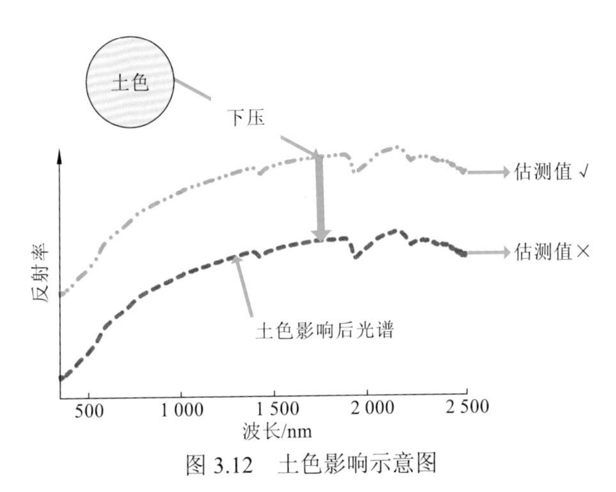

图3.12 土色影响示意图

PMM方法步骤如图3.13所示。

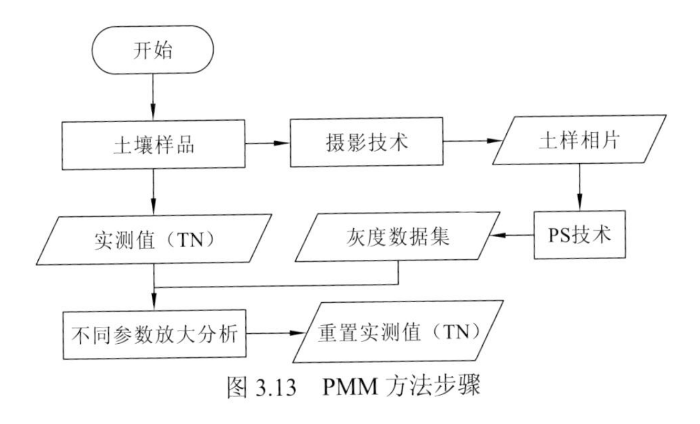

图3.13 PMM方法步骤

PMM方法的主要原理如下。

假设理想条件下土色值均由TN含量决定，土色对光谱的作用均可转化为TN对光谱的作用，则土色对TN含量估测精度影响为零，如下所示。

如果

$$\mathrm{SC} = C_{\mathrm{TN}}$$

则

$$R' \longrightarrow \mathrm{TN_P} \approx \mathrm{TN_M} \tag{3.43}$$

式中：SC 为土色值；C_{TN} 为由 TN 决定的土色值；R'为土壤光谱反射率；$\mathrm{TN_P}$ 和 $\mathrm{TN_M}$ 分别为估测 TN 值和实测 TN 值。

现实条件下土色的主要影响因素较多，通常土色由若干土壤属性（如 SOM、氧化铁、TN 等）决定（Lin et al.，2018）：

$$\mathrm{SC} = C_{\mathrm{Fe}} + C_{\mathrm{SOM}} + C_{\mathrm{TN}} + C_{\mathrm{others}} \tag{3.44}$$

式中：C_{Fe} 为由土壤铁含量和铁矿物存在形式决定的土色值；C_{SOM} 为由 SOM 含量决定的土色值；C_{others} 为其他因素影响的土色值。

由于 C_{Fe}、C_{SOM} 和 C_{others} 对土壤光谱的作用，光谱反射率会较理想状态严重偏低，从而导致估算出的 TN 值都偏高，即

$$R' \longrightarrow \mathrm{TN_P} > \mathrm{TN_M} \tag{3.45}$$

为了得到理想结果，研究中考虑通过利用摄影实测值放大法（PMM）放大 $\mathrm{TN_M}$ 来平衡等式：

$$R' \longrightarrow \mathrm{TN_P} \approx a\mathrm{TN_M} \tag{3.46}$$

$$a = (10G')^c,\ c = 1,2,\cdots,10\ \text{步频}=0.5 \tag{3.47}$$

式中：a 为 $\mathrm{TN_M}$ 的放大系数；G'为各个土壤样品的灰度值；c 为放大系数参数值。各个土壤样品灰度值获取方法如下。

将土壤样品平铺于 A4 白纸上并平滑土样表面，控制数码相机与土壤样品的距离为 10 cm 左右，然后获取土样的照片。利用 Adobe Photoshop CS4 将 RGB 彩色照片转换为灰度图片，并获取各个灰度图的灰度值。各个土壤样品图像的灰度值作为土样的土色值，通过如下公式来计算灰度值：

$$G' = (0.297\,3R^{2.2} + 0.627\,4G^{2.2} + 0.075\,3B^{2.2})^{1/2.2} \tag{3.48}$$

3.3.2　建模方案设计

3.2 节已经展现了 LCM 去噪方法在去噪上的优势，而 LCMCS 建模方法更是能够有效建立可靠的估测模型，因此本小节对原始光谱进行一阶变换，利用 LCMCS 和 LCM-PLSR 来建立 PMM 组和常规组模型。利用 R^2、RMSEC 和 MREC 对两组中的模型建模稳定性等进行确定，并利用 R^2、RMSEV 和 MREV 对各个模型的预测结果进行对比和评价。PMM 方法能够快速分析土色并在 TN 估测模型建立中减少土色的影响。PMM 方法的效果通过对比 PMM 组合常规组来评价。

（1）PMM 组模型建立：LCM 方法可以在尽可能保留有效信息的条件下最大化去噪，而 PLSR 作为高光谱土壤属性监测领域的最主要方法之一较其他建模方法占优，因此建模方法之一选取为 LCM-PLSR 方法。3.2 节中，LCMCS 由于具有 LCM 去噪能力、PLSR 的降维优点和 ANFIS 的自学习功能及模糊语言表达能力，在模型估测效果上优势尽显，因此 LCMCS 方法被选为第二个建模方法。LCM-PLSR 和 LCMCS 方法的详细介绍参见

3.2 节部分。由于土色的干扰会严重降低土壤光谱反射率，从而导致估测的 TN 值均偏低，建模过程首先利用 PMM 法对 TN 实测值进行不同参数的放大处理，处理后的实测值与一阶光谱被用来后续建模处理。然后通过 LCM 方法获取 FDR 的最优光谱 OSP，将 OSP 与放大后的 TN 值作为 PLSR 分析变量建立 LCM-PLSR 模型，并利用 R^2、RMSEC 和 MREC 对模型稳定性等进行确定，利用 R^2、RMSEV、MREV 对模型预测能力进行对比和评价，获取最优 LCM-PLSR 模型。同时，将 FDR 光谱的 OSP 与放大后的 TN 值用来 PLSR 分析获取 5 个主成分，将获取的主成分与放大后的 TN 值作为 ANFIS 分析的输入自变量和因变量建立 LCMCS 模型，并利用精度评价指标获取最优 LCMCS 模型。最后将获取的最优 LCM-PLSR 模型和最优 LCMCS 模型作为 PMM 组的最终模型。

（2）常规组模型建立：为了分析评价 PMM 方法对于减少土色对模型估测精度影响的能力，利用未经 PMM 处理获得的常规组模型作为对比来进行评价分析。常规组建模方法同样为 LCM-PLSR 和 LCMCS 方法。未经 PMM 放大处理的 TN 实测值和 FDR 光谱分别作为建模自变量和因变量建立 LCM-PLSR 模型和 LCMCS 模型，并将建立的模型作为常规组模型。

3.3.3　结果和讨论

1. 土壤光谱反射率分析

不同 TN 质量分数（0.776 g/kg、0.999 g/kg、1.065 g/kg、1.115 g/kg、1.248 g/kg、1.338 g/kg、1.469 g/kg、1.507 g/kg、1.528 g/kg 和 1.773 g/kg）的 350～2 500 nm 区间的土壤样品光谱反射率曲线之间的对比如图 3.14 所示。土壤光谱反射率较低，均未超过 0.4，0.776 g/kg 的土壤样品光谱曲线较其他土壤样品光谱具有更高的反射率，最大光谱反射率为 2 142 nm 与 2 143 nm 波段处的 0.393。TN 含量为 1.773 g/kg 的光谱曲线的反射率较其他光谱低，且该曲线较其他光谱曲线平坦，尤其是 595～1 865 nm 波段区间内几乎无多少起伏。整体来看，不论 TN 含量多少，所有光谱的形状都相似，且 350～585 nm 区间呈凹面，而 585～2 500 nm 波段则整体趋势为凸面。随着波长的增加，各个土壤光谱整个波段区间反射率都呈现增长的趋势，除了在 1 414 nm、1 915 nm 和 2 200 nm 三处明显的水吸收凹槽

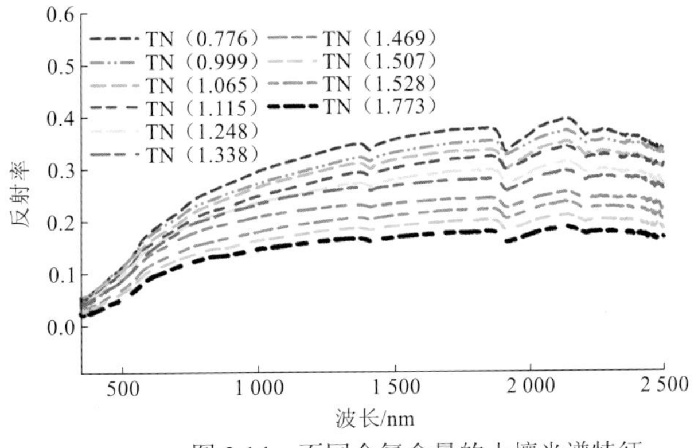

图 3.14　不同全氮含量的土壤光谱特征

外。虽然 TN 引起的光谱特征已经出现，但是直接提取 TN 与光谱之间的关系仍然较困难，尤其当样本数量巨大时。因此，本节利用了大量操作算法来建立 TN 估测模型。

2. OSP 获取

首先将原始光谱 REF 转换为 FDR，然后将转换后的 FDR 进行 WT 去噪处理，小波分解层数为 7，小波函数为 Sym8 母函数，紧接着计算实测 TN 含量与未去噪光谱和去噪光谱（分解层数分别为 1～7）在 350～2 500 nm 区间的相关系数。实测 TN 含量与未去噪 FDR 光谱的相关曲线如图 3.15（a）所示，实测 TN 含量与去噪 FDR（1～7 层）的相关曲线如图 3.15（b）～（h）所示。由图 3.15（a）可知，FDR 光谱在未去噪情况下，光谱相关曲线大多数波段区间上下波动极为频繁，起伏不定，表现极不稳定，且大多数光谱区间相关系数值聚集在低相关区域，说明过多噪声掩盖了 TN 的响应光谱信息，从而导致大部分波段相关性较低。当分解层数为 1 时，从图 3.15（b）可看出光谱相关性曲线上下波动频繁程度未有较大改观，大多数相关系数值处于低相关区域的现象改变也不大，说明分解层数较低而导致去噪效果仍较不理想。而当分解层数为 2 和 3 时，虽然光谱相关曲线部分区间上下波动仍然较为频繁，但是曲线波动明显较未去噪和 1 层分解曲线改善了很多，相关系数曲线也逐渐整体向代表相关性较高的上下两侧移动。当分解层数为 4 和 5 时，由图 3.15（e）和（f）可见各个变换光谱相关性曲线上下波动不再频繁，较为稳定，曲线整体分布于代表相关性较高的两侧。而当小波分解层数为 6 和 7 时，光谱曲线极为稳定，曲线上下波动清晰可辨，且整条曲线上的特征清晰可辨，尤其是 7 层分解后的相关曲线保留的特征已屈指可数，表明大多数噪声已被平滑，而有效信息也不可避免地会有所丢失，因此只分解到 7 层，不再进行后续分解。与 3.2 节分析类似，本节也给出了未去噪和去噪后的 FDR 与 TN 的最大正负相关系数和平均绝对相关系数等统计信息。由表 3.7 可知，FDR 的最大正相关系数和最大负相关系数均呈现中间大两头小的趋势，即随着分解层数的增加，最大正相关系数和最大负相关系数均先增大后减小。分解层数为 4 时，最大正相关系数在 2 204 nm 波段处达到 0.688 8，而当分解层数为 2 时，最大负相关系数在 1 420 nm 波段处达到 0.719 9。此外，表 3.7 还表明除了分解层数为 7，所有光谱随着分解层数的增加，平均绝对相关系数均逐步增加，初始未去噪时到 6 层分解从 0.245 0 提高到了 0.490 9。以上结果表明 WT 去噪处理放大了一些被噪声掩盖的 TN 响应信息，而 7 层分解后的平均绝对相关系数较 6 层分解低，表明分解层数过多又会导致有效信息被去除的情况发生。

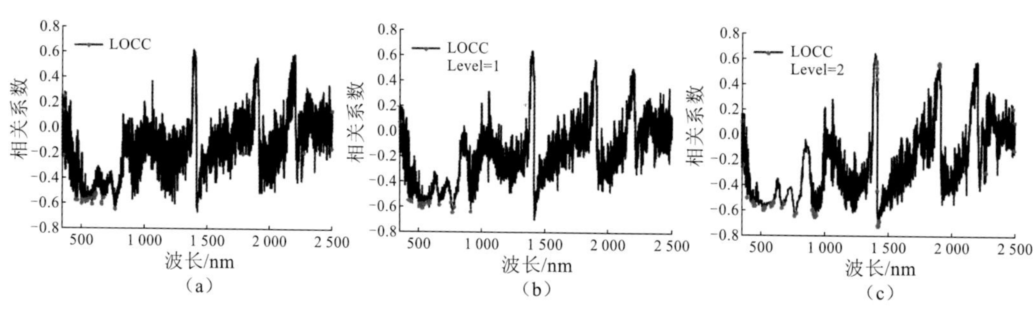

（a）　（b）　（c）

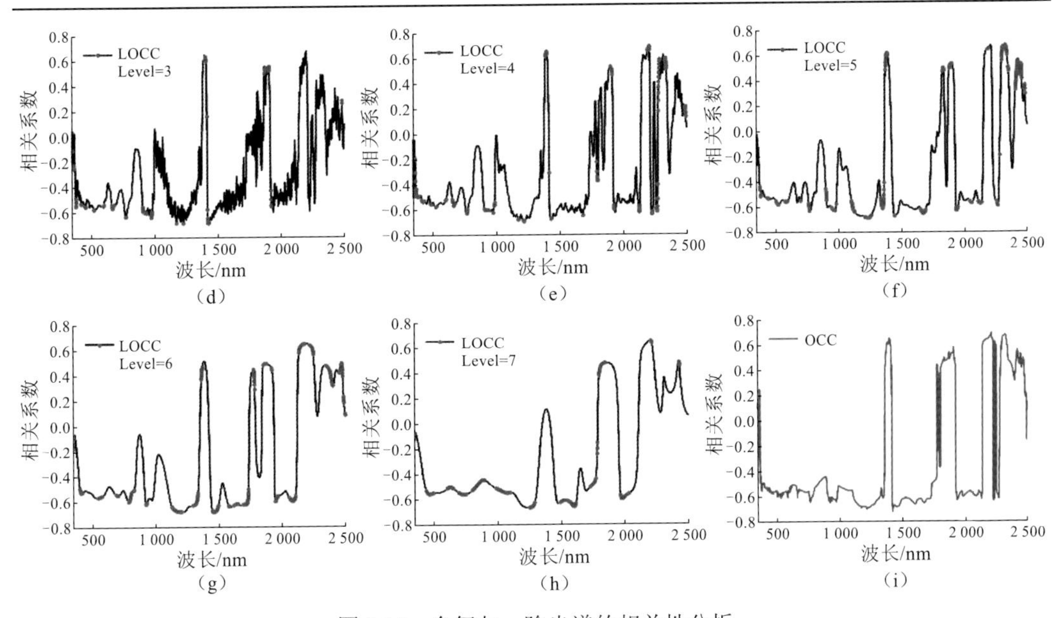

图 3.15　全氮与一阶光谱的相关性分析

(a) 未去噪光谱；(b) ～ (h) 1～7 层分解去噪光谱；(i) 最优光谱

表 3.7　TN 含量与一阶光谱反射率（未去噪、去噪和最优光谱）相关性分析

光谱参数类型	最大正相关		最大负相关		平均绝对相关系数
	波段/nm	相关系数	波段/nm	相关系数	
FDR（OSP）	2 204	0.688 8	1 420	−0.719 9	0.563 1
FDR	1 393	0.617 5	1 420	−0.666 6	0.245 0
FDR（DL=1）	1 397	0.636 6	1 419	−0.698 7	0.257 6
FDR（DL=2）	1 395	0.647 7	1 420	−0.719 9	0.321 8
FDR（DL=3）	2 199	0.671 6	1 420	−0.695 0	0.410 0
FDR（DL=4）	2 204	0.688 8	1 213	−0.698 8	0.467 1
FDR（DL=5）	2 316	0.675 1	1 229	−0.688 4	0.484 0
FDR（DL=6）	2 191	0.644 5	1 454	−0.685 2	0.490 9
FDR（DL=7）	2 203	0.649 5	1 249	−0.670 2	0.460 7

注：DL 表示分解层数。

为了在去噪的时候保留足够的有效 TN 响应信息，获取各个波段处的 LOCC 和 OB。图 3.15（a）～（h）中的红点为 LOCC，由图可知，未去噪 FDR 的 LOCC 较少，且主要集中在 450～770 nm 波段区间内。当分解层数为 2 时，LOCC 数量增加不明显，但主要分布区间变为 420～910 nm，有了明显扩大。当分解层数为 2 和 3 时，LOCC 数量明显增加的同时，也开始呈现区间整体分布的趋势，但仍然主要集中在低波长区间。而当分解层数为 4 和 5 时，LOCC 数量较未去噪和分解层数为 1、2 和 3 有了极大增长，分布没有了明显的区间性，但LOCC之间呈现较明显的连贯性。而当分解层数为6和7时，由于相关曲线过于平滑，LOCC格外显眼，且LOCC之间的连贯性较4、5层分解更为明显。最后将所有未去噪和去噪光谱相关曲线上的LOCC组成OCC[图3.15（i）]。由图3.15（i）与图3.15（a）～（h）对比可得，FDR光谱的OCC明显较未去噪和分解层数为1、2、3和4的FDR的相关曲线稳定，相关性曲线上下波动不太频繁，相较于分解层数为5、6和7的相关曲线又在部分区间内包含了部分波动，但OCC明显较其他分解层数的相关曲线相关性高，大多数相关系数值分布于代表高相关性的上下两侧。未去噪FDR和OSP之间的对比如图3.16所示。由图3.16（a）可知，未去噪FDR整条光谱特征除了450～900 nm区间和三处水吸收槽附近区间外都不明显，存在大量的噪声，大多数光谱区间轮廓和特征难以识别。相较于未去噪FDR，OSP明显平滑得多，光谱特征也明显可辨，曲线轮廓清晰，且仍然保留着大量的细节信息。

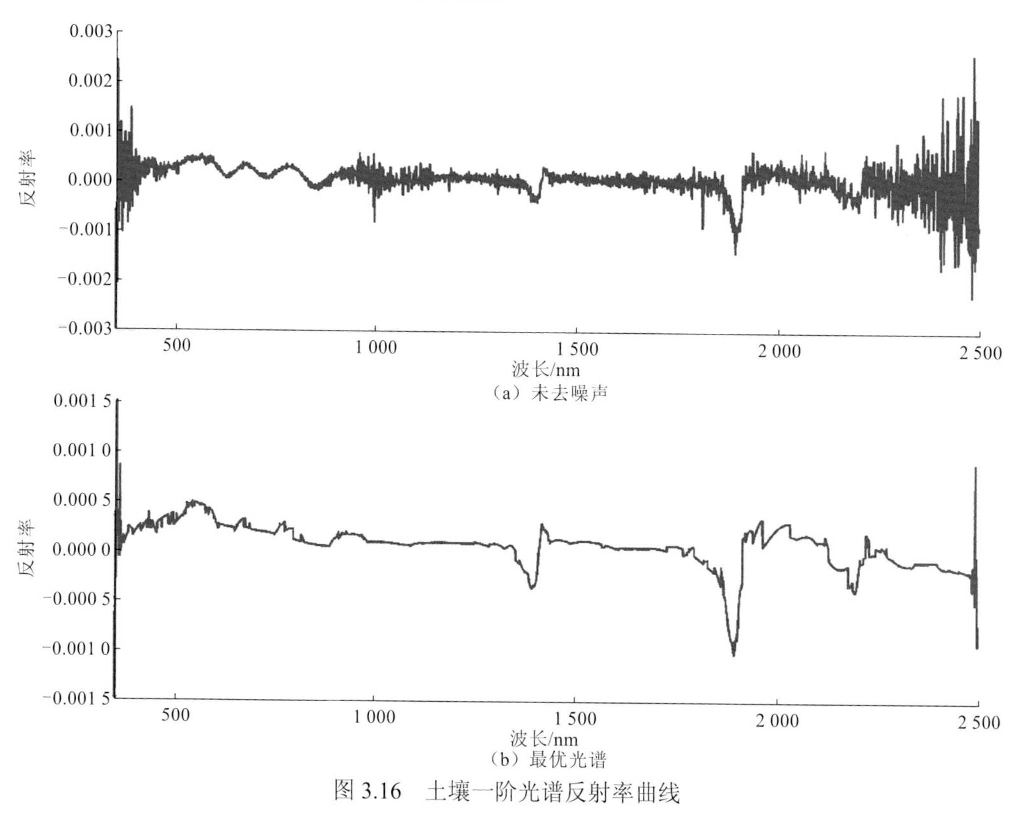

图3.16　土壤一阶光谱反射率曲线

在建立TN估测模型过程中，考虑土色对模型的影响，该部分研究中的土色值由灰度值代替，而灰度值通过摄影技术获取。土壤样品的最大灰度值、最小灰度值和平均灰度值分别是0.48、0.14和0.33。在PMM操作过程中，放大系数的参数（c）设置为1～10，步频为0.5。表3.8为PMM处理后TN值与FDR光谱的OCCs与未经过PMM处理的OCC对比，由表可知，在PMM处理后的OSPs与TN的相关性除参数c为1外均明显高于未经PMM处理，尤其当土色放大系数的参数为2、2.5、3、3.5、4和4.5时，最大相关系数都超过了0.75。当c为2.5时，在2 202 nm波段处最大正相关系数达到了0.731，

同时当 c 为 2.5 和 3 时，均在 1 420 波段处最大负相关系数达到了 0.760。值得庆幸的是，所有不同参数下的平均绝对相关系数均明显大于未经 PMM 处理，当 c 为 2 和 2.5 时的平均绝对相关系数更是均超过了 0.61。此外，由相关系数值大于 0.6 的波段数统计情况可见，PMM 处理后的 OSPs 的有效 TN 响应波段明显较未经 PMM 处理的 OSP 多，且随着 c 的逐渐增大呈现先增加后减少的趋势，当 c 为 2.5 时达到了最大的波段数(1 588 nm)。

表 3.8　放大系数在不同参数设置下的 TN 与一阶光谱反射率（最优光谱）相关性分析

放大系数的参数（c）	置信水平	光谱波段数	最大正相关		最大负相关		平均绝对相关系数
			波段/nm	相关系数	波段/nm	相关系数	
FDR（OSP）	>0.6	867	2 204	0.689	1 420	−0.720	0.563
FDR（OSP，c=1）	>0.6	1 030	2 195	0.681	1 420	−0.691	0.575
FDR（OSP，c=1.5）	>0.6	1 530	2 198	0.719	1 420	−0.740	0.605
FDR（OSP，c=2）	>0.6	1 587	2 201	0.729	1 420	−0.756	0.612
FDR（OSP，c=2.5）	>0.6	1 588	2 202	0.731	1 420	−0.760	0.611
FDR（OSP，c=3）	>0.6	1 575	2 202	0.730	1 420	−0.760	0.609
FDR（OSP，c=3.5）	>0.6	1 490	2 203	0.728	1 420	−0.759	0.606
FDR（OSP，c=4）	>0.6	1 450	2 203	0.726	1 420	−0.757	0.603
FDR（OSP，c=4.5）	>0.6	1 411	2 203	0.723	1 420	−0.755	0.600
FDR（OSP，c=5）	>0.6	1 367	2 203	0.721	1 420	−0.753	0.598
FDR（OSP，c=5.5）	>0.6	1 316	2 203	0.719	1 420	−0.751	0.595
FDR（OSP，c=6）	>0.6	1 286	2 203	0.717	1 420	−0.749	0.593
FDR（OSP，c=6.5）	>0.6	1 248	2 204	0.716	1 420	−0.748	0.592
FDR（OSP，c=7）	>0.6	1 203	2 204	0.714	1 420	−0.746	0.590
FDR（OSP，c=7.5）	>0.6	1 150	2 204	0.713	1 420	−0.745	0.589
FDR（OSP，c=8）	>0.6	1 102	2 204	0.712	1 420	−0.744	0.587
FDR（OSP，c=8.5）	>0.6	1 087	2 204	0.711	1 420	−0.743	0.586
FDR（OSP，c=9）	>0.6	1 072	2 204	0.710	1 420	−0.742	0.585
FDR（OSP，c=9.5）	>0.6	1 056	2 204	0.709	1 420	−0.741	0.584
FDR（OSP，c=10）	>0.6	1 045	2 204	0.708	1 420	−0.740	0.583

3. 模型的应用——PMM 组

经过 PMM 处理的 OSPs 和放大后的实测 TN 含量值被用来进行 LCMCS 和 LCM-PLSR 建模处理。首先以 OSPs 和放大后的实测 TN 值为自变量和因变量，利用 PLSR 方法分析建立 LCM-PLSR 模型，如表 3.9 所示。然后将对 OSPs 和放大后的实测 TN 值

PLSR 分析得到的 5 个主成分与放大后的 TN 实测值进行 ANFIS 分析处理，与 3.2 节部分设置相同的参数，最终迭代得到 LCMCS 模型，不同 c 值下的 LCMCS 模型结果如表 3.10 所示。由表 3.10 可知，除 c 为 1 以外，所有模型的建模决定系数 R^2 均超过了 0.88，且 RMSEC 和 MREC 最差的也分别达到了 0.099（c 为 1.5）和 6.545%（c 为 9.5）。验证结果类似，除 c 为 1 以外，检验结果 R^2、RMSEV 和 MREV 最差的值均为 c 等于 1.5 时得到的，分别为 0.674、0.160 和 9.810%。以上表明 PMM 处理后的 LCMCS 模型均较为理想，而当 c 为 4.5 时，LCMCS 模型不论建模或检验均给出了最好的表现。从表 3.9 可得，LCM-PLSR 模型的建模决定系数在 c 为 3～6.5 时均大于 0.8，且 c 为 3～9 时 RMSEC 均未超过 0.130。除 c 为 1 外，LCM-PLSR 模型检验决定系数均大于 0.7，当 c 为 4 时，LCM-PLSR 模型给出了最理想的结果，R^2、RMSEV 和 MREV 分别达到了 0.753、0.137 和 9.138%。因此，将 c 为 4.5 时的 LCMCS 模型和 c 为 4 时的 LCM-PLSR 模型作为 PMM 组的最终模型。

表 3.9　放大系数在不同参数设置下的 LCM-PLSR 模型的表现比较

放大系数的参数（c）	置信水平	LVs	建模（n=200）			检验（n=174）		
			R^2	RMSEC	MREC/%	R^2	RMSEV	MREV/%
FDR（OSP，c=1）	>0.6	10	0.629	0.189	12.527	0.497	0.225	14.104
FDR（OSP，c=1.5）	>0.6	10	0.722	0.154	10.674	0.643	0.176	10.860
FDR（OSP，c=2）	>0.6	10	0.769	0.138	9.720	0.702	0.155	9.692
FDR（OSP，c=2.5）	>0.6	10	0.790	0.131	9.353	0.733	0.144	9.287
FDR（OSP，c=3）	>0.6	10	0.803	0.127	9.083	0.746	0.140	9.267
FDR（OSP，c=3.5）	>0.6	10	0.812	0.123	9.102	0.746	0.140	9.389
FDR（OSP，c=4）	>0.6	10	0.806	0.126	8.997	0.753	0.137	9.138
FDR（OSP，c=4.5）	>0.6	10	0.804	0.126	8.979	0.752	0.137	9.175
FDR（OSP，c=5）	>0.6	10	0.802	0.127	9.044	0.754	0.136	9.169
FDR（OSP，c=5.5）	>0.6	10	0.803	0.126	9.042	0.754	0.136	9.141
FDR（OSP，c=6）	>0.6	10	0.802	0.127	9.053	0.746	0.138	9.249
FDR（OSP，c=6.5）	>0.6	10	0.800	0.127	9.054	0.746	0.138	9.275
FDR（OSP，c=7）	>0.6	10	0.797	0.128	9.118	0.743	0.139	9.316
FDR（OSP，c=7.5）	>0.6	10	0.795	0.129	9.155	0.742	0.139	9.339
FDR（OSP，c=8）	>0.6	10	0.793	0.129	9.261	0.738	0.139	9.453
FDR（OSP，c=8.5）	>0.6	10	0.793	0.129	9.263	0.721	0.144	9.918
FDR（OSP，c=9）	>0.6	10	0.791	0.130	9.251	0.741	0.139	9.394
FDR（OSP，c=9.5）	>0.6	10	0.789	0.131	9.294	0.739	0.139	9.415
FDR（OSP，c=10）	>0.6	10	0.788	0.131	9.321	0.739	0.139	9.417

注：LVs 表示主成分数量。

表 3.10　放大系数在不同参数设置下的 LCMCS 模型的表现比较

放大系数的参数（c）	置信水平	LVs	建模（n=200）			检验（n=172）		
			R^2	RMSEC	MREC/%	R^2	RMSEV	MREV/%
FDR（OSP，c=1）	>0.6	5	0.790	0.138	8.415	0.553	0.205	13.103
FDR（OSP，c=1.5）	>0.6	5	0.882	0.099	6.408	0.674	0.160	9.810
FDR（OSP，c=2）	>0.6	5	0.893	0.094	5.820	0.778	0.132	8.542
FDR（OSP，c=2.5）	>0.6	5	0.901	0.090	5.712	0.794	0.127	7.767
FDR（OSP，c=3）	>0.6	5	0.911	0.085	5.746	0.823	0.119	7.400
FDR（OSP，c=3.5）	>0.6	5	0.909	0.086	5.765	0.875	0.098	6.333
FDR（OSP，c=4）	>0.6	5	0.921	0.080	5.256	0.874	0.099	6.272
FDR（OSP，c=4.5）	>0.6	5	0.925	0.078	5.362	0.893	0.090	5.721
FDR（OSP，c=5）	>0.6	5	0.917	0.082	5.815	0.873	0.098	6.236
FDR（OSP，c=5.5）	>0.6	5	0.915	0.083	5.884	0.877	0.096	6.456
FDR（OSP，c=6）	>0.6	5	0.906	0.087	6.355	0.876	0.096	6.218
FDR（OSP，c=6.5）	>0.6	5	0.916	0.083	6.093	0.877	0.096	6.223
FDR（OSP，c=7）	>0.6	5	0.919	0.081	5.711	0.854	0.104	6.816
FDR（OSP，c=7.5）	>0.6	5	0.894	0.093	6.556	0.833	0.112	7.452
FDR（OSP，c=8）	>0.6	5	0.900	0.090	6.397	0.823	0.114	7.589
FDR（OSP，c=8.5）	>0.6	5	0.896	0.092	6.513	0.828	0.113	7.552
FDR（OSP，c=9）	>0.6	5	0.896	0.092	6.472	0.815	0.117	8.018
FDR（OSP，c=9.5）	>0.6	5	0.899	0.090	6.545	0.822	0.115	7.882
FDR（OSP，c=10）	>0.6	5	0.900	0.090	6.524	0.835	0.111	7.512

注：LVs 表示主成分数量。

为了对比评价，未经 PMM 分析处理，利用 LCMCS 和 LCM-PLSR 建模方法建立模型，将 LCM 方法获取的 OSP 与实测 TN 作为 PLSP 的自变量和应变量建立 LCM-PLSR 模型。同时，将 PLSR 分析获取的 5 个主成分与实测 TN 作为 ANFIS 的输入进行建模并得到 LCMCS 模型。将得到的 LCM-PLSR 模型和 LCMCS 模型作为常规组的模型，用来对比和评价 PMM 组模型。

表 3.11 给出了 PMM 组和常规组的对比结果。

表 3.11 PMM 组的模型与常规组模型表现比较

模型	LVs	建模（n=200）			检验（n=174）		
		R^2	RMSEC	MREC/%	R^2	RMSEV	MREV/%
LCMCS（PMM 组，c=4.5）	5	0.925	0.078	5.362	0.893	0.090	5.721
LCMCS（常规组）	5	0.898	0.091	6.653	0.800	0.121	8.537
LCM-PLSR（PMM 组，c=4）	10	0.806	0.126	8.997	0.753	0.137	9.138
LCM-PLSR（常规组）	10	0.773	0.136	9.638	0.708	0.149	10.635

注：LVs 表示主成分数量。

从表 3.11 可得，常规组的 LCM-PLSR 模型给出了较理想的 TN 估测精度，建模决定系数 R^2 达到了 0.773，RMSEC 和 MREC 分别为 0.136 和 9.638%，而验证过程 R^2、RMSEV 和 MREV 分别达到了 0.708、0.149 和 10.635%，表明基于一阶微分光谱的 LCM-PLSR 方法得到了精度较高的结果（Shi et al.，2013）。当考虑土色影响时，利用 PMM 分析减少土色对 TN 含量估测的影响，PMM 组的 LCM-PLSR 模型[图 3.17（c）]较常规组 LCM-PLSR 模型给出了更好的结果，检验评价的 R^2、RMSEV 和 MREV 都得到了明显的提高。而与常规组的 LCMCS 模型[图 3.17（b）]比较，PMM 组的 LCMCS 模型

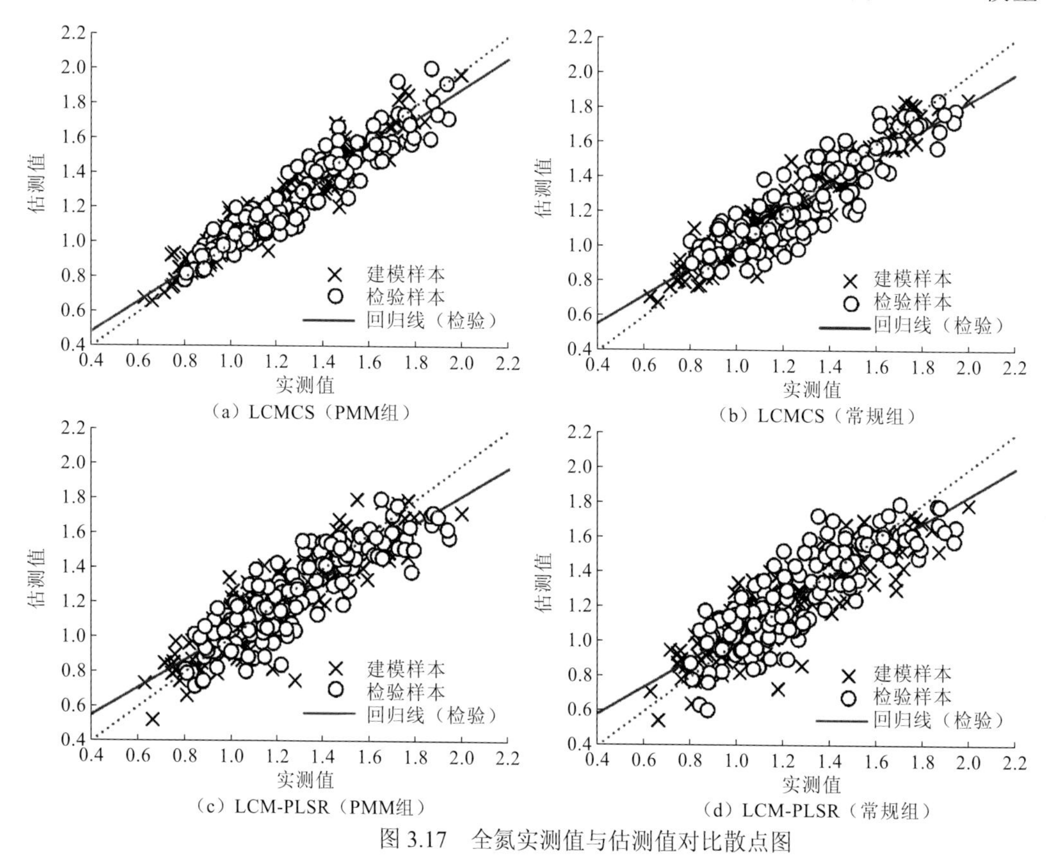

图 3.17 全氮实测值与估测值对比散点图

[图 3.17（a）]检验过程的 RMSEV 和 MREV 分别从 0.121 和 8.537%提高到了 0.090 和 5.721%。由图 3.17 可知，两组 LCMCS 模型中样本都分布在 1∶1 线附近，而 LCM-PLSR 模型中样本偏离 1∶1 线明显较 LCMCS 模型多，而常规组模型的样本偏离 1∶1 线又较 PMM 组对应模型多。表明 LCMCS 模型较 LCM-PLSR 模型估测结果明显更加接近 TN 实测值，当 PMM 分析被考虑时，TN 模型估测精度能够明显提高。

3.4 全氮估测的 SCLM 方法

尽管 3.3 节对土色影响干扰进行去除研究，并得到了较好的结果。但利用相机进行土色获取必定影响模型建立的效率，无法满足遥感技术实时动态的要求。为开发一种快速去土色技术，并研究三基色对土色的贡献情况，拟合色学习机（SCLM）方法在本节中进行了应用。图 3.18 为本节研究的流程概括，包括土色获取、光谱分析、模糊化和逆模糊化及最终 SCLM 模型的确定。该部分模糊化为将全氮值乘以模糊值，模糊值由利用基于 R、G 和 B 值的线性函数和模糊参数 k_1、k_2 和 k_3 来确定。模糊化后的全氮值和去噪后的一阶光谱作为 PLSR 分析的输入数据，建立得到一系列模糊化后的全氮模型，然后对模型进行逆模糊化处理（除以模糊值），最后通过对比评价得到最终的 SCLM 模型，详细介绍见实验部分。

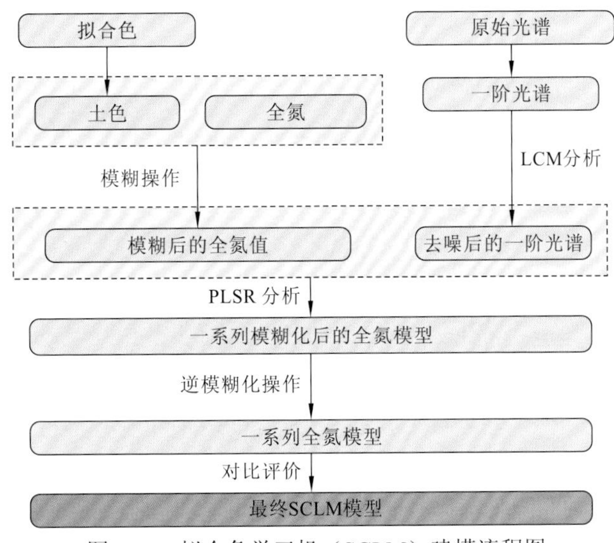

图 3.18 拟合色学习机（SCLM）建模流程图

3.4.1 土色值获取

传统方式获取土色费时、费力、昂贵，且无法满足高光谱遥感的实时动态要求。为了设计出有效快速的去土色技术，本节研究直接通过土壤光谱获取土色值。根据国际照明委员会 1931 年的建议（Fry，1992），将 700 nm、546 nm 和 436 nm 处的光谱反射值作为 RGB 的三基色值。基于 ASD 获取的土壤光谱数据，较易得到每个土壤样品的 R、G 和 B 值。为了确定三基色对土色的最优贡献，SCLM 方法利用拟合色替代土色：

$$\begin{cases} C = k_1 R^n + k_2 G^n + k_3 B^n, \\ 0 \leqslant k_1 / k_2 / k_3 \leqslant 1, \qquad k_1 / k_2 / k_3 = 0 \sim 1 \text{ 步频} = 0.1 \\ k_1 + k_2 + k_3 = 1, \end{cases} \tag{3.49}$$

式中：k_1、k_2 和 k_3 为拟合色参数；n 为三基色的幂值。

本节研究仅仅考虑一阶幂（$n=1$），因此，上述公式被简化为式（3.50）。

$$\begin{cases} C = k_1 R + k_2 G + k_3 B, \\ 0 \leqslant k_1 / k_2 / k_3 \leqslant 1, \qquad k_1 / k_2 / k_3 = 0 \sim 1 \text{ 步频} = 0.1 \\ k_1 + k_2 + k_3 = 1, \end{cases} \tag{3.50}$$

与传统方法相比，直接利用光谱获取土色能够赋予 SCLM 快速有效去土色的能力，并使 SCLM 能够满足高光谱遥感实时动态的需求。本节中，拟合 66 个不同土色函数，这些土色数据被用作后续进一步分析。

3.4.2　SCLM 方法概述

将一个样品的土色值分成两部分：一部分命名为“TN color”（由全氮决定的颜色值），另一部分命名为“non TN color”（由全氮以外的土壤属性决定的颜色）。假设土色仅由全氮决定，即 non TN color=0，则全氮估测精度不受土色影响。事实上，其他土壤要素诸如有机碳、含水率、铁氧化物和矿物质等总是极大作用于土壤的土色值。因此，全氮估测精度将严重受到土色的干扰。例如，假设两个土壤样品（1 和 2）含有相等的全氮值，未经任何预处理的情况下，具有更高“non TN color”值的样品将具有更高的全氮估测值（较高的“non TN color”值意味着更低的光谱反射率，自然而然会产生更高的全氮估测值）。本节试图利用深度学习思想解决这个问题，因此提出 SCLM 方法。SCLM 方法有 4 个步骤：模糊化、回归建模、逆模糊化和最终模型的确定。

步骤一：模糊化。在理想条件下，如果两个样品具有相同含量的全氮值（M_1 和 M_2）和“non TN color”值（C'_1 和 C'_2），这两个样品将具有相同的全氮估测值（P_1 和 P_2）：如果

$$M_1 = M_2 \quad \text{和} \quad C_1 = C_2$$

则

$$R_1 \to P_1 \approx P_2 \leftarrow R_2 。 \tag{3.51}$$

式中：R_1 和 R_2 为光谱反射值。

然而，C'_1 和 C'_2 一般是不相等的，假设样品 1 具有更高的“non TN color”值，该样品必定会有较样品 2 较低的光谱反射值，即

$$R_1 \to P_1 > P_2 \tag{3.52}$$

为了得出满意的结果，SCLM 方法用模糊函数（f）来平衡公式：

$$M_{f1} = f_1 M_1$$

则

$$R_1, M_{f1} \to P_{f1} \tag{3.53}$$

$$M_{f2} = f_2 M_2$$

则

$$R_2, M_{f2} \to P_{f2} \approx P_{f1} \tag{3.54}$$

式中：M_{f1} 和 M_{f2} 为模糊后的全实测氮值；f_1 和 f_2 为模糊系数；P_{f1} 和 P_{f2} 为模糊后的全氮估测值。

为了使 P_{f1} 几乎等于 P_{f2}，基于土色（C）的模糊函数被设计为式（3.53）。该公式基于几点考虑。第一，假如“non TN color” = 0，则 f_1 值应该和 f_2 相等。在足够大的 j 值下（本节设为 10），该要求能被满足。第二，如果“non TN color”对土色值具有巨大的影响，则 f_1 和 f_2 应该具有巨大的差异。在足够小的 j 值下（本节设为 1），该要求能被满足。

$$f = (C)^{1/j}, \quad j = 1\sim10 \text{ 步频} = 0.5 \tag{3.55}$$

式中：j 为模糊参数值。

综上，f 值由土色值派生而得，可以利用 f 去改变全氮实测值。最后联合式（3.50）（66 个拟合土色函数在本节中被使用），最终模糊函数被设计如下：

$$\begin{cases} f = (k_1 R + k_2 G + k_3 B)^{1/j}, & j = 1\sim10 \text{ 步频二 } 0.5 \\ 0 \leqslant k_1 / k_2 / k_3 \leqslant 1, & k_1 / k_2 / k_3 = 0\sim1 \text{ 步频二 } 0.1 \\ k_1 + k_2 + k_3 = 1, & \end{cases} \tag{3.56}$$

在 66 组拟合土色值被获取后，每个样品的实测全氮值乘以对应的 f 值可以得到相应的模糊化后的全氮实测值。

步骤二：回归建模。PLSR 是高光谱土壤有机质估测研究中最常用的建模工具之一。其核心目标是建立一个自变量 X（本节为经过平滑处理的一阶微分光谱）和因变量 Y 的线性模型（本节为模糊化后的全氮实测值）。详细讲解在 3.2 节中已经介绍。

步骤三：逆模糊化。PLSR 分析完成后得到的 P_f 并不是真实的全氮估测值（由于 PLSR 分析前的模糊化操作），因此，和一般模糊技术一样，逆模糊化操作是必要的，全氮估测值 P 通过 P_f 和 f 获取：

$$P = P_f / f \tag{3.57}$$

模糊化操作后，最终的全氮估测值 P 被获取。

步骤四：最终模型的确定。基于拟合色公式可以得到 66 组不同的拟合色。以拟合色 $k_1R+k_2G+k_3B=0.1R+0.5G+0.4B$ 为例，基于不同模糊参数（$j=1, 1.5, 2, \cdots, 10$）的全氮估测模型被获取并作为 $0.1R+0.5G+0.4B$ 组。为了评价各个模型的估测精度，R_c^2、建模均方根误差（RMSEC）和建模平均相对误差（MREC）被使用，而 R_v^2、检验均方根误差（RMSEV）和检验平均相对误差（MREV）被用来评价模型的检验精度。一个好的模型应该具有较高的 R^2（R_c^2 和 R_v^2）、较低的 RMSE（RMSEC 和 RMSEV）和 MRE（MREC 和 MREV）。通过对比评价，66 组拟合色的最佳模型自然而然被得到。最后，这 1254（66×19）个全氮模型的最优模型被作为最终的 SCLM 模型。

3.4.3 建模方案设计

本节研究建模光谱皆为一阶光谱，且光谱经过 LCM 去噪处理。

对比模型建立：为了分析评价 SCLM 方法对减少土色对模型估测精度影响的能力，且考虑 SCLM 内嵌的回归建模方法为 PLSR 方法，因此本节单独利用 PLSR 方法进行建模得到全氮模型，作为对比模型。将来尝试内嵌更多回归建模方法，进一步验证 SCLM 方法的有效性。

3.4.4 结果和讨论

1. 土壤光谱特征分析

4 个不同全氮质量分数（0.789 g/kg、1.065 g/kg、1.338 g/kg 和 1.636 g/kg）的 350～2500 nm 的土壤样品光谱反射率曲线之间的对比如图 3.19 所示。所有光谱曲线具有相似的形状，它们的光谱反射值先快速增大然后变得平缓。光谱反射值明显具有随全氮含量的增大而减小的趋势，且全氮质量分数为 0.789 g/kg 的土壤样品给出了较其他样品更高的光谱反射值，应该是由它较低的全氮含量导致的。在 1400 nm、1900 nm 和 2200 nm 附近，有三个明显的吸收槽。根据前人研究，1400 nm 和 1900 nm 附近较为瞩目的两个吸收槽是由于自由水的影响，而 2200 nm 附近的吸收槽源自黏土矿物的影响。图 3.19（b）给出了 1.338 g/kg 土壤样品未经去噪处理的一阶光谱，经过小波平滑和 LCM 平滑处理的一阶光谱分别显示于图 3.19（c）和（d）中。与未经去噪处理的和小波平滑后的光谱相比，经过 LCM 平滑处理的一阶光谱较为平滑的同时还包含了不少毛刺，与 3.2 节中 LCM 保留有效信息的同时尽可能去噪的优势相符。虽然经过了大量分析，但是仍然较难获得土壤光谱与全氮之间的关系，尤其是大量样品被考虑时。在建模过程中，其他土壤属性，如土色、湿度、粗糙度和有机质肯定是对全氮估测精度影响不可忽视的因素。本节研究着重强调土色的影响，一系列算法操作被用来快速有效地去除土色的影响，并使得最终模型精度得到提升。

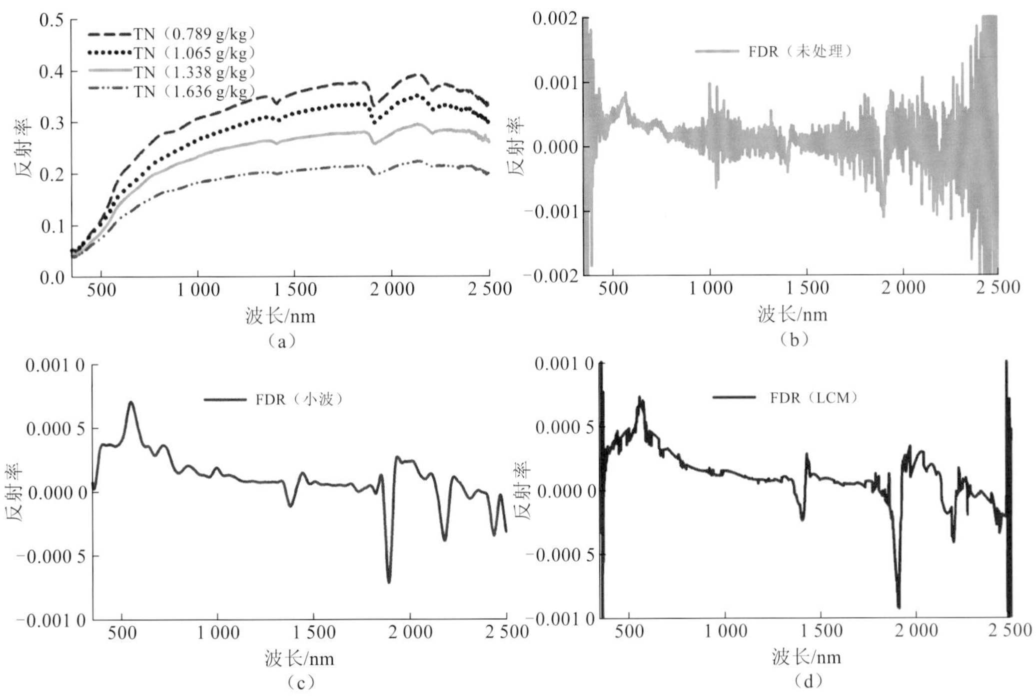

图 3.19　原始光谱和全氮质量分数为 1.338 g/kg 的土壤样品的一阶光谱

（a）原始光谱；（b）未处理的光谱；（c）小波平滑后的光谱；（d）LCM 平滑后的光谱

2. 拟合色分析

表 3.12 给出了所有模式下的平均拟合色信息，结果表明变化较为明显（平均值 0.057～0.162）。可以看出 R 值对拟合色值的贡献远大于 G 和 B 值，拟合色值具有随 R 值减小而减小的趋势。拟合色 $0R+0G+B(0+0+1)$的平均值为 0.057，小于其他拟合色的平均值。拟合色 $R+0G+0B$ 具有最大的平均值，达到了 0.162。这些拟合色值随后被用来对土壤全氮实测值进行模糊化处理。

表 3.12　拟合土色值的统计信息：平均拟合值

土色	平均值	土色	平均值	土色	平均值	土色	平均值	土色	平均值
0+0+1	0.057	0.1+0.3+0.6	0.081	0.2+0.7+0.1	0.109	0.4+0.4+0.2	0.117	0.7+0+0.3	0.130
0+0.1+0.9	0.061	0.1+0.4+0.5	0.085	0.2+0.8+0	0.114	0.4+0.5+0.1	0.121	0.7+0.1+0.2	0.135
0+0.2+0.8	0.066	0.1+0.5+0.4	0.090	0.3+0+0.7	0.088	0.4+0.6+0	0.126	0.7+0.2+0.1	0.139
0+0.3+0.7	0.070	0.1+0.6+0.3	0.094	0.3+0.1+0.6	0.093	0.5+0+0.5	0.109	0.7+0.3+0	0.144
0+0.4+0.6	0.075	0.1+0.7+0.2	0.099	0.3+0.2+0.5	0.097	0.5+0.1+0.4	0.114	0.8+0+0.2	0.141
0+0.5+0.5	0.079	0.1+0.8+0.1	0.103	0.3+0.3+0.4	0.102	0.5+0.2+0.3	0.118	0.8+0.1+0.1	0.145
0+0.6+0.4	0.084	0.1+0.9+0	0.107	0.3+0.4+0.3	0.106	0.5+0.3+0.2	0.123	0.8+0.2+0	0.150

续表

土色	平均值	土色	平均值	土色	平均值	土色	平均值	土色	平均值
0+0.7+0.3	0.088	0.2+0+0.8	0.078	0.3+0.5+0.2	0.111	0.5+0.4+0.1	0.127	0.9+0+0.1	0.151
0+0.8+0.2	0.093	0.2+0.1+0.7	0.082	0.3+0.6+0.1	0.115	0.5+0.5+0	0.132	0.9+0.1+0	0.156
0+0.9+0.1	0.097	0.2+0.2+0.6	0.087	0.3+0.7+0	0.120	0.6+0+0.4	0.120	1+0+0	0.162
0+1+0	0.101	0.2+0.3+0.5	0.091	0.4+0+0.6	0.099	0.6+0.1+0.3	0.124		
0.1+0+0.9	0.067	0.2+0.4+0.4	0.096	0.4+0.1+0.5	0.103	0.6+0.2+0.2	0.129		
0.1+0.1+0.8	0.072	0.2+0.5+0.3	0.100	0.4+0.2+0.4	0.108	0.6+0.3+0.1	0.133		
0.1+0.2+0.7	0.076	0.2+0.6+0.2	0.105	0.4+0.3+0.3	0.112	0.6+0.4+0	0.138		

注：0.1+0.5+0.4 表示 0.1*R*+0.5*G*+0.4*B*，其他类似。

3. 模型的应用

经过 LCM 平滑处理的一阶光谱和模糊化后的全氮实测值被作为 SCLM 的输入，然后不同拟合色组的全氮模型被建立。表 3.13 给出了 0.1*R*+0.5*G*+0.4*B* 组的结果，结果表明有较窄的建模精度变化（R_c^2 为 0.876～0.881、RMSEC 为 0.096～0.099 和 MREC 为 6.154%～6.403%）和检验精度变化（R_v^2 为 0.793～0.803、RMSEV 为 0.135～0.138 和 MREV 为 8.994%～9.254%）。明显地，所有模型产出了较好的建模结果，具有较高的 R_v^2（高于 0.79）、较低的 RMSEV（低于 0.14）和 MREV（低于 9.3%）。当 j 为 5.5～8 时，对应的 6 个全氮模型相较其他模型提供了较低的 MREV（低于 9.110%）。通过对比可见，模型（j=7）给出了最好的建模精度（R_v^2=0.803、RMSEV=0.135 和 MREV=8.994%），且检验精度上只在 MREC 的表现上（6.162%）高于 j=7.5 时的全氮模型（6.154%）。经过综合考虑，将 j=7 时的全氮模型作为 0.1*R*+0.5*G*+0.4*B* 组的最终模型。以上结果（建模和检验结果较窄的变化）表明将来可以减少 j 值的数量以提高 SCLM 算法学习的效率，并且最优 j 值的获取需要进一步研究。其他 66 组拟合色的最终模型按类似的方式来获取（表 3.14）。

表 3.13　不同模糊参数 *j* 下的 SCLM 模型（0.1*R*+0.5*G*+0.4*B* 组）

模型（j）	建模（n=218）			建模（n=158）		
	R_c^2	RMSEC	MREC/%	R_v^2	RMSEV	MREV/%
0.1+0.5+0.4（1）	0.876	0.098	6.389	0.801	0.135	9.162
0.1+0.5+0.4（1.5）	0.877	0.098	6.379	0.802	0.135	9.135
0.1+0.5+0.4（2）	0.876	0.099	6.403	0.802	0.135	9.143
0.1+0.5+0.4（2.5）	0.877	0.098	6.356	0.802	0.135	9.147
0.1+0.5+0.4（3）	0.877	0.098	6.366	0.802	0.135	9.151

续表

模型（j）	建模（n=218）			建模（n=158）		
	R_c^2	RMSEC	MREC/%	R_v^2	RMSEV	MREV/%
0.1+0.5+0.4（3.5）	0.876	0.099	6.397	0.802	0.135	9.146
0.1+0.5+0.4（4）	0.876	0.098	6.355	0.802	0.135	9.165
0.1+0.5+0.4（4.5）	0.876	0.098	6.368	0.802	0.135	9.158
0.1+0.5+0.4（5）	0.879	0.097	6.269	0.802	0.135	9.121
0.1+0.5+0.4（5.5）	0.880	0.097	6.229	0.802	0.135	9.093
0.1+0.5+0.4（6）	0.880	0.097	6.195	0.802	0.135	9.107
0.1+0.5+0.4（6.5）	0.880	0.097	6.235	0.803	0.135	9.045
0.1+0.5+0.4（7）	0.881	0.096	6.162	0.803	0.135	8.994
0.1+0.5+0.4（7.5）	0.881	0.096	6.154	0.802	0.135	9.060
0.1+0.5+0.4（8）	0.880	0.097	6.200	0.802	0.135	9.049
0.1+0.5+0.4（8.5）	0.881	0.097	6.177	0.795	0.137	9.229
0.1+0.5+0.4（9）	0.881	0.096	6.187	0.793	0.138	9.246
0.1+0.5+0.4（9.5）	0.881	0.096	6.179	0.793	0.138	9.254
0.1+0.5+0.4（10）	0.881	0.096	6.167	0.794	0.138	9.249

表 3.14　不同拟合色下的 SCLM 模型

模型（j）	建模（n=218）/检验（n=158）			模型（j）	建模（n=218）/检验（n=158）		
	R_c^2/R_v^2	RMSEC/RMSEV	MREC/MREV/%		R_c^2/R_v^2	RMSEC/RMSEV	MREC/MREV/%
0+0+1（6）	0.770/0.750	0.134/0.150	8.620/9.878	0.3+0.3+0.4（9.5）	0.838/0.768	0.113/0.146	7.369/10.06
0+0.1+0.9（1.5）	0.774/0.753	0.133/0.150	8.569/9.803	0.3+0.4+0.3（7.5）	0.839/0.768	0.112/0.146	7.299/10.05
0+0.2+0.8（1）	0.773/0.751	0.133/0.150	8.571/9.899	0.3+0.5+0.2（8）	0.836/0.767	0.113/0.147	7.436/10.11
0+0.3+0.7（9）	0.873/0.772	0.100/0.146	6.788/9.195	0.3+0.6+0.1（5）	0.835/0.768	0.113/0.147	7.444/10.08
0+0.4+0.6（7.5）	0.877/0.767	0.098/0.147	6.685/9.334	0.3+0.7+0（2.5）	0.836/0.767	0.113/0.147	7.424/10.11
0+0.5+0.5（2）	0.876/0.761	0.099/0.149	6.704/9.492	0.4+0+0.6（1）	0.837/0.764	0.113/0.148	7.420/10.17
0+0.6+0.4（9.5）	0.854/0.734	0.107/0.158	7.076/10.22	0.4+0.1+0.5（3）	0.833/0.757	0.114/0.150	7.439/10.35
0+0.7+0.3（5.5）	0.603/0.640	0.176/0.183	12.18/12.74	0.4+0.2+0.4（5）	0.834/0.756	0.114/0.150	7.417/10.36
0+0.8+0.2（9.5）	0.617/0.645	0.173/0.182	11.98/12.69	0.4+0.3+0.3（9）	0.831/0.760	0.115/0.149	7.572/10.31

续表

模型（j）	建模（n=218）/检验（n=158）			模型（j）	建模（n=218）/检验（n=158）		
	R_c^2/R_v^2	RMSEC/RMSEV	MREC/MREV/%		R_c^2/R_v^2	RMSEC/RMSEV	MREC/MREV/%
0+0.9+0.1（3.5）	0.619/0.646	0.173/0.182	11.96/12.68	0.4+0.4+0.2（3.5）	0.830/0.761	0.115/0.149	7.595/10.30
0+1+0（10）	0.865/0.781	0.103/0.142	6.990/9.396	0.4+0.5+0.1（3）	0.833/0.751	0.114/0.152	7.376/10.47
0.1+0+0.9（5.5）	0.864/0.782	0.103/0.142	7.028/9.309	0.4+0.6+0（5.5）	0.837/0.753	0.113/0.151	7.441/10.43
0.1+0.1+0.8（4.5）	0.866/0.782	0.103/0.142	6.961/9.276	0.5+0+0.5（9.5）	0.830/0.759	0.115/0.149	7.609/10.32
0.1+0.2+0.7（6）	0.873/0.783	0.100/0.141	6.790/9.265	0.5+0.1+0.4（3）	0.832/0.758	0.114/0.150	7.527/10.34
0.1+0.3+0.6（9.5）	0.870/0.795	0.101/0.138	6.619/9.226	0.5+0.2+0.3（7）	0.832/0.757	0.114/0.150	7.516/10.34
0.1+0.4+0.5（9）	0.877/0.801	0.098/0.135	6.376/9.199	0.5+0.3+0.2（9.5）	0.826/0.758	0.117/0.150	7.686/10.37
0.1+0.5+0.4（7）	0.881/0.803	0.096/0.135	6.162/8.994	0.5+0.4+0.1（3）	0.826/0.757	0.117/0.150	7.713/10.39
0.1+0.6+0.3（4）	0.882/0.795	0.096/0.137	6.159/9.234	0.5+0.5+0（6.5）	0.830/0.757	0.115/0.150	7.579/10.38
0.1+0.7+0.2（9.5）	0.864/0.786	0.103/0.140	6.578/9.576	0.6+0+0.4（1）	0.830/0.757	0.115/0.150	7.580/10.39
0.1+0.8+0.1（10）	0.867/0.788	0.102/0.140	6.488/9.492	0.6+0.1+0.3（3）	0.824/0.757	0.117/0.150	7.736/10.41
0.1+0.9+0（1.5）	0.866/0.788	0.102/0.140	6.520/9.465	0.6+0.2+0.2（2）	0.827/0.755	0.116/0.150	7.666/10.45
0.2+0+0.8（4.5）	0.846/0.774	0.110/0.144	6.922/9.807	0.6+0.3+0.1（9）	0.828/0.753	0.116/0.151	7.624/10.47
0.2+0.1+0.7（9.5）	0.848/0.776	0.109/0.143	6.876/9.681	0.6+0.4+0（6）	0.828/0.756	0.116/0.151	7.603/10.42
0.2+0.2+0.6（3）	0.847/0.779	0.109/0.142	6.922/9.615	0.7+0+0.3（2.5）	0.824/0.755	0.117/0.150	7.728/10.47
0.2+0.3+0.5（3）	0.855/0.772	0.107/0.145	6.702/9.704	0.7+0.1+0.2（9.5）	0.825/0.754	0.117/0.151	7.688/10.51
0.2+0.4+0.4（9）	0.842/0.780	0.111/0.142	7.073/9.687	0.7+0.2+0.1（10）	0.826/0.755	0.117/0.151	7.658/10.46
0.2+0.5+0.3（6.5）	0.840/0.779	0.112/0.143	7.173/9.635	0.7+0.3+0（1）	0.826/0.755	0.117/0.151	7.661/10.46
0.2+0.6+0.2（1.5）	0.841/0.778	0.112/0.143	7.175/9.655	0.8+0+0.2（9）	0.823/0.754	0.118/0.151	7.727/10.51
0.2+0.7+0.1（8.5）	0.836/0.782	0.113/0.142	7.313/9.670	0.8+0.1+0.1（1）	0.823/0.754	0.118/0.151	7.722/10.50
0.2+0.8+0（7.5）	0.836/0.781	0.113/0.142	7.324/9.669	0.8+0.2+0（5.5）	0.822/0.758	0.118/0.150	7.752/10.45
0.3+0+0.7（2）	0.841/0.773	0.112/0.145	7.262/9.854	0.9+0+0.1（10）	0.822/0.754	0.118/0.151	7.764/10.51
0.3+0.1+0.6（3）	0.842/0.769	0.111/0.146	7.250/9.947	0.9+0.1+0（9）	0.822/0.756	0.118/0.150	7.757/10.48
0.3+0.2+0.5（2.5）	0.837/0.768	0.113/0.147	7.334/10.08	1+0+0（6.5）	0.822/0.755	0.118/0.150	7.745/10.47

表 3.14 给出了不同拟合色下的 SCLM 模型，结果显示了较大的建模变化（R_c^2 为 0.603～0.882、RMSEC 为 0.096～0.176、MREC 为 6.159%～12.18%）和检验变化（R_v^2 为

0.640～0.803、RMSEV 为 0.135～0.183、MREV 为 8.994%～12.74%）。当拟合色是 $0R+0.6G+0.4B$、$0R+0.7G+0.3B$、$0R+0.8G+0.2B$ 和 $0R+0.9G+0.1B$ 时，对应的 4 个模型给出了相对其他全氮模型较差的结果。而当拟合色为 $0R+0.7G+0.3B$ 时，该模型给出了最差的结果（R_v^2=0.640、RMSEV=0.183 和 MREV=12.74%）。幸运的是，除了以上 4 个模型，所有其他模型均提供了较好的结果，具有较高的 R_v^2（高于 0.75）和较低的 RMSEV（低于 0.16）、MREV（低于 10.55%）。尤其是当拟合色为 $0R+0.3G+0.7B$、$0.1R+0.1G+0.8B$、$0.1R+0.2G+0.7B$、$0.1R+0.3G+0.6B$、$0.1R+0.4G+0.5B$、$0.1R+0.5G+0.4B$ 和 $0.1R+0.6G+0.3B$ 时，所有 7 个模型提供了较低的 MREV（低于 9.300%）。对比可见，拟合色为 $0.1R+0.5G+0.4B$ 的模型，在建模（R_c^2=0.881、RMSEC=0.096 和 MREC=6.162%）和检验（R_v^2=0.803、RMSEV=0.135 和 MREV=8.994%）上给出了最好的表现。因此，该模型被选为 SCLM 方法的最终模型。

为了评价 SCLM 的去色效果，PLSR 被单独用来建立模型，一阶微分的最优光谱和全氮实测值被作为输入变量，模型结果和 SCLM 结果的对比如表 3.15 所示。

表 3.15 SCLM 模型和 PLSR 模型的对比结果

模型	LVs	建模（n=218）			检验（n=158）		
		R_c^2	RMSEC	MREC/%	R_v^2	RMSEV	MREV/%
SCLM	8	0.881	0.096	6.162	0.803	0.135	8.994
PLSR	8	0.798	0.126	8.244	0.740	0.154	10.85

PLSR 模型[图 3.20（b）]结果表现较好，R_v^2 为 0.740，RMSEV 为 0.154，MREV 为 10.85%（表 3.15），与前人的研究结果相符。当拟合色被使用时，SCLM 模型[图 3.20（a）]在建模（R_c^2= 0.881，RMSEC = 0.096 和 MREC = 6.162%）和检验（R_v^2= 0.803，RMSEV = 0.135 和 MREV = 8.994%）上都提供了较好的表现。图 3.20 显示出 SCLM 的检验样本相较 PLSR 模型的样本点整体更接近 1∶1 线，进一步证明了 SCLM 方法的卓越表现。以上结果表明 SCLM 方法可以快速有效地去除土色的影响，并有效提升全氮估测精度。

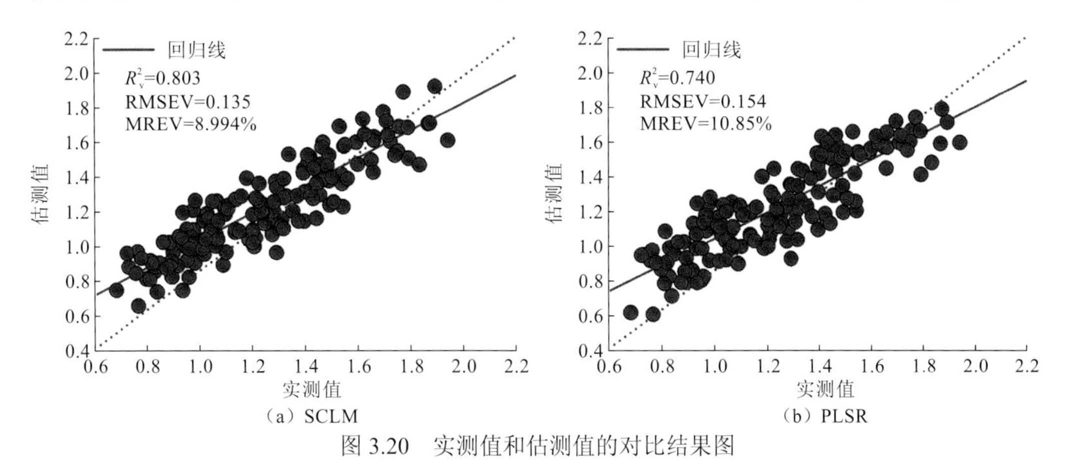

（a）SCLM （b）PLSR

图 3.20 实测值和估测值的对比结果图

参考文献

纪文君, 李曦, 李成学, 等, 2012. 基于全谱数据挖掘技术的土壤有机质高光谱预测建模研究. 光谱学与光谱分析, 32: 2393-2398.

于雷, 洪永胜, 周勇, 等, 2016. 连续小波变换高光谱数据的土壤有机质含量反演模型构建. 光谱学与光谱分析, 36: 1428-1433.

CHENG Z Q, MENG J H, SHANG J L, et al., 2019. Improving soil available nutrient estimation by integrating Modified WOFOST model and time-series earth observations. IEEE Transactions on Geoscience and Remote Sensing, 57: 2896-2908.

CHRISTY C D, 2008. Real-time measurement of soil attributes using on-the-go near infrared reflectance spectroscopy. Computers and Electronics in Agriculture, 61: 10-19.

DHILLON G S, GILLESPIE A, PEAK D, et al., 2017. Spectroscopic investigation of soil organic matter composition for shelterbelt agroforestry systems. Geoderma, 298: 1-13.

DOI R, RANAMUKHAARACHCHI S L, 2007. Soil color designation using adobe PhotoShop(TM) in estimating soil fertility restoration by Acacia Auriculiformis plantation on degraded land. Current Science, 92: 1604-1609.

FERNANDES M M H, COELHO A P, FERNANDES C, et al., 2019. Estimation of soil organic matter content by modeling with artificial neural networks. Geoderma, 350: 46-51.

FRY G A, 1988. Stiles-Burch two-degree color mixture data. American Journal of Optometry and Physiological Optics, 65: 921-936.

FRY G A, 1992. Foveal photopigments. Optometry and Vision Science, 69: 417-422.

GOYAL M K, BHARTI B, QUILTY J, et al., 2014. Modeling of daily pan evaporation in sub-tropical climates using ANN, LS-SVR, Fuzzy Logic, and ANFIS. Expert Systems with Applications, 41: 5267-5276.

JIANG L M, LIN H, MA J W, et al., 2011. Potential of small-baseline SAR interferometry for monitoring land subsidence related to underground coal fires: Wuda(Northern China) case study. Remote Sensing of Environment, 115: 257-268.

JIANG Q, LI Q, WANG X, et al., 2017. Estimation of soil organic carbon and total nitrogen in different soil layers using VNIR spectroscopy: Effects of spiking on model applicability. Geoderma, 293: 54-63.

LIN L, LIU X, 2020. Water-based measured-value fuzzification improves the estimation accuracy of soil organicmatter by visible and near-infrared spectroscopy. Science of the Total Environment, 749: 1-6.

LIN L, WANG Y, TENG J, et al., 2015. Hyperspectral analysis of soil total nitrogen in subsided land using the local correlation maximization-complementary superiority(LCMCS) method. Sensors, 15: 17990-18011.

LIN L, XUE F, WANG Y, et al., 2018. Photography measured-value magnification improves local correlation maximization-complementary superiority method of hyperspectral analysis of soil total nitrogen. Catena, 165: 106-114.

LIN L, GAO L, XUE F, et al., 2020a. Hyperspectral analysis of total nitrogen in soil using a synchronized decoloring fuzzy measured value method. Soil & Tillage Research, 202: 1-7.

LIN L, GAO Z, LIU X, 2020b. Estimation of soil total nitrogen using the synthetic color learning machine(SCLM) method and hyperspectral data. Geoderma, 380: 1-10.

MIKHAILOVA E A, STIGLITZ R Y, POST C J, et al., 2017. Predicting soil organic carbon and total nitrogen in the russian chernozem from depth and wireless color sensor measurements. Eurasian Soil Science, 50: 1414-1419.

MORITSUKA N, MATSUOKA K, KATSURA K, et al., 2014. Soil color analysis for statistically estimating total carbon, total nitrogen and active iron contents in Japanese agricultural soils. Soil Science and Plant Nutrition, 60: 475-485.

NAWAR S, MOUAZEN A M, 2017. Predictive performance of mobile Vis-near infrared spectroscopy for key soil properties at different geographical scales by using spiking and data mining techniques. Catena, 151: 118-129.

PAIVA R P, DOURADO A, DUARTE B, 2004. Quality prediction in pulp bleaching: Application of a neuro-fuzzy system. Control Engineering Practice, 12: 587-594.

PATRA S, JULICH S, FEGER K H, et al., 2019. Effect of conservation agriculture on stratification of soil organic matter under cereal-based cropping systems. Archives of Agronomy and Soil Science, 65: 2013-2028.

PERSKI Z, HANSSEN R, WOJCIK A, et al., 2009. InSAR analyses of terrain deformation near the Wieliczka Salt Mine, Poland. Engineering Geology, 106: 58-67.

RAJ A, CHAKRABORTY S, DUDA B M, et al., 2018. Soil mapping via diffuse reflectance spectroscopy based on variable indicators: An ordered predictor selection approach. Geoderma, 314: 146-159.

ROSSEL R A V, CATTLE S R, ORTEGA A, et al., 2009. In situ measurements of soil colour, mineral composition and clay content by vis-NIR spectroscopy. Geoderma, 150: 253-266.

SAMSONOVA S, D'OREYEB N, SMETSB B, 2013. Ground deformation associated with post-mining activity at the French–German border revealed by novel InSAR time series method. International Journal of Applied Earth Observation and Geoinformation, 23: 142-154.

SHI T Z, CUI L J, WANG J J, et al., 2013. Comparison of multivariate methods for estimating soil total nitrogen with visible/near-infrared spectroscopy. Plant and Soil, 366: 363-375.

TSAKIRIDIS N L, TZIOLAS N V, THEOCHARIS J B, et al., 2019. A genetic algorithm-based stacking algorithm for predicting soil organic matter from vis-NIR spectral data. European Journal of Soil Science, 70: 578-590.

WANG S, ADHIKARI K, ZHUANG Q L, et al., 2020. Impacts of urbanization on soil organic carbon stocks in the northeast coastal agricultural areas of China. Science of the Total Environment, 721: 1-11.

WIJEWARDANE N K, GE Y, MORGAN C L S, 2016. Moisture insensitive prediction of soil properties from VNIR reflectance spectra based on external parameter orthogonalization. Geoderma, 267: 92-101.

WOO K S, EBERHARDT E, RABUS B, et al., 2012. Integration of field characterisation, mine production and InSAR monitoring data to constrain and calibrate 3-D numerical modelling of block caving-induced subsidence. International Journal of Rock Mechanics & Mining Sciences, 53: 166-178.

第 4 章　煤矿区矸石山自燃监测与评价

作为煤炭开采和洗选过程中的废弃物，矸石山是煤矿区主要生态环境问题之一。煤矸石堆积产生污染（水、土、大气）、结构侵蚀、稳定等环境岩土效应，还经常发生自燃、爆炸、塌方、滑坡、泥石流等灾害，对居民的日常生活造成严重影响。特别是自燃煤矸石山，占矸石山总量的 30%以上，它不仅产生大量有毒有害气体，而且容易引发矸石山坍塌、喷爆甚至爆炸事故，造成重大的人员伤亡和经济损失。由此，煤矿区矸石山自燃监测与评价研究尤为重要。本章首先讨论煤矸石山自燃机理与相关模型，研究利用遥感影像对矸石山边界的提取分析技术，选择能较好反映自燃现象的典型矸石山进行现场测温和内部气体测试及分析，探讨煤矸石山自燃深度的测算方法，给出矸石山不同自燃点散热量估算及分析结果。

4.1　矸石山自燃机理与相关模型

4.1.1　矸石山自燃的条件及特征

1. 自燃的条件

矸石山自燃是一个极其复杂的物理化学变化过程，它从常温状态转变到自燃状态，其氧化过程不仅受到煤矸石物理化学性质的制约，同时也与矸石山所处的自然环境和堆积方式等有关。

矸石山发生自燃，局部区域必须具备以下几个条件（孙跃跃，2008）。

（1）存在能够在常温下氧化的物质，有足够的容积产热强度。

（2）存在向自热区持续供氧机制和供氧能力，保持自热区孔隙中氧气浓度达到一定值。

（3）自热区上覆煤矸石层有足够的保温能力，煤矸石产热能力超过煤矸石散热能力，矸石山内部形成热量积聚环境。

其中，条件（1）为煤矸石的本质属性，条件（2）和（3）除了与煤矸石性质有关，还与堆积方式、环境条件等有关。对于某一确定矸石山，分析其自燃时，需分析矸石山自燃的外部条件。而其外部条件与矸石山内部空气流动密切相关。为此，可以从矸石山内空气流动状况来分析矸石山自燃发火原因及其影响因素。

矸石山自燃过程必须经历自燃潜伏期、飞速自热期、稳定燃烧期。其过程可以用图 4.1 表示。

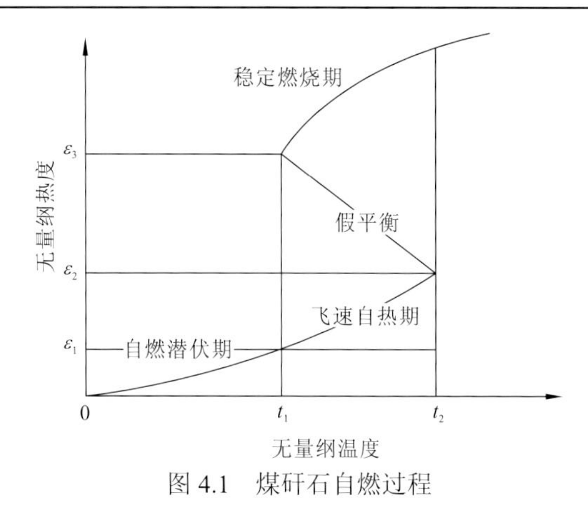

图 4.1　煤矸石自燃过程

t_1-煤矸石的临界温度（℃）；t_2-煤矸石的着火温度（℃）；ε_1-达到临界温度所需的能量；
ε_2-达到燃点所需的能量；ε_3-达到稳定燃烧所需的能量

在自燃潜伏期，煤矸石中的黄铁矿在常温下与空气发生物理和化学吸附作用，残煤中自由基和空气中氧气发生复合氧化作用。上述反应均系放热反应，该热效应共同导致了矸石山自燃潜伏期温度的升高。随着矸石山内部温度逐步升高，煤矸石的物理和化学吸附放热作用逐渐减弱，而自由基氧化复合热效应增加，当温度达到临界温度 t_1 时，矸石山进入飞速自热期。

在飞速自热期，煤与空气中氧的自由基复合氧化起主导作用。在该阶段温度飞速增加。随着温度进一步提高，煤发生热解并释放出有机气体和焦油等物质，并且温度很快达到煤矸石的着火温度 t_2，煤矸石进入自燃阶段。

煤矸石氧化过程从缓慢升温阶段过渡到自动加速阶段时的温度即为煤矸石自燃临界温度。煤矸石的临界温度 $t_{临界}$和着火点温度 $t_{着火}$不是常数，受化学动力学因素和流体动力学因素影响，与煤矸石化学活性、燃烧活化能、导热系数、发热量和周围环境散热条件等有关（主要表现在活化能不同），这些参数可经实验测得。不同煤矸石临界温度可用以下数学模型表示（张策和何绪文，1998）。

$$t_{临界}=\frac{E}{2R}\left(1-\sqrt{\frac{4RT_0}{E}}\right) \tag{4.1}$$

式中：E 为煤矸石的活化能（J/mol）；R 为气体常数，取值为 8.315 J/（mol·K）；T_0 为环境绝对温度（K）。

不同煤矸石有不同的活化能，不同地区矸石山也有不同环境温度，所以发生自燃的临界温度也不同。有关文献指出，矸石山自燃临界温度为 80～97 ℃。在供氧充足的条件下，煤矸石温度达到临界温度是判断其发生自燃的重要条件，临界温度对指导自燃矸石山灭火也有重要意义（刘培云和王明建，2000；刘剑，1999）。

2. 自燃的特征

矸石山内部供氧机制是影响其自燃的主要因素之一。受矸石山内部渗流和供氧机制的影响，矸石山自燃主要有以下特征。

1）矸石山自燃属于阴燃

大部分矸石山自燃属于阴燃。“阴燃”是火灾科学中的一个词，即无焰燃烧或缺氧燃烧。缺氧环境下，燃烧速度非常慢，在产生的热量作用下，矸石山内部形成热解可燃气态产物。但在自热期没有足够高的温度来提供可燃气态产物的燃烧条件，可燃气态产物没有发生反应而是逐步散失到环境中。

阴燃转变为有焰燃烧，条件是氧气供应大幅度增加，火区温度上升达到热解气体的燃点。研究发现，可燃物颗粒越大，热解气体产物越多，越容易转为有焰燃烧。对于纯可燃物质微细颗粒，不可能发生阴燃，因为单位体积固体表面积非常大，即燃料浓度非常大，点燃后短时间释放热量很大，立即发生有焰燃烧。对于颗粒很大的可燃物，一般通风条件都很好，如果是人工点燃，也不容易发生阴燃，而立即进入有焰燃烧状态，如固定床锅炉的情况。煤矸石属于低放热能力物质，并且氧气供应不足，才出现阴燃现象。

2）矸石山自燃属于不完全燃烧

煤矸石颗粒形状和大小是不规则的，将其堆放形成矸石山时，在矸石山内部形成孔隙，通过这些孔隙的渗流机制，向矸石山内部提供氧气。矸石山自燃一般发生在距表面一定距离的位置，氧气通过渗流机制到达自燃点的速度缓慢，而且渗流到达自燃点的氧气量有限，因此内部可燃物质不能充分氧化反应，其燃烧性质属于不完全燃烧。

不完全燃烧的结果，除产生和释放 SO_2 和 CO_2 外，还产生和释放大量的 CO、H_2S 和碳氢化合物，从而造成大气环境污染。不完全燃烧，使得矸石山燃烧速度缓慢，燃烧持续时间长。一座大型矸石山往往要燃烧十多年，甚至几十年时间。图 4.2 为未燃烧完全的煤矸石颗粒。

图 4.2　未燃烧完全的煤矸石颗粒

3）矸石山具有一般大体积多孔床燃烧特点

自燃矸石山内存在燃烧区、燃尽区、预热区和非燃区，最高温度位于燃烧区，燃尽区不断扩大，燃烧带不断转移和扩展放出更多热量，燃烧强度不断增强。整个燃烧过程不是由化学反应动力学控制，而是由传质供氧机制控制，许多情况下处于阴燃状态。燃烧带在矸石山多孔床中的位置取决于产热和散热速率之间的平衡，只有产热速率等于或者大于散热速率时，燃烧才可能维持。燃烧区总是向新鲜空气进入方向发展。多孔床深部氧气供应主要有两条途径，一是靠分子扩散，二是靠空气对流。

4.1.2 矸石山内部氧气传输机制

实践表明，矸石山内部总是存在微弱的气体流动，尽管速度非常小，实际测试存在困难，但这种流动是矸石山内部发生自燃和自燃得以维持的关键因素。因此，对矸石山内部渗流场和氧气传输机制的研究是自燃机理研究的基础。

1. 矸石山内部渗流场

矸石山可以看成是由粒径形状各异的煤矸石颗粒组成的多孔介质。多孔介质内部结构渗流场非常复杂。主要表现在以下几个方面。

（1）矸石山堆积形状的复杂性。煤矸石颗粒分布不均匀，加之人为及地理因素的影响，矸石山堆积形状比较复杂，模型简化比较困难。复杂的形状造成复杂的边界条件，使得渗流模型很难求解。

（2）矸石山内部空气通道的复杂性。矸石山是由粒径不同的煤矸石颗粒堆积在一起而形成的，堆积过程中，小粒径矸石颗粒可以充填到大粒径矸石颗粒之间的孔隙里，加之存在裂隙和粒度偏析等，使得矸石山内部孔隙率分布不均匀，孔隙率的不均匀造成矸石山多孔床内部渗流通道极其复杂。

（3）渗流驱动力的复杂性。矸石山内部渗流场气体的流动主要有外部环境风压引起的流动、内部温度梯度引起的流动、氧化反应产物浓度梯度引起的流动和进入的空气浓度梯度引起的流动等。

为了弄清矸石山内部渗流场，一个可行的研究方法是示踪剂实验，理论上可以用大型矸石山模型进行物理模拟，内部设置灵敏探头，但代价太大难以进行。

2. 矸石山内部供氧机制

影响矸石山自燃的外部因素是供氧与蓄热条件，这是一对矛盾。良好的通风条件可以使煤矸石在氧化时得到充足的氧气，同时也会带走煤矸石自燃产生的热量。反之，若处于封闭环境中，虽有良好蓄热条件，但不能得到充足的氧气供应，煤矸石不会进一步氧化，自燃也就无从谈起。矸石山供氧条件对煤矸石自燃起着极为重要的作用，对于有自燃倾向性的煤矸石来说，其作用可以说是决定性的。自燃矸石山从表面到内部，根据供氧蓄热条件的不同，可分为三个区域：不自燃区、可能自燃区、窒息区。

若在矸石山表面，虽可得到充足的氧气供应，但与外界热交换条件好，氧化反应生成的热量迅速散失到周围环境中，煤矸石升温幅度很小，不足以引起自燃，即为不自燃区；在矸石山内部，分子扩散或空气流动带入的氧气已经在表面大部分被消耗，气流中的氧浓度很低，矸石的氧化反应产生的热量很小，不足以使煤矸石进一步升温，这一区域也不会发生自燃，即为窒息区；在不自燃区与窒息区之间，既有一定的氧气供应，所产生的热量又不致全部被带走，煤矸石氧化产生的热量足以使煤矸石升温，此区即可能自燃区。可能自燃区的范围与煤矸石的氧化能力、粒度、堆积形态、孔隙率及外界环境等有关。在可能自燃区内的煤矸石，因为能够不断得到氧气供应，氧化反应可持续进行。若煤矸石达到临界温度，便会发生自燃。在此阶段内如供氧蓄热条件发生变化，煤矸石的氧化反应不能继续进行，自热就会终止，自燃也不会发生。

矸石山内部供氧机制主要有：①自热（燃）造成矸石山内部温度和环境温度梯度引起的自生风现象（“烟囱效应”）；②氧浓度梯度造成的分子扩散；③自然风引起的矸石山内外压差效应；④由气温变化和气压变化引起的“热呼吸”和“气象呼吸”现象。

研究表明，气温变化和气压变化引起的“热呼吸”和“气象呼吸”现象对矸石山内部供氧贡献非常小，以致根本不能满足煤矸石发生自燃所需氧气的量。在矸石山自燃的整个过程，“烟囱效应”是主要供氧途径。另外，浓度梯度和自然风造成的压差也对矸石山内部供氧有很大影响。

1）“烟囱效应”供氧

烟囱效应实际上就是20世纪初被提出的Benard现象，是多孔床层内部与外部环境存在温度梯度引起的对流现象，如图4.3所示。

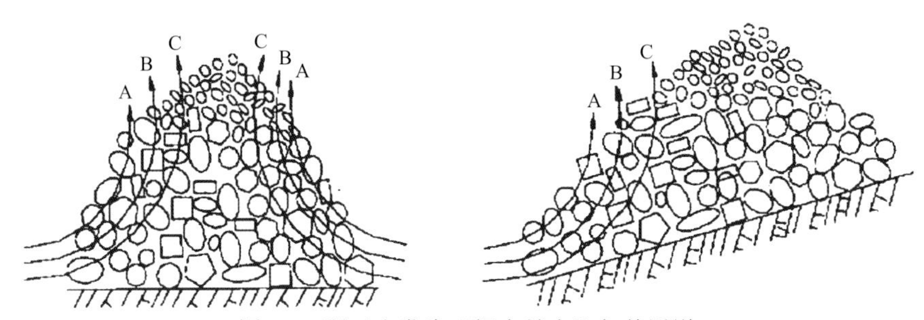

图4.3　矸石山发生“烟囱效应”气体通道

研究表明，只有当Rayleigh数（无量纲数）大于临界值时，才有可能发生“烟囱效应”。该无量纲数表达式为

$$\mathrm{Ra} = \beta \Delta T g L^3 / a v \tag{4.2}$$

式中：L为多孔床定性尺寸（m）；ΔT为温度梯度（℃）；v为气体运动黏度（m^2/s）；a为热扩散系数（m^2/s）；β为体膨胀因子。

如果因煤矸石堆内发热，温度高于外部环境温度，并认为矸石山内温度均匀，则“烟囱效应”产生的压力差可以用下式计算：

$$\Delta P = gh(\rho_0 - \rho_1) \tag{4.3}$$

式中：h为发生“烟囱效应”的矸石山下部冷空气进气口和上部热气体排出口的垂直距离（m）；ρ_0和ρ_1为空气密度和矸石山内部热气体密度（kg/m^3）。

2）自然风引起的矸石山内外压差效应

当自然风吹到矸石山斜坡上时，受到矸石山表面阻挡，流动方向改变，同时在矸石山迎风坡，风流的部分动压转化为静压，引起矸石内外压差；在矸石山背风坡产生负压，同样造成矸石山内外压差。不同的是，在迎风坡外部空气压力大于矸石山内部气体压力；而在背风坡外部空气压力小于矸石山内部气体压力。矸石山内外压差使空气在矸石山内部形成自然对流，如图4.4所示。

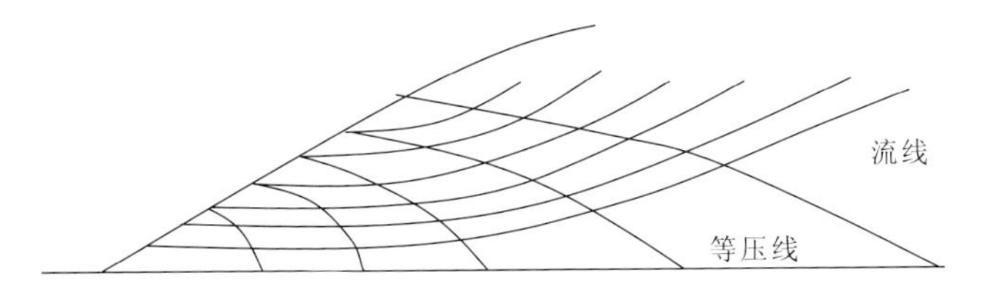

图4.4　矸石山内部自然对流供氧

自然风流造成的自然对流效应与风速、矸石山安息角、矸石山渗透率等有关，其值大小在矸石山各个高度上是不同的。风流遇到矸石山表面，一部分动压转变成静压，其不同高度的转化率（陈永峰，2005）可表示为

$$\beta_i=\frac{P_{si}}{P}=1.8\left(1-\frac{H_i}{H}\left(\frac{\cos\theta}{1-2\sin^2\frac{\theta}{2}\cdot\left(\frac{H_i}{H}\right)^4}\right)^4\right) \tag{4.4}$$

式中：P_{si}为高度为H_i处风流产生的静压（Pa）；P为风流动压，$P=\frac{\rho}{2}v^2$（Pa），ρ为空气密度（kg/m^3），v为风流速度（m/s）；H_i为矸石山i处的高度（m）；H为矸石山总高度（m）；θ为矸石山的安息角（°）。

矸石山斜坡上自然风转化的静压随高度增加而减小；在相同风速下，矸石山安息角越大，风流产生的平均静压也越大，越有利于矸石供氧，其关系可由图4.5所示。

在矸石山渗透率为$1.61\times10^{-9}\ m^2$、高度为100 m、安息角θ为30°和45°、风速v=2 m/s和v=5 m/s的条件下，矸石山上不同高度自然风压引起的对流速度如图4.6所示。

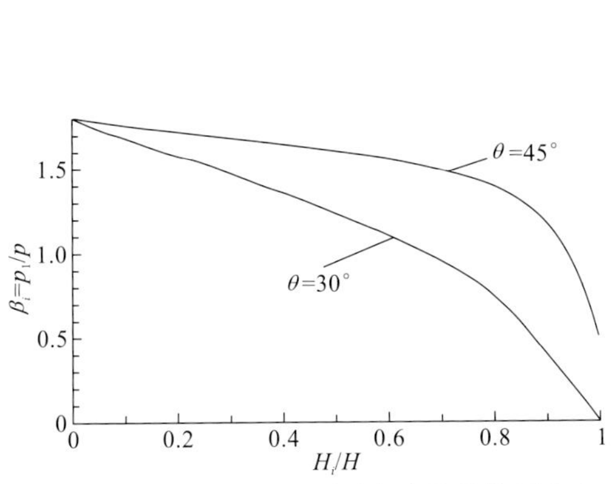

图4.5　矸石山不同高度处的静压分布

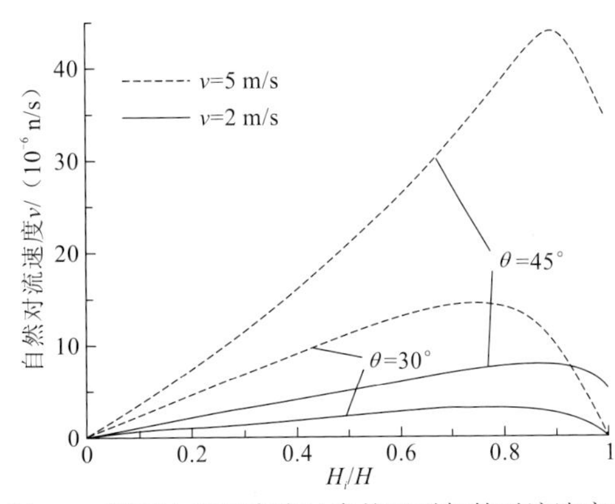

图4.6　矸石山不同高度处自然风引起的对流速度分布

从图4.6可以看出，当风速v=2 m/s时，自然风引起的对流速度很小，数量级为10^{-6} m/s；当风速从2 m/s提高到5 m/s后，自然风引起的对流速度提高了5倍多；对于确定的矸石山，同一高度风速越大对流速度越大；同一高度同一风速下，安息角为30°

的矸石山对流速度低于安息角为 45° 的矸石山对流速度。

3）氧气浓度梯度引起的供氧

矸石山内煤矸石氧化消耗大量氧气，造成内部缺氧，出现内外氧气浓度差。这种氧气浓度梯度造成分子扩散和宏观流体流动。在矸石山自热的初始阶段，分子扩散在氧的传输中起着重要的作用。

分子扩散供氧可以根据斐克定律来描述：

$$m = -D\frac{\partial C}{\partial Y}\vec{j} \tag{4.5}$$

式中：m 为扩散物质单位时间通过单位面积的物质交换量[$mol/(m^2 \cdot s)$]；D 为分子扩散系数（m^2/s）；C 为扩散物质的摩尔浓度（mol/m^3）；$\frac{\partial C}{\partial Y}$ 为扩散物质的浓度梯度。

4.1.3 矸石山自燃现象的理论解释

1. 矸石山自燃潜伏期差异

矸石山中的煤矸石开始氧化时产热量较小，能及时散失，温度并不增加，但化学活性增大，煤矸石的着火温度稍有降低，随着氧化反应的进一步进行，矸石山内部温度逐渐升高，直至达到临界温度，这一阶段称为矸石山自燃潜伏期。不同矸石山自燃潜伏期不同，造成这一差异的主要因素有以下几点。

（1）煤矸石的活性、产热特性和矸石山中可燃物质的浓度。该影响因素可以用临界温度和容积产热强度两个参数来定性描述。临界温度越低，产热强度越大，自燃潜伏期越短。

（2）矸石山内部水分含量。水分对矸石山自燃的影响作用比较复杂，但是在临界温度附近的影响主要是阻碍作用，根据实验结论，矸石山温度在 70～100℃时，由于气流带走相当多的水分而显著减慢了温度上升速率，延长了自燃潜伏期。如果此时不断洒水保湿，矸石山可能不会发生自燃。

（3）矸石山的传热特性。传热能力强的矸石山，产生的热量通过热传导散失在周围环境中，自燃潜伏期就长。颗粒细、孔隙率大、含水率低的矸石山导热性能差，保温性能好，潜伏期相对较短，容易发生自燃；粗颗粒矸石组成的矸石山，表层靠对流传热，输送热量大，潜伏期较长，不容易自燃。

（4）煤矸石风化程度。实验发现，在矸石山上堆积一段时间的煤矸石最容易自燃，而矿井排出的新鲜煤矸石自燃难度大。一些研究者也发现，风化的煤矸石颗粒变小，比表面积增大氧化活性增强，而且因为风化作用失去了煤矸石内部水分和吸附气体，形成内部孔隙而增强反应活性。风化以后的细颗粒煤矸石有一定的凝结活性，有水分存在的情况下形成土状黏结结构，改变了煤矸石的有效孔隙率和化学反应比表面积，造成自燃特性的差异。

2. 矸石山自燃发生位置和火区厚度的差异

在矸石山内部各个区域，煤矸石性质不同，供氧条件不同，发生自燃的可能性也不同。有研究者认为矸石山半坡和坡肩最容易发生自燃，这一猜测的主要依据是“烟囱效应”，尚没有充分的观察资料证明其普遍性。

研究发现，矸石山以粗颗粒为主的坡脚因孔隙率大和单位容积发热量小，不容易发生自燃，中间偏上位置容易发生自燃。矸石山自燃发生位置与煤矸石的自燃特性有关，主要取决于煤矸石的容积产热强度和该位置的保温性能。计算结果表明，矿井矸石的自燃深度大约为 4 m，洗选矸石的自燃深度大约为 1.5 m。煤矸石越干燥、容积产热量越大，自燃发生点距表面的距离越近。

自燃矸石山的火区厚度主要取决于矸石山自燃历史。由于矸石山燃尽需要很长一段时间，因此火区完全转移或者完全熄灭很难实现。自燃后火区周围长期保持较高温度，只是最高温度层在发生变化。这样，矸石山自燃历史越长火区厚度就越大。对于相同自燃历史的矸石山，平均容积产热强度越大，煤矸石颗粒越粗，自燃后形成的火区厚度越大。

3. 矸石山自燃火区最高温度的差异

矸石山某个区域发生自燃后随着时间变化会出现一个温度最高值，该温度最高值的出现是该自燃区域产热速率和散热速率达到平衡的结果，影响温度最高值的主要因素有：①可燃物质的含量，残留煤和黄铁矿含量越大，达到的最高温度值越大；②上覆矸石的保温效能和通风通道；③煤矸石的反应活性；④热解气体的燃烧。如果热解气体也参与燃烧，将贡献一部分热量使得自燃火区达到最高温度。

4.1.4 矸石山内部热传导模型

1. 热传导基本方程

1）温度分布及导热基本方程

煤矸石氧化放热反应是矸石山体系升温的原因。假设矸石山内部放热速率 q（单位时间单位体积多孔床释放的热量），则矸石山内部温度分布模型（中国矿业大学，2007；刘二永 等，2007）如下：

$$\frac{\partial T}{\partial t}=\frac{\lambda}{\rho c}\left(\frac{\partial^2 T}{\partial x^2}+\frac{\partial^2 T}{\partial y^2}+\frac{\partial^2 T}{\partial z^2}\right)+\frac{q}{\rho c} \tag{4.6}$$

式中：λ 为煤矸石综合导热系数[$\mathrm{W/(m^2 \cdot K)}$]；ρ 为煤矸石密度（$\mathrm{kg/m^3}$）；c 为煤矸石比热容[$\mathrm{J/(kg \cdot K)}$]；T 为煤矸石温度（℃）；t 为时间（h）；q 为单位容积发热率（$\mathrm{W/m^3}$）。

对于矸石山，还需要考虑体系和外界的热量交换。在热量传递过程中，矸石山从内部到表面存在温度梯度，不同层之间的热量传递可以用 Fourier 热传导定律（帕坦卡，1984）计算，表达式如下：

$$\mathrm{d}Q=-\lambda \mathrm{d}S\frac{\partial T}{\partial n} \tag{4.7}$$

式中：Q 为热传导速率（W）；S 为等温表面的面积（m^2）；$\frac{\partial T}{\partial n}$ 为温度梯度，方向垂直于等温面，正方向是沿温度增加方向的向量（℃/m）；式中负号表示热流方向总是和温度梯度方向相反。

对于矸石山自燃发火，主要研究内部热量向矸石山表面的传递，传递方向垂直于矸石山表面，忽略其他方向的热量传导，取垂直矸石山表面向上的方向为 z 坐标轴，则 Fourier 热传导定律一维热传导模型可以写成

$$dQ = -\lambda dS \frac{\partial T}{\partial z} \tag{4.8}$$

2）综合导热系数

矸石山内部热量传递现象非常复杂，热量传递过程涉及固体导热、流体对流传热、内部渗流引起物质流动造成的热量流动、相变过程引起的热量转移等。固体导热过程，也存在固体骨架导热和固体颗粒之间热阻导热等，固体颗粒之间热阻导热对导热过程的影响极为关键。目前研究这类复杂问题主要采用有效当量法（刘树华，2004；莫兴国 等，2002；吕兆华，2001；古建泉，1999）。

有效当量法是在对多孔介质传热机理进行分析的基础上，以宏观方法加以归纳，将实际多孔介质复杂传热问题折算成一般固体材料的传热问题。实际上把多孔介质看成是一般无孔固体，该固体导热系数是所有导热机制折算获得的。综合导热系数不追究内部实际机制，但结果与实际相同（Loeb，1954；Russell，1935）。

矸石山的综合导热系数 λ 受以下导热机制影响：煤矸石、煤灰等固体导热机制；内部水分的液体导热机制；水蒸气及反应产生气体的气体导热机制；辐射导热机制。低温条件下，有效导热系数中的辐射导热机制可以忽略。对于干燥后的多孔床床层（不考虑液体存在），忽略辐射散热和潜热输送，综合导热系数计算模型可以用下式（中国矿业大学，2007）表示：

$$\lambda = \lambda_g \left[\frac{5.8(1-\varepsilon)^2}{1-\lambda_g/\lambda_s} \left(\frac{1}{1-\lambda_g/\lambda_s} \ln \frac{\lambda_s}{\lambda_g} - 1 - \frac{1-\lambda_g/\lambda_s}{2} \right) + 1 \right] \tag{4.9}$$

式中：λ_s 为固体导热系数；λ_g 为气体导热系数；ε 为矸石山孔隙率。

实际应用中，往往用实测数据估计综合导热系数。影响矸石山综合导热系数的主要因素有矸石山孔隙率、含湿量、气流流速及煤矸石矿物和粒度组成、各矿物成分导热性能等。建立综合导热系数的计算公式，是建立和利用矸石山传热数学模型的核心环节。

2. 传热模型的简化

矸石山形态多变，内部组成各异，加之渗流场分布复杂，造成温度分布的不均匀。不同自燃区域可能采用不同模型参数，实际计算矸石山温度分布时，除引入综合导热系数来简化复杂传热过程外，还需对热传导数学模型进一步简化。

矸石山内部与环境的热量交换发生在矸石山表面，因此矸石山内部热量损失主要是表面的热量散失。故三维模型可以简化为一维模型。

取矸石山表面垂直方向为 z 坐标轴正方向，矸石山表面与 z 轴交点为坐标原点。取 $K=\dfrac{\lambda}{c\rho}=\dfrac{\lambda}{C_{\mathrm{m}}}$，经简化后矸石山的一维动态模型为

$$\frac{\partial T}{\partial t}=K\frac{\partial^2 T}{\partial z^2}+\frac{q}{\rho c} \tag{4.10}$$

式中：K 为导温率；C_{m} 为容积热容量，其值为 $C_{\mathrm{m}}=\rho c$；煤矸石综合导热系数 λ 和容积热容量 C_{m} 表征煤矸石的热力学性质。导温率 K 是表示煤矸石温度变化的特征量，其物理意义为单位体积煤矸石在单位时间内通过热传导从垂直方向获得（或放出）λ 卡热量时所引起的温度变化量，其单位是 $\mathrm{cm^2/s}$。

假设矸石山内部导热过程是稳态的，即温度基本不随时间变化，则 $\dfrac{\partial T}{\partial t}=0$。可以进一步简化为一维稳态模型：

$$\frac{\mathrm{d}}{\mathrm{d}z}\left(\lambda\frac{\mathrm{d}T}{\mathrm{d}z}\right)+q=0 \tag{4.11}$$

式（4.11）中把综合导热系数放到求导符号内，是因为综合导热系数也是空间的函数。如果把它看作常数，可以提到外面，和前面公式一致。

4.1.5　矸石山内部产热强度计算模型

由于煤矸石中可燃物成分复杂，涉及的放热反应种类较多且与反应条件密切相关，目前该领域的研究者还没有获得令人满意的煤矸石放热强度经验计算公式。本章通过对实验结果和文献资料进行分析，最后确定借鉴大型煤堆内部产热量的计算模型，对其加以修正得到矸石山内部产热强度计算模型。

1. 煤矸石产热强度的影响因素

1）煤矸石粒度

煤矸石颗粒与氧气反应属于气固反应，反应速率与煤矸石颗粒比表面积成比例。颗粒越小，比表面积越大，氧气消耗速率和产热强度越大。根据平均粒径和球形假设，可以计算出煤矸石的比表面积。但是，煤矸石不是球形，煤矸石内部还有许多孔隙，特别是经过风化失去水分后的煤矸石，孔隙增加，不能看作实心球。许多研究者用实验方法研究颗粒尺寸对产热强度的影响。据文献（王兰云 等，2008；张占涛 等，2005）得到煤矸石耗氧速率和颗粒平均粒径呈现对数关系，颗粒越细，耗氧速率越大。

2）矸石山内部氧气浓度

矸石山内部发生氧化反应，在温度达到临界温度之前其反应处于化学动力学控制阶段，自热发生层孔隙中氧气体积分数在 5.5%～10%，氧气含量对煤矸石氧化放热强度影响呈线性关系。根据有关研究结论，有

$$q_{\mathrm{g,r}}=q_{\mathrm{g,0}}\frac{c_{\mathrm{r}}}{c_0} \tag{4.12}$$

式中：c_r为氧化产热区氧气浓度（%）；c_0为大气中氧气浓度（%）；$q_{g,0}$为煤矸石在大气环境中实测的放热强度（W/m^3）；$q_{g,r}$为氧化产热区煤矸石产热强度（W/m^3）。

3）煤矸石含碳量

目前尚没有煤矸石氧化产热强度与含碳量的定量关系。有研究认为，单位体积物料单位时间氧化反应产热强度与单位体积内参与氧化反应的可燃物质量呈正比。干燥基灰分代表物质的惰性成分，假设煤矸石灰分为A_g，实验煤样灰分为A_m，则$1-A_g$代表煤矸石含碳量（可燃物）。煤矸石的放热强度q_g可以从煤样放热强度q_m推及：

$$q_g = q_m \times \frac{1-A_g}{1-A_m} \tag{4.13}$$

2. 煤矸石产热强度的计算模型

分析现有的研究成果和文献资料可以发现，虽然已有煤矸石总产热量的测定方法，但尚没有煤矸石产热强度随氧气浓度、温度变化的测定方法，作者借鉴煤自燃产热强度的研究成果（鲍庆国和文虎，2002；杨国清和刘康怀，2000），通过给定修正系数来折算煤矸石产热强度。

通过修正煤自燃产热强度计算模型来计算煤矸石的产热强度，必须假设：煤矸石自燃期间氧化放热反应主要是煤矸石中残余煤炭和碳质岩起作用，且其氧化反应放热规律与煤基本相同；矸石山内部温度、氧气含量从表层到自燃起始层是线性分布，氧气从23%逐渐降低为5.5%；每一层的平均温度和平均氧气含量用该层中点值代替；容积产热强度随温度变化规律用分段线性回归方程计算。这样就可以容易计算出各层产热强度。

单位体积煤矸石产热强度计算方法为：获取单位体积煤炭在不同温度下的氧化产热强度及该产热强度与煤样平均粒度的关系，以煤炭的产热强度为基础，依据煤矸石中固定碳含量、氧气浓度、颗粒粒径折算煤矸石的产热强度。

假设煤炭的产热强度为q_z，煤矸石产热强度与煤炭产热强度的折算系数为K_Z，则矸石山表面到L深度处自燃层的总产热强度q可表示为

$$q = \int_0^L K_Z q_z \mathrm{d}z \tag{4.14}$$

1）折算系数的求解

折算系数K_Z的计算主要涉及几个因素：煤矸石粒度、煤矸石含碳量、矸石山内部氧气含量。每个因素对煤矸石放热强度的影响程度都可以折算成一个系数，即颗粒修正系数K_D、氧气含量修正K_{O_2}、含碳量修正K_C、则折算系数$K_Z = K_D K_{O_2} K_C$。

据文献可知煤的产热强度与粒径呈对数关系，如果用混合不同粒径煤样作参考煤样，测出来的产热量作为基础产热量，则不同粒径的煤矸石样产热量的修正系数为

$$K_D = 0.852 - 0.555\ln(d_{50,g} / d_{50,ref} + 0.849) \tag{4.15}$$

式中：$d_{50,g}$为煤矸石粒径（cm）；$d_{50,ref}$为参考煤样粒径（cm）。由式（4.13）及式（4.14）可知：

$$K_{O_2} = c_r / c_0 , \qquad K_C = \frac{1 - A_g}{1 - A_m} \tag{4.16}$$

2）产热强度的计算

根据温度线性分布假设，自燃点深度为 L 时内部温度从表面温度 T_f 变化到临界温度 T_{max}，各点 $T(z)$ 的温度分布为

$$T(z) = T_f + \frac{z}{L}(T_{max} - T_f) \tag{4.17}$$

煤产热强度和温度之间是高度非线性的。为了方便计算，可以将其分成若干段，在每个温度段内建立线性关系。根据文虎等（2001）和徐精彩等（2000）的研究，可以将煤氧化升温过程分为三个温度段来处理，分别为 20～80℃、80～110℃、110～200℃。每个温度段利用回归分析建立温度和产热强度之间的一元线性回归方程。

根据煤样实验得到的温度和产热强度线性关系（第 i 段），第 i 温度段煤产热强度可表示为

$$q_i = a_i + b_i T \tag{4.18}$$

不同温度段煤的氧化产热机理不同，具有不同的产热强度计算系数。20～80 ℃时，$a_1 = -19.50$ J，$b_1 = 3.45$ J/℃；80～110 ℃时，$a_2 = -1\,212.76$ J，$b_2 = 18.37$ J/℃；110～200 ℃时，$a_3 = -5\,039.65$ J，$b_3 = 64.19$ J/℃；则从矸石山表面到矸石山 L 深度处自燃层总的产热强度为

$$\begin{aligned} q_{g,T} &= \int_0^L K_C K_D K_{O_2}[a_i + b_i T(z)]\mathrm{d}z \\ &= \int_0^{z_{80}} K_Z[a_1 + b_1 T(z)]\mathrm{d}z + \int_{z_{80}}^{z_{110}} K_Z[a_2 + b_2 T(z)]\mathrm{d}z + \int_{z_{110}}^{L} K_Z[a_3 + b_3 T(z)]\mathrm{d}z \end{aligned} \tag{4.19}$$

式中：z_i 为矸石山中 i℃处的深度（m）。

4.2　矸石山边界提取

进行矸石山自燃监测与评价，需要提取矸石山边界。遥感技术已有许多有益尝试，但仍存在许多问题。例如在煤矸石解译中，研究人员大多采用传统的像素级分类法，而煤矸石与其他地类在光谱特性上没有显著差异，这使得矸石山提取结果普遍存在“椒盐现象”，对分类结果及面积统计有较大干扰。与之相比，面向对象分类法是以同质性的影像对象为基本处理单元，不仅可以利用地物的光谱特性，还可以将纹理、邻域信息、上下文关系等信息用于分类，从而有效排除其他地类干扰，获得高精度的目标提取结果。多尺度分割是一种应用广泛的图像分割算法，它能够综合考虑不同尺度的影像信息，把精细尺度的精确性与粗糙尺度的易分割性这对矛盾完美地统一起来，在保证对象内部异质性最小的基础上，使对象间的异质性达到最大，为后续的目标提取提供较为准确的对象。分类回归树算法是一种二叉树形式的决策树，其结构清晰，易于理解；处理高维、非线性数据准确性高，实现简单；对输入样本没有任何统计分布要求。结合多尺度分割

和分类回归树算法各自的优势，本节提出一种新的目标信息提取方法，并将其应用到矸石山提取研究中。

4.2.1 矸石山分布信息提取

1. 研究内容与技术路线

精确提取矸石山的形态、分布等信息对于矸石山治理及资源利用有积极意义。大面积、高效率、高精度地提取矸石山的分布信息，需要利用遥感技术进行矸石山的识别和提取。目前，根据基本处理单元的不同，利用遥感影像提取目标地物的方法可分为两类：①像元级分类法；②对象级分类法。像元级分类法容易产生混分现象，影响最终结果。本书根据对象级分类法的基本思路，结合多尺度分割和分类与回归树（classification and regressiontree，CART）算法各自的优势，提出一种适用于矸石山分布信息的自动提取方法。

数据源选择方面：GeoEye影像与国产资源三号卫星影像相结合，两种影像互为补充。空间分辨率方面：GeoEye影像高于资源三号卫星影像，保证能够识别到面积较小的目标地物。时间分辨率方面：资源三号卫星优于GeoEye影像，资源三号能够提供连续时序的遥感影像，便于监测地物的变化情况。因此，本节充分发挥两种影像各自的优势，利用GeoEye影像高空间分辨率的优势，将其作为利用资源三号影像提取矸石山边界的参考数据，为准确掌握矸石山的空间分布信息和平面面积提供了技术支持和依据。

结合多尺度分割和CART算法提出目标提取方法，包含两项技术，即影像分割和对象分类。先用小尺度对影像精细分割，后使用大尺度进行图斑合并，从而将影像分割成一系列同质性对象；再以同质性对象为基本单元选择训练样本，最后采用CART算法提取目标信息及矢量输出，获得最终的矸石山分布信息。其技术路线如图4.7（赵慧，2012）所示。

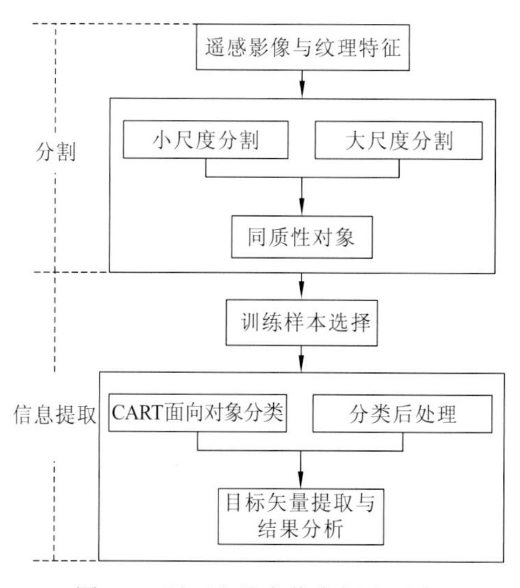

图4.7 矸石山分布信息提取研究

2. 算法与步骤

分割方法直接影响面向对象分类的精度。本节在研究多尺度分割理论的基础上，对实验区进行了多尺度分割试验，并且与其他的最优尺度选择方法进行比较，从中找出了最佳分割尺度和参数，获得了理想的分割对象。目前对象级分类法中多采用传统的分类方法。本节采用CART算法，以分割后的同质性对象为基本处理单元进行矸石山信息提取。最后利用对象级和像元级分类法分别对不同分辨率影像进行矸石山分布信息提取，通过定性和定量的精度评价，寻找出适合基于资源三号卫星影像的矸石山分布信息提取方法。矸石山分布信息提取的步骤如下。

（1）多尺度分割。首先对影像中目标设定一个分割阈值，根据目标地物的色彩、形状、纹理等特征，计算影像对象异质性值f，即

$$f = w \cdot h_{\text{color}} + (1-w) \cdot h_{\text{shape}} \tag{4.20}$$

式中：h_{color}为光谱异质性值；h_{shape}为形状异质性值；w为用户定义的权重，取值0～1。光谱异质性值h_{color}与组成对象的像元数目及各个波段标准差有关，波段标准差根据组成对象的像元值计算得到。形状异质性值h_{shape}取决于影像对象的紧密度和光滑度。

而后采用异质性最小的区域合并算法，将光谱信息类似的相邻像素集合起来构成区域多边形，先对每个需要分割的区域找一个种子像素作为生长的起点，然后将种子像元周围邻域中与种子像素有相同或相似性质的像素合并到种子像素所在的区域中，将这些新的像素当做新的种子像素继续进行上面的过程，直到再没有满足条件的像素，这样一个对象就生成了。

最后建立金字塔数据结构，构造过程中，滤波器的参数保持不变，压缩高分辨率影像，但把高分辨率像元的信息保留到低分辨率的影像上，从而形成金字塔结构模型。原始影像保存在金字塔最底层，金字塔的上一层，影像的尺度比起相邻的下一层粗糙，同时所含信息具有一定的概括性，在影像信息损失最小的前提下将影像成功地分割成有意义的影像多边形对象。

（2）基于CART算法的面向对象目标提取。将选择的基于同质性对象的训练样本对CART 分类器进行训练，递归地对训练集进行划分，采用经济学中的基尼（Gini）系数作为划分样本集的准则，直至每个子集的记录全部属于同一类或某一类占压倒性多数。基尼系数的数学定义如下：

$$\begin{cases} I = 1 - \sum_{j}^{J} P^2(j \mid h) \\ P(j \mid h) = \dfrac{n_j(h)}{n(h)} \\ \sum_{j=1}^{J} P(j \mid h) = 1 \end{cases} \tag{4.21}$$

式中：$p(j|h)$为从训练样本集中随机抽取一个样本，当某一测试变量值为 h 时属于第 j

类的概率；$n_j(h)$为训练样本中该测试变量值为 h 时属于第 j 类的样本个数；$n(h)$为训练样本中该测试变量值为 h 的样本个数；j 为类别个数。

这样生成的决策树叶节点较多，会出现过度拟合的情况，影响目标提取的速度与精度，因此采用交叉验证对树的结构进行修剪。将样本数据分为训练数据和检测数据两部分，进行循环交替验证。验证过程中引入一个“可调错误率”的概念，即对某个树枝的所有叶节点增加一个惩罚因子，如果该树枝仍然能够保持低错误率，则说明它是强者，予以保留；否则它是弱者，给予剪除。最终得到一棵兼顾复杂度和错误率的最优二叉树，将其应用于整幅影像进行目标提取并输出目标矢量边界。

4.2.2 矸石山信息提取结果及精度

以大同矿区忻州窑煤矿矸石山为目标地物，实现其分布信息提取，得到矸石山分布信息专题图（图 4.8）。

图 4.8 忻州窑煤矿矸石山分布专题图

以超高分辨率遥感影像 GeoEye 作为比较基准，采用国产资源三号卫星影像用上述方法提取忻州窑煤矿区内的 4 座矸石山，分别在面积和边界形态两个方面对比验证。每座矸石山的矢量边界细节对比图如图 4.9 所示，面积及精度见表 4.1。

资源三号卫星影像分辨率为 2.5 m，从矸石山面积精度看，资源三号卫星影像的平均面积精度达 93.14%，最小的面积精度也在 90%以上。观察图 4.9 中的矸石山 2，矸石山的边界与周围地物较为模糊，为算法解译带来困难，为解决这一问题，可以通过大量选择训练样本输入算法进行学习，最后得到满意的结果。结果表明：资源三号卫星影像在矸石山提取方面与 GeoEye 相比，结果基本可以满足矸石山提取的精度要求，在矸石山分布信息提取方面是可行的。缺点是提取的边界存在锯齿现象，不够平滑。另外，造成错分的原因还与影像质量、成像时间密切相关。

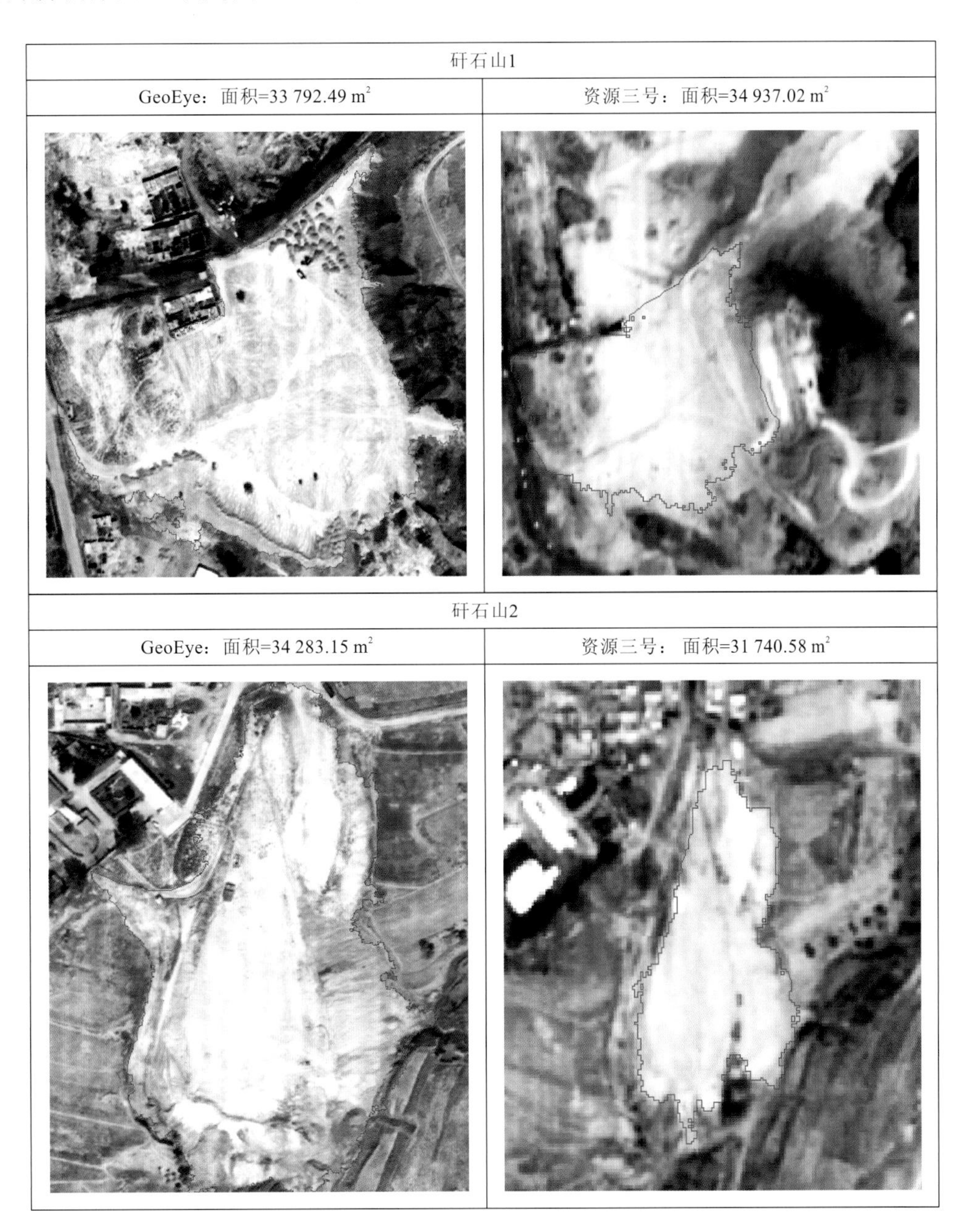

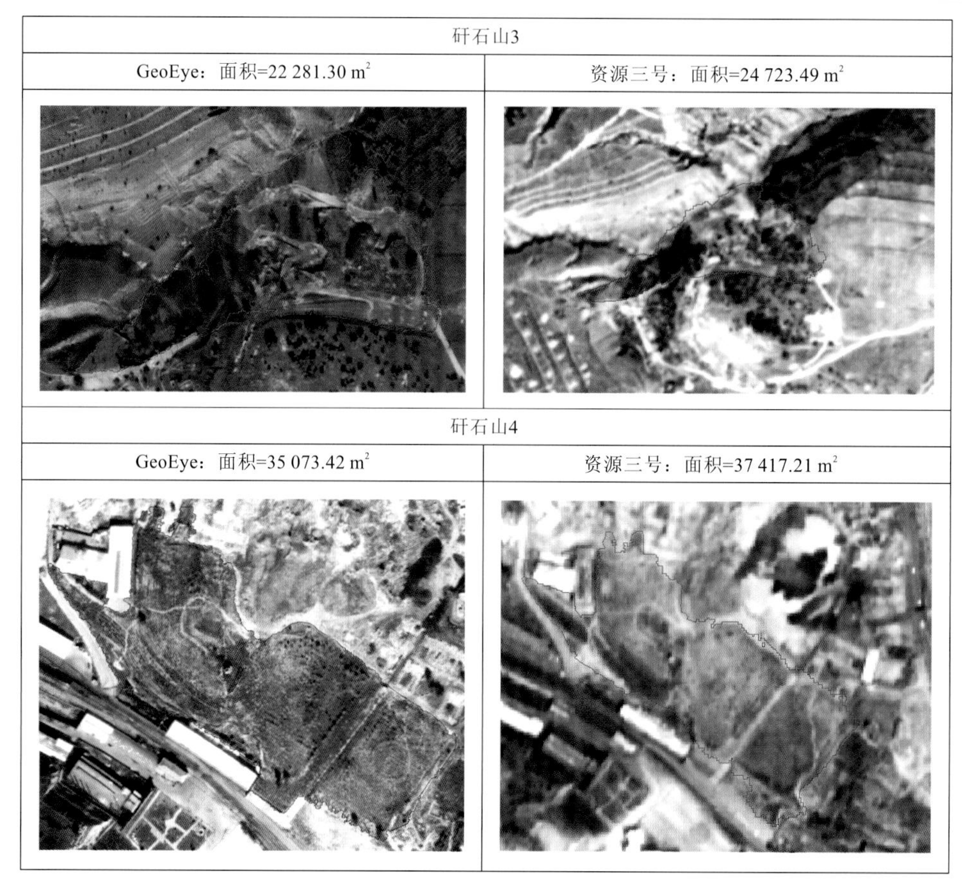

图 4.9　矸石山矢量边界细节对比图

表 4.1　矸石山面积及精度

矸石山编号	GeoEye/m²	资源三号/m²	错分面积/m²	面积精度/%
1	33 792.49	34 937.02	1 144.53	96.72
2	34 283.15	31 740.58	2 542.57	91.99
3	22 281.3	24 723.49	2 442.19	90.12
4	35 073.42	37 417.21	2 343.79	93.74
平均面积精度：93.14%				

4.3　自燃矸石山现场监测

4.3.1　矸石山表面温度测试

矸石山表面温度监测使用红外热成像仪 DL-700E，部分有代表性的矸石山表面温度监测结果见图 4.10～图 4.14。

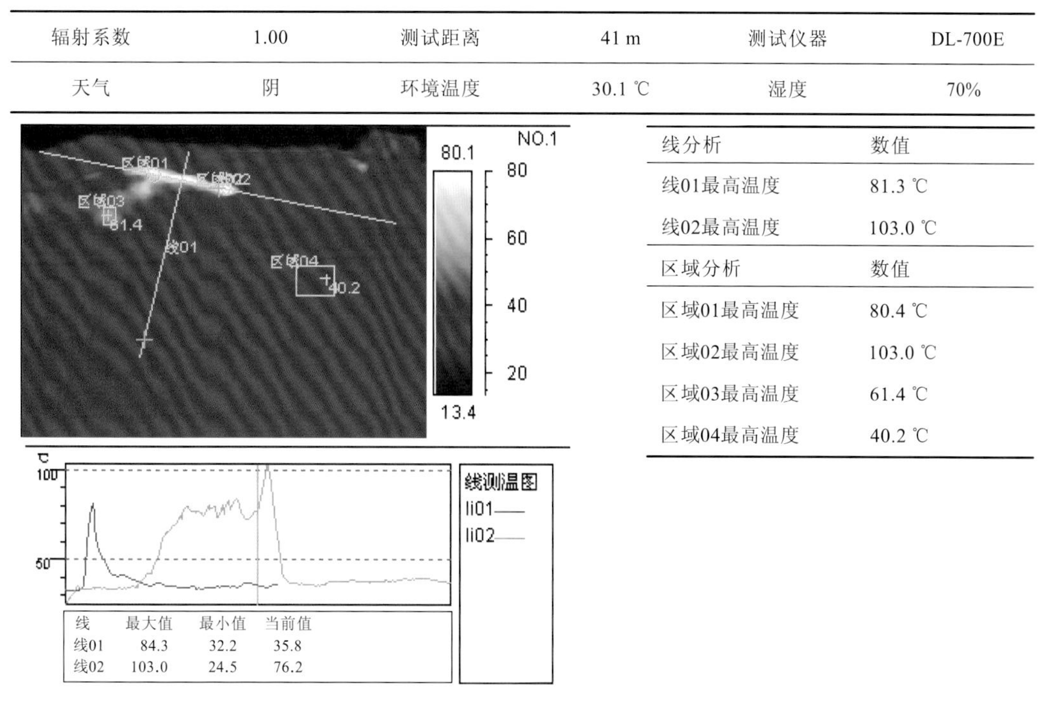

辐射系数	1.00	测试距离	41 m	测试仪器	DL-700E
天气	阴	环境温度	30.1 ℃	湿度	70%

线分析	数值
线01最高温度	81.3 ℃
线02最高温度	103.0 ℃
区域分析	**数值**
区域01最高温度	80.4 ℃
区域02最高温度	103.0 ℃
区域03最高温度	61.4 ℃
区域04最高温度	40.2 ℃

线	最大值	最小值	当前值
线01	84.3	32.2	35.8
线02	103.0	24.5	76.2

图 4.10　平煤一矿矸石山红外图像分析 I

阴天远距离拍摄到的矸石山自燃点

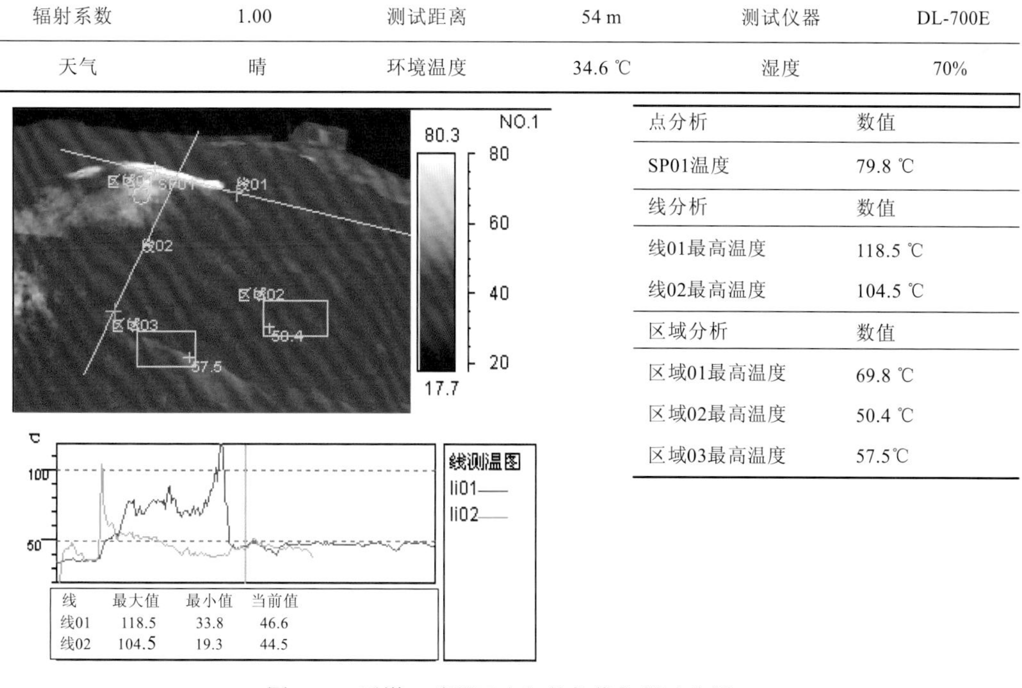

辐射系数	1.00	测试距离	54 m	测试仪器	DL-700E
天气	晴	环境温度	34.6 ℃	湿度	70%

点分析	数值
SP01温度	79.8 ℃
线分析	**数值**
线01最高温度	118.5 ℃
线02最高温度	104.5 ℃
区域分析	**数值**
区域01最高温度	69.8 ℃
区域02最高温度	50.4 ℃
区域03最高温度	57.5℃

线	最大值	最小值	当前值
线01	118.5	33.8	46.6
线02	104.5	19.3	44.5

图 4.11　平煤一矿矸石山红外热像仪测试分析 II

晴天远距离拍摄到的矸石山自燃点

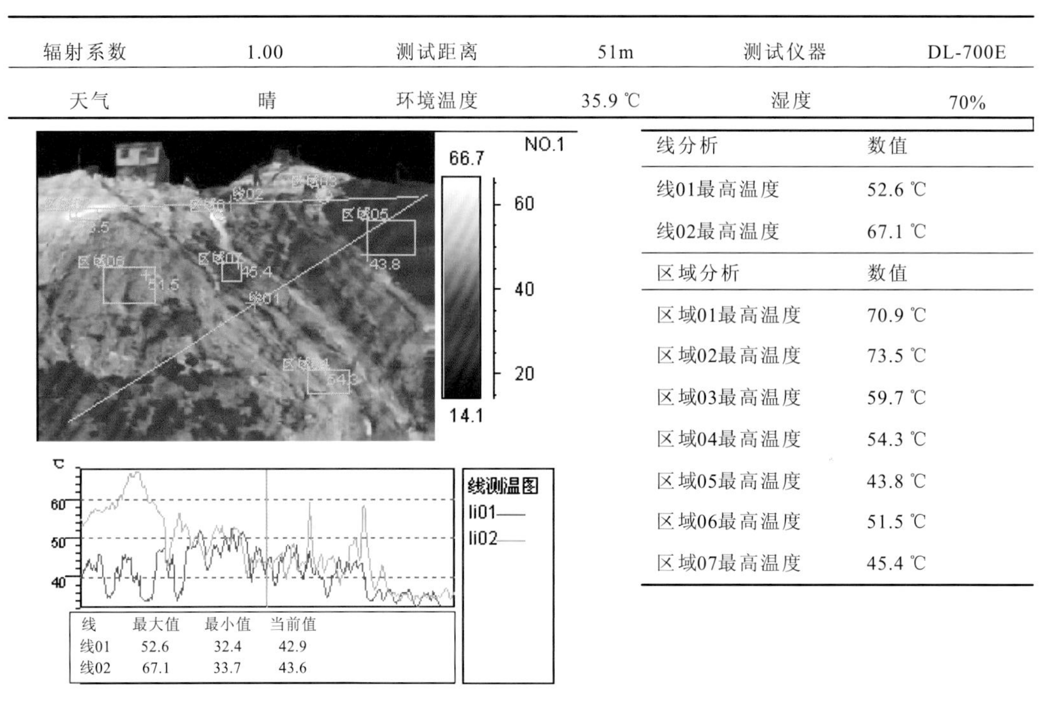

辐射系数	1.00	测试距离	51m	测试仪器	DL-700E
天气	晴	环境温度	35.9 ℃	湿度	70%

线分析	数值
线01最高温度	52.6 ℃
线02最高温度	67.1 ℃
区域分析	数值
区域01最高温度	70.9 ℃
区域02最高温度	73.5 ℃
区域03最高温度	59.7 ℃
区域04最高温度	54.3 ℃
区域05最高温度	43.8 ℃
区域06最高温度	51.5 ℃
区域07最高温度	45.4 ℃

图 4.12 平煤一矿矸石山红外热像仪测试分析 III

矸石山的“烟囱效应”

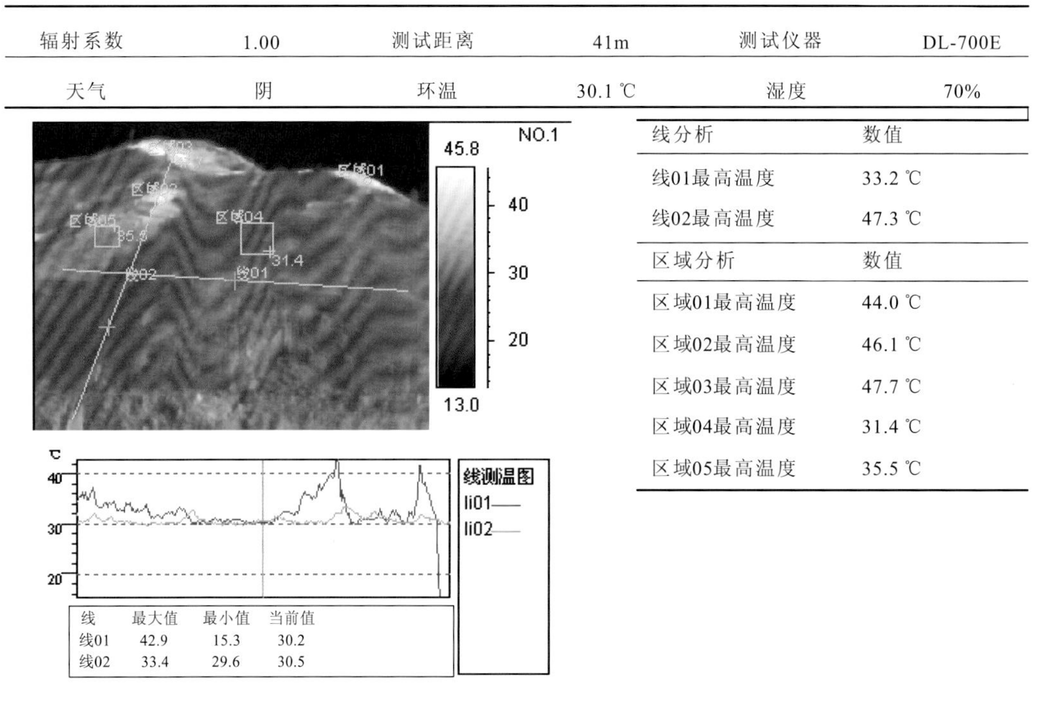

辐射系数	1.00	测试距离	41m	测试仪器	DL-700E
天气	阴	环温	30.1 ℃	湿度	70%

线分析	数值
线01最高温度	33.2 ℃
线02最高温度	47.3 ℃
区域分析	数值
区域01最高温度	44.0 ℃
区域02最高温度	46.1 ℃
区域03最高温度	47.7 ℃
区域04最高温度	31.4 ℃
区域05最高温度	35.5 ℃

图 4.13 平煤一矿矸石山红外热像仪测试分析 IV

矸石山西南角绿化坡面

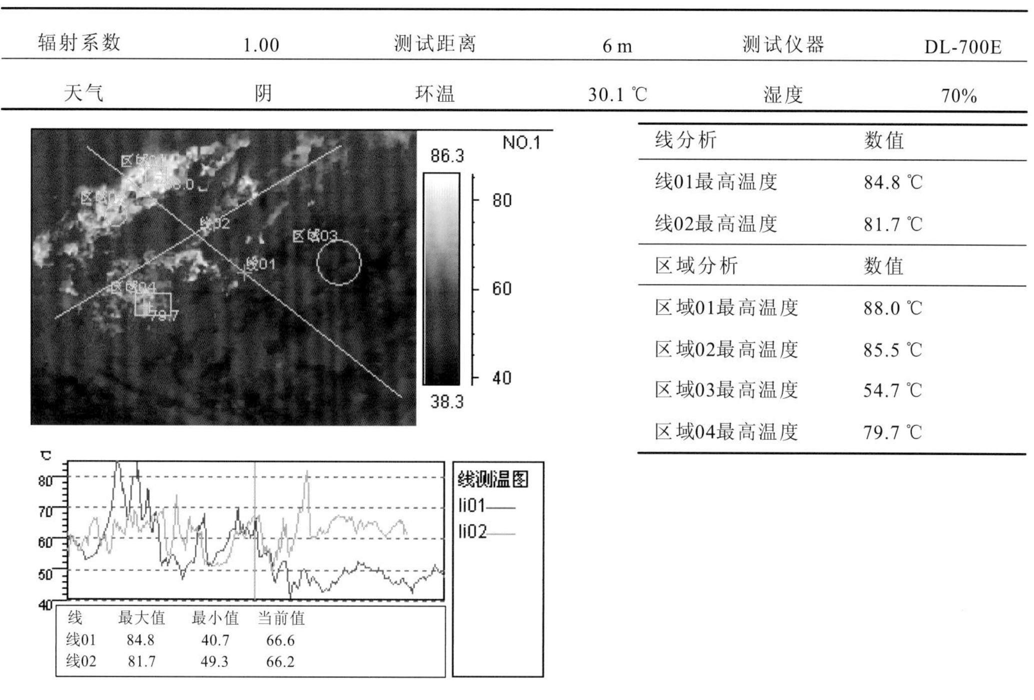

辐射系数	1.00	测试距离	6 m	测试仪器	DL-700E
天气	阴	环温	30.1 ℃	湿度	70%

线分析	数值
线01最高温度	84.8 ℃
线02最高温度	81.7 ℃
区域分析	数值
区域01最高温度	88.0 ℃
区域02最高温度	85.5 ℃
区域03最高温度	54.7 ℃
区域04最高温度	79.7 ℃

图 4.14　平煤一矿矸石山红外热像仪测试分析 V

矸石山局部自燃区域近距离拍摄

红外热像仪可作为认识自燃矸石山温度分布状况的重要工具，图 4.10～图 4.14 反映了自燃矸石山表面温度分布状况。结合现场观测和一定手段的内部温度测试可以对矸石山自燃情况做出初步的判断。

（1）红外照片可以定位矸石山自燃区域，以便进行进一步研究。从图 4.10 和图 4.11 中可以明显看到在矸石山坡肩处的“亮斑”，表面温度最高达到 103.0℃和 118.5℃，通过现场观测并辅助内部测温可以断定该处为矸石山自燃区域。

（2）矸石山表面温度受外界环境因素影响较大，当环境温度变化时矸石山表面温度也发生变化。从图 4.10、图 4.11 中可以看出：湿度相同情况下，阴天环境温度为 30.1℃时自燃区域最高温度达到 103.0℃，非自燃的测温区域 04 温度只有 40.2℃；而晴天环境温度为 34.6℃时，自燃区域最高温度可达到 118.5℃，非自燃的测温区域 02 为 50.4℃，明显高于阴天所测温度值。

（3）图 4.12 红外图片中矸石山坡肩处有两个“热斑”，最高温度分别为 70.9℃和 73.5℃。通过现场观测并辅助其他手段，发现该区域内部煤矸石并未发生自燃，但是煤矸石颗粒大，孔隙率较大，内部气体渗流较强，因此该处可以认为是矸石山发生自燃的“烟囱口”，同时也证明前面理论部分提到的“烟囱效应”和烟囱口一般都在矸石山顶部坡肩的推断。

（4）矸石山绿化坡面表面温度较低，而且受环境温度影响较小。图 4.12 中测温区域 05 的温度相对其他测温点较低，最高温度只有 43.8℃，是因为该区域在矸石山绿化坡面上，其他测温点都在矸石山裸露坡面上。图 4.13 为绿化坡面的红外热图像，每个测温点温度不超过 50℃，其中温度相对较高的几个“热斑”都是矸石裸露区。

（5）对于矸石山局部自燃区域，用热电偶测试内部同深度温度时，发现其值相差不大，但表面温度相差较大。如图 4.14 所示，测温区域的温度最大可相差 8℃。造成较大温度差的原因是多方面的，但最主要是矸石山各种性质的不均一和自燃发展程度在各个区域的不均衡，如综合导热系数和传热机制的差异、不均匀裂隙及裂隙中对流传热现象等。

（6）对矸石山进行定点定时拍摄热像仪红外照片，特别是利用无人机定点定时拍摄热像仪红外照片，建立矸石山表面温度变化档案，可以实现对矸石山自燃进行预警及科学和定量化管理。

4.3.2 矸石山温度场图像的三维空间信息

温度场信息最重要的是精度，精度包括测点温度的精度和测点空间信息的精度。现有红外热成像仪的测温精度能够满足煤矸石山自燃研究的要求，但是用红外热成像仪测温时，温度场的热成像结果中一般没有被测表面的空间信息，并且由于是非接触式测量，受镜头光学变形、拍摄角度、拍摄距离和被测表面的形状等多方因素的影响，从热像图中观测到的区域表面相对于真实矸石山表面在不同区域有不同程度的几何拉伸或压缩，这种拉伸或压缩难以用简单的数学关系式描述出来，使得测量结果不能真实地反映被测表面的空间信息（刘高文和郭一丁，2004）。

针对温度场热成像结果的空间信息提取问题，结合自燃煤矸石山温度场测量工作实际情况，本小节提出一种实用的方法，即在被测表面上布设三角形控制网来建立物平面与像平面间的空间对应关系，通过插值来提取温度场热像中的空间信息。下面介绍三角形控制网布设的原理和工程应用，设计实验对提出的方法进行验证。

1. 原理

用红外热成像仪对一个区域温度场进行成像测量时，被测区域将划分成若干微小网格面，每个微小网格面视为一个测点，在红外热像中就是一个像素点，该像素点的温度就是通过测量对应的微小网格面的热辐射量得到的。如果热成像仪的分辨率为 $M \cdot N$，就表明物面被划分为 $M \cdot N$ 个微小网格面并在热像图中形成 $M \cdot N$ 个像素点。一个温度场的红外热像实际上就是每个测点的像素坐标及其对应的温度值，并不包含空间信息。如果每个测点和所对应的微小网格面的对应关系已知，那么就可以通过简单的数学关系式将测点的像素坐标转换为空间坐标。但由于镜头光学变形、拍摄角度、拍摄距离和被测表面的形状等多方因素的影响，每个测点所对应的微小网格面的形状和大小难免有所不同，会产生不同程度的几何拉伸或压缩变形，测点的像素坐标与空间坐标的对应关系难以用简单的数学关系式来描述。

一种实用的解决方案就是通过一些控制点求出像素坐标和被测对象空间坐标两者之间的转换参数，建立像平面与物平面的对应关系，然后求得其他像素点对应的空间信息（盛耀彬和汪云甲，2007）。

如图 4.15 所示，首先在被测矸石山上按照一定规律布置一定数量的控制点，这些控制点必须能够在红外热像中突出显示，并且能够控制所需测量的所有区域。每个控制点在表面上的空间坐标（*X*, *Y*, *Z*）可以通过测量得到，然后用红外热成像仪对物体表面进行拍摄，得到一幅至少含一个控制三角形的热像图，每个控制点在热像图中的像素坐标(x, y)可以确定下来。这样就建立了像平面上部分像素点与物平面控制点间的对应关系，在控制三角形内的像素点对应点的空间坐标可以通过插值的方法计算得出。

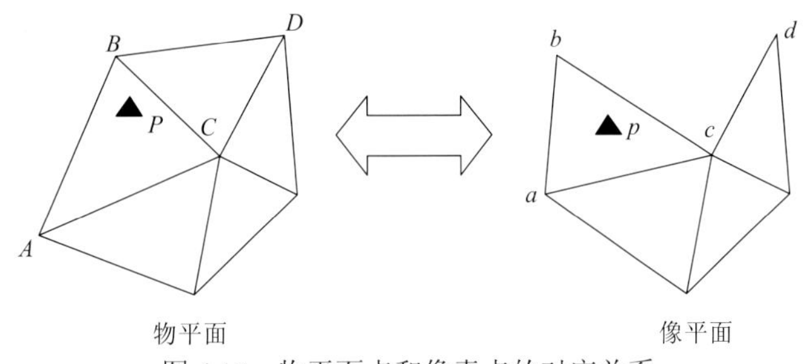

图 4.15 物平面点和像素点的对应关系

如图 4.15 所示，像素点 p 包含在由控制点 A、B、C 组成的三角形投影到像平面的三角形 abc 内，按照对应关系，它对应的物面点 P 应该包含在三角形 ABC 内。控制点 A、B、C 的空间坐标（*X*, *Y*, *Z*）已知，对应的像坐标可以通过红外热像处理软件得到，根据三点确定一个平面的原则，可以计算出任意像素点 $p(x, y)$对应的物平面点 P 的空间坐标（*X*, *Y*, *Z*）。

$$\begin{vmatrix} x_p & y_p & Y_P & 1 \\ x_a & y_a & Y_A & 1 \\ x_b & y_b & Y_B & 1 \\ x_c & y_c & Y_C & 1 \end{vmatrix} = 0 \tag{4.22}$$

因为控制点 A、B、C 与 P 点共面，所以可以通过下式求得 P 点的高程 Z_P。

$$\begin{vmatrix} X_P - X_A & Y_P - Y_A & Z_P - Z_A \\ X_B - X_A & Y_B - Y_A & Z_B - Z_A \\ X_C - X_A & Y_C - Y_A & Z_C - Z_A \end{vmatrix} = 0 \tag{4.23}$$

通过上述变换，可以根据控制点坐标和对应的像素点像平面坐标通过插值提取任一像素点 p 对应的空间点 P 的三维坐标。

2. 工程应用

现场所用热像仪为国产的 DL-700A 整体热敏电阻焦平面（非制冷）型热像仪，工作波段为 8～14 μm；分辨率为 320×240；热灵敏度≤0.1℃；视场角为 11.0°×8.2°。

1）控制网布置

控制网一定要根据实际地形情况灵活布置，曲率变化不大的区域可以少布几个控制点，曲率变换大的区域布点要密一点，尤其是曲率明显变化的地方一定要布置控制点，特别要注意的是山脊线、山谷线和悬崖等特殊地形。控制网的边长要根据实际情况灵活布置，边长太短，布置的点多，工作量太大；边长过长，就不能保证每幅红外热像中至少有一个能表现地形实际情况的由三个控制点组成的三角形。实际布网工作时，在离矸石山不远处寻找一个已知点（若没有，可布置支导线）和已知方向，在已知点上安置全站仪，两人各持一个反射棱镜，从矸石山顶往下一个人沿山脊线、一个人沿山谷线同时布置控制点并编号，同时安置能在红外热像中突出显示的标志测量该点坐标。

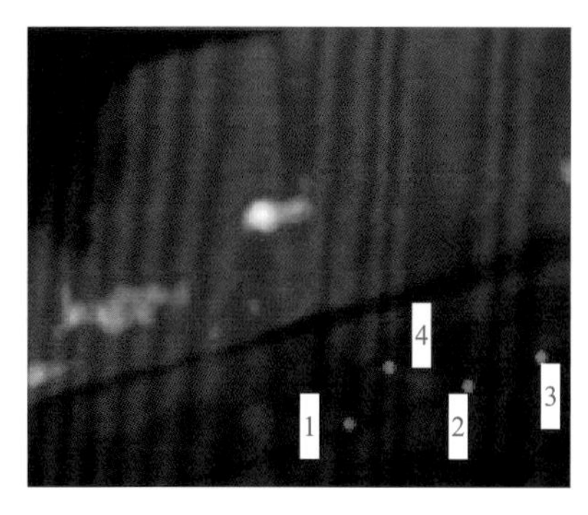

图 4.16 热像图

2）实验验证

在矸石山旁架设红外热成像仪，输入辐射率 0.9 及环境温度等参数就可以开始拍摄热像并记录热像中对应的控制点并编号，图4.16热像图中已经标出，通过随机软件可以得到像素点的像坐标。为了验证该方法的可行性，在排矸道附近选了 4 个点，其中 3 个点沿排矸道布置（保证 4 个点共面），在摄像前对控制点标志进行加热到 40 ℃左右，观测数据如表 4.2 所示。

表 4.2 实验结果统计与分析表

点号	对应像素点坐标		对应控制点坐标		
	x	*y*	*X*	*Y*	*Z*
1	110	40	31 818.6	39 251.43	204.456
2	180	30	31 837.48	39 270.18	199.987
3	230	70	31 844.91	39 277.45	198.244
4	140	70	31 822.81	39 265.23	202.033 4
点 2 的解算坐标			31 833.68	39 267.42	200.735 7
误差			−3.799 2	−2.761 5	0.748 4
点位中误差			4.696 8		

现已知点 1、3、4 的空间坐标及点 1、2、3、4 的像素坐标，点 2 包含在由点 1、3、4 组成的三角形内，可解算点 2 的空间坐标为（31 833.68, 39 267.42, 200.735 7）。

3）误差分析

误差产生有两个原因：一是红外热像没有经过处理就用来计算（晏敏 等，2004）；二是像素坐标精度不高，红外热像分辨率为 320×240，取像素坐标时将像片用 32×24 的网格覆盖。但是如果要获取更精确的像素坐标，控制点的标志就太小，不适合大范围的温度场测量。这个精度已经能满足矸石山的温度场测量，用这种方法从红外热像中提取空间信息是可行的。

4.3.3 矸石山内部温度测试

（1）实验设备见表4.3。

表4.3 实验设备

设备	型号	数量
热电偶	WRN-130 K型	18支
热电偶检测仪	TM6801A型	1台
带孔钢管（不同长度）		18支
煤电钻		1台

（2）布点情况和测试方法。在红外热像仪对矸石山表面温度测试的基础上，结合现场观测确定具有代表性的矸石山测温区域，进行布点测试。选取4个测温区域，分别编号为A区、B区、C区、D区。在每个测温区域设置不同深度的测温点，并对其进行编号，如表4.4所示。

表4.4 各测温区域测点深度

区域	测点	深度/m
A区	A1	0.5
	A2	1.0
	A3	1.5
	A4	2.0
	A5	2.5
B区	B1	0.5
	B2	1.0
	B3	1.25
	B4	1.5
	B5	2.0
C区	C1	0.65
	C2	0.8
	C3	1.0
	C4	2.0
D区	D1	0.8
	D2	1.2
	D3	1.5
	D4	1.8

选取的4个测温区域如图4.17所示。

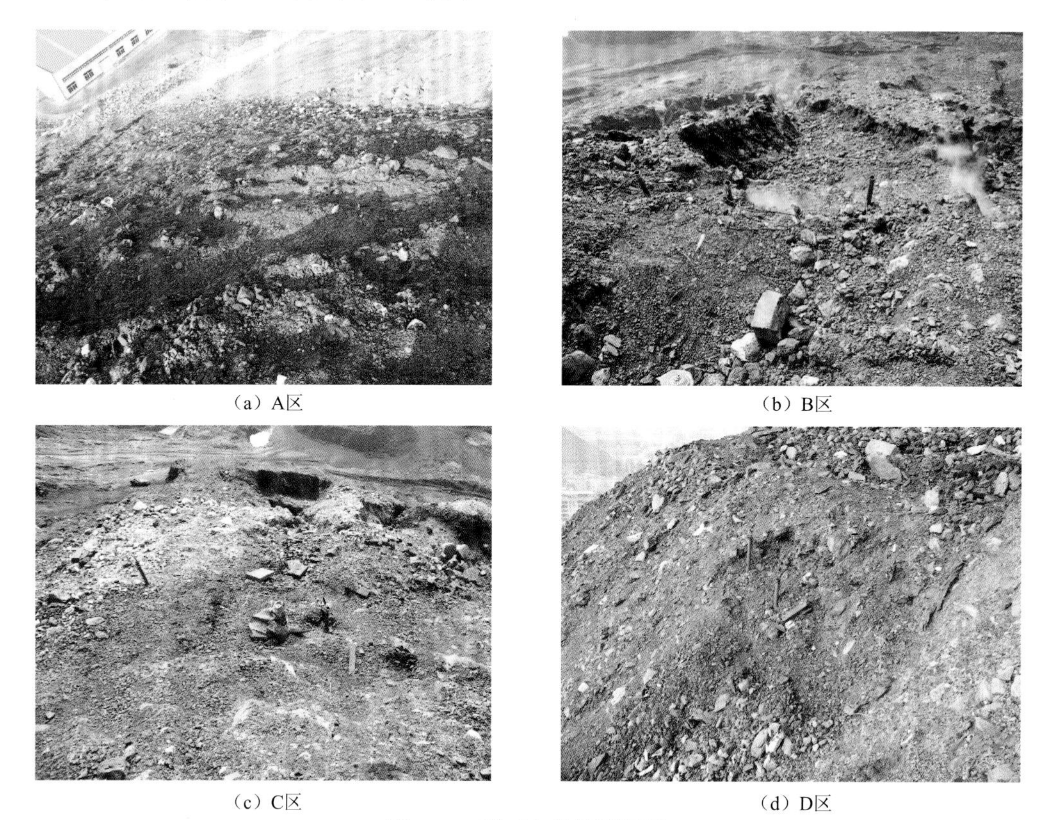

（a）A区　（b）B区　（c）C区　（d）D区

图4.17　矸石山现场测温区

取内径2 cm，长度分别为2.5 m、2 m、1.5 m、1 m、0.5 m的钢管若干，钢管前端焊接钻头并在管壁打几个直径大约为0.8 cm的小孔保证矸石山中的气体能够进入钢管内部，这样就使得钢管内部的温度最大限度地接近钢管前端所在区域一定体积煤矸石的平均温度。用煤电钻将做好的钢管打入选好的测温区域，将热电偶插入钢管中通过测试钢管内部气体温度来反映该区域矸石山温度。

（3）实验结果及分析。该实验测试持续了一个星期，其中有两天为阴雨天气。每隔2 h读取一次数据，结果如表4.5、表4.6、图4.18～图4.23所示。

表4.5　晴天各测点平均温度

区域	测点	深度/m	温度/℃
A区	A1	0.5	49.2
	A2	1.0	56.5
	A3	1.5	73.3
	A4	2.0	65.8
	A5	2.5	72.5

续表

区域	测点	深度/m	温度/℃
B 区	B1	0.5	69.9
	B2	1.0	64.1
	B3	1.25	76.5
	B4	1.5	77.2
	B5	2.0	75.2
C 区	C1	0.65	235
	C2	0.8	397
	C3	1.0	92.6
	C4	2.0	514
D 区	D1	0.8	263
	D2	1.2	389
	D3	1.5	537
	D4	1.8	521

表 4.6　雨天各测点平均温度

区域	测点	深度/m	温度/℃
A 区	A1	0.5	53.3
	A2	1.0	62.2
	A3	1.5	76.1
	A4	2.0	68.9
	A5	2.5	75.8
B 区	B1	0.5	74
	B2	1.0	68.8
	B3	1.25	80.5
	B4	1.5	82.3
	B5	2.0	78.7
C 区	C1	0.65	248
	C2	0.8	403
	C3	1.0	539
	C4	2.0	523

续表

区域	测点	深度/m	温度/℃
D 区	D1	0.8	275
	D2	1.2	398
	D3	1.5	548
	D4	1.8	527

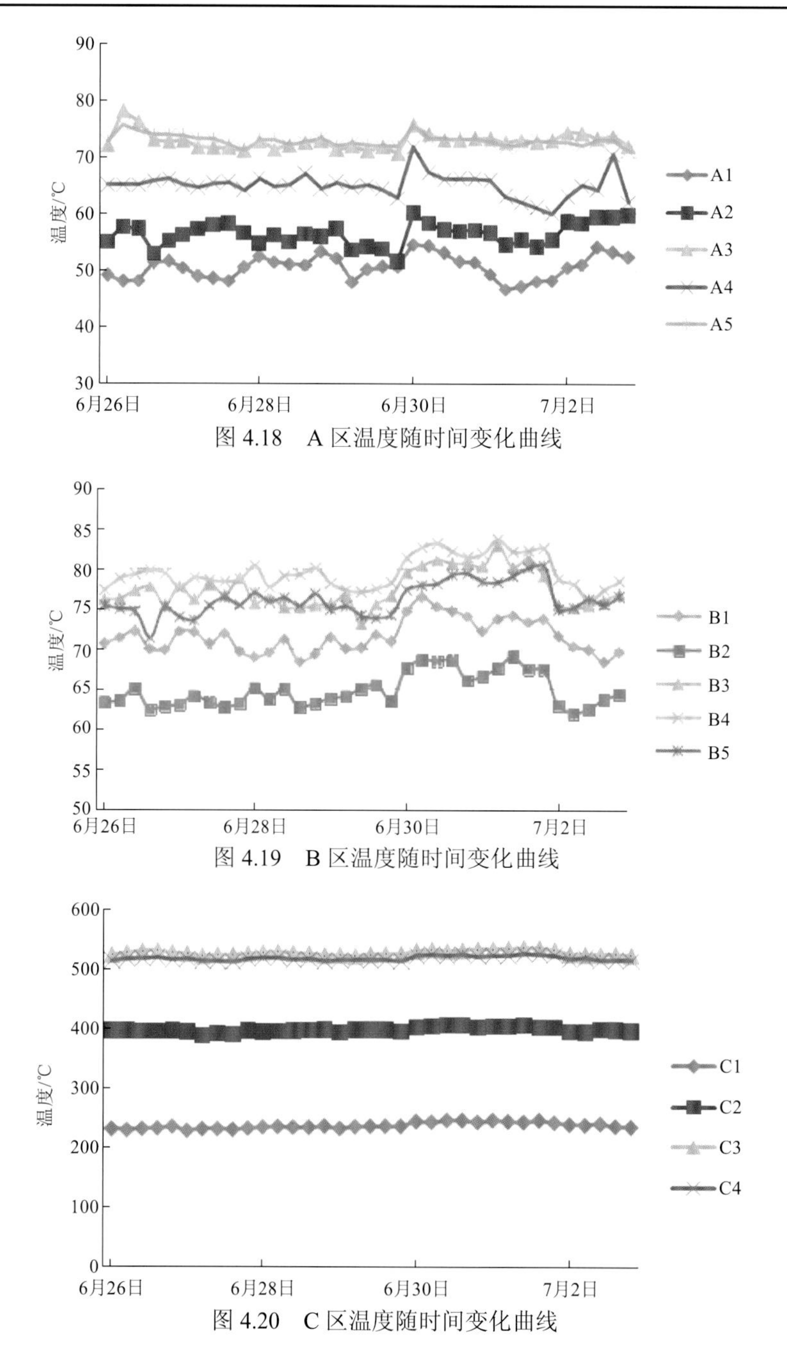

图 4.18　A 区温度随时间变化曲线

图 4.19　B 区温度随时间变化曲线

图 4.20　C 区温度随时间变化曲线

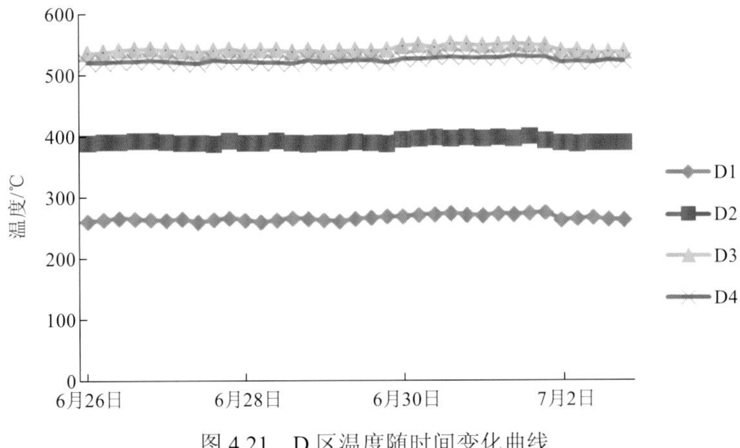

图 4.21　D 区温度随时间变化曲线

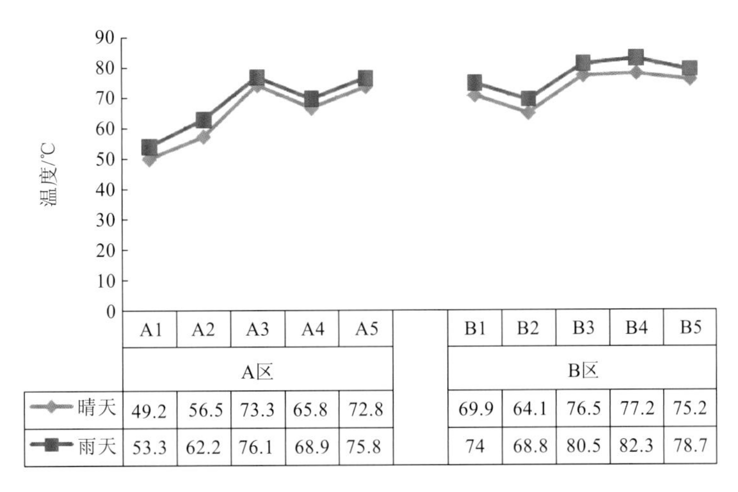

	A1	A2	A3	A4	A5		B1	B2	B3	B4	B5
	A区						B区				
晴天	49.2	56.5	73.3	65.8	72.8		69.9	64.1	76.5	77.2	75.2
雨天	53.3	62.2	76.1	68.9	75.8		74	68.8	80.5	82.3	78.7

图 4.22　A 区和 B 区测温点晴天、雨天平均温度对比

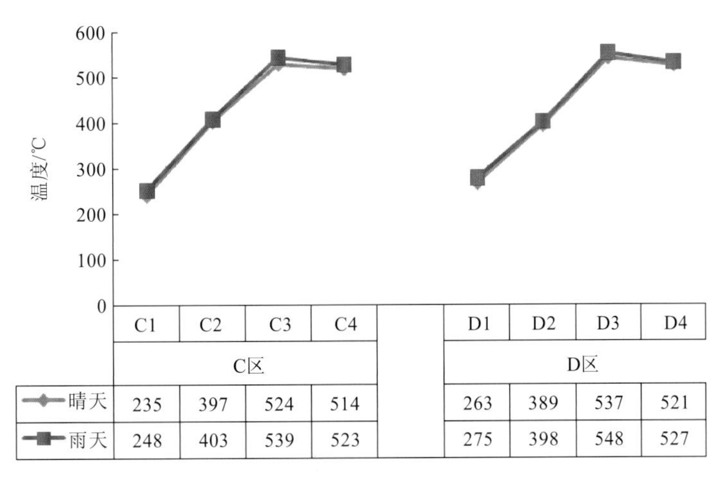

	C1	C2	C3	C4		D1	D2	D3	D4
	C区					D区			
晴天	235	397	524	514		263	389	537	521
雨天	248	403	539	523		275	398	548	527

图 4.23　C 区和 D 区测温点晴天、雨天平均温度对比

实验所选测温点中，A 区、B 区煤矸石位于自燃潜伏期的新矸石区，C 区、D 区位于已经发生自燃的老矸石区。因此，A 区、B 区所测温度远低于 C 区、D 区所测温度。

从以上实验结果可以得出以下结论。

（1）各测温点温度相对稳定，随时间变化较小，几乎不受矸石山表面太阳辐射影响，即没有温度的日周期变化。从图 4.18～图 4.21 可以看出，自燃矸石山内部温度随时间变化非常缓慢，变化规律不明显。要掌握矸石山自燃发展过程中温度随时间的变化规律，需要对矸石山温度进行长期监测，可以是数月甚至是数年。

（2）处于自燃潜伏期的新矸石区（A 区、B 区），有一个共同的特点：最高温度出现在距表面 1.5 m 左右（图 4.22）。说明该处具备煤矸石氧化自燃的最佳条件。因此，可以初步断定矸石山自燃发生在距表面 1.5 m 处。

（3）从图 4.22 和图 4.23 中可以看出，雨天矸石山同一监测点的温度高于晴天，是因为雨天有大量雨水通过矸石山孔隙渗入矸石山内部，在温度较高区域发生汽化，矸石山内部热量以潜热形式释放出来。据观察，雨天矸石山测温区域周围水蒸气是晴天的数倍。

（4）煤矸石的导热性能极差。对于发生自燃的矸石山区域，同一监测点不同深度温度相差很大，相邻自燃区与非自燃区之间的温度相差也极其悬殊。

4.3.4　矸石山内部气体分析

在测定矸石山内部温度的同时，对内部气体进行取样分析，以寻找内部温度与气体组成之间的关系，为矸石山自燃现象研究和灾害防范提供依据。

（1）实验设备见表 4.7。

表 4.7　实验设备

设备	型号	数量
热电偶	WRN-130 K 型	15 支
热电偶检测仪	TM6801A 型	1 台
带孔钢管（不同长度）		15 支
煤电钻		1 台
单项采气球		1 个
采气球胆		15 个
气相色谱仪	GC4008	1 台

（2）测试方法。内部气体测试实验是在表面温度和内部温度测试的基础上，确定具有代表性的气体采样区域及采样点，实验确定了 15 个采样点。测试步骤：用煤电钻在矸石山打不同深度的孔（深度不同是确保温度不同，使温度具有代表性），用热电偶测试该点温度并记录其值，然后用单项采气球将该点所产生气体采集到球胆中。24 h 内送回实验室进行监测分析。矸石山内部气体组成与天气情况关系密切，故在本实验中对晴天和

雨天分别进行采样分析。

（3）实验结果及分析。矸石山气体组成分析结果如表 4.8～表 4.11 和图 4.24～4.26 所示。

表 4.8　晴天矸石山常规气体组成　（单位：%）

温度（±3℃）	体积分数					
	O_2	N_2	CO	CH_4	CO_2	H_2
60	18.00	78.60	0	0.022 75	1.76	0.038
100	3.10	80.15	0.021	0.605	11.45	1.465
140	2.91	81.20	0.286	0.583	13.50	1.231
180	2.86	79.30	0.301	0.547	13.67	1.104
220	2.78	80.88	0.325	0.513	14.30	0.895
260	2.65	81.40	0.347	0.471	12.85	0.822
300	2.60	82.10	0.369	0.423	13.89	0.741
340	2.55	82.25	0.390	0.381	12.90	0.695
380	2.40	81.70	0.410	0.345	14.45	0.651
420	2.30	83.95	0.425	0.277	13.98	0.601
460	1.36	82.41	0.458	0.223	14.20	0.712
500	0.94	80.66	0.485	0.196	13.89	0.860
540	0.21	81.02	0.493	0.180	13.45	0.900

表 4.9　雨天矸石山常规气体组成　（单位：%）

温度（±3℃）	体积分数					
	O_2	N_2	CO	CH_4	CO_2	H_2
60	17.80	78.5	0	0.033	3.70	0.033
100	4.20	76.6	0.018	0.580	12.71	4.800
140	2.96	79.4	0.226	0.570	11.73	3.620
180	2.89	78.1	0.279	0.510	14.95	3.220
220	2.79	76.6	0.298	0.442	13.20	2.828
260	2.68	77.4	0.337	0.386	13.88	2.554
300	2.51	79.1	0.359	0.324	12.41	2.229
340	2.31	78.9	0.370	0.291	12.10	2.017
380	1.80	77.8	0.402	0.262	13.45	1.943
420	1.40	77.5	0.433	0.243	13.26	1.606
460	1.36	76.8	0.468	0.229	12.49	1.403
500	1.35	77.7	0.499	0.198	13.20	1.286
540	1.42	77.7	0.521	0.170	14.60	1.172

表 4.10 晴天矸石山烃类气体组成 （单位：%）

温度（±3℃）	体积分数			
	C_2H_4	C_2H_6	C_3H_8	C_2H_2
60	0.13	1.8	1.2	0
100	48	285.5	106.4	0
140	47	271.3	101.1	0
180	35	198.3	89.4	0
220	20.4	100.3	62.3	0
260	11.5	65.4	39.5	0
300	8.6	55.2	17.23	0
340	7.2	45.6	11.85	0
380	6.21	41.2	5.4	0
420	4.82	36	4.2	0
460	3.25	31	3.01	0
500	1.9	27.9	1.65	0
540	1.3	25.5	1.15	0

注：表中数据为乘以 10^{-6} 后的结果，表 4.11 同此。

表 4.11 雨天矸石山烃类气体组成 （单位：%）

温度（±3℃）	体积分数			
	C_2H_4	C_2H_6	C_3H_8	C_2H_2
60	0.2	3.1	1.3	0
100	63.5	353	112.8	0
140	67.3	351.5	126.3	0
180	62.1	285	100.4	0
220	36.3	243	84.2	0
260	38.9	189	71.7	0
300	31.8	103	42.3	0
340	28.3	54.8	33.5	0.5
380	25.9	32.1	21.3	0
420	21.7	23.8	10.9	0.6
460	18.5	20.5	1.8	1.2
500	10.8	11	0.7	0.9
540	12.2	12	5.9	1.7

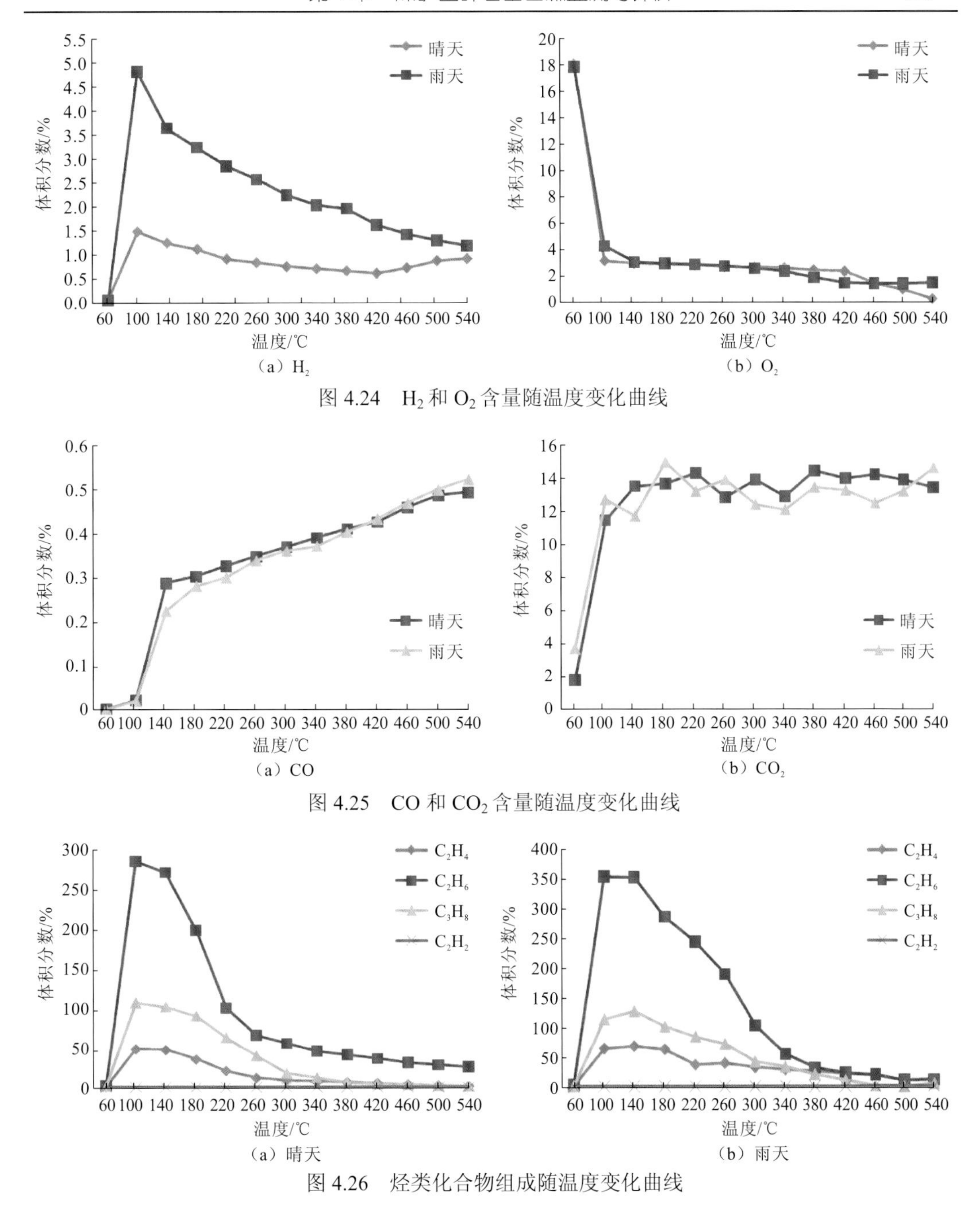

图 4.24 H_2 和 O_2 含量随温度变化曲线

图 4.25 CO 和 CO_2 含量随温度变化曲线

图 4.26 烃类化合物组成随温度变化曲线

通过矸石山内部气体测试分析，得出如下结论。

（1）各采样点所采气样中，N_2 含量高且稳定，不受温度变化的影响（表 4.8 和表 4.9）。N_2 在矸石山自燃中不参加反应，说明渗流到矸石山内部各采样点的空气量相当。雨天 N_2 量略低于晴天，是因为雨天大量雨水渗透到矸石山内部，减少了矸石山孔隙率，使得空气渗透性能降低。

（2）雨天矸石山内部 H_2 量异常增加，并且在 100℃左右达到最大值[图 4.24（a）]。

矸石山中大部分 H_2 是高温煤矸石与水蒸气发生水煤气反应产生的。晴天只有少量水蒸气在自燃高温区与煤矸石发生反应，产生 H_2 量很少。雨天大量水分渗进矸石山内部孔隙，为高温区水煤气反应提供了充足的反应物质，H_2 浓度自然提高。

雨天矸石山内部 H_2 量的变化对于研究自燃矸石山雨天发生爆炸有重要意义。如表 4.12 所示，对矸石山内部气体分析发现，CO 实测浓度小于 0.6%，而雨天 H_2 浓度最高可达到 4.8%。

表 4.12　几种常见可燃气体燃爆极限

可燃气体	爆炸下限/%	爆炸上限/%	实测最大值/%	蒸汽密度/空气密度
H_2	4.0	75.6	4.8	0.07
CO	12.5	74.0	0.6	0.97
CH_4	5.0	15.0	0.03	0.55
C_2H_6	3.0	15.5	/	1.04
C_2H_4	2.7	34.0	/	0.97
C_3H_8	2.1	9.5	/	1.56
C_2H_2	1.5	82.0	/	0.90

从表 4.12 可以看出，实验实测可燃气体浓度中只有 H_2 达到了爆炸极限，而其他所测气体浓度都远低于爆炸极限。加之 H_2 有以下特殊性质更增加其爆炸危险性：H_2 是所有气体中扩散能力最强的气体；H_2 和 O_2 形成的爆鸣气是点火能量较低的混合气体。因此，降雨造成的 H_2 浓度异常增加是矸石山发生化学爆炸的主要原因。

（3）O_2 量随温度升高而降低，受天气情况影响不明显，不同温度下相差较大。如图 4.24（b）所示：95℃之前 O_2 量随温度急剧下降，100℃之后 O_2 体积分数低于 4%，且降低速率非常缓慢。O_2 是煤矸石氧化升温及自燃不可或缺的因素，从结论（1）知道各个采样点的空气量相当，意味着反应前 O_2 量也相当。高温采样点 O_2 含量低是因为该点发生自燃，渗透到该处的 O_2 被消耗殆尽，供氧量不足，反应处于传质控制阶段。煤矸石在达到临界温度之前 O_2 供应较充分，反应处于化学动力学控制阶段。有文献报道煤矸石的自燃临界温度是 80～97℃（黄文章，2004），本实验得出的临界温度为 81℃和 84℃。实验结果与前述煤矸石自燃理论分析完全吻合。

（4）CO 量随温度升高而增加，CO_2 量当温度超过 140℃之后变化规律不明显，围绕 13%上下波动（图 4.25）。CO 量升高是因为 O_2 的耗竭使得氧化反应越来越不充分。温度在 60～90℃时，O_2 量较充分，自燃产生 CO 几乎为 0。

（5）煤矸石自燃有烃类物质释放出来，但数量很小。如表 4.10 和表 4.11 所示，在不同温度采样点采集的气体中，烷烃量最大，明显高于其他几种烃类物质；炔烃量最小，甚至某些采样点的检测结果为 0。图 4.26 的曲线显示：当温度在 100～140℃时，烃类物质含量最高。

4.4 矸石山自燃深度测算

煤矸石山自燃引起的问题在相当一段时间内将长期存在。煤矸石山自燃的防治相当重要，掌握煤矸石山自燃深度的测算技术，对煤矸石山自燃灾害预防和灭火有着重要的意义（盛耀彬 等，2008）。

4.4.1 矸石山自燃深度测算方法

1. 矸石山温度分布模型

矸石山形态非常复杂，内部组成也极不均匀，再加上矸石山内部复杂的渗流场分布，各种因素综合决定了矸石山表面（坡面）温度分布的复杂性。依靠数学模型来预测这种分布规律是比较困难的。人们实际上最关心的是矸石山坡面以下温度的垂直分布规律及可能发生自燃的深度。首先，可把三维问题简化为一维问题，取垂直矸石山表面向上的方向为 z 坐标轴，表面与 z 轴交点为坐标原点，经过简化的一维动态模型如图 4.27 所示。

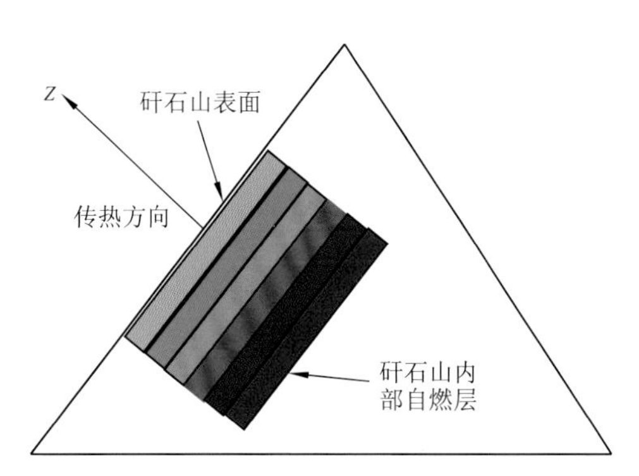

图 4.27 煤矸石山温度分布模型图

自燃矸石山内部的热量应该满足两个平衡条件：一是矸石山内部向矸石山表面的传热量和矸石山表面向空气中的散热量相等；二是矸石山内部产热量和矸石山内部向矸石山表面的传热量相等。

2. 矸石山内部向表面传热量与矸石山表面向空气散热量计算方法

从矸石山表面向空气中散热量记为 Q_1，可以用下式计算：

$$Q_1 = g(T_f - T_a) \tag{4.24}$$

从自燃层向矸石山表面传送热量记为 Q_2，可以用下式计算：

$$\begin{cases} Q_2 = \int_0^L \lambda_e (T_z - T_f)/z\mathrm{d}z, \quad T_z = T_f + z(T_{max} - T_f)/L \\ Q_2 = \int_0^L \lambda_e (T_{max} - T_f)/L\mathrm{d}z = \lambda_e (T_{max} - T_f) \end{cases} \tag{4.25}$$

式中：λ_e为综合导热系数；T_{max}为自燃层最高温度；T_f为矸石山表面温度；T_z为矸石山内部各层的温度；g为对流给热系数；T_a为大气环境温度；L为自燃深度。

3. 矸石山内部产热量计算方法

矸石产热量的计算是估算自燃发生深度的关键和难点，煤矸石产热量的计算涉及矸石氧化反应的动力学参数、不同深度矸石层的温度和氧气浓度、单位体积矸石在大气正常氧气含量中不同温度下的放热速率等参数。实测的煤矸石放热强度参数较难获取，因此只有采用大型煤堆进行的煤自燃模拟试验得到的数据，通过给定修正系数来折算煤矸石产热相关数据。需要指出的是，因为煤自燃放热强度是在煤自然堆放条件下实测得到的，同煤矸石自燃条件类似，因此测试值有可借鉴的价值。用煤自燃的放热强度来折算煤矸石的放热强度，需做如下假设：煤矸石自燃期间氧化放热反应，主要是煤矸石中残余煤炭和碳质岩起作用，且其氧化反应放热规律与煤的基本相同。

单位体积煤矸石放热强度计算：首先获取单位体积煤炭在不同温度下的氧化产热强度及该放热强度与煤样平均粒度的关系，计算与矸石相同温度、相同平均粒度的煤炭的放热强度；根据煤矸石中固定碳含量与煤炭中固定碳的含量，折算煤矸石的放热强度。

设煤炭在与煤矸石相同环境下（相同氧气程度、相同温度、相同平均粒度）的放热量为Q_z（与z相关的函数），煤矸石放热强度与煤炭放热强度的折算系数为K，则煤矸石山内部的放热强度Q_3可用下式计算：

$$Q_3 = \int_0^L KQ_z \mathrm{d}z \tag{4.26}$$

通过联解$Q_1 = Q_2 = Q_3$即可得矸石山表面温度T_f与自燃深度L的关系式，通过测量自燃矸石山的表面温度即可得矸石山的自燃深度。

4.4.2 参数的确定及自燃深度的解算

1. 矸石山内部向表面传热与矸石山表面向空气散热相关参数确定

λ_e为综合导热系数，它与煤矸石的湿度关系紧密，这里的煤矸石应该相对较干燥，它的数值大约与灰质岩的导热系数相接近，即为 0.84 W/(m·℃)。

g为对流给热系数，$g = 11.63 + 7\sqrt{w}$，w为风速。自然界常见风速为 1.5～2.0 m/s，所以g取值范围为 20.2～21.53 W/(m^2·℃)。

T_f为矸石山表面温度，T_a为大气环境温度，均可实测；T_{max}为自燃层最高温度。

2. 矸石山内部产热量计算方法

结合实际，参考所研究的煤矸石生产矿井出产的煤的放热强度和温度关系（表 4.13），采用回归分析得到温度和放热强度之间的一元线性回归方程，基本上可以分成三段线性关系：$q = a + bT$。

表 4.13　煤放热强度与温度关系

温度范围/℃	a	b
20～80	−19.50	3.45
80～110	−1 212.76	18.37
110～200	−5 039.65	64.19

（1）粒度修正。由于煤或者煤矸石与 O_2 的反应属于气固反应，煤堆或者煤矸石堆与 O_2 的反应速度和参与反应的表面积呈正比关系，颗粒越小，O_2 消耗速率和放热强度越大。用不同粒度的煤做实验，得出不同粒度煤样与耗氧速率的关系，如表 4.14 所示。

表 4.14　不同粒度煤样与耗氧速率关系表

序号	粒径/mm	O_2 体积分数	一	二	三	四
1	7～10	%	20.7	20.8	20.7	19.5
2	3～5	%	19.6	19.7	17.3	16.5
3	1～3	%	20.0	20.2	17.2	14.8
4	7～10、≤0.4（各占 50%）	%	18.1	18.8	16.7	12.7
5	≤0.4	%	16.5	17.5	16.9	13.20

从表 4.14 可以看出，煤的粒径从≤0.4 mm 上升到 7～10 mm，4 个煤样耗氧速率分别降低 4.2、3.3、3.8、6.3，取上述 4 值平均值的倒数得颗粒修正系数 $K_{颗粒}=0.227$。

（2）O_2 含量修正。由于自燃（达到临界温度）初始阶段还是化学动力学控制，自燃发生层孔隙中 O_2 体积分数在 5.5%～10%，O_2 含量对矸石氧化放热强度影响呈线性关系：

$$q_{3,氧}=q_{3,0}c/c_0 \tag{4.27}$$

式中：c 为氧气浓度（%）；c_0 为大气中氧气浓度（%）；$q_{3,0}$ 为在大气中实测的放热强度（W/m^3）。

O_2 含量修正

$$K_{氧}=c/c_0 \tag{4.28}$$

矸石山从表层 O_2 体积分数为 23%到自燃层降到 5.5%，是线性变化的，因此含氧量修正：

$$K_{氧}=0.23-0.175\cdot z/L \tag{4.29}$$

（3）含碳量修正。单位体积物料单位时间氧化反应放热量与体积内的参与氧化反应的可燃物质量呈正比。干燥基灰分代表物质的惰性成分，（$1-A_g$）代表含碳量（可燃物）。根据上述假设，矸石灰分为 A_g(矸石)，试验煤样灰分为 A_g(煤样)，矸石的放热强度可以从煤样放热强度推及：

$$q_3(矸石)=\frac{q_3(煤样)[1-A_g(矸石)]}{[1-A_g(煤样)]}$$

即含碳量修正

$$K_{碳}=[1-A_{g}(矸石)]/[1-A_{g}(煤样)] \tag{4.30}$$

所研究的矸石山矿井矸石的灰分在84%左右，洗选矸石情况相对复杂，一般灰分要低于矿井矸石，原煤可选性差时灰分在78%左右。上述实验的煤样，干燥基灰分为23%。因此，矿井矸石含碳量修正 $K_{碳}=0.208$，洗选矸石的含碳量修正 $K_{碳}=0.286$。

根据温度线性分布假设，自燃点深度为 L 时内部温度从表面温度 T_{f} 变化到临界温度 T_{max}，各点 z 温度：

$$T_{z}=T_{f}+(T_{max}-T_{f})z/L \tag{4.31}$$

因此，矸石山内部所产热量总和为

$$\begin{aligned}
Q_{3}&=\int_{0}^{L}K_{碳}\cdot K_{颗粒}\cdot K_{氧}\cdot(a+bT_{z})\mathrm{d}z\\
&=\int_{0}^{L}K_{碳}\cdot K_{颗粒}\cdot(0.23-0.175\cdot z/L)\cdot(a+bT_{z})\mathrm{d}z\\
&=\int_{0}^{Z_{80}}K_{碳}\cdot K_{颗粒}\cdot(0.23-0.175z/L)\cdot(a_{1}+b_{1}T_{z})\mathrm{d}z+\int_{Z_{80}}^{Z_{110}}K_{碳}\cdot K_{颗粒}\cdot(0.23-0.175z/L)\\
&\quad\cdot(a_{2}+b_{2}T_{z})\mathrm{d}z+\int_{Z_{110}}^{L}K_{碳}\cdot K_{颗粒}\cdot(0.23-0.175z/L)\cdot(a_{3}+b_{3}T_{z})\mathrm{d}z
\end{aligned} \tag{4.32}$$

3. 自燃深度的解算

通过联解 $Q_{1}=Q_{2}=Q_{3}$，可得

$$L=g\cdot(T_{f}-T_{a})/(K_{碳}\cdot K_{颗粒}\cdot k) \tag{4.33}$$

式中

$$k=k_{1}+k_{2}-k_{3}-k_{4}$$

$$k_{1}=0.23\cdot[(x_{1}-x_{2})\cdot z_{80}+(x_{2}-x_{3})\cdot z_{110}+x_{3}]$$

$$k_{2}=\mathrm{g}\cdot(T_{f}-T_{a})\cdot[(b_{1}-b_{2})\cdot(z_{80}^{2})+(b_{2}-b_{3})\cdot(z_{110}^{2})+b_{3}]/(\lambda_{e}\cdot 6.06)$$

$$k_{3}=0.087\,5\cdot[(x_{1}-x_{2})\cdot z_{80}^{2}+(x_{2}-x_{3})\cdot z_{110}^{2}+x_{3}]$$

$$k_{4}=g\cdot(T_{f}-T_{a})\cdot[(b_{1}-b_{2})\cdot(z_{80}^{3})+(b_{2}-b_{3})\cdot(z_{110}^{3})+b_{3}]/(\lambda_{e}\cdot 17.24)$$

$$x_{1}=a_{1}+b_{1}\cdot T_{f}$$

$$x_{2}=a_{2}+b_{2}\cdot T_{f}$$

$$x_{3}=a_{3}+b_{3}\cdot T_{f}$$

$$z_{80}=\frac{80-T_{f}}{T_{max}-T_{f}}=\frac{\lambda_{e}(80-T_{f})}{g(T_{f}-T_{a})}$$

$$z_{110}=\frac{110-T_{f}}{T_{max}-T_{f}}=\frac{\lambda_{e}(110-T_{f})}{g(T_{f}-T_{a})}$$

4.4.3 实验验证

与传统的热电偶测量温度相比，红外热成像仪测温具有测温精度高、响应时间短、非接触等优点，在实验中，使用红外热成像仪采集与前面所取参数对应的自燃煤矸石山的表面温度（图4.28），矸石山自燃处表面温度为41.5℃，室外温度为16℃。

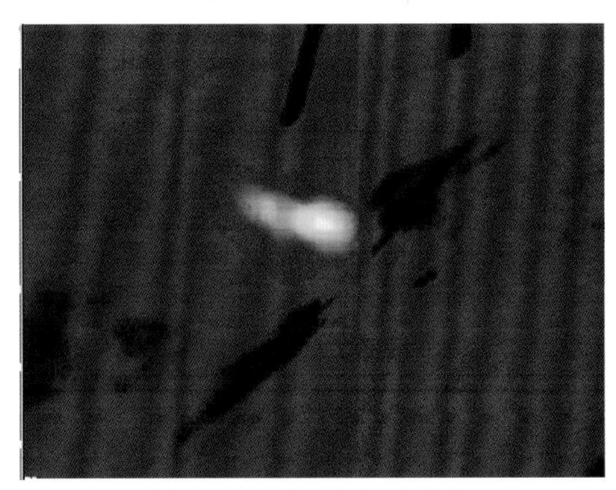

图 4.28　矸石山红外热像

矸石山所堆为洗选矸石，则含碳量修正 $K_{碳}=0.286$，计算得该处自燃深度为 2.85 m，通过钻孔测温可得该处自燃深度为 3 m，误差为 0.15 m，说明该计算方法是可靠的，计算结果可以用于指导煤矸石山自燃防治工作。对于该计算方法的使用，还须注意以下几点。

（1）λ_e 为煤矸石山内部的综合导热系数，文中使用的是经验值，如果能够现场准确实测它的值，将进一步提高自燃深度计算结果的精度。

（2）在矸石山内部煤矸石放热量计算过程中，由于没有准确测量煤矸石放热强度的方法，所以使用对应的煤放热强度进行折算。如果能够准确测量煤矸石的放热强度，也能进一步提高煤矸石山自燃深度计算结果的精度。

（3）该方法计算的煤矸石山自燃最高温度结果偏大，与现场实测结果有一定误差，与对流给热系数的精度有关。

4.5　矸石山不同自燃点散热量估算

4.5.1　矸石山不同自燃位置下散热量估算模型

具有自燃倾向的煤矸石与空气中的氧发生反应放出热量，使得煤矸石升温，并在矸石山内部形成一定的温度分布。根据实际观察，随着深度增加，温度不断上升，达到最高点后，又开始下降。

假设热量传递为一维导热机制，则热流从温度最高点处向表层和底层两个方向传送。尽管矸石山不同深度都在发生氧化反应并产生热量，但只有温度最高点体元产生的热量不仅用于自身升温，并且还向上和向下输送热量，而其他各点表征体元内煤矸石产生热量都小于、最多等于该体元升温所需热量。否则热量流向不会从最高点向该点并通过该点向下游输送。

本节设计一个简单的计算方法，用于估算自燃发生在不同位置下的散热量，其热量传递和散失模型如图 4.29 所示。模型中自燃点定义为发生自热现象并出现升温，达到临界温度的体元为该区域的矸石山自燃点。

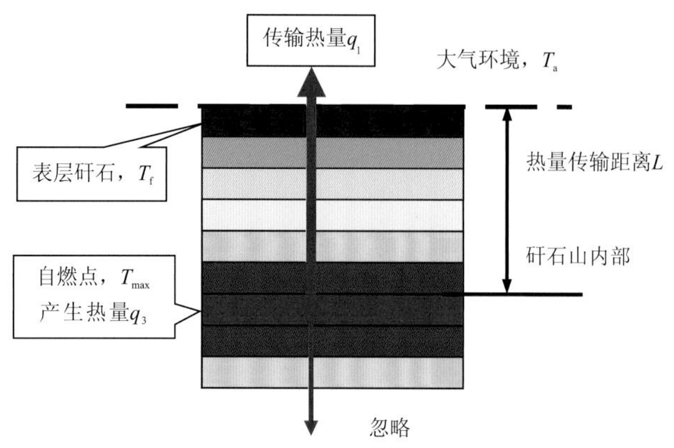

图 4.29　矸石山自燃单元体热量传递估算模型

估算的基本假设：①导温率 K 是常数，至少在深度方向分段取常数；②忽略自燃单元体向深部传送的热量，即假设只有向矸石山表面的传热；③自燃点单元体氧化产热使得该单元体升温，并通过其他各层煤矸石向环境传送，其他单元体不产热，其热量认为是从自燃单元体传递过来的。

根据上述假设，自燃层上表面传递到矸石山表层单位面积的热量用 q_1 表示，计算公式为

$$q_1 = -\lambda \frac{(T_{max} - T_f)}{L} \tag{4.34}$$

式中：q_1 为自燃层传递到矸石山表层的热量强度（W）；L 为自燃层到表层的距离（m）；T_{max} 为自燃层温度（℃）；T_f 为矸石山表层温度（℃）。

矸石山表层热量通过对流传热向环境散失热量强度用 q_2 表示，则该部分热量可以用下式计算：

$$q_2 = a(T_f - T_a) \tag{4.35}$$

式中：q_2 为矸石山表层向环境散热强度（W）；T_a 为环境温度（℃）；a 为对流传热系数，可以用式 $a = 11.63 + 7\sqrt{w}$ 计算获得，其中，w 指风速，自然界常见风速为 1.5～2.0 m/s，a 值在 20.2～21.53 W/(m^2·℃)。

已知自热层温度 T_{max}，环境温度 T_a，矸石山综合导热系数 λ、对流传热系数 a 和自热层深度 L，可以计算得到矸石山表层温度 T_f 和散失到环境中的热量 q_2。

对于特定的自燃层，温度达到临界温度的时刻，其产热量一定，传递到表层的热量也一定，故矸石山表层温度 T_f 确定，因此可以得到传递到表层的热量等于向环境散失的热量，即 $q_1 = q_2$。

根据 $q_1 = q_2$ 可以得

$$T_f = \frac{\frac{\lambda}{L} T_{max} + aT_a}{\frac{\lambda}{L} + a} \tag{4.36}$$

根据 T_f 可以计算出热量 q_2。

4.5.2　矸石山自热层向环境输送热量估算

1. 参数取值及计算结果分析

依据矸石山自燃临界温度，取自燃层温度 T_{max}=93℃，环境空气温度 T_a=20℃。煤矸石综合导热系数和湿度关系密切，设煤矸石综合导热系数 λ 大约与灰质页岩接近，即 λ =0.84 W/(m²·℃)，a=20.2 W/(m²·℃)。

矸石山沿深度方向，每 20 cm 作为一层，将第一层作为自燃层，计算表面温度和向环境散失的热量。然后逐层向深处计算，每一层看作自燃层，都可以计算得到该种状态表层温度和散失热量，计算结果见表 4.15。

表 4.15　矸石山不同深度达到临界温度时表层温度及散热强度

自燃深度/m	T_f/℃	T_f-T_a/℃	q_2/W	自燃深度/m	T_f/℃	T_f-T_a/℃	q_2/W
0.2	32.52	12.52	254	2.4	21.24	1.24	25.1
0.4	26.90	6.87	139	2.8	21.07	1.07	21.6
0.6	24.73	4.73	95.6	3.2	20.94	0.94	18.9
0.8	23.61	3.61	72.9	3.6	20.83	0.83	16.8
1.0	22.91	2.91	58.9	4.0	20.75	0.75	15.2
1.2	22.44	2.44	49.4	4.4	20.68	0.68	13.8
1.4	22.11	2.11	42.5	4.8	20.63	0.63	12.7
1.6	21.85	1.85	37.4	5.2	20.58	0.58	11.7
1.8	21.65	1.65	33.3	5.6	20.54	0.54	10.9
2.0	21.48	1.48	30.0	6.0	20.50	0.50	10.1

依据煤炭和煤矸石产热强度的计算模型[如式（4.37）所示]，计算不同自燃点下，矿井矸石、洗选矸石的产热强度：

$$q_3 = \int_0^{Z_{80}} K_Z[a_1 + b_1 T(z)]\mathrm{d}z + \int_{Z_{80}}^{Z_{110}} K_Z[a_2 + b_2 T(z)]\mathrm{d}z + \int_{Z_{110}}^{L} K_Z[a_3 + b_3 T(z)]\mathrm{d}z \tag{4.37}$$

式中：q_3 为产热强度；a_i+b_iT 为第 i 温度段煤产热强度；z 为矸石山中 i ℃处的深度（m）；K_Z 为煤矸石产热强度与煤炭产热强度的折算系数，L 为矸石山深度。

根据式（4.37），矿井矸石产热强度（$q_{3,k}$，其 K_Z=0.0208）、洗选矸石产热强度（$q_{3,x}$，其 K_Z=0.1428）分别如表 4.16 所示。根据式（4.35），综合导热系数为 0.84 W/(m²·℃)的矸石散热强度（q_2）、已经完成干燥期，接近临界温度，综合导热系数为 0.35 W/(m²·℃)的矸石散热强度（$q_{2,g}$）分别如表 4.16 所示。

表 4.16 矸石山和煤堆不同深度达到临界温度时的产热强度与散热强度（单位：W/m^2）

自燃深度/m	$q_{3,k}$	$q_{3,x}$	q_2	$q_{2,g}$	自燃深度/m	$q_{3,k}$	$q_{3,x}$	q_2	$q_{2,g}$
0.2	1.23	8.44	254	117.6	2.4	9.90	67.9	25.1	10.6
0.4	2.06	14.11	139	61.2	2.8	11.46	78.7	21.6	8.5
0.6	2.85	19.60	95.6	41.4	3.2	13.03	89.4	18.9	7.5
0.8	3.64	25.02	72.9	31.3	3.6	14.59	100.4	16.8	6.7
1.0	4.43	30.41	58.9	25.1	4.0	16.15	105.5	15.2	6.1
1.2	5.21	35.79	49.4	21.0	4.4	17.71	110.9	13.8	5.5
1.4	6.00	41.17	42.5	18.0	4.8	19.27	121.6	12.7	5.1
1.6	6.78	46.54	37.4	15.8	5.2	20.83	132.3	11.7	4.7
1.8	7.56	51.90	33.3	14.1	5.6	22.39	143.0	10.9	4.4
2.0	8.34	57.27	30.0	12.7	6.0	23.95	164.4	10.1	4.2

从表 4.15 和表 4.16 的计算结果可以看出：

（1）矿井煤矸石自燃最可能发生的深度为 4 m，洗选煤矸石为 1.5 m。如果矸石山已经完成干燥期，接近临界温度，综合导热系数则从 0.84 W/(m²·℃)降低到 0.35 W/(m²·℃)，自燃发生深度分别为矿井矸石 2.8 m、洗选矸石 1.0 m。

（2）产生热量多的煤矸石自燃点较浅，产热量少的煤矸石自燃点较深。

（3）自燃点从表层向内层移动，开始阶段散失热量变化速率大，越到深部散失热量变化速率越小。

（4）对于有自燃倾向的矸石山，自燃点不会超过 6 m，因为该深度热量散失随深度变化已经不大，而深度增加时氧气的供应量不足，影响其氧化反应产热量。

2. 散热强度的影响参数

上述散热量计算模型中涉及临界温度、环境温度、对流传热系数和综合导热系数几个参数。以下主要讨论这些参数对散热量的影响。

1）临界温度

临界温度与煤矸石自燃倾向及矸石山的宏观性质有关。临界温度越低，越容易自燃。目前人们通过实验研究，认为煤矸石的临界温度大致在 80～97 ℃。在该区间内取不同的临界温度值 81 ℃、87 ℃、93 ℃和 97 ℃进行计算，结果如表 4.17 所示。

表 4.17　不同临界温度下表层散热强度 q_2 的计算值　（单位：W/m^2）

自燃深度/m	临界温度/℃				自燃深度/m	临界温度/℃			
	81	87	93	97		81	87	93	97
0.2	212	233	254	267	2.4	21.9	23.1	25.1	26.5
0.4	116	127	139	146	2.8	18.0	19.8	21.6	22.8
0.6	79.9	87.7	95.6	100	3.2	15.8	17.4	18.9	20.0
0.8	60.9	66.9	72.9	76.9	3.6	14.1	15.5	16.8	17.8
1.0	49.2	54.0	58.9	62.1	4.0	12.7	13.9	15.2	16.0
1.2	41.3	45.3	49.4	52.1	4.4	11.5	12.7	13.8	14.6
1.4	35.5	39.0	42.5	44.9	4.8	10.6	11.6	12.7	13.4
1.6	31.2	34.3	37.4	39.4	5.2	9.8	10.7	11.7	12.3
1.8	27.8	30.6	33.3	35.1	5.6	9.1	10.0	10.9	11.5
2.0	25.1	27.6	30.0	31.7	6.0	8.5	9.30	10.1	10.7

从表 4.17 数据可以看出，临界温度越低，矸石山自燃发生点距表面越近；反之，自燃发生点则距表面越远，但临界温度对矸石山自燃点深度影响并不大。如果自燃煤矸石层集中起来的产热强度是 20 W/m^2，可以达到产热和散热平衡，自燃点深度大致在 2.4～3.2 m。

2）环境温度

四季气温变化和太阳辐射对矸石山表层温度也有影响。这里忽略太阳辐射，仅考虑空气温度对表层散热量 q_2 的影响。选择夏季典型气温 35℃，春秋气温 20℃，冬季气温 5℃进行计算，结果如表 4.18 所示。

表 4.18　不同环境温度下表层散热强度 q_2 的计算值　（单位：W/m^2）

自燃深度/m	环境温度/℃			自燃深度/m	环境温度/℃		
	35	20	5		35	20	5
0.2	201.7	254	306	1.4	33.8	42.5	51.3
0.4	110.3	139	167	1.6	29.7	37.4	45.0
0.6	75.9	95.6	115	1.8	26.5	33.3	40.1
0.8	57.9	72.9	87.8	2.0	23.9	30.0	36.2
1.0	46.8	58.9	71.0	2.4	20.0	25.1	30.3
1.2	39.2	49.4	59.5	2.8	17.1	21.6	26.0

续表

自燃深度/m	环境温度/℃			自燃深度/m	环境温度/℃		
	35	20	5		35	20	5
3.2	15.0	18.9	22.8	4.8	10.6	12.7	15.3
3.6	13.4	16.8	20.3	5.2	9.3	11.7	14.1
4.0	12.1	15.2	18.3	5.6	8.6	10.9	13.1
4.4	11.0	13.8	16.6	6.0	8.1	10.1	12.2

从表4.18中数据可以看出，环境温度越高，自燃点越接近地面。环境温度越低，自燃点越深。但差别不大，环境温度对散热量的影响很小。

3）对流传热系数

对流传热系数的主要影响因子是风速，大致范围在1.5～6.0 m/s，对流传热系数从20.2 W/(m^2·℃)增加到28.9 W/(m^2·℃)，分别取对流传热系数为20.2 W/(m^2·℃)、24.5 W/(m^2·℃)、28.9 W/(m^2·℃)，表层散热强度的计算结果见表4.19。

表4.19　不同对流传热系数下表层散热强度 q_2 的计算值　（单位：W/m^2）

自燃深度/m	对流传热系数/[W/(m^2·℃)]			自燃深度/m	对流传热系数/[W/(m^2·℃)]		
	20.2	24.5	28.9		20.2	24.5	28.9
0.2	254	261.7	267	2.4	25	25.2	25.0
0.4	139	141.2	143	2.8	21.6	21.62	21.7
0.6	95.6	96.7	97.5	3.2	18.9	19.0	19.0
0.8	72.9	73.5	74.0	3.6	16.8	16.9	16.9
1.0	58.9	59.3	59.6	4.0	15.2	15.2	15.2
1.2	49.4	49.7	49.9	4.4	13.8	13.82	13.8
1.4	42.5	42.8	42.9	4.8	12.7	12.7	12.7
1.6	37.4	37.5	37.6	5.2	11.7	11.7	11.7
1.8	33.3	33.4	33.5	5.6	10.9	10.9	10.9
2.0	30.0	30.1	30.2	6.0	10.1	10.2	10.2

从上述计算结果可以看出，对流传热系数对散热量影响不大。环境风速对矸石山自燃的作用主要不是影响对流传热系数，而是影响矸石山内部气体渗流，增加内部对流换热和氧气供应，使得综合导热系数和反应产热速率发生变化，但不包括在上述计算中。

4）综合导热系数

各类非金属物质的综合导热系数存在很大差异，潮湿黏土的综合导热系数大致为2.55 W/(m^2·℃)，而一般绝热材料的综合导热系数在0.03 W/(m^2·℃)左右。可以和煤矸石类比的除了灰质页岩，还有干燥砂质黏土、干燥砂土、中等潮湿砂土和潮湿砂土等，它们的综合导热系数分别为 1.05 W/(m^2·℃)、0.35 W/(m^2·℃)、1.86 W/(m^2·℃)和 2.33 W/(m^2·℃)。如果煤矸石自燃后，形成过火矸石，性质和粉煤灰、煅烧陶粒、煅烧蛭石相似，综合导热系数显著降低。粉煤灰的综合导热系数为 0.186～0.57 W/(m^2·℃)，炉渣为 0.244 W/(m^2·℃)，陶粒为 0.151～0.407 W/(m^2·℃)，绝热材料蛭石为 0.052～0.07 W/(m^2·℃)。

煤矸石综合导热系数不仅变化范围宽，而且受环境影响，一般较难准确估计。综合导热系数对传热过程影响非常大，表 4.20 为取不同综合导热系数时矸石山散热强度的计算结果。

表 4.20　不同综合导热系数下表层散热强度 q_2 的计算值　（单位：W/m^2）

自燃深度/m	综合导热系数/[W/(m^2·℃)]					自燃深度/m	综合导热系数/[W/(m^2·℃)]				
	0.10	0.35	0.84	1.05	2.33		0.10	0.35	0.84	1.05	2.33
0.2	35.0	117	254	304	539	2.4	3.0	10	25	31.0	67
0.4	18.0	61.2	139	170	330	2.8	2.6	9.1	21.6	26.9	58.3
0.6	12.1	41.4	95.6	118	238	3.2	2.3	7.9	18.9	23.6	51.3
0.8	9.1	31.3	72.9	90	186	3.6	2.0	7.1	16.8	21.0	45.8
1.0	7.3	25.1	58.9	73	153	4.0	1.8	6.4	15.2	18.9	41.3
1.2	6.1	21.0	49.4	61.2	129	4.4	1.7	5.8	13.8	17.2	37.7
1.4	5.2	18.0	42.5	52.8	112	4.8	1.5	5.3	12.7	15.8	34.6
1.6	4.5	15.8	37.4	46.4	99.2	5.2	1.4	4.9	11.7	14.6	32.0
1.8	4.0	14.1	33.3	41.4	88.8	5.6	1.3	4.5	10.9	13.6	30.0
2.0	3.6	12.7	30.0	32.3	80.4	6.0	1.2	4.2	10.1	12.7	27.8

从表 4.20 数据可以看出，煤矸石综合导热系数对矸石山自燃点位置，甚至对自燃是否发生都有很大影响。研究表明，当上覆矸石层潮湿，综合导热系数超过 1 W/(m^2·℃)时，自燃点深度估计就在 4 m 以下，进一步增加湿度并保持该湿度，自燃几乎就不可能发生。干燥且绝热良好的煤矸石，不仅容易发生自燃，而且发生自燃的深度比较小。

分析结果表明以下结论。

（1）普通矿井煤矸石最可能发生自燃的深度为 4 m，洗选煤矸石为 1.5 m；干燥煤矸石自燃深度分别为：矿井矸石 2.8 m，洗选矸石 1.0 m；有自燃倾向的矸石山，自燃深度不会超过 6 m，因为该深度热量散失随深度变化已经不大，而深度增加致使 O_2 供应量不足，影响其产热量。

（2）反应产生热量多的煤矸石自燃点必然较浅，而产热量少的煤矸石自燃点必然较深。

（3）影响矸石山散热强度的主要因素有临界温度、环境温度、对流传热系数、综合导热系数。其中以综合导热系数的影响最大，甚至在一定程度上决定矸石山自燃过程是否发生及矸石山自燃点位置。

参考文献

鲍庆国, 文虎, 2002. 煤自燃理论及防治技术. 北京: 煤炭工业出版社.

陈永峰, 2005. 阳泉矿区煤矸石自燃防治研究. 西安: 西安建筑科技大学.

黄文章, 2004. 煤矸石山自燃发火机理及防治技术研究. 重庆: 重庆大学.

古建泉, 1999. 近地气层土壤热交换的数值计算方法探讨. 数学的实践与认识, 29(3): 74-79.

刘剑, 1999. 采空区自燃发火数学模型及其应用研究. 沈阳: 东北大学.

刘高文, 郭一丁, 2004. 红外热成像仪温度场测量的几何信息还原. 红外技术, 26(1): 56-59.

刘培云, 王明建, 2000. 浅析矸石山的自燃机理及燃烧控制. 中州煤炭(5): 37-46.

刘二永, 汪云甲, 顾强, 等, 2007. 矸石山自燃的温度场模型. 矿业安全与环保, 34(4): 9-13.

刘树华, 2004. 环境物理学. 北京: 化学工业出版社.

吕兆华, 2001. 泡沫型多孔介质等效导热系数的计算. 南京理工大学学报, 5(23): 257-261.

莫兴国, 李宏轩, 刘苏峡, 等, 2002. 用土壤温度估算表层土壤导温率与热通量的研究. 中国生态农业学报, 10(1): 62-64.

盛耀彬, 汪云甲, 2007. 矸石山温度场红外热像的空间信息挖掘. 红外技术, 29(1): 59-61.

盛耀彬, 汪云甲, 束立勇, 2008. 煤矸石山自燃深度测算方法研究与应用. 中国矿业大学学报, 37(4): 545-549.

孙跃跃, 2008. 矸石山自燃机理及自燃特性实验研究. 徐州: 中国矿业大学.

王兰云, 蒋曙光, 吴征艳, 等, 2008. 基于孔树模型的煤低温氧化耗氧速率数学模型. 采矿与安全工程学报, 25(1): 104-107.

文虎, 徐精彩, 葛岭梅, 等, 2001. 煤低温自燃发火的热效应及热平衡测算法. 湘潭矿业学院学报, 16(4): 1-4.

徐精彩, 许满贵, 文虎, 等, 2000. 煤氧复合速率变化规律研究. 煤炭转化, 23(3): 63-66.

晏敏, 彭楚, 颜永红, 等, 2004. 红外测温原理及误差分析. 红外技术, 31(5): 110-112.

杨国清, 刘康怀, 2000. 固体废物处理工程. 北京: 科技出版社.

张策, 何绪文, 1998. 煤矿固体废物治理和利用. 北京: 煤炭工业出版社.

张占涛, 王黎, 张睿, 等, 2005. 煤的孔隙结构与反应性关系的研究进展. 煤炭转化, 28(4): 62-68.

赵慧, 2012. 融合多尺度分割与CART算法的矸石山提取. 计算机工程与应用, 48(22): 222-225.

中国矿业大学, 2007. 煤矿矸石山自燃爆炸机理及综合治理技术研究.

帕坦卡, 1984. 传热与流体流动的数值计算. 张政, 译. 北京: 科学出版社.

LOEB A L, 1954. Thermal conductivity VIII: A theory of thermal conductivity of porous materials. Journal of the American Ceramic Society, 37(2): 96-99.

RUSSELL H W, 1935. Prnciplcs of heal flow in porous insulators.Journal of the American Ceramic Society, 18(1): 1-5.

第 5 章　地下煤火多源遥感监测与评价

地下煤火是指在自然条件下或受人类活动影响，地下煤层或煤层露头与 O_2 接触后，从低温氧化自燃到剧烈燃烧后形成一定规模，并产生一系列环境、生态影响的煤层燃烧现象。我国是世界上煤自燃灾害最严重的国家，80%的煤层有自燃倾向。地下煤火监测与评价是实现防灭火及生态治理的基础及前提，近 30 年来，这方面的国内外研究成果逐渐增多，相继出现了物探、化探、热探、钻探和遥感五大类几十种探测方法及一系列评价预测方法。而遥感监测具有大面积同步全天候监测、时效性强、数据综合性高等特点，具有很好的发展前景。随着航天航空和传感器技术、无人机技术的迅速发展及新一代高空间、高光谱和高时间分辨率遥感数据的不断出现，遥感获取数据及分析处理能力全面提升，地下煤火多源遥感监测与评价优势及必要性会更加凸显，需解决、探索的问题也随之增多。本章将结合山西马脊梁及新疆阜康、米泉、宝安火区实例，介绍地下煤火多源遥感监测与评价的研究成果。

5.1　基于空-天-地遥感信息的山西马脊梁煤火监测与评价

大同矿区古窑开采、小煤窑私挖滥采形成了众多在地表浅层燃烧的暗火火区，这些火区资料缺乏，情况不清；且工作面、采空区与地表裂隙相互连通，形成了复杂的立体交叉漏风网。因此，在数百平方千米的井田范围内如何快速、准确确定燃烧点的位置及范围、地表裂隙位置，在此基础上开发有效的治理技术已成为矿井火区治理亟待解决的重大技术难题。本节结合煤火探测技术与大同矿区煤火的特点，利用 Landsat 影像、无人机技术及地面红外热像仪，探索地下煤火遥感监测的技术路线，通过野外监测、井下煤火对地表的影响分析对比、机理探索、模型构建、系统开发，形成空-天-地一体化的地下煤火探测分析技术（Wang et al.，2015）。

5.1.1　研究内容与技术路线

利用 Landsat TM/ETM+影像提取 2000 年、2002 年、2006 年、2007 年和 2009 年 5 个时期的煤火区热场分布信息，分析其变化过程，圈定煤火区的大致范围。利用无人机搭载光学相机拍摄火区的高分辨率影像，结合煤火区地裂缝的纹理、线特征、灰度值等信息，建立知识模型，提取煤火燃烧区的构造裂缝，为探测、治理地下煤火提供依据。利用红外热像仪采集煤火燃烧重点区域的温度场信息，进行热点趋势分析，为确定煤火区燃烧点提供依据，技术路线如图 5.1 所示。

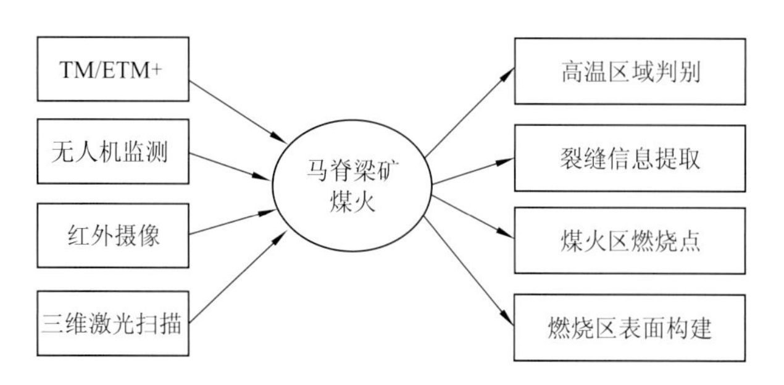

图 5.1　煤火区综合实验技术路线

本节从不同尺度进行监测研究：①以 Landsat 热红外波段反演整个研究区的温度分布情况，在此基础上对研究区地物进行太阳辐射温度分类，以圈定煤火区大致范围；②利用无人机技术获取研究区高分辨率影像，解译地下煤火燃烧导致的地表裂缝特征，以确定煤火区地表裂缝，为探测、治理地下煤火提供依据；③对于煤火燃烧严重区域，利用地面红外热像仪构建高精度的地表温度场分布图，分析其空间变异特征，为确定煤火区燃烧点提供依据。

研究区位于大同矿区北部的马脊梁矿煤火区，如图 5.2 所示。大同矿区煤火均在侏罗纪 2 号煤层，距地表 30～130 m，煤层平均厚度约 1 m。该煤层是小煤窑开采的主要煤层，破坏严重。小煤窑废弃的巷道为未开采煤炭资源提供 O_2，是导致煤火的主要原因之一。另外，由于采深较浅，地形起伏剧烈，煤火燃烧又减弱了顶板承压能力，导致地表裂缝密集，空气通过裂缝进入地下煤层，加剧了煤火燃烧。

图 5.2　马脊梁矿煤火区相关地表照片

5.1.2　TM/ETM+火区温度遥感监测

地下煤火燃烧在地表和近地面形成温度高于其周围环境的温度，可用热红外遥感监测到。本节主要研究采用美国 Landsat TM/ETM+热红外波段进行矿区地表热场监测。

Landsat-5 卫星传感器 TM 有 4 个可见光波段、3 个近红外波段和 1 个热红外波段，其热红外波段 TM6 是 20 世纪末可提供的最高分辨率的星载热红外数据，已被用于探测地下煤火。Landsat-7 卫星于 1999 年发射升空，其 ETM 数据共包含 8 个波谱段，除了同以前的 TM 有相同波谱和空间分辨率的波段以外，增加了一个分辨率为 15 m 的全色波段（pan），并且有两个热红外通道 61、62，热红外波段的分辨率由之前的 120 m 提高到 60 m。在数据的辐射特征方面，Landsat-7 ETM+传感器的辐射定标误差与 Landsat-5 数据相比精度提高了近一倍，达到 5%。

在进行煤田火区地表温度反演前，需要对 Landsat 影像进行预处理，包括几何粗校正和精校正，裁剪出煤火所在的区域。

大同矿区 Landsat TM/ETM+条带号为 125/32。本章利用 2000-07-01、2002-09-25 和 2007-09-15 三幅影像进行温度反演，根据以上方法得出大同矿区三个时间的地表温度分布图（图 5.3）。

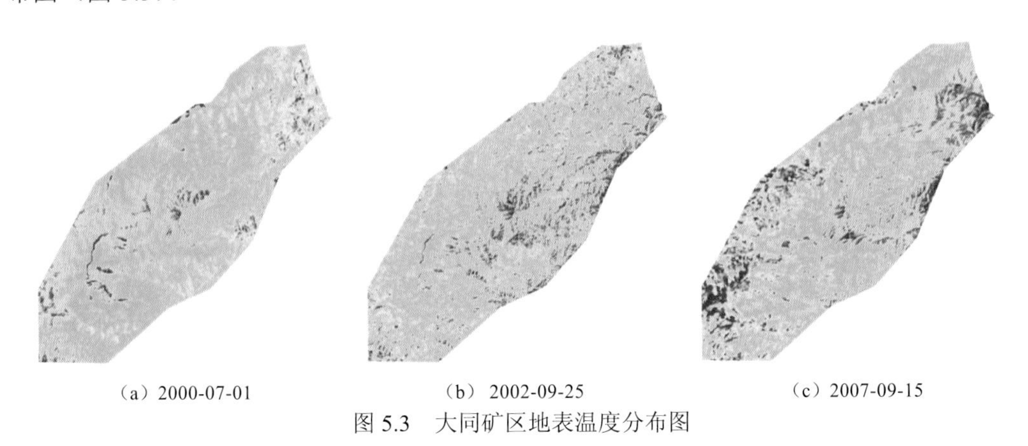

（a）2000-07-01　（b）2002-09-25　（c）2007-09-15

图 5.3　大同矿区地表温度分布图

图 5.3 中，由蓝色到红色温度逐渐升高。从以上三景温度分布图可以看出，大同矿区温度存在明显的空间差异，且随着时间的变化，温度的高低也有所变化。2000-07-01 最低温度为 28.47 ℃，最高温度为 68.40 ℃，平均温度为 42.61 ℃，并且高温地区主要分布在东北部，且面积较小，分布零散；2002-09-25 最低温度为 14.26℃，最高温度为 45.58 ℃，平均温度为 26.21 ℃，高温地区面积逐渐扩大，且向中部扩散；2007-09-15 最低温度为 9.88 ℃，最高温度为 38.32 ℃，平均温度为 28.253 ℃，高温面积急剧增加，主要分布在矿区的西南区域，如图 5.4 所示。

在确定疑似火区范围的基础上，选择疑似火区内马脊梁矿工业广场西北部附近为煤火监测试验区（以下简称试验区），如图 5.4 所示。

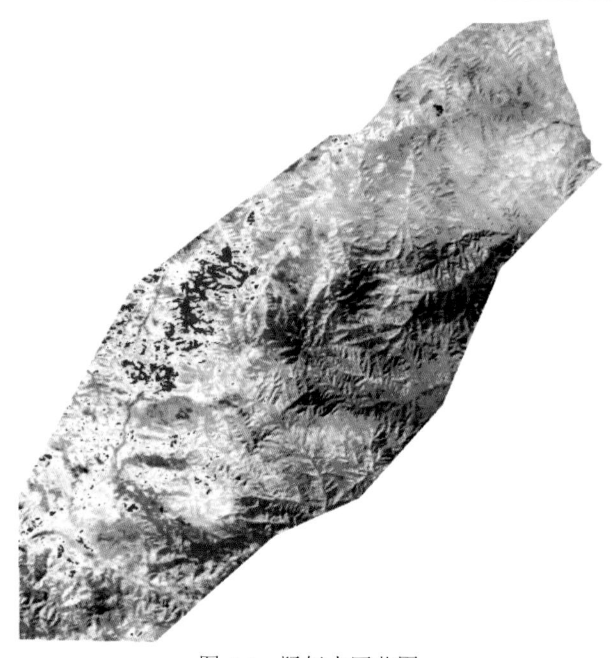

图 5.4 疑似火区范围

采用 Landsat 热红外波段进行地下煤火区探测是煤火研究中常用的最重要的探测手段之一（Jiang et al.，2011a；Mishra et al.，2011）。目前，利用 Landsat TM/ETM+影像反演地表温度算法主要有辐射传导方程法、单窗算法和单通道算法（Sobrino et al.，2004；Jiménez-Muñoz and Sobrino 2003；Qin et al.，2001）。结合大同矿区可用数据及前人对各种算法的精度比较（丁凤和徐涵秋，2008），本书选取单窗算法对煤火区 Landsat TM/ETM+影像进行温度反演。由于 Landsat7 的 SLC 失灵，2003 年之后的 ETM+影像数据呈条带丢失，综合考虑选取 2000 年、2002 年的 ETM+影像及 2006 年、2007 年、2009 年的 TM 影像对矿区地表温度进行反演，得到 5 个时期的温度空间分布信息，如图 5.5 所示。

图 5.5（a）为 2002-09-25 的 ETM+真彩色合成影像，空间分辨率为 15 m，可以看出研究区西侧多为建筑用地，其温度受太阳辐射影响较大，故在图 5.5（b）～（f）中该区域温度较高，呈红色。研究区东侧为荒地，植被覆盖稀少，图 5.5（b）～（f）中与之对应的区域温度分布差异较大，有明显的西南—东北走向的高温带，比周围蓝色的低温区高出 10～30 ℃，且部分高温带的位置对应于图 5.5（a）中植被覆盖的部分。从而可以推断该区域地下有煤火燃烧。由于 Landsat 影像热红外波段空间分辨率较低，限制了其在小尺度上的温度监测能力，图 5.5（b）～（f）像素的斑块效应明显，说明 Landsat 影像即使能够探测到高温异常区域，但利用其结果圈定的煤火范围精度难以满足要求。但是 Landsat 影像的温度反演产品能够提供从宏观上体现煤火区温度的分布特征，反映整个煤火区地表接受太阳辐射能量的差异情况，可用来提取非煤火燃烧区背景，为精准圈定煤火区提供靶区。

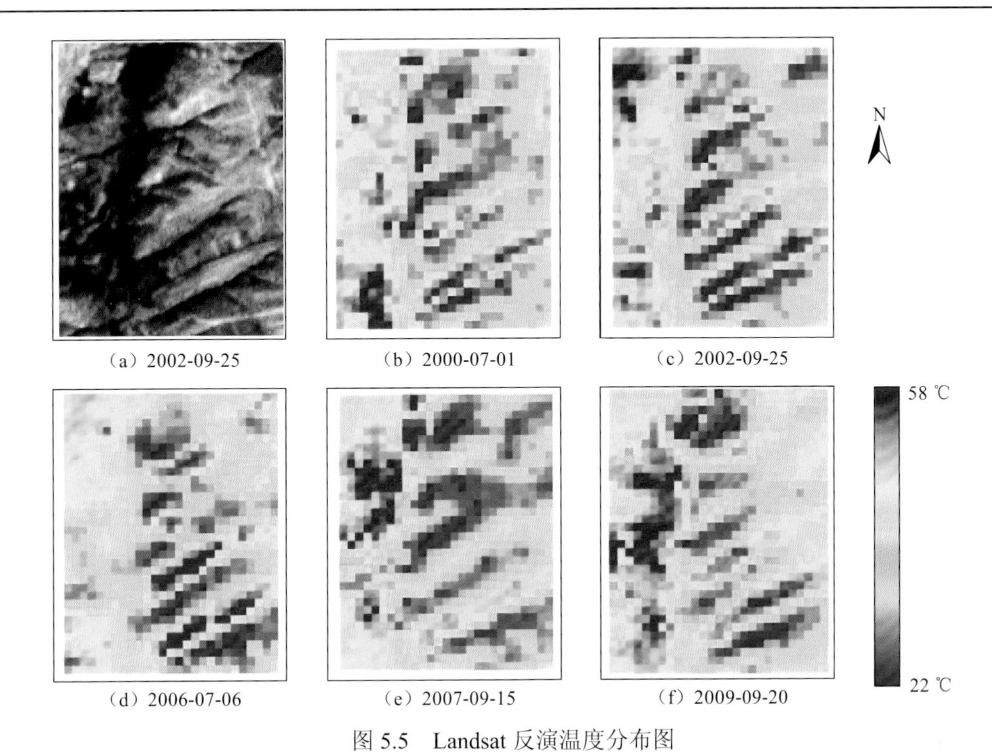

图 5.5　Landsat 反演温度分布图

（a）为 2002 年 9 月 25 日 R（Band 5）、G（Band4）、B（Band3）的 15 m 分辨率合成影像；（b）～（f）为不同时期的 60 m 分辨率温度反演影像

5.1.3　无人机煤火监测

地下煤火燃烧会使采空区顶板承压减弱，冒落加剧，产生地裂缝，为地下自燃煤层提供氧气，加剧地下煤火燃烧，形成“煤火—地裂缝—地表裂陷”的恶性循环。因此，地下煤火燃烧严重区域的地表裂缝的宽度和密度均较大，获取地表裂缝的空间分布特征能够辅助判定地下煤火燃烧区的位置及范围，也可为填实地裂缝、治理地下煤火提供依据。高分辨率遥感因其宏观性、现势性、信息丰富等特点，非常适用于大范围、大地裂缝调查。但也存在拍摄时间不灵活、云层遮挡严重等问题，且不能监测到宽度较小的地裂缝，同时商业卫星的存档数据大多为植被信息丰富的夏季，增大了地裂缝监测数据源获取的难度。与航空航天遥感系统相比，无人机低空遥感系统具有灵活机动、高效快速、作业成本低等多方面显著优势，其影像空间分辨率可以达到厘米级，且可以选择任意时间拍摄，为小范围煤火区地裂缝的提取提供了理想的数据源（魏长婧 等，2012）。

图 5.6 为无人机煤火监测分析内容及技术流程。本节利用无人机搭载光学数码相机拍摄了马脊梁矿煤火区 0.2 m 的高分辨率影像，如图 5.7（a）所示，图 5.7（b）为地表裂缝，图 5.7（c）为马脊梁矿煤火区地裂缝的实际情况，煤火燃烧的烟雾从中冒出，伴随着刺鼻的 H_2S、SO_2 等煤炭燃烧所产生的有害气体，说明裂缝与地下煤层相通，为煤火燃烧提供 O_2。

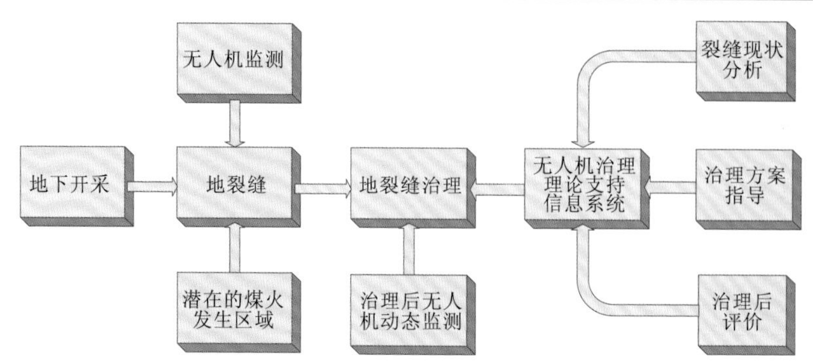

图 5.6 无人机煤火监测分析内容及技术流程

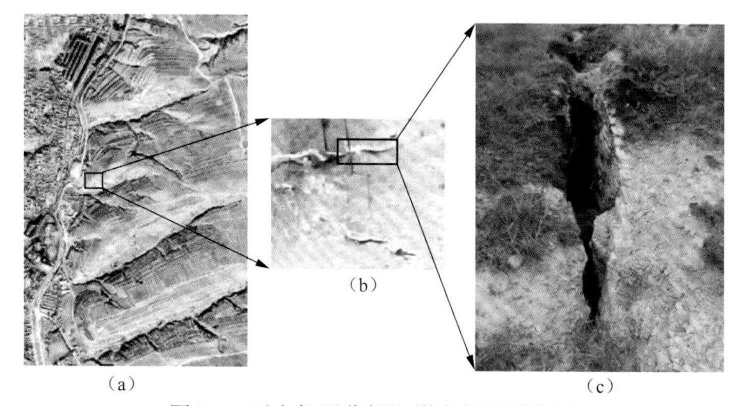

图 5.7 无人机影像提取煤火的解译特征

利用无人机影像及其温度反演结果，参考试验区内各地物特征进行目视解译，最终获得试验区煤火区分布图（图 5.8）。

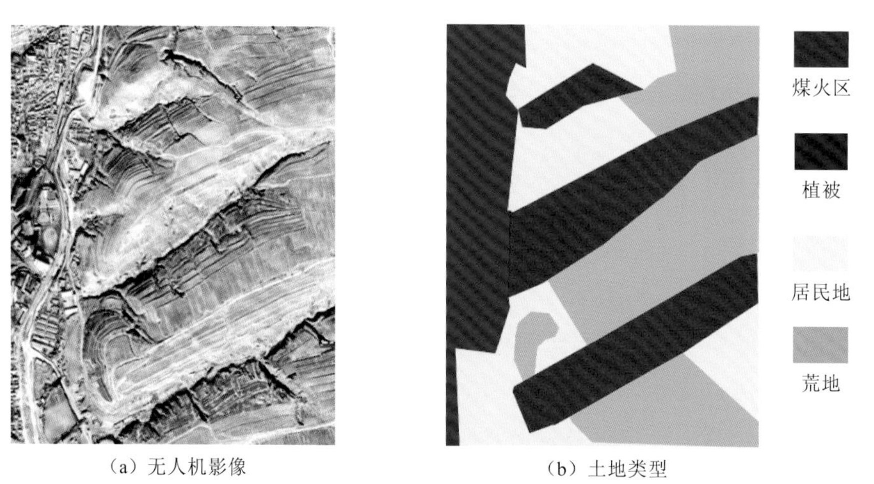

（a）无人机影像 （b）土地类型

图 5.8 煤火遥感解译分布图

通过遥感影像目视解译及实地调查分析，得到试验区各类地物的面积及百分比，如表 5.1 所示。结果显示：研究区以煤火区和植被为主，两种类型占到试验区总面积的 57% 之多，居民地和荒地分布面积相对较少。

表 5.1　各类地物的面积及百分比

类型	面积/hm^2	百分比/%
煤火区	38.34	25.78
植被	47.12	31.69
居民地	25.51	17.16
荒地	37.73	25.37

根据煤火区影像的纹理信息、线特征、灰度值范围等信息，本节建立火区地裂缝的知识模型，实现地裂缝的自动提取。步骤包括：①利用一次方差法、二次方差法、数据范围法和对比度法，选择一定的滑动窗口对无人机影像滤波，得到地裂缝区纹理信息特征；②利用主成分分析法和 Fisher 线性判别法提取煤火区的线特征，并计算地裂缝、房屋、田埂等不同线特征的分形维度，分离地裂缝与其他地物；③对无人机影像进行灰度值的统计，利用 GPS 获取地裂缝样本区域的灰度值范围，并与非裂缝区进行对比，确定分离阈值；④根据（1）～（3）建立的知识模型，利用 ERDAS 软件建模，实现地裂缝的自动提取。图 5.9 为无人机影像提取地裂缝的技术路线与流程，图 5.10 为基于知识模型的构造裂缝提取结果。

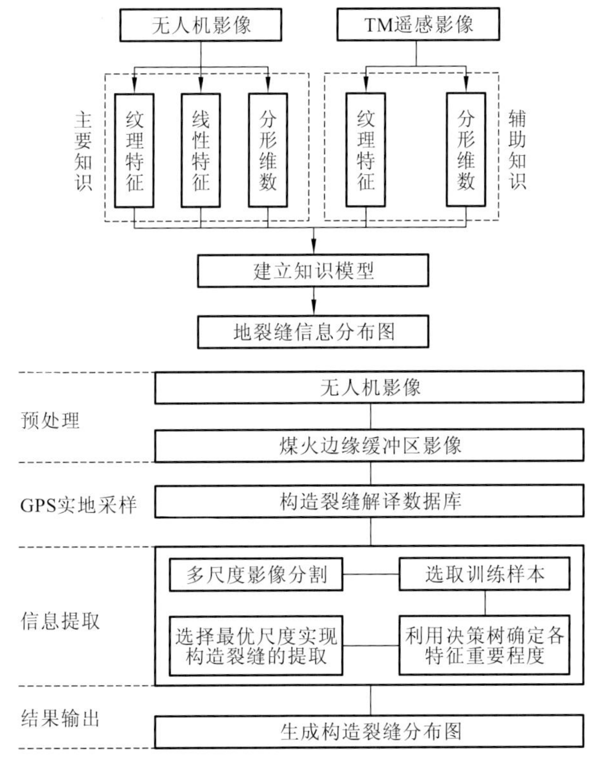

图 5.9　无人机影像提取地裂缝信息的技术路线与流程

（a）无人机影像

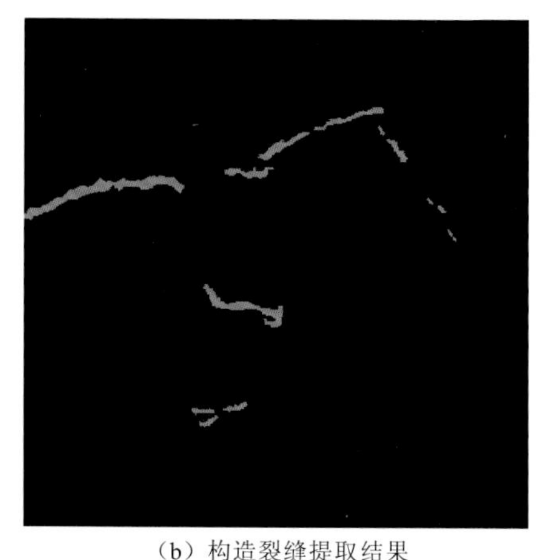

（b）构造裂缝提取结果

图 5.10　基于知识模型的构造裂缝提取最终结果

5.1.4　红外热像仪火区温度场监测

1. 自燃山体表面温度场分析

红外热像仪具有便于携带、温度测量精度高等优点，利用红外热像仪拍摄煤火燃烧的重点区域，可以构建高精度的地表温度场分布图，分析煤火燃烧的范围，精准确定燃烧点。本节选用 TH9100WRI8.5 红外热像仪，对煤火自燃区山体由坡顶至上而下进行平行分区，并采集热红外像片，进行地面热红外监测。在室内将采集的热红外影像按空间坐标进行拼接，结果如图 5.11 所示。

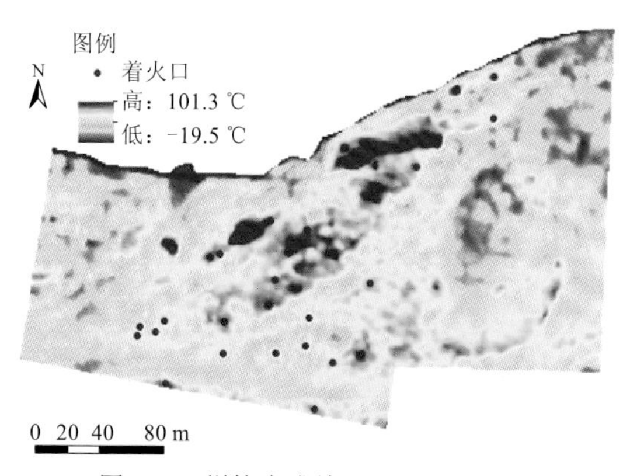

图 5.11　拼接合成结果（部分山体）

存在自燃的山体温度明显高于不存在自燃的四周环境温度（环境温度约-23 ℃），说明山体内部具有明显的燃烧迹象。在此基础上，利用“Getis-Ord General Gi*”这一空间数据分析的“二阶效应”方法分析马脊梁矿煤火区地表温度的聚类分布（王远飞和何洪林，2007），以研究高温区和低温区的分布趋势。

从图 5.12 可以明显地看出：马脊梁矿煤火区地表温度表现出规律性较强的空间变化

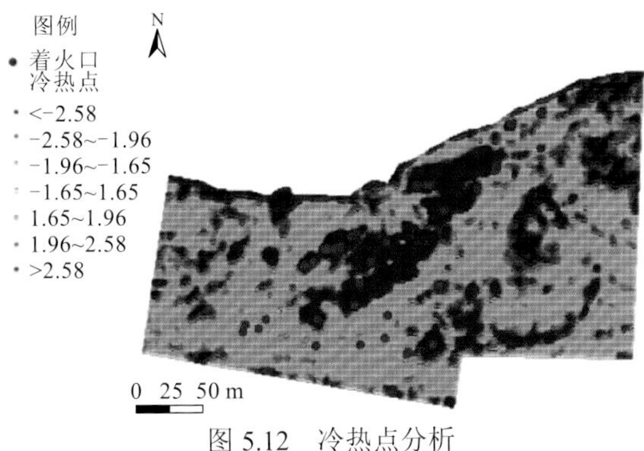

图 5.12　冷热点分析

趋势，高温区和低温区分布相对集中，山体表面温度的空间分布具有明显的聚集性，说明地下也存在明显的煤火深层燃烧区和浅层燃烧区。

山体中各地裂缝口都有明显的烟尘涌出，伴有 H_2S 等刺激性气体，疑为地下煤火燃烧区的外在表现载体，利用手持式 GPS 采集该山体中各地裂缝的坐标并获得对应温度。从图 5.13 可以看出，地裂缝处的温度都较周围地表温度高，但部分地裂缝温度低于远处非裂缝，表明地裂缝处只是山体内部煤火燃烧点与外界空气交换的通道，内部气体通过区域裂隙向外排出，但并不是内部燃烧点在地表的垂直体现。

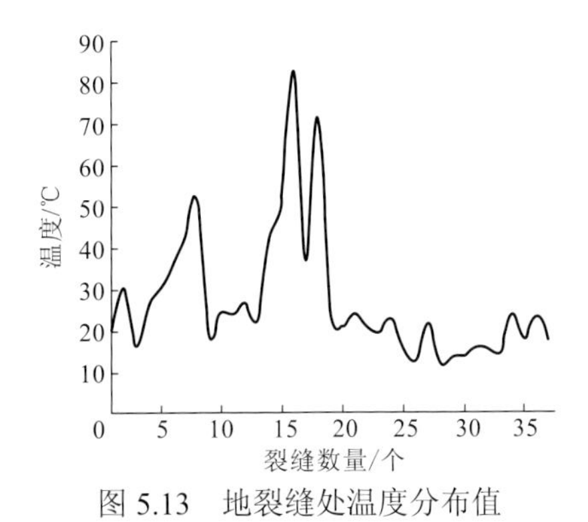

图 5.13　地裂缝处温度分布值

2. 自燃山体内部煤火区燃烧点确定

自燃山体表面温度场分析明确了山体燃烧的地表特征和温度分布，并为山体内部煤火燃烧的位置探究奠定了基础。但是地下煤火燃烧点的确定涉及煤氧化反应的动力学参数、矿山内不同深度的温度和 O_2 浓度、煤炭的放热速率、山体岩石和土壤的导热性、孔隙度等参数，目前还没有能够解决该问题的通用模型，盛耀彬等（2008）在研究矸石山内部自燃时推导出了煤矸石自燃深度的产热、散热平衡解算方程，利用修正的产热、散热平衡方程法估算地下煤火燃烧深度。

考虑研究区以煤火燃烧为主，对该方程进行修正，取消矸石含碳量修正值，得到新的煤火燃烧深度测算方程：

$$L = g(t_i - t_a)/(KK_D) \tag{5.1}$$

式中：L 为自燃深度；g 为对流给热系数，自然界空气对流给热系数一般取 20 W/(m²·℃)；t_i 为矿山表面温度；t_a 为大气环境温度；K 为折算系数；K_D 为煤炭颗粒修正系数，其中，K、K_D 的取值在文献给出方法的基础上将矸石的导热系数修正为岩石的导热系数，并取值 3 W/(m·K)（盛耀彬 等，2008）。

根据各参数值计算得到地表温度最高处（101.3℃）的地下煤火燃烧深度约为 1.87 m，地表温度 0℃处的地下煤火燃烧深度约为 7.33 m，而地表温度等于或低于大气温度的区域，则不存在自燃现象。据此选取拟合度较好的对数函数和幂函数拟合出该自燃山体地表温度与地下着火点深度的函数式，如图 5.14 所示，并得到该自燃内部燃烧点深度图，如图 5.15 所示。

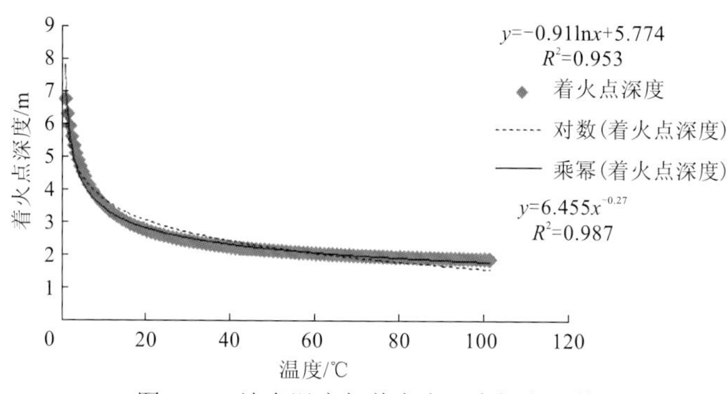

图 5.14 地表温度与着火点深度拟合函数

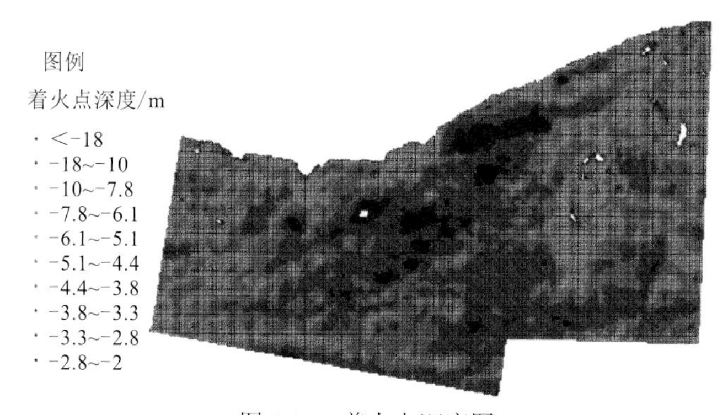

图 5.15 着火点深度图

1. 图中包含于蓝色区域的白色区为着火点深度最浅区，而包含于红色区域的白色区位着火点深度最深区；2. 地下煤火燃烧深度的测算与地层的岩石性质、煤层化学组分、杂质含量等大量参数密切相关，在这些参数值的选取中存在很多的不确定因素，有待今后进一步探讨以提高研究结果的精度

通过本节研究，得到如下结论。

（1）Landsat 热红外波段可以从宏观上反映煤火区太阳辐射温度的空间分布特征，为精准圈定煤火区提供靶区。

（2）无人机因其影像拍摄时间灵活、空间分辨率高等特点，能够为煤火监测提供较理想的数据源，通过无人机搭载光学相机获取的影像能够提取煤火区厘米级宽度的地裂缝分布信息，进而辅助判定地下煤火燃烧情况，为填实地裂缝、治理地下煤火提供依据。

（3）利用红外热像仪拍摄的煤火燃烧区的温度图像，可建立地表温度场模型，从小尺度上分析地下煤火燃烧引起的地表温度场变异情况，推断煤火燃烧的特点及着火点深度，为确定煤火区燃烧点提供依据。

5.2　基于热红外与InSAR信息的新疆阜康煤火监测与评价

目前热红外技术在火区识别中应用较多，具有良好的表现，但也存在一些问题，如温度反演误差、热异常提取误差、低比热容地物导致的非煤火热异常现象等。另外，深部隐蔽煤火因热量传导不到地面，也无法利用该方法进行探测。卫星遥感热红外数据的分辨率也限制了该技术识别小型煤火的能力。近几年，已有学者采用 InSAR 技术监测地表沉降来进行火区识别，其在一定程度上显示出有效性，且有发现小型煤火或隐蔽煤火的潜力。例如，Pan 等（2013）、Jiang 等（2011b）采用 SAR 数据在乌达火区进行了 D-InSAR 等实验，结果发现沉降点位与火区具有一定的重叠度，且煤火燃烧会进一步使周围地区产生新的裂缝和裂隙。为弥补卫星遥感热红外技术在火区识别和监测上的缺陷，本节在新疆阜康火区进行卫星遥感热红外、InSAR 联合识别火区实验。

5.2.1　研究区域与技术路线

研究区域为新疆阜康矿西部（88°～88°12′E 和 43°02′～43°09′N），隶属于新疆维吾尔自治区昌吉回族自治州阜康市，地处天山（博格达峰）北麓、准噶尔盆地南缘，地表植被稀疏，地势由南向北逐渐降低，地形复杂，切割强烈。其南北长约 9 km、东西宽约 15 km，总面积约 135 km^2，研究区域位于欧亚大陆腹地，属于大陆性干旱半干旱气侯，夏季炎热少雨，冬季干燥寒冷（周继兵 等，2005）。该地区煤炭储量丰富，煤种主要为气煤、长焰煤等，煤质优良，是良好的炼焦用煤、配焦用煤和动力用煤。矿区内煤炭变质程度低、挥发分较高，灰分产率低—中等，无黏结性，煤层松散，易风化成粉沫，温度升高时，容易导致煤层自燃。而且，中生界侏罗系地层在矿区广泛出露，加之区域内褶皱断层较多，使得煤层很容易与空气接触，导致研究区域内存在多处煤火燃烧区。另外，研究区域内煤矿多，包括 1～10 号矿井全部或部分（图 5.16），开采活动也是诱发煤火产生的重要原因。煤火对当地的生态和地质环境具有较大的破坏作用，对人们的生产和生活安全构成了一定的威胁（张青松，2014；曾庆宇和张利松，2012）。

本节首先通过普适性单通道算法进行地表温度反演，获取研究区域内地表温度空间分布信息，同时利用时序 InSAR 分析技术获取研究区域内地表形变信息，并在形变信息的基础上构建带通滤波器，利用其对地表温度进行带通滤波以排除或减弱非煤火导致的地表高温异常，从而实现疑似煤火空间分布范围的提取，整体技术路线如图 5.17 所示。

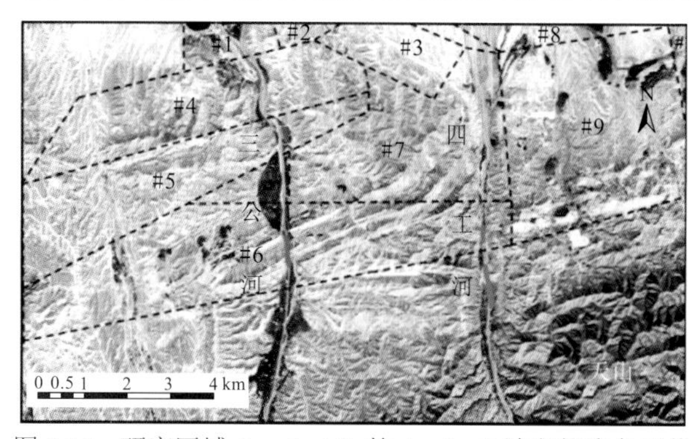

图 5.16 研究区域 Landsat-8 的 4、3、2 波段假彩色影像

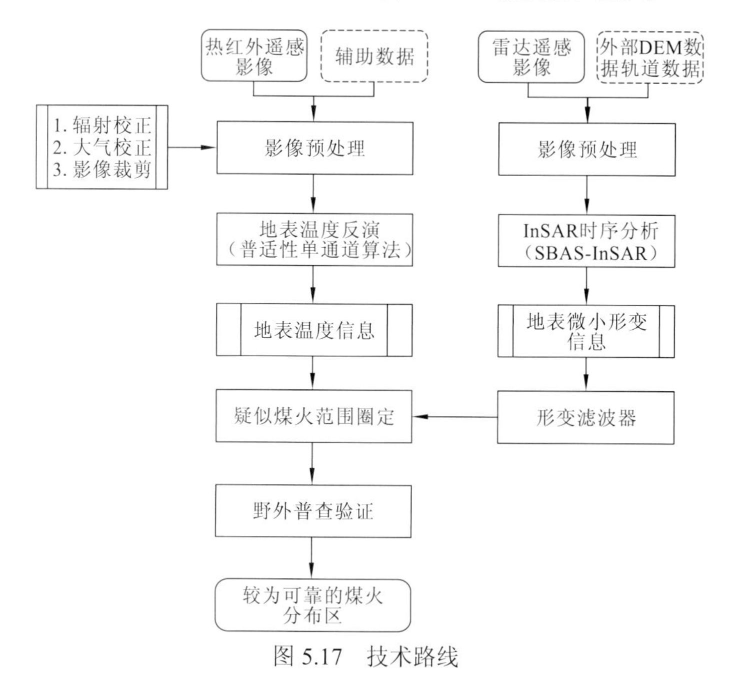

图 5.17 技术路线

1. 地表温度反演

针对 Landsat-8 的普适性单窗口地表温度反演算法，既考虑了地表比辐射率的影响，又考虑了大气辐射的影响，适用于大气水汽含量较低的区域，研究中首先对原始数据进行预处理，包括辐射定标和大气校正，然后计算归一化植被指数（NDVI），使用 NDVITEM 法计算地表比辐射率（覃志豪 等，2001），并结合 DEM 数据利用（SCS+C）模型进行地形辐射校正（Soenen et al.，2005），然后根据美国国家航空航天局官网计算得到的大气透过率，利用 1976 美国标准大气对应的大气透过率与大气水汽含量的关系计算研究区域的大气水汽含量（g/cm^2），之后依据普适性单通道算法，对研究区域的热红外影像进行地表温度反演。计算公式为

$$T_S = \gamma\left[\frac{1}{\varepsilon_{\text{surface}}}(\psi_1 L_i + \psi_2) + \psi_3\right] \tag{5.2}$$

式中：γ 为普朗克方程相关的系数，可以由星上辐射亮度 L_i 和星上亮度温度 T_i 计算得到；$\varepsilon_{\text{surface}}$ 为地表比辐射率；ψ_1、ψ_2、ψ_3 为三个大气参数，可由大气水汽含量计算得到，计算公式为

$$\psi_i = c_{ij} \cdot \omega^2 + c_{ij} \cdot \omega + c_{ij} \tag{5.3}$$

式中：c_{ij} 为系数，可以查阅表 5.2（王猛猛，2017）。

表 5.2　针对 Landsat-8 TIRS 第 1 波段的大气参数计算系数表

传感器波段	c_{ij}	$j=1$	$j=2$	$j=3$
Landsat-8 TIRS1	$i=1$	0.040 19	0.029 16	1.015 23
	$i=2$	−0.383 33	−1.502 49	0.203 24
	$i=3$	0.009 18	1.360 72	−0.275 14

将 2015 年、2016 年、2017 年期间的共 8 幅影像，进行地表温度反演并求出每一幅影像地表高温异常区。由于研究区域范围较小，全区所受的太阳光照条件和大气条件基本相同，可以通过对热红外遥感影像反演得到的地表温度信息进行统计分析，利用地表温度的均值 μ 和方差 σ，提取出地表温度信息中大于 $\mu+\sigma$ 的像元作为地表高温异常区（邱程锦 等，2012）。为了降低偶然误差的影响，提取出稳定的地表高温异常区，基于煤火自燃区的温度信号在时间维度上呈现为持续高温的特点，将 8 幅地表温度信息对应的像元在时间维度上展开，分析其均值方差等统计特征，如图 5.18 所示。煤火变化和发育的特点表明，在一定时间内煤火导致的地表高温异常应该是持续的，所以将 2015～2017 年持续高温异常的区域，即均值和方差满足条件的区域予以保留，如图 5.18 中蓝线所示，其他的区域则认为受误差影响较多予以排除（如图 5.18 中的红线所示）。另外，根据煤火燃烧和发育特点可知煤火自燃区一般不是孤立的点，所以最后将提取到的高温异常信息进行卷积运算，排除零星分散的区域，最终获取的地表高温异常区域如图 5.19 所示。

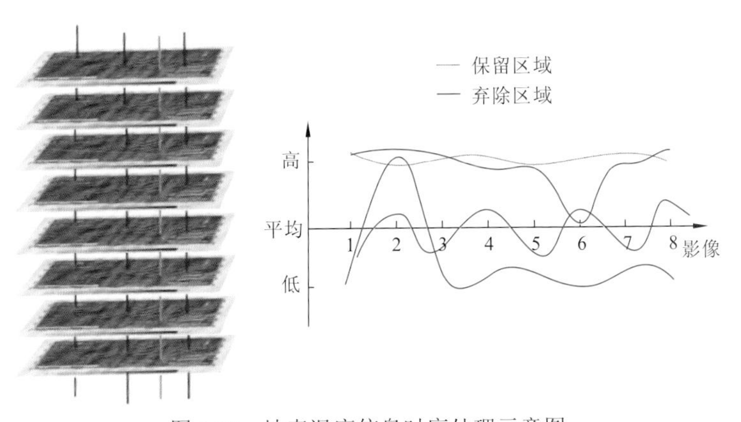

图 5.18　地表温度信息时序处理示意图

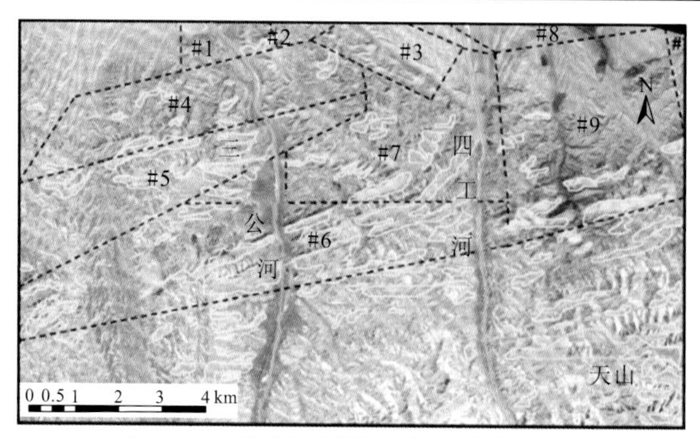

图 5.19　研究区域地表高温异常区域示意图

2. 地表微小形变监测

时序 InSAR 分析方法相比于常规 InSAR 技术能够在一定程度上解决时空失相关和大气延迟的问题，具有较高的监测精度，能够满足煤火燃烧可能引起的地表微小沉降监测的要求（周洪月 等，2017）。借助时序 InSAR 分析和热红外遥感技术，将疑似煤火区的地表形变信息与地表温度信息进行融合分析，实现多源遥感数据联合煤火探测。利用 Berardino 等（2002）提出的多主影像 SBAS 时序方法提取研究区地表形变，与传统单主影像时序分析相比，其在一定程度上能够克服时间去相干的不利影响，选择出更多地面相干点。该方法的基本思想是：先根据短基线原则将 SAR 影像组成若干的干涉对集合，再利用最小二乘法得到每个小基线集的地表形变序列，最后采用奇异值分解（the singular value decomposition，SVD）算法将多个小基线集联合求解，获得高相干点平均形变速率（梁涛，2014）。对任意干涉图 j 在 t_A 与 t_B 时间内（$t_B>t_A$）获取的影像进行干涉，生成方位向坐标 x 和距离向坐标 r 的像素的干涉相位可以表示为两个时间段的平均相位速率 v_j 与该时间段之间的乘积，则第 j 幅干涉图的相位值可表示为

$$\sum_{k=t_A,j+1}^{t_B,j}(t_k-t_k-1)v_k=\delta\phi_j \tag{5.4}$$

其中：$j\in(1, 2, \cdots, M)$；v_j 为 t 时刻 SAR 影像的相位值；

$$v_j=\frac{\varphi_j-\varphi_{j-1}}{t_j-t_{j-1}} \tag{5.5}$$

表示成矩阵的形式即为

$$\boldsymbol{B}v=\delta\varphi \tag{5.6}$$

运用 SVD 法对 $\boldsymbol{B}$ 矩阵进行解算，即可得到速率的最小范数解。

针对雷达遥感影像，同样首先对原始数据进行预处理，所有影像与 2016 年 5 月 6 日主影像配准，根据短基线的原则将每幅影像和前后相邻的 3 幅影像进行差分，共生成 108 个小基线差分干涉对（图 5.20），然后利用 GACOS 大气干涉相位校正数据和时空滤波方法削弱大气差异的影响（Yu et al.，2018a，2018b，2017），从而获取研究区域地表形变信息（图 5.20）。从图中可以看出研究区西北地区整体形变较小，中部偏北地区下降趋势明显。

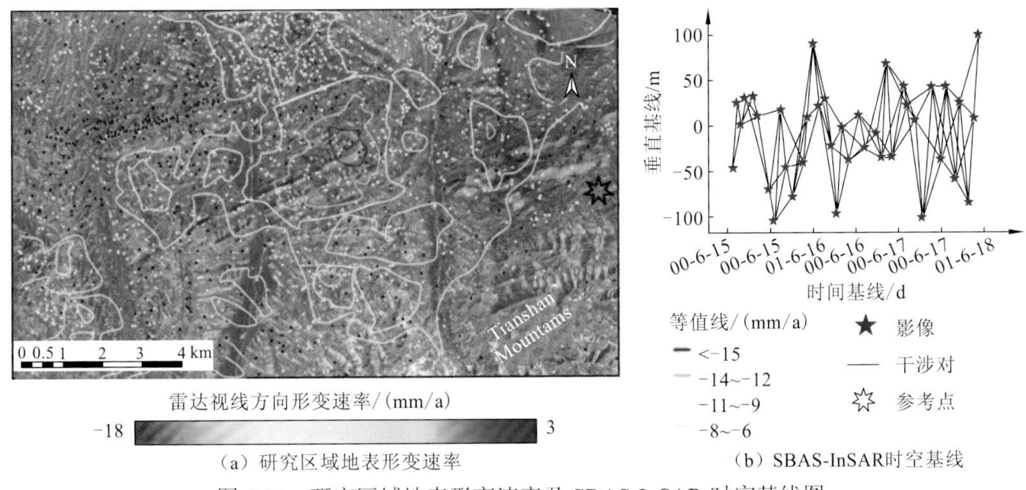

(a) 研究区域地表形变速率　(b) SBAS-InSAR时空基线

图 5.20　研究区域地表形变速率及 SBAS-InSAR 时空基线图

3. 疑似煤火区探测

地下煤炭燃烧会导致地表温度升高，所以可以将地表温度信息作为煤火位置判断的重要依据，一般可以设置高温异常阈值，将高温异常区域作为疑似煤火分布区域，但是由于地表有低热容量覆盖物（如砂岩等）存在，可能会出现非煤火导致的地表高温区，这些区域会对煤火的探测产生干扰，造成煤火区的误判。因此，基于单一遥感数据源的疑似煤火区探测往往受限严重，为了能够更加准确地开展煤火区遥感探测，多源遥感数据的联合应用势在必行。

由于地下煤炭的燃烧不仅会产生高温，围岩体积和力学性质还会因为高温产生变化引发塌陷、地裂缝等地质灾害，表现在热红外影像上是高温异常，表现在时序干涉测量信号上则呈现为微小形变。为了减少误差的影响，以 5 mm/a 的下沉速率为阈值构建带通滤波器，使得地表下沉速率大于阈值的区域对应的热信号能通过带通滤波器，地表无下沉或下沉速率较小的区域对应的热信号不能通过带通滤波器。为了提高煤火探测的准确性和可靠性，利用其对地表温度进行带通滤波排除部分非煤火导致的地表高温异常区域，留下的高温异常区所对应的范围作为最终提取到的煤火的疑似分布区域。基于地表形变信息构建空间带通滤波器提取疑似煤火空间范围的过程如图 5.21 所示。

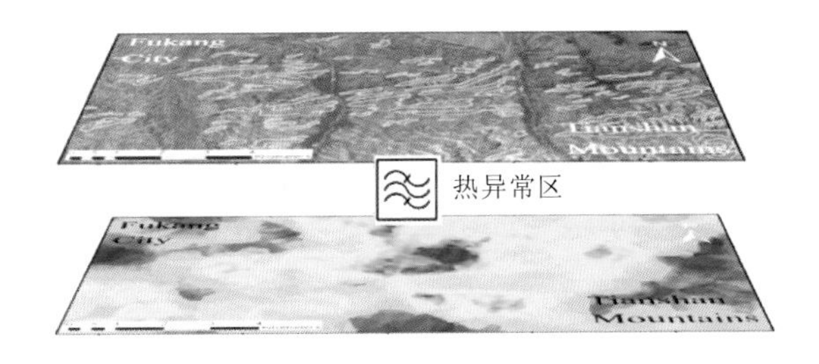

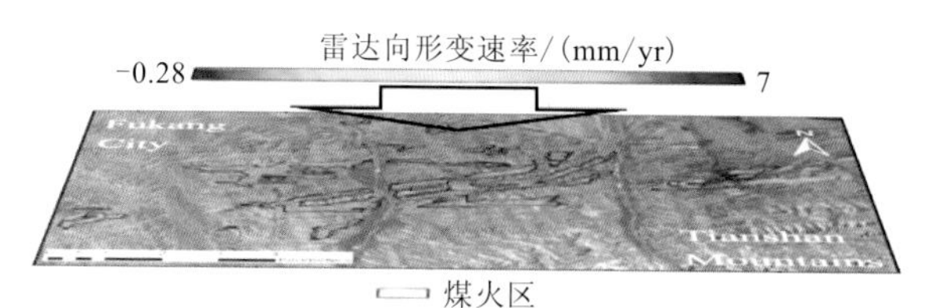

图 5.21 空间滤波提取疑似煤火范围示意图

5.2.2 结果验证与分析

地下煤炭的燃烧在地表会有一定的迹象，如产生地裂缝、烟气，甚至可以看到明火，本小节依据新疆维吾尔自治区煤田灭火工程局近 5 年的野外实地探测到的煤火点坐标对上述煤火探测的结果进行验证，如图 5.22 所示。图中红线圈定的区域为疑似煤火分布区，绿色三角代表实地探测到的煤火点位。

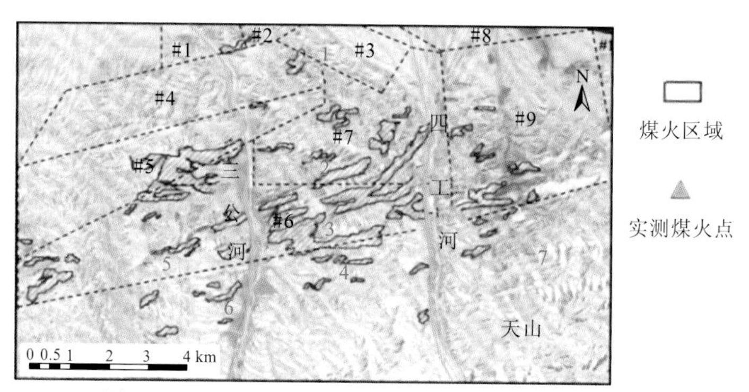

图 5.22 研究区域疑似煤火和实测煤火叠加示意图

从图 5.22 可以看出，研究区域野外共探测到地表有明显迹象的煤火点有 7 个。图 5.22 中分别标号为 1～7，其中 1、2、3、4、5 和 6 号煤火点均在探测到的疑似煤火区中或是在疑似煤火区附近，只有距矿井边界较远的 7 号点离疑似煤火区较远，对比前面单独的温度异常区域和沉降集中区域可以发现 7 号煤火点既不在温度异常区附近，也不在下沉集中区附近。分析认为，由于这些煤火点是在近 5 年的时间中发现的，而本节监测时间是 2015～2017 年，可能 7 号煤火点燃烧时间较早，在 2015 年之前已经熄灭。此外，从结果中可以看到有些煤火点在圈定的煤火范围附近并不在范围里，这是因为煤火燃烧所产生的烟气会沿着岩石裂隙或矿区巷道等传递到地表，野外探测到的煤火点可能并不在地下燃烧区域的正上方，对于一些位于地表以下较深的煤火应当结合物探等手段来综合判断。

另外，从图 5.22 中还发现，提取到的疑似煤火分布区要多于地面普查到的煤火点区，其原因包括：①地下有煤火发生，煤火在地下深处或其他原因导致在地表没有看到明显的迹象，因而实地普查没有看到煤火；②遥感技术本身受到多种因素的影响，存在各种噪声，由监测误差导致煤火区的误判。

为了进一步分析煤火区的特点，在每一个煤火点附近绘制一条长度为 4 km 的水平线，绘制出该线上的地表温度和地表形变剖面信息，将 1、2、6、7 号煤火点的剖面信息展示出来，如图 5.23 所示。图中红色的竖直点划线即是地面普查到的煤火点所在的位置，绿色的竖直点划线和蓝色的竖直点划线分别标示煤火点东西方向各 1 km 处。从图中可以看出，1、2、6 号煤火点附近的地表温度均相对较高，而且均有较大的地表下沉速率，这一现象也表明热红外与雷达干涉测量在煤火遥感探测中具有较好的耦合性，为煤火探测提供了良好的物理基础。再分析 7 号煤火点所在区域附近，地表温度相对较低，地表形变也较小，所以这里不是圈定的煤火区。剖面图可以很直观地反映联合探测方法具有一定的实用性，提取出的煤田火区具有较高的准确性和可靠性。

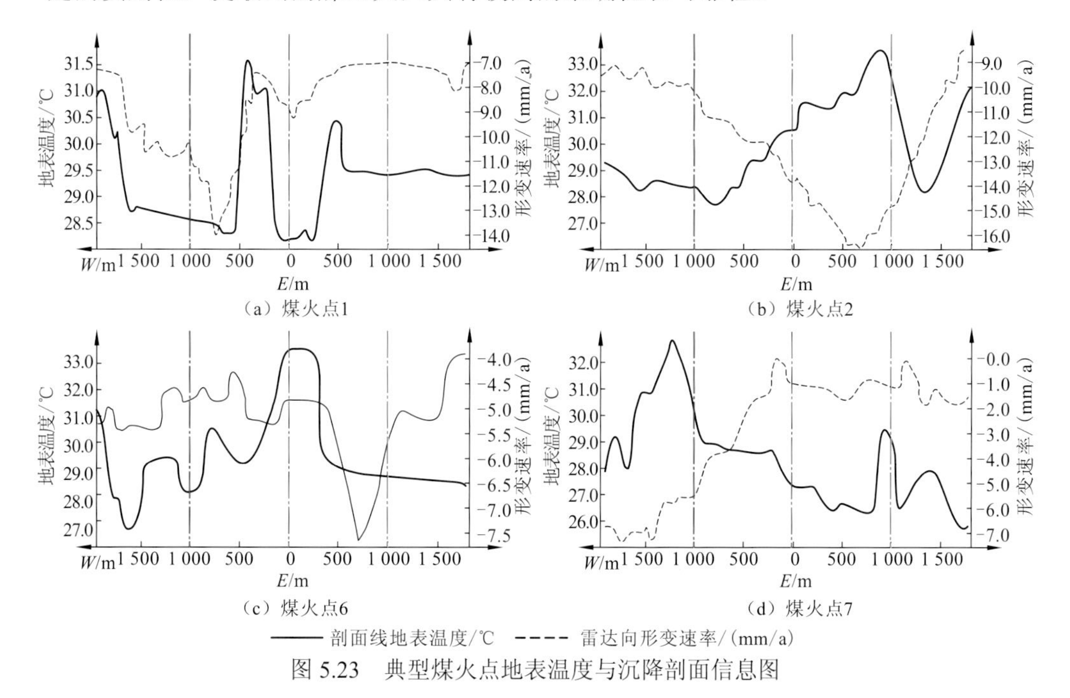

图 5.23　典型煤火点地表温度与沉降剖面信息图

本节综合利用热红外和 InSAR 干涉测量遥感技术对新疆阜康地区的疑似煤火分布区进行了初步探测分析，并利用煤火实地观测数据对监测结果开展了对比验证，结果表明多源联合方法能够在一定程度上实现低成本、高效率和安全地动态煤火遥感监测，有助于煤火疑似分布区的普查，为灭火工程提供了必要的空间信息支持。

地下煤炭的燃烧不仅会导致地表出现高温异常，还会导致地表发生形变，通过热红外遥感地表温度反演可以提取地表高温异常信息，同时利用时序 InSAR 分析技术可以获得地表微小形变信息，依据地表形变信息构建带通滤波器，并对地表温度信息进行带通滤波可以消除部分非煤火导致的地表高温异常，从而实现多源遥感数据联合煤火探测。而且，长时间序列的影像处理利于排除偶然因素的影响，提高煤火燃烧区地表物理信息探测的准确性，借助滤波可以将多种物理信息深度融合，从而更加准确可靠地探测煤火。

另外，地下煤火的发生和发育的时空演化具有复杂性和隐蔽性，需要综合考虑温度、湿度、形变、地质等信息才能更加准确地圈定煤炭燃烧范围，而且煤火的演变和人类活动密切相关，也应当关注采矿工程的巷道、采空区等空间分布信息。加之遥感技术本身及其他许多因素的限制，使得该方法依然存在探测误差。此外，高温异常和地表沉降的阈值设定及多源信息联合探测模型的构建也很值得进一步探讨。

5.3 基于热异常、NDVI、沉降遥感信息的新疆米泉火区监测与评价

上文分别利用热红外技术、热红外和InSAR技术融合方法进行了火区识别。但火区低比热容地物及矿区开采、地壳活动等导致的非煤火热异常和沉降区会严重影响火区探测精度，火区沉降点位的质量和密度也需进一步提高。为解决上述问题，实现广域煤火的精确识别和动态监测，本节分别利用Landsat8和Sentinel-1数据获取温度、植被和沉降信息，采用时序自适应梯度检测算子提取火区热异常信息。在此基础上提出热异常、NDVI、沉降三种遥感信息联合的火区识别策略，并进行火区时空变化监测。

5.3.1 研究内容与技术路线

本节采用的温度反演方法是普适性单通道算法，在处理过程中采用了更为先进的比辐射率计算方法，同时兼顾了地形校正（李瑶和潘竟虎，2015；高永年和张万昌，2008；毛克彪 等，2005），主要步骤包括数据预处理、地形校正、地表比辐射率计算、大气水汽含量计算。

火区热异常提取方法众多，如固定阈值法、合成像元法、多场叠加法等，但以上方法各有其适用条件。本节为了进行煤火动态监测，反演多景温度影像，故采用自适应梯度检测算子进行热异常提取。该方法可基于每幅影像的温度值生成一个自适应阈值来提取热异常区，在相关文献中已证明其在时间跨度上具有较好的稳定性。该方法的核心思想是探测到火区高温边缘，将边缘区域的平均值作为热异常提取阈值（杜晓敏，2015），在此基础上增加相邻影像时序叠加步骤，该步骤考虑煤火区在短时间内不会发生明显变化，将时间间隔较短的相邻两景热异常区域进行时序叠加，可减少误差，交集区域为该年份的最终热异常区。

1. NDVI反演

研究区每年12月至次年3月初地面都有积雪覆盖，冻土分布较广。但从3月中下旬温度回升，植被开始生长，为防止不同种类植被生长周期、适宜季节不同及每年温度回升的时间波动性，本节利用式（5.7）反演多景数据的NDVI信息，通过对比分析发现每年的4～5月是研究区植被最旺盛的时间段，7～9月植被指数下降明显。基于上述结果，下文利用4～5月研究区植被结果进行煤火区的辅助判别。

$$\mathrm{NDVI}=\frac{\rho_{\mathrm{red}}-\rho_{\mathrm{nir}}}{\rho_{\mathrm{red}}+\rho_{\mathrm{nir}}} \tag{5.7}$$

式中：NDVI为植被指数；ρ_{nir}为近红外波段的反射值；ρ_{red}为红光波段的反射值。

2. 形变信息反演

本节所利用的分布式散射体（distributed scatterers，DS）-InSAR技术首先选取DSs点，然后将DSs点和PSs点一起融入stamps中进行后续处理（刘竞龙，2020）。DSs选点过程包括同质像元识别和相位优化步骤，为保持效率和精度，采用双样本t假设检验和相干矩阵特征值分解的组合方法进行DSs选点和优化处理（Liu et al.，2019）。

为了说明DS-InSAR在火区监测上的优势，本节反演研究区PS-InSAR和DS-InSAR结果，如图5.24所示。从图5.24可以看出，PS结果点位稀少，看不出沉降分布趋势。DS-InSAR形变监测点数量增加明显，可以明显看出研究区有A、B、C三个严重沉降区域，可较好地解决研究区缺乏稳定散射体的问题。

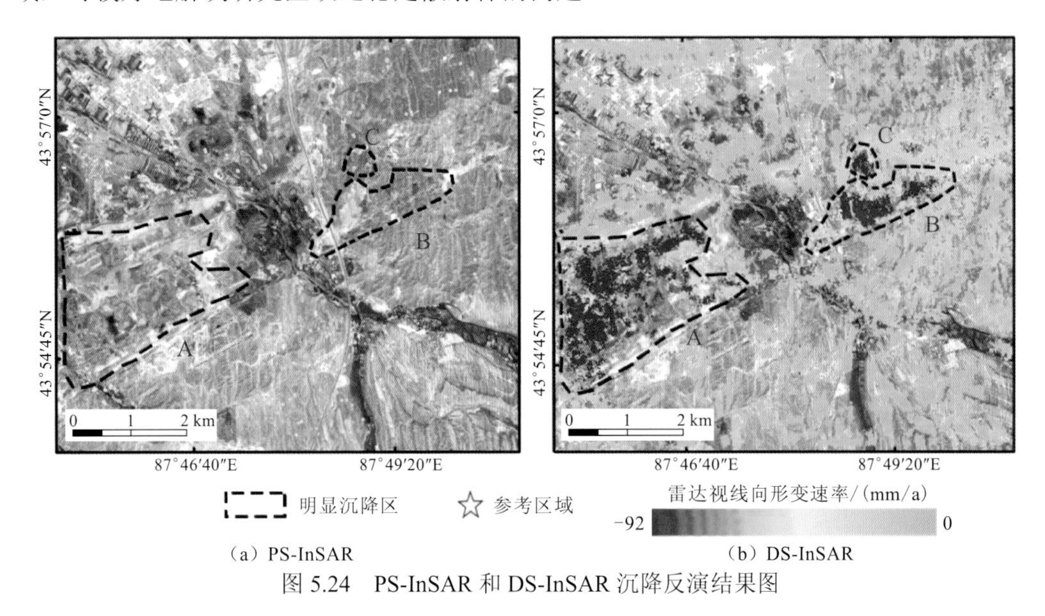

（a）PS-InSAR　（b）DS-InSAR

图5.24 PS-InSAR和DS-InSAR沉降反演结果图

3. 三遥感信息联合处理

地下煤火燃烧不仅会产生高温，而且燃烧过程也会改变围岩体积和力学性质，造成地表塌陷。煤火产生的高温、析出的硫化物等物质会严重阻碍植被生长。以上现象表现在热红外影像上为热异常，在时序干涉测量信号上则呈现为微小形变，光学影像上则表现为植被稀疏。此外，经过初期实验和调查，发现新疆火区与开采区多交错分布，研究区有多处热异常区，部分热异常区为低比热容地物受太阳辐射的影响。以上情况会造成较多的非煤火热异常区域和非煤火沉降区，这使得简单地利用遥感技术进行火区识别较困难。为此，本书提出了多源遥感信息强弱约束方法（strong and weak control method，SWCM）进行火区探测，该方法考虑了热异常、形变和NDVI信息在火区识别上的特点，通过强约束（strongly constrained processes，SCP）和弱约束（weakly constrained process，WCP）步骤完成火区识别。其中，强约束步骤可减弱非煤火关联热异常和沉降对煤火探测的影响，最大限度确保识别火区为真实火区，弱约束步骤则弥补强约束苛刻条件导致的火区漏判，具体方法流程如图5.25所示。

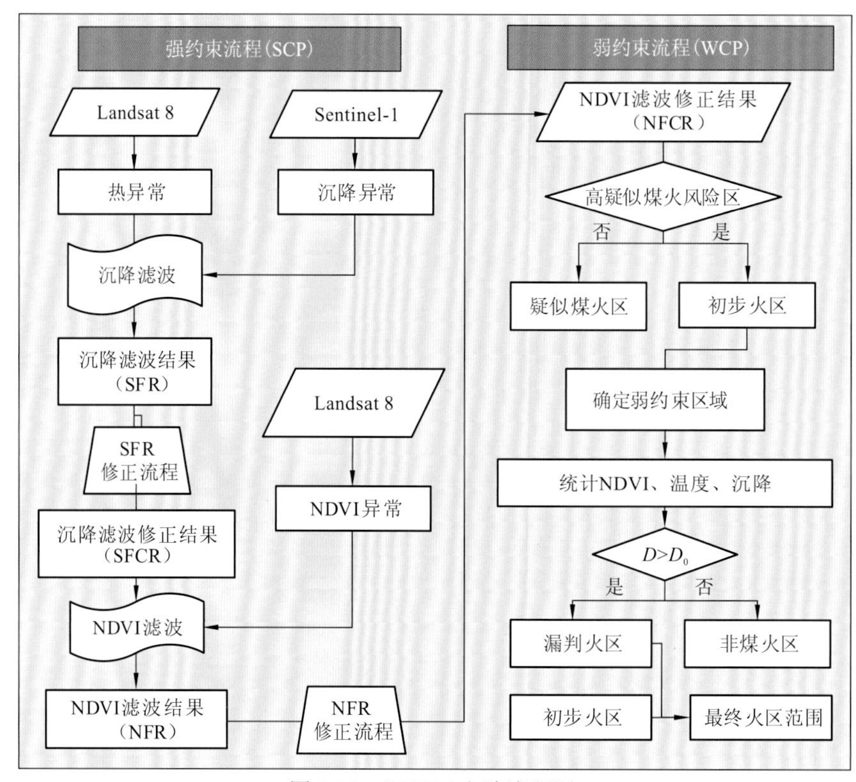

图 5.25 SWCM 方法流程图

1）强约束处理

强约束（SCP）处理是通过滤波和滤波结果修正的方式逐一将三种信息进行联合。主要分为以下几个步骤。

第一步，设定合理阈值提取热红外、沉降和 NDVI 异常区。其中，热异常阈值由自适应梯度检测算子得到，沉降异常阈值为形变信息的标准差，NDVI 异常阈值依据影像的平均值+标准差确定。

第二步，制作沉降滤波器对热异常区进行滤波得到沉降滤波结果（subsidence filter result，SFR）并对滤波结果进行修正，获取沉降滤波修正结果（subsidence filter correction result，SFCR）。

第三步，制作NDVI滤波器对SFCR进行NDVI滤波得到NDVI滤波结果（NDVI filter result，NFR），并进行滤波结果修正得到NDVI滤波修正结果（NDVI filter correction result，NFCR）。

具体来说，第二步的沉降滤波器是依据沉降异常阈值构建的 0-1 滤波器，使得地表下沉速率大于阈值的热异常区能通过滤波器，地表无下沉或下沉速率较小的热异常区域不能通过滤波器。沉降滤波结果（SFR）为热异常和沉降异常重合的区域，但部分煤火区可能不会发生沉降，这会导致煤火区的漏判。此外，非煤火关联热异常和沉降会对煤火探测产生影响，如开采区低比热容地物的热异常现象和沉降现象多同时出现，这会引起煤火区的误判。为了减少沉降滤波结果的误差，需要对沉降滤波结果进行修正。考虑煤火区热异常和沉降广泛分布且热异常区呈块状分布，若某块热异常区多数区域不满足沉降阈值，那么该块热异常区大概率为非煤火区，反之亦然。设置沉降滤波损失比来表达热异常区为煤火的概率，进而进行沉降滤波结果的修正。将沉降滤波损失比设置为 50%对滤波结果进行修正得到沉降滤波修正结果（SFCR），大于阈值的热异常区恢复到原始热异常区，小于阈值的区域则被完全滤除，其中阈值设置为 50%是依据研究区及实地调研情况确定的。

沉降滤波损失比计算公式为

$$\mathrm{SF}_i = \frac{\mathrm{SL}_i}{\mathrm{TA}_i} \tag{5.8}$$

式中：SF_i 为沉降滤波损失比，i 为热异常序号；SL_i 为沉降滤波后损失面积；TA_i 为原始热异常面积。

第三步采用同样的方法制作 NDVI 滤波器并对 SFCR 进行滤波，得到 NDVI 滤波结果（NFR）和 NDVI 滤波损失比，其中 NDVI 滤波损失比计算公式为

$$\mathrm{NF}_i = \frac{\mathrm{NL}_i}{O_i} \tag{5.9}$$

式中：NF_i 为 NDVI 滤波损失比，i 为 SFCR 序号；NL_i 为 NDVI 滤波后损失面积；O_i 为原始 DFCR 面积。

NFR 也需进行修正得到最终的 NDVI 滤波修正结果（NFCR）。这是因为经过调查发现少量地下火区和地下开采区对应的地表和周边仍有少量植被，若直接利用 NDVI 滤波器滤除也会导致火区的漏判和误判。火区的 NDVI 受高温和沉降的双重影响，总体 NDVI 损失度会更高，那么同样可以采用 NDVI 滤波损失比来表达热异常为煤火的概率，进而进行 NDVI 滤波结果的修正，但不能直接设置经验阈值进行结果的修正。因为采矿本身对植被生长就有抑制作用，这在一定程度上减弱了 NDVI 信息区分火区的能力。本节通过确定研究区疑似煤火风险等级，进而比较高低疑似煤火区的 NDVI 滤波损失比差异来确定 NFR 修正阈值，具体流程见图 5.26。且只需对研究区主要沉降区进行疑似煤火风险等级判定，这是因为新疆煤火多由废弃矿井未进行有效治理引发的。

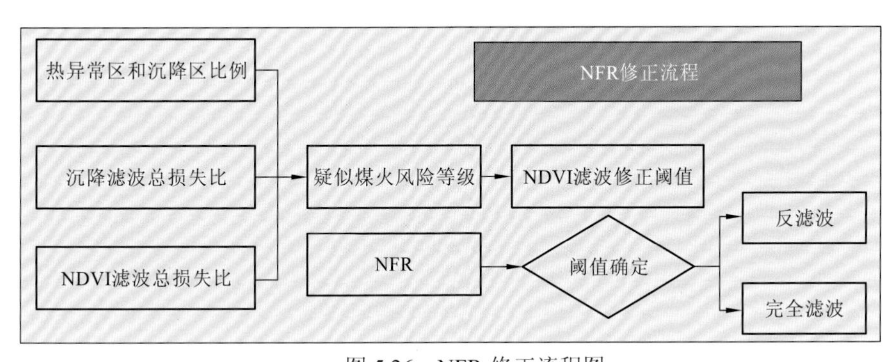

图 5.26　NFR 修正流程图

本章的疑似煤火风险等级评价依据各沉降区的沉降、NDVI 滤波总体损失比和热异常与沉降区面积比决定，三个参数计算方法如下：

$$\mathrm{STF}_j=\frac{\mathrm{LD}_j}{\mathrm{OT}_j},\quad \mathrm{NTF}_j=\frac{\mathrm{LN}_j}{\mathrm{ON}_j},\quad \mathrm{TS}_j=\frac{T_j}{O_j} \tag{5.10}$$

式中：STF_j 为沉降总体滤波损失比，j 为沉降区序号（沉降分布如图 5.24 所示）；LD_j 为沉降滤波后总体损失面积；OT_j 为原始热异常区总面积；NTF_j 为 NDVI 总体滤波损失比；LN_j 为 NDVI 滤波后总体损失面积；ON_j 为 DFCR 总面积；TS_j 为原始热异常区面积和沉降区面积比；T_j 为热异常总面积；O_j 为沉降区总面积。

沉降总体损失比作为疑似煤火风险等级评价的原因和准则：热异常和地表沉降是煤火区的两大特征，该值越大说明该区多数热异常区不满足沉降阈值，即为煤火的概率低；该数值越大疑似煤火风险等级越低。

NDVI 总体损失比作为疑似煤火风险等级评价的原因和准则：煤火导致的地表高温、产生的有毒有害物质会严重影响植被的生长，该参数越大说明热异常区 NDVI 值较大地区越多，即为煤火的概率低；该数值越大疑似煤火风险等级越低。

热异常与沉降区的面积比作为疑似煤火风险等级评价的原因和准则：热异常和地表沉降是煤火区的两大特征，但沉降区内仅有少数区域为热异常区，说明造成沉降现象的原因很可能不是煤火燃烧，即该值越小疑似煤火风险等级越低。

通过比较以上三者参数大小确定疑似煤火风险等级，然后筛选高疑似煤火风险区 NDVI 滤波损失度最大值和低疑似煤火风险等级区 NDVI 滤波损失度最小值，取两数据的中间数作为 NFR 修正阈值，按照阈值对 NFR 进行上文提到的反滤波和完全滤波步骤。

2）弱约束处理

强约束步骤虽然进行了滤波修正，但筛选条件较为苛刻，很可能造成火区漏判，如没有热异常的形变区域不一定为非煤火区，有可能只是深部煤火传导不到地面。因此，需通过弱约束过程（WCP）确定高疑似煤火区内是否有漏判火区，从而确定最终火区范围。主要有以下几个步骤。

（1）根据疑似煤火等级判定出初步煤火区和疑似煤火区，并确定弱约束判定区域。

（2）对判定区域进行温度、沉降、NDVI 信息统计，并按照上文异常阈值计算方法对判定区域进行任意双信息筛选，满足任意两种信息阈值的区域为漏判火区，否则判定为非火区范围。

（3）初步火区范围和漏判火区为最终火区范围。具体来说，高疑似煤火风险区内的热异常区为初步火区，其余热异常区为疑似火区。然后去除初步火区范围的高疑似煤火风险区，其余范围判定为弱约束判定区域。

5.3.2　反演结果

1. 温度和热异常反演结果

研究区在 1～3 月容易形成地表积雪，积雪对遥感信号有一定影响，因此有积雪的月份不便利用热红外技术进行火区探测。夏天（6～9 月）研究区炎热干燥，许多低比热容地物温度较高，这对火区探测存在不利影响。经过实验分析并结合当地天气数据发现10～12 月为利用遥感技术进行研究区火区探测的适宜时段。为了方便下文的火区时序温度监测，反演 2015～2017 年部分月份的温度结果，如图 5.27 所示。

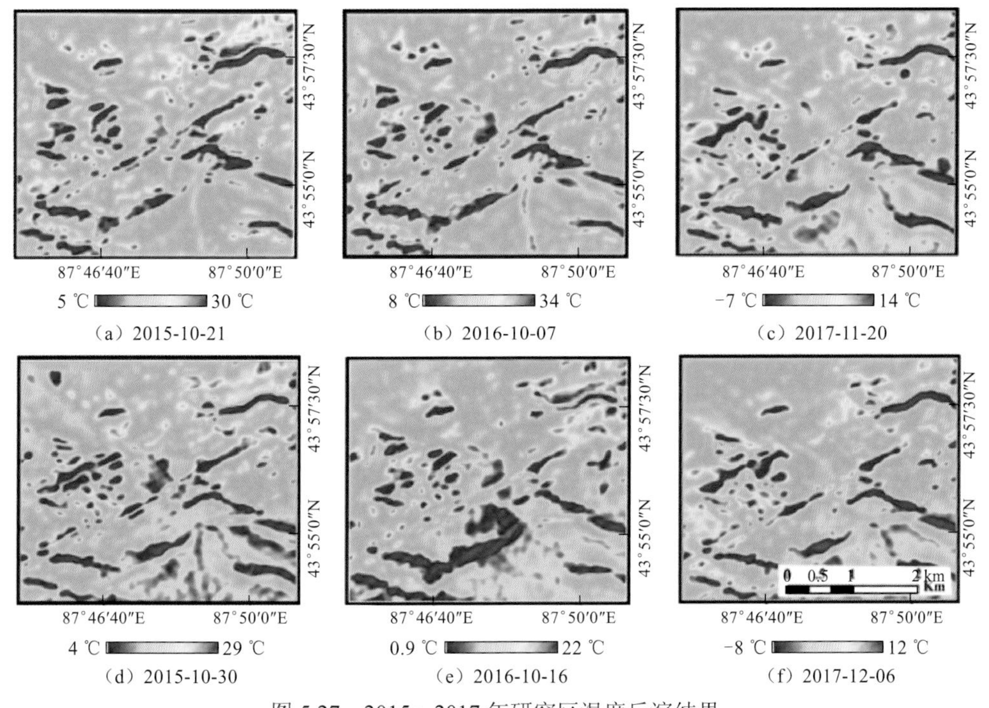

图 5.27　2015～2017 年研究区温度反演结果

分别利用传统固定阈值法和自适应梯度检测算子提取 2015 年热异常范围，如图 5.28 所示。可以看出，相较于传统方法提取的热异常区，利用自适应梯度检测算子获得的热异常范围明显减少。主要减少范围为裸地[图 5.28（b）的 A、B、C、D、E]、建筑物[图 5.28（b）的 F]和开采区[图 5.28（b）的 G]，这些地区的地物多为低比热容地物，所以造成区域温度偏高。使用自适应梯度检测算子后，热异常面积从 7.2 km^2 减少到 1.5 m^2。

2. 强弱约束识别火区结果

图 5.29 为强约束识别火区流程中的 4 个重要结果，每个子图中滤波保留区域为对应的滤波或滤波修正结果。利用沉降滤波器对提取到的热异常区进行滤波获得沉降滤波结果（SFR），从图中可以看出，沉降明显区外的热异常区都被完全滤除，但同时也会发现

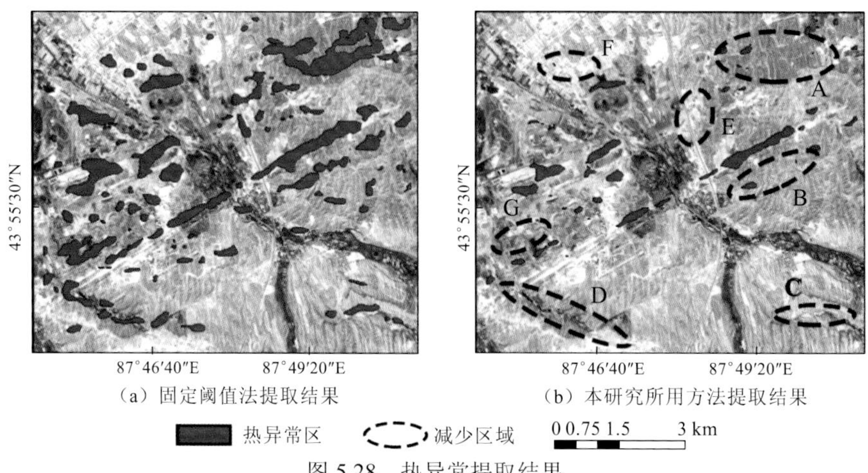

（a）固定阈值法提取结果
（b）本研究所用方法提取结果

图 5.28 热异常提取结果

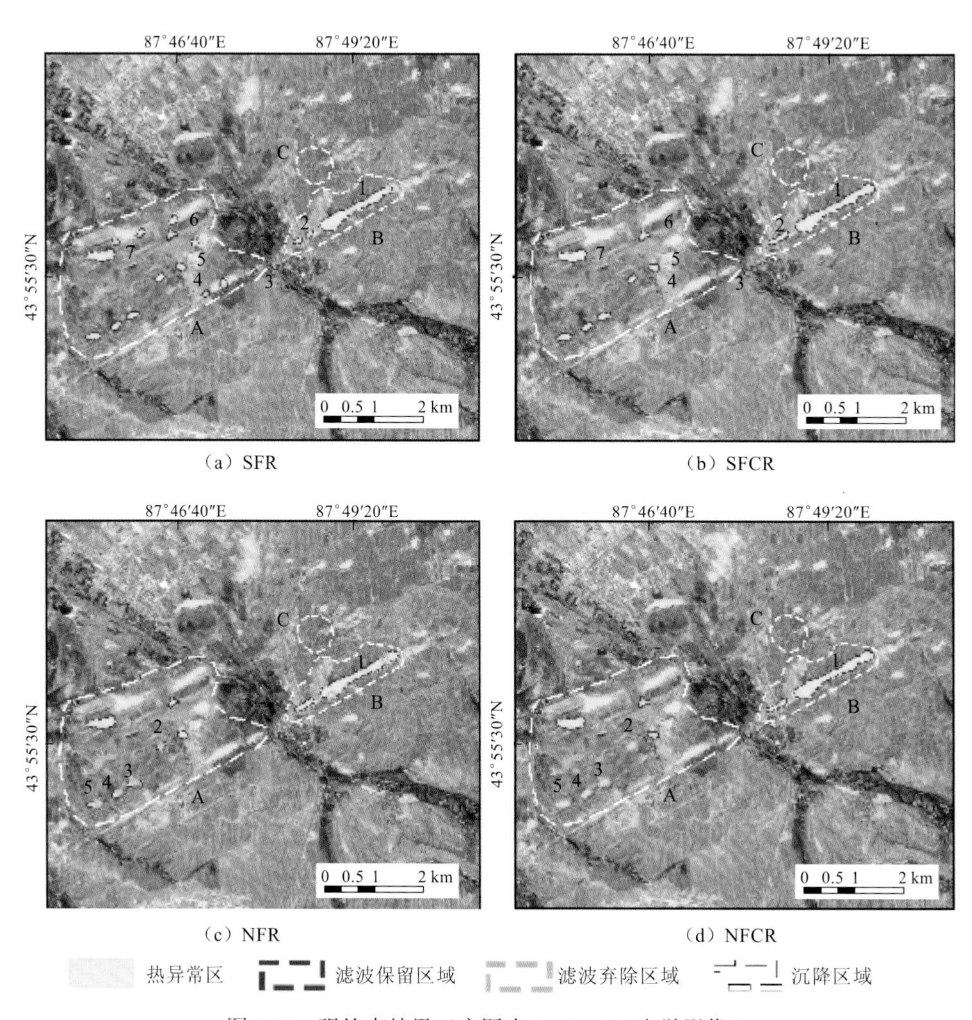

（a）SFR
（b）SFCR
（c）NFR
（d）NFCR

图 5.29 强约束结果（底图为 Sentinel-2 光学影像）

沉降区 A、B 中标有序号的热异常区被部分滤除。为了保证滤除和保留区域的正确率，需对结果进行修正。首先统计出沉降滤波损失比，见表 5.3，表中序号对应图 5.29（a）标定的序号。依据沉降滤波修正参数（50%）对 SFR 进行修正，获得沉降滤波修正结果（SFCR）。对修正后沉降区 A 被滤除的热异常区进行反滤波，热异常区整体恢复，而沉降区 B 被部分滤除的热异常区全都不满足修正阈值，整个热异常区被完全滤除[图 5.29（b）]。然后利用 NDVI 滤波器对 SFCR 进行滤波，NDVI 滤波结果（NFR）如图 5.29（c）所示。从图中可以看出仅标有序号的热异常新增了少量滤除区域，这是因为 NDVI 相较于形变区分火区的能力弱。对 NDVI 滤波结果进行修正，首先统计上文所述用来评价疑似煤火风险等级的三个参数，统计结果如表 5.4 所示。其中，C 区域没有热异常区，因此没有相关参数。通过表格和各参数大小对疑似煤火风险等级评估的贡献度，可推测出沉降区 A、B、C 分别为低疑似煤火风险区、高疑似煤火风险区和极低疑似煤火风险区。然后统计 A、B 区各热异常区 NDVI 滤波损失比，统计结果见表 5.5[表中序号对应图 5.29（c）标定的序号]。从表中可以看出，B 区最大损失比为 4.2%，A 区最小损失比为 21.2%。根据上文所述规则将 NDVI 滤波修正阈值设为 12.7%。依据阈值对 NFR 改正获得 NDVI 滤波修正结果（NFCR）。NFCR 显示出沉降区 A 被部分滤除的热异常区不满足修正阈值，整个热异常区被完全滤除，沉降区 B 被滤除的热异常区全部恢复。

表 5.3　沉降滤波损失比比较表

序号	损失面积/m^2	原有面积/m^2	损失比/%
1	11 934	351 198	3.4
2	12 204	34 856	35
3	20 744	25 071	82.7
4	133 788	147 818	90.5
5	531 64	74 346	71.5
6	81 028	119 123	68
7	153 491	175 833	87.3

表 5.4　研究区疑似煤火风险等级评价比较表

序号	沉降滤波总损失/%	NDVI 滤波总损失/%	热异常与沉降区的面积比/%
A	81.6	29.9	4
B	6.25	4.2	36
C	/	/	/

表 5.5 NDVI 滤波损失比比较表

序号	损失面积/m²	原有面积/m²	损失比/%
1	45 013	1 066 830	4.2
2	3 976	18 707	21.3
3	5 883	21 487	27.4
4	10 340	29 434	35.1
5	10 431	32 567	32

以上为强约束过程，从结果可以看出强约束过程中热异常面积不断缩小，经统计热异常面积从最初的 1.54 km^{2}减少到NFCR 的 0.445 km^2，减少了 1.095 km^2，减少率为 71.1%，滤波效果明显。

以上完成了强约束过程，下面进行弱约束过程。根据强弱约束法则，图 5.29（d）B 区的 NFCR 结果为初步火区范围，A 区 NFCR 结果为疑似火区。此外，B 区除初步火区以外的区域为需进行弱约束的区域（WCA）。因 WCA 区域不满足热异常阈值，故参照上文所述异常信息提取办法统计出沉降和 NDVI 信息阈值。图 5.30 为 WCA 的沉降和 NDVI 结果。

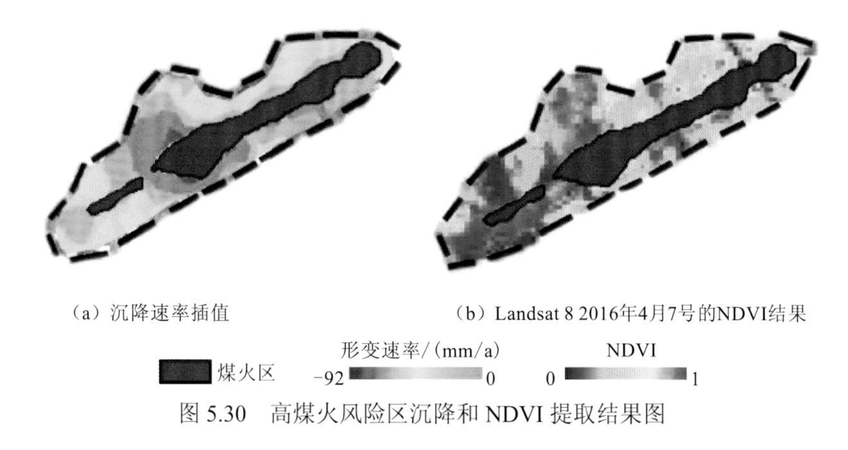

图 5.30 高煤火风险区沉降和 NDVI 提取结果图

经过计算发现 WCA 区域全部满足沉降阈值，且只有部分地区不满足 NDVI 阈值。不满足 NDVI 阈值区域集中在图 5.30（b）右上角。针对阈值计算结果，将 WCA 区域满足沉降和 NDVI 双信息阈值的区域判定为漏判火区，最终根据 SWCM 规则确定研究区的火区范围，如图 5.31 所示。

5.3.3 火区精度评价

本小节从新疆煤火防治部门获得 2016 年 8 月的一份火区调查报告，调查过程中采用多种勘查手段相互配合，取长补短，火区范围具有较高的可信度。

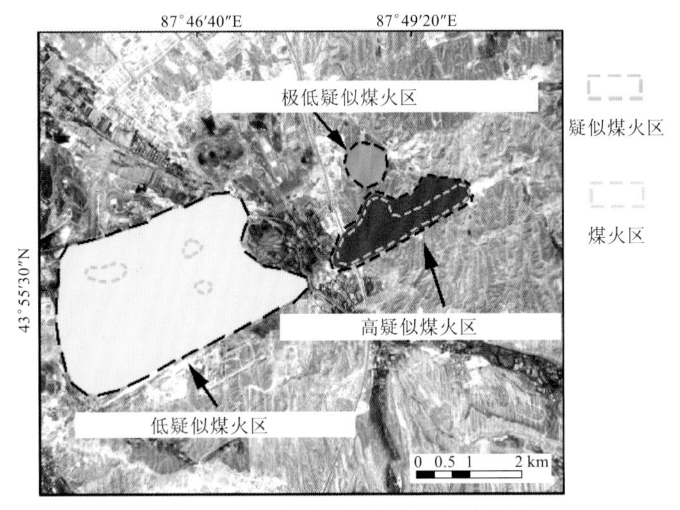

图 5.31　研究区最终煤火范围结果图

红色区域为高疑似煤火区，黄色区域为低疑似煤火区，蓝色区域为极低疑似煤火区

为突出本书识别火区方法的优势，结合实测火区，利用热红外技术（杜晓敏，2015）、InSAR 技术（Liu et al.，2019）和两者联合（刘竞龙 等，2019）方法对火区识别结果进行对比分析，结果如图 5.32 和图 5.33 所示。图 5.32 为各个方法探测的火区结果，图 5.33 展示了各个方法探测火区的误判错误、漏盘错误、正确识别的火区与实测火区的占比。

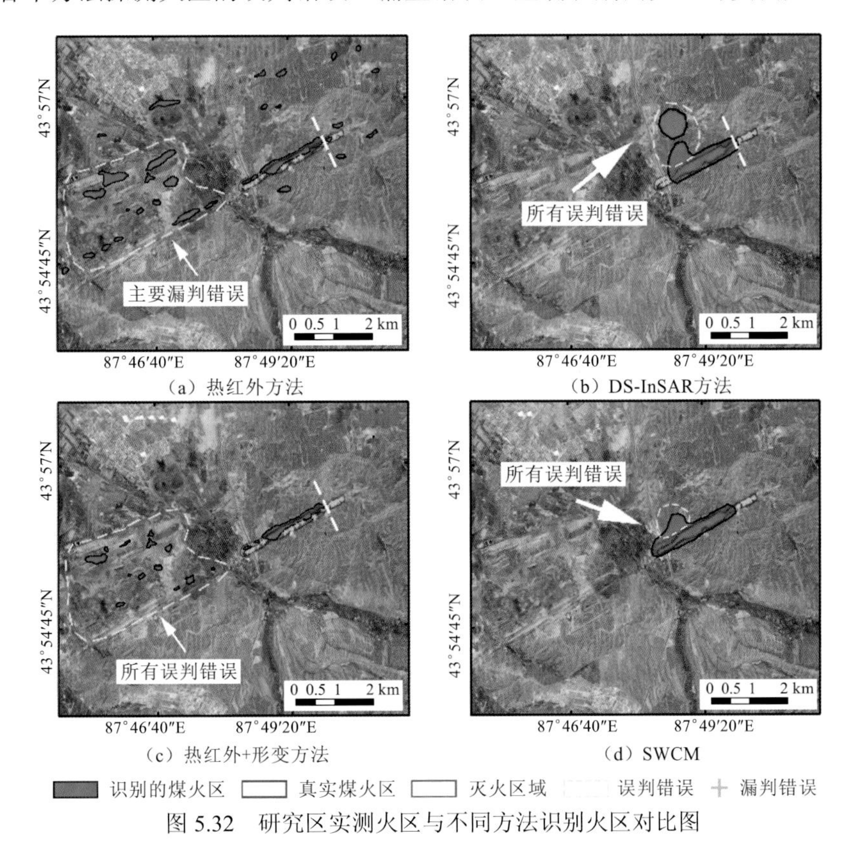

图 5.32　研究区实测火区与不同方法识别火区对比图

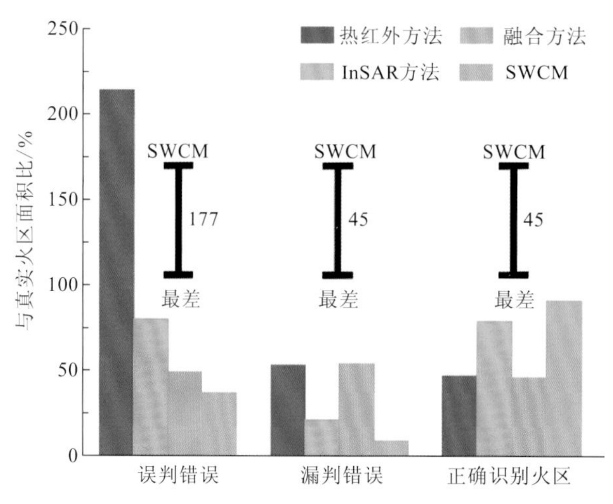

图 5.33 研究区不同方法探测火区表现情况对比图

图 5.33 纵坐标是相对于真实火区的面积比，统计各种方法获得的漏判火区、误判火区、识别正确火区面积与真实火区面积做商得到的。从图 5.32 和图 5.33 可以发现，传统热红外方法探测的误判火区最多，为 214%，而 SWCM 火区误判错误最低，为 37%，降低了 177 个百分点。SWCM 误判错误相对于其余三种误判错误平均降低了 77.2%。SWCM 相较于其他方法减少的误判区域在图 5.32 中以黄色虚线标出。其中，图 5.32（a）与（c）中的误判区为低比热容地物因太阳辐射造成的，属于非煤火热异常导致的误判。图 5.32（b）误判区为废弃矿区导致的沉降，属于非煤火沉降导致的误判。

同时可以发现，SWCM 探测的火区漏判错误也最低，为 9%，热红外方法和融合方法漏判面积较高，约为 53%。SWCM 漏判错误相对于其余三种漏判错误最高降低了 45%，平均降低了 33.4%。图 5.32 中白色虚线左侧的漏判区为 SWCM 方法相较于其他方法减少的主要漏判区域。其中，图 5.32（a）和（c）漏判区是由于该地区监测不到热异常现象，图 5.32（b）漏判区是由于该地区沉降规律与 Liu 等（2019）中初步发现的火区沉降规律不一致。

SWCM 在火区正确判断率上达到了 91%，为 4 种方法中最高，比正确率第二高的 InSAR 方法提高了约 12%，平均提高了 33.4%。综上，结合误判错误和漏判错误可以得出 SWCM 在研究区火区识别上具有最好的效果。但 SWCM 探测方法仍存在一些不足，仍有误判区和漏判区。具体原因将在讨论中进行阐述。

5.3.4 时空分析与关系分析

1. 煤火区时空分析

了解煤火区时空变化，对煤火治理和规划有重要意义。在煤火导致的一系列物理化学变化中，温度是最直接、最快速可反映煤火动态变化的因素。考虑 SWCM 探测火区存在部分误差，以及由上文发现由自适应梯度检测算子监测到的煤火区内热异常都为实际火区，可认为煤火区内热异常代表着部分实际火区。因此，通过 2015 年、2016 年、2017 年三年火区范围内的热异常区对部分火区进行时空分析。

为了方便说明火区变化，本节绘制 2015～2017 年热异常的交集和并集区（图 5.34）。通过比较发现 2015 年和 2016 年热异常范围大致相同，2017 年热异常范围变化较明显。所以图 5.34 主要用来比较 2017 年与 2015 年的热异常变化。绿色十字代表 2017 年相较于 2015 年热异常范围减少的区域，粉色十字代表 2017 年相较于 2015 年热异常范围增加的区域，经统计减少范围为增加范围的 2.8 倍。其中减少区域主要集中在最左侧和黑虚线右侧。左侧减少的原因应是公路两边的路基稳固工程及煤火自燃熄灭，右侧明显减少区域为灭火整治区（该区 2017 年 4 月左右进行灭火工程）。从该区热异常现象消失也可推断出灭火整治效果较好。2017 年相较于 2015 年热异常区增加部分在火区东南方向。这有可能是因为随着煤火的燃烧，该区的东南方向产生了较多的裂缝、裂隙，煤火产生的热量顺着这些裂缝、裂隙传导到地面，因此显示出热异常范围移动的现象。该现象也有可能是因为煤火确实向东南方向蔓延，具体原因需要进一步研究。

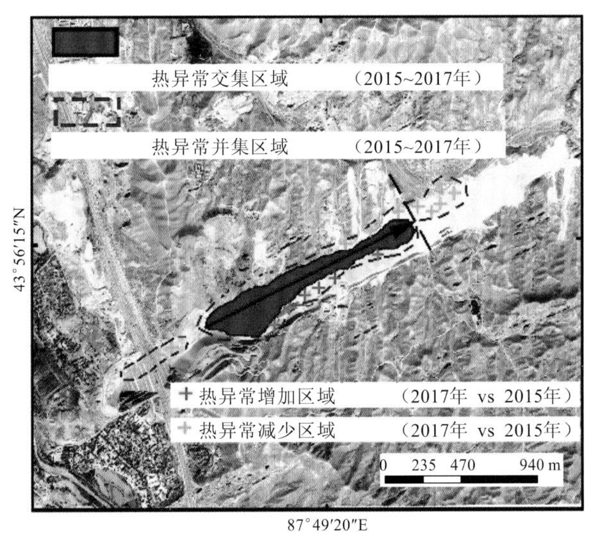

图 5.34　煤火区范围变化比较图

从上述分析可知部分火区在 2015～2017 年的变化情况，火区范围总体在减少，尤其是 2017 年灭火整治工程使东部煤火范围显著减少，此外火区有向东南方向发展的迹象。

2. 煤火区温度与沉降关系分析

首先采用剖面分析法对煤火区温度和沉降进行比较分析，沉降和温度剖面线位置如图 5.34 箭头所示。主要步骤为对 DS-InSAR 沉降结果进行插值并提取剖面速率，再提取 6 景温度结果的平均剖面温度值，图 5.35 为两者的叠合图。从图中可以看出，平均温度和沉降速率总体上呈现出正相关关系，平均温度值较大区对应沉降速率明显区，尤其是在 750～1 500 m 区域平均温度和沉降速率都达到了峰值。从剖面结果可以看出平均温度和沉降速率具有较强的正相关关系。

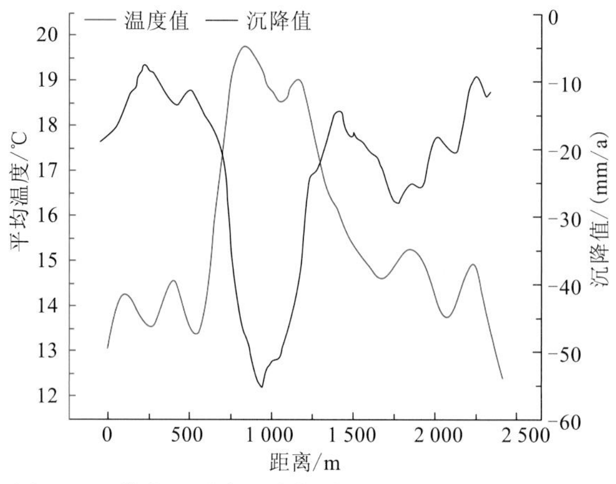

图 5.35 煤火区时序温度均值和沉降速率剖面结果图

为进一步分析温度和沉降的关系，提取实测煤火点位对应的温度值和沉降速率，实测煤火点和沉降速率插值结果如图 5.36 所示。其中，实测煤火点为 2016 年 8 月相关部门进行的火区实地测量，测量点位多在裂缝周边区域。

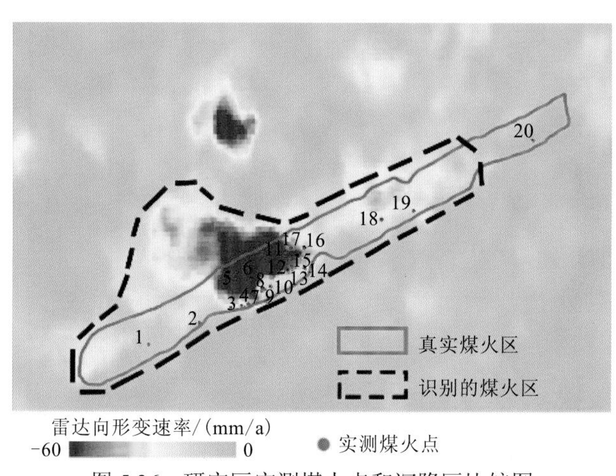

图 5.36 研实区实测煤火点和沉降区比较图

通过提取煤火点对应实测温度和沉降速率，发现温度和沉降速率数值对比关系混乱，无法找出一定规律[图 5.37（a）]。经分析可知，这是因为实测煤火点只测量了一次地表温度，而煤火区燃烧导致的沉降具有滞后性，基于煤火点某个时刻的温度和沉降速率分析会有偶然误差，所以煤火区的温度和沉降关系分析需利用时序温度平均值和沉降速率信息。因此，计算 20 个实测煤火点在 6 景影像的时序温度平均值，利用时序温度均值和沉降速率比较，结果如图 5.37（b）所示。

从图 5.37（b）可以看出，多数时序温度均值和沉降速率具有较好的正相关性，相关系数达到了 0.82，且时序温度和沉降速率满足图 5.37（b）所示的函数关系。

基于上述分析可得出火区温度和形变具有较好的正相关性，即平均温度高的地方形变速率也大，但是二者具有一定的时间差。

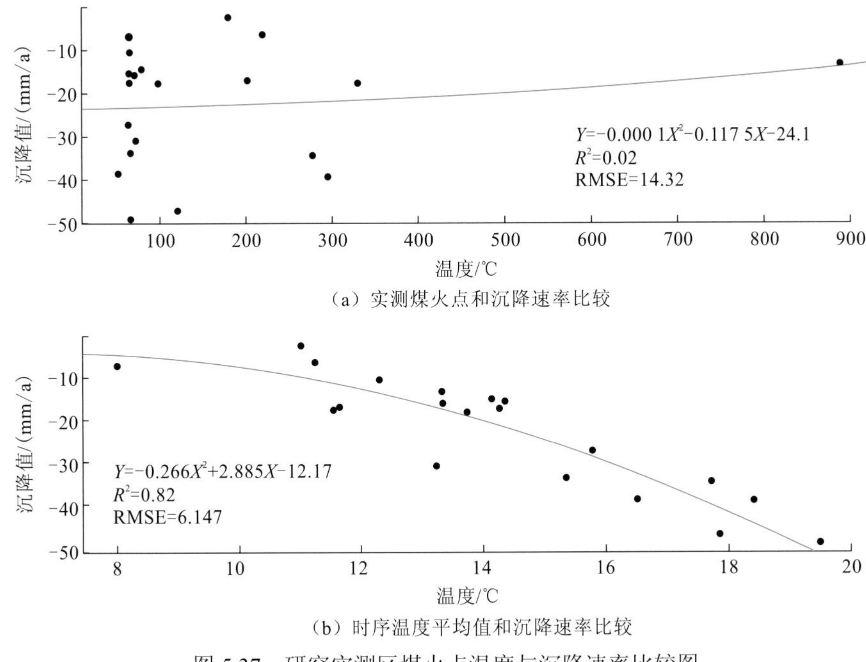

（a）实测煤火点和沉降速率比较

（b）时序温度平均值和沉降速率比较

图 5.37　研究实测区煤火点温度与沉降速率比较图

5.3.5　讨论

（1）强弱约束的可行性与必要性。考虑火区存在较多非煤火导致的沉降和热异常现象，本节提出了 SWCM 进行火区识别。该方法的强约束步骤可最大限度保证识别火区为真实火区，然后采用弱约束办法对确定火区周边进行漏判火区圈定，可提高火区识别精度。从结果验证来看，传统技术不适合在研究区进行火区识别，精度较差，存在较多误判、漏判区。本节提出的方法可提高火区识别精度，有效去除非煤火热异常和沉降的影响。强约束流程可将热异常范围缩小 71.1%，此外弱约束判定后的火区与实测火区有 91%的重叠度，而没有进行弱约束判定的火区与实测火区的重叠度仅为 47%，重叠度提高了 44%，弱约束导致的误判区占实测火区的 37%。正确率提升较大和热异常区域的显著减小表明该方法具有可行性和必要性。同时误判区为高煤火风险区，也需要进行重点关注，防止火区蔓延。

（2）火区误判、漏判原因。利用本节方法探测的火区存在部分误判区和漏判区［图 5.32（d）］。误判区判定为火区的条件有处于高煤火风险区内，符合沉降和 NDVI 阈值。虽然该区域为误判区，但是基于把它判定为火区的条件，该区很可能以后会发展为煤火区。此外，误判可能是因为煤火导致的一部分热量会沿着裂缝、裂隙传导至地面，而裂缝、裂隙可能会呈现出一定的倾斜角度，那么裂缝、裂隙区垂直对应的地下范围将不会是煤火区。

漏判为三种遥感信息强约束造成的，在进行沉降滤波前，该区域是存在少量的热异常区域，但是因为完全没有沉降信息，因此被完全滤除。没有沉降现象有可能是煤火燃烧不够剧烈，地下燃烧没有发育出足够的空间，进而未导致地表沉降。该区热异常范围很小也有可能是因为燃烧煤层较深及相对来说燃烧不够剧烈。这也是本节采用三种遥感信息进行强约束识别火区的一个弊端，该方法会漏判部分没有沉降现象的火区。而没有发生沉降的火区多处于煤火初期，因此需研究识别初期火区的方法。

（3）火区地表温度与沉降的关系。一般认为煤火燃烧剧烈的地区地表温度和沉降都会更大，这是因为煤火剧烈燃烧会形成更大的地下燃空区，同时也会对岩石产生更强的破坏作用。但煤火产生的热量一部分会沿着裂缝、裂隙传导至地面，而且沿着裂缝、裂隙传导到地表的热量会比通过地层传导到地面的温度高很多。如果裂缝、裂隙呈倾斜状，那么部分地表热异常区垂直对应的地下区域有可能不是煤火区，真正的煤火区在地表热异常的旁边。基于上述分析煤火高温区沉降值是否也相对较大还需要进一步探讨。

虽然 5.3.4 小节发现温度和沉降速率呈正相关关系，但这种关系只能作为大致的关系比较。因为本节将沉降信息插值到和温度影像一样的 30 m 分辨率，那么一个温度像素内必定包含裂缝区和其他区域，虽然裂缝温度会很高，但是其余地表的温度只是比正常地表温度要高一些。而最后反演的温度是 30 m^2 内的温度均值，这也是本章反演的地表温度没有出现温度过高的原因。同样，沉降信息也为 30 m^2 的平均值，两个 30 m 分辨率的信息进行比较会损失掉部分高温裂缝区和对应沉降值的真实比较。因此，要进行更精确的温度和沉降关系比较，需要更高分辨率的温度和沉降信息。

5.4　基于无人机热红外遥感的新疆宝安煤火监测与评价

无人机技术，尤其是机载热红外技术，在煤火监测方面近年来得到了极大的重视。Cao 等（2016）将无人机技术应用于露天煤矿温度监测中，其可以及时反映矿区温度变化及高温信息分布情况。Li 等（2018）利用无人机携带可见光和热红外镜头对煤田火区进行识别与绘图，其夜间检测火区精确度高达 92.78%。Abramowicz 和 Chybiorz（2019）以废煤堆为研究对象，通过无人机热红外相机获取热红外数据，研究发现煤火燃烧区地表温度与地下 30 cm 处温度相差很大，但其未根据实测值对无人机地表温度观测值进行精度评估。

无人机热红外技术可以从时间和空间两个维度动态地获取煤火燃烧区高时空分辨率影像，使其在煤火监测中发挥重要作用。但是，相对于无人机可见光影像，无人机热红外影像分辨率和拼接成图精度均较低。同时，无人机地表温度观测极易受气象状况、无人机飞行姿态等因素的干扰。目前，有关无人机热红外技术对地表温度的观测精度的研究较少，而其对煤火区地表温度的精确刻画是煤火燃烧状况评估与后续火区治理的重要依据。

5.4.1　研究区域与数据

1. 研究区域

选取新疆宝安火区作为研究区，其位于昌吉市西南 80 km 处，距硫磺沟镇约 15 km，隶属于昌吉市（图 5.38）。研究区属于中低山丘陵地貌，地形起伏高差较大，海拔 1760～1960 m，相对高差 50～200 m，地势为北高南低、西高东低的斜坡地形。北部地形坡度大，植被不发育，局部煤层露头附近烧变岩发育；南部坡度相对较缓，植被较发育（图 5.39）。无人机实验区大约是一个面积为 0.121 km^2 的正方形区域，实验区光学影像和无人机采集数据的飞行航线如图 5.40 所示。

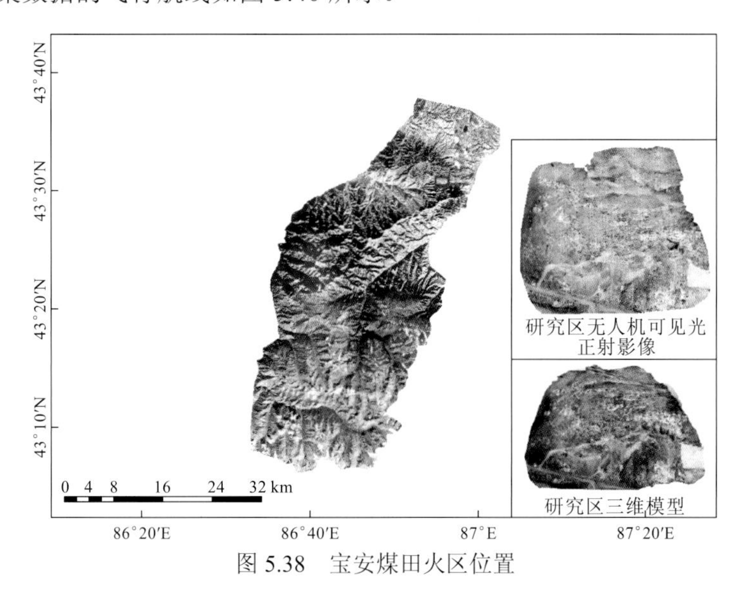

图 5.38　宝安煤田火区位置

图 5.39　宝安煤田火区地形地貌及燃烧状况

2. 研究数据

1）无人机影像

本节采用 DJI M210 V2 无人机搭载 Zenmuse XT 2 双光热红外镜头获取研究区 2019

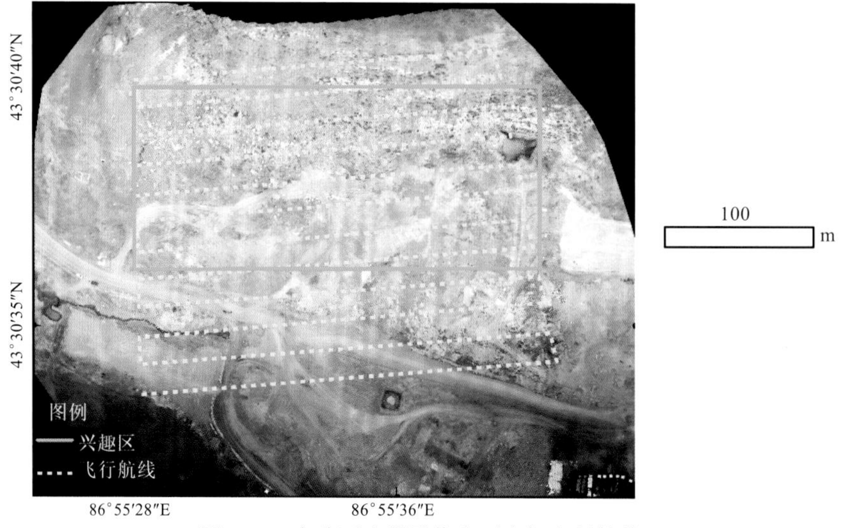

图 5.40　实验区光学影像和无人机飞行航线

获取时间 2019 年 11 月 5 日

年 11 月 5 日 17：32～19：08 的地表热红外与可见光影像。无人机的位置和姿态信息被记录在每一幅影像中。

Zenmuse XT 2 可同时拍摄热红外和可见光影像，热红外传感器的分辨率为 640×512，视场角（field of view，FOV）为 32°×26°；可见光传感器的分辨率为 4 000×3 000，视场角为 57.12°×42.44°。可以通过改变相机的增益模式（自动、高或低三种）来调整测温范围。当选择高增益时，其测温范围为-25～135 ℃，相机对温度差异更灵敏，但要求画面温度范围较小；低增益模式时，其测温范围为-40～550 ℃，相机测量的温度范围较大，对温度差异的敏感度会降低；自动模式下，相机会根据画面中的温度范围，自动选择合适的增益模式。无人机采集的热红外影像获取的是地表温度信息，为了使温度差异的测量结果更精确，便于后续对温度变化的精细分析，设置相机的增益模式为高增益模式，温度范围的最大值显示为 150 ℃。Zenmuse XT 2 镜头及其获取的单张可见光和热红外影像如图 5.41 所示。

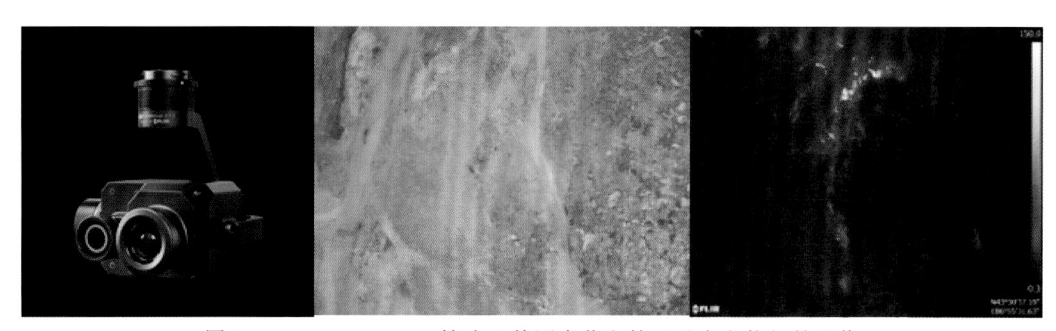

图 5.41　Zenmuse XT 2 镜头及其同步获取的可见光和热红外影像

在飞行控制软件中划定无人机作业区域可自动生成飞行航线，相对飞行高度设置为 80 m，航向重叠度和旁向重叠度均设置为 90%。每次无人机飞行均可获得可见光和热红外影像各 363 张。无人机航线信息如表 5.6 所示。对于光学影像，在野外环境中难以找到明显的地面控制点，采用喷涂油漆的方式绘制像控点，并使用实时差分定位测量像控点的坐标作为后续影像校准的控制点。对于热红外图像，难以在其中找到看起来足够清晰的自然控制点，有学者采用铝箔作为人工地面控制点（Estes et al.，1980）。虽然铝箔在热红外图像中具有清晰的边界，但是因为本研究区为煤火区，铝箔会干扰温度异常区的提取，且铝箔会阻碍地下煤火燃烧产生的热量向上传递。考虑研究采用的镜头可以同时获取可见光和热红外影像，因此本研究使用地面像控点校正光学影像，再将热红外影像与光学影像进行配准。

表 5.6　两次无人机飞行获取影像的时间

航线	获取时间		
	第一景	最后一景	平均
航线 1	5：32 PM，Nov 5	5：47 PM，Nov 5	5：39 PM，Nov 5，2019 年
航线 2	6：51 PM，Nov 5	7：08 PM，Nov 5	7：00 PM，Nov 5，2019 年

当无人机飞行作业完成后，将采集的可见光和热红外影像分别导入无人机航拍数据处理专用软件，处理和拼接生成整个研究区单幅影像，得到两幅研究区可见光正射影像（分辨率为 2.54 cm）和两幅热红外影像（分辨率为 8.65 cm）。因为本研究热红外影像选择的存储格式为 TIFF 格式，所以需要使用公式将影像的 DN 值转换为温度值：

$$\text{surface temperature} = \text{DN} \cdot 0.04 - 273 \tag{5.11}$$

其中：DN 为拼接处理后热红外影像像素值；surface temperature 为转换后的地表温度。经过上述转换后，得到两景研究区地表温度影像，对研究区进行裁剪，如图 5.42 所示。

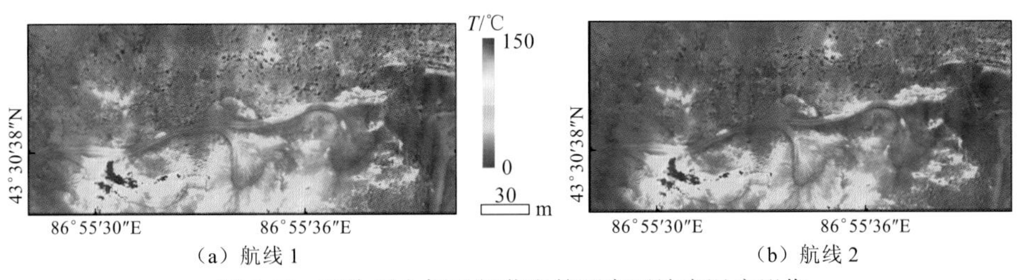

（a）航线 1　（b）航线 2

图 5.42　两次无人机飞行获取的研究区地表温度影像

2）红外热像仪与红外测温仪实测值

在无人机获取研究区地表可见光和热红外影像时，也在研究区对像控点（即同步观测点）进行了同步地面温度测量实验，并使用 RTK 测定像控点坐标，实验过程如图 5.43 所示。分别采用 InfReC R500 红外热像仪和 DELIXI DECEMTMT11350 红外测温仪（表 5.7）对 21 个像控点进行地表温度的测量。为了减少读数误差与环境因素的影响，对每一个点位分别采用两种仪器进行 5 次读数并取 5 次读数的平均值作为该位置地表温度实测值。

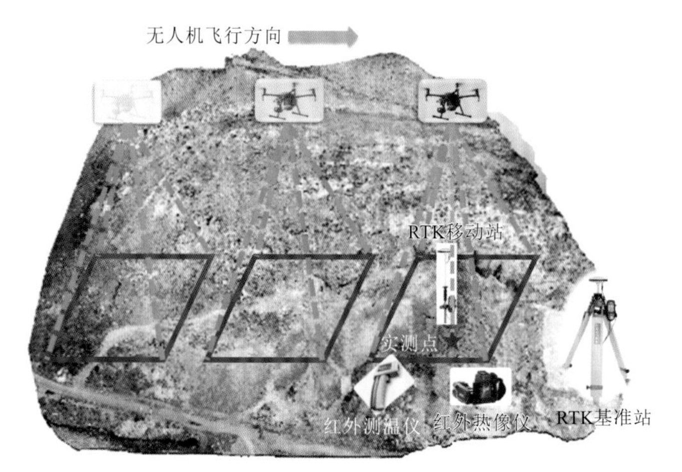

图 5.43　无人机与煤火区地表同步实验过程

表 5.7　红外热像仪与红外测温仪相关参数

<table>
<tr><th>仪器</th><th>参数</th><th colspan="2">描述</th></tr>
<tr><td rowspan="5">InfReC R500</td><td>超级分辨率模式</td><td colspan="2">1 280×960 像素</td></tr>
<tr><td>空间分辨率</td><td colspan="2">相当于 0.58 mrad</td></tr>
<tr><td>灵敏度（NEDT）</td><td colspan="2">0.03 ℃</td></tr>
<tr><td>温度测量精度</td><td colspan="2">±1 ℃（在“范围 1”，环境温度范围 20～30 ℃时），其他范围±2 ℃或±2%</td></tr>
<tr><td>测温范围</td><td colspan="2">-40～500 ℃</td></tr>
<tr><td rowspan="8">DELIXI
DECEMTMT11350</td><td>测温范围</td><td colspan="2">-50～1 350 ℃</td></tr>
<tr><td>发射率</td><td colspan="2">0.1～1.0，可调</td></tr>
<tr><td>光谱响应</td><td colspan="2">8～14 μm</td></tr>
<tr><td>分辨率</td><td colspan="2">小于 1 000 ℃为 0.1 ℃，大于或等于 1 000 ℃为 1 ℃</td></tr>
<tr><td rowspan="4">精度指标</td><td>-50～-5 ℃</td><td>±5 ℃</td></tr>
<tr><td>-5～500 ℃</td><td>±（2%读数+2 ℃）</td></tr>
<tr><td>500～1 000 ℃</td><td>±（4%读数+5 ℃）</td></tr>
<tr><td>1 000～1 350 ℃</td><td>±（5%读数+5 ℃）</td></tr>
</table>

3）煤火区地表分类情况

对无人机获取的研究区可见光影像进行分类，在粗分类结果的基础上，结合分类后处理与人工目视解译最终得到研究区地表分类图（图 5.44），主要分为 5 种地表类型：裸岩/裸土、植被、烧变岩、地表析出硝化物和地表析出硫化物。裸土/裸岩占据了研究区大部分地表，植被稀疏分布，且由于数据采集时间为当地冬季，多为干枯植被。结合图 5.45 地表温度影像进行分析发现烧变岩多位于地表温度较高即煤火燃烧较为剧烈的区域，如研究区西南部分与中部偏下位置（图中紫色方框），并伴有少量因地下煤火燃烧在地表析出的硫化物与硝化物。在研究区的中部偏右位置（图中蓝色方框），出现大片的烧变岩并伴有较多地表析出硫化物与硝化物，结合实测资料发现，该区域原为煤火燃烧较为剧烈区域，后经治理，燃烧情况得到缓解。地表分类情况说明如表 5.8 所示。

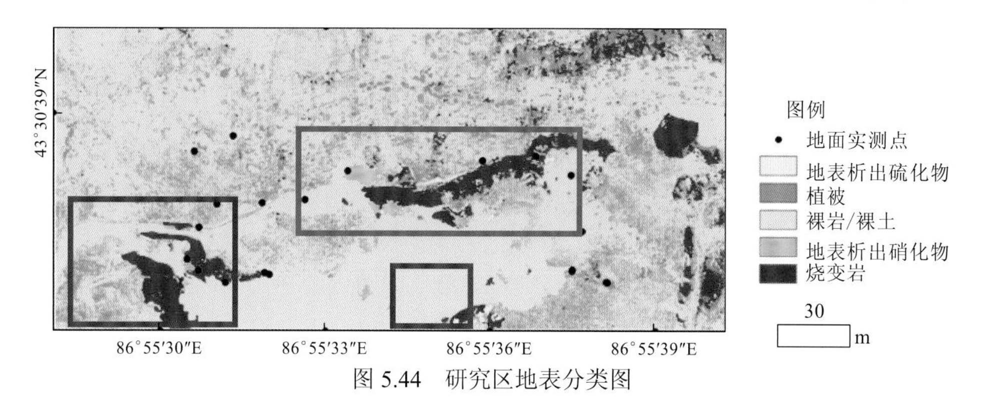

图 5.44　研究区地表分类图

表 5.8　地表分类情况说明

地表分类名	定义
地表析出硫化物	地下煤火燃烧，有害气体逸出，地表析出黄色的硫磺等硫化物结晶
植被	研究区地表的覆被
裸岩/裸土	研究区裸露的岩石及土壤
地表析出硝化物	地下煤火燃烧，有害气体逸出，地表析出白色的芒硝等硝化物结晶
烧变岩	煤层自燃殆尽，地表及近地表形成烧变岩

5.4.2　研究方法

1. 从空间维度对热红外影像进行精度评估

1）比较地面实测与无人机影像对应温度值

为评估无人机地表温度观测精度，本小节分别将红外测温仪与红外热像仪的测量值近似看作地表温度的真实值，无人机所测地表温度为观测值，为此求得对应的观测误差。

为分析无人机获取的地表温度与地面仪器地表温度观测值之间的关系，采用线性回归方程：

$$y = ax + b \tag{5.12}$$

式中：x 为无人机影像上对应实测点位置的温度值；y 为地面仪器测得的地表温度值；a 和 b 为系数。线性回归的目的是分析两组数据之间线性相关关系的强弱与方向，线性回归的 R^2 越接近于 1，表明两组数据线性相关性越强，对于本研究，无人机观测值与两种地面仪器实测值的一致性越高，即无人机对地表温度的观测精度越高。

2）比较地面实测与无人机影像缓冲区温度平均值

为进一步分析，本小节以地面实测点为圆心，在航线 1 和航线 2 上分别构建一组半径为 0.6 m、1 m、1.5 m、2 m、2.5 m、3 m 的圆，并计算航线 1 和航线 2 圆内地表温度的平均值。在不同半径下，计算无人机获取的缓冲区地表温度平均值与两种仪器观测值之间的相关系数 R^2。

2. 从时间维度对热红外影像进行精度评估

为了验证无人机能在时间维度对煤火区地表温度进行稳定且准确监测，本小节通过使用两景数据获取时间相隔大约 1.5 h 的无人机地表热红外影像从时间维度对无人机地表温度观测精度进行评估。通过聚集原始影像的像素，将无人机获取的地表温度影像升尺度到一系列的空间分辨率（0.1 m、0.5 m、1 m、10 m、15 m 和 30 m），然后使用线性回归比较在不同时间采集的两景无人机地表温度图像。

$$y_\alpha = ax_\alpha + b \tag{5.13}$$

式中：x 和 y 为在不同时间获取的无人机影像某一分辨率下的地表温度值，下标代表升尺度后无人机影像的分辨率；a 和 b 为系数。

5.4.3 结果与分析

1. 无人机影像

本小节以航线 1 获取的研究区地表温度影像为例绘制地表等温线[图 5.45（a）]，对高温异常区等温线疏密程度[图 5.45（b）和（d）]和三维可视化分析[图 5.45（c）]发现，该部分有 4 个燃烧较为剧烈的煤火中心。沿西北-东南和西-东两个方向绘制贯穿这 4 个主要煤火燃烧中心的剖面线[图 5.45（e）和（f）]，剖面线的走势可以精准刻画煤火燃烧中心地表温度的分布情况，该成果可为煤火区精准防治与准确灌浆灭火提供技术参考。

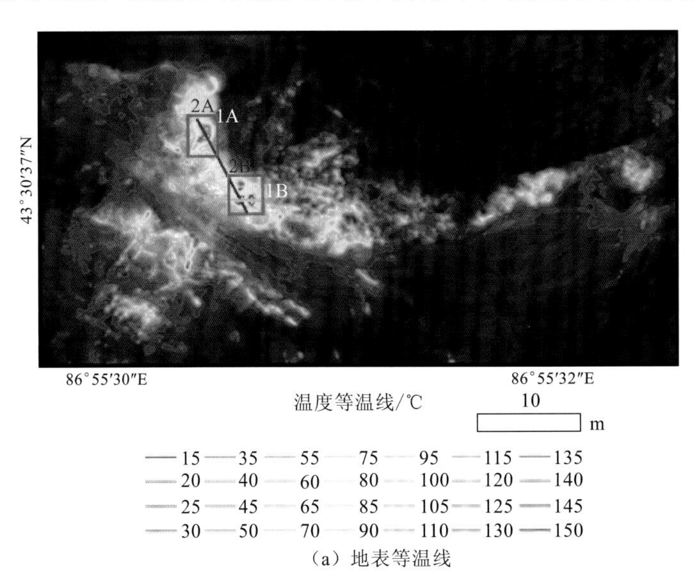

（a）地表等温线

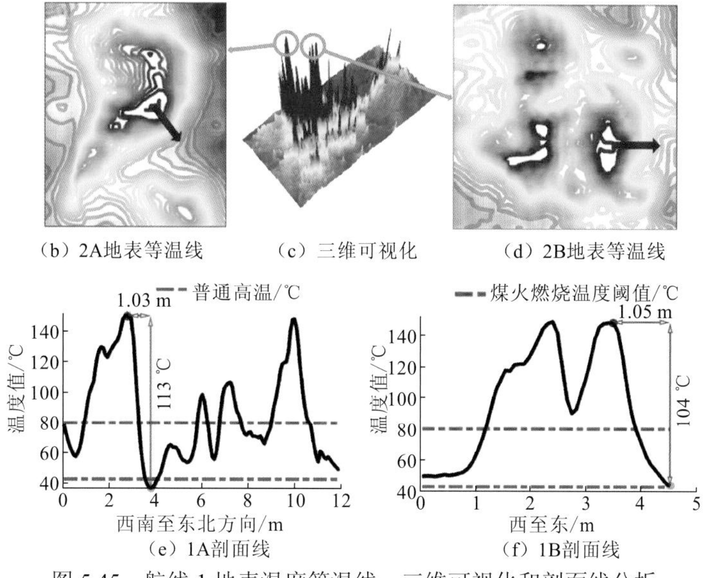

（b）2A地表等温线　（c）三维可视化　（d）2B地表等温线

（e）1A剖面线　（f）1B剖面线

图 5.45　航线 1 地表温度等温线、三维可视化和剖面线分析

两次无人机获取的地表温度影像直方图表明大多数的像元集中在低温值附近，每一幅图像都服从一个右尾分布[图 5.46（a）和（b）]。为凸显地表温度值在高温区的分布情况，对图像的纵轴尺度进行对数函数处理[图 5.46（c）和（d）]，可以看到两次无人机飞行获取的地表温度值分布一致性高。值得一提的是，图 5.46（b）相对于图 5.46（a）在低温值像素部分有所增加，这可能是由于航线 1 的数据获取时间为 5：39 PM，航线 2 的数据获取时间为 7：00 PM，随着时间的流逝，地表温度开始下降，这也从侧面反映出在时间维度上，无人机对地表温度的变化敏感性高。

2. 比较地面实测与无人机影像

1）地面实测与无人机影像对应温度值比较

对无人机的观测精度进行评估，得到在将红外测温仪的观测值 T_{Dec} 近似看作真实值

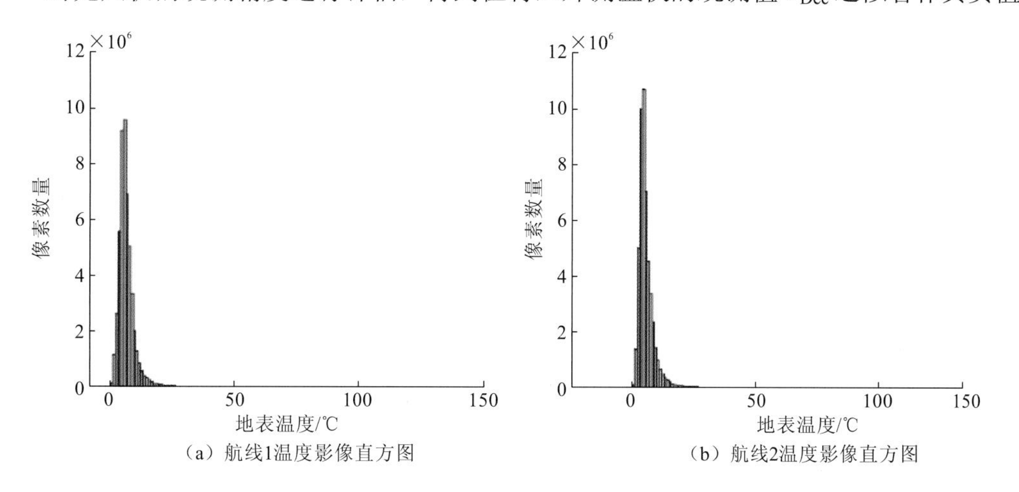

（a）航线1温度影像直方图　（b）航线2温度影像直方图

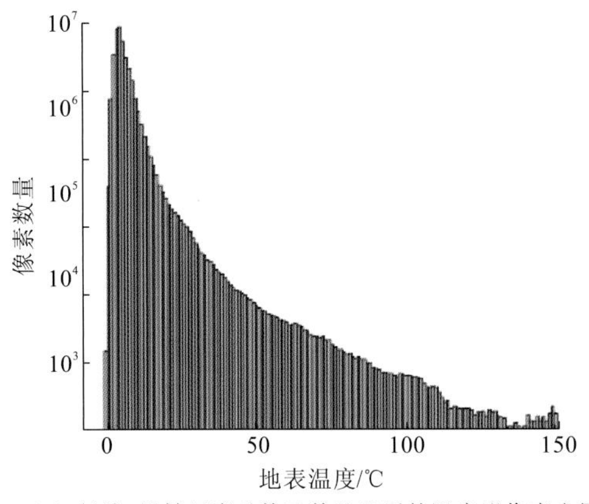

（c）航线1纵轴尺度对数函数处理后的温度影像直方图

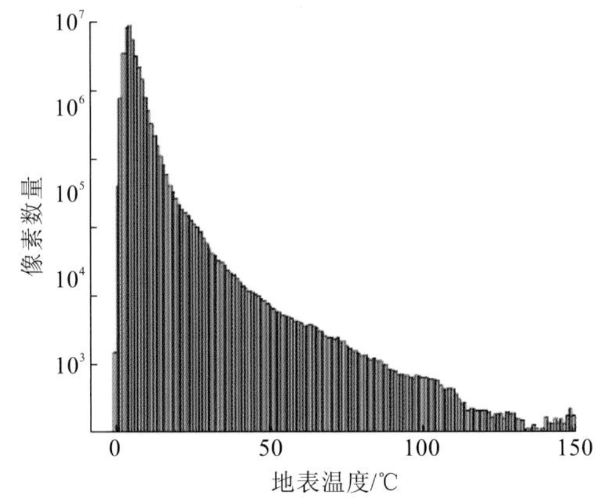

（d）航线2纵轴尺度对数函数处理后的温度影像直方图

图 5.46 无人机影像地表温度直方图

时，航线 1 和航线 2 的观测精度分别为±1.410 ℃和±1.694 ℃；将红外热像仪的观测值 T_{inf} 近似看作真实值时，航线 1 和航线 2 的观测精度分别为±2.133 ℃和±2.941 ℃。本节采用的红外热像仪具有较高的地表温度测量精度（在当时实验环境下为±2 ℃），后续分析时，均将它的观测值近似作为真实值，红外测温仪相对于红外热像仪的观测精度为±2.380 ℃。由于航线 1 与地表实测值获取时间较为接近，只使用航线 1 对地表温度的观测精度进行评估。无人机对地表温度的观测精度受地物反射率、辐射背景温度、空气温度和湿度、相机与被测物体的距离和地物发射率等因素的影响，导致其观测精度略低于地面测量手段。航线 1 的观测精度比航线 2 要高，这主要是由于航线 1 获取数据的时间与地面实测数据的采集时间更为接近，这也从侧面印证了无人机可以精准地描绘短时段内地表温度的变化。

为了在空间维度比较红外热像仪、红外测温仪地面测量值和无人机地表温度影像对应位置值之间的关系，使用一个线性回归模型。回归分析（图 5.47）表明，无人机观测值与两种地面仪器观测值之间[图 5.47（a）、（b）、（c）、（d）]、无人机连续两次观测值之间[图 5.47（e）]、两种地面仪器观测值之间[图 5.47（f）]均具有很强的正向相关关系，R^2 均大于 0.99。其中，无人机连续两次观测值拟合的 R^2 达到了最大值（R^2=0.9987），表明在时间维度上，无人机对煤火区地表温度的观测具有极高的稳定性。回归分析的结果表明通过无人机获取的地表温度值与地面实测值在空间维度上具有很好的一致性。

2）地面实测与无人机影像缓冲区温度平均值比较

由表 5.9 分析发现，在不同半径下，无人机地表温度平均值与两种仪器观测值的相关关系并不强烈（R^2 均小于 0.8），且随着半径的增大，两者之间的相关关系呈减小的趋势。可能是煤火燃烧导致的地表高温异常在空间上存在突变，即在煤火燃烧点附近，温度会在很短距离内由高温下降到环境温度（Robinson，1950）。随着半径的增大，地表异质性变大，在无人机对地表温度和地表情况精细刻画的能力下，影响地表温度的干扰因素被放大，导致无人机获取地表温度与地面仪器的观测值偏差变大。

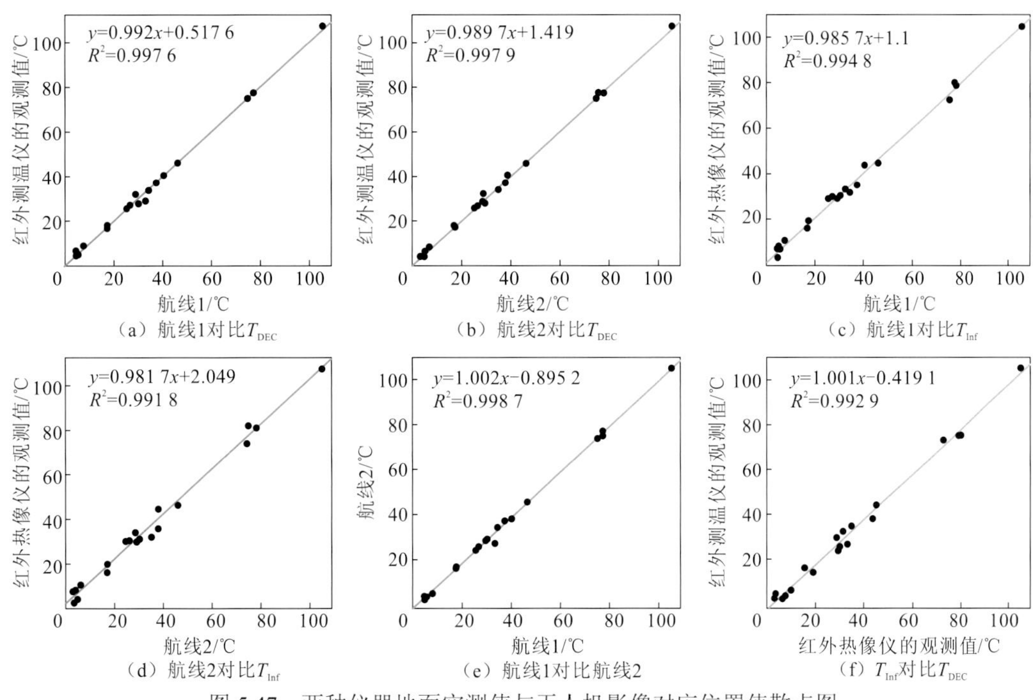

（a）航线1对比T_{DEC}　（b）航线2对比T_{DEC}　（c）航线1对比T_{Inf}

（d）航线2对比T_{Inf}　（e）航线1对比航线2　（f）T_{Inf}对比T_{DEC}

图 5.47　两种仪器地面实测值与无人机影像对应位置值散点图

表 5.9　不同缓冲半径下无人机地表温度平均值与两种地面仪器实测值的相关关系

项目		R^2	
		T_{DEC}	T_{Inf}
无人机航线 1 测量半径	0.6 m	0.777 8	0.753 2
	1 m	0.662	0.641 3
	1.5 m	0.617	0.606 2
	2 m	0.566 7	0.559 6
	2.5 m	0.532 5	0.527 8
	3 m	0.530 1	0.528 4
无人机航线 2 测量半径	0.6 m	0.765 1	0.738 6
	1 m	0.661 8	0.640 9
	1.5 m	0.624 9	0.614 8
	2 m	0.584 5	0.577 3
	2.5 m	0.549 7	0.545 7
	3 m	0.538 7	0.536

3. 比较不同时间获取的无人机影像

空间分辨率为 0.1 m、0.5 m、1 m、10 m、15 m 和 30 m 的图像分别具有 3256194 个、130186 个、32487 个、324 个、144 个和 36 个像素。对于这 6 幅不同空间分辨率的地表温度影像，分别对每个像素对应的地表温度值进行统计分析（图 5.48）。

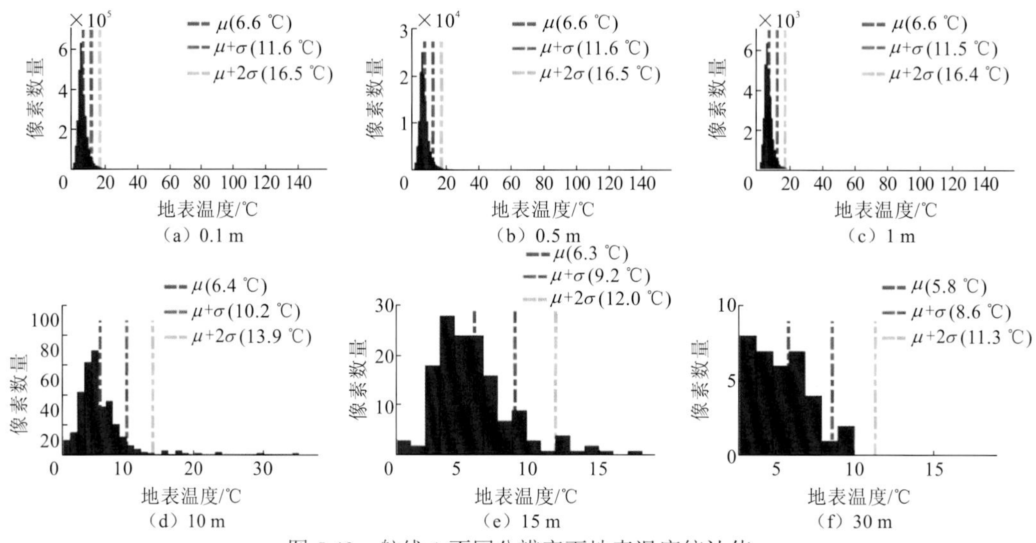

图 5.48　航线 1 不同分辨率下地表温度统计值

从分辨率小于等于 1 m 的图像来看，无论哪幅图像都有 95%以上的像素温度值在 0～12℃，其余像素温度分布在 12～150℃。正常地表温度在统计上应服从正态分布，但研究区范围内，存在高温异常现象，这表明可以利用无人机影像提取煤火区域；随着地表温度影像分辨率的降低，可以看出无论如何降低分辨率，影像总是存在高温异常现象，如将无人机原始影像升尺度到 30 m 分辨率后有一个像素其温度为 18℃，远高于其他像素温度，这表明高温异常区域聚集在同一范围内，符合煤火燃烧引起地表高温异常的特征，且该现象在一定分辨率变化范围下具有稳定性，但当分辨率降低到一定范围后，高温异常现象可能会被平均掉，这一分辨率范围与火区范围有关。

对于升尺度后不同空间分辨率的无人机地表温度影像，以第一次无人机影像的地表温度值为 x 轴，第二次无人机影像的地表温度值为 y 轴，绘制散点图并对两者之间的关系进行线性拟合（图 5.49）。可以看出，两幅影像无论在哪种分辨率下都具有极强的相关性（R^2 均在 0.85 以上），而且其斜率值均在 1.0 左右，拟合线与 $y=x$ 线基本重合，这表明无人机地表温度影像在短时间内变化量较小。同时随着分辨率的提升，可以看出高温区（大于 12℃）点在拟合线附近的分散程度变大，而低温区则聚集在拟合线附近，这表明正常表面温度在短时间内不会发生剧烈改变，而煤火区可能发生剧烈变化，这可能与地下煤火发生移动、火区风速较为剧烈等原因有关。

本节对消费级无人机在小范围煤火区地表温度的监测精度进行了评估，结果表明，无人机对煤火区地表温度的观测具有较高精度，可以动态获取高时空分辨率地表温度影像。通过无人机短时间内重访研究区发现煤火燃烧区地表温度变化剧烈程度要远大于非煤火区。

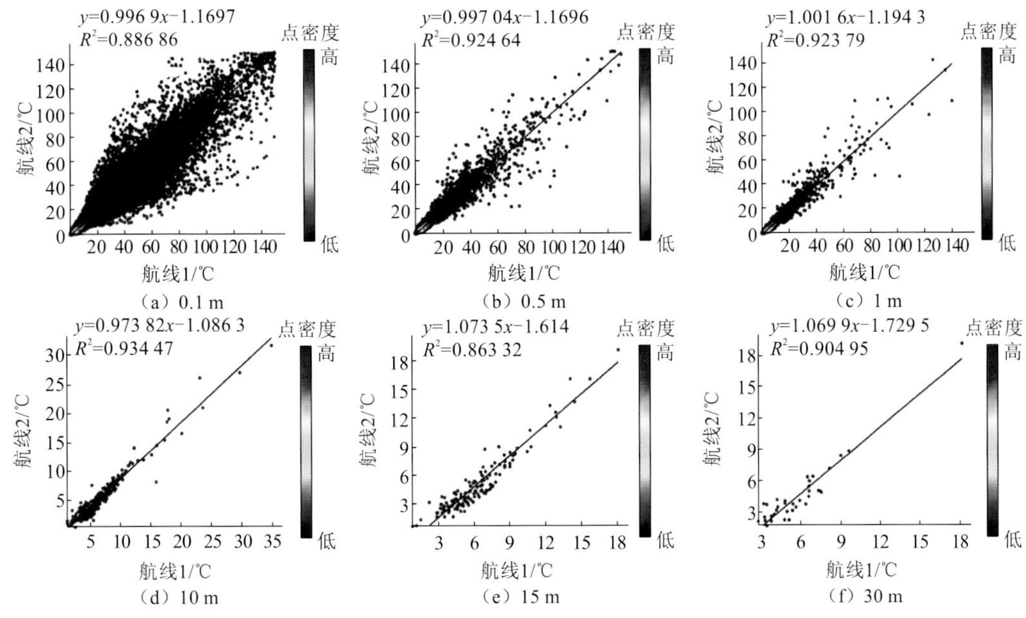

（a）0.1 m　（b）0.5 m　（c）1 m

（d）10 m　（e）15 m　（f）30 m

图 5.49　航线 1 和航线 2 不同分辨率下的线性拟合关系

热红外卫星遥感能够大范围获取地表温度（Pajares，2015）。长期以来，学者在使用卫星遥感数据监测火区方面进行了大量研究，均表明该方法能够实现火区监测。但在新生火区和小范围火区探测中，热红外卫星遥感由于较低的时空分辨率、各种气象因素及煤火区复杂地势情况的影响，对煤火燃烧面积和边界的确定产生了较大的误差。无人机技术弥补了卫星在该方面的缺陷，同时无人机能够根据火区状况、气象条件等因素灵活地设计重访周期。

目前，在山区或地面起伏比较大的丘陵地带，无人机可通过斜面航线及变高航带两种航线规划方式实现仿地飞行，解决在地形起伏较大地区地面采样距离不一致带来的照片重叠率低、实际航高与设定航高不一致等问题。无人机站点技术和无人机网络技术的出现，也进一步提升了其在煤火区应用的潜力。

参 考 文 献

丁凤, 徐涵秋, 2008. 基于 Landsat TM 的 3 种地表温度反演算法比较分析. 福建师范大学学报(自然科学版)(1): 91-96.

杜晓敏, 2015. 热红外遥感煤火探测方法及煤火变化检测. 北京: 中国矿业大学(北京).

高永年, 张万昌, 2008.遥感影像地形校正研究进展及其比较实验.地理研究(2): 467-477, 484.

李瑶, 潘竟虎, 2015. 基于 Landsat 8 劈窗算法与混合光谱分解的城市热岛空间格局分析: 以兰州市中心城区为例. 干旱区地理, 38(1): 111-119.

李毅, 2019. 融合分布式目标的矿区长时序 InSAR 地表形变监测. 徐州: 中国矿业大学.

李召良, 唐伯惠, 唐荣林, 等, 2017.地表温度热红外遥感反演理论与方法. 科学观察, 12(6): 57-59.

梁涛, 2014.利用短基线集 InSAR 技术监测矿区地表形变. 测绘通报(S2): 82-84.
刘竞龙, 2020. 新疆米泉火区多源遥感协同探测与分析. 徐州: 中国矿业大学.
刘竞龙, 汪云甲, 闫世勇, 等, 2019. 乌鲁木齐东侧煤火多源遥感融合探测. 煤矿安全, 50(8): 158-161.
毛克彪, 覃志豪, 施建成, 2005. 用 MODIS 影像和劈窗算法反演山东半岛的地表温度. 中国矿业大学学报, (1): 49-53.
覃志豪, ZHANG M H, KARNIELI A, et al., 2001. 用陆地卫星 TM6 数据演算地表温度的单窗算法. 地理学报(4): 456-466.
邱程锦, 王坚, 刘立聪, 等, 2012. 遥感技术在乌达煤田火灾监测中的应用. 煤炭工程(8): 130-133.
盛耀彬, 汪云甲, 束立勇, 2008. 煤矸石山自燃深度测算方法研究与应用. 中国矿业大学学报, (4): 545-549.
王猛猛, 2017. 地表温度与近地表气温热红外遥感反演方法研究. 北京: 中国科学院大学.
王远飞, 何洪林, 2007. 空间数据分析方法. 北京: 科学出版社.
魏长婧, 汪云甲, 王坚, 等, 2012. 无人机影像提取矿区地裂缝信息技术研究. 金属矿山(10): 90-92, 96.
闫军, 2018. 新疆煤田火区现状及应对措施. 陕西煤炭, 37(1): 71-73.
殷幼松, 吴宏安, 康永辉, 等, 2017. 分布式目标反演形变的关键性问题分析与处理. 遥感信息, 32(2): 162-167.
张青松, 2014. 复合埋深条件下煤自燃火源范围探测技术. 煤炭技术, 33(7): 270-271.
曾庆宇, 张利松, 2012 . 新疆阜康地区煤层火烧区钻探技术探讨. 广东科技, 21(7): 139, 146.
周洪月, 汪云甲, 闫世勇, 等, 2017. 沧州地区地面沉降现状Sentinel-1A/B时序InSAR监测与分析. 测绘通报, (7): 89-93.
周继兵, 曾宪军, 樊涛, 2005. 新疆准南煤田阜康一带煤炭资源分布区地质特征. 新疆地质(2): 146-151.
ABRAMOWICZ A, CHYBIORZ R, 2019. Fire detection based on a series of thermal images and point measurements: The case study of coal-waste dumps. The International Archives of the Photogrammetry, Remote Sensing and Spatial Information Sciences, XLII-1/W2: 9-12.
BERARDINO P, FORNARO G, LANARI R, et al., 2002. A new algorithm for surface deformation monitoring based on small baseline differential SAR interferograms. IEEE Transactions on Geoscience & Remote Sensing, 40(11): 2375-2383.
CAO X G, REN X M, JIANG J, 2016. Temperature inspection system for open-air coal yard based on UAVs. 13th International Conference on Ubiquitous Robots and Ambient Intelligence(URAI). IEEE: 288-292.
ESTES J E, JENSEN J R, SIMONETT D S, 1980. Impacts of remote sensing on US geography. Remote Sensing of Environment, 10(1): 43-80.
JIANG L, LIN H, MA J, et al., 2011a. Potential of small-baseline SAR interferometry for monitoring land subsidence related to underground coal fires: Wuda(Northern China) case study. Remote Sensing of Environment, 115(2): 257-268.
JIANG W G, ZHU X H, WU J J, et al., 2011b. Retrieval and analysis of coal fire temperature in Wuda coalfield, Inner Mongolia, China. Chinese Geographical Science, 21(2): 159-166.
JIMÉNEZ-MUÑOZ J C, SOBRINO J A, 2003.A generalized single-channel method for retrieving land surface temperature from remote sensing data. Journal of Geophysical Research, 108(D22): 4688.
KUENZER C, ZHANG J, SUN Y, et al., 2012. Coal fires revisited: The Wuda coal field in the aftermath of

extensive coal fire research and accelerating extinguishing activities. International Journal of Coal Geology, 102(23): 123-130.

LI F, YANG W, LIU X, et al., 2018. Using high-resolution UAV-borne thermal infrared imagery to detect coal fires in Majiliang mine, Datong coalfield, Northern China. Remote Sensing Letters, 9(1-3): 71-80.

LIU J, WANG Y, LI Y, et al., 2019. Underground coal fires identification and monitoring using time-series InSAR with Persistent and distributed scatterers: A case study of Miquan Coal Fire Zone in Xinjiang, China. IEEE Access(7): 164492-164506.

MISHRA R K, BAHUGUNA P P, SINGH V K, 2011. Detection of coal mine fire in Jharia Coal Field using Landsat-7 ETM+ data. International Journal of Coal Geology, 86(1SI): 73-78.

PAJARES G, 2015. Overview and current status of remote sensing applications based on unmanned aerial vehicles(UAVs). Photogrammetric Engineering & Remote Sensing, 81(4): 281-330.

PAN D L, HUANG Z Q, ZHANG D R, et al., 2013. Mapping land subsidence related to underground coal fires in the Wuda Coalfield(Northern China) using a small stack of ALOS PALSAR differential interferograms. Remote Sensing, 5(3): 110-109.

QIN Z, KARNIELI A, BERLINER P, 2001. A mono-window algorithm for retrieving land surface temperature from Landsat TM data and its application to the Israel-Egypt border region. International Journal of Remote Sensing, 22(18): 3719-3746.

ROBINSON W S, 1950. Ecological correlations and the behavior of individuals. American Sociological Review, 15(3): 351-357.

SOBRINO J A, JIMENEZ-MUNOZ J C, PAOLINI L, 2004. Land surface temperature retrieval from Landsat TM 5. Remote Sensing of Environment, 90(4): 434-440.

SOENEN S, PEDDLE D R, COBURN C A, 2005. A Modified sun-canopy-sensor topographic correction in forested terrain. IEEE Transactions on Geoscience and Remote Sensing, 43(9): 2148-2159.

SONG Z, KUENZER C, 2014. Coal fires in China over the last decade: A comprehensive review. International Journal of Coal Geology, 133: 72-99.

WANG Y J, TIAN F, HUANG Y, et al., 2015. Monitoring coal fires in Datong coalfield using multi-source remote sensing data. Transactions of Nonferrous Metals Society of China, 25(10): 3421-3428.

YU C, PENNA N T, LI Z, 2017. Generation of real-time mode high-resolution water vapor fields from GPS observations. Journal of Geophysical Research Atmospheres, 122(3): 2008-2025.

YU C, LI Z, PENNA N T, 2018a. Interferometric synthetic aperture radar atmospheric correction using a GPS-based iterative tropospheric decomposition model. Remote Sensing of Environment, 204: 109-121.

YU C, LI Z, PENNA N, et al., 2018b. Generic atmospheric correction model for Interferometric synthetic aperture radar observations. Journal of Geophysical Research: Solid Earth, 123(10): 9202-9222 .

ZHANG J, KUENZER C, 2007. Thermal surface characteristics of coal fires 1 results of in-situ measurements. Journal of Applied Geophysics, 63(3-4): 117-134.

第 6 章　煤矿区地表形变监测与评价

地下开采引起围岩的位移和变形，波及地表，引起地表下沉、变形和塌陷。对矿区地表形变进行长期有效的监测和控制，及时发现地表破坏情况，掌握矿区地面沉降规律，对合理开采煤炭资源、矿区生态环境修复、地质灾害预测预防具有重要研究意义。合成孔径雷达（SAR）测量技术为解决上述问题提供了可行途径，成为近年来的研究热点，取得了众多成果。实践表明，与传统的开采沉陷监测方法相比，InSAR 技术监测地面沉降具有大面积、大时间跨度、成本低的优势，探测地表形变的精度可达厘米至毫米级。但由于地下开采或地表沉降量大、速度快，且不少矿区地表植被覆盖好，InSAR 技术极易出现失相干，或形变小，需要进行空-天-地一体化协同监测，诸多问题需要解决。本章将根据国内外研究现状及应用需求，从多方面、多角度对矿区地表形变信息快速、精准获取与评价问题进行研究。

6.1　多源 SAR 数据融合监测地面沉降方法

随着越来越多的搭载 SAR 传感器卫星的升空及其对地观测时间的不断累积，SAR 影像的存档数据和种类也越来越多，而且不同传感器、不同波段及不同成像几何（也就是不同平台）SAR 数据在分辨率、对地物散射特性的反应、获取时间等方面具有不同的特性（Zheng et al.，2018），使得各平台 SAR 数据之间具有“互补”的特点，进而对不同平台 SAR 数据的联合处理变得尤为必要。然而，现有 InSAR 技术研究中，无论是传统的 D-InSAR 技术还是时序 InSAR 技术，绝大多数基于单一平台 SAR 数据，关于利用不同平台 SAR 数据进行地表形变联合监测的研究还相对较少。为充分挖掘多平台 SAR 数据在地表形变监测中的潜力，发挥多平台 SAR 数据的优势，本节基于多时序 InSAR 技术对利用多平台 SAR 数据联合监测地表形变的方法进行研究，提出一种基于研究区无水平方向形变假设、利用多平台 SAR 数据联合监测地表形变的方法，改进已有的两种利用多平台 SAR 数据联合监测地表形变的方法。

6.1.1　多平台 SAR 数据地表形变联合监测基础

1. SAR 成像的空间几何框架

目前运行的星载 SAR 传感器均通过侧视成像技术来获取影像，图 6.1 以升轨为例显示了 SAR 成像几何及其在空间三维直角坐标系下的投影情况和角度参数。如图所示，分

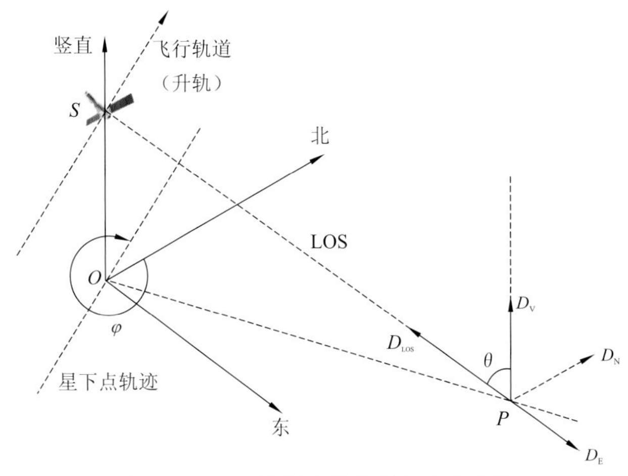

图 6.1　SAR 侧视成像几何及角度参数

别以成像时刻卫星的星下点，东方向、北方向和竖直方向为坐标原点及三个基本方向来构建空间直角坐标框架。图中 S 为卫星成像时刻的空间位置；P 为地面散射目标；S 和 P 的连线为雷达视线方向（line of sight，LOS）；θ 为雷达信号局部入射角，是 LOS 方向与垂直方向的夹角；星下点轨迹是卫星运行轨道在水平面上的投影；φ 为卫星航向角；点 P 和点 O 的连线即为 LOS 向在水平面上的投影（郭利民，2014；Zhang and Yeo，2004）。

由图 6.1 可知，LOS 方向上监测到的形变（D_{LOS}）是地表在竖直方向上的形变（D_{V}）、北方向上的形变（D_{N}）和东方向上的形变（D_{E}）共同作用的结果，且它们之间的几何关系如下：

$$D_{\mathrm{LOS}}=D_{\mathrm{V}}\cdot\cos\theta+\sin\theta(\sin\varphi\cdot D_{\mathrm{N}}-\cos\varphi\cdot D_{\mathrm{E}}) \tag{6.1}$$

由公式求导可得到雷达视线方向观测量与三维形变量之间的灵敏度因子，该因子可以用于描述 D-InSAR 技术监测三个方向（东西向、南北向和竖直向）地表形变的灵敏度和精确度。三个灵敏度因子如下：

$$\left|\frac{\partial D_{\mathrm{LOS}}}{\partial D_{\mathrm{V}}}\right|=\left|\cos\theta\right|,\quad \left|\frac{\partial D_{\mathrm{LOS}}}{\partial D_{\mathrm{N}}}\right|=\left|\sin\theta\cdot\sin\varphi\right|,\quad \left|\frac{\partial D_{\mathrm{LOS}}}{\partial D_{\mathrm{E}}}\right|=\left|-\cos\varphi\cdot\sin\theta\right| \tag{6.2}$$

现有搭载 SAR 传感器的卫星一般为极轨卫星，与经线方向的夹角一般为 10° 左右，即 φ 约为 170°（降轨）或 350°（升轨），而 θ 一般在 20°～45° 变化，将这些参数代入式（6.2）计算可知，星载 SAR 数据对垂直向、东西向和南北向形变的敏感度区间分别为[0.71,0.94]、[0.34,0.70]和[0.06,0.12]（张瑞，2012）。由各方向的敏感度区间可知，利用 D-InSAR 技术进行地表形变监测时，其对垂直向形变的敏感度最高，对东西向形变的敏感度次之，对南北向形变的敏感度最弱（胡俊 等，2008）。

由上述公式的推导结果不难看出：利用 D-InSAR 技术进行地表三维形变场反演时，得到的三维形变场在各个方向上的精度差异较大。得到的三维形变结果在竖直向上精度最高，基本和 InSAR 技术在 LOS 方向上的形变测量精度相当，而水平方向形变反演结果精度要远低于竖直向形变反演结果。在两个水平形变分量中，利用部分卫星平台的

SAR 数据可能反演得到较为可靠的东西向形变结果；但是由于卫星轨道方向南北向非常接近，受投影关系的限制，导致南北向形变反演的精度难以得到保证或改善。

2. 多平台 SAR 数据监测基准统一

由于不同平台 SAR 数据的坐标系统不尽相同，且 InSAR 技术在相位解缠时需要选择一个参考区域，其他区域的测量结果都是相对于该参考区域的形变测量结果，所以在进行多平台数据融合或联合解算地表形变之前需要进行坐标基准和参考基准的统一。此外，研究利用多平台 SAR 数据的联合监测方法都是基于“点”的解算方法，而由于不同平台 SAR 数据的入射角、分辨率、波段散射特性的不同，使得识别出的同一地面稳定散射体（或邻近具有相同形变特性的散射体）的地理位置可能存在一定的偏差。因此需要识别出多平台 SAR 数据 InSAR 监测结果中对应于同一地面稳定散射体或邻近的具有相同形变特点的一组像元，称为同名目标点对或同名点对（same name point pair，SNP）。

1）基准统一

基准统一包括坐标基准的统一和参考基准的统一，多平台 SAR 数据由 D-InSAR 或时序 InSAR 技术处理得到的结果均投影到 WGS84（World Geodetic System 1984）坐标系统下，以实现各平台坐标基准的统一；对于各平台 SAR 数据处理结果参考基准的统一，可以在差分相位解缠时通过设置相同的参考区域来完成。也就是将该参考区域的形变量值设为 0，其他区域的形变值都是相对于该区域的形变结果（Liu et al.，2017）。

2）同名目标点对选取

利用邻近范围查找的方式来识别同名点对。以两种平台 SAR 数据为例来介绍同名点对的选取方法。首先，将两种平台 SAR 数据根据一定选点原则筛选出的稳定散射体分成两组，一组为初始点集，另一组为目标点集。然后，依次以初始点集中的每一个点为中心，根据 SAR 影像的分辨率大小和研究区域的特点确定一个搜索半径来进行同名点的搜索。搜索过程中，当在搜索范围内出现多个备选同名点时，根据最邻近原则选择与初始点距离较近的备选同名点为最终的同名点。最后，在所有的初始点完成同名点搜索后，查看全部的同名点集中是否存在多个初始点共享同一个备选点的情况。找到这些不合格的同名点对，计算每一对同名点对的距离，保留其中距离最短的同名点对，删除其他的同名点对，完成所有同名目标点对的选择工作。需要指出的是，由于各平台 SAR 影像的分辨率不一定相同，为保证同名目标选择的合理性，在对不同平台 SAR 影像进行 D-InSAR 处理时需要通过设置不同的多视系数来使各平台 SAR 数据多视后的像元分辨率相近。

3. 多源 SAR 数据监测地面沉降方法

多源 SAR 数据融合技术大致分为两种：①采用时序 InSAR 技术获取不同星载 SAR 数据的监测结果然后进行插值，重采样到相同的坐标系统下，根据假设的地表形变规律提取二维或三维沉降结果；②基于小基线思想，对不同平台的 SAR 数据重采样得到空间分辨率一致的数据，根据多个“小基线集”反演联合监测结果。第一种方法原理简单容易实现，可以获取三维地表形变速率结果，不过该方法难以获取时间序列沉降结果，损失了时间维度的监测能力，第二种方法理论基础充实，联合监测效果好、可靠性高，但是缺少对数据干涉质量效果的评估。下文基于小基线技术研究思路，根据影像干涉图质量设定权值对数据进行融合处理，改进第二种监测方法缺少质量评估的不足，实现高精度多源 SAR 数据联合监测地面沉降，数据处理流程见图 6.2。

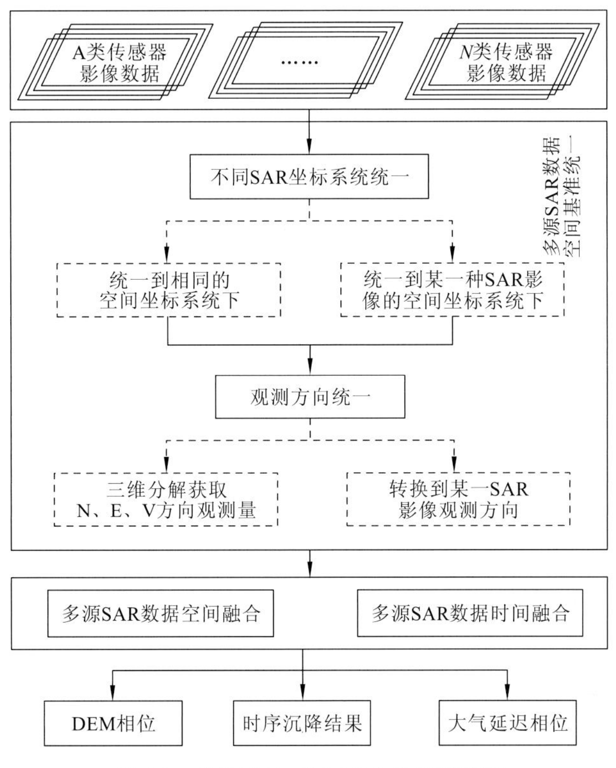

图 6.2　多源 SAR 数据融合处理流程图

根据 SAR 遥感影像的干涉对组合情况，获取干涉相位：

$$\varphi_{ij}=\sum_{n=i+1}^{j}\delta\varphi_n <\Longrightarrow \boldsymbol{d}=\boldsymbol{Gm} \tag{6.3}$$

式中：φ_{ij} 为第 i 景与第 j 景影像的干涉相位；φ_n 为第 n 景影像的相位，$\delta\varphi_n=\varphi_n-\varphi_{n-1}$；$\boldsymbol{G}$ 为一个 M 行 N 列的矩阵，其中，M 代表干涉图数量，N 代表从 $\delta\varphi_1$ 到 $\delta\varphi_N$ 顺序，对于矩阵的第 i 行来说，主辅影像所在的时间序列对应的列值为 1 和−1，其他元素为 0；$\boldsymbol{m}$ 为一个包含 N 个元素的列向量，第 j 个元素代表相位 φ_j；$\boldsymbol{d}$ 为所有解缠干涉对组成的列向量。

根据式（6.3）获取形变速率和相位之间的关系，如下：

$$\varphi_{ij}=\frac{4\pi}{\lambda}\cdot\sum_{n=i+1}^{j}(t_n-t_{n-1})v_n+\frac{4\pi}{\lambda}\cdot\frac{\sum_{n=i+1}^{j}B_{n,n-1\perp}\boldsymbol{\varepsilon}_n}{r\sin\theta} \tag{6.4}$$

式中：λ 为雷达传感器的波长；t_n 和 t_{n-1} 为第 n 和 $n-1$ 景影像成像时间；v_n 为形变速率；$B_{n,n-1\perp}$ 是第 n 和第 $n-1$ 景影像间的垂直空间基线；$\boldsymbol{\varepsilon}_n$ 为地形误差，$\boldsymbol{\varepsilon}$ 是一个包括 N 个元素的 DEM 误差列向量；r 为雷达传感器到地面目标的距离；θ 为地面目标点的入射角。

为了说明多源 SAR 数据融合监测地面沉降的方法，以 A、B 两种传感器为例，A 类影像数据数量为 N_A，B 类影像数据数量为 N_B，按时间对两种影像（共 $N_\mathrm{A}+N_\mathrm{B}$）进行排序 sort（$t_0^\mathrm{A},t_1^\mathrm{A},\cdots,t_n^\mathrm{A}$，$t_0^\mathrm{B},t_1^\mathrm{B},\cdots,t_n^\mathrm{B}$），根据干涉对的组成方式建立观测方程组（Liu et al., 2017）：

$$\begin{bmatrix} 0 & \frac{4\pi}{\lambda^\mathrm{A}}(t_2-t_1) & \frac{4\pi}{\lambda^\mathrm{A}}(t_3-t_2) & \cdots & 0 & \frac{4\pi}{\lambda^\mathrm{A}}\cdot\frac{B_{2,1\perp}^\mathrm{A}}{r^\mathrm{A}\sin\theta^\mathrm{A}} & \frac{4\pi}{\lambda^\mathrm{A}}\cdot\frac{B_{3,2\perp}^\mathrm{A}}{r^\mathrm{A}\sin\theta^\mathrm{A}} & \cdots \\ 0 & 0 & \frac{4\pi}{\lambda^\mathrm{A}}(t_3-t_2) & \cdots & 0 & 0 & \frac{4\pi}{\lambda^\mathrm{A}}\cdot\frac{B_{3,2\perp}^\mathrm{A}}{r^\mathrm{A}\sin\theta^\mathrm{A}} & \cdots \\ \vdots & \vdots & \vdots & & \vdots & \vdots & & \vdots \\ \frac{4\pi}{\lambda^\mathrm{B}}(t_1-t_0) & 0\,\frac{4\pi}{\lambda^\mathrm{B}}(t_2-t_1) & 0 & \cdots & \frac{4\pi}{\lambda^\mathrm{B}}\cdot\frac{B_{1,0\perp}^\mathrm{B}}{r^\mathrm{B}\sin\theta^\mathrm{B}} & \frac{4\pi}{\lambda^\mathrm{B}}\cdot\frac{B_{2,1\perp}^\mathrm{B}}{r^\mathrm{B}\sin\theta^\mathrm{B}} & 0 & \vdots \\ \frac{4\pi}{\lambda^\mathrm{B}}(t_1-t_0) & 0\,\frac{4\pi}{\lambda^\mathrm{B}}(t_2-t_1) & \frac{4\pi}{\lambda^\mathrm{B}}(t_3-t_2) & \cdots & \frac{4\pi}{\lambda^\mathrm{B}}\cdot\frac{B_{1,0\perp}^\mathrm{B}}{r^\mathrm{B}\sin\theta^\mathrm{B}} & \frac{4\pi}{\lambda^\mathrm{B}}\cdot\frac{B_{2,1\perp}^\mathrm{B}}{r^\mathrm{B}\sin\theta^\mathrm{B}} & \frac{4\pi}{\lambda^\mathrm{B}}\cdot\frac{B_{3,2\perp}^\mathrm{B}}{r^\mathrm{B}\sin\theta^\mathrm{B}} & \vdots \\ \vdots & \vdots & \vdots & \cdots & \vdots & \vdots & \vdots & \vdots \end{bmatrix} \begin{bmatrix} v_1 \\ v_2 \\ v_3 \\ \vdots \\ v_{N_\mathrm{A}+N_\mathrm{B}} \\ \varepsilon_1 \\ \varepsilon_2 \\ \varepsilon_3 \\ \vdots \\ \varepsilon_{N_\mathrm{A}+N_\mathrm{B}} \end{bmatrix} = d^{\mathrm{A+B}} \tag{6.5}$$

式中：$d^{\mathrm{A+B}}$ 为 A、B 两种传感器数据形成的干涉图集合，求解上述公式即可得到融合多源 SAR 数据的时序监测结果。需要注意的是，此处进行数据融合是在统一了 A、B 两种数据观测值的坐标系统和观测方向的前提下进行的。

6.1.2 九龙矿多源 SAR 融合实验

九龙矿空间位置如图 6.3 所示，多边形表示 15235 工作面的地理位置，工作面地面标高 116 m～124 m，工作面标高-580 m～650 m，煤层厚度 5.2～6.4 m，平均厚度 5.9 m，煤层倾角 12°～15°，平均倾角 14°，走向长 1 090～1 150 m，平均 1 104 m，倾向长 95～162 m，平均 140 m，工作面面积 151 261 m²。工作面开采方向从右向左，图中 AA′线右侧开采时间为 2014 年 5～7 月，AA′线左侧开采时间为 2015 年 1 月～2016 年 3 月。

融合实验选用 11 景 Radarsat-2 影像和 17 景 Sentinel-1 影像，Radarsat-2 的重访周期为 24 天，Sentinel-1 的重访周期为 12 天。Radarsat-2 影像覆盖时间为 2015-06-15～2016-03-05，Sentinel-1 影像覆盖时间为 2015-06-17～2016-03-07。两种卫星的 SAR 数据组成了两个独立的小基线网，见图 6.4，绿色表示 Sentinel-1 数据组成的干涉图基线，棕色表示 Radarsat-2 数据形成的干涉图基线，11 幅 Radarsat-2 数据共组成 20 对干涉对，最长垂直空间基线为 177 m，最短垂直空间基线为 3 m；17 幅 Sentienl-1 数据共组成了 37 对干涉对，最长垂直空间基线为 178 m，最短垂直空间基线为 5 m。

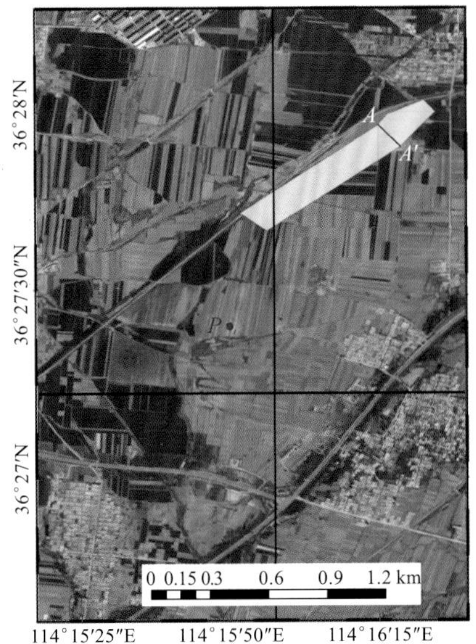

图 6.3　九龙矿 15235 工作面示意图

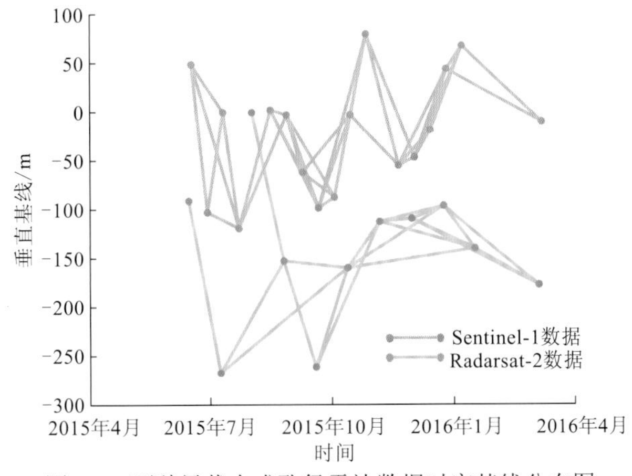

图 6.4　两种星载合成孔径雷达数据时空基线分布图

6.1.3　九龙矿多源 SAR 融合实验结果分析

对比分析两种卫星获取的沉降结果，绘制两种监测结果的相关图，见图 6.5，横坐标表示 Sentinel-1 监测的沉降累计结果，纵坐标表示 Radarsat-2 监测的累计沉降结果，黑色圆点所在位置对应横纵坐标值分别表示 Sentinel-1 和 Radarast-2 的监测结果，实线是拟合直线，拟合直线方程为 $y=0.4377x-0.06758$。两种数据获取的结果在最大值的监测上差异较大，从横坐标方向观察，沉降量数字大于-30 mm 时，散点比较均匀地分布在拟合线的两侧；沉降量数字小于-30 mm 时，散点集中分布在拟合线的下方，说明 Sentinel-1 监测的沉降量比 Radarsat-2 大。引起这种现象分布的原因是 SAR 数据的监测能力不同，Sentinel-1 观测周期短，相同时间内可以监测到比 Radarsat-2 更大的沉降，矿区地表形变

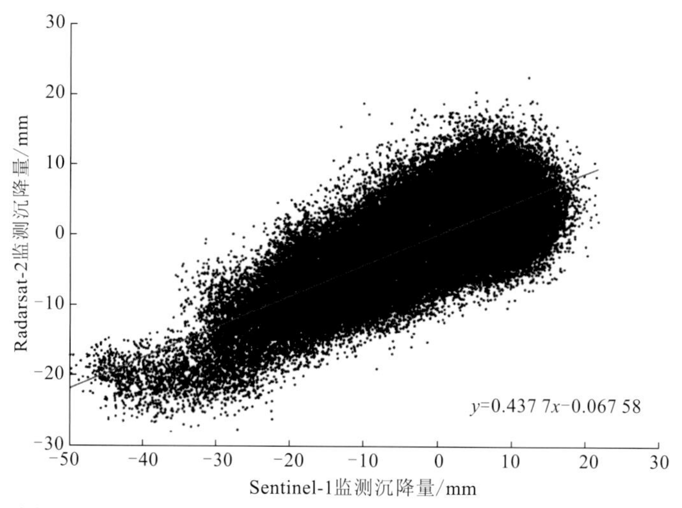

图 6.5　Radarsat-2 和 Sentinel-1 监测九龙矿地面沉降结果关系图

存在沉降量级大、影响范围小的特点，容易造成 SAR 干涉图出现失相干，难以准确获取大量级形变，Sentinel-1 数据可以有效降低干涉图失相干现象，在部分区域监测到比 Radarsat-2 大的沉降量，表现在图中为像元分布不均匀。

对比 Sentinel-1 和 Radarsat-2 两种数据源单独监测九龙矿地面沉降的结果，图 6.6 展示了两种不同数据独立观测地面的沉降结果的差值，图 6.6（a）为两种数据获取的结果的差值，图 6.6（b）为全部差值的统计直方图。计算所有像元不同数据源获取的地面沉降量的差值的均值为 0.004 8 mm，标准差为 4.18 mm，绝大多数像元的差值量较小，说明两种数据监测的结果较为一致。统计这些差值的分布情况，图 6.6（b）中显示差值分布符合正态分布，说明沉降结果较为准确。

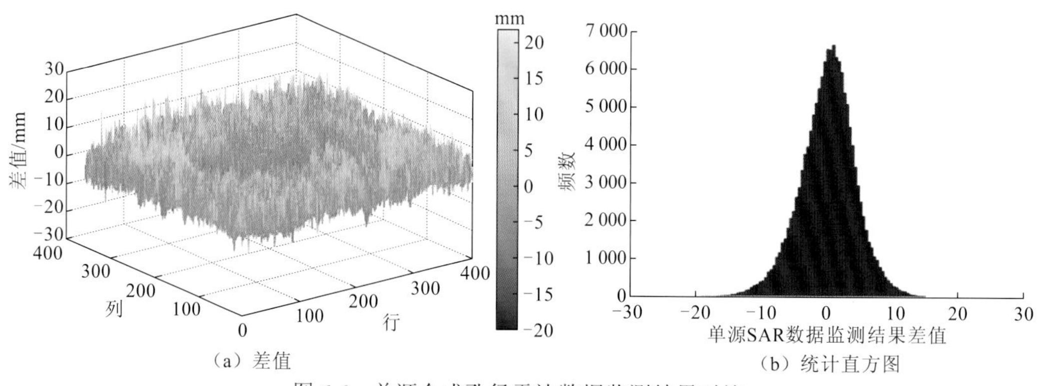

图 6.6　单源合成孔径雷达数据监测结果对比

根据误差传播定律计算得到 Sentinel-1、Radarsat-2 和两种数据融合监测地面沉降量的标准差，见图 6.7，图 6.7（a）是 Radarsat-2 观测结果的标准差统计值，图 6.7（b）是 Sentinl-1 观测结果的标准差统计值，图 6.7（c）是两种数据融合监测结果的标准差统计值，图 6.7（d）是三种结果标准差的统计直方图。从图中可以看出，多源 SAR 数据融合监测地面沉降的标准差最小，Sentinel-1 数据监测的地面沉降结果次之，Radarsat-2 监测的结果最不稳定。图 6.7（d）中黄色表示融合监测方法结果的标准差，蓝色表示 Sentinel-1 数据获取的地面沉降结果的标准差，红色表示 Radarsat-2 数据获取的地面沉降结果的标准差，从三种数据的统计直方图分布情况来看，融合监测方法结果标准差距离 0 最近，统计三种结果标准差小于 3 的像元占全部像元的比例，Radarsat-2、Sentinel-1 和融合结果分别是 69%、80%和 85%，融合监测方法占比最高，说明该方法获取的结果最为可靠，证明了采用多源数据融合监测可以提高观测精度。

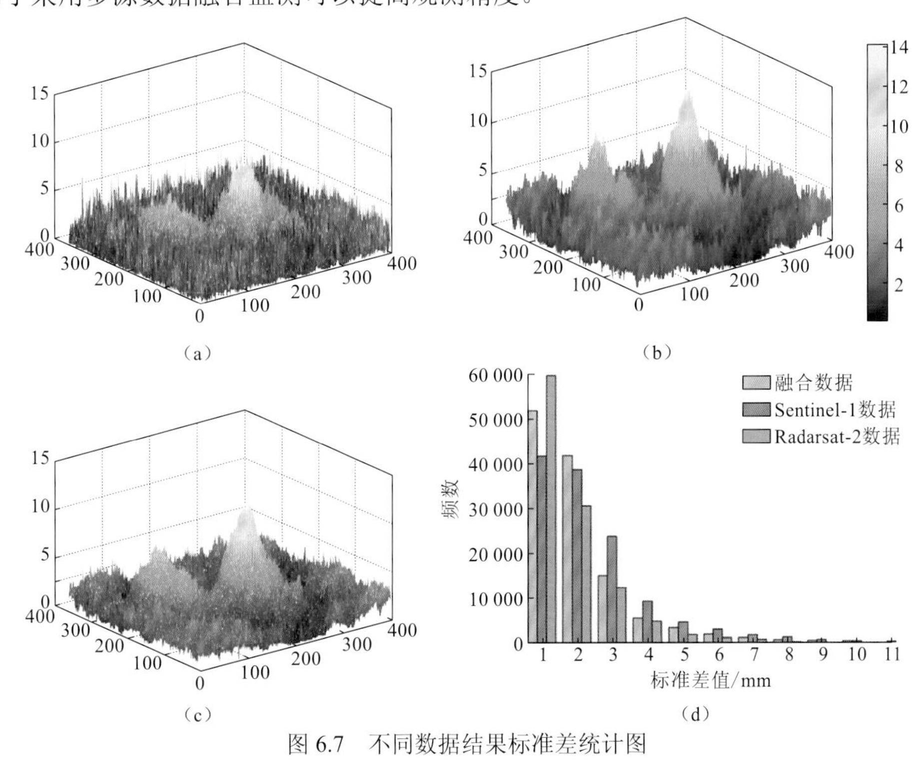

图 6.7　不同数据结果标准差统计图

为了更好地了解研究区域的地面沉降情况，绘制贯穿沉陷盆地的横纵两条剖面线，结果见图 6.8，蓝色代表 Radarsat-2 数据监测的结果，红色代表 Sentinl-1 数据获取的结果，青色表示两种数据联合监测获取的结果。从剖面结果中可以看出，三种数据监测的沉降结果沿剖面线趋势一致，在工作面开采区域地面出现了明显的沉陷盆地。横向剖面线横穿 15235 工作面南边的工作面，有一个沉降中心，纵向剖面线横穿两个工作面，有两个沉降中心，且南边的工作面沉降量比 15235 工作面的沉降量大。对比三种数据的结果，很明显发现联合监测结果的沉降量值介于 Rasarsat-2 和 Sentinel-1 数据单独监测的结果之间，联合监测结果更加接近 Sentinel-1 的结果，这是因为 Sentinel-1 的监测精度比 Radardat-2 数据高，使得融合监测结果出现这种现象。从剖面的稳定趋势分析，联合监测结果趋势线最稳定，点的连续性好；Sentinel-1 次之，点的连续性较好；Radarsat-2 最差，观测点非常离散。出现这种现象的原因是融合监测方法得到的结果是基于两种数据优化处理后得到的，方法的稳健性好，得到的结果可靠性高。

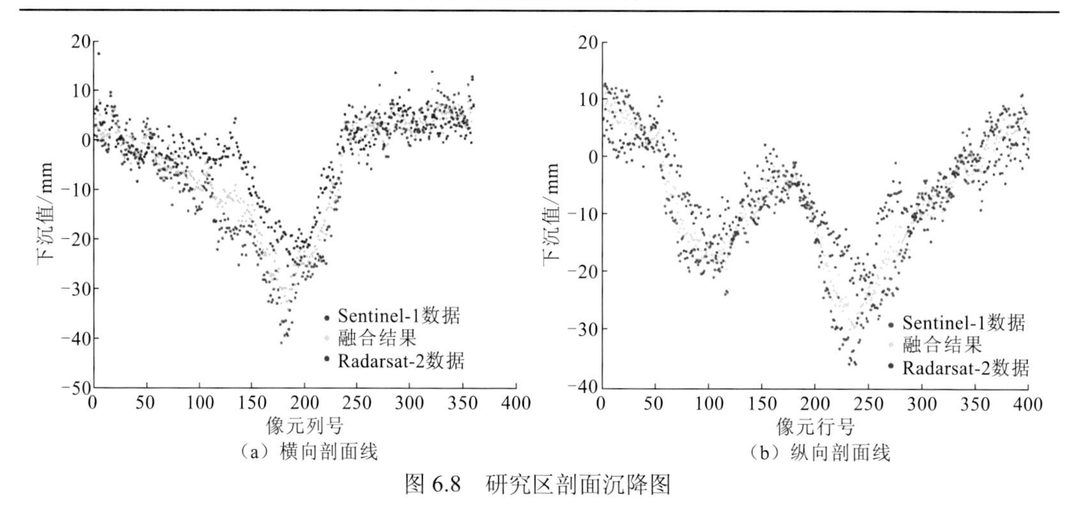

（a）横向剖面线　（b）纵向剖面线

图 6.8　研究区剖面沉降图

绘制沉陷盆地中心处红色圆点 *P* 的时序沉降图，结果见图 6.9，蓝色圆点表示 *P* 点处 Radarsat-2 监测的结果，黄色圆点表示 Sentinel-1 监测的结果，绿色表示两种数据融合获取的结果，时序图中 Sentinel-1 监测的沉降量值最大，融合方法次之，Radarsat-2 最小。从时序结果图中可以看出，融合监测结果的时间分辨率高，融合了两种数据的观测值，得到的时序结果采样率高。结合前文对融合方法观测结果的分析可知：融合监测方法得到的结果精度高、可靠性高；融合监测方法可以有效地提高时序监测结果的时间分辨率。

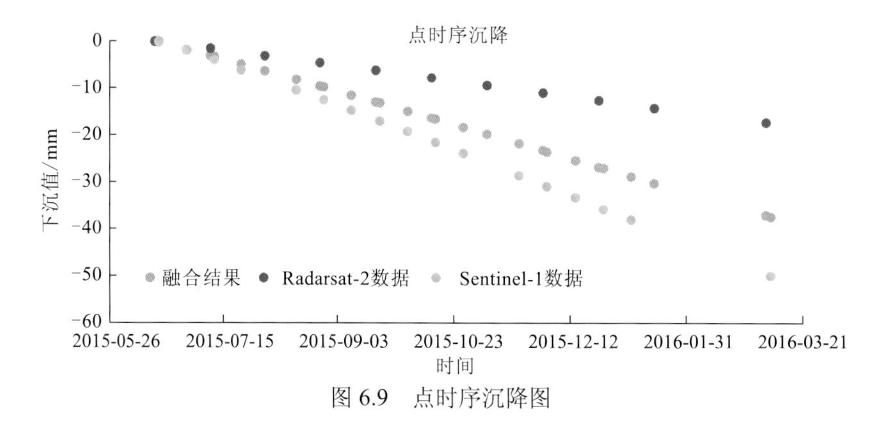

图 6.9　点时序沉降图

6.2　矿区形变信息 D-InSAR 与概率积分法联合提取

InSAR 技术对形变的监测能力受诸多因素限制，如果一个重复观测周期内地表形变大于半波长干涉图出现失相干，则难以准确获取形变量（Fan et al.，2011a）。概率积分方法是一种常用的矿区开采沉陷预计方法，能够准确地计算塌陷盆地中心区域的大量级沉降量，但在沉陷盆地的边缘区预计精度较低。针对 InSAR 技术可监测形变梯度的限制和概率积分预计方法在沉陷边缘区域精度低的不足，提出一种采用概率积分预计与 InSAR 技术融合提取矿区沉陷盆地的方法，即根据 InSAR 可监测的形变梯度，设计矿区沉陷盆地信息融合提取的实施方案，确定融合的上下临界阈值，大于上临界阈值选择概率积分预计结果作为融合盆地中心区域的沉降值，小于下临界阈值以 InSAR 监测结果作为融合盆地边缘区域的沉降值，利用 InSAR 和概率预计与水准结果的误差值设定融合权重值，获取上下临界阈值间的融合结果作为矿区沉陷盆地最终值，弥补 InSAR 技术在矿区大量级形变提取容易产生失相干、概率积分方法在矿区沉陷盆地边缘区提取精度低的不足，充分发挥 InSAR 技术在矿区小形变监测精度高、概率积分方法在矿区沉陷盆地中心预测精度高的优势，达到提取高精度矿区开采沉陷盆地的目的。

这里选择峰峰万年矿 132610 工作面为研究区进行 D-InSAR 与概率积分法联合提取形变实验。图 6.10（a）中多边形为工作面位置，圆点为水准观测点，图 6.10（b）为 SBAS 时空基线示意图，选用了 2015 年 4 月 28 日～2016 年 3 月 5 日 13 景 Radarsat-2 影像，生成了 24 幅差分干涉图。

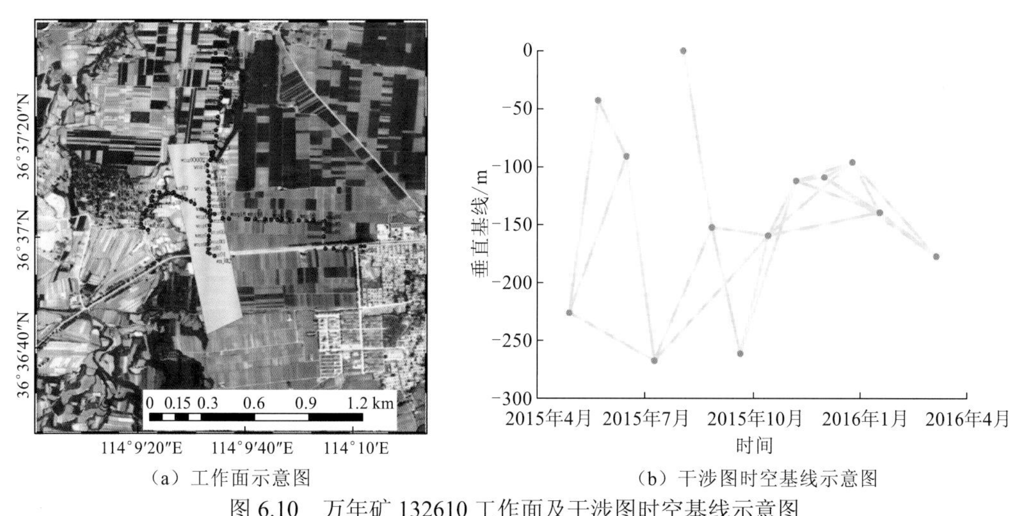

（a）工作面示意图　　（b）干涉图时空基线示意图

图 6.10 万年矿 132610 工作面及干涉图时空基线示意图

6.2.1 D-InSAR 与概率积分融合方法

在开采沉陷盆地的平底部分，采动覆岩沿层面方向的应力比较小，基本满足概率积分法的理论假设，但是煤柱上方受到的指向采空区中心的拉应力较大，在该力的作用下，位于煤柱上方的采动覆岩产生沿铅锤方向的下沉和指向采空区的水平位移，导致概率积分法在塌陷盆地边缘处收敛过快，预测值比现场实测值小；概率积分法适于预计近水平煤层或缓倾斜煤层开采引起的地面沉降，这些煤层一般拥有一定的松散层厚度，容易在外力作用下出现裂缝，产生明显的指向采空区中心的塑性流动，加大煤柱上方覆岩的变形，导致概率积分法预计的下沉盆地边缘收敛过快（王正帅和邓喀中，2012）；在盆地中心区域，概率积分法预计精度高；D-InSAR 技术在矿区沉陷盆地边缘区域的监测精度比较高，但是在盆地中心，由于大量级地面沉降产生相位失相干无法准确监测地面变化（范洪冬 等，2014）。将概率积分法与 D-InSAR 技术相结合提取矿区的地面沉降，能够较准确地得到矿区沉陷盆地周围及盆地中心地面沉降，发挥概率积分方法和 D-InSAR 技术的优点，得到完整的沉陷盆地的下沉值。D-InSAR 与概率积分法的融合方法见图 6.11。

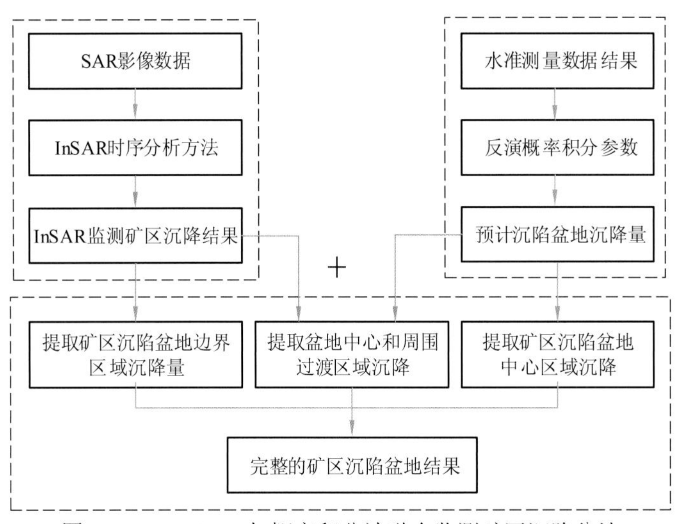

图 6.11 D-InSAR 与概率积分法融合监测矿区沉陷盆地

根据 InSAR 可监测的形变梯度，时序 InSAR 能够监测的最大形变梯度（Massonnet and Feigl，1998）为

$$D_{\max} = \frac{\lambda}{4}(n-1) \tag{6.6}$$

式中：$D_{\max}$ 为像元最大形变量；λ 为 SAR 数据波长；n 为时序 InSAR 影像数量，研究采用了 13 景 Radarsat-2 影像，计算可监测的最大形变量为 16.6 cm。影像观测时间为 2015 年 4 月 28 日～2016 年 3 月 5 日，大部分观测影像时间处于夏季，图像相干性低，质量差，实际观测中 InSAR 可监测的最大形变量远远小于 16.6 cm，在融合处理中，以 2015 年 11 月 6 日～2016 年 3 月 5 日 5 景影像可观测像元最大形变量 5.55 cm 作为 InSAR 方法与概率积分方法融合的下临界阈值，小于 5.55 cm 的形变量值，以 InSAR 观测值作为融合结果。

分析概率积分预计方法，拐点位于移动盆地主断面上下沉曲线凹凸变化的分界点，该点曲率为零，一般位于采空区边界上方略偏向采空区内侧，根据概率积分预计结果，以采空区走向边界处的概率积分预计结果作为融合的上临界阈值。根据概率积分法预计结果，走向工作面起始位置的概率积分预计结果为 400 mm，停采线位置处概率积分预计结果为 300 mm，取两者平均值 350 mm 作为融合的上临界阈值。

对于形变量处于 5.55 cm 和 35 cm 间的像元，采用加权融合的方法获取融合后的形变值，权值根据 InSAR 监测、概率积分方法预计、水准观测值进行计算，形变值在 5.55～35 cm 的 11 个下沉值（图 6.12），计算 InSAR 的平均绝对误差为 91 mm，概率积

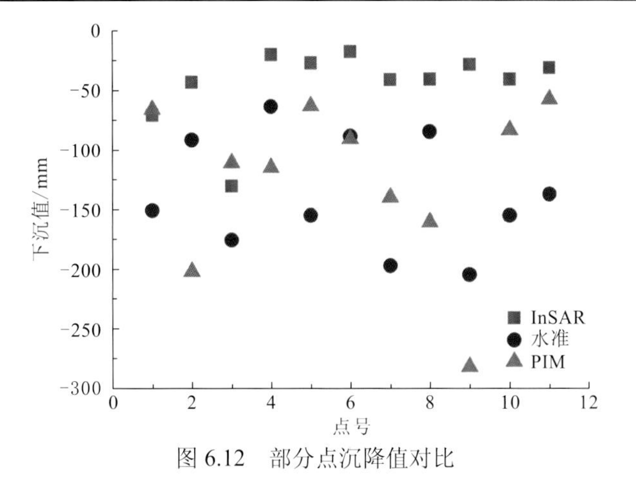

图 6.12　部分点沉降值对比

分法（probability integral method，PIM）的平均绝对误差为 69 mm，以绝对误差的反比例函数定权，InSAR 权重值为 0.432，PIM 的权重值为 0.568。结合上下临界阈值按如下公式计算融合盆地的沉降量：

$$d=\begin{cases} d_{\text{InSAR}}, & d \leqslant 5.5\ \text{cm} \\ 0.432 d_{\text{InSAR}} + 0.568 d_{\text{PIM}}, & 5.5 < d < 35\ \text{cm} \\ d_{\text{PIM}}, & d \geqslant 35\ \text{cm} \end{cases} \tag{6.7}$$

6.2.2　InSAR 监测结果

利用 13 景 Radarsat-2 影像生成万年矿 132610 工作面 24 幅差分干涉图，并对生成的差分干涉图进行滤波，得到去除大气相位、噪声相位、地形相位等的形变干涉图，设定相干系数阈值用于相位解缠，得到高相干点目标的解缠干涉相位，然后根据这些高相关点的解缠相位对掩膜的低相干点进行插值，得到面状分布的解缠干涉图，对解缠干涉图进行地理编码，获取地理坐标系统下的干涉图，再对编码后的解缠干涉图建立观测方程，采用最小二乘方法获取时序地表形变结果（图 6.13），图 6.13 展示的结果是到各观测时间的累计沉降量，第一景影像的沉降量为 0。万年矿 132610 工作面在观测时间段内的最大累计沉降量 16 cm，小于同期实测水准下沉值，在矿区大量级形变监测中，由于 InSAR 可监测形变能力有限，无法获取准确的形变量。此外，2015 年 4 月 28 日～10 月 13 日的影像，时间在夏秋季节，地表植被干扰回波信号造成干涉图失相干现象，影响干涉图质量，降低了观测精度。

为了更好地说明 SBAS 监测的时序沉降结果，绘制沉降盆地中心处一点的时序沉降结果（第 180 列，第 115 行）（图 6.14），时序分布图中第一景影像的形变量为 0，随着时间的增加累计沉降量逐渐增加，最大沉降量为 139 mm，采用最小二乘拟合的时序地面变化基本呈线性分布。

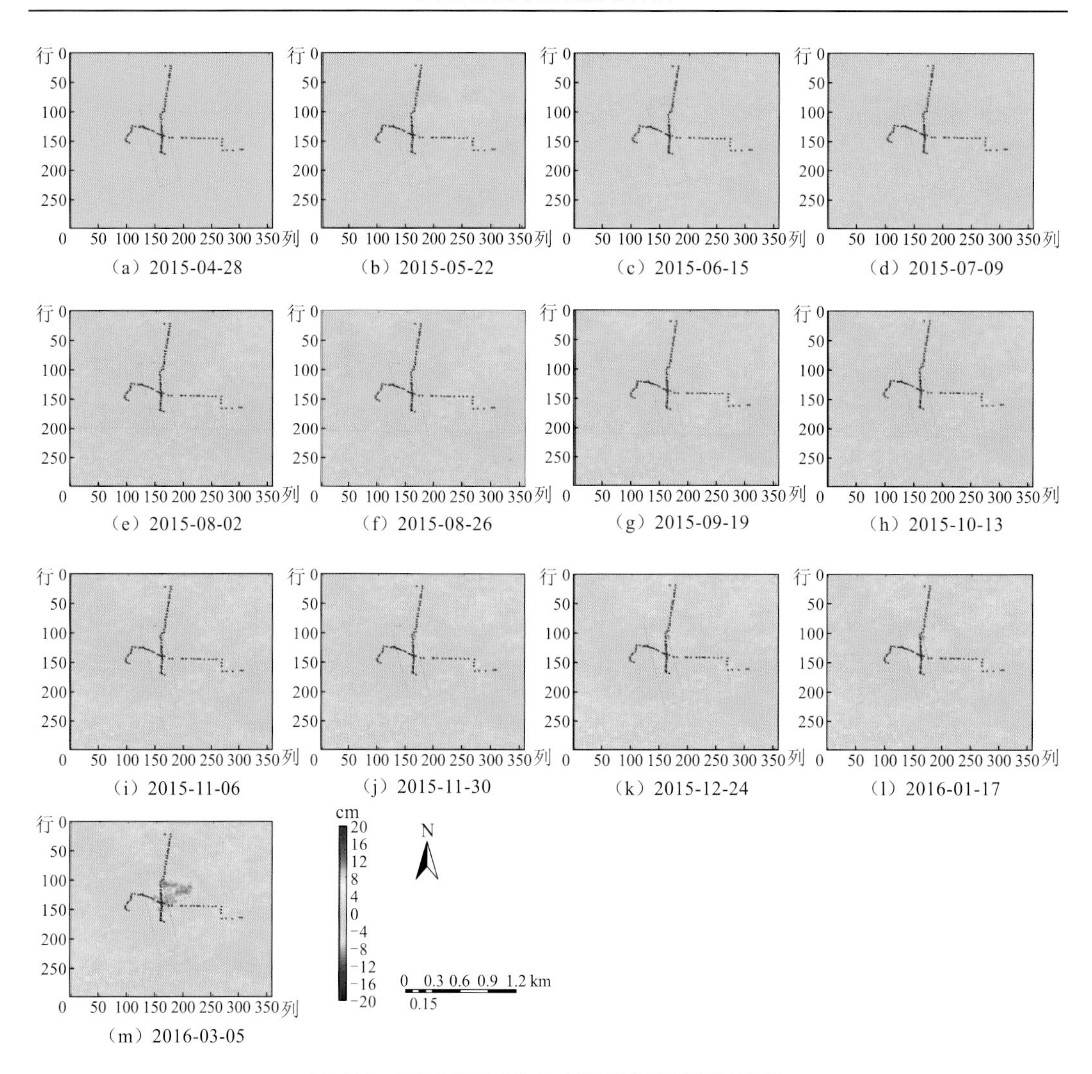

图 6.13　万年矿 132610 工作面累计时序沉降量

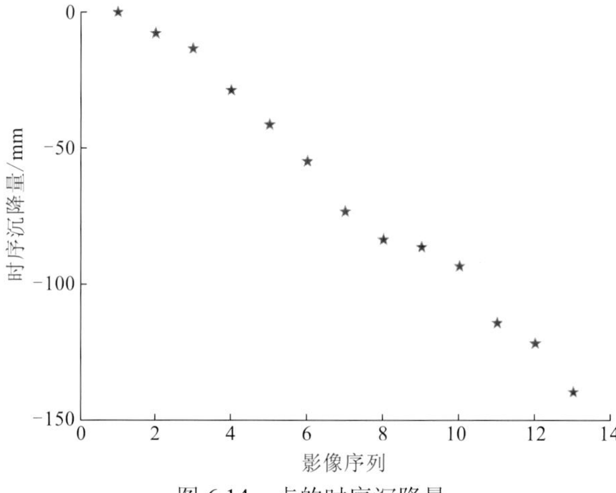

图 6.14　点的时序沉降量

6.2.3 概率积分法预计结果

采用 SBAS 方法监测下沉盆地的中心沉降量存在一定的不足，干涉图失相干难以提取盆地大量级形变，采用概率积分法预计盆地中心沉降量获取矿区沉降的大梯度形变信息。研究中根据水准观测值选用 81 个有效的点，根据点的坐标和下沉值计算概率积分参数：下沉系数、水平移动系数、主要影响角正切、开采影响传播角、左拐点偏移距、右拐点偏移距、上拐点偏移距、下拐点偏移距。由于水准观测缺少第 3 期、第 5 期、第 6 期、第 7 期、第 10 期的数据，采用内插方法得到水准结果，再根据水准结果计算概率积分参数。通过参数预计下沉盆地中不同位置点的下沉值，插值生成等值线图，得到面状开采沉陷盆地的沉降量，结果见图 6.15，图中（a）～（m）对应 13 景 Radarsat-2 影像的观测时间，图中的黑色矩形代表相应观测时间地下工作面推进情况。预计结果中正值表示地面下沉量，与 InSAR 结果中的负值表示沉降结果的方式不同，由于软件默认的习惯和方式不同，在此保留默认使用方式，下文融合监测中进行统一。从预计结果中可以看出沉降盆地的中心与工作面的位置有一定的偏移，这是因为该地区煤层属于倾斜煤层，煤层倾角 24°，造成盆地中心向下山方向偏移的现象。

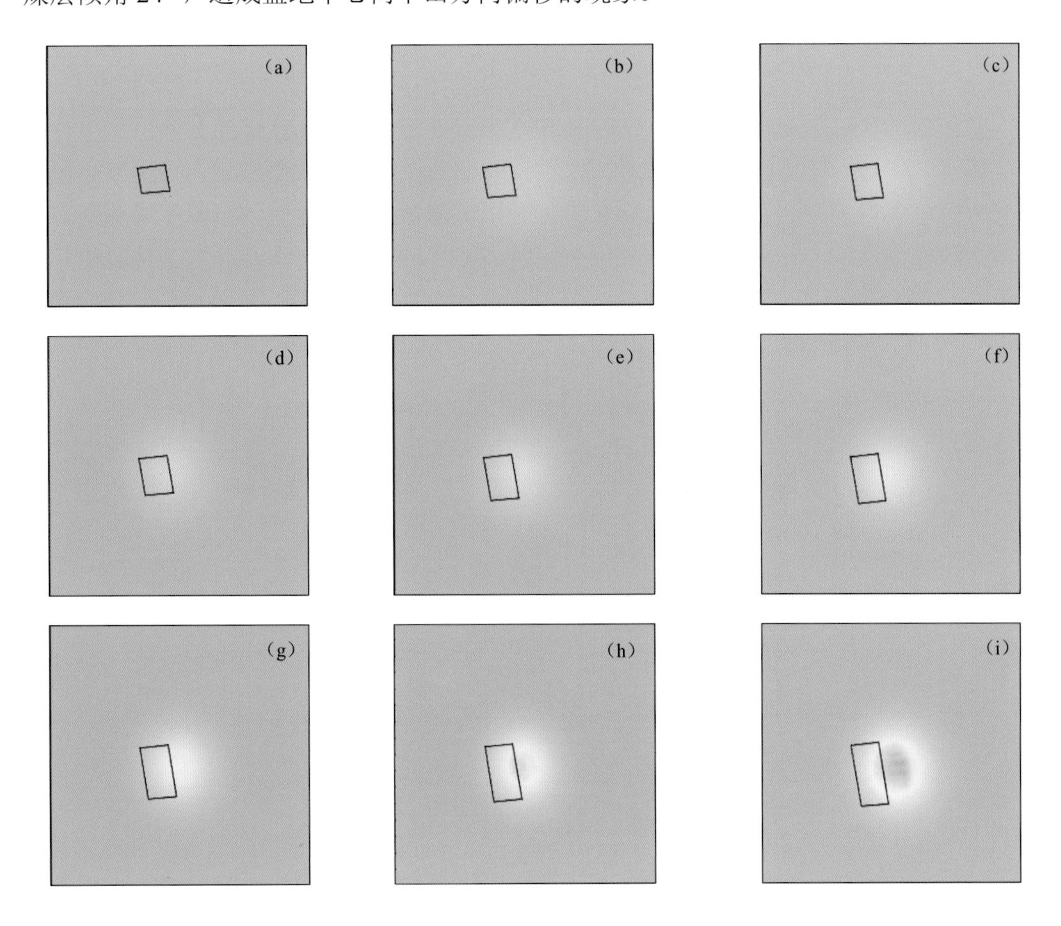

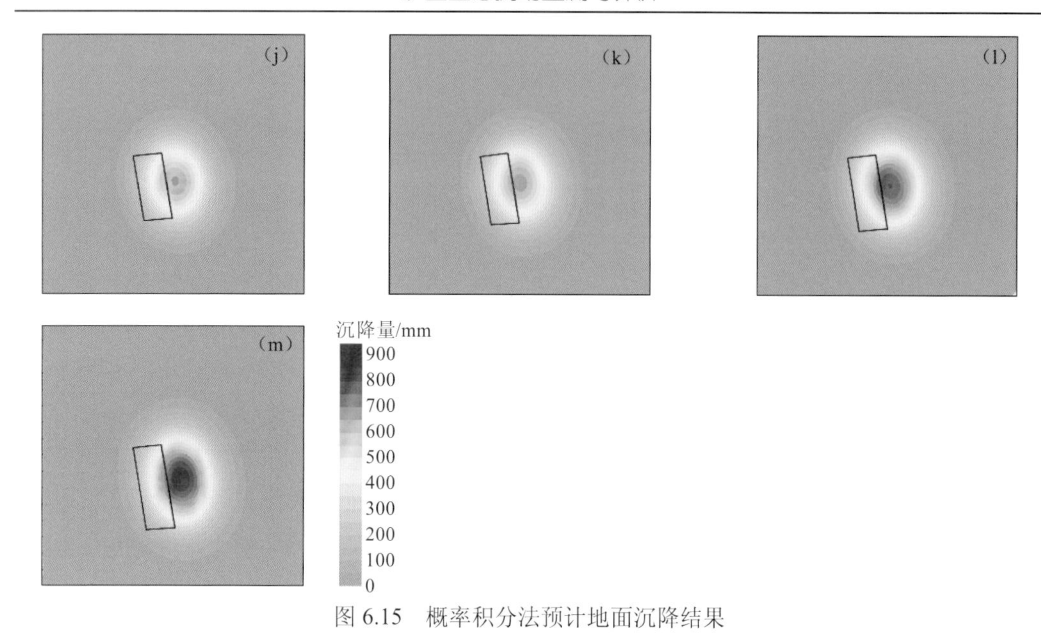

图 6.15　概率积分法预计地面沉降结果

6.2.4　InSAR 与概率积分法融合提取结果

从前面的研究结果可以看出，InSAR 技术和概率积分法在矿区地面沉降监测中有各自的优点，融合两种方法，发挥每种方法的优势获取沉陷盆地沉降结果，采用概率积分法获取沉降盆地中心的沉降量，InSAR 方法获取沉陷盆地周围地区的沉降结果，融合两种方法获取盆地中心和周围过渡区域的沉降量。融合 InSAR 和概率积分方法获取的开采沉陷完整盆地的沉降结果见图 6.16。

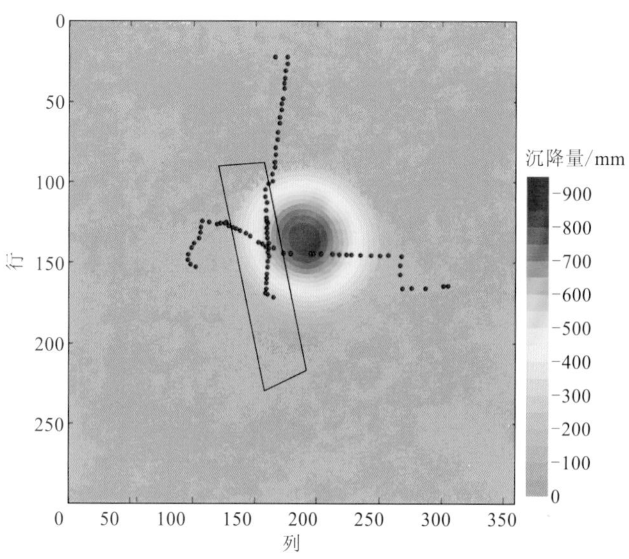

图 6.16　InSAR 与概率积分法融合监测地面沉降结果

万年矿 132610 工作面在 2015 年 4 月 24 日进行了第一期水准观测，2016 年 3 月 3 日进行了最后一期水准观测，两次观测量的差值即为地面下沉值，结果显示在图 6.17 中，用黑色方点表示。采用概率积分法和 InSAR 技术融合方法提取相应位置点的沉降，用灰色圆点表示。对比水准结果和融合预计结果，两种方法获取下沉曲线的趋势一致，图 6.17（a）是工作面走向观测站点的水准观测结果和融合方法提取结果，两种方法得到的结果非常吻合，走向起始点位于工作面上方 wnj02 号点，沿观测线布设方向，沉降量逐渐增大，最大沉降观测值约 700 mm，经过沉降中心后沉降逐渐减小至地面趋于稳定。图 6.17（b）是沿工作面倾向方向从最右侧起点 wnb01 点到左侧终点 wnj04 处的沉降结果，起始点为参考点，沉降量为 0，水准结果和预计结果吻合度也非常高，随着观测站点逐渐靠近工作面开采位置，沉降逐渐增大，最大沉降量 450 mm，经过最大沉降位置后沉降量逐渐减少。

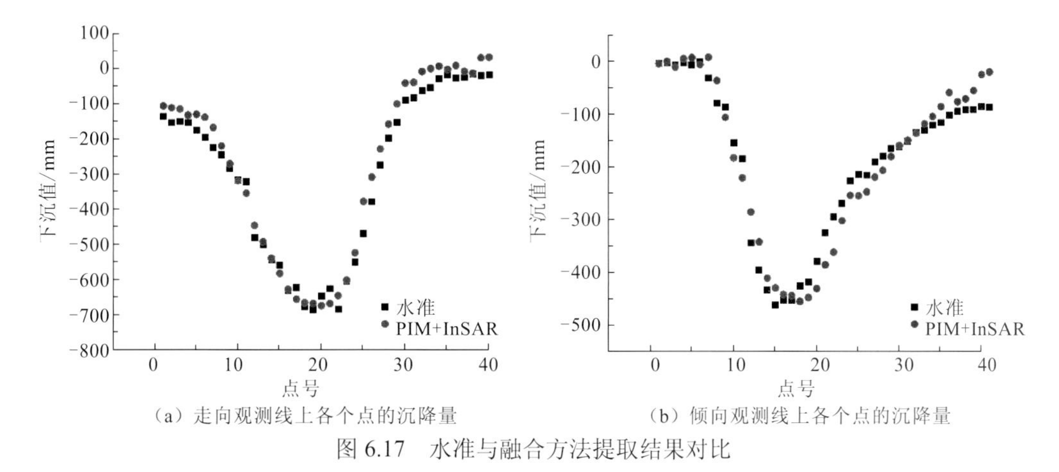

图 6.17　水准与融合方法提取结果对比

将水准观测值作为真值，计算万年矿 132610 工作面走向和倾向概率积分和 InSAR 融合获取/监测的地面沉降观测值的平均绝对误差（mean absolute error，MeaAE）、最大绝对误差（maximum absolute error，MaxAE）、最小误差（minimum absolute error，MinAE）、均方根误差（RMSE），结果见表 6.1。

表 6.1　概率积分法和 InSAR 融合监测精度分析

观测线	MeaAE/mm	MaxAE/mm	MinAE/mm	RMSE/mm
走向	33	90	1	38
倾向	27	67	0.8	32

6.3　矿区小形变的长时序监测

对地表形变监测而言，小形变信息获取非常重要，也是 InSAR 监测的难点。这里基于 Sentinel-1 对矿区采后地表进行观测研究，以徐州沛北矿区为研究区，获取年均沉降速率结果，研究采后地表小形变的发育规律。结合光学遥感影像分类结果，对比沉降空间分布和地表土地利用类型的关系，揭示矿区采后地表形变的空间分布特征，达到对矿区采后小形变进行长期高精度监测的目的。

6.3.1 研究区及数据

1. 研究区

沛北矿区为地下掩盖式煤田，属于华北型石灰二叠系含煤地层，地层由老到新依次为奥陶系、石炭系、二叠系、侏罗系、白垩系和第四系。沛县已探明煤炭资源储量 23.7 亿 t，煤田赋存面积 160 km^2，占江苏省的 40%。境内原有 8 对矿井：龙固煤矿、沛城煤矿、张双楼煤矿、三河尖煤矿、孔庄煤矿、徐庄煤矿、姚桥煤矿、龙东煤矿（徐安伯，2017）（图 6.18 和表 6.2）。

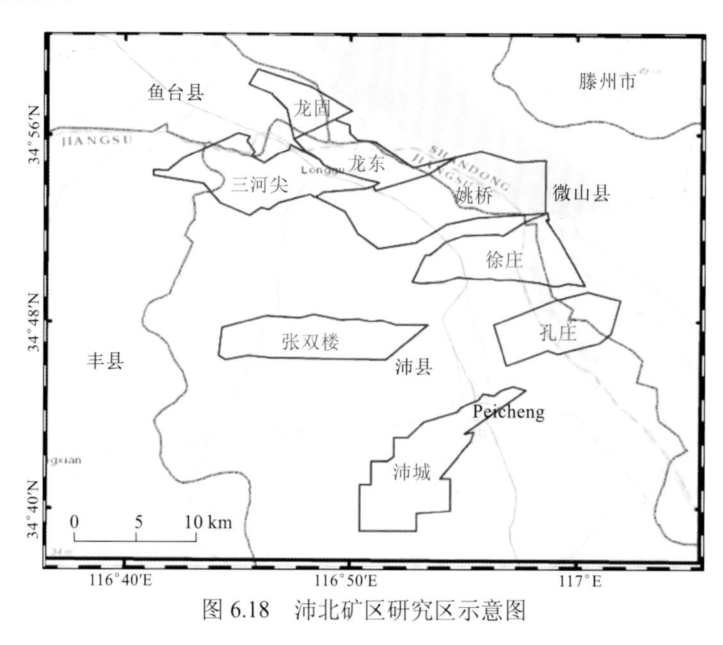

图 6.18 沛北矿区研究区示意图

表 6.2 沛北矿区基本信息表

煤矿	生产力/（Mt/a）	规划面积/km^2	埋深/m	采深/m
龙固	110	15.01	154～1 300	320～687
龙东	120	24.95	154～1 300	209～461
三河尖	220	40.50	135～200	419～1036
姚桥	445	63.76	135～1 300	177～854
徐庄	180	38.44	60～1 300	180～580
张双楼	225	37.86	200～1 200	147～1060
孔庄	45	29.29	160～1 300	175～933
沛城	45	45.78	150～800	216～876

2. 研究区数据

1）Sentinel-1 SAR 数据

鉴于 Sentinel-1 数据超短时空基线、大范围空间覆盖的优势，选用 12 景 Sentinel-1A TOPS 模式 VV 极化（Yagüe-Martínez et al.，2016）升轨数据研究沛北地区矿井闭坑后的地面沉降。采用 SBAS 方法形成 40 对干涉对，干涉对最长空间基线为 124 m，最短空间基线为 2 m；最长时间基线为 144 天，最短时间基线为 12 天，详细信息见图 6.19。

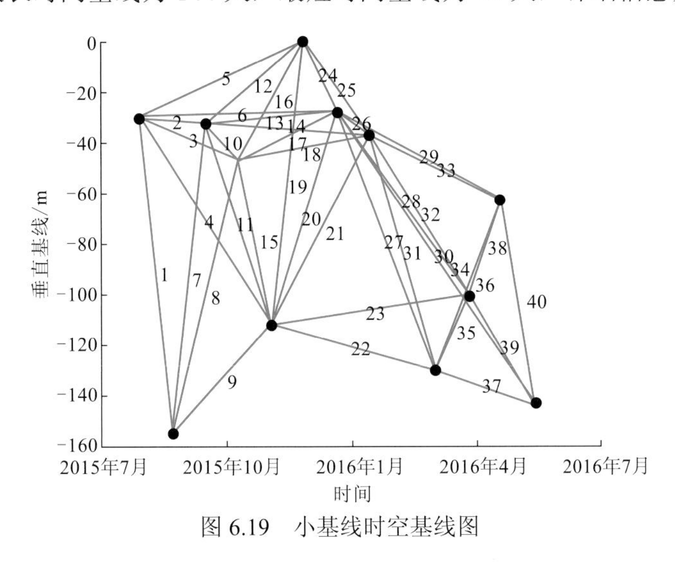

图 6.19　小基线时空基线图

2）光学遥感影像

为了研究地面沉降与地表土地利用的关系，选用 Landsat8-OLI 光学遥感影像对地面进行分类（Knight and Kvaran，2014），选择条带号 122、行编号 036，成像时间 2014 年 3 月 21 日，图 6.20 为采用 5、4、3 波段组成的标准假彩色影像，影像含云量 0.19%。

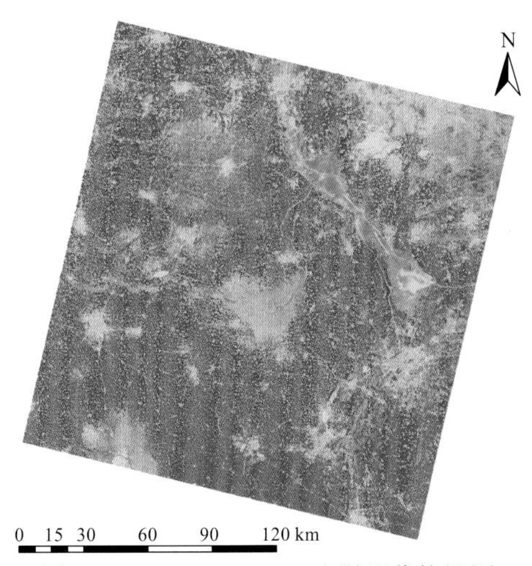

图 6.20　Landsat 8-OLI 光学影像快视图

3）DEM 高程数据

选择 30 m 的高分辨率 SRTM 用于 SAR 图像差分干涉和地理编码，为了保证数据的空间分辨率，Sentinel-1 数据处理采用多视系数为 1∶1，选用高分辨率的 DEM 数据降低外部数据引入的误差。覆盖 Sentinel-1 影像的沛北地区 DEM 见图 6.21，黑色多边形是沛县的 8 个矿区。

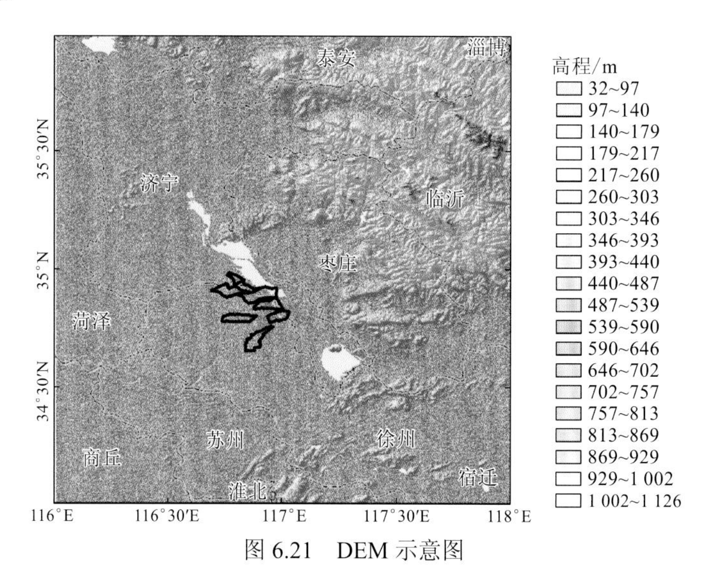

图 6.21 DEM 示意图

6.3.2 矿区小形变监测结果及分析

1. 光学影像分类结果

对获取的 Landsat 影像进行分类，分为 4 类：水体、建筑、农田和裸地，其中水体占研究区面积的 10.7%，建筑占 24.8%，农田占 44%，裸地占 20.5%，分类结果见图 6.22。

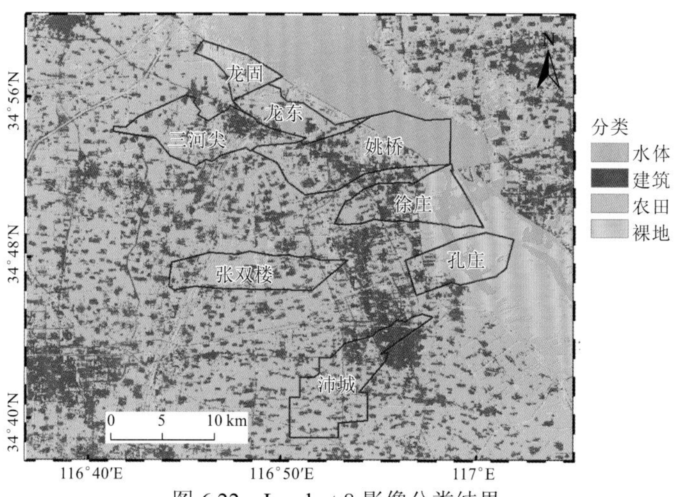

图 6.22 Landsat 8 影像分类结果

2. Sentinel-1 监测沉降结果

基于 Sentinel-1 数据采用 SBAS 方法监测研究区地面沉降，结果见图 6.23，叠加在 SAR 强度影像上，共筛选了 927514 个 PS 点，最大沉降速率为-83 mm/a，平均沉降速率为-6.6 mm/a，为 LOS 方向观测值。在计算沉降量值时设置了参考点，位于图中五角星的位置。参考区域范围为 34.723°～34.726°N，116.942°～116.946°E，包括 699 个 PS 点，将这些点的均值作为参考值计算其他点的沉降速率，五角星的位置为参考区域的中心位置，沉降结果均以该点为参考计算所得。在研究区内，沛县城区及微山县部分区域地面稳定，其余研究区域地面处于下沉状态。沉降最严重的地区在张双楼煤矿，与三河尖煤矿、龙固煤矿、龙东煤矿、姚桥煤矿和徐庄煤矿连片发展呈面状分布，张双楼煤矿、龙东煤矿和三河尖煤矿范围内地面塌陷形成了塌陷湖（Liu et al.，2018）。

从图 6.23 可见，紧邻沛县的丰县，与沛县的城市规模基本一致，但是丰县城市的地面沉降却与沛县城市有很大的差异。沛县城市地面基本稳定，而丰县地区的地面沉降却非常严重，最大值达到 50 mm/a 左右。其原因在于沛县城市属于煤炭资源型城市，随着矿井关闭后残余沉降的长期发展，地层达到新的平衡状态，处于稳定状态，而丰县属于工业化城市，在 2006 年通过省级经济开发区建设后，大力发展工业，消耗大量地下水，存在超采或非法开采地下水问题，引起地面下沉。

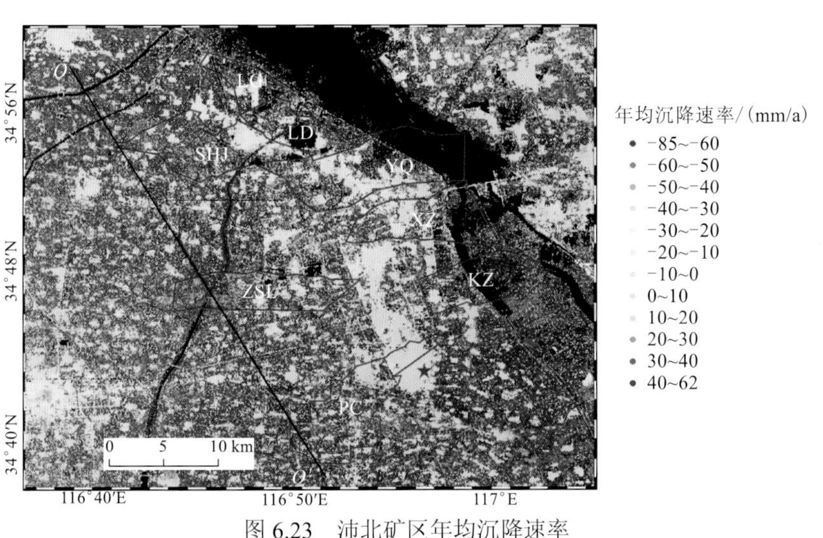

图 6.23　沛北矿区年均沉降速率

在 8 个煤矿规划范围内共选出了 166543 个 PS 点，最大沉降量为-83 mm/a，平均沉降量为-12.7 mm/a，是整个研究区域平均沉降量值-6.6 mm/a 的 1.9 倍。这也间接证明了沛北地区的地面沉降是由开采地下煤矿引起的。统计了各个矿区 PS 点数量、最大沉降值、平均沉降值，详细信息见表 6.3。从统计信息来看，沉降最严重的地区是张双楼煤矿，沉降量达到了研究区内的最大沉降速率值-83 mm/a。平均沉降速率值超过 20 mm/a 的煤矿有张双楼煤矿、三河尖煤矿、龙固煤矿和龙东煤矿。地面最稳定的煤矿是沛城煤矿，平均沉降量为+2.8 mm/a。

表 6.3 沛北矿区沉降信息统计表

煤矿	PS 点数据	最大沉降量/（mm/a）	平均沉降量/（mm/a）
张双楼	14 666	−83	−24.6
三河尖	28 052	−66	−23.1
龙固	8 864	−55	−23.3
龙东	8 845	−61	−20.2
姚桥	35 335	−64	−16.3
徐庄	18 775	−51	−12.8
孔庄	7 135	−40	−4.2
沛城	44 871	−35	+2.8

在研究区内绘制一条剖面线 *OO′*，展示沿剖面线地面沉降分布情况，见图 6.24。横坐标为 PS 点距离起始点 *O* 沿 *OO′*的距离，纵坐标是 PS 点的年均沉降速率。从图中可以看出，起始位置邻近山东省济宁市金乡县城，地面比较稳定，沿着 *OO′*，到达矿区影响范围内，地面沉降量逐渐增大，在张双楼煤矿地面沉降急剧增大，沉降量达到 65 mm/a，形成局部区域的沉降漏斗，剖面线经过张双楼煤矿后，地面沉降量逐渐减小，终点位置 *O′*在沛城煤矿附近，地面相对稳定。

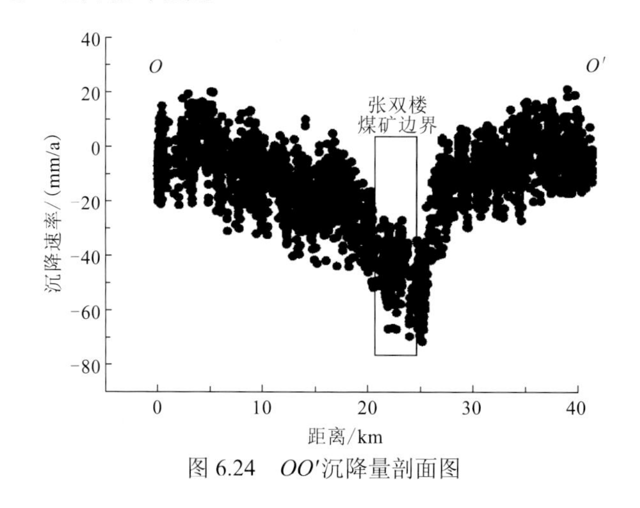

图 6.24 *OO′*沉降量剖面图

3. Sentinel-1 监测沉降结果分析

1）沉降结果统计分析

对图 6.23 中研究区 PS 点沉降速率进行克里金插值，然后分类，结果见图 6.25。按沉降速率分类：沉降速率超过−30 mm/a 的地区为严重沉降区，沉降速率为−30～−15 mm/a 的地区为沉降区，沉降速率为−15～0 mm/a 的地区为轻微沉降区，沉降速率为 0～10 mm/a

的地区为较稳定区，沉降速率大于 10 mm/a 为稳定区。统计整个研究区和矿区范围内各种分类结果的占比，见表 6.4，整个研究区：严重沉降区域占 4%，沉降区和轻微沉降区占比为 25%和 35%，较稳定区占 30%，稳定区占 6%，说明研究区地面相对稳定，有轻微下沉，局部地区沉降量较大。矿区：严重沉降区占矿区面积的 10%，沉降区占 38%，轻微沉降区占 30%，较稳定区占 18%，稳定区占 4%。对比矿区和整个研究区沉降分类结果，矿区严重沉降区和沉降区范围明显增加，轻微沉降区、较稳定区、稳定区面积减少，说明在矿区规划范围内，采后地面沉降仍然在持续发展，影响周围地区的稳定性。

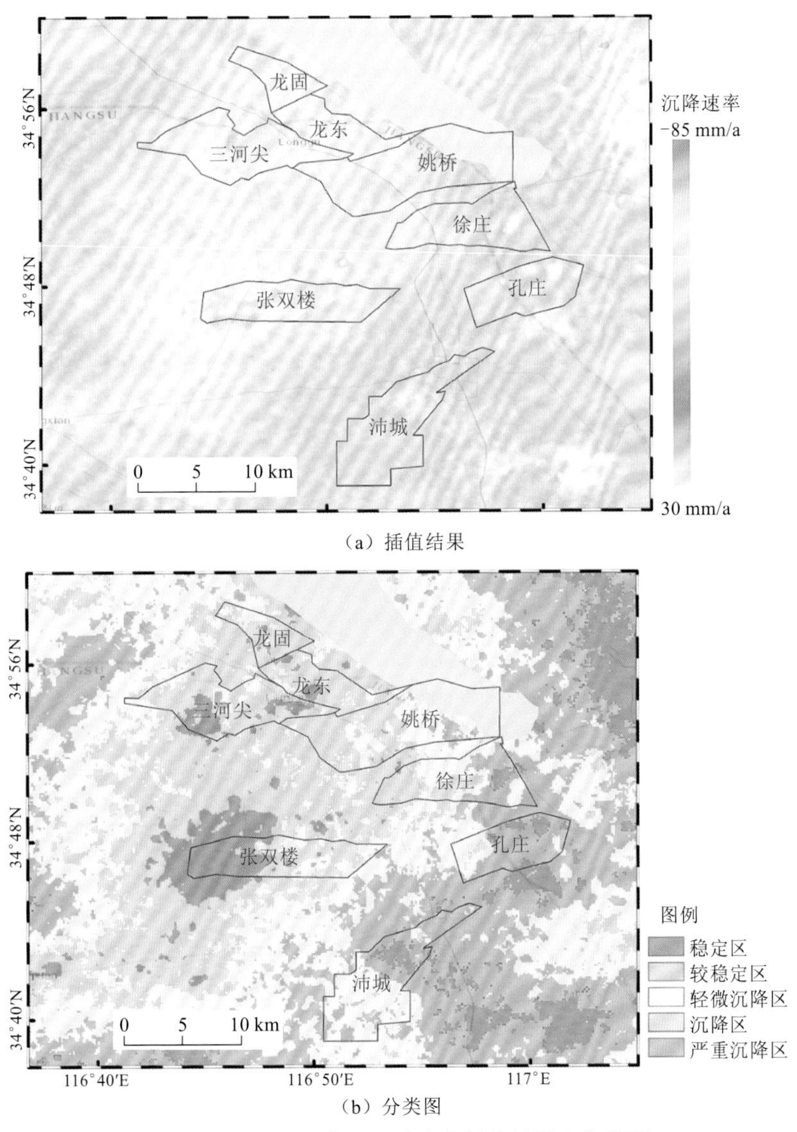

（a）插值结果

（b）分类图

图 6.25　研究区沉降速率插值结果和分类图

表 6.4　沉降分类情况表

分类结果	沉降速率/（mm/a）	占比（研究区）/%	占比（矿区）/%
严重沉降区	<-30	4	10
沉降区	-30～-15	25	38
轻微沉降区	-15～0	35	30
较稳定区	0～10	30	18
稳定区	>10	6	4

为了分析沉降结果的可靠性，计算了各 PS 点监测结果的标准差，见图 6.26，沉降速率标准差集中分布在 0～10 mm/a 范围内，最大值为 21.2 mm/a，最小值为 0.3 mm/a，平均值为 5.1 mm/a。沉降速率标准差在一定程度上反映了 InSAR 监测结果的精度，塌陷湖附近地区 PS 点标准差值呈现蓝色，明显增大，说明这些点的可靠性较差。

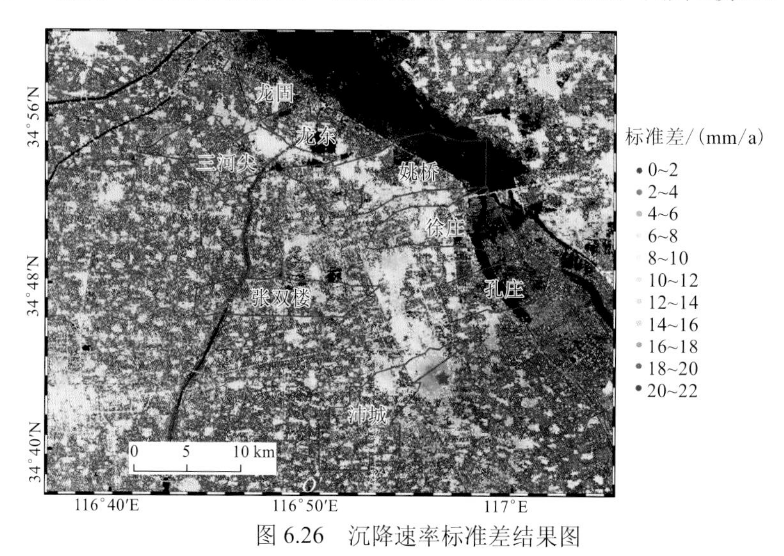

图 6.26　沉降速率标准差结果图

2）时序分析

InSAR 影像的观测时间为 2015 年 7 月 30 日～2016 年 5 月 13 日，沛城煤矿处于关闭停产状态，地面已基本达到稳定状态。图 6.27 展示了沛城煤矿的年平均地面沉降速率及地表分类结果。从空间分布来看，沛城煤矿地面沉降并不均匀，农村地区的沉降量比城镇地区大。城镇地区的沉降量小，地面稳定，但在局部地区出现了小的沉降漏斗（图中椭圆所示），沉降区是沛县城市的一个城中村，残余沉降引起地面下沉，黄色的沉降区域内有一小块蓝色的稳定地面，该区是沛县的汉城公园，并未发生沉降。沿西南—东北方向，绘制了一条几乎贯穿整个沛城矿区的剖面线 *AA′*，结果见图 6.27（c）。剖面线横坐标表示 PS 点到起始点 *A* 沿着 *AA′*的直线距离，纵坐标表示 PS 点的沉降速率，起始点位于农村地区，终点位于城镇地区。从起始位置 *A* 开始，地面有一定的下沉，沉降速率为-15～-10 mm/a，并在农村地区维持这个速度发展，随着 *AA′*的距离的延伸剖面线到达

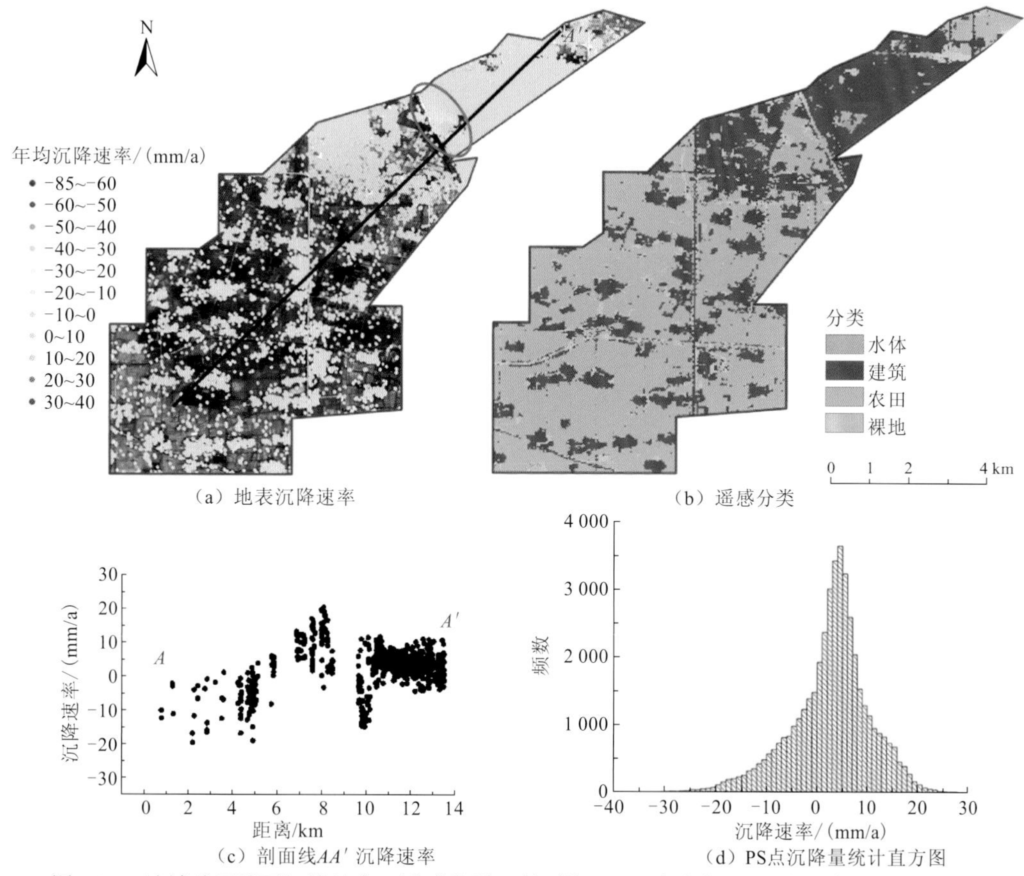

图 6.27　沛城矿区地面沉降速率、遥感分类、剖面线 *AA′*沉降速率及 PS 点沉降量统计直方图

城镇地区，地面沉降量逐渐减小，地面基本稳定，再随着距离的延伸，到达汉城公园附近的小区域沉降漏斗，沉降速率又增大到-15 mm/a 左右，经过该区域后城市地区地面又恢复了稳定状态直到终点 *A′*。

此外，从图 6.27 中可以很明显地看出 PS 点集中分布在沛县城区及村庄等建筑物聚集的区域，尤其是城市地区，PS 点密度非常高，而农田地区的 PS 点数量非常少。这种现象与 PS 点选择规则有关，PS 点是根据地物的散射特性选取的，城镇地区的房屋建筑等具有强散射特性，能够稳定地反射雷达的回波信号，在时序 SAR 影像中非常稳定，而农田地区植被对雷达信号的反射作用非常微弱，并且地表受植被耕种、收获等季节影响严重，无法在重复观测的 SAR 影像中呈现稳定的特性，这样在选择 PS 点时，能反射稳定信号的区域 PS 点密度高，而地表变化较大的地区 PS 的密度非常低。沛城煤矿的东北地区，是城镇的主要位置，从图中可以看出 PS 点密度大，在图中呈面状分布的视觉效果，而西南部的农村地区，PS 点非常稀疏，除了局部村庄地区的 PS 点密度稍微高一些，农用地的 PS 点密度很低。这一现象在 *AA′*的剖面线图中也有非常直观的体现，图中的 PS 点分布非常不均匀，起始位置农村附近 PS 点非常稀疏，到达城市地区后 PS 的密度明显增加，在部分地区出现了 PS 点严重缺失的情况，这种情况是因为农田区选出的 PS

点少或者受地表水域干扰没有 PS 点。

统计沛城煤矿的 PS 点沉降量数值，直方图结果见图 6.27（d），沛城煤矿共有 44871 个 PS 点，最大沉降量为-35 mm/a，平均沉降值为+2.8 mm/a，PS 点集中分布在 0～10 mm/a。统计沛城煤矿的 PS 点在城镇地区和农村地区的分布情况，31731 个点位于城镇地区，而剩下的 13140 个点位于农村地区，相应的面积统计数据分别为城镇面积 11.2 km^2、农村面积 34.5 km^2，由此计算得到城镇地区的 PS 点密度约为 2800 个/km^2，农村地区的 PS 点密度约为 380 个/km^2，前者是后者的 7 倍多。

张双楼煤矿是沛北矿区沉降最严重的区域，该矿共选出了 14666 个 PS 点，最大沉降值达到 83 mm/a，沉降速率图和地表分类结果见图 6.28。从空间分布来看，张双楼煤矿的地面沉降分布非常不均匀，地面沉降差异很大，且整个煤矿都位于农村地区，煤矿的西部地区沉降非常严重，东部地区沉降相对较小。为了研究地面沉降与地表土地利用类型的关系，根据 InSAR 获取的时序监测结果对煤矿地面沉降的实际情况进行调研，见图 6.29，图 6.29（a）的底图是 2014 年 12 月 19 日的 Google Earth 影像，从影像可以看出左侧方框地表为建筑物，右侧方框为农田。但在 2016 年 6 月 19 日实地考察时，发现右侧方框已经建设了新的房屋建筑，见图 6.29（c）。图 6.29（b）位于蔡集村北边，是一个建成年限不长的新农村示范村庄，该区域地面沉降严重，这与煤炭开采和房屋建设活动有关。一方面，由于该区域是新建设的农村，在房屋建设之前，该地区是农田，煤炭开采时未采取保护措施，煤炭开采量大，造成地下采空区面积大，从而引起地面较大的沉降量。另一方面，成片集中建设的房屋，巨大的自重使地基土体发生变形，加剧了区域地面沉降。此外，可以很明显地看出 PS 点集中分布在建筑群地区，图 6.29（a）的左侧框中 PS 点密度非常高，该区域的南部是蔡集旧村，由于老村庄的房屋高度有限，且树木茂盛干扰信号反射，这一区域的 PS 点密度非常低，而其他地区为农田，缺乏强散射体，导致难以探测到 PS 点。

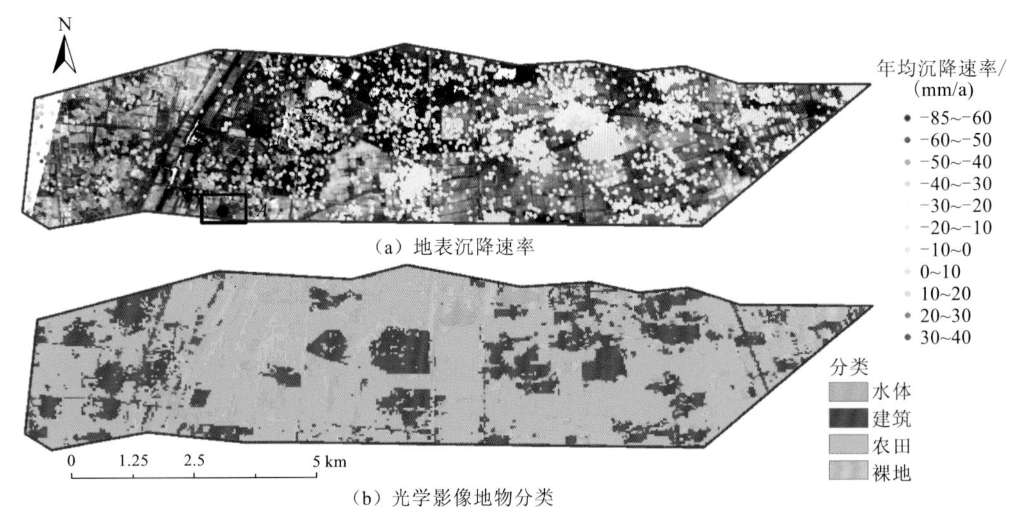

图 6.28 张双楼煤矿地面沉降速率和光学影像地物分类图

A 既代表 *A* 点，又代表黑色方框所示的 *A* 区域

图 6.29　实地调研采集图片

绘制了 *A* 点的时序沉降图，见图 6.30（a），横坐标是获取影像的时间，纵坐标是点的累计时序沉降量，起始影像的沉降量为 0。从时序图中可以看出，随着时间增加，累计沉降量逐渐增大，与时间呈近线性关系。观测时间为 2015 年 7 月 30 日～2016 年 5 月 13 日，*A* 点的累计沉降量达 55 mm。图 6.30（b）展示了张双楼煤矿 PS 点沉降量值的统计分布直方图，张双楼煤矿的沉降范围在-83～18 mm/a，集中分布在-30～-5 mm/a，平均沉降值为-24.6 mm/a。与沛城煤矿的直方图分布特征不同，张双楼煤矿的频率统计结果存在一个主峰和一个次峰，该现象可能与“三下”采煤活动有关。矿区的煤炭开采活动与地面土地类型有关，为了保护地表的建筑及各种基础设施不因采矿活动受到无法修复的危害，建筑物、铁路下的煤炭开采受到了限制，预留大量煤柱用以减缓煤炭开采引起的地面沉陷，降低对地表基础设施的危害，这样就会出现农田地区的沉降量比城镇村庄地区的沉降量大的现象，地面沉降呈现不连续的分布，表现在频率分布直方图中，出现一个主峰和一个次峰。

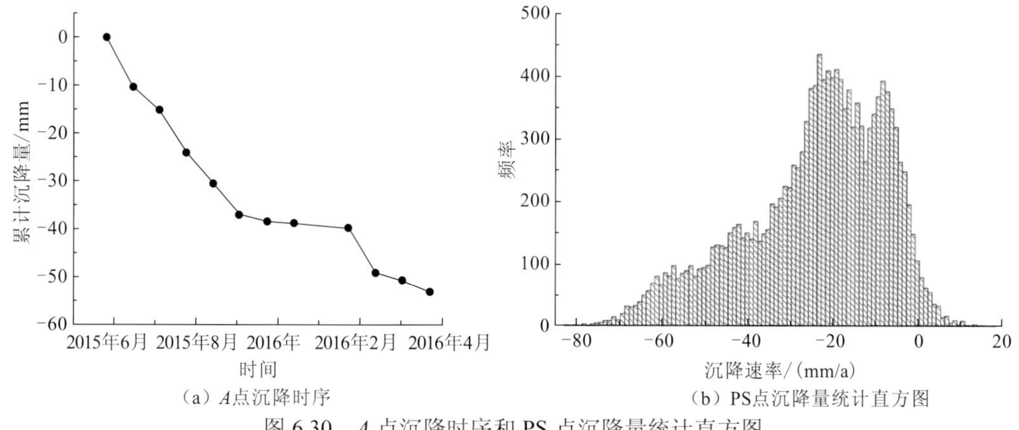

图 6.30　*A* 点沉降时序和 PS 点沉降量统计直方图

根据沛北矿区煤炭停止开采后地面沉降的监测结果可以发现，矿井关闭后的地面沉降仍在较长一段时间内持续发展，但沉降速率比开采时的速率小了很多，呈线性变换特征，地面沉降比较均匀，逐渐趋于稳定。从沛北矿区整体来看，除张双楼煤矿外，其他煤矿地面沉降都呈现均匀分布状态，张双楼煤矿地面沉降表现出了明显的不连续分布情况，对比沉降速率和地面分类结果，地表类型不同，地面沉降的程度不同，村庄区域地面沉降速率比农田地区小；沛城煤矿中城镇地区地面比较稳定，而大范围的农田地区处于下沉状态，这主要是为了保护地面基础建设限制了建筑物下的煤炭资源开采。

6.4 矿区地表形变长时序多源 SAR 监测数据分析的 MFM 方法

煤炭开采引起的地表移动可以持续几个月到几年时间，通过获取同一地区多颗卫星构成的长时间序列影像，可对研究区域进行长期地面沉降监测。在长期地表形变监测研究中，选择合适的时序形变模型是 InSAR 技术获取高精度沉降结果的前提条件之一，可将三角函数、多项式函数等模型引入 InSAR 时序分析中，依据地表移动规律选择一种或多种函数模型求解地表时序变化参数。但复杂的地表变化过程难以使用单一的函数模型精确模拟，而且随着函数模型复杂度的增加，需解算的未知参数不断增加，造成求解困难，可靠性差。选择峰峰矿区九龙矿和万年矿为研究区，结合 TerraSAR、Radarsat-2 和 Sentinel-1A 数据进行长期监测，提出多模型联合时序（multi-function fusion method，MFM）方法，反演研究区地面沉降时空分布结果。

6.4.1 研究区 SAR 数据

采用遥感数据监测峰峰矿区因煤炭开采引起的地面沉降，研究区如图 6.31 所示（曹代勇 等，2007；刘燕学 等，2003），图 6.31（a）中不同颜色方框代表不同遥感数据的空间覆盖范围，蓝色方框代表 Sentinel-1 数据的空间覆盖范围，紫色方框代表 Radarsat-2 数据的空间覆盖范围，黄色方框代表 TerraSAR 数据的空间覆盖范围。水准点和工作面的位置见图 6.31（b）和图 6.31（c），图 6.31（b）是万年矿区 132610 工作面，图 6.31（c）是九龙矿区 15235 工作面，根据开采沉陷的观测站布设要求，在每个工作面沿走向和倾向分别布设一条观测线。考虑观测条件限制，测量中沿工作面或附近道路布设水准观测点，实施容易，相对稳定。

峰峰矿区多源 SAR 数据为 5 景 TerraSAR 影像、13 景 Radarsat-2 影像、44 景 Sentinel-1 影像，影像时间分布见图 6.32。TerraSAR 数据是升轨成像，Radarsat-2 和 Sentinel 是降轨成像。

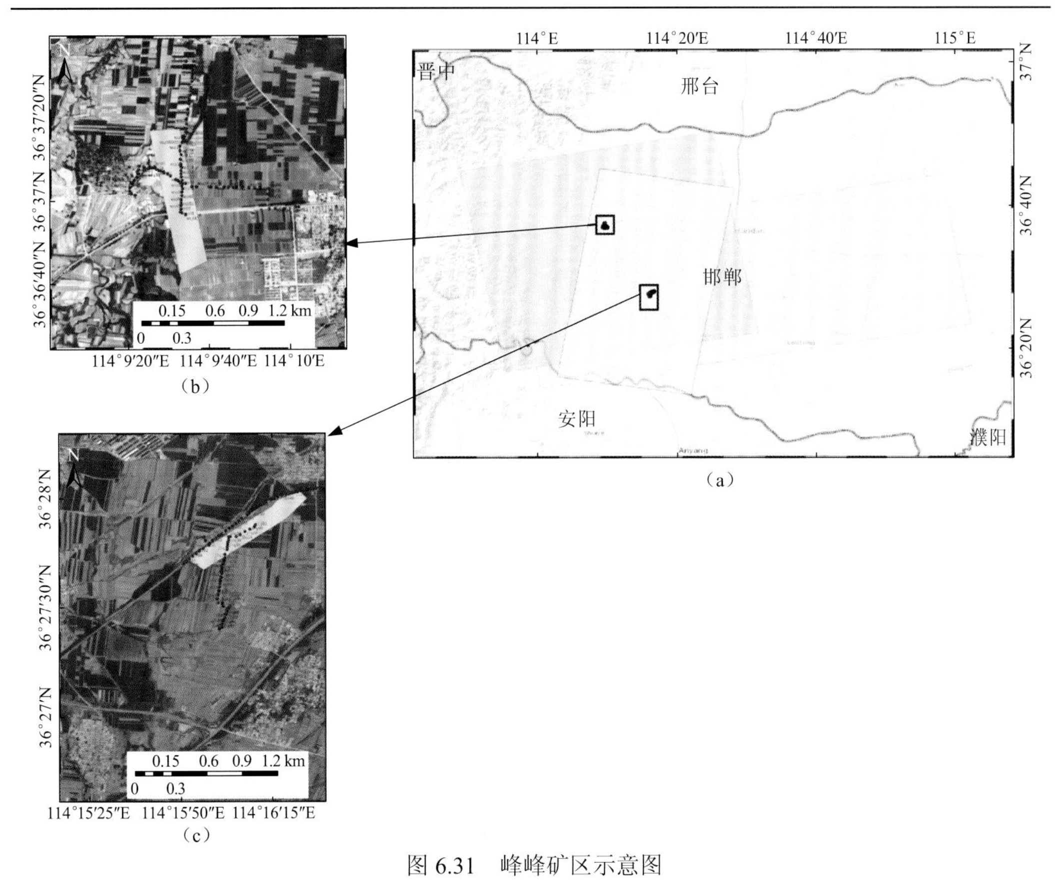

（a）

（b）

（c）

图 6.31　峰峰矿区示意图

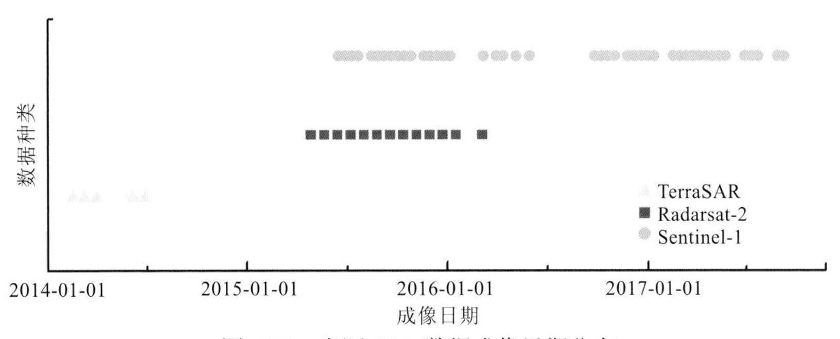

图 6.32　多源 SAR 数据成像日期分布

相同传感器的 SAR 数据通过配准、重采样、干涉处理生成干涉图，研究中挑选使用了 4 幅 TerraSAR 数据干涉图、24 幅 Radarsat-2 干涉图、91 幅 Sentinel-1 干涉图，共 119 幅干涉图，干涉图时空基线见图 6.33。TerraSAR 数据最长垂直空间基线为 291 m，最短垂直空间基线为 86 m，最长时间基线为 66 天，最短时间基线为 22 天；Radarsat-2 数据最长垂直空间基线为 183 m，最短垂直空间基线为 3 m，最长时间基线为 96 天，最短时间基线为 24 天；Sentinel-1 数据最长垂直空间基线为 178 m，最短垂直空间基线为 1 m，最长时间基线为 120 天，最短时间基线为 12 天。

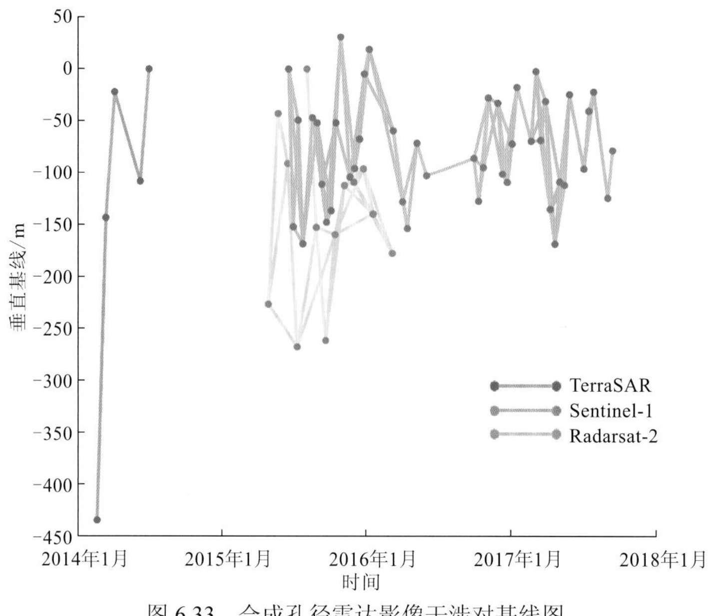

图 6.33 合成孔径雷达影像干涉对基线图

6.4.2 多模型联合时序方法概述

采用多源星载 SAR 数据融合监测地表移动，构建多模型联合时序函数求解参数：

$$\varphi(t)=\varphi_0+f(t) \tag{6.8}$$

式中：t 为时间；$\varphi(t)$ 为像元在 t 时刻的形变相位；φ_0 为某一时刻的常量，通常用 $\varphi_0=0$ 表示第一景影像形变为 0；$f(t)$ 为 t 时刻到 φ_0 的形变增量，构建多模型联合的 $f(t)$：

$$f(t)=vt+ \quad ①$$

$$\sum_{i\in\tau_{Pl}}\sum_{j\in[0,N_{Pl}]}\alpha_i^{Pl}(t-t_i^{Pl})^j+ \quad ②$$

$$\sum_{i\in\tau_P}\sum_{j\in N_P}\alpha_i^P(t-t_i^P)^j+ \quad ③$$

$$\sum_{i\in\tau_\Delta}\Delta_i H(t-t_i^\Delta)+ \quad ④$$

$$\sum_{i\in\tau_L}\alpha_i^L H(t-t_i^L)\ln\left(1+\frac{t}{T_i^L}\right)+ \quad ⑤$$

$$\sum_{i\in\tau_E}\alpha_i^E H(t-t_i^E)(1-\mathrm{e}^{\frac{-t}{T_i^E}})+ \quad ⑥$$

$$\sum_{i\in\tau_P}[s_i\sin(\omega_i t)+c_i\cos(\omega_i t)]+ \quad ⑦$$

$$\sum_{i\in\tau_{UB}}k_i B_n(t-t_i^\zeta)+ \quad ⑧$$

$$\sum_{i\in\tau_{IB}} k_i' B_n^{\int}(t'-t_i^{\zeta})\mathrm{d}t' + \quad ⑨$$
$$\sum_{i\in\tau_{NB}} k_i'' B_{ni}^{\int}(t-t_i^{\#}) \quad ⑩ \qquad (6.9)$$

式中：v、α_i^{Pl}、α_i^{P}、Δ_i、α_i^{L}、α_i^{E}、s_i、c_i、k_i、k_i'、k_i'' 为待求参数；$H(t-t_i)$ 为 Heavyside 阶跃函数；$B_n(t-t_i^{\zeta})$ 为均匀 B 样条函数；$B_n^{\int}(t'-t_i^{\zeta})\mathrm{d}t'=\int B_n(t'-t_i^{\zeta})\mathrm{d}t'$ 为积分 B 样条函数；$B_{ni}^{\int}(t-t_i^{\#})$ 为非均匀 B 样条函数。$H(t-t_i)$ 函数表达式如下：

$$H(t-t_i)\begin{cases}0, & t-t_i<0\\ 1/2, & t-t_i=0\\ 1, & t-t_i>0\end{cases} \qquad (6.10)$$

将式（6.9）简化表示为

$$d=Gm \Longleftrightarrow \forall(i,j)\in \varGamma\phi_{ij}=\sum\alpha_k[f^k(t_i)-f^k(t_j)] \qquad (6.11)$$

式中：$\varGamma\phi_{ij}$ 为干涉图的集合；ϕ_{ij} 为第 i 景和第 j 景影像形成的干涉图；α_k 为相应的参数；f^k 为相应函数，实际应用中可结合地表沉降变化特征选择函数模型。求解式（6.11）时，通过最小化误差方程获得最优解：

$$F=\|Gm-d\|_2^2 \qquad (6.12)$$

即得到最小的 F 值，$\|\cdot\|_2$ 表示矩阵的 2 范数，在 SBAS 方法中，当所有的干涉图构建成一个小基线集时，采用最小二乘估算方法获取 F 值。不过最小二乘方法在求解反问题时会出现病态问题，估算的参数与真实值相差甚远（陈成，2012；杨虎和王松桂，1991）。因此采用 Tikhonov 正则化方法处理时序地面形变求解过程中出现的病态问题，将形变相位转换为求解下述方程的极小化问题（范千 等，2011）：

$$F=\|Gm-d\|_2^2+\lambda^2\|\boldsymbol{H}m\|_2^2 \qquad (6.13)$$

式中：m 为根据公式求解的各个函数的参数；λ 为正则化的惩罚参数；$\boldsymbol{H}$ 为正则化矩阵。参数 λ 的选择影响等式的结果，研究中通过 L 曲线方法确定惩罚参数，该方法建立了残差范数和解范数间的关系，通过寻找 L 曲线的拐点来确定残差范数和解范数达到平衡的最佳位置（Hansen，1992；Hansen and O'Leary 1991；Marquardt，1963），得到最合理的正则化参数 λ 值。

6.4.3　多源星载 SAR 数据融合监测峰峰矿区地面沉降流程

采用多模型联合方法监测峰峰矿区地面沉降，具体流程见图 6.34，联合 X 波段 TerraSAR、C 波段 Radarsat 和 Sentinel 三种星载数据监测矿区地表变化。根据多源 SAR 数据融合方法联合不同卫星 SAR 数据，统一到相同的坐标系统、观测方向下；去除大气相位、地形相位、轨道误差相位等，提取形变相位。最后根据矿区地面沉降规律和特征，构建时序函数模型，借助 SVD 和 Tikhonov 方法提取矿区地表运动的时序变化过程（刘茜茜，2018）。

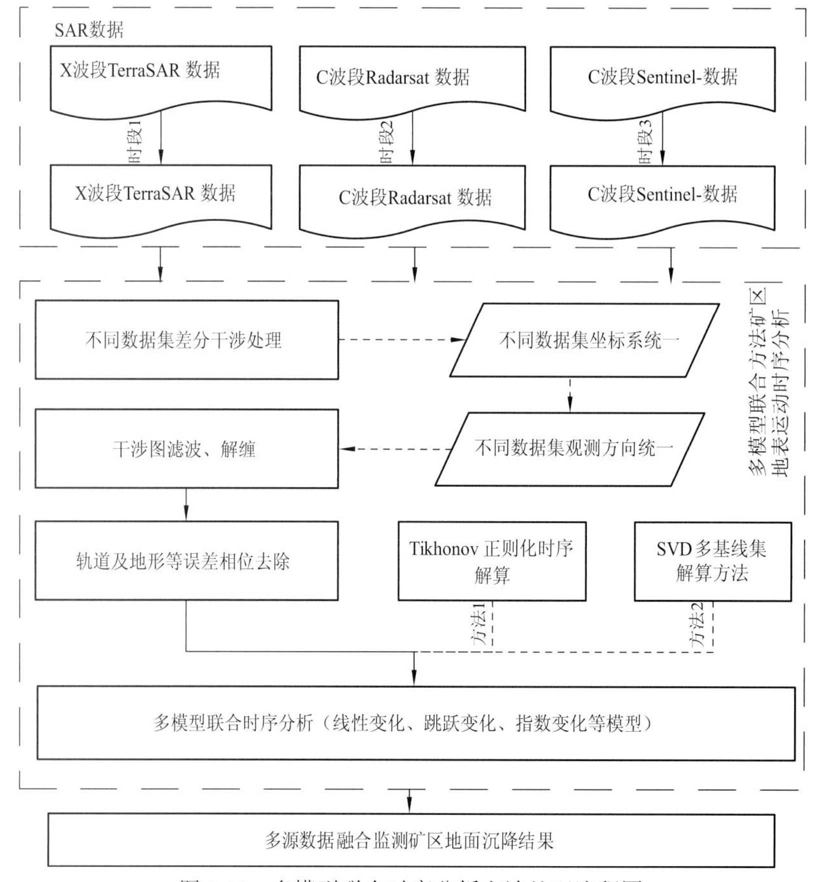

图 6.34　多模型联合时序分析方法处理流程图

6.4.4　多源数据融合的峰峰矿区沉降监测实验

1. 九龙矿实验结果和分析

采用 SBAS 方法和 MFM 方法获取九龙矿 15235 工作面的地面沉降结果，见图 6.35，有两个沉降中心，一个位于 15235 工作面所在位置，沉降量相对较小，另一个位于 15235 工作面南方，沉降中心非常明显。从 SBAS 和 MFM 两种方法的监测结果来看，沉降区域的空间分布一致，沉降区域分布在 15235 工作面及其南方相邻工作面位置，除了两个沉降中心，其他地区地面相对稳定。但是在监测沉降的量级上，两种方法得到的结果有比较大的差异，SBAS 方法获取的最大沉降量比 MFM 获取的沉降量值小，图 6.35 显示 SBAS 方法获取的最大沉降量在 600 mm 左右，而 MFM 获取的沉降结果在 750 mm 左右，说明采用的多模型联合监测的方法在一定程度上弥补了传统时序方法在矿区地面沉降监测中大量级沉降监测的不足。

采用 SBAS 方法和 MFM 方法获取的时序沉降结果分别见图 6.36 和图 6.37，第一景影像的形变量为 0，其余影像表示该景影像成像时间到第一景影像成像时间之间累计发

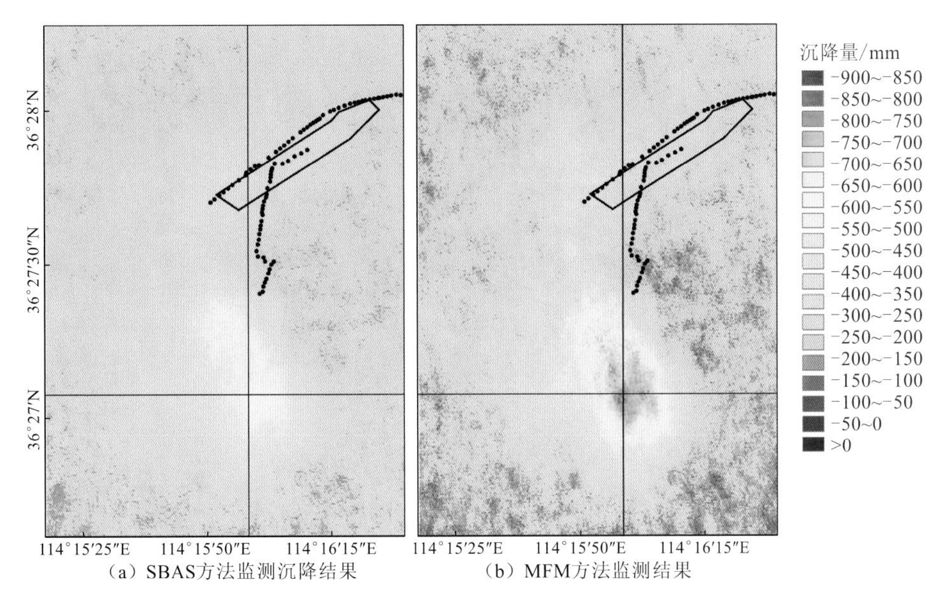

（a）SBAS方法监测沉降结果　（b）MFM方法监测结果

图 6.35　九龙矿 15235 工作面沉降结果

生的形变。时序沉降图直观地展示了地面沉降的时空发育过程，从图 6.35 中可以清晰看到九龙矿 15235 工作面研究区域中的两个沉降中心随着观测时间推进的发育过程，伴随着地下煤炭资源的动态开采过程，地表下沉量逐渐增大，开采沉陷盆地逐渐扩大。开采沉陷在达到充分采动后地面下沉值达到最大，煤炭开采范围继续扩大时，最大下沉值不再增加，沉降范围不断扩大。

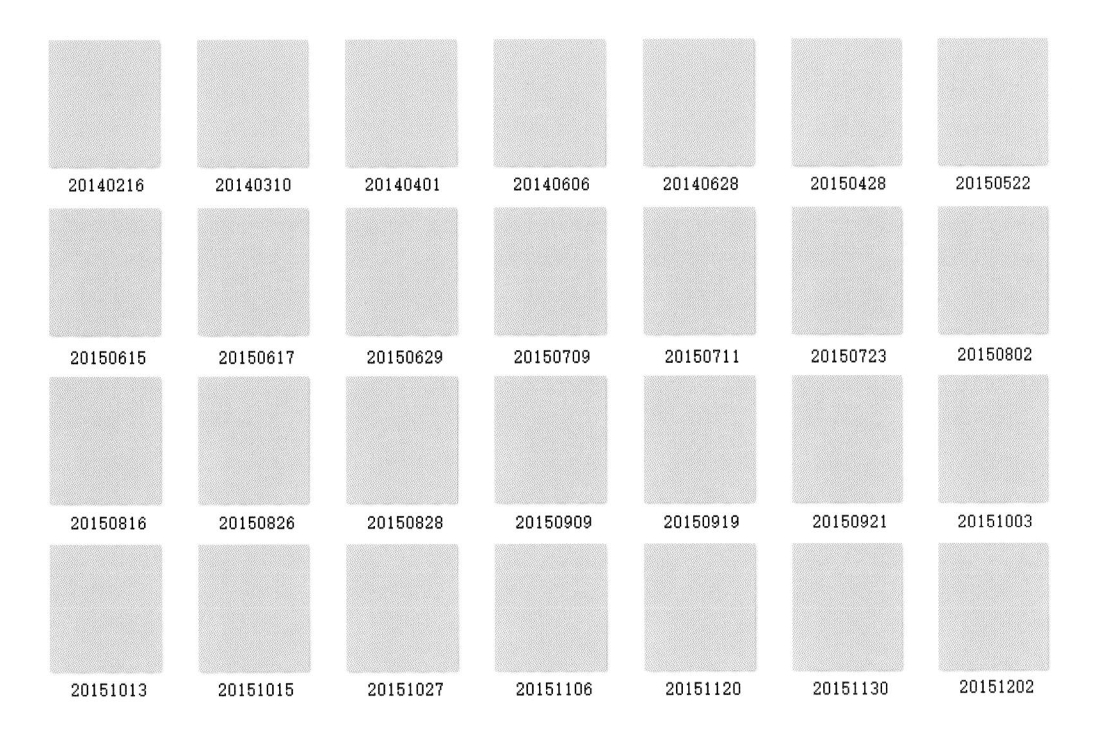

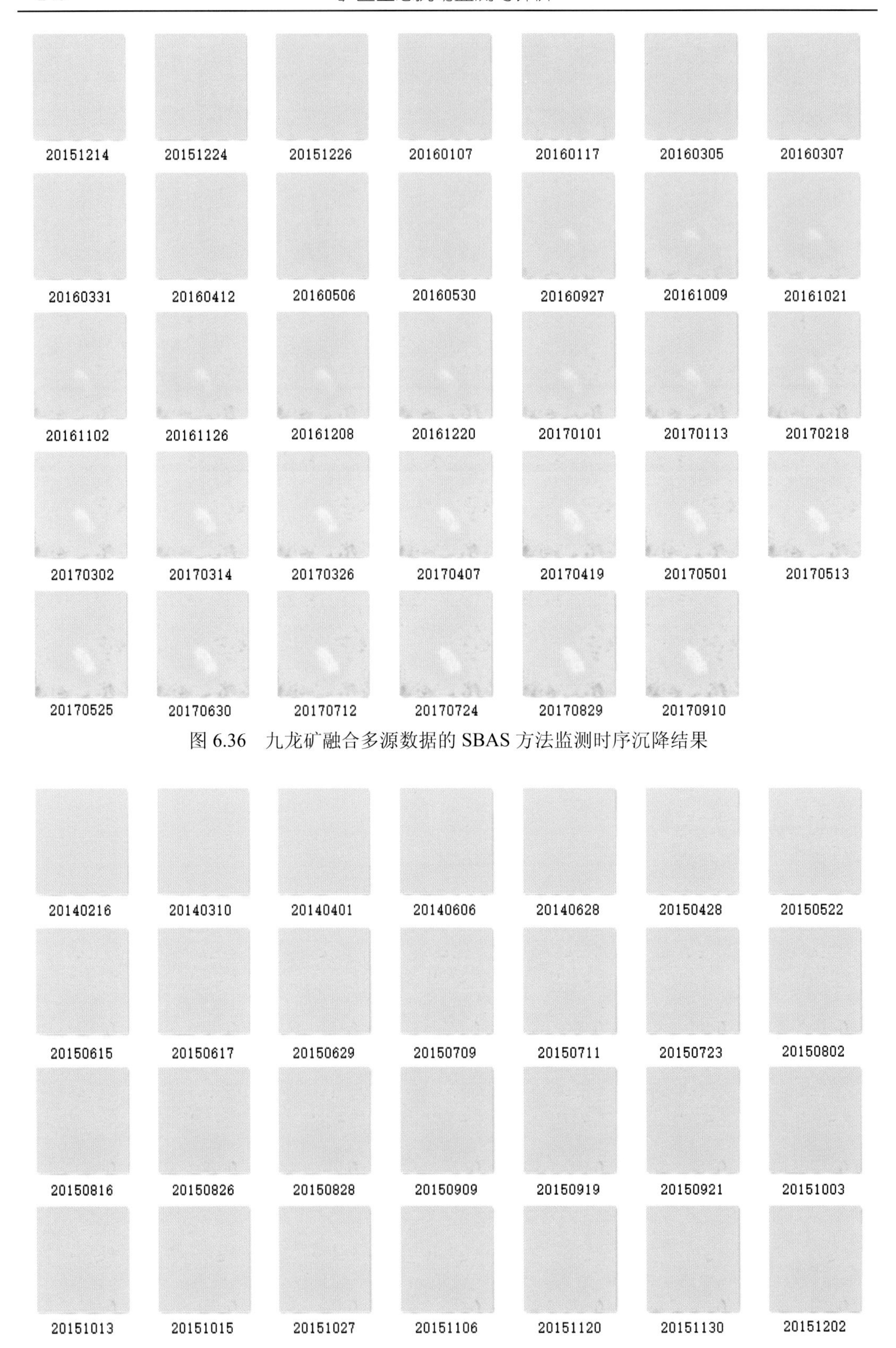

图 6.36　九龙矿融合多源数据的 SBAS 方法监测时序沉降结果

图 6.37　九龙矿融合多源数据 MFM 方法监测时序沉降结果

贯穿九龙研究区内两个盆地中心的横向剖面线和纵向剖面线见图 6.38，剖面线的位置如图 6.35 中两条黑色实线所示。从横向剖面图和纵向剖面图中可以看出，MFM 方法获取的沉降结果在盆地中心处比 SBAS 方法获取的量值大，在盆地周围地区监测结果保持一致。横向剖面图从研究区的第一列开始，沿着横向剖面线沉降量缓慢增加，两个结果保持一致，到达开采沉陷盆地后，沉降量迅速增加，SBAS 得到的最大沉降量为 408 mm，

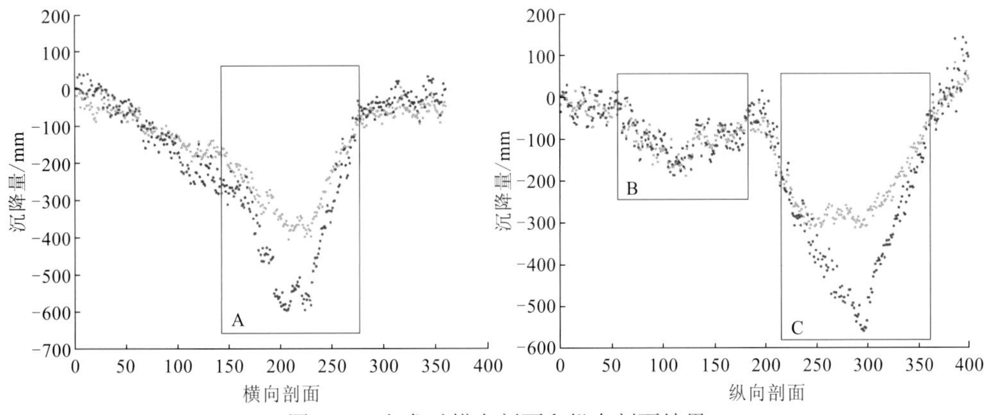

图 6.38　九龙矿横向剖面和纵向剖面结果

绿色代表 SBAS 监测结果，蓝色代表 MFM 监测结果

MFM 方法得到的最大沉降量为 618 mm，经过盆地中心后沉降量迅速减少，监测结果又重新保持一致。纵向剖面线从沉降图的第一行开始，沿着纵向剖面线沉降逐渐增加，在 15235 工作面附近的沉降中心（剖面图黑色方框 B 所示），两种方法结果保持一致，随着纵向剖面图的走向到达第二个沉降中心，沉降量迅速增大，SBAS 方法得到的最大沉降量为 316 mm，MFM 方法得到的最大沉降量为 562 mm。SBAS 在盆地中心呈现了平底的现象（黑色方框 C 处），经过沉陷盆地中心后两种方法得到的结果又保持了一致。

2. 万年矿实验结果和分析

1）万年矿沉降结果

万年矿 132610 工作面的沉降监测结果见图 6.39，SBAS 方法得到的最大沉降量约 600 mm，多模型联合方法得到的最大沉降量约为 700 mm。研究工作面煤层倾角 24°，属于倾斜煤层，开采引起地面沉降向下山方向偏移，下沉盆地不在工作面的正下方，位于 132610 工作面偏右位置。图 6.40 是万年矿 132610 工作面地表的光学图像，绿色和土黄色是农用地，青灰色是农村及道路，工作面设置在农用地下，避免村庄下煤炭开采对房屋建筑造成严重的危害，威胁当地居民的生命财产安全。

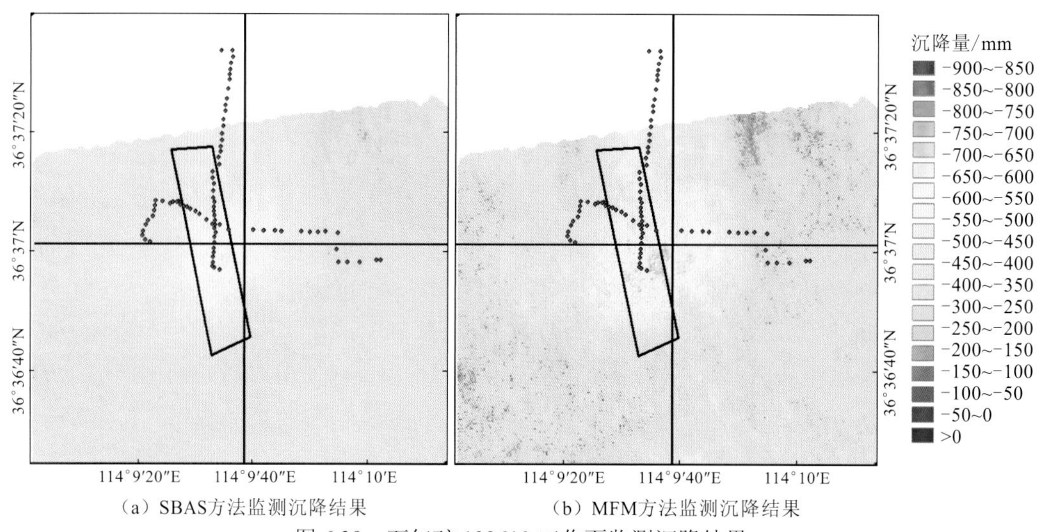

（a）SBAS方法监测沉降结果　（b）MFM方法监测沉降结果

图 6.39　万年矿 132610 工作面监测沉降结果

图 6.39 中有两条穿过沉降区域的黑色直线剖面图，见图 6.41。图 6.41（a）为沿横向直线的剖面图，图 6.41（b）为沿竖直直线的剖面图，两条剖面线结果比较一致。横向剖面图从万年矿研究区域的第一列开始，地面没有明显沉降，沿着横向剖面线沉降逐渐增加，到达工作面开采的影响空间范围内沉降迅速增加，SBAS 得到的沿横向剖面最大沉降量约为 450 mm，MFM 沿横向剖面最大沉降量约为 600 mm，经过最大沉降地区后沉降量迅速减小，过了工作面开采影响范围后，地面保持稳定状态。纵向剖面结果沿着纵向剖面线沉降值迅速增加，SBAS 方法最大沉降量约为 450 mm，MFM 得到的最大沉降量约为 600 mm，经过最大沉降地区后沿着纵向剖面线沉降量迅速减少至地表稳定。

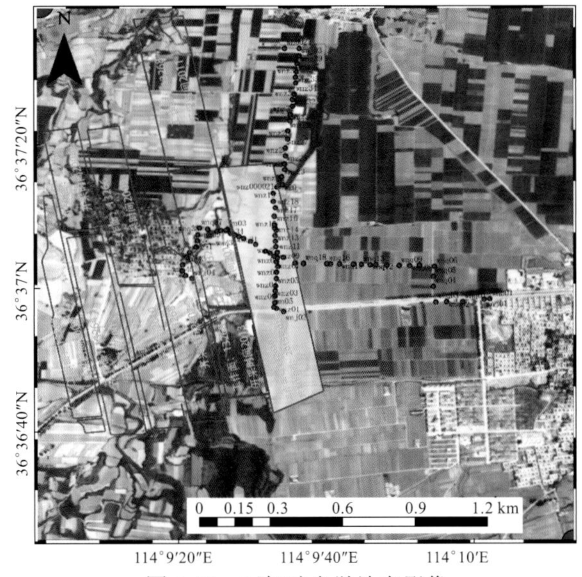

图 6.40 万年矿光学地表影像

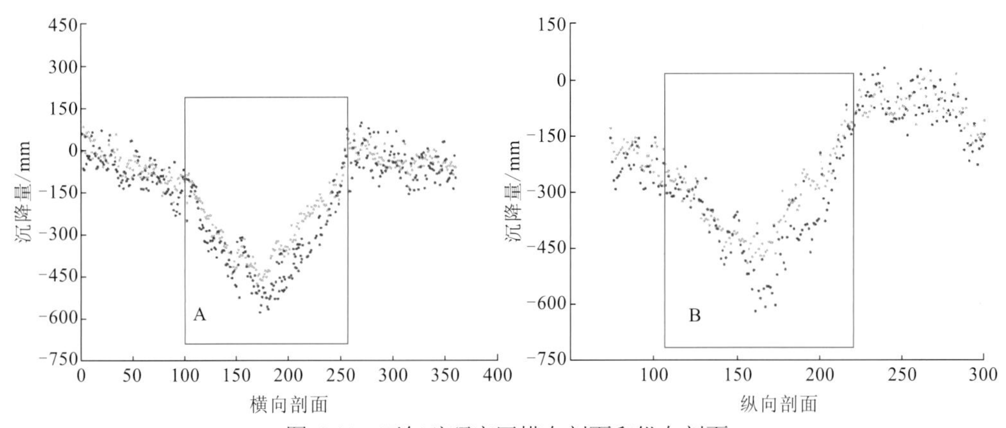

图 6.41 万年矿研究区横向剖面和纵向剖面

绿色代表 SBAS 监测结果，蓝色代表 MFM 监测结果

2）时序分析

图 6.42 和图 6.43 展示了 SBAS 方法和 MFM 方法监测的万年矿 132610 工作面时序沉降结果，在空间分布上两种方法得到的结果保持了很好的一致性。

图 6.44 统计了 2014 年、2015 年、2016 年、2017 年 4 年时间沿着剖面线 *OO'*的累积沉降量。2014 年和 2015 年，地表稳定，剖面线平缓，2016 年度内获取的地面沉降量最大，2017 年内沉降量不大。结合煤炭开采进度分析，2014 年，目标工作面未开采。2015 年初工作面开始开采，地面沉降存在滞后延迟，夏季地表植被严重干扰信号，年内高质量干涉图像数量少，难以有效观测到地表变化。2016 年，工作面持续开采，地面沉降范围不断扩大，最大值增加，从年初到年底，年度内监测到的累积沉降量是 4 年中最大。2017 年，工作面已开采完成，地面沉降减缓，残余沉降缓慢发展，地表累积沉降量相对开采年度 2016 年减少。

图 6.42　万年矿融合多源数据的 SBAS 方法监测时序沉降结果

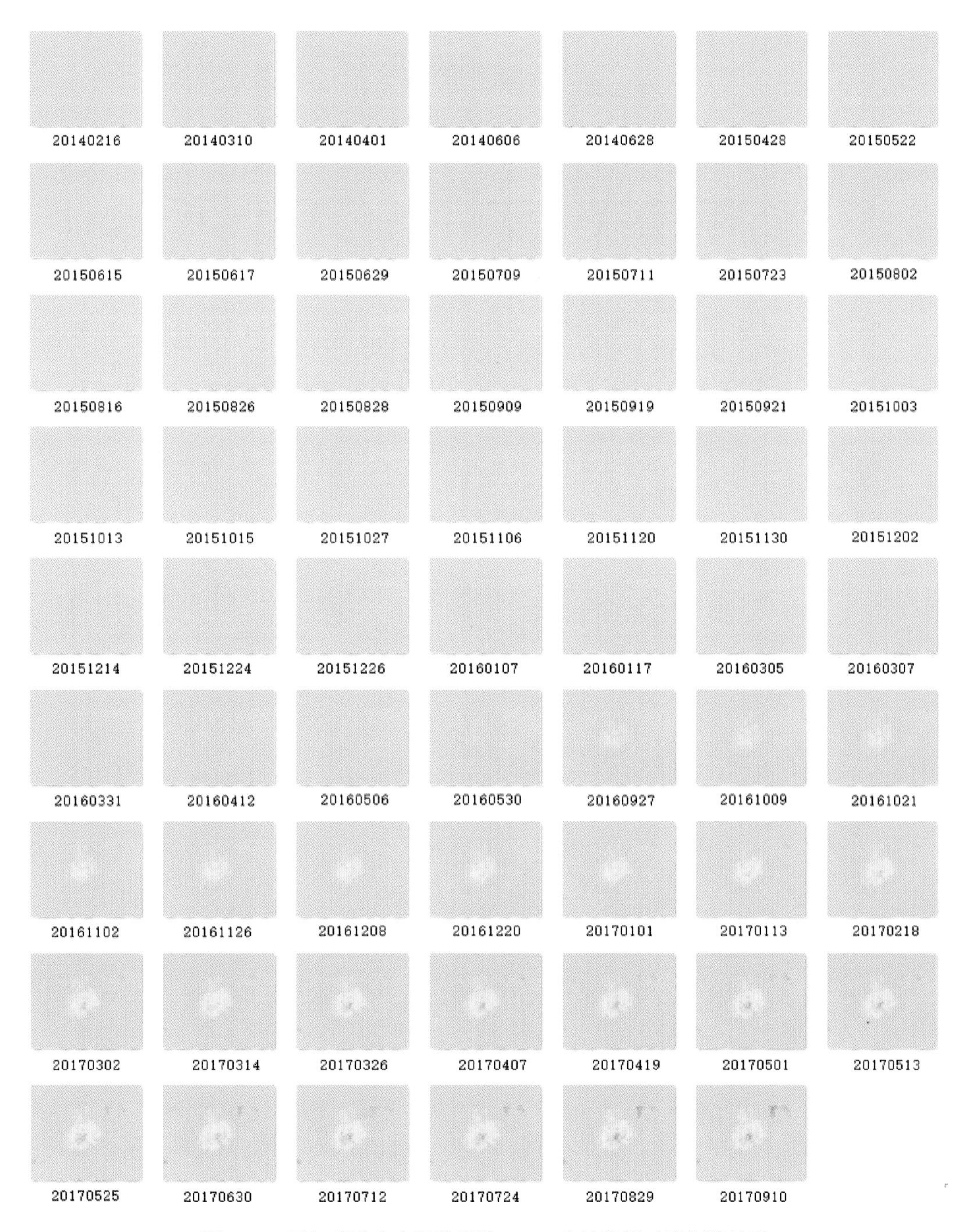

图 6.43　万年矿融合多源数据的 MFM 方法监测时序沉降结果

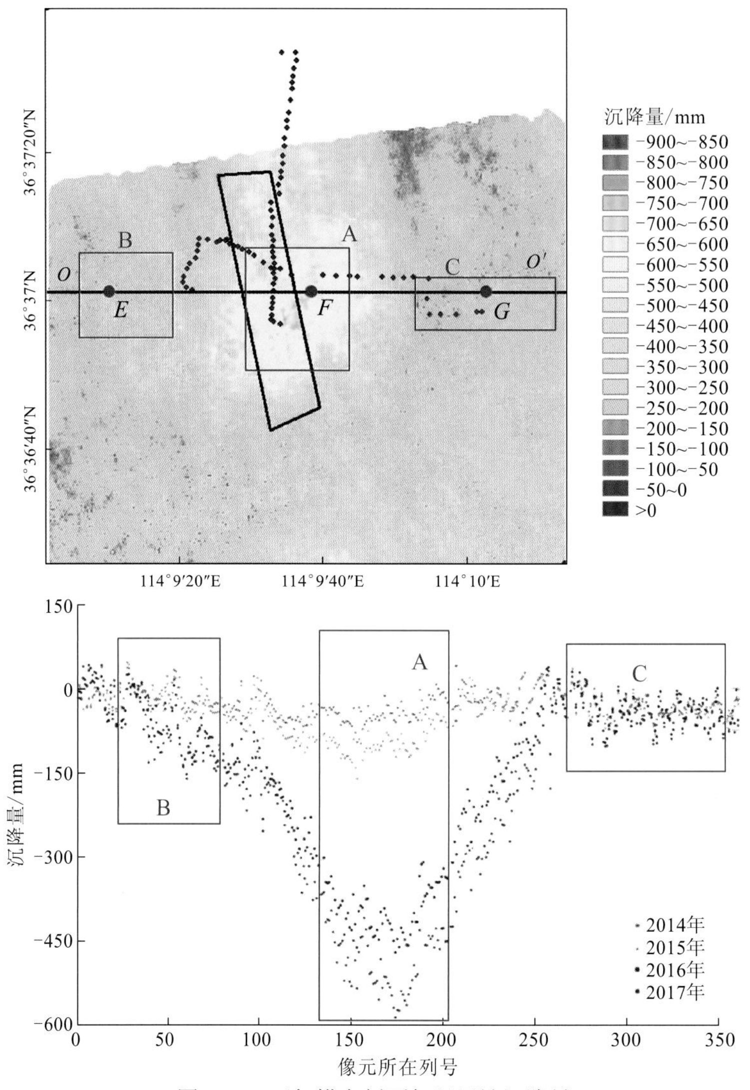

图 6.44 万年横向剖面年际累计沉降量

图 6.44 中 A 区域为工作面开采引起的沉降盆地中心，盆地中心两侧 B、C 区域沉降规律有一定区别：B 区域有一定程度的下沉，随着时间推移，沉降不断累积，越靠近 A 区域累积沉降越大；C 区域非常稳定，从开采前期到开采时段再到开采后期，地面一直保持稳定状态，图中统计的 2014～2017 年 4 年的累积沉降量观测点重叠在一起，在 0 上下跳动，沉降量不随到 A 区域的距离发生变化。根据工作面空间分布情况分析这种现象产生的原因，B 区域是老采空区，残余沉降造成地面轻微下沉，C 区域位于 A 区域的右侧，工作面全部布设在 A 区左侧，C 区域地面下没有布设开采工作面，132610 工作面开采对 C 区域地面沉降影响小，地表处于稳定状态。

在 A、B、C 三个区域选择三个点 F、E、G，分析矿区从开采到停止的地表时序变化过程，结果展示在图 6.45 中。位于沉降中心位置的 F 点，累积沉降量最大，在观测时

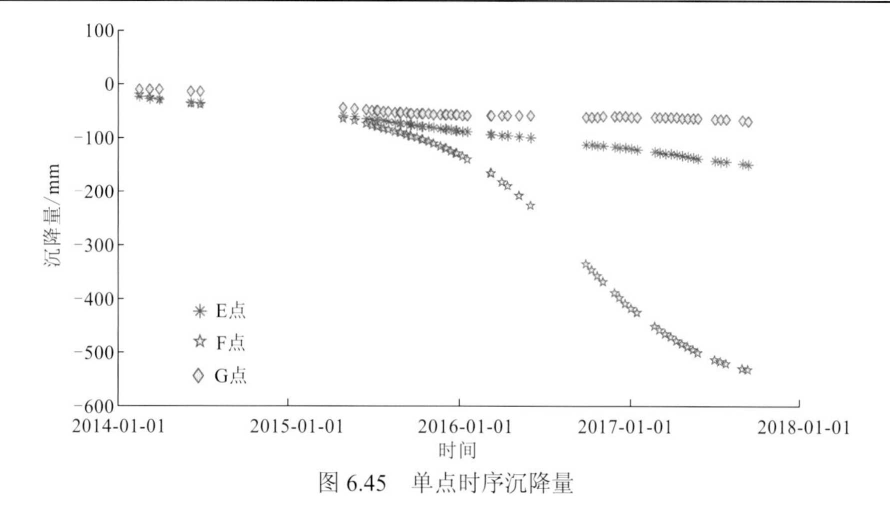

图 6.45 单点时序沉降量

段内 F 点的沉降速率经历了从小慢慢增大，达到最大值（拟合曲线斜率绝对值最大的位置对应的横坐标值就是该点沉降速率最大的时间）后逐渐减小的过程。位于老采矿区的 E 点，沉降速率基本不变，该点以稳定的小速率缓慢发展，累积沉降量和时间呈线性关系，图中 E 点时序曲线表示为一条缓倾斜的直线。G 点位于没有采空区域的稳定区域，受煤炭开采的影响小，在整个观测周期内，地面非常稳定，沉降速率近似为 0，在图中表现为一条近似水平直线。

3）水准验证

为了验证 InSAR 监测结果，与万年矿倾向水准结果实测进行了对比，如图 6.46 所示。图中 InSAR 方法和水准结果存在一定的差异，特别是在最大沉降量值的监测中，水准观测方法得到的最大沉降量为 274 mm，SBAS 方法得到的最大沉降量为 68 mm，MFM 方法得到的最大沉降量为 128 mm。虽然两种结果都与真实值间存在一定的差别，但是 MFM 方法相对 SBAS 方法有一定的提高和改善，能得到相对较大的沉降量。将水准观

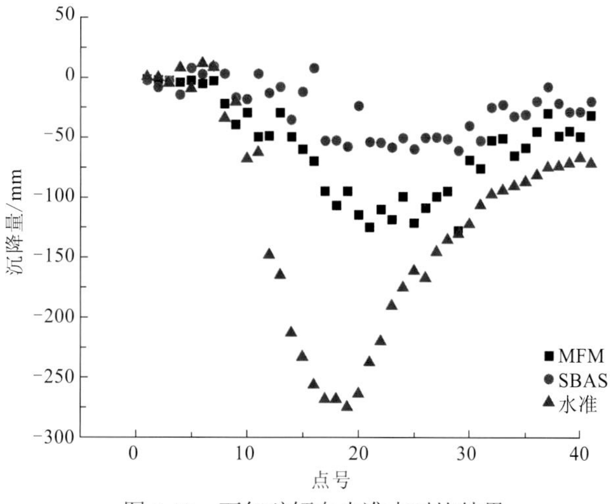

图 6.46 万年矿倾向水准点对比结果

测值作为真值，计算 MFM 和 SBAS 两种方法的平均绝对误差（MeaAE）、最大绝对误差（MaxAE）、最小误差（MinAE）、均方根误差（RMSE），见表 6.5。

表 6.5　SBAS 和 MFM 监测精度分析

观测线	MeaAE/mm	MaxAE/mm	MinAE/mm	RMSE/mm
MFM	61	186	2	84
SBAS	93	264	1	119

6.5　峰峰矿区地表形变空-天-地协同监测与多源数据集成分析

国内外对资源开发的地面沉降监测进行了大量研究，形成了以 InSAR、GPS、LiDAR 等技术为主的监测体系，但在实际应用中仍存在很多问题。例如，InSAR 技术的可靠性结果与地表覆盖、地形、大气状态、算法、SAR 影像数据等因素有关，算法优化、质量控制仍是尚待解决的问题；GPS 空间分辨率低，若要达到一定的监测密度则成本较高；地面三维激光扫描监测范围过小，而机载 LiDAR 成本高，且空域申请较为烦琐（陈炳乾 等，2014）。另外，在空-天-地一体化协同监测、多源数据集成分析等方面存在严重不足。因此，研究利用多分辨率 SAR 影像信息、地面监测技术、地下开采信息构建空-天-地一体化监测体系非常迫切必要，这将大大有助于地表信息精准获取。

本节以峰峰矿区为例，重点研究以 InSAR 为主要技术手段，融合多源数据监测因煤炭开采导致的地表沉降，结合峰峰矿区地质条件、开采模式、地形地貌与生态环境（陈秋生，2009），验证监测理论、方法的适应性和可靠性。

针对峰峰矿区面积大、开采工作面多、地质条件复杂、地表植被覆盖多、局部地表形变大等问题，本节从广域和精细化监测两方面讨论峰峰矿区地表沉降形变信息空-天-地协同监测与多源数据集成分析问题。

6.5.1　峰峰矿区地表沉降监测内容及流程

根据矿区地表沉降监测的应用需求不同，矿区开采沉陷监测可以分为广域和精细化监测两个过程，其处理流程如图 6.47 所示。

研究过程中，首先利用多源 SAR 影像（Radarsat-2、ALOS、TerraSAR-X 等），采用 D-InSAR 和时序 InSAR 处理技术在广域上监测矿区地表沉降情况。然后，针对地表形变大、精度要求高的重点区域采用常规监测方法进行精细化监测，所用方法以地面监测为主，包括 GPS、水准测量、CR-InSAR、地面三维激光扫描、开采沉陷预计模型、地面

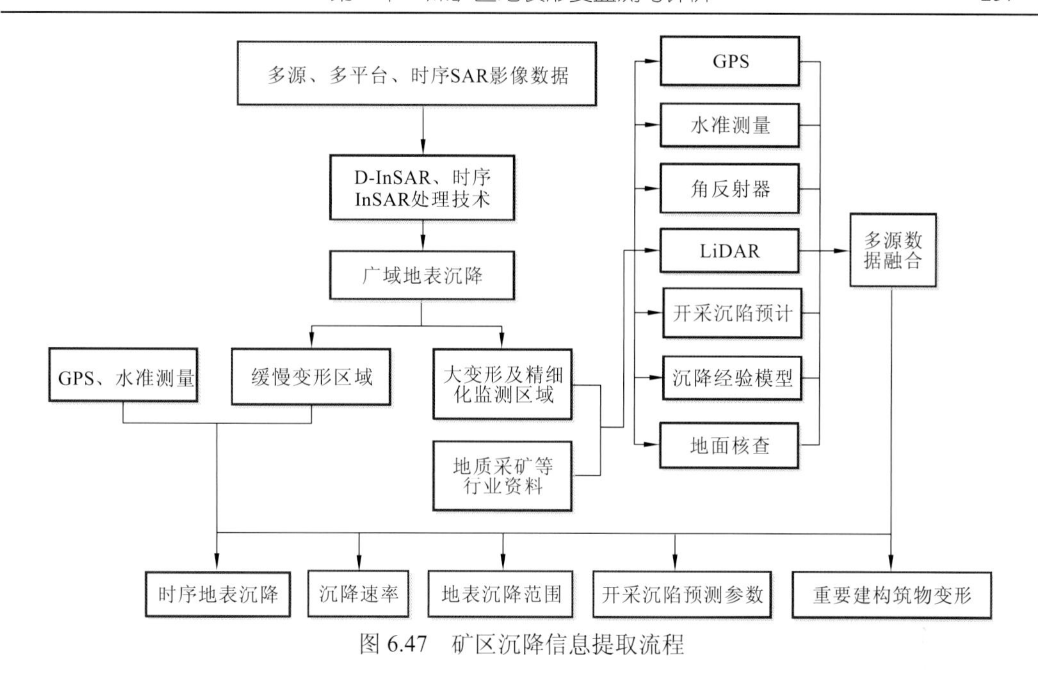

图 6.47 矿区沉降信息提取流程

核查等方法。最后将多源数据进行融合，结合缓慢变形区域地表形变获取整个矿区的开采沉陷基础数据，包括时序地表沉降、沉降速率、地表沉降范围、开采沉陷预测参数及重要建构筑物形变情况等信息。

6.5.2 峰峰矿区地表沉降信息广域监测分析

根据所列处理流程，研究选用收集到的 Radarsat-2、Sentinel-1、TerraSAR-X 等卫星影像，分别采用 D-InSAR 和时序 InSAR 技术对矿区地表沉降的范围、累积形变量及变化进行解算。

通过上述三种数据获取的地表时序沉降可知，时序技术在监测矿区地表形变时存在一定制约（Fan et al.，2011b），导致研究结果存在一些问题，最大的表现就是下沉量级偏小。主要原因和问题如下。

（1）解算过程中，为保证较高的相干点密度，需要选取高质量的差分干涉图进行处理，从而造成夏季的 SAR 影像被排除在外，然而开采沉陷并非是在一个固定区域的逐渐沉降，而是一个动态发展的过程，即沉陷中心随着工作面的移动而移动，这就造成仅用植被覆盖少的影像参与时序解算时会忽略掉夏季实际发生较大沉降的区域，使得监测变形范围减小。如果在处理过程中加入夏季影像，由于失相干等因素的影响，下沉量级则会进一步减小。

（2）解算结果用年均地表下沉量表示，但是该评价指标并不符合开采沉陷应用需要。如根据开采沉陷知识可知，开采沉陷过程分为开始、活跃和衰退三个阶段，采用此评价标准反而将三个阶段进行了平均，导致难以表征开采沉陷的动态沉降过程，且开采沉陷明显具有非线性特征，使用该评价指标并不合适。

（3）对比结果可知，C 波段的 Radarsat-2 和 Sentinel-1 影像，波长较长，穿透力略强，但当地表存在植被覆盖时，其监测形变的能力明显降低；X 波段 TerraSAR-X 影像分辨率高，可以获取更高精度的地表变形，但由于其波长短，穿透能力弱，当加入夏季影像时监测效果较差。

正因为在长时间序列上利用 InSAR 技术监测矿区地表沉降存在上述问题，为解决矿区地表变形量大、非线性特征明显、植被覆盖度高等问题，有必要结合传统监测手段和开采沉陷理论模型进行精细化地表沉降信息提取。

6.5.3 峰峰矿区地表沉降信息精细化监测

通过 InSAR 技术获取矿区广域地表沉降基础资料之后，需要对其结果进行验证，并针对形变较大、植被覆盖多等区域进行精细化监测。根据矿区变形监测作业流程及采用的监测方法，主要介绍监测过程中所采用的水准测量、GPS 测量、CR-InSAR、地面三维激光扫描、开采沉陷预计及地面核查等方法。

实施过程中共选取了两个实验区域进行精细化监测，每个区域各布设基础控制点 4 个、备用控制点 2 个、角反射器基座 5 个。第一实验区沿倾向和走向分别埋设 49 个和 42 个观测点；第二实验区沿倾向和走向分别埋设 45 个和 56 个观测点。因实验区域地表多为田地覆盖，地表设站点都埋设在田埂、道路旁。两个实验区域倾向观测线上，植被覆盖较多，地形起伏较大，点位的埋设、寻找、保存、观测都存在较大困难。实验区地表植被覆盖多，尤其夏季和初秋时节地表农作物以小麦和玉米为主，极易造成 X 和 C 波段 SAR 影像间的失相干，导致难以获取工作面上方的地表沉降全盆地，并且三维激光扫描数据中含有大量噪声。

1. GPS 测量

通过调研该矿区井下开采规划，选取两个煤矿的两个工作面作为监测区。设计过程中，综合考虑现场施测、地形限制、工农关系、成本等因素，在两个工作面上方各布设一条倾向和走向观测线，但由于地表多为田地，在实地布设时，两个工作面的观测线主要沿田埂、道路及铁路等便于行走和施测的路线，因此观测线并未全部位于走向主断面上，并且倾向观测线为折线。考虑两工作面开采深度都大于 300 m，地表点位间距设置为 25 m。因受到铁路管线施工影响，最初布设在铁路沿线的标石受到了较大破坏，后续对这些点位进行了补充，对该工作面走向线的观测及数据处理存在一定的影响。

观测站的测量工作主要包括观测站连接测量、全面观测和日常观测等。在观测站各点埋设 10～15 天后，即可进行连接测量。首先根据矿区地面控制网，按近井点测量的要求测量观测线交点或某一个控制点的平面坐标和高程。在连接测量后，地表移动前需对观测站进行两次全面观测，待地表稳定后还需进行末次全面观测。日常观测以水准测量为主，若考虑地表水平变形影响，需要进行平面坐标观测。

此次试验，采用河北省 CORS 系统进行地表观测站的平面测量，使用的 GPS 仪器型号为 Trimble R8-4，考虑卫星重访周期为 24 天，为对比和分析 InSAR 技术的监测精度，共完成 6 次测量工作，除首次观测外，其他主要集中在 2015 年底期间。利用 GPS 获取的地表高程点，后续与其他方法得到的地表沉降进行对比分析。此外，在进行无人机摄影测量时，利用 GPS-RTK 技术监测 60 个像控点，其中九龙煤矿 29 个，万年煤矿 31 个，为获取正射影像图、高精度 DEM 提供技术保证。

2. 水准测量

日常观测过程中一般按照四等水准测量，每隔 1～3 个月观测一次，地表移动活跃期观测时间可以加密。实验过程中采用的仪器是 Leica DNA03，每次都采用往返测量，选择卫星过境当天或前后进行观测，以保证与 D-InSAR 的监测结果有较高的一致性。在野外测量过程中，由于一些点位于草丛、田埂等区域，需要先根据 GPS-RTK 得到的坐标找寻不易直接找寻的点位。根据卫星重访周期及工作安排，先后进行 8 次水准测量。

8 次水准测量获取了两个实验区内时序地表变形情况。万年煤矿 132610 工作面，倾向和走向观测线上地表最大下沉量分别为 0.466 m 和 0.671 m（图 6.48），地表实测下沉基本符合开采沉陷规律，形成了较为明显的下沉盆地，具有较大的利用价值。但因实验研究时间较短，地表并未达到充分采动，难以获取该区域地表稳态情况下的概率积分法预计参数。九龙煤矿 15235 工作面，倾向和走向观测线上地表最大下沉量分别为 0.381 m 和 0.455 m（图 6.49），从倾向观测线可以看出，观测站两端存在较大下沉，而中间点下沉较小，这是由邻域开采造成的；走向观测线上，由于观测线上部分监测点在首次观测后，大量点位被破坏，仅分析处理了部分点位的沉降量。

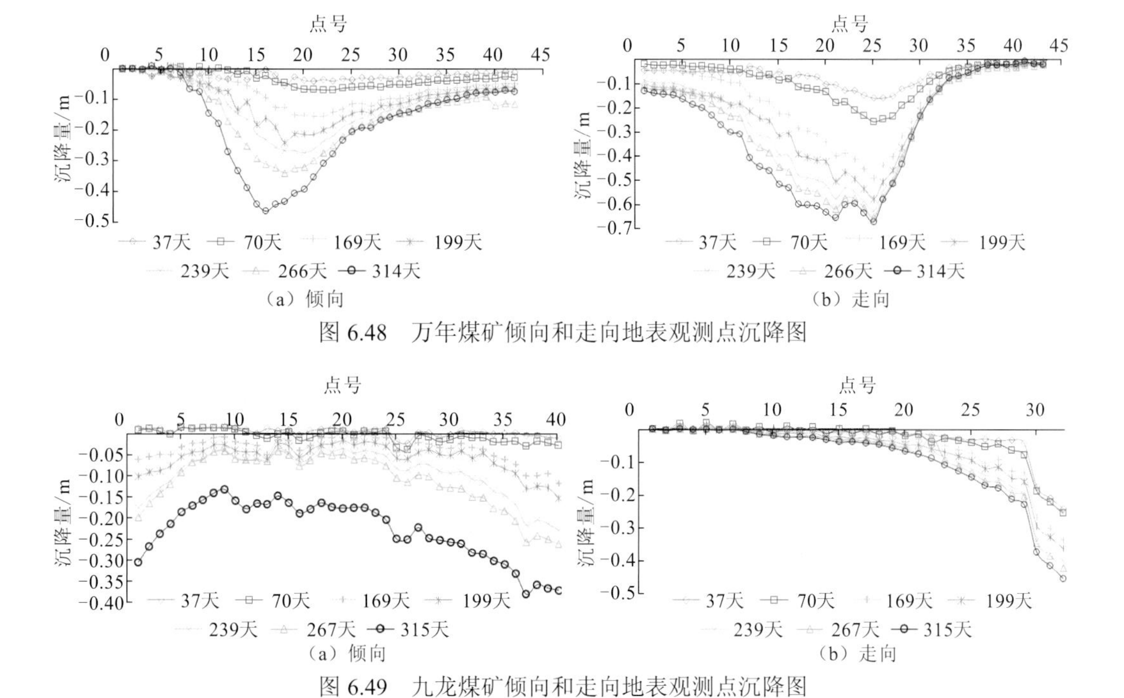

图 6.48　万年煤矿倾向和走向地表观测点沉降图

图 6.49　九龙煤矿倾向和走向地表观测点沉降图

综上所述，项目研究过程中两个实验区并未达到充分采动，水准观测结果要小于地表稳沉时的变形量。九龙煤矿15235工作面布设的观测站还受到邻域开采影响，加之点位破坏较为严重，导致数据缺失。因此，在将水准数据同D-InSAR、三维激光扫描等技术进行相互验证的基础上，将其与其他数据相互融合，以便获取较为准确的开采沉陷信息。

3. 地面三维激光扫描

传统进行开采沉陷规律研究时，往往沿走向和倾向主断面布设几十甚至几百个观测点位，然后利用GPS、水准仪、全站仪等技术手段进行观测，求取这些点位在不同时间段内地表沉降和变形情况。虽然精度较高，但费时费力，工作量较大。若能将三维激光扫描用于开采沉陷监测或预警，一个工作面开采造成的地表塌陷范围，可以仅在3～5站内扫描完成，不仅节约了观测时间，还可以减少地面控制点的布设数目，极大地提高工作效率。因此，在研究实施过程中，使用三维激光扫描仪器Leica ScanStation C10采集了两个工作面的三期数据，局部数据资料如图6.50所示。

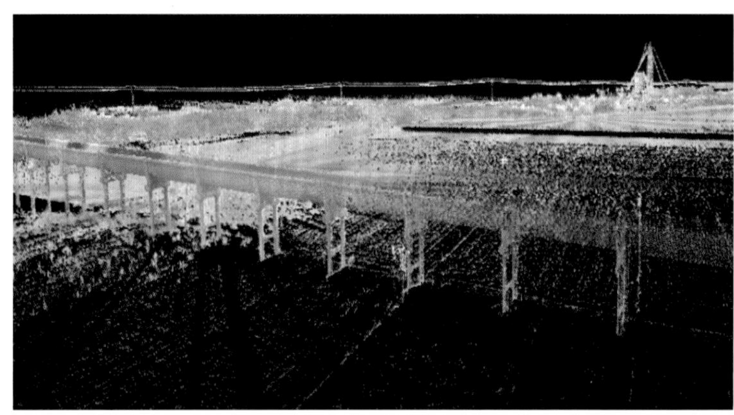

(a) 点云数据图

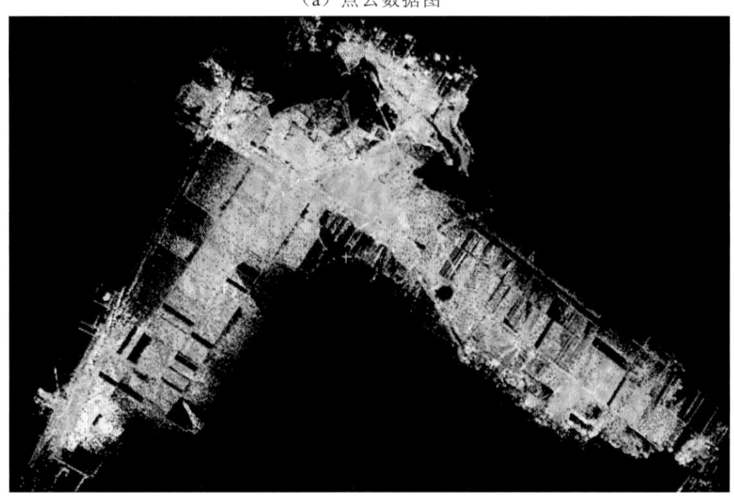

(b) 沿走向倾向及走向扫描路线俯视图

图6.50　三维激光扫描点云与近景摄影测量影像融合图

近年来，地面三维激光扫描技术在矿区地表形变监测中应用较多，其优势是测量速度快、精度高、不需要大量布设地面控制点，极大地降低了工程应用成本。利用该技术提取地表形变存在以下问题：①因数据量大、地表信息较多，数据处理较为烦琐，需要将大量植被、树木等信息进行滤除；②需保证相邻设站间点云数据的高精度配准和拼接；③前后两期数据在进行差值提取地表形变时，由于水平移动等因素的影响，如何保证是同一点的高程进行差值是最大的问题。

实验中配合卫星过境时间，分别进行了三期地面三维激光扫描。因地形变化大、天气（阴雨、雾霾等）影响、扫描点密度高、每个站点放置标靶球等因素影响，平均每个实验区需两天扫描完成。

因第二期扫描期间恰为植被覆盖较为严重时期，受植被影响较大，除靶标处数据较为准确外，其他区域点云数据噪声较多。因此，为验证三维激光扫描数据监测地表沉降的可靠性，在经过地表植被、点云数据滤波等处理之后，仅针对万年煤矿 132610 工作面将第一、二两期三维激光扫描数据得到的沉降量与水准测量结果进行比较（图 6.51），考虑前两期扫描时间间隔较短，地表沉降量小，因此后续未对该期数据进行融合。

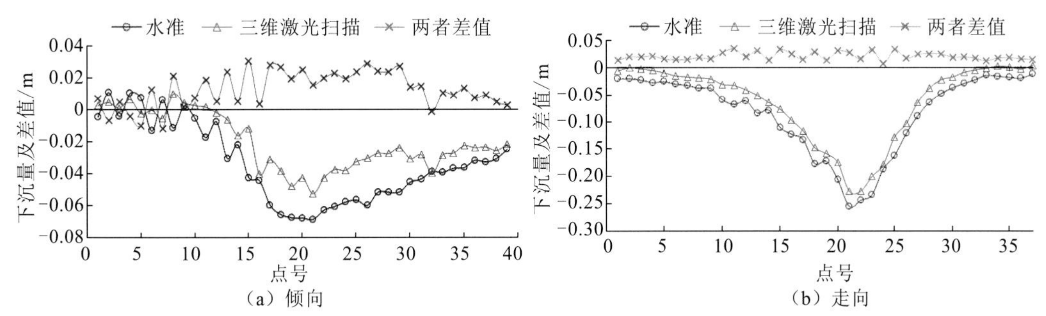

图 6.51 万年煤矿 132610 工作面靶标点相应水准测量与三维激光扫描结果比较图

图 6.51 中（万年煤矿 132610 工作面），地表倾向和走向三维激光扫描监测结果同水准测量结果之差的平均绝对误差分别为 0.015 m 和 0.022 m，均方根误差分别为 0.009 m 和 0.007 m。走向上两者趋势较为统一，由于该方向上地表沉降量大，其平均绝对误差大于倾向观测结果。倾向观测结果较为离散，拟合效果较差，究其原因主要是该观测线位于农田地坎上，受植被影响较大，同时该方向上地形起伏也较大，容易引入观测误差。

图 6.52 和图 6.53 为两个实验区观测站上点位的一期和三期三维激光扫描结果与水准测量的比较图。万年煤矿 132610 工作面，地表倾向和走向三维激光扫描监测结果同水准测量结果之差的平均绝对误差分别为 0.015 m 和 0.025 m，均方根误差分别为 0.009 m 和 0.015 m。九龙煤矿 15235 工作面，地表倾向和走向三维激光扫描监测结果同水准测量结果之差的平均绝对误差分别为 0.017 m 和 0.013 m，均方根误差分别为 0.010 m 和 0.010 m。由此可知，三维激光扫描数据与水准测量值有较好的拟合度，可以将其用于开采沉陷变形监测及概率积分法参数反演，提高现场监测效率。

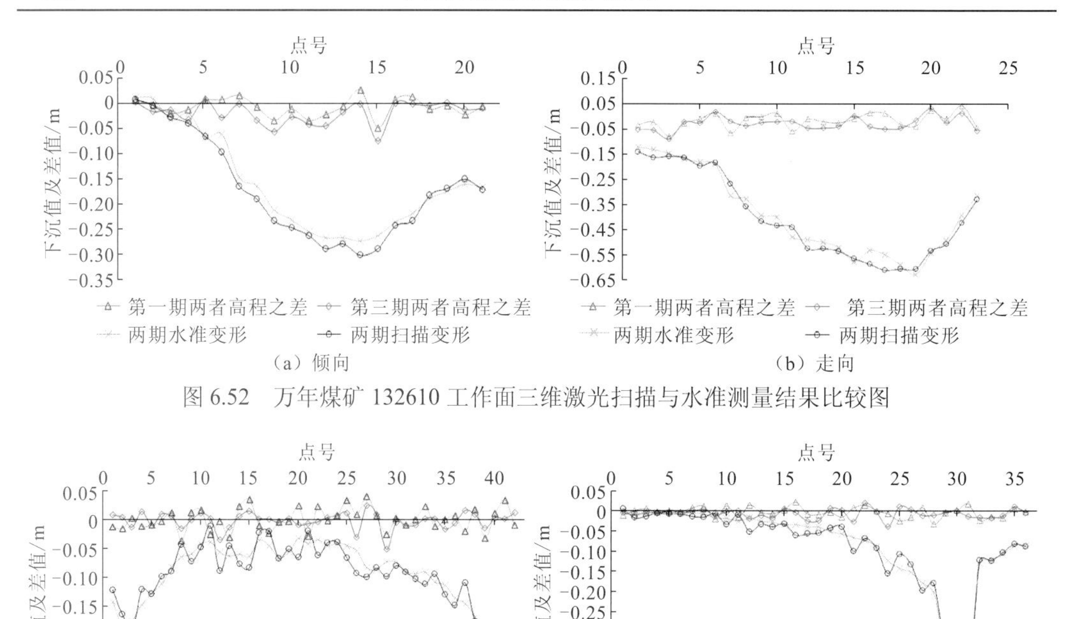

图 6.52 万年煤矿 132610 工作面三维激光扫描与水准测量结果比较图

图 6.53 九龙煤矿 15235 工作面三维激光扫描与水准测量结果比较图

图 6.54 为利用三维激光扫描点云数据获取的万年煤矿 132610 工作面的 DEM 数据。由于点云数据在沿观测线方向精度较高，两侧离观测线越远则误差越大，实验中只对观测线两侧一定范围内的点云数据进行内插、格网化生成 DEM。从图中可以看出：第一期数据右侧有两个区域因点云数据缺失，导致该处内插生成的 DEM 明显低于周围区域，在形变结果图中，因该区域实际变形很小，采用线性内插进行了处理。为进一步提高两

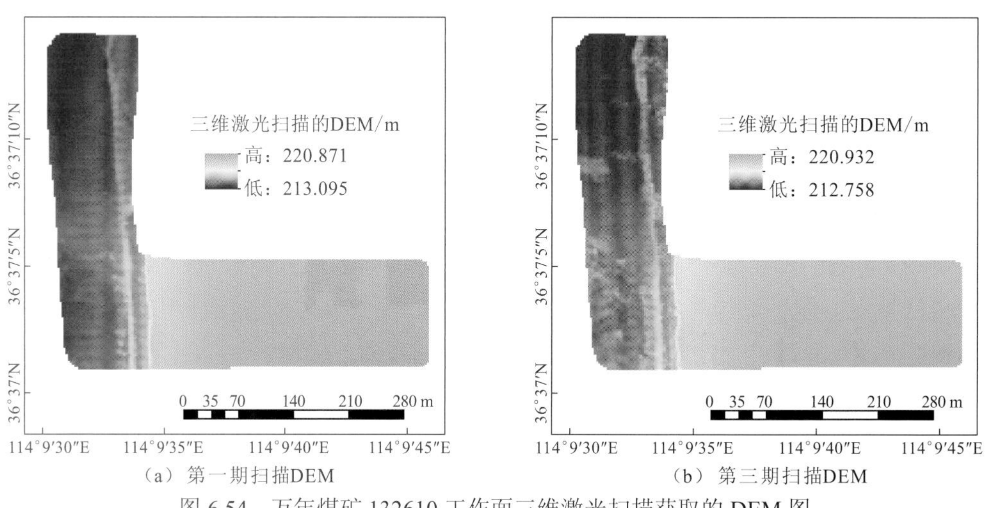

(a) 第一期扫描DEM (b) 第三期扫描DEM

图 6.54 万年煤矿 132610 工作面三维激光扫描获取的 DEM 图

期 DEM 之差得到的地表变形精度，将观测线两侧的数据范围进一步减小，并去除一些明显不符合实际变形量的地表点，最终得到如图 6.55 所示的地表形变图。

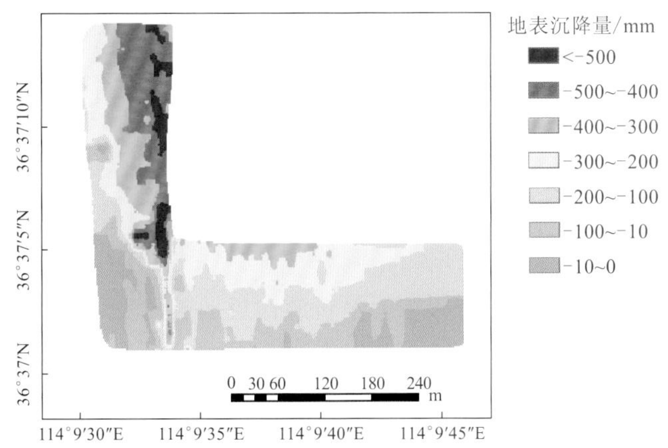

图 6.55　万年煤矿 132610 工作面三维激光扫描获取地表沉降量图

形变图中，整个观测路线上地表大部分区域都有形变，且形变主要位于走向线北侧区域，与井下开采情况、D-InSAR 解算结果较为吻合，说明利用两期三维激光扫描数据解算地表形变的方法具有一定的可行性。但是通过现场测量及数据分析发现，该方法存在如下问题。

（1）测量获取的点云数据存在较多噪声，数据处理过程比较烦琐，实验过程中未对植被等数据进行有效去除，导致两期数据差值后不是很理想，有些区域出现形变值的跳跃，下沉等值曲线也不够规则。

（2）虽然图 6.55 获取了该区域地表形变图，但是图中也有一些不合理之处，如图中形变区域不够连续，甚至走向线靠近工作面的边缘一侧局部区域下沉偏小。主要原因是离观测线越远，点云数据精度较低，密度也不足，尤其是受到遮挡导致点云数据缺失，故在进行 DEM 构网内插时存在错误内插点。

（3）利用三维激光扫描数据获取地表变形时，最大的问题是如何确定两期数据相同点位进行差值。利用靶标是较好的方法，但会降低工作效率；研究采用的构建格网的方式，利用格网点上的高程数据进行差值得到地表形变，但是在生成格网点高程时需要内插，由于地形起伏、植被、地表变化等因素的影响，有些点位的内插结果并不可靠，导致存在误差。

（4）实验发现，在观测线上三维激光扫描技术与水准测量结果符合较好，为获取高精度的矿区地表沉降，有必要将其同其他监测方法进行融合处理。

需要说明的是：地面三维激光扫描是矿区大变形提取的一项有效技术，可为 InSAR 技术监测矿区大变形提供补充，两者结合能够对矿区进行广域精细化测绘，并且可以达到较高的监测精度。但在实际操作过程中，需要对点云数据的扫描时间、野外工作、滤波、拼接、内插等环节做到非常细致的考虑，否则将会引入较大误差。例如本例中，因第三期数据地面扫描时标靶球放置点位存在误差，走向观测线南部区域就难以与其他扫描站点的结果进行拼接，导致走向观测线并不完整。

4. CR-InSAR

煤矿工作面往往布设在田地下方，地表覆盖多，尤其夏季极易造成 SAR 影像的严重失相干，较难获取全面的地表沉降情况。地表一些原有建构筑物，在受到人为改变、植被遮挡、影像辐射等因素的影响后，难以保证在每幅影像上表现出很高的相干性。此外，在进行 SAR 影像几何纠正、辐射校正、大气延迟去除等方面都可采用 CR-InSAR 技术进行辅助处理。角反射器种类主要包括三角锥形、长方锥形等。

在实验过程中，研究区域内两个工作面上方各布设 5 个角反射器，角反射器为长方锥形，为防止风吹和积水，立面采用的是钢丝网，底边长为 50 cm×50 cm，角反射器高度约 70 cm。在实地安装时，只需根据卫星轨道信息调整角反射器底边方位角即可。利用角反射器的高反射信号点，对 SAR 影像进行精确的地理编码和轨道误差的修正，提高 InSAR 数据处理精度。同时，也将这些点位的水准监测、InSAR 及三维激光扫描等得到的地表沉降值进行对比分析及精度交叉验证。

5. 无人机测量

实验中，外业航飞数据采集采用航测遥感无人机平台 LTBT-测绘鹰携带高性能数码相机（SONY 7R）获取地面的高分辨率影像。LTBT-测绘鹰无人机的飞行高度低，无人机的起降方式对场地要求很低，灵活的起降方式支持滑跑、弹射等起飞方式，可以随时随地起飞，快速获取数据。

无人机航摄作业结束后，依据飞行获得的 POS 和影像数据对飞行和影像质量进行检查。测区数据采集共拍摄像片 1367 张，其中九龙煤矿 801 张，万年煤矿 566 张。经检查，本次航摄严格按照设计航线飞行，摄影分区内实际航高与设计航高之差小于设计航高的 5%，同一航线上相邻像片的航高差小于 20 m，最大航高差小于 30 m。

九龙煤矿和万年煤矿周边区域约 18 km^2 1∶2000 比例尺数字正射影像获取，采用无人机航空摄影测量的方法并结合野外实地采集数据的方法。按像控点选取原则分别在九龙煤矿和万年煤矿选取像控点 29 个和 31 个，通过实地野外测量得到这些像控点坐标，并代入空中三角测量中采用光束法进行平差解算。所得控制点中误差、加密点中误差和接边残差均满足规范要求。控制成果符合相关规范要求。利用航拍影像及空三加密成果生成矿区周边的高分辨率正射影像图（图 6.56 和图 6.57），其较丰富的色彩、纹理、图案特征使其承载更多的地物特征，也使地物的判读更明显，可以用于规划、实时监测等工作。

6. 地面调查及检核

利用 InSAR 技术得到广域地表沉降范围后，根据地表下沉情况，可对重点监测及 InSAR 难以解算的区域进行地面调查。对于大变形及 InSAR 技术难以解算的区域采用传统测量手段进行补充，对微小变形区域则进行抽样检查验证，还可实地考察时序 InSAR 处理中的高相干点目标、永久散射体目标的选取是否正确。

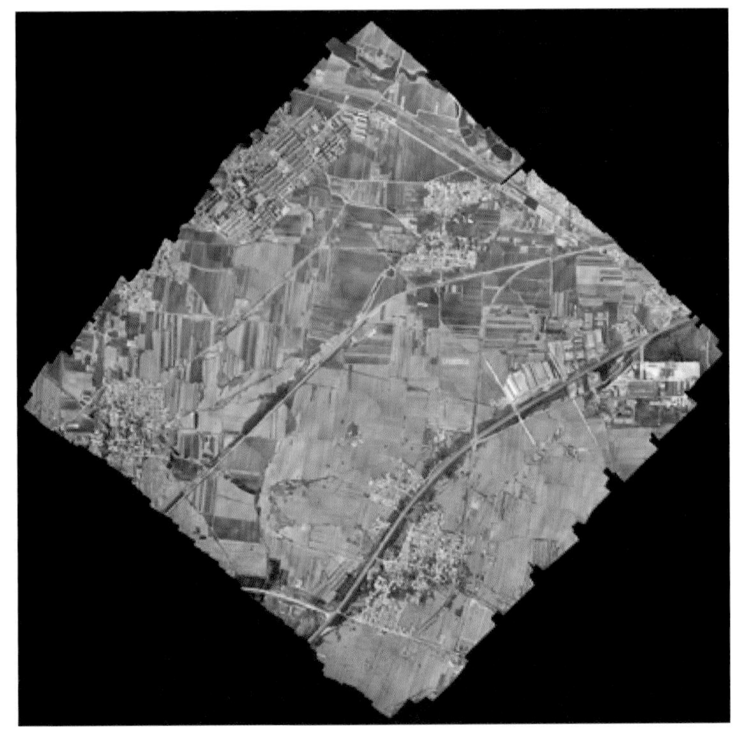

图 6.56　九龙煤矿数字正射影像

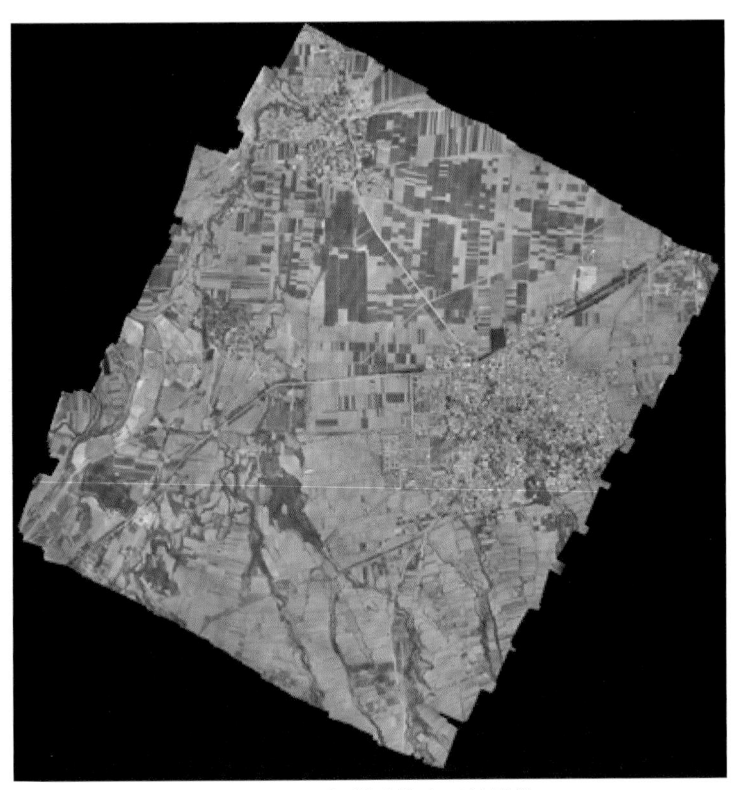

图 6.57　万年煤矿数字正射影像

6.5.4 多源数据融合方法监测峰峰矿区地表沉降结果及分析

1. D-InSAR、地表实测及概率积分法的结合

从结果可以看出：采用 D-InSAR 累积方法可以获取地表长时间序列上的地表变形，但由于植被、地表变形大等因素影响，往往在大变形区域出现较多空洞；而目前的时序 InSAR 变形监测方法获取的矿区地表变形与实测相比明显偏小，难以获取矿区地表大变形区域的真实下沉。虽然将其与子像元偏移跟踪算法进行融合取得了较好的监测效果，但因匹配窗口尺寸、像元分辨率、相关性等影响，解算的开采沉陷盆地并不规则，在某些大下沉区域仍然存在空洞。为此，针对这一问题，本节将累积 D-InSAR 与地表实测数据、开采沉陷预计方法相结合，获取万年煤矿 132610 工作面完整的开采沉陷盆地。

采用 D-InSAR 和地表实测相结合的方式反算该区域概率积分法参数，然后预计地表下沉盆地。实验尝试了完全采用地表实测、完全采用 D-InSAR 累积下沉和两者相结合三种方式解算地表沉降。三种方式反算的概率积分法预计主要参数：下沉系数分别为 0.65、0.7 和 0.65；主要影响角正切分别为 1.8、1.5 和 1.7；水平移动系数都为 0.3；开采影响传播角分别为 75°、77° 和 75°。由三种方式预计出的下沉盆地等值线如图 6.58 所示，图中四边形为整个工作面，其中蓝色区域为截止到最后一幅影像获取时间井下工作面的开采范围。

从图 6.58 可以看出，三种方式反算获取的地表沉降盆地趋势一致，最大下沉位置重合，都位于工作面右侧，但也存在如下不同之处：地表实测反算参数后预计得到的地表最大下沉量最大，达到 0.8 m 以上，而完全利用 InSAR 反算参数后预计的地表沉降则偏小，约为 0.7 m，但开采影响范围明显大于前者，而融合结果则介于两者之间。由此可知：虽然地面观测站并没有通过下沉盆地中心，因此降低了地表沉降反演精度，但由其反算的概率积分法参数更符合实际，能够获取地表完整的下沉盆地；完全采用 D-InSAR 累积结果反算预计参数后得到的地表下沉盆地最大下沉量偏小，说明虽然累积 D-InSAR 技术获取了开

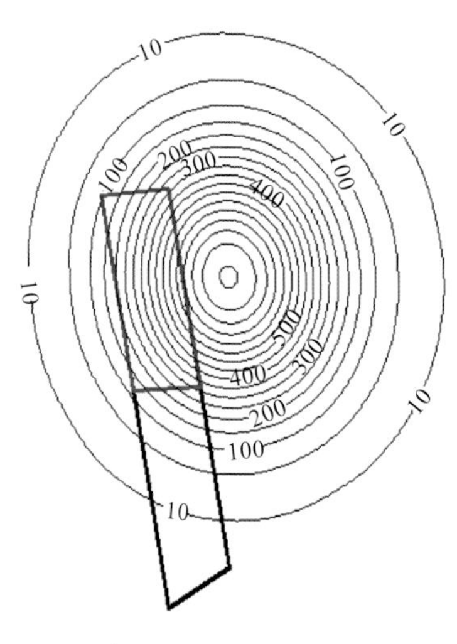

（a）地表实测反算参数后的预计结果

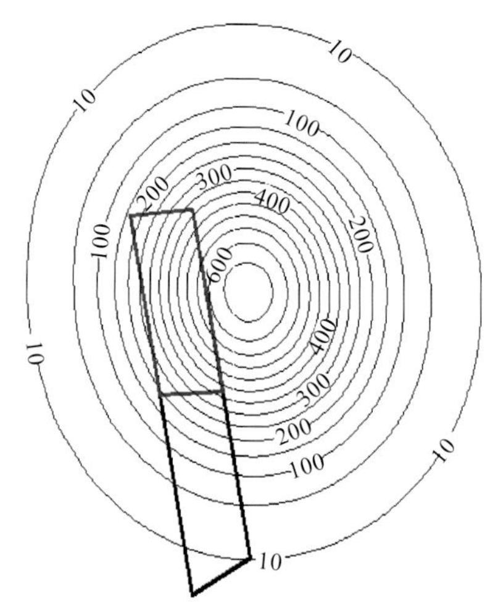

（b）D-InSAR累积下沉反算参数后的预计结果

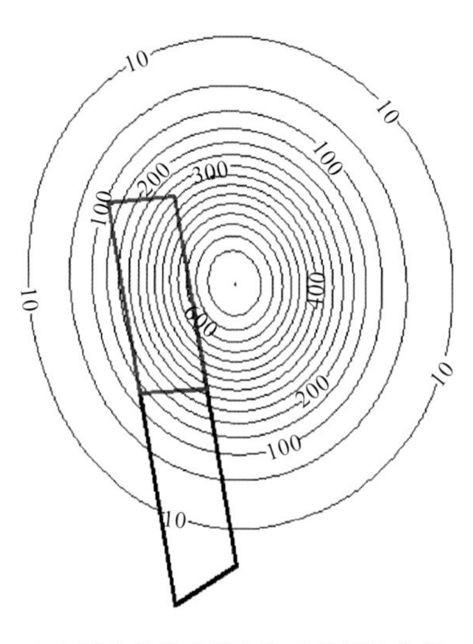

(c) 融合结果反算参数后的预计结果

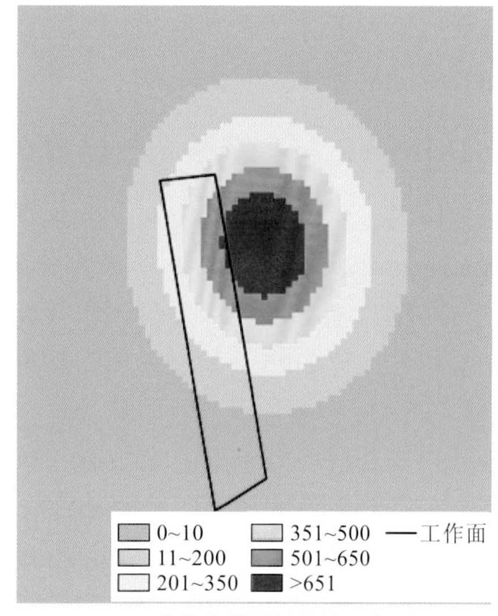

(d) 融合算法预计结果配色图

图 6.58　万年煤矿 132610 工作面地表沉降预测图（单位：cm）

采沉陷盆地大变形区域的地表沉降，但下沉结果仍然偏小；如图 6.59 所示，除右侧边界部分 D-InSAR 预测结果与地表实测拟合较好外，其他区域融合方法的解算结果与地表真实下沉更为贴切[最大绝对误差为 0.107 m（仅一个大于 0.1 m 的点），平均绝对误差为 0.036 m，均方根误差为 0.028 m]，因此，采用融合预测方法既减少了地表实测工作量，又保证了下沉曲线更符合实际情况，说明该方法在矿区开采沉陷预计应用中存在一定优势。

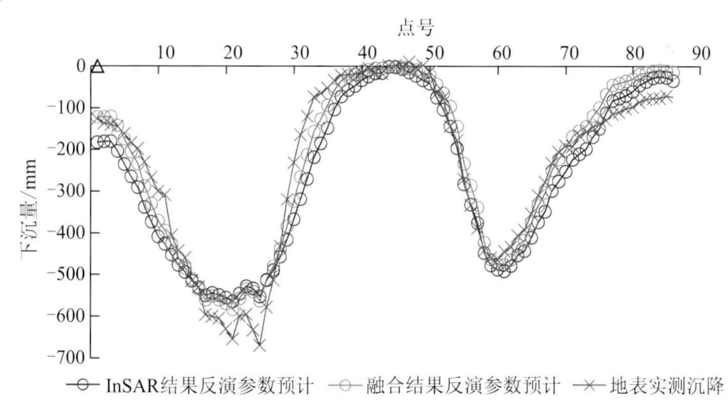

图 6.59　融合方法预计结果与其他方法预计结果精度比较

比较两幅图可以看出，预测结果能够获取地表全盆地形变且较为平滑，弥补了 InSAR 监测技术难以获取失相干区域地表沉降的问题，也解决了 InSAR 技术在探测大形变区域量值偏小的问题，同时，可以减少部分地表实测点的布设，具有较好的监测效果。

需要说明的是，实验中在选取 InSAR 解算结果反算概率积分法参数时，并未对数据进行特殊选取，只需在参数反算时将拟合误差大的点位舍去即可；因该工作面为深部开采，地表变形量小，采用累积 D-InSAR 方法基本可以得到地表实际下沉情况，而地表观测站未通过最大下沉盆地中心，因此实验中的融合方法选取了 D-InSAR 在大变形区域的点与地表观测量进行了融合处理。

2. D-InSAR 与三维激光扫描数据的融合

研究中的差分和时序 InSAR 实验所采用的 DEM 都是 30 m 分辨率的 SRTM，而所使用的 Radarsat-2、TerraSAR-X 等影像分辨率分别为 5 m、2 m，因此，在处理时需要对 DEM 进行内插。如前所述，实验区域共观测三期三维激光扫描数据，并利用第一期和第三期扫描数据构建 DEM，通过差值得到地表沉降。这里将三维激光扫描获取的高分辨率的 DEM 与 SAR 影像进行二轨差分处理，分析 DEM 对形变结果的影响。如图 6.54 所示，三维激光扫描获取的万年煤矿 132610 工作面的 DEM 仅沿观测线方向，并未覆盖整个矿区，为此，实验中将其与内插后的 SRTM 进行拼接处理，然后将拼接后的 DEM 与 SAR 影像进行二轨差分。实验中选取两景 Radarsat-2 影像进行处理，差分结果如图 6.60 所示，从中可以看出两者在形变图上几乎没有差别。

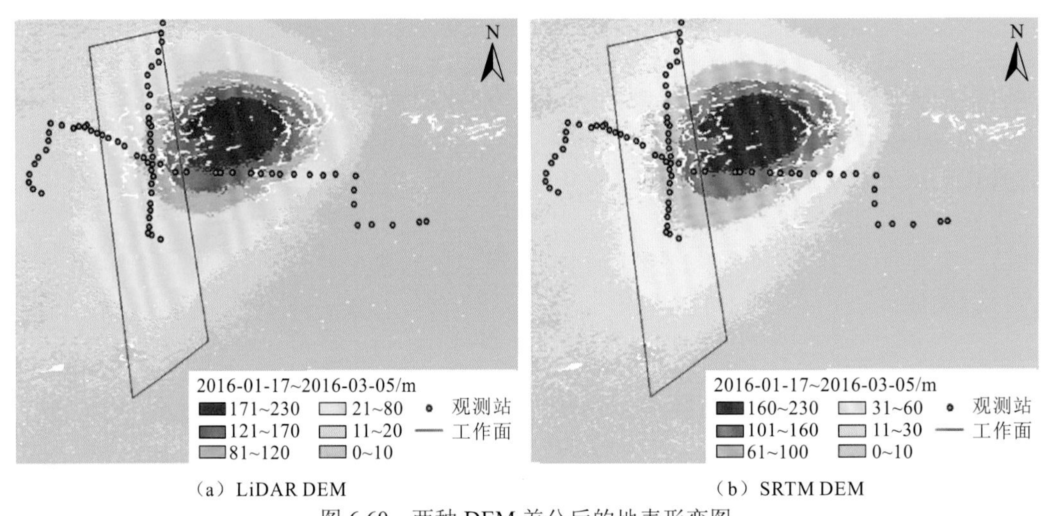

（a）LiDAR DEM （b）SRTM DEM

图 6.60 两种 DEM 差分后的地表形变图

为量化两种 DEM 条件下地表沉降的相关性，选取倾向和走向观测线上的部分实测点位的形变结果进行比较，如图 6.61 所示。可以看出，两种 DEM 获取的地表形变相差很小，形变趋势一致。LiDAR DEM 和 STRM 与地表水准测量结果相比，倾向最大绝对误差分别为 0.025 m 和 0.031 m，走向最大绝对误差分别为 0.031 m 和 0.037 m；倾向平均绝对误差分别为 0.005 m 和 0.004 m，走向平均绝对误差分别为 0.018 m 和 0.019 m；倾向均方根误差分别为 0.009 m 和 0.010 m，走向均方根误差分别为 0.008 m 和 0.010 m。

通过上述定量分析可知，因 LiDAR DEM 主要沿观测线方向，在观测线上 DEM 的精度和分辨率更高，利用更高精度的 DEM 与干涉图进行差分可提高形变监测精度，虽然提高效果不够明显，但如果整个区域都有高分辨率 DEM，则更有助于获取高精度的地表变形监测资料。地面 LiDAR 扫描点云数据在野外扫描过程中极易受到地表陡坎、植被等地物、地貌的遮挡，造成点云数据缺失，并且若要获取整个矿区的 DEM 则工作量非

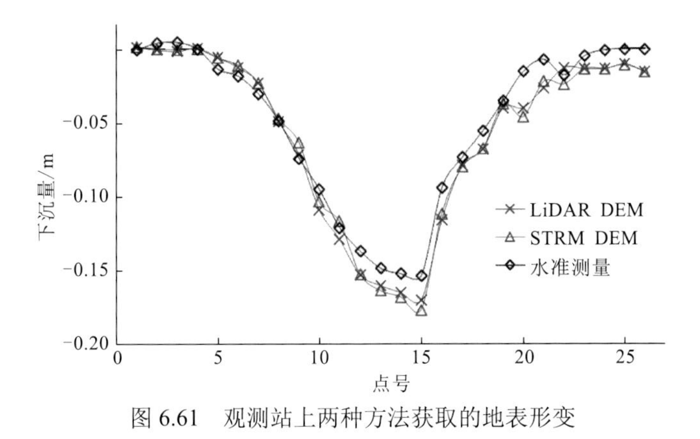

图 6.61　观测站上两种方法获取的地表形变

常大，因此，利用无人机 LiDAR 设备获取大范围高精度 DEM 可为矿区变形监测提供更为高效的手段。

6.5.5　峰峰矿区地表沉降监测精度分析

1. InSAR 技术监测矿区地表形变比例分析

为验证 InSAR 及其融合技术获取矿区地表形变的精度，利用万年煤矿和九龙煤矿井下开采资料和地表实测资料进行分析。InSAR 技术能够成功用来探测矿区平均 80%以上的地表形变。此外，对整个峰峰矿区高相干点比例进行数量分析。

1）万年煤矿

利用 ALOS-1、Radarsat-2 影像数据，采用 InSAR 技术获取万年煤矿 2007～2016 年的分阶段地表沉降，将其与井下在采工作面叠加后如图 6.62 所示。从图中可以看出：2007 年 12 月～2008 年 5 月有 3 个在采工作面，2008 年 12 月～2009 年 12 月有 6 个在采工作面，2009 年 12 月～2010 年 5 月有 3 个在采工作面，2015 年 4 月～2016 年 3 月有 5 个在采工作面。由此可知，虽然 ALOS 影像因时间基线较长，失相干严重，但是仍然能够完全探测出所有在采工作面对应的地表沉降，探测变形比例达 100%。当数据量增大，时间基线缩短时，InSAR 技术可完全探测出地表沉降面积[图 6.62（d）]。

2）九龙煤矿

九龙煤矿 2007～2016 年的分阶段地表沉降与井下在采工作面叠加后如图 6.63 所示。从图中可以看出：2007 年 12 月～2008 年 5 月有 2 个在采工作面，2008 年 12 月～2009 年 12 月有 2 个在采工作面，2009 年 12 月～2010 年 5 月有 1 个在采工作面，2015 年 4 月～2016 年 3 月有 3 个在采工作面。与万年煤矿相同，利用 InSAR 技术能够完全探测出所有在采工作面对应的地表沉降，探测变形比例达 100%。当地表相干性较高或影像时间间隔足够短时，地表变形探测比例可达到 100%[图 6.63（c）和（d）]。

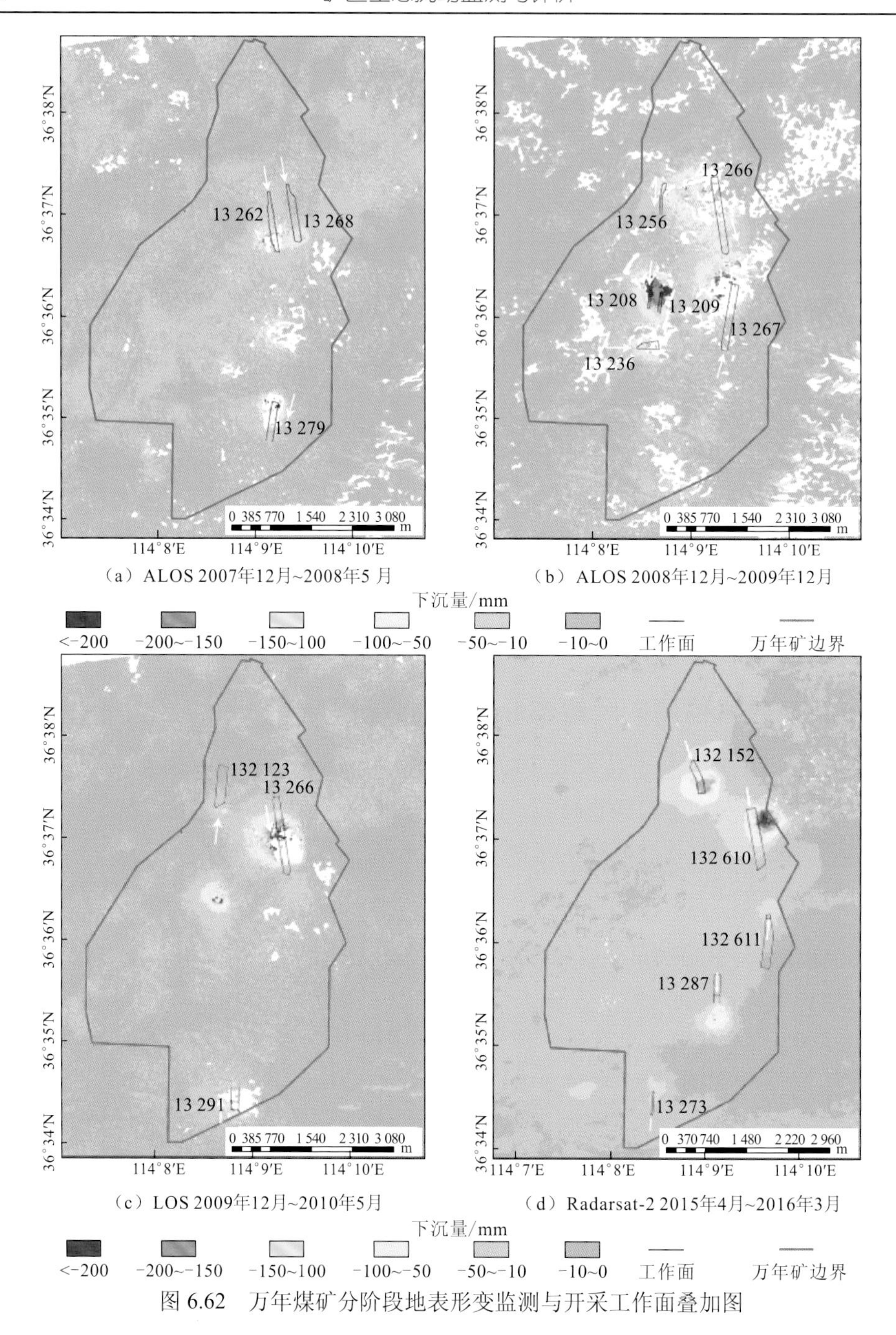

图 6.62　万年煤矿分阶段地表形变监测与开采工作面叠加图

3）全矿区统计

利用时域相干点干涉测量技术（temporarily coherent point InSAR，TCP-InSAR）联合处理模型解算峰峰矿区地表年沉降速率，如图 6.64 所示。从中可以看出，监测范围共计 36929330 个像素，监测区域相干点数量，共计 33875670 个像素，所占比例为 92%，因此，利用该方法能够探测矿区 80%以上的地表变形。

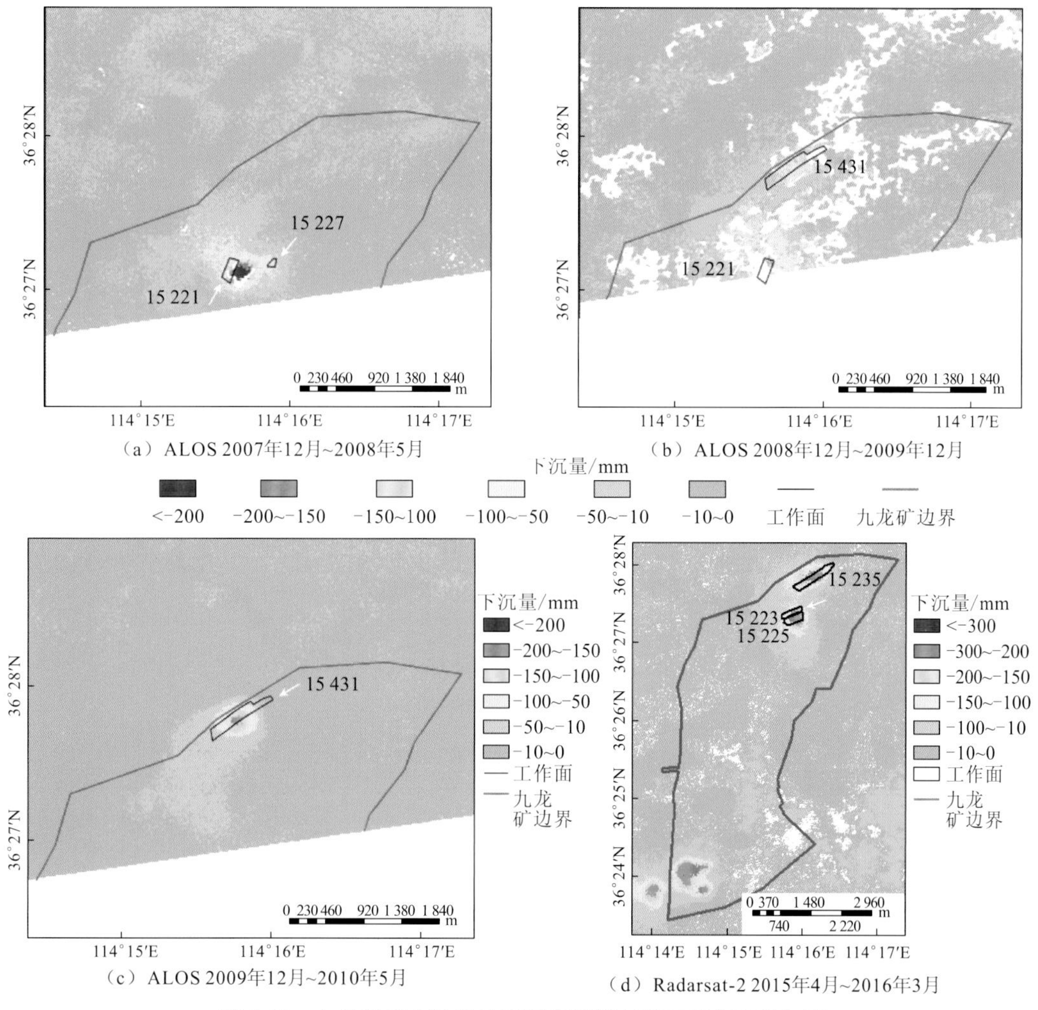

图 6.63 九龙煤矿分阶段地表形变监测与开采工作面叠加图

图 6.64 TCP-InSAR 技术峰峰矿区可探测范围

需要说明的是，图 6.62 和图 6.63 中有因失相干导致的地表下沉盆地无法全部获取的情况，可以采用项目研究所提出的D-InSAR与概率积分法相结合的解算方法、D-InSAR与三维激光扫描融合方法进行解决。

2. InSAR技术监测矿区地表沉降精度分析

为分析项目研究的InSAR及其融合技术监测地表沉降的精度，结合试点工作面布设的地表监测数据，分别针对理想状态和困难状态条件下对其进行分析。

1）在观测条件理想状态下监测精度

选取万年煤矿和九龙煤矿 2015-12-24 和 2016-01-17 两幅 SAR 影像进行差分干涉处理，并将处理结果与地表实测进行对比分析，对比结果如图 6.65 所示。

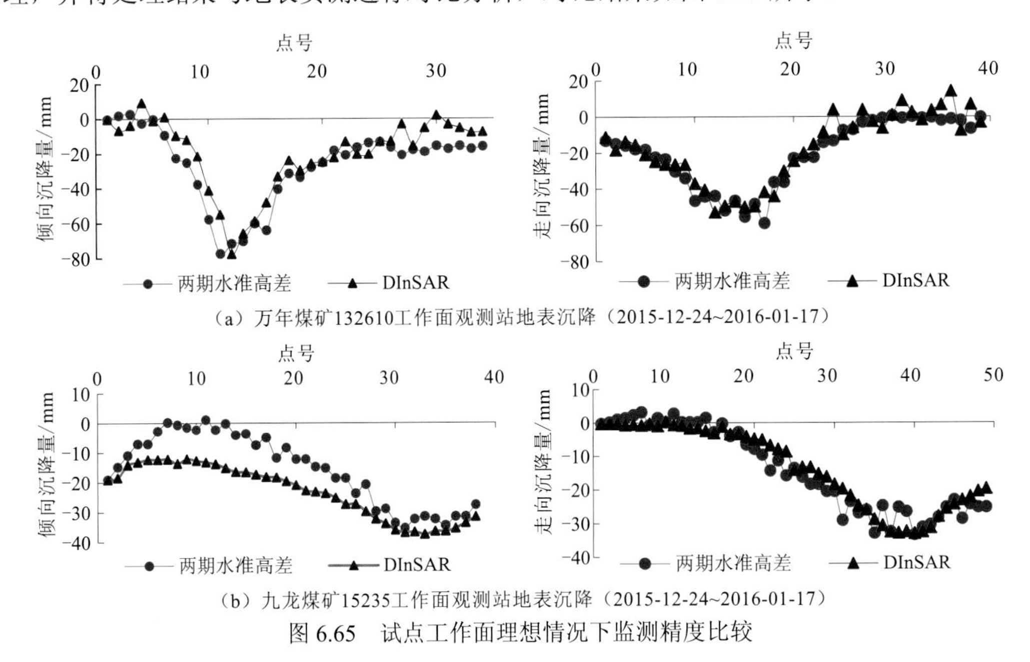

（a）万年煤矿132610工作面观测站地表沉降（2015-12-24~2016-01-17）

（b）九龙煤矿15235工作面观测站地表沉降（2015-12-24~2016-01-17）

图 6.65 试点工作面理想情况下监测精度比较

将 D-InSAR 获取的地表沉降与试点工作面上方观测站比较可知，万年煤矿 132610 倾向观测线平均绝对误差为 8.6 mm，均方根误差为 6.0 mm；走向观测线平均绝对误差为 5.3 mm，均方根误差为 4.5 mm。九龙煤矿 15235 工作面倾向观测线平均绝对误差为 7.4 mm，均方根误差为 4.2 mm；走向观测线平均绝对误差为 2.8 mm，均方根误差为 2.3 mm。因此在理想观测条件下，利用 D-InSAR 技术可以获取毫米级监测精度。

2）在观测条件困难的地区观测精度

峰峰矿区地表沉降变形相对较小，且平原较多，地形条件相对理想。但该区域多为农田，地表植被丰富，容易造成地表失相干现象，导致开采沉陷全盆地难以获取。在此情况下，可以采用 D-InSAR 与概率积分法相结合的解算方法、D-InSAR 与三维激光扫描融合方法、多源多平台 SAR 影像数据融合处理方法进行解决。

根据统计结果，万年煤矿 132610 工作面在倾向和走向观测线上，D-InSAR 累积形变与水准观测结果的最大绝对误差分别为 0.16 m 和 0.24 m，平均绝对误差分别为 0.054 m 和 0.087 m，均方根误差分别为 0.063 m 和 0.103 m。九龙煤矿 15235 工作面，在倾向和走向观测线上，D-InSAR 累积形变与水准观测结果的最大绝对误差分别为 0.17 m 和 0.09 m，平均绝对误差分别为 0.087 m 和 0.037 m，均方根误差分别为 0.028 m 和 0.027 m。除最大绝对误差和万年走向线的均方根误差外，平均误差达到了厘米级监测精度。

根据统计结果，万年煤矿 132610 工作面，地表倾向和走向三维激光扫描监测结果与水准测量结果之差的平均绝对误差分别为 0.015 m 和 0.025 m，均方根误差分别为 0.009 m 和 0.015 m。九龙煤矿 15235 工作面，地表倾向和走向三维激光扫描监测结果同水准测量结果之差的平均绝对误差分别为 0.017 m 和 0.013 m，均方根误差分别为 0.010 m 和 0.010 m。其结果也达到了厘米级监测精度。

根据融合结果可知，将累积 D-InSAR 与概率积分法相结合的解算方法可以获取失相干区域地表沉降，弥补 D-InSAR 技术的不足，与地表实测点监测结果比较可知，其最大绝对误差为 0.107 m（仅一个大于 0.1 m 的点），平均绝对误差为 0.036 m，均方根误差为 0.028 m。以上结果除一个点的误差超过 0.1 m 外，其他点的绝对误差、平均绝对误差和均方根误差都达到了厘米级监测精度。

3）时序 InSAR 技术统计

利用 TCP-InSAR 联合处理模型解算峰峰矿区地表年沉降速率，如图 6.66 所示。从中可以看出，在困难地区获取的年平均下沉速率与实测数据相比，其均方根误差为 83.51 mm/a，达到了厘米级监测精度。在理想条件下，下沉速率均方根误差为 6.34 mm/a，达到了毫米级监测精度。

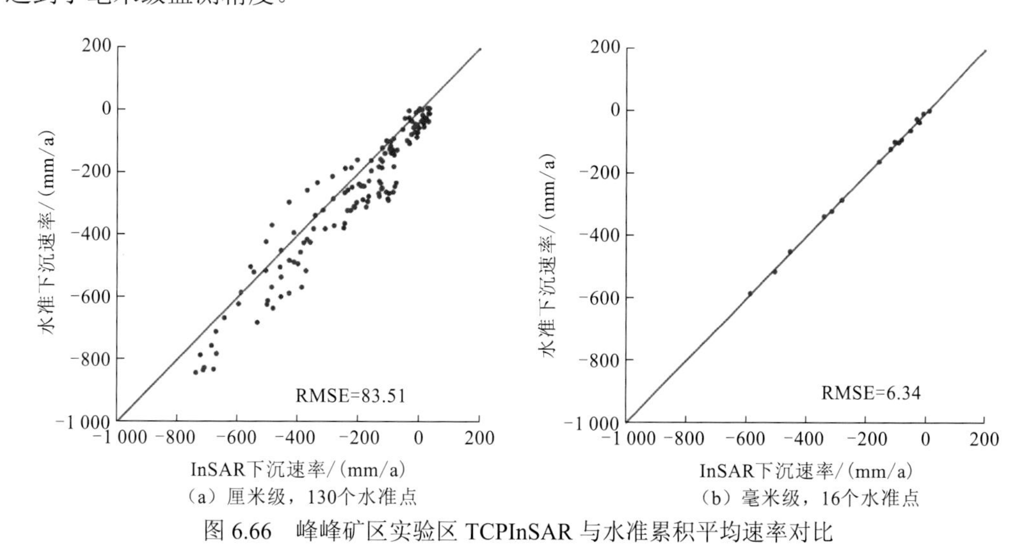

（a）厘米级，130个水准点　（b）毫米级，16个水准点

图 6.66　峰峰矿区实验区 TCPInSAR 与水准累积平均速率对比

参 考 文 献

曹代勇, 占文峰, 张军, 等, 2007. 邯郸-峰峰矿区新构造特征及其煤炭资源开发意义. 煤炭学报, 32(2): 141-145.

陈成, 2012. 若干特殊矩阵的条件数. 南京: 南京信息工程大学.

陈炳乾, 邓喀中, 范洪冬, 2014. 联合 InSAR 与三维激光扫描技术监测矿区大梯度形变. 中国测绘地理信息学会工程测量分会与矿山测量专委会年会暨全国变形与安全监测学术研讨会.

陈秋生, 2009. 峰峰矿区奥陶系灰岩水水质检测结果分析. 职业与健康, 25(18): 1974.

范千, 方绪华, 范娟, 2011. 病态问题解算的直接正则化方法比较. 贵州大学学报(自然科学版), 28(4): 29-32.

范洪冬, 顾伟, 秦勇, 等, 2014. 基于 D-InSAR 和概率积分法的矿区大变形地表沉降提取方法(英文). Transactions of Nonferrous Metals Society of China(4): 1242-1247.

郭利民, 2014. 基于 InSAR 与多源数据的三维形变场获取研究与应用. 北京: 中国地震局地质研究所.

胡俊, 朱建军, 张长书, 等, 2008. DInSAR 监测地表三维形变的方法. 工程勘察(12): 35-38.

刘茜茜, 2018. 基于多源星载 SAR 数据的矿区地面沉降监测研究. 徐州: 中国矿业大学.

刘燕学, 胡宝林, 张福顺, 等, 2003. 河北省峰峰矿区通二井田石炭系—二叠系砂岩显微组构特征分析. 现代地质, 17(1): 75-79.

王正帅, 邓喀中, 2012. 概率积分法沉陷预计的边缘修正模型. 西安科技大学学报, 32(4): 495-499.

徐安伯, 2017. 沛县年鉴. 南京: 江苏人民出版社.

杨虎, 王松桂. 1991. 条件数, 谱范数与估计精度. 应用概率统计(4): 337-343.

张瑞, 2012. 基于多级网络化的多平台永久散射体雷达干涉建模与形变计算方法. 成都: 西南交通大学.

FAN H, DENG K, JU C, et al., 2011a. Land subsidence monitoring by D-InSAR technique. International Journal of Mining Science and Technology, 21(6): 869-872.

FAN H, DENG K, ZHU C, et al., 2011b. Monitoring land subsidence by PS-DInSAR and SBAS methods in Tianjin City. International Symposium on Lidar & Radar Mapping: Technologies & Applications, 82861J.

HANSEN P C, 1992. Analysis of discrete ill-posed problems by means of the L-curve. Siam Review, 34(4): 561-580.

HANSEN P C, O'LEARY D P, 1991. The use of the L-curve in the regularization of discrete II-posed problems. College Park: University of Maryland at College Park.

KNIGHT E, KVARAN G, 2014. Landsat-8 operational land imager design, characterization and performance. Remote Sensing, 6(11): 10286-10305.

LIU X, WANG Y, YAN S, 2017. Ground deformation associated with exploitation of deep groundwater in Cangzhou City measured by multi-sensor synthetic aperture radar images. Environmental Earth Sciences, 76(1): 6.

LIU X, WANG Y, YAN S, 2018. Interferometric SAR time series analysis for ground subsidence of the abandoned mining area in North Peixian using Sentinel-1A TOPS data. Journal of the Indian Society of

Remote Sensing, 46(3): 451-461.

MARQUARDT D W, 1963. An algorithm for least square estimation of non-linear parameters. Journal of the Society for Industrial & Applied Mathematics, 11(2): 431-441.

MASSONNET D, FEIGL K L, 1998. Radar interferometry and its application to changes in the Earth's surface. Reviews of Geophysics, 36(4): 441-500.

YAGÜE-MARTÍNEZ N, PRATS-IRAOLA P, GONZÁLEZ F R, et al., 2016. Interferometric processing of sentinel-1 tops data. IEEE Transactions on Geoscience & Remote Sensing, 54(4): 2220-2234.

ZHANG Q, YEO T S, 2004. Three-dimensional SAR imaging of a ground moving target using the InISAR technique. IEEE Transactions on Geoscience & Remote Sensing, 42(9): 1818-1828.

ZHENG M, DENG K, FAN H, et al., 2018. Monitoring and analysis of mining 3D deformation by multi-platform SAR images with the probability integral method. Frontiers of Earth Science, 13(1): 169-179.

第 7 章　石油和地下水开采地表形变监测与评价

石油和地下水开采同样会导致地表发生形变，危害人民生命财产安全。相较于煤矿开采引起的地表形变，石油和地下水开采导致地表形变具有缓慢和沉降量级较小的特点。但地下水和石油开采常常位于城镇等人口较密集区域，对石油和地下水开采引起的地表形变进行监测与评价可为这些区域地表形变控制及相关灾害的预警提供重要资料和宝贵信息。本章将基于时序 InSAR 技术，对石油和地下水开采导致的地表形变进行监测与评价（邵倩倩，2016；赵峰，2016）。

7.1　时序 InSAR 技术概述

本章所使用的时序 InSAR 技术主要为 PS-InSAR 技术（稳定散射体时序 InSAR 技术）、SBAS-InSAR 技术（小基线时序 InSAR 技术）和 TCP-InSAR 技术（时域相干点干涉测量技术），在此仅对这三种技术做简要的介绍。

7.1.1　PS-InSAR 技术

本章所使用的 PS-InSAR 技术为 Hooper 等于 2004 年前后提出的 StaMPS 技术（Hooper and Zebker，2007；Hooper et al.，2007，2004）。StaMPS 技术主要步骤可归纳为干涉图生成、相位稳定性估计、PS 点选取和形变量估计 4 个步骤。

7.1.2　SBAS-InSAR 技术

Berardino 等 2002 年提出了小基线技术，该技术的基本思想是：首先将所有的单视复数（SLC）影像分成若干的数据集，保证数据集内干涉对的时间和空间基线较短以减小失相干的影响；其次根据最小二乘（LS）方法来求解数据集内的相关参数；最后利用奇异值分解（SVD）方法将基线长度较长的干涉数据集连接在一起，求解整个时间序列上的形变量。由于小基线处理方法的原理在已有的许多文献中已经多次论述和介绍，此外本章后续的联合监测方法中的一种方法与小基线方法原理类似，故在此不再详细介绍其基本思路和原理。

7.1.3　时域相干点干涉测量技术

时域相干点干涉测量技术（TCP-InSAR）由 Zhang 等（2011a）提出，该技术对传统时序 InSAR 技术进行了改进。TCP 点是指在某时间段内可以保持较为稳定的相干地物目标，因此选出的监测点高于 PS-InSAR 技术选出的 PS 点。TCP-InSAR 技术的主要思路是选取具有较短空间和时间基线干涉对抑制失相干影响，基于选取的 TCP 构建局部 Delaunay 三角网并剔除含有模糊度的 TCP 连接边，无需解缠就可解算地表沉降速率。

由于不需要整个时间段内都保持稳定的相干性，在干涉性不好的区域用 TCP-InSAR 技术也可以选出较多的监测点。此外，该技术解算形变过程中不需要解缠，避免了引入解缠误差。TCP-InSAR 技术反演地表沉降数据处理的主要步骤为 TCP 点识别和配准、TCP 布网及基于 LS 原则解算参数反演地表形变（Zhang et al.，2011a，2011b）。

7.2　石油开采地表形变时序 InSAR 技术监测与评价

7.2.1　研究区概况及数据情况

1. 研究区概况

研究区位于河北省沧州任丘市，任丘市地处华北平原，地理坐标为 115.94°～116.43° E 和 38.55°～38.94° N。任丘市有丰富的石油资源，油井遍布整个任丘市，其中任丘市内的华北油田更是我国重要的石油供给基地，任丘油田地理位置在渤海湾西部与白洋淀之间的过渡地带。

任丘市气候条件属于东部季风区，处于暖温带。四季分明，全年阳光充足，夏天炎热多雨，冬天干寒，温度差异较大。季节年均气温为 12.1 ℃，1 月最冷平均温度为 −4.8 ℃，7 月最热平均温度为 26.5 ℃，全年平均降水量为 557.4 mm，年降水量主要是集中于 7、8 月。

2. SAR 数据

实验数据分别采用 PALSAR 和同时期的 ASAR 影像，L 波段的 PALSAR 数据为 2007 年 2 月～2011 年 3 月的 18 景数据，C 波段的 ASAR 数据起止时间为 2006 年 5 月～2010 年 9 月的 38 景数据。外部 DEM 采用 SRTM-3 数据，该数据在中国境内分辨率达 90 m，且在地形起伏不大的地区高程精度优于 5 m（闫建伟 等，2011）。

7.2.2　D-InSAR 和时序 InSAR 技术微小形变监测能力对比分析

为了说明 D-InSAR 和 PS-InSAR 技术之间的应用区别，探究 D-InSAR 和 PS-InSAR 哪种技术能在微小形变探测上发挥更大的作用，现对 D-InSAR 和 PS-InSAR 技术反演形变的结果进行对比分析，以 PALSAR 数据为例。

影像对的相干性大小不仅影响干涉图质量的好坏，也决定能否监测出沉降区可靠的沉降量。影响相干性的因素多种多样，包括季节变换导致地表覆盖植被的变化、沉降梯度大小、波长的大小及土壤湿度和大气水汽等。为了避免植被覆盖对相干性的影响，同时由于 L 波段的 PALSAR 数据雷达信号穿透能力强，回波信号反射时受植被影响与 C 波段相比较弱，研究区 D-InSAR 差分干涉实验数据选择 2008 年 1～5 月植被不茂盛季节的两幅 PALSAR 数据，数据的时间和空间基线信息如表 7.1 所示。

表 7.1　L 波段 PALSAR 数据时间和空间基线信息

像对	主影像	辅影像	时间基线/日	垂直基线/m
1	20090108	20090525	137	1 708

对 PALSAR 数据进行 D-InSAR 二轨差分干涉处理，在 PALSAR 数据 D-InSAR 技术差分干涉处理中主要步骤包括：两景影像经过配准、重采样、去平地效应、滤波解缠、生成差分干涉图及地类编码，最后提取出需要的地表形变信息。其中，使用 90 m 分辨率的 SRTM DEM 数据是为了去除地形相位的影响，且地形起伏很小的地区基本不会由 DEM 引入相位误差（刘振国，2014）。本实验使用 GAMMA 软件对 PALSAR 数据进行处理，对干涉图进行自适应滤波去噪处理；采用最小费用流法并把相干系数作为权值进行解缠，其中对相干系数小于 0.3 的区域做掩膜处理，不参与解缠。

使用 7.1.1 小节介绍的 PS-InSAR 技术对 18 景 PALSAR 数据进行处理，D-InSAR 和 PS-InSAR 技术的 PALSAR 数据处理结果如图 7.1 所示。

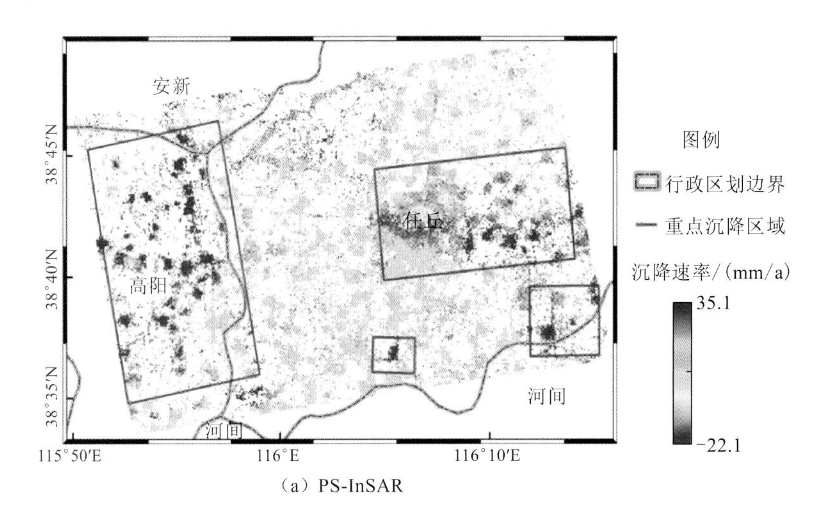

（a）PS-InSAR

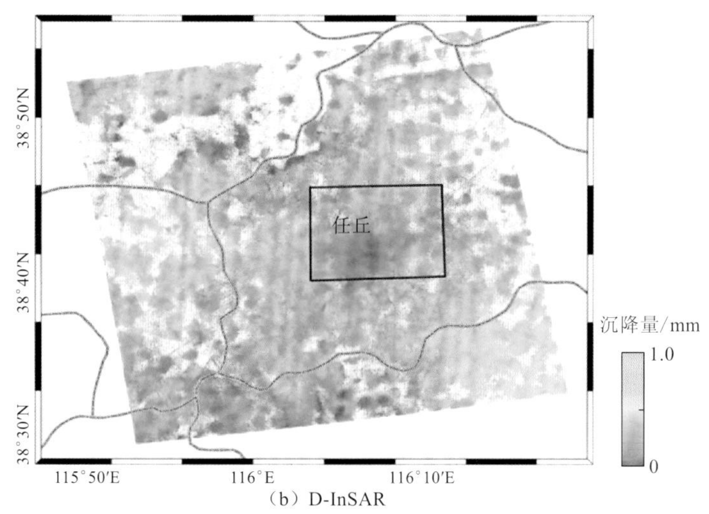

（b）D-InSAR

图 7.1　PALSAR 数据 PS-InSAR 和 D-InSAR 技术处理结果图

D-InSAR 技术差分结果看不到明显沉降现象，PS-InSAR 技术则可以监测到较为缓慢的沉降，最大年沉降速率为-22.1 mm/a。从干涉结果图来看，由于 PALSAR 数据基线过长，该 D-InSAR 技术差分干涉结果噪声较多。整体上看，任丘油田沉降缓慢，若两幅差分影像获取的时间没有包括形变发生期，可能使 D-InSAR 监测时间内得不到明显的沉降结果。D-InSAR 监测长时间形变受失相干影响较为严重，但是 PS-InSAR 技术可以监测到长时间序列的沉降结果，与 D-InSAR 技术相比，PS-InSAR 技术探测微小地表形变能力较强，在小形变探测上可以发挥更大的作用。

7.2.3　任丘地区石油开采地表形变时序 InSAR 技术监测与评价

1. PS-InSAR 地表形变监测结果

根据解缠后相位的时空特性，通过时间高通滤波分离出大气延迟相位，进而可反演雷达视线方向的形变平均速率。

图 7.2 和图 7.3 显示了前面处理得到的任丘区域内永久散射体（PS）目标的沉降速率，图例负号表示沿着雷达视线方向远离雷达，即表示沿着雷达视线方向上下沉，正号表示沿着雷达视线方向上抬升，下沉与抬升均是相对于选定的参考点而言的。图 7.2 和图 7.3 反映了任丘地区 ASAR 和 PALSAR 数据的 PS-InSAR 沉降结果，图中矩形框内为任丘油田区域重点沉降区，两种数据监测结果整体上具有一致性。从沉降空间分布来看，ASAR 和 PALSAR 的 PS-InSAR 沉降速率在地理位置上有着相同的空间分布，两种数据监测到的沉降速率最大值都位于任丘区域（矩形框区域）；从沉降量级大小上看，ASAR 和 PALSAR 可以监测到的最大年平均沉降速率均为-22.1 mm/a，二者年平均沉降速率在数值上有着良好的一致性，两种数据监测结果的一致性验证了 PS-InSAR 监测结果的可靠性。整体来看，整个研究区域 PS 点的密度在任丘、保定和河间地区较为理想，分别以这三个区域为中心：越往外扩散，离这三个中心越远的区域 PS 点越稀疏，但是整个

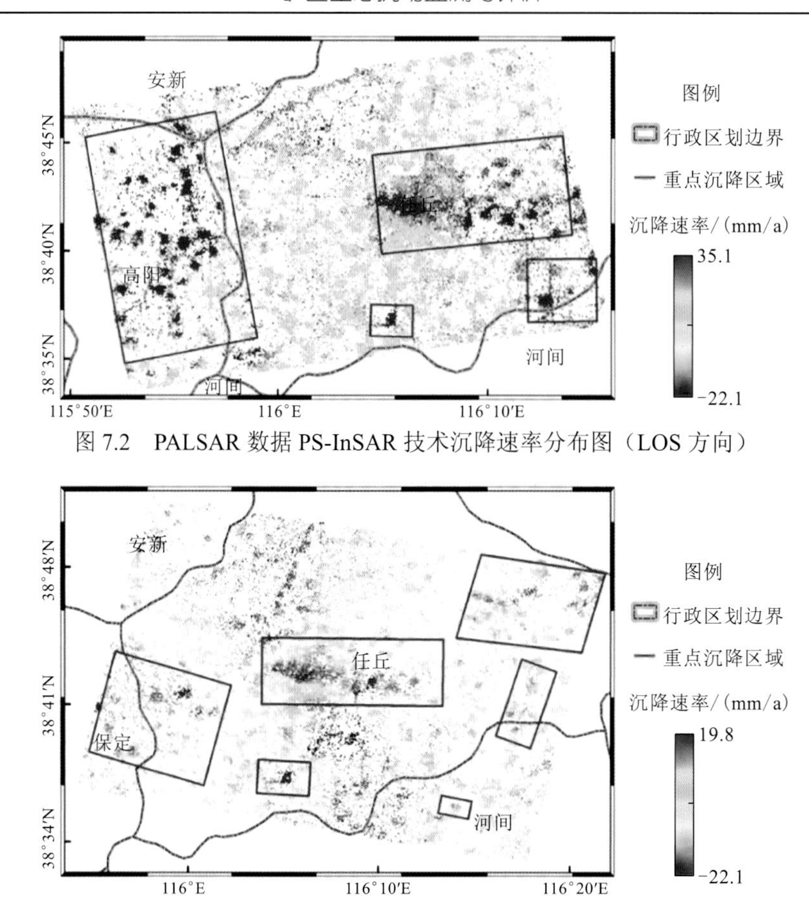

图 7.2　PALSAR 数据 PS-InSAR 技术沉降速率分布图（LOS 方向）

图 7.3　ASAR 数据 PS-InSAR 技术沉降速率分布图（LOS 方向）

实验区沉降特征较为明显。但是从该沉降结果看不到明显的由油田开采引起的沉降特征，某种程度上是因为该数据分辨率不够高，难以提取出该沉降区域由油田开采导致的沉降量，并不能确定沉降的诱因。

2. SBAS-InSAR 地表形变监测结果

图 7.4 和图 7.5 反映了 PALSAR 和 ASAR 数据的 SBAS-InSAR 反演任丘地区 PS 点的形变速率。PALSAR 和 ASAR 数据的 SBAS-InSAR 技术监测结果在沉降量级上与空间分布上也具有很好的一致性。从沉降区域的空间分布来看，PALSAR 数据监测的重点沉降区域主要集中在任丘中部和东部、高阳及河间三个区域，图 7.4 中 4 个矩形框即为重点沉降区域；ASAR 数据监测的重点沉降区域主要集中在保定、河间及任丘中部和东部等区域，重点沉降区域如图 7.5 中 6 个矩形框所示。从沉降的数值来看，PALSAR 和 ASAR 两种数据的 SBAS-InSAR 技术监测最大沉降速率分别为−31.8 mm/a 和−35.4 mm/a，二者相差了 3.6 mm/a，监测结果在数值上也具有较为良好的一致性。两种数据的 PS 点密度都是以矩形框内的重点沉降区域为中心往外扩散，越往外越稀疏，这是由于研究区内大部分区域被农田及植被覆盖，稳定的后向信号反射点较少导致 PS 点稀疏。

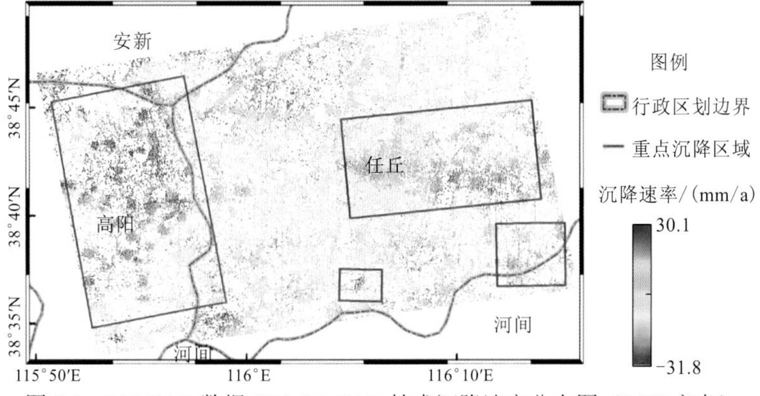

图 7.4　PALSAR 数据 SBAS-InSAR 技术沉降速率分布图（LOS 方向）

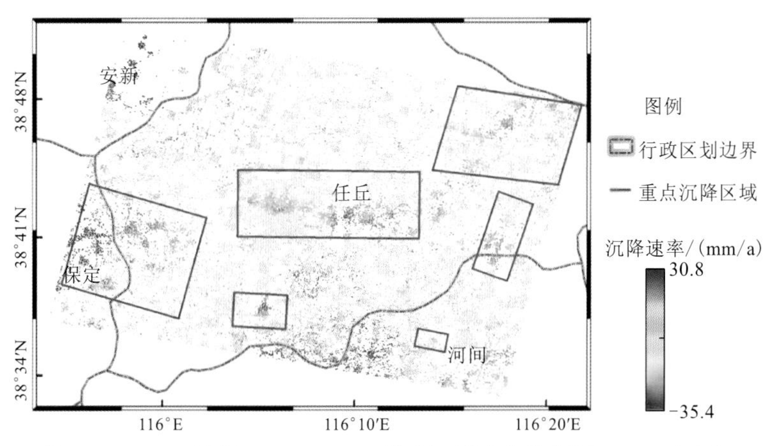

图 7.5　ASAR 数据 SBAS-InSAR 技术沉降速率分布图（LOS 方向）

3. PS-InSAR 和 SBAS-InSAR 处理结果对比分析

1）PS-InSAR 和 SBAS-InSAR 方法选点结果对比分析

PS-InSAR 方法选点的策略是基于散射体振幅离差和相位稳定性，先是根据散射体的振幅离差来选取 PS 候选点（即 PSC 点），然后根据相位相干性来确定最终的 PS 点，PSC 点的相位相干性值高于阈值的点确定为永久散射体（即 PS 点）；SBAS-InSAR 方法的选点策略是根据相干系数阈值法，通过相干系数的数值选择时间序列上具有稳定的高相干性地物目标点，表 7.2 是 PALSAR 数据、ASAR 数据经 PS-InSAR 和 SBAS-InSAR 技术相同区域选出的相干点。

表 7.2　PS-InSAR 和 SBAS-InSAR 技术探测的 PS 点

序列	选点方法	PALSAR 数据	ASAR 数据
1	PS-InSAR 技术	41 351	26 373
2	SBAS-InSAR 技术	121 043	72 331

根据表 7.2 中 PS-InSAR 和 SBAS-InSAR 技术 PS 点探测的结果，SBAS-InSAR 技术的相干系数阈值法选择出的 PS 点远远多于 PS-InSAR 的振幅离差法选择的点。PALSAR 数据中 SBAS-InSAR 技术选出的点是 PS-InSAR 技术的 4 倍左右，ASAR 数据中 SBAS-InSAR 技术选出的点是 PS-InSAR 技术的 3 倍左右。SBAS-InSAR 技术由于空间基线小，可以保持较好的相干性，选出的 PS 点远远多于 PS-InSAR 技术；同时 PALSAR 数据在研究区的干涉性与 ASAR 数据相比较好，选出的 PS 点也较为密集。

2）沉降结果对比分析

总体来看，采用永久散射体 PS-InSAR 技术对任丘区域的 PALSAR 和 ASAR 数据进行形变监测，得到的结果在沉降的空间分布和沉降速率数值上具有良好的一致性；PALSAR 和 ASAR 两种 SAR 数据的小基线集 SBAS-InSAR 形变监测结果在沉降的空间分布和沉降速率的大小上也具有较好的一致性。SBAS-InSAR 技术的 ASAR 和 PALSAR 数据结果的垂直基线均比 ASAR 小。

PS-InSAR 技术与 SBAS-InSAR 技术得到的沉降结果在空间分布上较为一致，但是 PS-InSAR 技术得到的沉降速率结果与 SBAS-InSAR 技术相比有着较为明显的差异。PS-InSAR 技术监测的 PALSAR 和 ASAR 数据的平均沉降速率最大值均为−22.1 mm/a，且任丘重点沉降区域的沉降速率也集中在该数值附近；SBAS-InSAR 技术监测的 PALSAR 数据得到的最大沉降速率为−31.8 mm/a，同样使用 SBAS-InSAR 技术对研究区域的 ASAR 数据监测的最大沉降速率为−35.4 mm/a。PALSAR 数据的 PS-InSAR 和 SBAS-InSAR 技术沉降速率结果相差 9.7 mm/a，ASAR 数据的 PS-InSAR 和 SBAS-InSAR 技术沉降速率结果相差 13.3 mm/a，一方面因为 PALSAR 数据基线过长造成失相干，另一方面因为研究区植被茂密相干性较差，选择的 PS 点密度较为稀疏，由于失相干导致沉降结果中有误差相位的影响，难以反演出真实相位值。

4. 滤波后的 PS-InSAR 监测结果分析

PS-InSAR 技术通常采用低通与自适应滤波结合方法进行滤波处理，其可以去除部分误差噪声，但是从时序分析结果中看到干涉图依然受噪声影响。针对非局部均值滤波（non-local means filter）方法（Deledalle et al.，2011），滤波后的 ASAR 数据利用 PS-InSAR 技术反演结果如图 7.6 所示，并将滤波处理后的 PS-InSAR 结果与未经滤波处理（图 7.7）的结果对比分析。

根据滤波前后的 ASAR 数据 PS-InSAR 技术沉降速率分布图的反演结果可以得出，滤波前重点沉降区域的最大年均沉降速率为−22.1 mm/a，滤波后的重点沉降区域的最大年均沉降速率为−18.1 mm/a，主要年均沉降速率基本集中在−18.1～−9.8 mm/a。滤波前后的沉降结果在空间分布上具有较为良好的一致性。基于滤波后的 ASAR 数据的 PS-InSAR 技术反演的沉降误差噪声明显减少，滤波后的沉降数值在沉降空间分布上更具有梯度性，重点沉降区域形成了比较明显的沉降中心，即离重点沉降区域越近的点沉降速率数值越大，如图 7.6 中的黑色矩形框内。

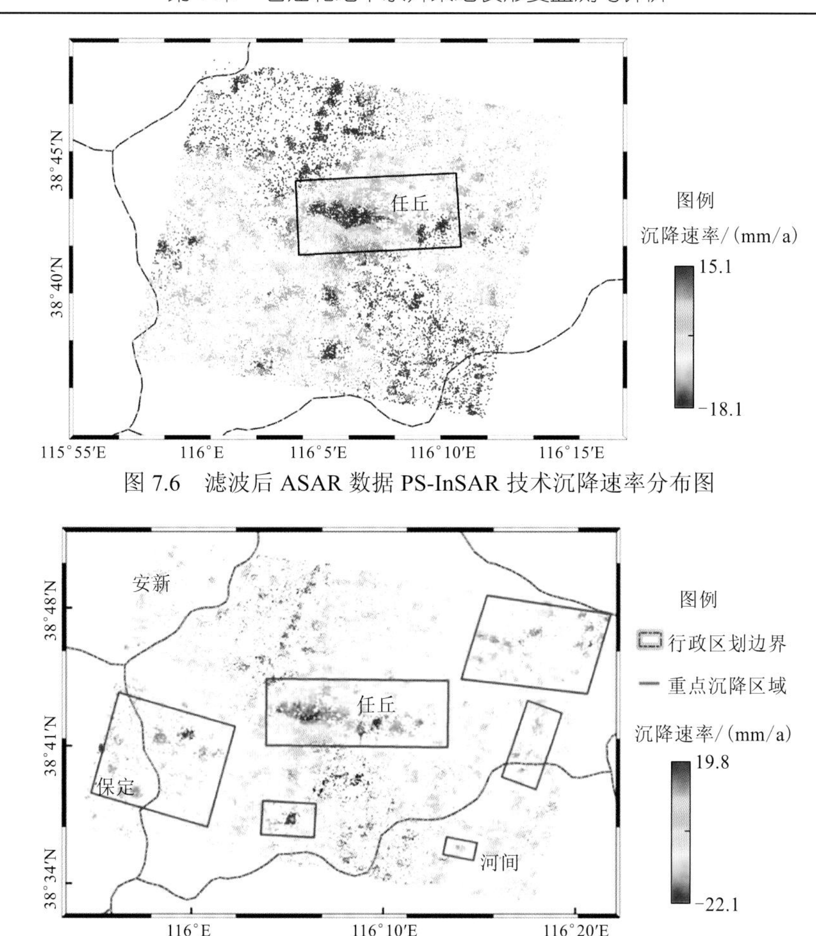

图 7.6　滤波后 ASAR 数据 PS-InSAR 技术沉降速率分布图

图 7.7　滤波前 ASAR 数据 PS-InSAR 技术沉降速率分布图

5. TCP-InSAR 与 PS-InSAR 技术处理结果对比分析

因缺少水准数据做验证对比，为了验证 TCP-InSAR 技术反演结果的可靠性，现将其结果与滤波处理后的 PS-InSAR 反演结果作对比分析，根据 TCP-InSAR 和 PS-InSAR 这两种技术反演结果的一致性，来互相验证这两种技术反演地表形变结果的可靠性。为了对沉降现象的成因进行解释，在任丘地区实地调研获得部分油井的地理位置，将油井的实地位置叠加在 TCP-InSAR 和 PS-InSAR 反演的沉降速率分布图上，分析油田开采对沉降的影响，见图 7.8 和图 7.9。

（1）根据图 7.8 和图 7.9 中 ASAR 数据的 TCP-InSAR 和 PS-InSAR 技术的处理结果可以得出，这两种技术监测的重点沉降区的沉降结果在空间分布和数值大小上具有较好的一致性：两种技术监测的结果均以任丘重点沉降区为沉降中心（图中矩形框内），TCP-InSAR 和 PS-InSAR 技术在重点沉降区内的最大年均沉降速率分别是−18.4 mm/a 和−18.1 mm/a，说明 ASAR 监测研究区地表形变的可靠性。PS-InSAR 和 TCP-InSAR 技术部分监测结果分布见表 7.3。

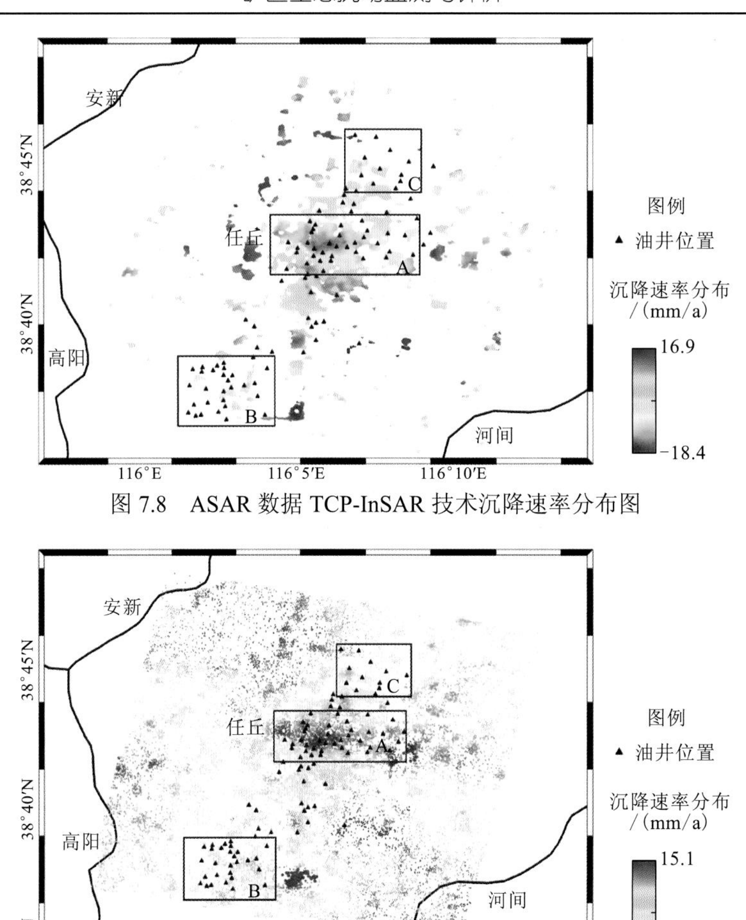

图 7.8　ASAR 数据 TCP-InSAR 技术沉降速率分布图

图 7.9　滤波后 ASAR 数据 PS-InSAR 技术沉降速率分布图

表 7.3　PS-InSAR 和 TCP-InSAR 技术监测结果分布

方法	沉降区间/（mm/a）				
	[−18，−16]	[−16，−13]	[−13，−10]	[−10，−8]	[−8，0]
PS-InSAR 技术	133	515	1 088	1 115	10 649
TCP-InSAR 技术	339	1 735	5 255	5 016	36 858

重点沉降区的 TCP 点密度远远高于 PS 点密度。ASAR 数据 PS-InSAR 技术在研究区范围内相干性较差，选出的 PS 点也较为稀疏；TCP-InSAR 技术的选点方式可以解决选出的点过于稀疏的问题，同时 TCP-InSAR 技术的数据处理方式可以避免解缠及削弱相干性差引入的误差问题。

（2）从 SAR 数据的 TCP-InSAR 和 PS-InSAR 技术沉降速率分布图可知，油井 A 区域附近的地表沉降速率较大，重点沉降区都位于油井 A 区域所在位置附近，可以判断出油田开采可能与地表沉降有一定的关系。同时，油井 A 区域附近的干涉性要远远好远研究区的其他区域，油井附近 TCP 点密度和 PS 点密度也高于其他区域，在某种程度上可归为油井附近没有或较少有农作物等植被覆盖。

同样是油井较多的 B 区域和 C 区域，沉降则较为微弱。一方面是由于油井开采的方式是边注水边开采，根据相关学者的研究经验可知，若开采深度达 3 000～4 000 m，油田开采不会对地表下沉造成很大的影响；另一方面，在整个任丘区域有很多废弃停止开采多年的油井，因此 B 和 C 两个区域沉降微弱的现象可能是以上两个原因造成的。

6. 时序 InSAR 技术监测油田沉降适用性分析

现对 PS-InSAR、SABS-InSAR 和 TCP-InSAR 三种时序 InSAR 技术监测油田沉降的适用性进行分析：①PS-InSAR 和 SABS-InSAR 技术在油田区域的 PS 点密度均过于稀疏，难以准确反演出油田区域沉降；②TCP-InSAR 技术选取某时间段内保持较为稳定的相干性地物目标为 TCP 点，可以解决反演的沉降点过于稀疏的问题，同时可避免解缠引入的误差；③在 PS-InSAR、SABS-InSAR 和 TCP-InSAR 三种时序 InSAR 技术中，TCP-InSAR 技术可以较为有效地反演出油田区域地表形变。

7.3　地下水开采地表形变多平台 SAR 数据联合监测与评价

7.3.1　多平台 SAR 数据联合监测地表形变方法

1. 联合监测方法 1

1）基本假设

对于区域地表形变主要为竖直方向形变（如地下水、石油等地下资源开采而引起的地表形变），且地质条件较稳定的监测区域，可忽略地表在水平面上的形变，假设该区域地表只发生竖直方向的形变。基于此假设可以简化形变模型，式（6.1）可简化为

$$D = D_{\mathrm{V}} \cdot \cos\theta \longrightarrow D_{\mathrm{V}} = D / \cos\theta \qquad (7.1)$$

2）联合监测方法

联合监测方法是一种基于时序 InSAR 技术监测结果的多平台数据联合监测方法，主要包括：基准统一、同名目标点对选取、同名目标点对融合及非同名目标填补 4 个步骤，详细的处理思路和步骤如图 7.10 所示。

基准的统一和同名目标点对的选取方法在 6.1 节中已经详细介绍过，在此不再赘述。需要说明的是，不同于 6.1 节中论述的基准统一的方法，此处基准统一步骤中还包括基于假设，将各平台监测到的 LOS 方向的形变结果转换到竖直方向[利用式（7.1）]。以下着重介绍同名目标点对融合及非同名目标填补的方法。

（1）同名目标点对融合：以同名目标点对为基础进行融合，包括空间维度的融合和时间维度的融合两部分。

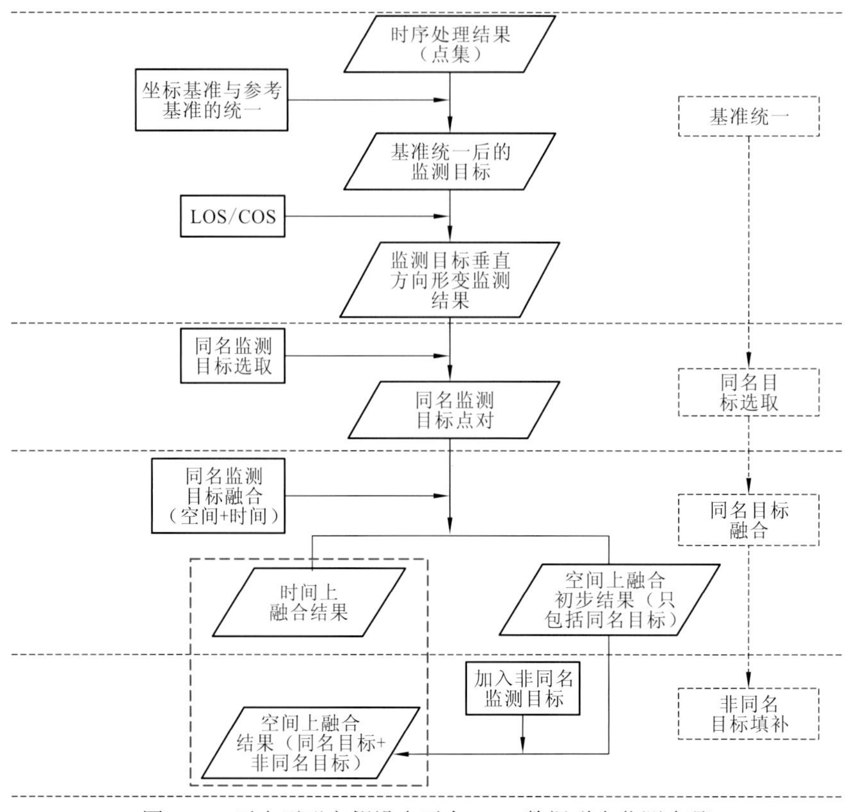

图 7.10　无水平形变假设多平台 SAR 数据联合监测步骤

空间维度的融合。就是对利用不同平台 SAR 数据监测得到的地表平均形变速率进行处理，得到最终的由多平台数据联合监测的地表形变结果。融合过程中可能存在部分测量点误差较大甚至出现粗差的情况，所以不能通过简单平均来进行数据融合。实际处理过程中，首先计算所有同名目标点对利用两种平台反演得到的平均形变速率的较差，得到一个差值数列。然后，以该差值数列的平均值加减 2 倍其中误差作为上、下阈值来进行所有同名目标点对的质量检查和粗差剔除。对于某一对待判断的同名点，若二者形变速率差值在上、下阈值确定的范围内，则进行加权平均得到该同名点对的融合结果。

时间维度的融合：在进行时间序列上的融合时，以两种 SAR 数据中成像时间较早数据（数据集 1）的时序监测结果为基础，将另一种 SAR 数据（数据集 2）的时序监测结果进行内插得到融合后的时间序列监测结果。

（2）非同名目标点填补。两种平台 SAR 数据时序处理的结果中除具有对应的同名目标点的 MP（测量点）外，还存在部分没有对应的同名目标点的 MP，本章将这种 MP 称为非同名目标点。同名目标点对融合后，将非同名目标点集与同名目标点对融合后的点集（primary combined measuring points，PCMPs）合并到一起得到联合监测点集（final combined measuring points，FCMPs）。在非同名目标点填补的过程中，对每一个非同名目标点进行质量判断。以该点为中心，根据研究区域的实际形变情况确定一个合理的搜索半径（本章为 200 m），搜索该半径范围内的 PCMPs。以所有 PCMPs 的形变速率均值加减其 2 倍中误差作为上、下阈值来判断该非同名目标点的质量以决定该非同名目标点被填补或被删除，若该非同名目标点的形变速率在上、下阈值确定范围内，则将该同名目标点加入 FCMPs；反之，则认为该非同名目标点为噪声点，予以舍弃。

3）形变监测与结果分析

（1）形变监测结果。本章所利用的研究数据为沧州地区 2007～2010 年的 ASAR 和 PALSAR 两种平台 SAR 数据，研究区和数据的具体情况将在后续章节（7.3.2 小节）中详细介绍，在此不再赘述。需要注意的是，任何时序 InSAR 技术都可以用来准备该融合方法所需要的 MPs，本章所用到的时序技术为 StaMPS 技术。在此简要概述针对研究区的两种 SAR 数据处理过程中的关键步骤。

首先，根据 SAR 影像可能构成差分干涉图（同一平台 SAR 数据形成的干涉图）的时、空基线分布情况及每幅影像多普勒中心的情况来确定该平台数据做 PS 处理时的主影像。对于研究区的 ASAR 和 PALSAR 数据，选择成像日期分别为 2008-12-19 和 2008-12-07 的两景影像为主影像。其他影像与主影像进行干涉处理共得到 37 幅干涉图，详细的信息如图 7.11 所示。用基于雷达成像模型和 SRTM 提供的 3″（90 m）分辨率的 DEM 来去除平地和地形相位。随后，StaMPS 利用 PS 点的幅度信息和相位信息来估计该 PS 点的相位稳定性并完成最终的 PS 点选取。其次，利用三维解缠的方法对每个 PS 点的缠绕相位进行解缠。最后，对解缠后 PS 点的相位进行时间上高通和空间上低通的滤波处理以去除大气相位和其他噪声相位，并以此为基础根据形变模型估计地表形变速率和 DEM 误差值。

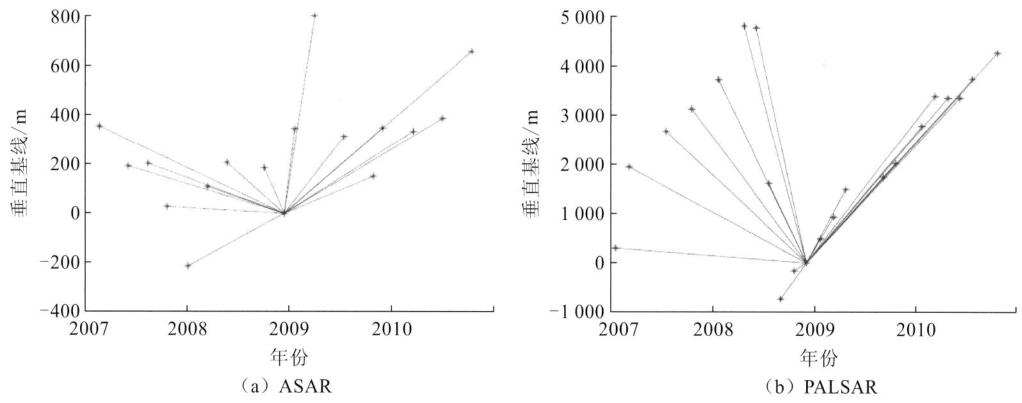

（a）ASAR　　（b）PALSAR

图 7.11　ASAR 和 PALSAR 数据集构成差分干涉对的垂直基线和影像获取时间

十字表示 SAR 影像，连线代表差分干涉对

ASAR 数据和 PALSAR 数据 PS 的处理结果见图 7.12，其中，（a）和（b）分别是 ASAR 和 PALSAR 数据经过 PS 处理得到的地表形变速率结果（沿 LOS 方向）。由 ASAR 数据和 PALSAR 数据分别得到了 189679 个和 144939 个 PS 点（MPs），这些 PS 点是进行多平台 SAR 数据联合监测地表形变的基础。

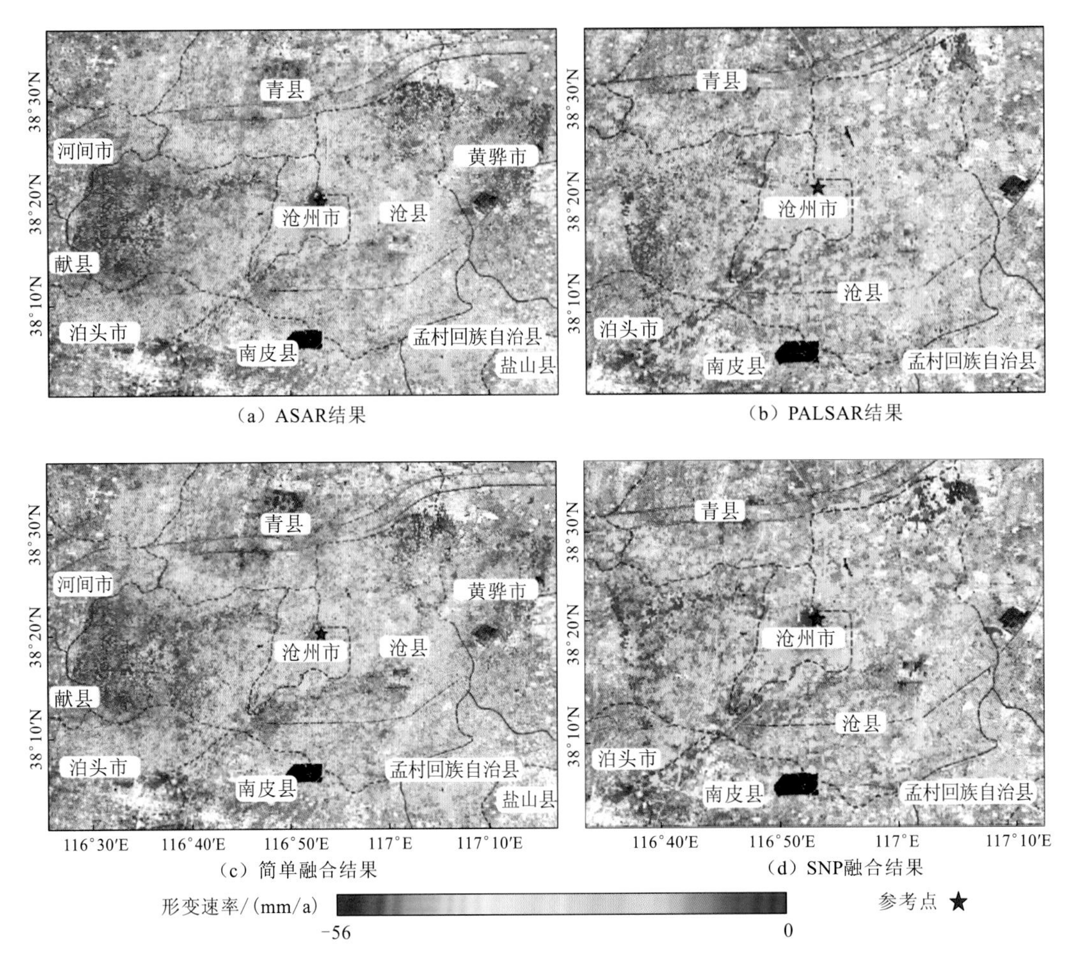

图 7.12　ASAR（a）和 PALSAR（b）数据 StaMPS 处理形变（c）和（d）监测结果

形变速率沿各个平台数据 LOS 方向，图中红色的星形表示参考点的位置；（c）是简单融合结果 ECR；（d）是 SNP 融合后得到的形变监测结果，形变速率均为竖直方向。图中红色表示沉降，也就是远离雷达传感器的方向

对时序技术处理得到的 MPs 进行基准的统一，然后将两种数据反演的竖直形变速率合并到一起得到简单的融合结果（easily combined result，ECR），如图 7.12（c）所示。同名点对搜索完成后，利用本节的数据融合方法对 49448 对 SNPs 进行融合处理，得到同名点对的融合结果 PCMPs，如图 7.12（d）所示。随后，对非同名点进行判断和筛选后，最终将符合条件的 187504 个非同名点填充到 PCMPs 中得到 236952 个最终地表形变联合监测结果 FCMPs。两种数据联合监测得到的研究区域最终地表形变结果如图 7.13 所示。监测结果显示：研究区地表竖直方向沉降范围为 0～-55 mm/a，且存在两个主要的沉降中心。一个沉降中心位于沧州市北面的青县，另一个位于沧州市南面的沧县。而沧州市区在监测期间地表形变现象不显著，这与沧州市近年来对地下水抽取采取的管控措施及本研究参考区域的选择有关。

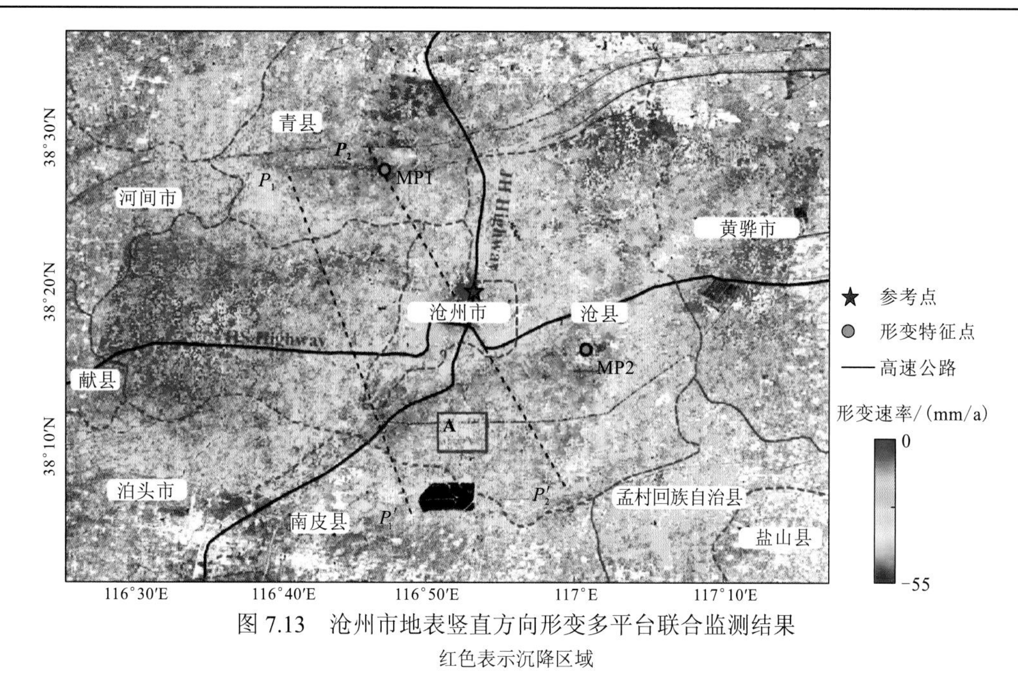

图 7.13　沧州市地表竖直方向形变多平台联合监测结果

红色表示沉降区域

从地表竖直方向形变的监测结果可以看出，沧州市近年来沉降趋势有所放缓，而沉降区域有明显向南、北方向转移和延伸的趋势。沧州市内地下水抽取的控制及城镇化的完成，加之市区周边地区成为城镇化最快速的地区和可能水源地最近地区，使得沧州地区的地表形变呈现出这种趋势。

从图 7.12 可以看出 FCMPs 的数目要少于 ECR 中 MPs 的数目，这是因为有一部分 IMPs 由于噪声较大被剔除而没有出现在最终的融合结果中。虽然最终监测点的密度因此而有所降低，但是相较于 ECR，最终得到的监测结果中噪声点更少，可靠性更好。本节提出融合方法与 ECR 方法得到的监测结果的比较情况如图 7.14 所示，从图中不难看出 ECR 中存在许多噪声点，而通过融合方法处理后噪声水平有了明显的降低。这说明本节提出的融合方法，能够有效提高 SAR 数据地表形变监测结果的质量。

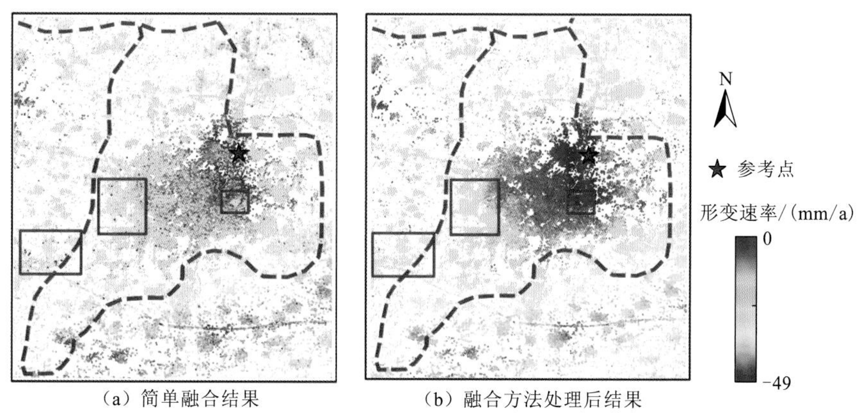

图 7.14　简单融合（a）与融合方法处理后得到的沧州市地表竖直形变监测结果比较

星形表示参考区域，矩形区域为噪声水平改善较为明显的区域绘制地表沉降中心测量点 MP1 和 MP2 融合后的时序形变测量结果，如图 7.15 所示，MP1 和 MP2 具体的地理位置可参考图 7.13。由图 7.15 可知，MP1 和 MP2 处的最大累积沉降值分别达-201 mm 和-168 mm，且两点的非线性形变趋势非常明显。与单一平台得到的时序测量结果比较，多平台 SAR 数据联合监测结果具有更大的时间采样率，使得 InSAR 技术能够更好地监测地表非线性形变，有助于更好地了解地表形变时间演变的规律和特点。

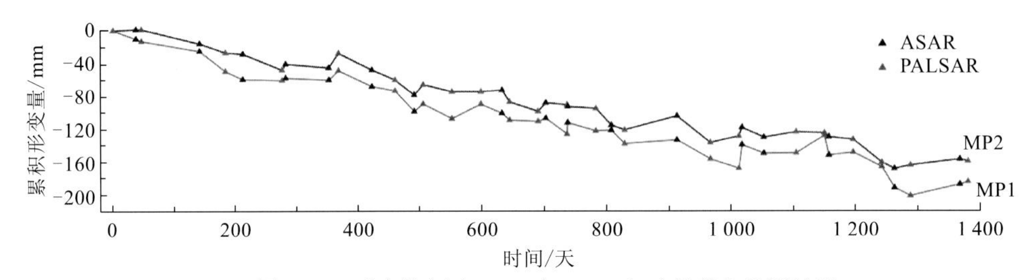

图 7.15 形变特征点 MP1 和 MP2 点时序联合监测结果

初始相对时刻为 2007-01-17，黑色与灰色三角形分别表示 ASAR 与 PALSAR 数据测量结果

（2）可靠性分析。所有同名点对中两同名点竖直向形变速率差值（difference between deformation velocity，DDV）分布情况及其统计结果如图 7.16 所示。所有 49 448 对同名点对形变速率差值的平均值和标准差分别为 7.2 mm/a 和 0.03 mm/a，且绝大多数差值较小。此外，形变速率差值的绝对值在空间呈现出随机的状态[图 7.16（a）]，而且差值大小符合高斯分布[图 7.16（b）]。这说明，研究区域的地表形变主要为竖直方向的形变。因为如果水平面上存在较大的变形，形变速率差值在空间上将会出现较为有规律的分布（形变一般为连续形变），且较大差值出现的频率会很高。因此，假设研究区域无水平面上的地表形变的假设是合理科学的，基于该假设得到的联合监测结果也是可靠的。

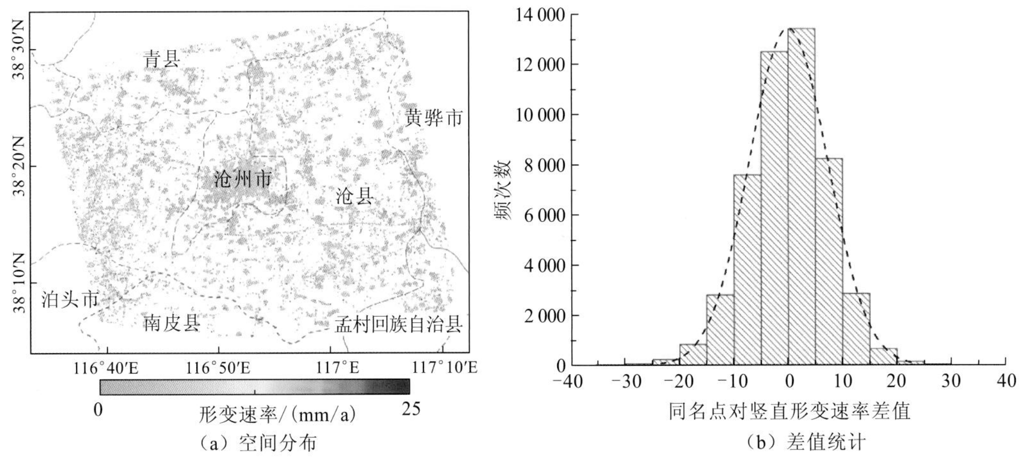

图 7.16 同名点间竖直形变速率差值绝对值的空间分布及差值统计结果

（3）典型地区及地物沉降情况分析。由图 7.13 可知，有两条主要的高速公路穿过研究区域，一条为由北向南的京沪高速（JH Highway），另一条为从西到东的黄石高速（HS Highway）。沿这两条高速公路的地表形变情况三种方案的反演结果如图 7.17 所示，所有

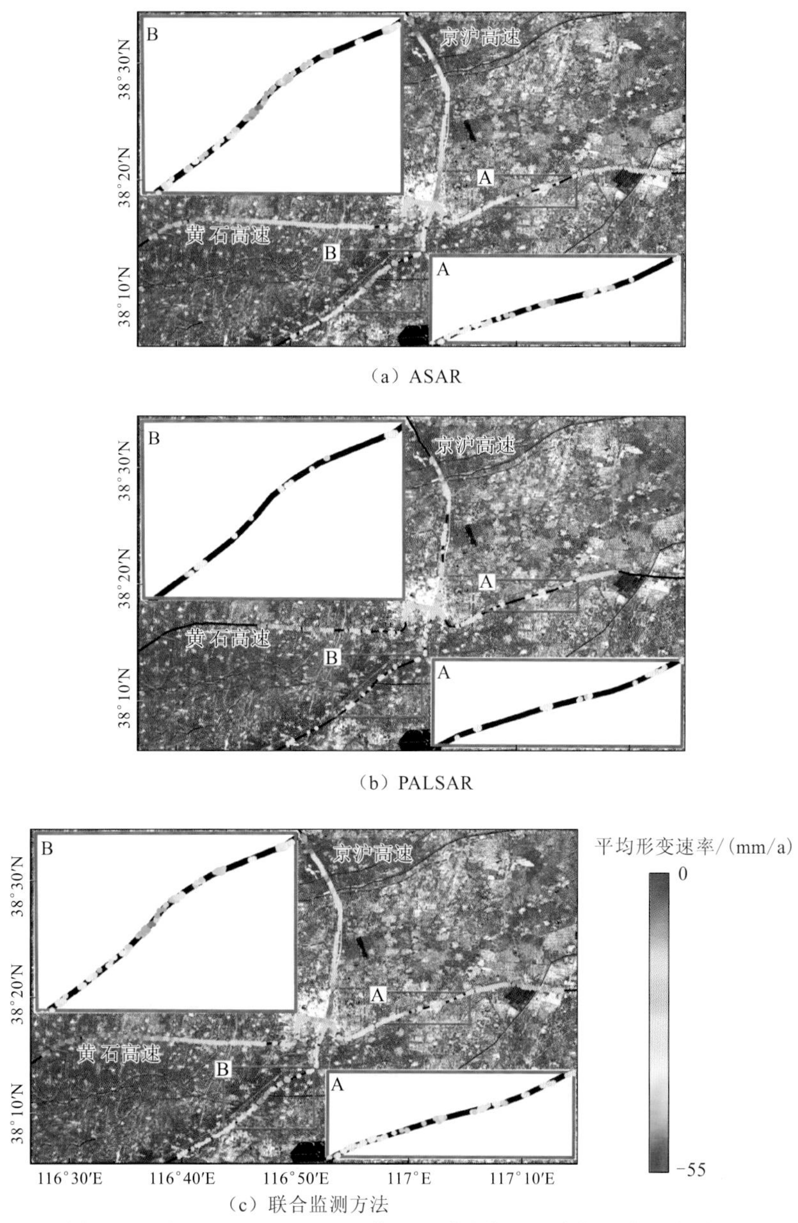

图 7.17　由 ASAR、PALSAR 数据和联合监测方法得到的沿京沪和黄石高速公路的地表竖直形变情况

的形变速率均为竖直方向的形变。由图可知，三种监测结果得到的地表形变在形变最大、最小值及形变区域的分布情况上都非常一致和相似。而三种监测结果中 MPs 的密度存在一些差异：联合监测方案反演结果 MPs 的密度大于其他两种方案反演结果。说明联合监测方法较单一平台数据在监测线形建构筑物时，能够提高监测结果的空间分辨率，这对于监测空间上不均匀的形变现象尤为关键和重要。

为更加详细地了解高速公路沿线地表变形情况，将三种监测方案得到的监测点的形变值绘制出来，如图 7.18 所示。由图可知，联合监测方案得到的监测结果介于 ASAR 与 PALSAR 数据单独监测结果之间，且相较于二者具有更少的粗差点。说明由联合监测方法得到的监测结果是基于两种数据单独处理结果的一种优化，因此具有更好的可靠性，也更加稳健。

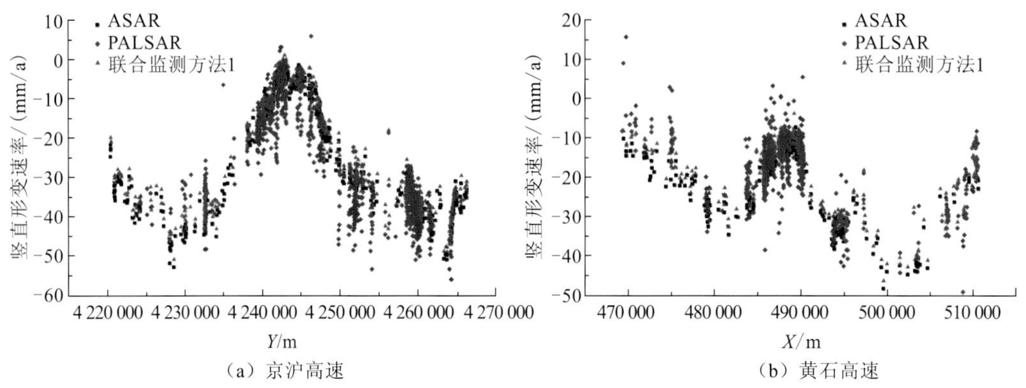

图 7.18　沿京沪和黄石高速三种方案的地表竖直形变监测点

图中黑色方形、蓝色菱形和红色三角形分别表示 ASAR 数据、PALSAR 数据和联合监测方法得到的监测点

2. 联合监测方法 2

1）基本假设

受到研究区域可获得的相同监测时间段内的不同 SAR 数据种类的限制，可能存在无法同时解算各监测点三维形变速率的情况（理论上至少需要相同监测时间段内的三种不同平台的 SAR 数据，才能得到监测区域的三维形变监测结果）。此时，对于范围较小或者水平形变变化较小的区域，可以假设该区域内各处水平形变速率在监测期间相同，进而利用多平台 SAR 数据解算得到该区域三维地表形变速率。

2）联合监测方法

本节利用张瑞（2012）提出的最小二乘解算方法对研究区地表三维形变速率进行多平台 SAR 数据的联合监测。需要说明的是，为方便比较分析联合监测方法 1 与本节方法得到的联合监测结果，使用联合监测方法 1 中得到的同名点对数据为基础实验数据，来测试和验证该联合监测方法。此外，与张瑞等提出的联合监测方法不同的是，本研究所使用的方法无须进行时序 InSAR 技术监测结果的插值，从而可以避免插值过程中带来的误差和监测点较小区域无法得到合理插值结果的情况。

由于单一平台 InSAR 地表形变测量结果为该平台 LOS 方向的形变监测结果，即地表形变在 LOS 方向上的投影，且 InSAR 测量值为缠绕的，与真实值之间存在一个整周未知数。需要在影像区域内选择一个参考区域或参考点，而后利用某种解缠方法求解得到各像元相对于参考点的整周模糊度而完成相位的解缠工作。在缺乏先验信息的情况下，一般假定参考点在监测期间无形变发生，也就是形变量为 0。而参考点实际可能存在较小的形变，这导致整个监测区域 LOS 向 InSAR 形变监测结果（R）与真实的地表各方向形变在 LOS 向的投影之和 D 之间可能存在一个系统偏差 K，即 $D=R+K$。此时，InSAR 得到的地表形变监测结果与真实的地表三维形变之间的关系为

$$R = D - K = D_{\mathrm{N}} \cdot \cos\theta + D_{\mathrm{N}} \cdot \sin\varphi \cdot \sin\theta - D_{\mathrm{E}} \cdot \cos\varphi \cdot \sin\theta - K \tag{7.2}$$

对于不同的 SAR 传感器平台，雷达入射角（θ）和卫星航向角（φ）都有所差异，系统偏差为常数 K 也有所不同。利用 n 种卫星平台 SAR 数据的时序测量结果反演地表三维形变速率，有如式（7.3）所示的观测方程组：

$$\begin{cases} R_1^{\ i} = D^i - K_1 = D_{\mathrm{v}}^i \cdot \cos\theta_1^i + D_{\mathrm{N}}^i \cdot \sin\varphi_1 \cdot \sin\theta_1^i - D_{\mathrm{E}}^i \cdot \cos\varphi_1 \cdot \sin\theta_1^i - K_1 \\ R_2^{\ i} = D^i - K_2 = D_{\mathrm{v}}^i \cdot \cos\theta_2^i + D_{\mathrm{N}}^i \cdot \sin\varphi_2 \cdot \sin\theta_2^i - D_{\mathrm{E}}^i \cdot \cos\varphi_2 \cdot \sin\theta_2^i - K_2 \\ \vdots \\ R_n^{\ i} = D^i - K_n = D_{\mathrm{v}}^i \cdot \cos\theta_{\mathrm{n}}^i + D_{\mathrm{N}}^i \cdot \sin\varphi_{\mathrm{n}} \cdot \sin\theta_n^i - D_{\mathrm{E}}^i \cdot \cos\varphi_n \cdot \sin\theta_n^i - K_n \end{cases} \tag{7.3}$$

式中：i 为测量点 MP 的序号；$R_n^{\ i}$ 为第 n 种平台数据在测量点 i 处的 LOS 方向形变速率测量值；θ_n^i 和 φ_n 分别为第 n 种传感器在测量点 i 处的局部入射角和航向角，均可从 SAR 影像的相关头文件获取。若研究区域需要对 m 个监测点进行三维形变速率的反演，则由式（7.3）可知待求解的未知数包括 m 个监测目标的三维形变速率（$D_{\mathrm{V}}^i, D_{\mathrm{E}}^i, D_{\mathrm{N}}^i$）和 n 个对应平台的系统偏差常数。这样共需要求解 $3(m+n)$ 个未知参数，而共有 $m \cdot n$ 个方程，则仅当 $n \geqslant 4$ 时才能保证该线性方程组有唯一的解。一般情况下要满足在同一监测区域具有 4 种及以上平台 SAR 数据是比较困难的，因此对于空间范围较小或者水平形变变化较小的监测区域，可以假设水平形变($D_{\mathrm{N}}, D_{\mathrm{E}}$)为常数来简化模型。此时式（7.3）可简化为

$$\begin{cases} R_1^{\ i} = D^i - K_1 = D_{\mathrm{v}}^i \cdot \cos\theta_1^i + D_{\mathrm{N}} \cdot \sin\varphi_1 \cdot \sin\theta_1^i - D_{\mathrm{E}} \cdot \cos\varphi_1 \cdot \sin\theta_1^i - K_1 \\ R_2^{\ i} = D^i - K_2 = D_{\mathrm{v}}^i \cdot \cos\theta_2^i + D_{\mathrm{N}} \cdot \sin\varphi_2 \cdot \sin\theta_2^i - D_{\mathrm{E}} \cdot \cos\varphi_2 \cdot \sin\theta_2^i - K_2 \\ \vdots \\ R_n^{\ i} = D^i - K_n = D_{\mathrm{v}}^i \cdot \cos\theta_n^i + D_{\mathrm{N}} \cdot \sin\varphi_{\mathrm{n}} \cdot \sin\theta_{\mathrm{n}}^i - D_{\mathrm{E}} \cdot \cos\varphi_{\mathrm{n}} \cdot \sin\theta_n^i - K_n \end{cases} \tag{7.4}$$

此时，对于 m 个监测点需要求解的未知数的个数为 $m+n+2$ 个，方程个数为 $m \cdot n$ 个。则当 $n \geqslant 2$ 时，就可以保证方程有且仅有唯一的解。以 ASAR 与 PALSAR 两种平台数据为例，列出如式（7.5）所示的误差方程：

$$\begin{cases} \boldsymbol{L} + \boldsymbol{V} = \boldsymbol{A} \cdot \boldsymbol{X} \\ \boldsymbol{L} = [R_A^1, R_A^2 \cdots R_A^m, R_P^1, R_P^2 \cdots R_P^m] \\ \boldsymbol{V} = [V_A^1, V_A^2 \cdots V_A^m, V_P^1, V_P^2 \cdots V_P^m] \\ \boldsymbol{X} = [D_{\mathrm{V}}^1, D_{\mathrm{V}}^2 \cdots D_{\mathrm{V}}^m, D_{\mathrm{N}}, D_{\mathrm{E}}, K_A, K_P] \end{cases} \tag{7.5}$$

式中：$\boldsymbol{L}$ 为各平台 LOS 方向的形变监测结果，由 ASAR 数据监测结果 R_A^i 和 PALSAR 数据监测结果 R_P^i 组成；$\boldsymbol{V}$ 为对应于观测值 L 的改正数；$\boldsymbol{X}$ 为待求解的未知参数，包括 m 个竖直沉降速率 D_{V}、2 个水平形变速率 D_{N} 和 D_{E} 及两个平台存在的系统偏差 K_A 和 K_P。系数矩阵由 SAR 影像的成像几何确定，具体的数值如式（7.6）所示：

$$
\boldsymbol{A}=\begin{pmatrix}
\cos\theta_A^1 & 0 & \cdots & 0 & \sin\varphi_1\cdot\sin\theta_A^1 & -\cos\varphi_1\cdot\sin\theta_A^1 & -1 & 0\\
0 & \cos\theta_A^2 & \cdots & 0 & \sin\varphi_1\cdot\sin\theta_A^2 & -\cos\varphi_1\cdot\sin\theta_A^2 & -1 & 0\\
 & & & & \vdots & & & \\
0 & 0 & \cdots & \cos\theta_A^m & \sin\varphi_1\cdot\sin\theta_A^m & -\cos\varphi_1\cdot\sin\theta_A^m & -1 & 0\\
\cos\theta_P^1 & 0 & \cdots & 0 & \sin\varphi_1\cdot\sin\theta_P^1 & -\cos\varphi_1\cdot\sin\theta_P^1 & 0 & -1\\
0 & \cos\theta_P^2 & \cdots & 0 & \sin\varphi_1\cdot\sin\theta_P^2 & -\cos\varphi_1\cdot\sin\theta_P^2 & 0 & -1\\
 & & & & \vdots & & & \\
0 & 0 & \cdots & \cos\theta_P^m & \sin\varphi_1\cdot\sin\theta_P^m & -\cos\varphi_1\cdot\sin\theta_P^m & 0 & -1
\end{pmatrix} \tag{7.6}
$$

利用最小二乘可解算得到未知参数 X，结果为

$$\hat{X}=(\boldsymbol{A}^{\mathrm{T}}\cdot\boldsymbol{P}\cdot\boldsymbol{A})^{-1}\boldsymbol{A}^{\mathrm{T}}\cdot\boldsymbol{P}\cdot\boldsymbol{L} \tag{7.7}$$

式中：$\boldsymbol{P}$ 为权矩阵，由各观测值的中误差决定。根据监测点时序 InSAR 技术地表形变速率测量结果的中误差，计算得到观测量的权矩阵。假设各观测量相互独立，则权矩阵 $\boldsymbol{P}$ 的非对角元素均为 0，对角线元素为每一个测量值对应的形变监测速率中误差平方的倒数。需要补充说明的是，对于同名点对位置信息的融合，与联合监测方法 1 相同，在此不再赘述。

3）形变监测与结果分析

利用本节的联合监测方法对研究区进行地表形变联合监测，得到研究区相对于参考点东西向形变大小 D_{E} 为−3.3 mm/a（整体向西平移速率为 3.3 mm/a），南北向形变大小 D_{N} 为 3.7 mm/a（整体向南平移速率为 3.7 mm/a）。研究区地表竖直形变速率联合监测结果介于 0～−60 mm/a，地表沉降的空间分布情况如图 7.19 所示。

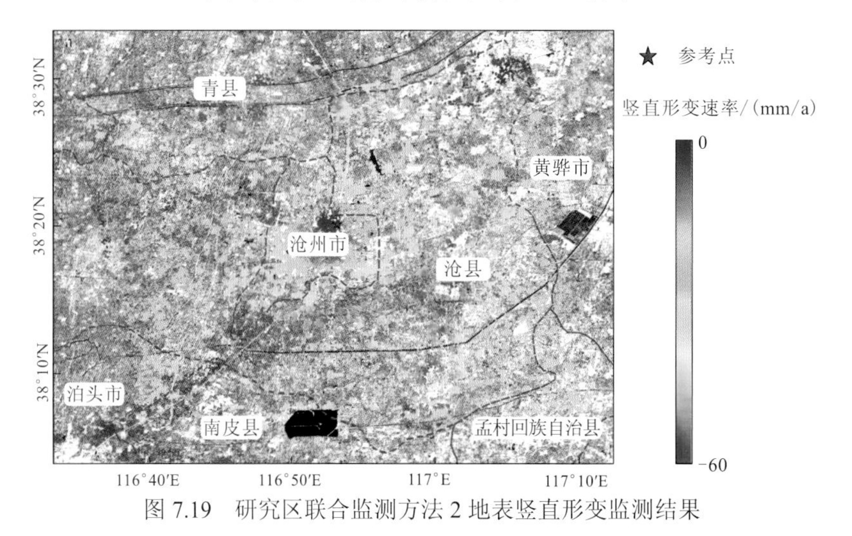

图 7.19 研究区联合监测方法 2 地表竖直形变监测结果

由图 7.19 的竖直形变监测结果可知，研究区地表形变整体表现为沉降，重点沉降区域分布于沧州市的南、北两侧；沧州市主城区基本稳定，未发生较显著的竖直向形变。比较分析联合监测方法 2 与 1 得到的地表形变监测结果，得到以下几点主要结论：其一，联合监测方法 2 得到的研究区地表水平形变量级较小，南北或东西向水平形变速率值均

小于 5 mm/a，进一步证明了联合监测方法 1 关于研究区无水平方向形变假设的合理性；其二，两种方法得到的研究区的竖直方向的沉降分布情况完全一致，最大沉降速率量级大小相当，相互佐证了两种联合监测方法监测结果的可靠性；其三，相对于联合监测方法 1 得到的监测结果，联合监测方法 2 监测结果中监测点密度更低、数目更少，这是由于方法 2 只是基于方法 1 中同名点对得到的监测结果，没有在此基础上进一步加入观测质量较高的部分非同名点。

联合监测方法 2 是一种基于区域地表水平形变速率固定（不变）的联合监测方法，该方法具有几何基础清晰和能够监测固定水平方向形变速率的优点，其缺点是监测点密度相对较低，监测结果为非时序监测结果。

3. 联合监测方法 3

1）基本假设

InSAR 观测量在竖直向精度较高，东西向次之，南北向最差。当研究区监测数据受到限制时，可假设监测期间无南北向水平形变，进而可以基于小基线技术和正则化方法反演研究区域竖直和东西向地表形变时间序列。

2）联合监测方法

（1）联合监测模型构建。对于单一平台数据，基于小基线技术构建如式（7.8）所示的地表形变模型：

$$\boldsymbol{A}V_{\mathrm{LOS}}=\boldsymbol{L},\quad V_{\mathrm{LOS}}=\boldsymbol{A}^{-1}\boldsymbol{L},\quad d_{\mathrm{Los}}^{i+1}=d_{\mathrm{Los}}^{i}+V_{\mathrm{LOS}}^{i+1}\cdot\Delta t^{i+1} \tag{7.8}$$

式中：$\boldsymbol{A}$ 为由小基线对中各影像的成像时间所决定的观测矩阵[具体形式如式（7.9）所示]；V_{LOS} 为雷达视线方向（LOS 方向）的形变速率；$\boldsymbol{L}$ 为 InSAR 观测量（也就是由小基线数据集解缠后的差分干涉相位构成的矩阵）；d_{Los}^{i+1} 为第 $i+1$ 个成像时刻的累积形变量值；Δt^{i+1} 为第 i 时刻和第 $i+1$ 时刻之间的时间间隔。小基线方法通过 SVD 分解来求矩阵 $\boldsymbol{A}$ 的伪逆矩阵 $\boldsymbol{A}^{-1}$，然后求得整个监测时间段内的地表沿 LOS 方向的时间序列形变。

$$\boldsymbol{A}=\begin{bmatrix}1&1&0&0&\cdots&0\\0&1&1&1&\cdots&0\\0&0&1&1&\cdots&0\\&&&&\vdots&\\0&0&&\cdots&1&1\end{bmatrix} \tag{7.9}$$

当被监测区域具有两个或更多平台的 SAR 数据时，可将该方法扩展为二维或者三维的形变监测方法，具体方法为

$$\begin{cases}\boldsymbol{BV}=\boldsymbol{L},\ B=[s_{\mathrm{D}}\cdot A,\ s_{\mathrm{E}}\cdot A,\ s_{\mathrm{N}}\cdot A]\\ \boldsymbol{V}=[V_{\mathrm{D}}^{1},V_{\mathrm{D}}^{2}\cdots V_{\mathrm{D}}^{m},\ \ V_{\mathrm{E}}^{1},V_{\mathrm{E}}^{2}\cdots V_{\mathrm{E}}^{m},V_{\mathrm{N}}^{1},V_{\mathrm{N}}^{2}\cdots V_{\mathrm{N}}^{m}]\\ d_{\mathrm{D}}^{i+1}=d_{\mathrm{D}}^{i}+V_{\mathrm{D}}^{i+1}\cdot\Delta t^{i+1},\ d_{\mathrm{E}}^{i+1}=d_{\mathrm{E}}^{i}+V_{\mathrm{E}}^{i+1}\cdot\Delta t^{i+1},\ d_{\mathrm{N}}^{i+1}=d_{\mathrm{N}}^{i}+V_{\mathrm{N}}^{i+1}\cdot\Delta t^{i+1}\end{cases} \tag{7.10}$$

式中：$\boldsymbol{B}$ 为观测矩阵；$\mathrm{s_D}$ 、$\mathrm{s_E}$ 和 $\mathrm{s_N}$ 分别为将 LOS 方向监测量投影到竖直和水平方向的

投影参数，它们的值分别为 $\cos\theta$、$-\cos\varphi\cdot\sin\theta$ 和 $\sin\varphi\cdot\sin\theta$；$\boldsymbol{V}$ 为地表三维形变速率，由竖直形变速率 V_{D}、东西向形变速率 V_{E} 和南北向形变速率 V_{N} 构成；d_{D}、d_{E} 和 d_{N} 分别为竖直向、东西向和南北向的累积形变量。对于不同平台的 SAR 数据，s_{D}、s_{E} 和 s_{N} 需要根据该平台的雷达入射角 θ 和航向角 φ 进行计算，且此时观测矩阵 $\boldsymbol{L}$ 中包含不同平台 SAR 数据的 InSAR 测量结果。需要说明的是，为保证监测结果的质量和减少噪声，只对利用 PS 点选择方法识别出来的观测质量较好的部分像元（PS 点）进行处理。

（2）联合监测模型求解。利用最小二乘求解方程[式（7.9）]可得形变速率联合监测结果：

$$\hat{\boldsymbol{V}}=(\boldsymbol{B}^{\mathrm{T}}\cdot\boldsymbol{P}\cdot\boldsymbol{B})^{-1}\boldsymbol{B}^{\mathrm{T}}\cdot\boldsymbol{P}\cdot\boldsymbol{L} \tag{7.11}$$

式中：$\boldsymbol{P}$ 为观测量 $\boldsymbol{L}$ 的权阵，可根据 PS 点在每幅差分干涉图中的相位标准差计算得到。具体的计算方法为：权阵对角线上的元素为该 PS 点对应各差分干涉相位标准差平方的倒数，非对角线上的元素全为零（假设 PS 点在各干涉图中的差分相位值互不相关）。PS 点差分干涉相位标准差可以通过其相干性计算得到，具体的计算公式（Hanssen，2001）为

$$\sigma_{\varphi}^{2}=\frac{1-\gamma^{2}}{2\gamma^{2}} \tag{7.12}$$

式中：σ_{φ} 为 PS 点干涉相位标准差（rad）；γ 为该 PS 点在对应的差分干涉图中的相干系数，介于 0～1。此外，对于不同平台的 SAR 数据，波长可能有所差异，需要将 PS 点在各平台 SAR 数据差分干涉图中的相位标准差的单位进行统一，计算公式为

$$\sigma_{\varphi}^{\mathrm{unit}}=\frac{\sigma_{\varphi}}{4\pi}(-\lambda) \tag{7.13}$$

式中：$\sigma_{\varphi}^{\mathrm{unit}}$ 为单位统一后的相位标准差（cm）；λ 为对应 SAR 数据的波长，对于 C 波段 SAR 数据 λ 为 5.6 cm。

利用式（7.11）的加权最小二乘法反演地表形变速率时，将 $\boldsymbol{N}=\boldsymbol{B}^{\mathrm{T}}\cdot\boldsymbol{P}\cdot\boldsymbol{B}$ 称为法矩阵。法矩阵的条件数 k 可由式（7.14）计算得到，可以利用法矩阵的条件数大小来度量观测方程的复共线性大小及诊断系统的病态性。统计应用中的经验表明：若 $0<k<100$，则认为没有复共线性；若 $100<k<1\,000$，则认为存在中等程度或较强的复共线性；若 $k>1\,000$，则认为存在严重的复共线性，系统病态。一般，当系统变态时，对于一个参数估计模型，其数据发生微小的变化就会引起解的巨大变化。此时该系统或模型的抗干扰性差，或者说稳定性不好（王振杰，2003）。

$$k=\lambda_{\max}/\lambda_{\min} \tag{7.14}$$

式中：$\lambda_{\max}$ 和 $\lambda_{\min}$ 分别为法矩阵 $\boldsymbol{N}$ 的最大和最小特征值。

对研究区的 ASAR 和 PALSAR 数据分别进行差分干涉处理，得到各类数据的差分干涉图。随后利用本节介绍的地表形变监测模型构造方法和 D-InSAR 观测量权阵构造方法可得到法矩阵 $\boldsymbol{N}$。根据式（7.14）条件数的计算方法，可计算得到法矩阵条件数 k 的量级为 10^{19}，远大于 100，说明基于加权最小二乘的参数估计模型严重变态。此时，若观测量（差分干涉相位）存在较小的偏差，则根据该模型得到的形变监测结果将极大地偏离实际情况。而差分干涉相位中包含随机噪声和误差的可能性极大，因此不能使用式（7.11）的参数估计模型进行地表形变速率反演。

利用正则化方法来解决地表形变反演中遇到的模型变态问题，具体用到的方法为 Tikhonov 正则化方法（王振杰，2003；Tikhonov and Arsenin，1978）。对于本研究的参数反演问题，可以构建如式（7.15）所示的参数求解准则：

$$\min(\|\boldsymbol{B}\cdot\boldsymbol{V}-\boldsymbol{L}\|_2^2+\alpha\|\boldsymbol{C}\cdot\boldsymbol{V}\|_2^2) \tag{7.15}$$

式中：α 为正则化参数；$\boldsymbol{C}$ 为正则化矩阵；$\|\ \|_2^2$ 为矩阵的二范数；min 为最小化算子。由上述的参数解算准则可以得到地表形变参数的正则化解 V_{Tik}（王振杰，2003；Tikhonov and Arsenin，1978）为：

$$V_{\mathrm{Tik}}=(\boldsymbol{B}^{\mathrm{T}}\cdot\boldsymbol{P}\cdot\boldsymbol{B}+\alpha\cdot\boldsymbol{C}^{\mathrm{T}}\cdot\boldsymbol{C})^{-1}\boldsymbol{B}^{\mathrm{T}}\cdot\boldsymbol{P}\cdot\boldsymbol{L} \tag{7.16}$$

对于正则化矩阵 $\boldsymbol{C}$，根据研究区地表形变的特点：水平面形变（东西向）速率较小，竖直形变速率在时间上突变的可能性较小，设计如式（7.17）所示的正则化矩阵。

$$\begin{cases}\boldsymbol{C}=\begin{bmatrix}\mathrm{eye}(38) & 0\\ 0 & \mathrm{diff}(38,1)\end{bmatrix}\\ \mathrm{diff}(n,1)=\underbrace{\begin{bmatrix}-1 & 1 & 0 & 0 & \cdots & 0\\ 0 & -1 & 1 & 0 & \cdots & 0\\ & & \vdots & & & \\ 0 & \cdots & 0 & 0 & -1 & 1\end{bmatrix}}_{(n-1)\times n}\end{cases} \tag{7.17}$$

式中：eye(38) 为 38 阶单位对角矩阵，与 38 个东西向形变速率对应；diff(38,1) 为平滑矩阵，与 38 个竖直向形变速率对应。

正则化参数 α 的求解方法有多种，本研究利用应用较为广泛的 L 曲线法（Hansen and O'Leary，1993）对正则化参数进行求解。利用 L 曲线确定正则化参数后利用式（7.15）求解地表形变速率，随后基于式（7.10）反演得到地表形变时间序列监测结果。

（3）数据处理流程。联合监测方法 3 具体的数据处理流程如图 7.20 所示，主要包括：①时序 InSAR 数据处理；②多平台 SAR 数据联合监测；③地表时序形变反演三个数据处理层。

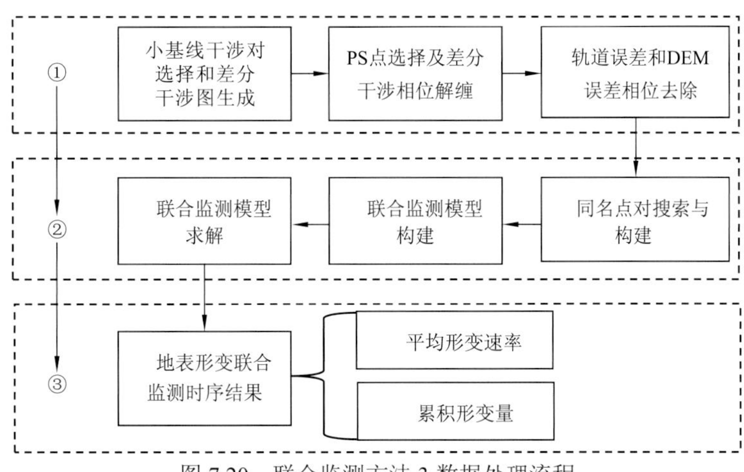

图 7.20　联合监测方法 3 数据处理流程

3）数据处理与结果分析

（1）时序 InSAR 技术数据处理。利用研究区的 ASAR 和 PALSAR 数据，选择对应的时间基线和垂直空间基线阈值构建两组小基线干涉集。对于 ASAR 数据，空间垂直基线和时间基线阈值分别为 500 m 和 320 天；对于 PALSAR 数据，空间垂直基线和时间基线阈值则分别为 1 250 m 和 700 天。利用上述选择的小基线干涉对和 SRTM 90 m 的 DEM 数据，分别得到 ASAR 数据和 PALSAR 数据的差分干涉图，然后基于 StaMPS 中的选点方法选择 PS 点，对于 ASAR 及 PALSAR 数据分别得到 96 018 个和 107 440 个 PS 点。对差分干涉相位进行解缠，并去除轨道误差和 DEM 误差相位，得到解缠后的小基线差分干涉数据集。

（2）多平台 SAR 数据地表形变联合监测。首先，基于联合监测方法 1 中的同名点对搜索及构建方法来构建同名点对，共得到 22 123 对同名点对。其次，根据本节中的联合监测模型构建方法和小基线差分干涉相位结果构建联合监测模型。同时基于前文介绍的差分干涉相位误差计算方法计算各 PS 点的差分干涉相位标准差，并以此为依据构建观测值权矩阵。然后，利用 *L* 曲线法计算反演模型的正则化参数 *a*。最后利用式（7.15）和式（7.10）反演研究区地表形变时间序列，如图 7.21 和图 7.22 所示。

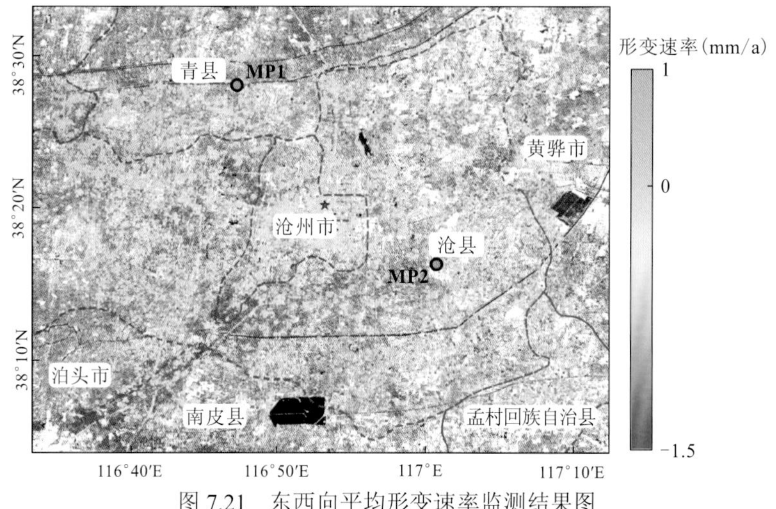

图 7.21　东西向平均形变速率监测结果图

由图 7.21 可知，研究区东西向地表形变速率较小，监测期间几乎没有水平向形变，进一步验证了联合监测方法 1 中关于研究区无水平向地表形变假设的准确性及合理性。竖直形变速率监测结果如图 7.22 所示，形变速率区间为−62～0 mm/a（负号代表沉降），监测结果在形变量级和空间分布上与联合监测方法 1、2 得到的结果完全一致，从侧面证明了该联合监测方法的可靠性。

从研究区东西向地表时序监测结果（图 7.23）可知，东西向形变量级较小，最大累计形变量为−6 mm（负号表示向西移动）。形变中心较难确认，且形变发育情况也比较模糊。研究区东西向形变监测结果空间一致性较差或者噪声水平较高的原因：①InSAR 测

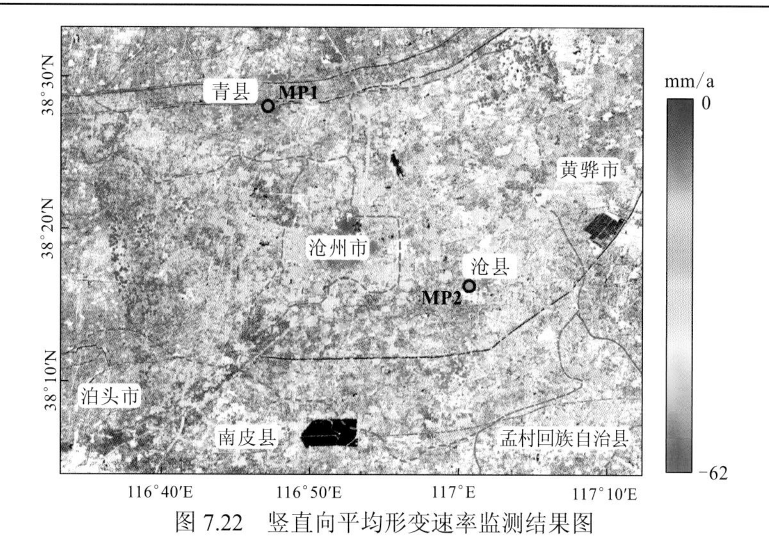

图 7.22　竖直向平均形变速率监测结果图

量结果东西向精度较竖直向精度低很多；②研究区水平形变量级较小（毫米级别），基本和时序 InSAR 测量结果误差量级水平相当，故难以将噪声与形变信息进行较好的分离。

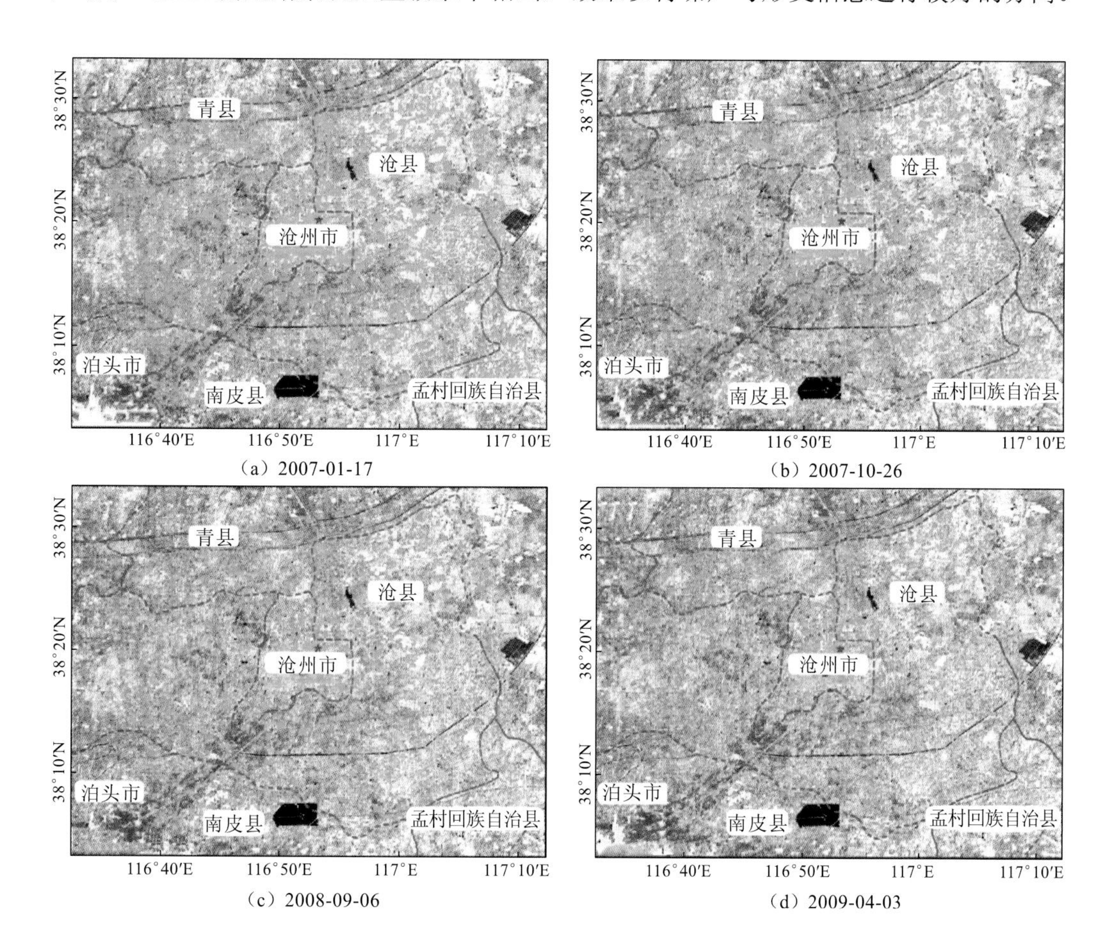

（a）2007-01-17
（b）2007-10-26
（c）2008-09-06
（d）2009-04-03

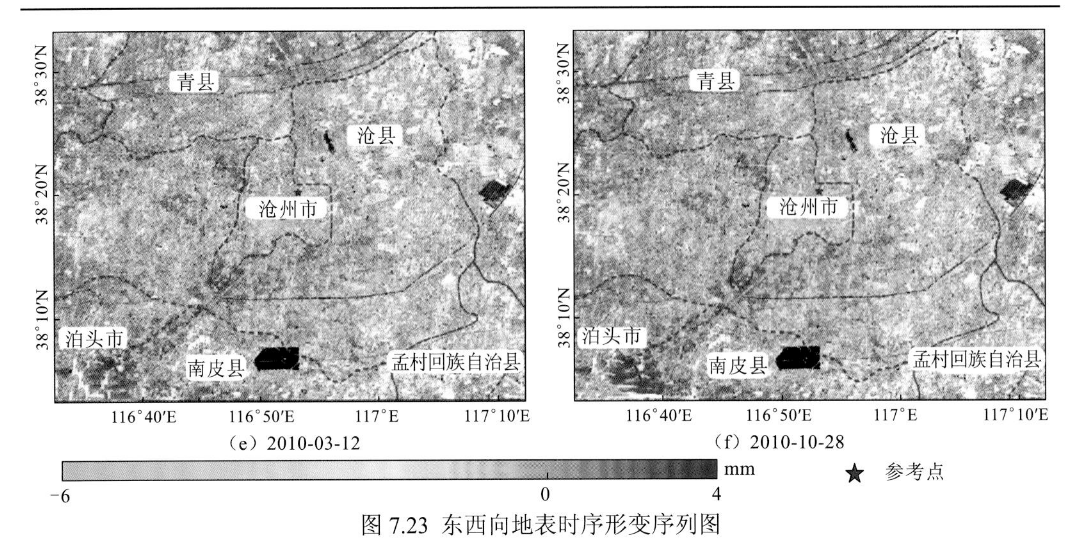

（e）2010-03-12　（f）2010-10-28

图 7.23 东西向地表时序形变序列图

竖直方向形变以沉降为主（图 7.24），最大累积沉降量达 23 cm，重点沉降区域主要分布于沧州市西北面的青县及东南面的沧县，沧州市区沉降并不显著。从沉降发育情况来看，沉降中心较为固定，基本没有出现转移的情况，也没用出现新的沉降中心。沉降

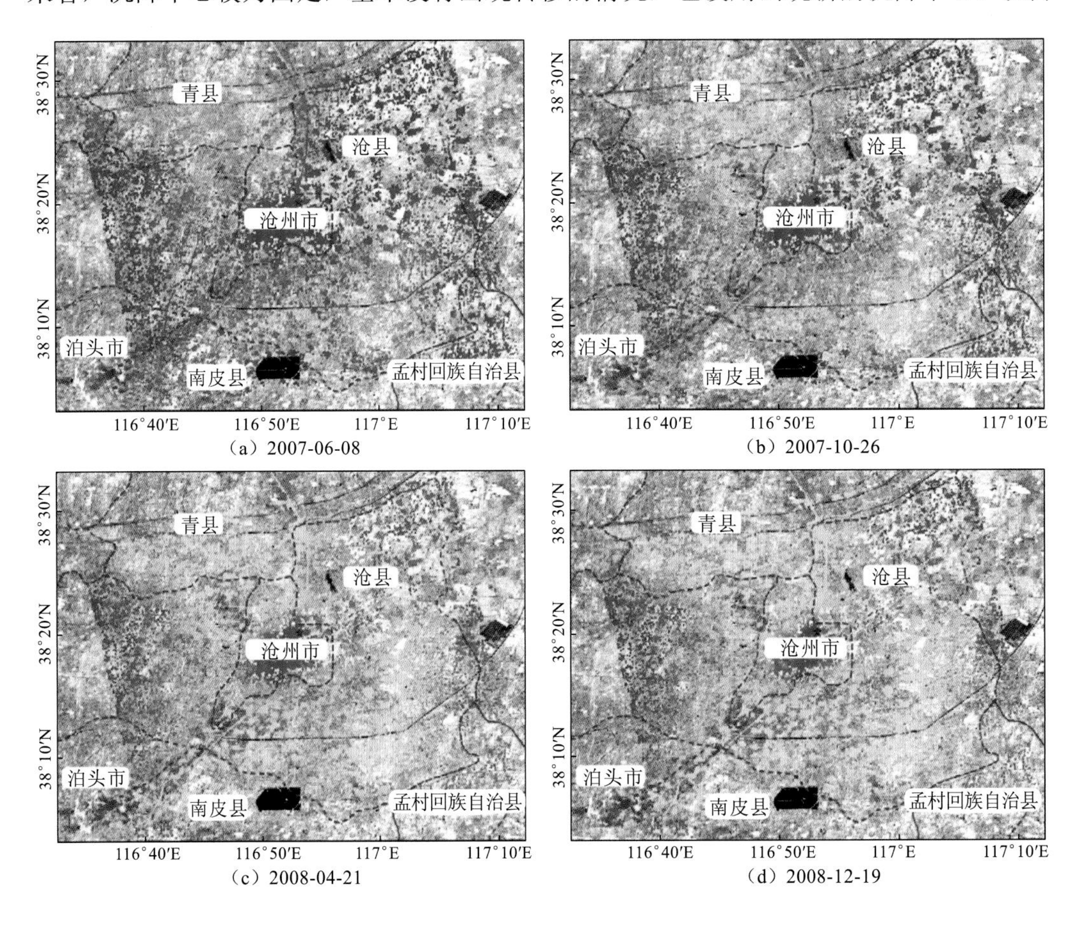

（a）2007-06-08　（b）2007-10-26

（c）2008-04-21　（d）2008-12-19

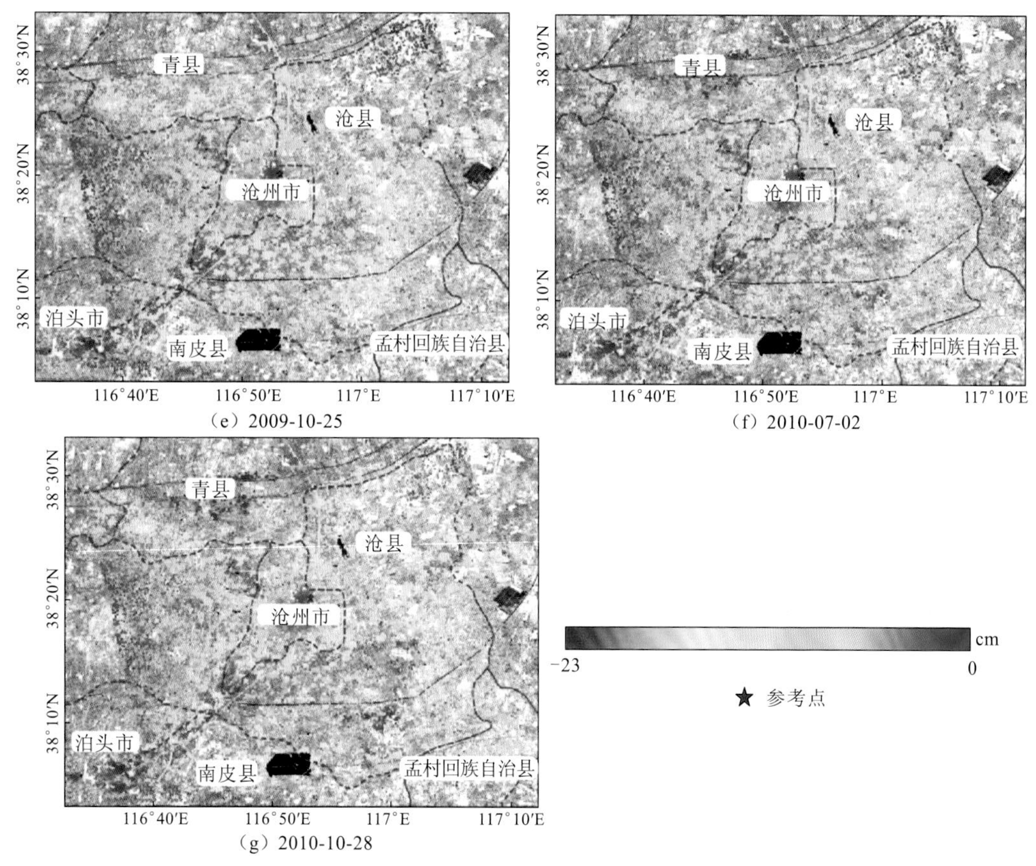

图 7.24 竖直向时序形变序列图

区域从最初的沉降中心逐步向外围发育扩展，最后连成了一片，将沧州市环绕在中间。从竖直形变监测结果的噪声来看，相较于水平形变监测结果噪声点更少，空间和时间上的连续性更强，这与竖直形变监测精度相对较高及竖直形变量级较大有关。

选择沉降中心的两个形变特征点 MP1 和 MP2（特征点的地理位置如图 7.21 及图 7.22 所示），绘制其东西及竖直向时序形变结果，如图 7.25 所示。图 7.25（a）为东西向形变时序监测结果，MP1 点几乎没有形变，MP2 点有向西移动的趋势；图 7.25（b）为竖直向形变监测时序结果，MP1 与 MP2 点均出现较大的沉降，最大累积沉降量分别达到约−175 mm 和−220 mm，且两点沉降趋势较为一致，线性沉降趋势明显。需要说明的是，监测时间（横坐标）以两种 SAR 数据中成像时间最早影像的成像时间为参考时刻（2007 年 1 月 17 日）。

4. 三种联合监测方法总结

本节首先介绍多平台 SAR 数据联合监测地表形变的基础，然后分别介绍三种不同的多平台 SAR 数据联合监测方法，并利用研究区的 SAR 数据对三种方法进行测试和分析。结果表明：三种联合监测方法均能够较好地发挥多平台 SAR 数据的优势来更好地监测地表形变，且三种联合监测方法得到的监测结果之间的一致性较好，相互验证了各监测结果的可靠性和准确性。对三种联合监测方法的特点进行总结，如表 7.4 所示。

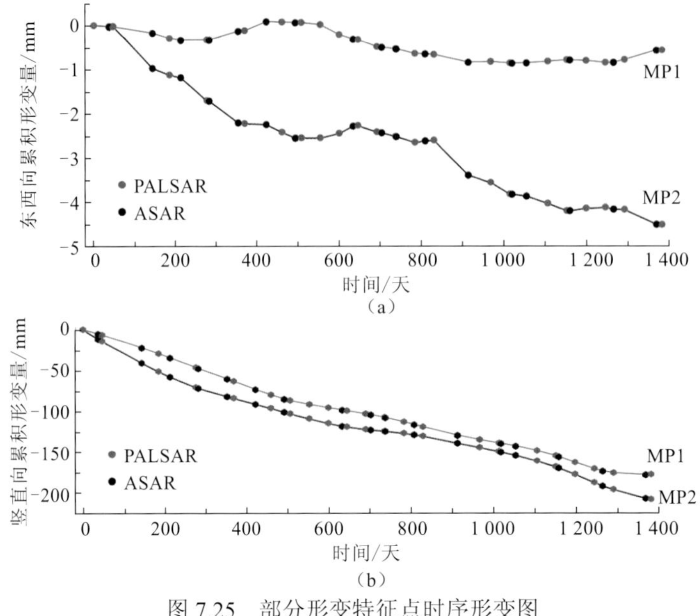

图 7.25 部分形变特征点时序形变图

表 7.4 联合监测方法比较

联合监测方法	形变监测结果空间维度	形变时序监测情况	监测点密度	形变假设强度
方法 1	一维	一维时序	较高	非常强
方法 2	伪三维	0	较低	较强
方法 3	二维	二维时序	较低	较弱

对三种多平台 SAR 数据联合监测方法的特点进行分析和总结，可以得出：联合监测方法 1，优点是监测点密度较高，缺点是研究区形变假设非常强，只能监测到竖直方向形变；联合监测方法 2，优点是能够监测到伪三维形变（竖直向形变速率和水平向固定形变速率），缺点是不能得到时序监测结果，只能反演平均形变速率；联合监测方法 3，优点是可以得到二维时序形变监测结果且形变假设较弱，缺点是监测点密度相对较低。

7.3.2 研究区及数据

1. 研究区地理位置及地表沉降概况

沧州位于河北省东南部，东临渤海，北依京津，南接山东，京杭大运河贯穿市区，因东临渤海而得名，意为沧海之州，如图 7.26 所示。沧州地处广袤无垠的冀中平原东部，地势低平，起伏不大，海拔最高 17 m，最低 2 m。沧州地跨 37° 29′～38° 57′N，115° 42′～117° 50′E。受纬度和地形影响，表现为明显的暖温带大陆季风气候：四季分明，日照充足，春季干旱多风，夏季炎热多雨，秋季凉爽晴朗，冬季寒冷干燥。年平均气温为 12.5℃，年平均降水量为 581 mm。降水、气温的季节分布及气温的昼夜差别较为明

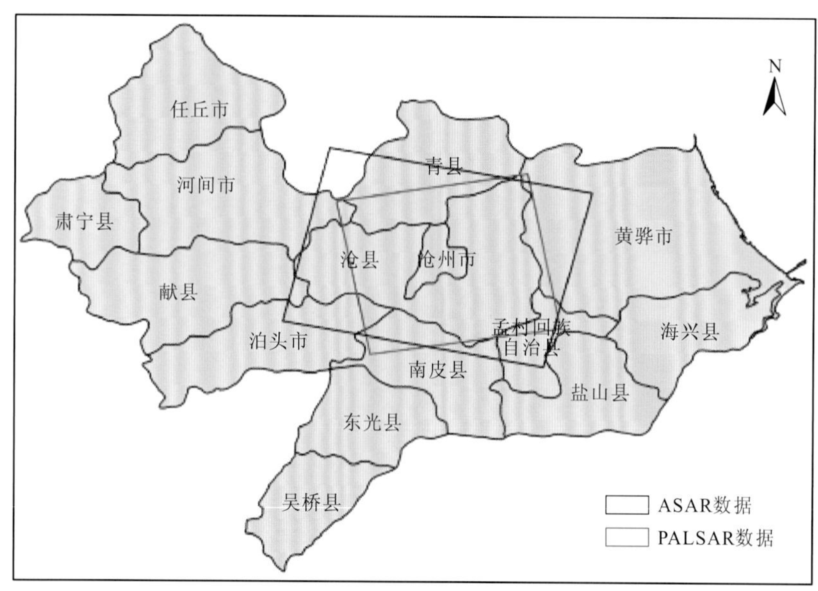

图 7.26　研究区概况及 SAR 数据范围

显（朱菊艳，2014）。

我国华北地区降水较少，且年际变化大，水资源的供需矛盾十分突出；沧州地区作为华北平原典型区域，其水资源状况在整个河北省处于最紧张的位置（秦同春，2010）。由于长期超采深层地下水、开发矿泉水、地热水、油气等，形成了华北地区沉降速率最快、沉降面积最大的沉降区。已有沉降监测结果表明：沧州市地面沉降发现于 1971 年，当时沉降量只有 9 mm，其后随着深层地下水开采量的不断增大，地面沉降速率也不断加快，到 1990 年沉降中心累积沉降量到 1 131 mm，此阶段的沉降速率为 96.75 mm/a；至 2001 年沉降中心累积沉降量已达 2 236 mm，大于 800 mm 的面积有 3 041.65 km^2，1990～2001 年沉降速率达 100.45 mm/a。另外，歧口、南排河沿海一带，近年沉降速率加快，1998～2001 年累积沉降量约 450 mm，沉降速率达 128 mm/a，到 2005 年沉降中心累积沉降量已达到 2 457 mm（刘金玉 等，2014；朱菊艳，2014；俞晓莹，2012；陈莹，2012；秦同春，2010）。

综上所述，有必要利用相应的沉降监测方法来监测及分析研究区近年来的沉降情况，为相关部门进行该区域的沉降管控和治理提供相关的基础资料和参考。

2. 研究区 SAR 数据

主要利用沧州地区 2007 年 1 月 17 日～2010 年 10 月 28 日的 22 景升轨 PALSAR 数据及 2007 年 2 月 23 日～2010 年 10 月 15 日的 17 景降轨 ASAR 数据来联合监测和分析沧州地区近年地表沉降情况。

利用多平台 SAR 数据联合监测地表形变的方法，选择研究数据时考察该区域多平台数据在监测时间和监测范围上的重叠性。将研究区两种平台 SAR 数据的成像时间绘制出来，如图 7.27 所示。从图中可以看出 PALSAR 数据和 ASAR 数据的起、始成像时间几乎重合，且两种数据合并后的监测时刻分布较为均匀，说明研究区已有数据较适合进行多平台 SAR 数据联合监测地表形变的研究。此外，由图 7.26 可知，两种平台 SAR 数据在空间上的重合区域较大，且分别为升轨和降轨数据，是比较理想的研究数据。研究区 PALSAR 数据和 ASAR 数据集所选择的主影像分别是成像日期为 20081207（PALSAR 数据）及 20081219（ASAR 数据）的两景影像。

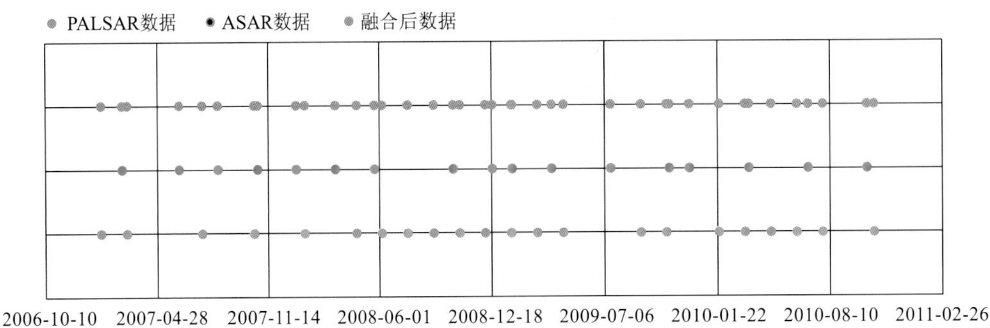

图 7.27　研究区 SAR 数据分布情况图

7.3.3　沧州地区地下水开采地表形变多平台 SAR 数据监测与评价

本节基于 7.3.1 小节中联合监测方法得到的研究区地表沉降监测结果和研究区相关基础地理资料，对研究区沉降情况进行分析评价，对相应区域沉降原因进行探讨。

1. 整体沉降概况及沉降分级情况

分别基于联合监测方法 1 得到的研究区平均沉降速率（图 7.13）和联合监测方法 3 反演的研究区累积沉降量（图 7.24），进行克里金插值和分类，得到如图 7.28 和图 7.29 所示的插值和分类结果图。

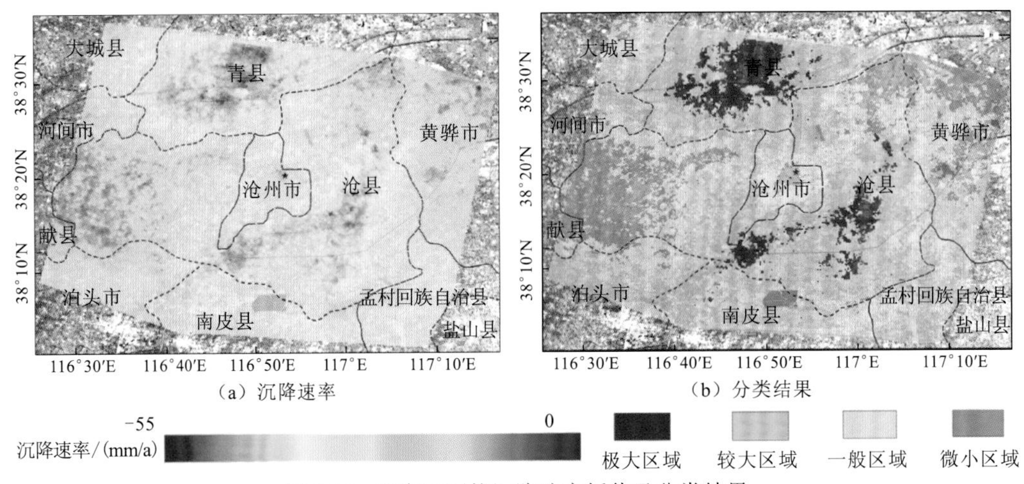

图 7.28　研究区平均沉降速率插值及分类结果

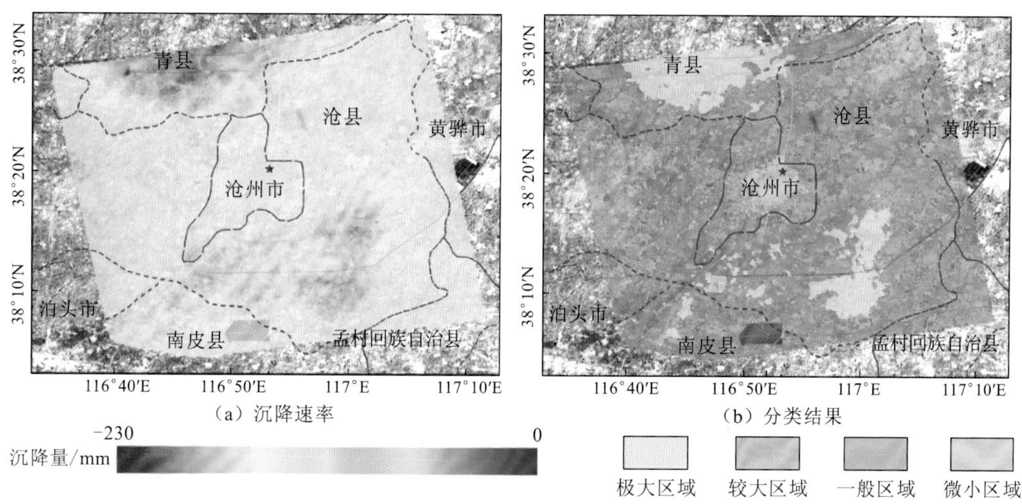

图 7.29　研究区最大累积沉降量插值及分类结果

平均沉降速率和最大累积沉降插值结果共同表明：研究区沉降中心分别位于沧州市区西北面的青县和东南面沧县，沧州市区沉降现象不显著，两个重点沉降区域已发育连成一片。从分类结果来看，沉降速率和最大累积沉降量较大区域大部分位于青县和沧县，只有极小一部分位于沧州市区西南角和南皮县境内。沧州市区沉降分类情况由内向外逐渐变强，由沉降微小区域过渡到沉降一般区域及沉降较大区域。将沉降情况分类结果（包括沉降速率及累计沉降量）进行统计，得到如图 7.5 所示的统计结果。

表 7.5　平均沉降速率及最大累积沉降量统计结果

分类情况		所占百分比/%
平均沉降速率	微小（-10～0 mm/a）	15
	一般（-20～-10 mm/a）	34
	较大（-40～-20 mm/a）	44
	极大（-56～-40 mm/a）	7
最大累积沉降量分类情况		所占百分比/%
最大累积沉降量	微小（-40～0mm）	12
	一般（-80～-40 mm）	31
	较大（-160～-80 mm）	47
	极大（-230～-160 mm）	10

由表 7.5 可知，微小和极大等级的平均沉降速率所占比例较小（分别为 15%和 7%），较大等级的平均沉降速率所占比例最大（44%）；最大累积沉降量的分级统计结果与平均沉降速率相似，微小、一般、较大和极大等级类别所占比例分别为 12%、31%、47%和 10%。说明研究区域在监测期间，以-40～-10 mm/a 量级的平均沉降速率和-1 600～-40 mm 的最大累积沉降量为主，都占监测区域总面积的 78%。与研究区 2007 年之前的沉降情况比

较，监测期间（2007 年 1 月～2010 年 11 月）研究区沉降速率有所放缓，这可能与政府相关部门对该区域地下水抽取采取的管控措施有较大的关系。

绘制如图 7.30（a）所示的断面线，分析沿该断面线的地表最大累积沉降情况。图 7.30（a）中所示的累积沉降量为从监测起始时刻到结束时刻的累积形变量值，将沿该断面线 100 m 范围内的监测点在 20080120、20081219、20091204 和 20101028 四个时刻的累积沉降量绘制出来，如图 7.30（b）所示。

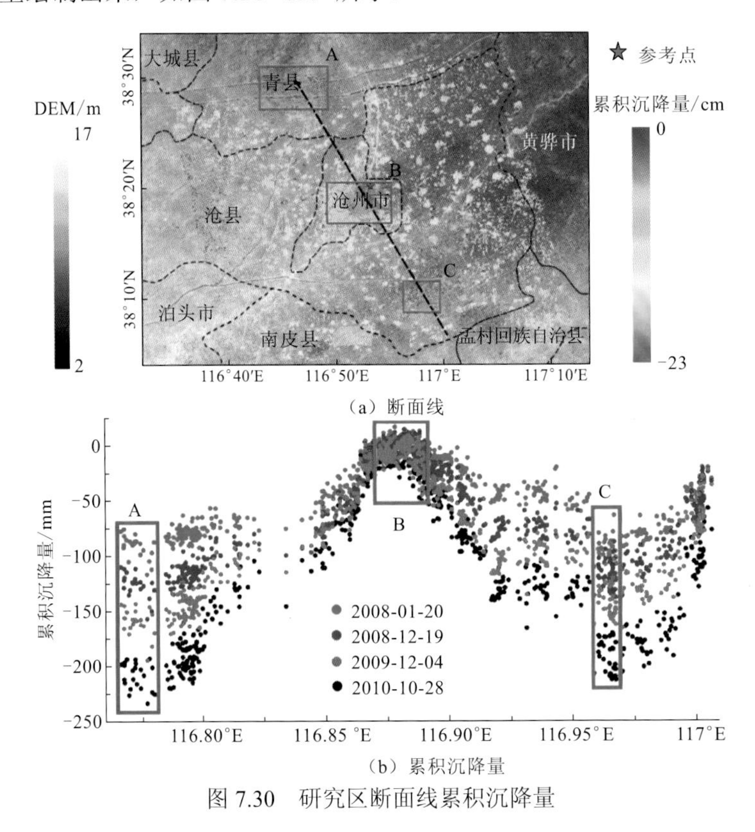

图 7.30　研究区断面线累积沉降量

断面线沿线重点沉降区域为区域 A 和 C[图 7.30（a）]，对应 4 个时刻的累积沉降量值如图 7.30（b）中矩形所示。从图中可以看出，区域 A 和 C 的最大累积沉降量值分别达到约−230 mm 和−220 mm，且 4 个时刻累积沉降量值“分层”现象明显，说明累积沉降量值随着时间不断增大，并没有出现反复和变小的情况。沧州市区 B 对应的累积沉降量值都分布于 0～−25 mm[图 7.30（b）]，各时刻累积沉降量值交织在一起，说明该区域在监测期间并没有发生较为显著的沉降，沉降现象微弱。

2. 重点沉降区域沉降情况分析

由图 7.28 和图 7.29 可知，研究区主要存在两个较为明显的沉降区域：北部沉降区域和南部沉降区域。对两个主要沉降区域的具体情况进行分析，如图 7.31 和图 7.32 所示。

北部沉降区域的两个沉降中心为谭缺屯村和叩庄村（图 7.31），南部沉降区域的两个沉降中心为大马庄村和黄官屯村（图 7.32）。由图可知，沉降中心平均沉降速率均达到

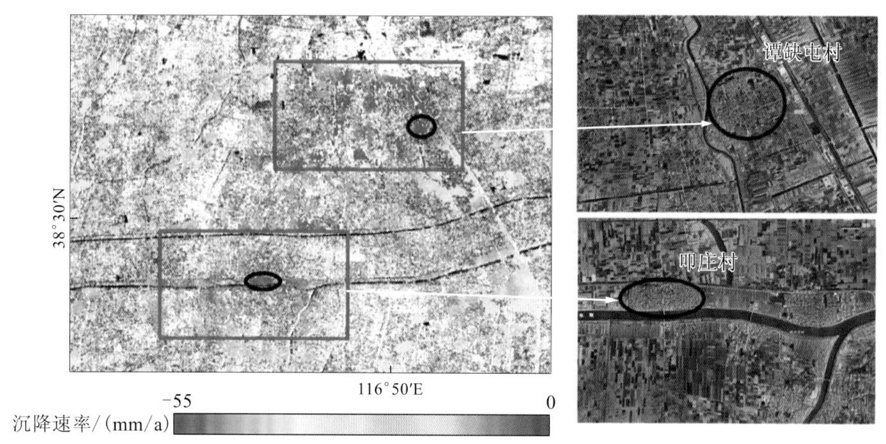

图 7.31　研究区北部重点沉降区域

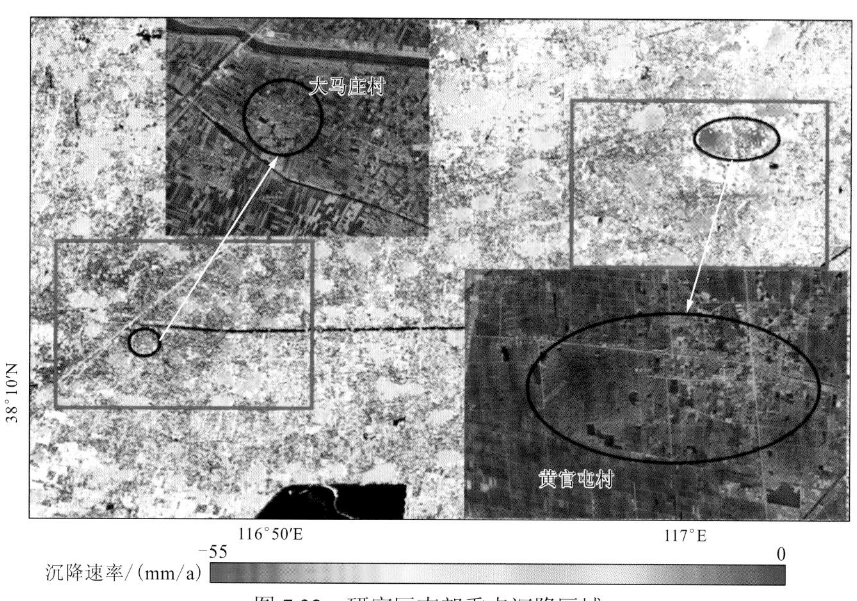

图 7.32　研究区南部重点沉降区域

−55 mm/a 左右，且均为建筑比较密集的村庄，并非城市区域。另外，沉降中心附近均为大面积的耕地区，没有出现连片的居民地。说明研究区沉降中心已由最初的城市中心（如沧州市区）向其他非城市区域发生转移，出现这种现象可能的原因为：城市区域地下水抽取监管较严格，地下水抽取门槛较高，抽取量级较小；农村地区地下水抽取管控相对较弱，地下水仍然作为生活用水的重要组成部分，抽取门槛低，抽取量级较大。此外，这种城市区域管控严格农村地区管控较弱的情况，也可能会导致城市区域部分水资源供给转移到了农村地区，进一步加剧了农村地区地下水的抽取。城市和农村地区地面建筑物体量增量和地表压实程度的差异也是造成沉降中心由城市转向农村的可能原因。

为分析沉降中心沉降现象在时间上的变化情况，分别绘制谭缺屯村、叩庄村、大马庄村和黄官屯村的累积沉降量时序图（图 7.33）。4 个沉降中心的沉降现象在时间上均表现出非线性的特点，其中谭缺屯村[图 7.33（a）]和大马庄村[图 7.33（c）]在监测期间有沉降明

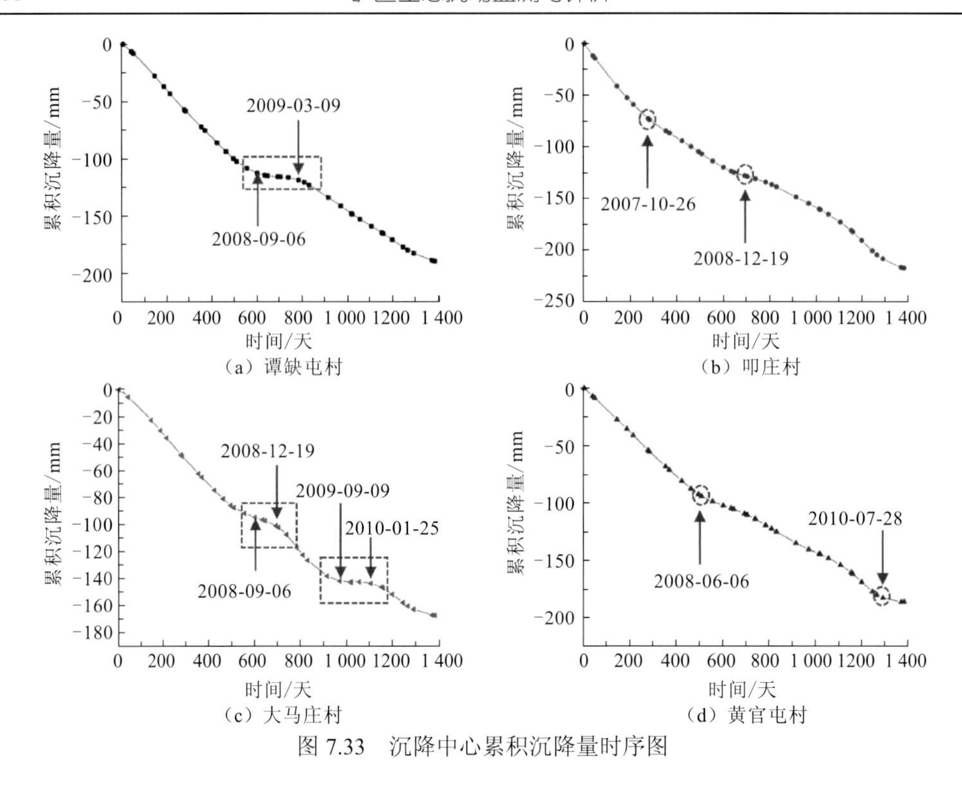

（a）谭缺屯村 （b）叩庄村
（c）大马庄村 （d）黄官屯村
图 7.33 沉降中心累积沉降量时序图

显变缓或停止沉降的阶段，如图中矩形所示：叩庄村[图 7.33（b）]和黄官屯村[图 7.33（d）]出现了沉降速率在某一监测时刻后迅速变缓的现象，如红色箭头和椭圆所示。

结合沧州地区的地下水埋深和降水相关资料，对沉降中心非线性沉降现象产生可能的原因进行探讨。已有资料和研究表明：沧州市年降水量主要集中在汛期（6～9 月），一般占全年降水量的 80%左右。多年各季节平均降水量分别为 66.6 mm（春）、415.9 mm（夏）、89.3 mm（秋）和 12.8 mm（冬），冬季降水量最少（2%），夏季降水最多（71%）。2005～2010 年沧州市降水量情况及地下水埋深的具体情况如表 7.6 所示。

表 7.6 沧州 2005～2010 年降水量和地下水埋深

年份	年降水量/mm	汛期降水量/mm	年初地下水埋深/m	汛前地下水埋深/m	汛后地下水埋深/m	年底地下水埋深/m
2005	467.6	401.7	7.02	7.96	7.20	7.37
2006	533.4	423.5	7.37	8.41	6.96	7.33
2007	431.7	272.0	7.33	8.01	7.94	7.46
2008	533.3	392.5	7.46	7.84	7.02	7.02
2009	628.3	504.5	7.02	7.64	6.23	6.31
2010	560.7	463.2	6.31	7.29	6.20	6.41

谭缺屯村沉降中心出现沉降减缓或停止的时间段为 2008 年 9 月 6 日～2009 年 3 月 9 日[图 7.33（a）]，大马庄村出现类似现象的时间段为 2008 年 9 月 6 日～2008 年 12 月 19

日和 2009 年 9 月 9 日～2010 年 1 月 25 日[图 7.33（c）]。两沉降中心，三次出现沉降停止现象的开始时间都在 9 月初，结束时间为当年年底或来年年初。这种现象可能是汛期的大量降水使得地下水埋深有所减小（表 7.6），进而在汛期结束时（9 月）这部分补充的地下水可以抵消地表较长一段时间地下水的抽取量，使得地表沉降出现一段“暂停期”。

叩庄村[图 7.33（b）]和黄官屯村[图 7.33（d）]出现沉降速率迅速变缓现象的时间节点分别为 2007 年 10 月 26 日、2008 年 12 月 19 日（叩庄村）和 2008 年 6 月 6 日、2010 年 7 月 28 日（黄官屯村）。根据形变时间序列特征节点时刻及表 7.6，分析沉降出现减缓可能的原因，比较 2007 年初至 2010 年底各相同时间点地下水埋深情况，发现在此期间研究区地下水埋深出现不断变浅的趋势，这是引起沉降减缓的主要原因。然而，由于各沉降中心地下水抽取情况、地质条件和地表人类活动等情况不完全相同，各年降水情况也有所差异，使得叩庄村和黄官屯村沉降开始减缓的时间点有所差异。但是，叩庄村沉降两次减缓开始的时间点均位于汛期结束后（10 月 26 日和 12 月 19 日），黄官屯村对应的时间节点均位于汛期开始不久（6 月 6 日和 7 月 28 日），各沉降中心具有一定的一致性。

此外，三个沉降中心均位于河流附近，叩庄村位于北排水河南岸，谭缺屯村位于京杭运河东侧，大马庄村位于南排水河南侧，因此有必要分析研究区水系空间位置与地表重点沉降区域之间的关系。

3. 津浦铁路沿线沉降情况分析

津浦铁路为京沪铁路的一部分，北起天津北站，南至江苏浦口，全长 1009.480 km，是我国主要的铁路交通线。津浦铁路由南至北穿过研究区，监测期间其沿线平均沉降速率如图 7.34 所示。

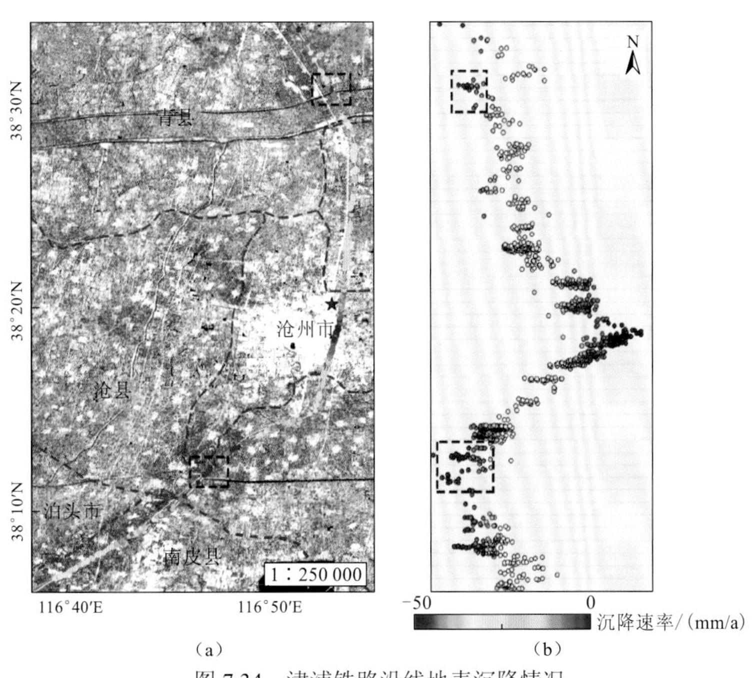

图 7.34　津浦铁路沿线地表沉降情况

由图 7.34 可知，研究区津浦铁路沿线最大沉降速率约为-50 mm/a，重点沉降区域位于沧县和青县段，沧州市内铁路段沉降速率较小。此外，在铁路与子牙河和南排水河的交叉点沉降速率均较大，如图 7.34（a）中矩形区域所示。

4. 沧州市区时序沉降分析

将沧州市区部分时序监测结果绘制出来，如图 7.35 所示。由图可知，沧州市区累积沉降量在空间上呈现出由外向里不断减小的特点，沧州市中心监测期间并无显著沉降。从地表沉降的发育情况来看，沉降最初出现于沧州市南北两端；随着监测时间的不断累积，沉降范围由南北两端向市区东西两侧慢慢扩展，且累积沉降量不断增大。监测期间沉降区域的相对空间位置没有发生变化，只是沉降范围和累积沉降量随着监测时间的累积不断增加。监测期间市区最大累积沉降量达-17 cm，位于沧州市中心的南北两侧。

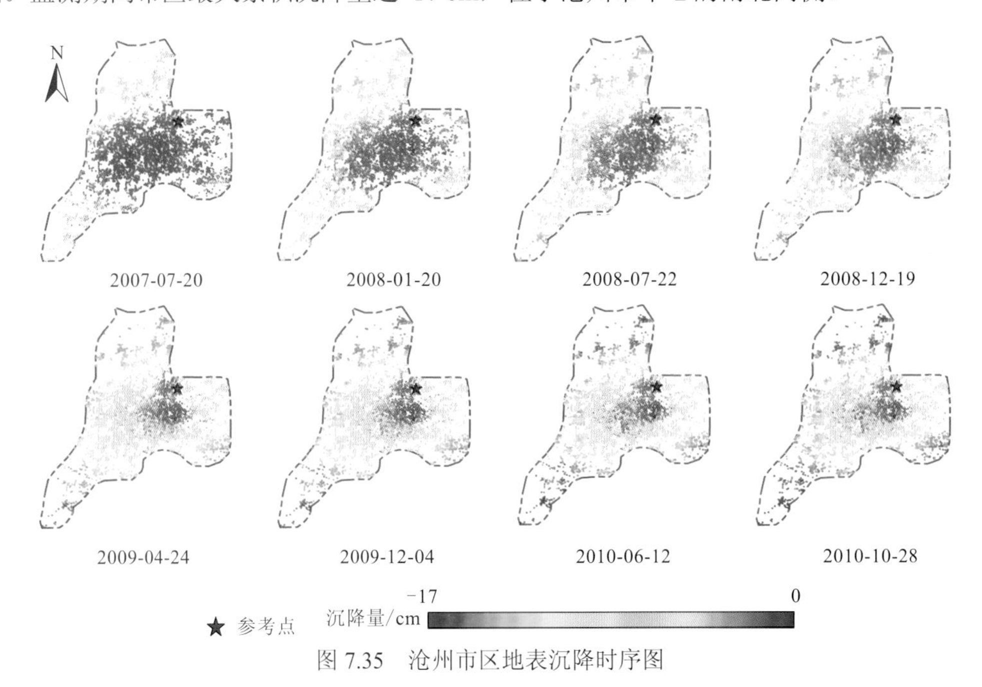

图 7.35　沧州市区地表沉降时序图

参 考 文 献

陈莹, 2012. 沧州市降水量变化对浅层地下水的影响. 地下水(3): 32-33.

蒋弥, 丁晓利, 李志伟, 等, 2009. 用 L 波段和 C 波段 SAR 数据研究汶川地震的同震形变. 大地测量与地球动力学, 29(1): 21-26.

刘金玉, 董航宇, 李海川, 2014. 沧州市近 60 年气温、降水变化特征分析. 安徽农业科学(20): 6722-6724.

刘振国, 2014. DInSAR 技术在矿区地表重复采动开采沉陷监测中的应用研究. 徐州: 中国矿业大学.

秦同春, 2010. 沧州地区地下水开采与地面沉降的关系. 水土保持应用技术(1): 39-41.

王振杰, 2003. 大地测量中不适定问题的正则化解法研究. 北京: 中国科学院研究生院.
闫建伟. 汪云甲, 陈国良, 等, 2011. 钱营孜煤矿地表沉陷的 D-InSAR 监测. 金属矿山(3): 105-107.
俞晓莹, 2012. 改进的 SBAS 地表形变监测及地下水应用研究. 长沙: 中南大学.
邵倩倩, 2016. 基于 InSAR 时序分析技术的任丘地区形变监测研究. 徐州: 中国矿业大学.
赵峰, 2016. 多平台时序 InSAR 技术的地表形变联合监测方法研究. 徐州: 中国矿业大学.
张瑞, 2012. 基于多级网络化的多平台永久散射体雷达干涉建模与形变计算方法. 成都: 西南交通大学.
朱菊艳, 2014. 沧州地区地面沉降成因机理及沉降量预测研究. 北京: 中国地质大学(北京).
BERARDINO P, FORNARO G, LANARI R, et al., 2002. A new algorithm for surface deformation monitoring based on small baseline differential SAR interferograms. IEEE Transactions on Geoscience and Remote Sensing, 40(11): 2375-2383.
DELEDALLE C A, DENIS L, TUPIN F, 2011. NL-InSAR: nonlocal interferogram estimation. IEEE Transactions on Geoscience & Remote Sensing, 49(4): 1441-1452.
FERRETTI A, PRATI C, ROCCA F, 2000. Nonlinear subsidence rate estimation using permanent scatterers in differential SAR interferometry. IEEE Transactions on Geoscience and Remote Sensing, 38(5): 2202-2212.
FERRETTI A, PRATI C, ROCCA F, 2001. Permanent scatterers in SAR interferometry. IEEE Transactions on Geoscience and Remote Sensing, 39(1): 8-20.
HANSEN P C, O'LEARY D P, 1993. The use of the L-Curve in the regularization of discrete Ill-Posed problems. Siam Journal on Scientific Computing, 14(6): 1487-1503.
HANSSEN R F, 2001. Radar interferometry: Data interpretation and error analysis. Delft: Delft University of Technology.
HOOPER A, SEGALL P, ZEBKER H, 2007. Persistent scatterer interferometric synthetic aperture radar for crustal deformation analysis, with application to Volcán Alcedo, Galápagos. Journal of Geophysical Research-Solid Earth, 112(B7): B7407.
HOOPER A, ZEBKER H A, 2007. Phase unwrapping in three dimensions with application to InSAR time series. Journal of the Optical Society of America A Optics Image Science & Vision, 24(9): 2737-2747.
HOOPER A, ZEBKER H, SEGALL P, et al., 2004. A new method for measuring deformation on volcanoes and other natural terrains using InSAR persistent scatterers. Geophysical Research Letters, 31(23): L23611.
TIKHONOV A N, ARSENIN V Y, 1978. Solution of Ill-Posed problems. Mathematics of Computation, 32(144): 491.
ZHANG L, DING X, LU Z, 2011a. Ground settlement monitoring based on temporarily coherent points between two SAR acquisitions. ISPRS Journal of Photogrammetry & Remote Sensing, 66(1): 146-152.
ZHANG L, DING X, LU Z, 2011b. Modeling PSInSAR time series without phase unwrapping. IEEE Transactions on Geoscience & Remote Sensing, 49(1): 547-556.

第 8 章　草原区煤电基地生态扰动与修复评价

草原区煤电基地开发给区域生态环境系统带来了巨大冲击，引发众多生态问题，如土地损毁、地下水位下降、大气污染等，生态扰动表现方式和演变机制各不相同（汪云甲，2017），累积效应显著，严重影响区域能源保障和生态屏障作用的发挥，实现煤电基地生态环境实时监测和合理评价，为煤电基地生态环境保护和修复补偿监管提供依据，能够有效促进煤电基地生态文明建设。本章选择内蒙古锡林郭勒盟胜利煤电基地为典型研究区域，基于多源空间动态监测技术，应用系统分析方法，对该区域生态环境时空状况进行扰动规律分析与监测评价。

8.1　草原区煤电基地概述及其典型研究区域

8.1.1　草原区煤电基地概述

1. 草原区煤电基地

草原区煤电基地，指在草原区这种特殊的生态环境下开发的动力煤矿区，根据煤的产量和储量，有计划地建设电厂群，以向外输电为主要目的，其涵义已超出了煤矿区（矿区）的定义范畴。

1）煤矿区（矿区）

煤矿区（矿区）是建立煤电基地的基础。《辞海》中，矿区被定义为“统一规划和开发的含矿（煤）地段”，各定义都是从规划和开采的角度进行界定的，认识和研究的角度不同，定义的侧重点也不尽相同，可侧重开采、可侧重行政管理、可侧重经济与社会发展、可侧重生态环境。从矿区生态环境角度出发，可认为矿区是一个由煤炭资源开采、加工和利用而逐渐形成起来的、受到不同时空尺度的各种行为（干扰）联合影响的多维、连续和动态的区域。

2）火电厂区

煤电基地建立的电厂以火电厂为主，作为煤炭资源的主要消耗和利用的渠道，根据规模大小需要占用一定的土地面积。火电厂的建立同样具有煤矿开发的经济和社会效益，但是具有对环境的污染大的特点，特别是空气和水。

3）煤炭城镇

煤炭城镇，即伴随着煤炭资源开发而生、或发展和壮大起来的城镇，世界各地和我国都有很大一部分这样的城市，可谓“因煤而生、依煤而兴”（杨显明，2017），煤炭城镇分为两种，一种是以前就是行政中心或商业中心，已初具城镇规模，具备基本的产业结构，随着煤炭资源开发而发展壮大起来的，在煤矿衰竭后具备转型的能力，研究区域内的锡林浩特市就属于行政中心，目前为成长型煤炭资源城市；一种是随着煤炭资源开发后经过人口聚集而产生并不断发展起来的，主要依赖煤炭开发及相关产业，随着煤炭开采结束而逐渐消亡。由于两种煤炭城镇的发展模式和产业结构之间的差异，其对生态环境阶段性的影响不同，周期演替的形式也不尽相同。

4）煤电基地

煤电基地以煤矿区为基础，实现了煤电一体化，节约了燃煤的运输成本，稳定了煤和电的市价，从一定程度上解决了电力供应和煤矿运营的矛盾。煤电基地相比煤矿区，在具备煤矿区特点的同时，突出了煤矿与电厂群的主体性，在其不断发展相互作用的过程中，成为生态环境的两大扰动因素。目前，国内外对于煤电基地的定义讨论不多，都是将电厂群作为煤矿区的一部分，并未突出其影响主体性。

本章从区域生态环境的研究角度出发，提出了草原区煤电基地的定义：一个在草原区开发，以煤炭资源开采和火电厂群开发为主导产业，带动经济和社会发展，在各种不同尺度不同周期的因素联合扰动下的多维、动态、连续的生态空间载体。草原区煤电基地具备以下特性。

（1）时空外延性。煤电基地的规划和集中开发，一般是以行政区域或者以煤田范围为边界，然而从煤电基地生态环境研究的角度出发，明确的研究边界并不适宜。生态系统在空间上并没有明确的边界，煤电基地开发所带来的生态效应在空间上不仅包括矿山和电厂区，还包括周围受到影响的区域，如露天矿的剥离产生的粉尘、火电厂的废气排放、煤矿和电厂的废水排放等，其空间影响范围远远超过开发边界。同时，煤电基地的开发，具有一个较长的时间周期，但是无论是矿山还是电厂都有自己的运行周期，都会随着煤炭资源的逐渐枯竭而终结，但是其对环境的影响却依然存在，需要持续修复，否则会留下不可逆的环境效应。

（2）煤炭资源主导性。煤电基地生态区域虽是以煤炭开采、电厂开发和煤炭城镇发展为三大扰动源，但电厂的运行依赖煤炭资源，煤炭资源是城镇发展的动力和基础，煤炭资源在煤电基地开发过程中具有主导作用。

（3）周期扰动叠加性。煤电基地对生态环境的主要影响来源于煤矿开采和电厂开发，而按照开发规划，每一座煤矿和电厂都只有自己的生命周期，开发阶段不同，对生态环境的影响也不同，且不同阶段的扰动互相叠加，互相作用，最终形成一个综合生态效应。

（4）社会变迁性。煤电基地是社会的组成部分，具有社会的许多特性，会随着煤炭资源的开发而发展、进步、停滞、甚至倒退，人口聚集与转移、城镇发展与退化增加了煤炭基地研究的复杂性，社会变迁也是生态环境的重要影响因素。

2. 草原区煤电基地生态环境

生态环境是指影响人类生活和生产活动的各种自然力量或作用的总和，包括水资源、土地资源、生物资源及气候资源的数量与质量，关系社会和经济持续发展。生态环境是指生物及其生存繁衍的各种自然、经济与社会因素的总和，是一个复杂的大系统，是由生态系统和环境系统中的各个“元素”共同组成的，具有环境与资源的双重属性（王行风，2010）。

草原区煤电基地生态环境具有以下特点。

（1）本底生态脆弱性。草原区煤电基地大多分布在生态脆弱区。我国草原生态系统是欧亚大陆温带草原生态系统的重要组成部分，它的主体是东北—内蒙古的温带草原，常年干旱少雨，年平均气温较低，大型煤电基地的开发对该草原区的本底生态造成了一定的扰动，带来了一系列的环境问题，加剧了生态的脆弱性。

（2）综合开发复杂性。煤电基地是随着煤矿区和电厂群的不断开发而建立起来的，高强度的综合开发对原有生态环境的影响远远超出单一因素干扰，开发过程中不同扰动因素及它们的相互作用，增加了该生态环境的研究和评价的复杂性。

（3）周期演替平衡性。煤电基地中煤矿与电厂都有自己的开发和生产周期，对生态环境都有周期性的影响，每一个影响周期结束后，生态环境都会达到一个新的生态平衡，直至新的影响周期开始而产生新的生态系统，对生态系统的演替机理研究具有非常重要的意义。

（4）影响主体耦合性。煤矿、电厂和城镇作为草原区煤电基地生态环境的三大扰动源，其对生态环境的影响并不是简单的线性叠加，煤矿所产原煤的流向不同、流量不同，对生态环境产生的影响不同，且影响主体之间相互作用，制约与促进共存，形成耦合效应。

8.1.2 煤电基地开发扰动下的草原区生态环境变化

生态环境是指影响人类生存与发展的水资源、土地资源、生物资源和气候资源数量与质量的总称，其中，水资源、土地资源和气候资源是生物资源的载体，煤电基地的开发对草原区生态环境的扰动和破坏主要表现在土地环境、水环境和大气环境三个方面。

1. 土地环境

煤电基地开发对土地环境的影响最为直观，主要表现在挖损、压占、塌陷、占用及污染 5 个方面。

（1）挖损。煤电基地露天煤矿的开采，需要大面积剥离煤层上的覆盖物，使本底生态环境遭到众多扰动，地表形态、土地利用类型、植被覆盖遭到破坏，生物多样性、土壤类型发生破坏迁移。

（2）压占。露天煤矿开采过程中，大量剥离煤层覆盖物需要占用大面积排土场，煤矸石及其他固体废物也需要压占土地；井工煤矿建设中和生产中的排土、排矸、废石、废渣、尾矿会压占大量土地，被压占后的本底生态系统完全被破坏；火电厂主要的固体废物是粉煤灰，同样压占大量土地。排土场复垦不及时会带来大量扬尘，固体废物长期暴露会产生有毒物质并渗入周围土壤和水体，使环境逐渐恶化。

（3）塌陷。井工煤矿的开采对土地最直接、最根本的影响就是地表塌陷，塌陷坑地表形态、空间结构、营养结构和质量发生改变，给当地的建筑物、农业生产、林业生产、畜牧业生产带来不同程度的损害，影响居民生活和生态环境。

（4）占用。煤电基地建设过程中，除煤矿建设中工业广场、运煤铁路及供电通信线路等占用了大量土地外，大规模火电厂群的厂区建立、燃煤运输系统如皮带长廊等，也是草地和农田转化为工况建设用地的驱动力。

（5）污染。煤电基地固体废物不断排放并长期暴露在空气中，发生物理和化学反应，有毒矿物质不断侵入周围土壤和水体中；煤矿和火电厂向空中排放的 SO_2、NO_2 等有害气体，在空气中遭到氧化，并随雨水降落土壤中，使土壤发生酸化和盐碱化，影响草原植被和农作物的生长。

2. 水环境

煤电基地的开发对水环境的影响主要包括地表水系和地下水系。煤矿和电厂开发的地面空间占用对地表水系的影响较直观，引起地表河流断流，水域面积减小，长期堆积的固体废物污染地表水质，煤矿和火电厂向空气中排放的 SO_2、NO_2 等有害气体，在空气中遭到氧化，随雨水落入水中，污染地表水，并渗入地下水。

煤矿开采会破坏地下水系的多个含水层和隔水层，开采过程中不断排水作业，打破了地下水排泄-补给的平衡，使系统中的水大量流失，尤其是隔水层的贯穿，引起隔水层上部的地下水下漏，引起地下水位下降。

3. 大气环境

（1）烟尘。煤电基地露天开采所产生的固体粉尘直接对大气环境造成影响，危及工作人员和周围居民的身体健康。胜利矿区露天矿，常年降水量较少，气候干燥，由于露天开采爆破、运输、钻孔产生的粉尘难以得到抑制，其随风飘散，影响范围较大。同时，沿帮排土场和内排土场多为疏松裸露土壤和半裸露土壤，外排土场复垦也需要时间周期，矿区内全年风力较大，大风日数达 60～80 天，春秋两季容易刮风起尘。火电厂的排放物也是煤电基地大气粉尘的重要污染源。煤电基地内火电厂排放物也包含大量颗粒物，成为研究区域烟尘的主要有组织排放源。

（2）污染物。除露天开采排放大量无组织烟尘以外，煤矿煤自燃和煤矸石自燃同时排放 CO、CO_2、SO_2、氮氧化合物（nitrogen oxides，NO_x）等大气污染物。火电厂烟气排放的成分更多，不仅包含水蒸气和颗粒物，还有大量 CO、CO_2、N_2、SO_2、NO_x、重金属和微量元素，造成大气环境污染严重恶化。根据我国对火电厂大气污染物的排放标准，主要集中在 SO_2、NO_x 和烟尘，气溶胶光学厚度（aerosol optical depth，AOD）数值可以反映大气中烟尘的含量，而 NO_2 是 NO_x 中的主要成分。

8.1.3　典型研究区域概况

选择内蒙古中东部草原区胜利煤电基地作为研究区域，胜利煤电基地隶属于国家 9 个千万千瓦级大型煤电基地的锡林郭勒煤电基地，位于锡林浩特市西北郊，其包含的胜利煤田地理坐标范围为 115° 54′26″～116° 26′30″E，43° 54′15″～44° 13′52″N。考虑煤田南部紧邻锡林浩特市市区及坑口电厂规划的空间位置，且煤田外有国家级自然保护区，故以胜利煤田边界向外扩展 12 km 作为研究区域，面积约 2 029 km²，其区位如图 8.1 所示。

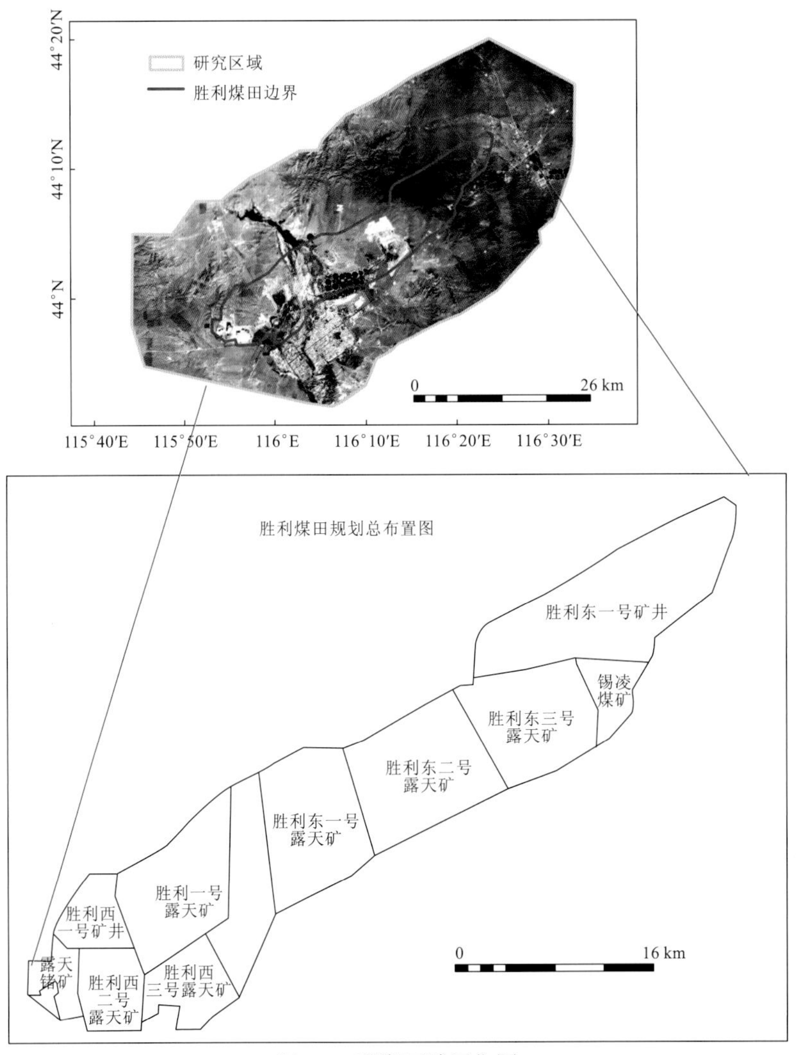

图 8.1　研究区域区位图

1. 研究区域选择的原因

选择该区域作为草原区煤电基地的研究对象，主要基于以下几点原因。

（1）生态本底脆弱。研究区域内以高地草原为主，位于我国最大的草原生态系统自然保护区内，属于中温带干旱半干旱大陆性气候，主要特点是风大、干旱、寒冷，是生态典型脆弱性区域。经过长期的煤电基地开发，大型露天矿不断剥离地表，排土场压占大面积草地，植被难以恢复，土壤侵蚀严重，地下水不断疏干，潜水位不断下降，造成严重的植被破坏，水土流失和粉尘弥散；大型火电厂的粉煤灰对草地的占用，以及气体排放物中 SO_2、NO_2、粉尘对空气质量造成了严重的影响，如图 8.2 所示。

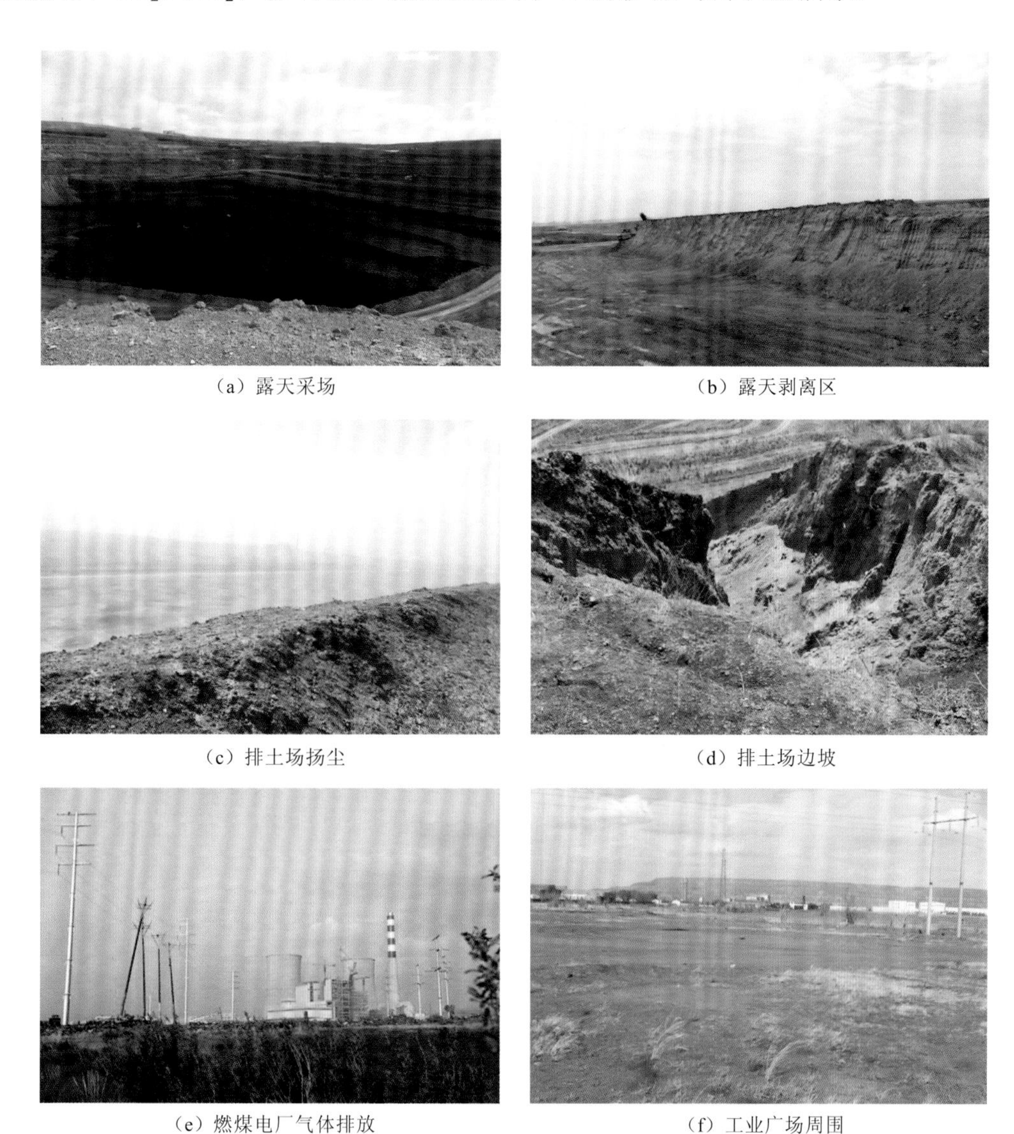

（a）露天采场　（b）露天剥离区

（c）排土场扬尘　（d）排土场边坡

（e）燃煤电厂气体排放　（f）工业广场周围

图 8.2　研究区域现场调查（2017 年 5 月）

（2）开发规模巨大。研究区域内胜利煤田呈北东—南西向条带状展布，平均走向长54.8 km，平均倾向宽11.9 km，面积653.9 km^2，查明地质资源量17656.63 Mt；胜利矿区规划将矿区划分为7个露天矿和3个井工矿，目前胜利一号露天矿、胜利西二号露天矿、胜利西三号露天矿、露天锗矿和胜利东二号露天矿已投产，其中胜利一号露天矿的规模最大；同时胜利煤电基地规划建设胜利坑口电厂（总规模16×660 MW）、大唐坑口电厂（总规模8×660 MW）、锡林热电厂（总规模4×300 MW，其中一期2×300 MW空冷机组已经投产）等电厂项目。

（3）开采时序较长。胜利一号露天矿前身为始建于1979年的乌兰图嘎煤矿，是胜利煤电基地开发最早的煤矿，开采规模不大，1980年其年产煤量为7.02万t，至2006年开采规模达到百万吨。按胜利煤电基地的整体规划，煤炭开采将持续到2070年以后，该区域的开采时序较长，对生态环境的影响也比较深远，生态环境需要长期监测及修复治理，对研究煤电基地开发对生态环境的影响规律及生态修复效果比较有利。

2. 研究区域自然地理概况

（1）气候条件。研究区域属于中温带干旱半干旱大陆性气候，主要气候特点是风大、干旱、寒冷。年平均气温为0～3℃，冬季寒冷漫长，夏季昼夜温差大；年平均降水量为295 mm，主要集中在6～9月，无霜期110～130天；全年平均风速为3～4 m/s，风向为偏西风，春季干燥少雨，时常伴有扬沙天气，空气质量差，可见度低。

（2）土壤及植被类型。研究区域内土壤类型与气候相适应，主要分布的土壤类型包括黑钙土、栗钙土和棕钙土，同时又有草甸土、沼泽土和盐碱土伴随发育，由于研究区域地质情况和土壤母质的特点，又极易形成风沙土。植被类型主要为草甸草原、典型草原、荒漠草原和沙地植被，同时又包含小面积沼泽植被、盐土植被等。

（3）水文与水系。锡林河为胜利煤田内唯一的一条河流，全长175 km，在锡林浩特水库以上135 km。由于该区域干旱少雨，降水对径流的贡献不大，河水主要依靠地下水补给，河水流量的多寡取决于上游水库的控制。目前，锡林河水库下游基本无地表径流。

（4）地形地貌。研究区域位于内蒙古高原的中东部，大兴安岭西延的北坡，研究区域呈NE—SW走向，西南、东北地势较高，锡林河纵贯其中，形成河间盆地，间有沼泽，多属于高平原丘陵地区、低缓丘陵地和沙丘沙漠，由于风大少雨的气候，本地区土壤侵蚀类型为风-水复合侵蚀。区域内海拔为939～1319 m，相对高差为380 m。

8.2 草原区煤电基地生态环境扰动源时空演变

煤炭资源在煤电基地开发中发挥着主导作用，煤矿开采、电厂开发及煤炭城镇建设是煤电基地生态环境的三大扰动源，煤矿开采带动电厂开发和城镇建设，三大扰动源都具有明显的生命周期，相互制约，相互作用。受资源赋存及开发等因素的影响和制约，煤电基地发展演化呈现明显的阶段性特征。本节从生命周期理论出发，研究煤电基地三大环境影响源的周期发展及阶段特性，综合认识煤电基地发展过程中的人口集聚、经济社会发展和空间扩展变化的特征，这对于研究煤电基地生态环境系统演化规律具有重要意义。

8.2.1 扰动源的时间发展趋势分析

1. 煤矿

煤矿开采具有其独特的生命周期机理，受煤炭资源可采储量的长度限制，可以分为初期发展阶段、加速发展阶段、稳定发展阶段和发展衰退阶段 4 个阶段。处于不同发展阶段的煤矿，生产组织的重点不同，煤炭资源开发、人口集聚特点不同，对煤电基地生态环境的影响形式、影响范围和影响程度也不同。图 8.3 所示为煤矿不同开发阶段和发展水平对煤电基地环境影响的程度，其中，P_1 为煤炭产量，V_1 为煤炭生产增长速率，max 为最大值。

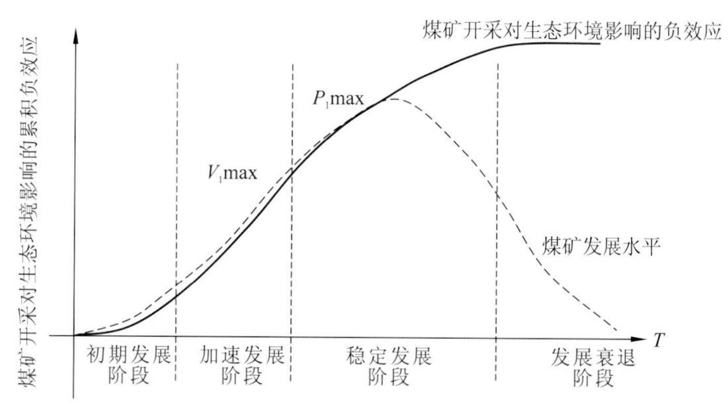

图 8.3 煤矿生命周期及其对生态环境影响示意图

（1）煤矿初期发展阶段，主要完成煤矿的基础建设工作，包括工业广场的建立、供水供电运输系统的建立、井工矿的井巷开拓、露天矿地面设施范围的清理和矿体疏干排水，人类的主要活动比较集中，对生态环境的影响主要表现在工业广场建筑物废弃物占地，开采实施范围的原有树木、房屋、河流、道路的破坏等，虽然土地利用、植被覆盖没有发生大的变化，但开采前期活动对原有生态平衡的影响已初见端倪。

（2）在煤矿加速发展阶段，煤矿开始投产且产量快速增加，带动相关产业迅速发展，人口加速聚集，本阶段煤矿开采对生态环境的影响主要包括井工矿地面开始出现塌陷，土地肥力、植被生产力下降，露天矿大面积剥离造成植被破坏、水土流失、粉尘飞扬，排土场压占大面积土地，煤矸石、粉煤灰等固体废物占地面积也逐渐增加，大量煤层气外抽，疏干水外排，使煤电基地的生态环境质量急剧下降，形成生态环境的负向扰动。与此同时，工业广场和交通线路开始绿化，部分排土场开始复垦，煤矸石、粉煤灰综合利用项目相继启动，生态修复陆续展开。

（3）在煤矿稳定发展阶段，煤炭资源年开采产量逐渐达到最高并保持稳定，人口聚居模式形成，开发规模虽然波动不大，但随着井工矿累积开采强度不断增加，导致地表剧烈沉陷，不同等级的道路及不同类型的建筑物遭到破坏，塌陷地出现大面积积水，煤矸石、粉煤灰占地进一步增加；露天矿剥离面积逐渐增加，排土场压占土地面积增加，植被遭到严重破坏，远远超出原有生态系统的自我恢复能力，生态环境逐渐恶化。在此阶段，前期的生态修复工程虽已初见成效，但很难恢复到采前水平，特别是生态环境受到煤炭开采影响的累积负效应逐渐增强，生态修复对生态环境的正向扰动很难与其抗衡，生态修复工程投入需要加强。

（4）在煤矿发展衰退阶段，煤矿产量逐渐降低，煤炭开采的主导作用逐渐减弱，煤炭城镇规模出现衰退，人口大量外迁，但由于煤炭开发对生态环境影响的滞后性和累积性，生态环境恶化并未减弱，加上衰老煤矿对生态环境治理的投资逐渐减少，很多生态问题难以修复，导致生态环境问题更加严重，直至打破原有生态平衡，开始新的周期演替。如果煤矿开采过程中能够持续开展生态修复工程，生态环境恶化程度会相对减弱，新的生态平衡更容易达到。

2. 火电厂

煤电基地火电厂的开发受煤炭开采的影响，具备企业生命周期的特点，从火电厂对煤电基地生态环境影响、社会效益和经济效益的角度出发，可将其分为 4 个阶段：建设阶段（规划、设计、施工、建造、安装、调试）、发展阶段（投产）、成熟阶段（稳定运行、维护）、衰退阶段（衰老、退役、拆除）。如图 8.4 所示，其中，P_2 为电厂发电量，V_2 为电厂发电量增长速率，max 为最大值。

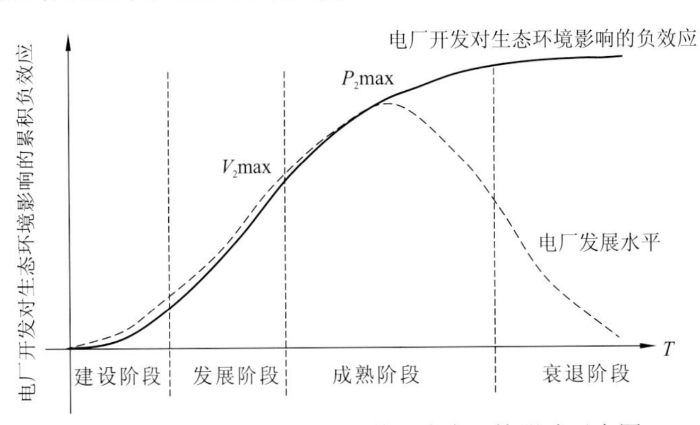

图 8.4　电厂生命周期及其对生态环境影响示意图

（1）电厂建设阶段，主要完成厂址划定、电厂发电系统、燃煤运输系统、洗选系统的建立，对于煤电基地环境的影响主要体现在土地压占和植被破坏两个方面。

（2）电厂发展阶段，从开始投产到达到设计生产能力，电厂迅速发展，各运输系统、洗选系统同步运行，需要大量的工作人员。本阶段电厂运营对生态环境的影响主要体现在“三废”排放上，电厂虽然具备石灰石制浆系统、SO_2 吸收系统、烟气系统、石膏脱水系统及工艺水系统，但仍然存在粉煤灰、脱硫石膏等固体废物压占土地，部分粉尘、CO_2、SO_2 和氧化氮排入空气，各种废水，如冲灰水、除尘水、工业污水、生活污水、酸碱废液、热排水等排出，给生态环境带来了巨大压力，且逐渐恶化。

（3）电厂成熟阶段，各系统运行稳定，电厂送电量稳定，本阶段对环境的影响也处于稳定状态，但是由于电厂对生态环境影响的累积效应，煤炭基地生态环境日益恶化，较为突出的是空气质量和水质量的下降。

（4）电厂衰退阶段，送电量下滑，或直接停产，面临退役拆除，聚集人口大量外迁，此时其“三废”已经停止，同样因为电厂开发对生态环境影响的滞后性和累积性，生态环境恶化在某一时间和某一空间达到峰值，并随着电厂拆除、人工修复和生态系统自修复而逐渐减弱，达到新的生态平衡，周期演替。

3. 煤炭城镇

根据煤炭城镇行政级别及发展规模，可分为地级市、县级市、县城、村镇及城市辖区或人口聚集点，许多煤炭地级市又包含多个因煤或厂而生的村镇或辖区，其兴衰发展源于煤炭开采，由于煤炭资源的不可再生特性，煤炭城镇也会因其而衰，符合初建、成长、成熟、衰退的周期发展规律（图8.5）。在其发展的各个阶段，都有其发展特性，对生态环境的影响也呈规律性变化。

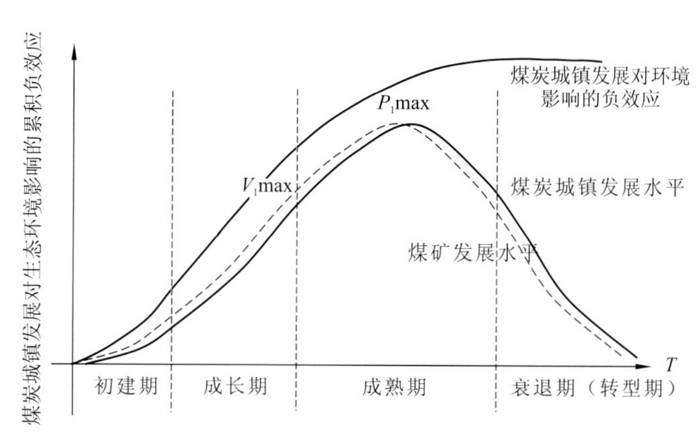

图8.5　煤炭城镇生命周期及其对生态环境的影响示意图

（1）初建阶段，主要由于煤炭开发初期带来的人口聚集需要解决基本生活问题，如食宿、购物等，这个阶段煤炭城镇的发展主要是空间的扩展，体现在建筑占地、垃圾堆放等，对所在区域的生态环境影响较小。

（2）成长阶段，从煤矿投产到煤炭生产速率增长率达到最大时点阶段，是煤炭城镇及其产业形成期，煤炭产业形成一定规模后，煤炭城镇发展进入稳定阶段。在这个发展过程中对生态环境的影响逐渐增加，土地大量占用，工业“三废”排放增加，人口迅速增加，同时需求增加，学校、医院、交通等公共设施相应而生。

（3）成熟阶段，煤炭城镇稳步发展，产业结构稳定，人口数量稳定，对原有生态系统的影响趋于稳定状态并逐渐累积，使环境逐渐恶化。

（4）衰退阶段（转型），受煤炭采储量的影响，采量逐渐减少，开采成本逐渐增加，煤炭产业主导地位急剧下降，有的小型城镇逐渐消亡，有的进入转型发展期，煤炭资源产业被新的主导产业培育所取代。此阶段对生态环境的影响逐渐减弱，并在某一时间累积达到影响最大值，并随着城镇消亡或转型开始新的周期演替。

8.2.2　扰动源的空间发展趋势分析

煤电基地中较大范围的煤田多是被划作若干区域，分阶段、分步骤地进行勘探和开发的，生态环境三大扰动源在空间区域内的扩展，是随着采矿点的形成而逐渐向外拓展的。尤其是煤电基地规划建设的电厂都是坑口电厂，在空间位置上更依赖于采矿点的分布，而煤炭城镇或者居民点的发展和形成，也是围绕煤矿、电厂这些主导产业阶段性扩展的，所以煤炭资源开发活动在空间上也逐渐向外拓展，煤电基地空间结构的演变呈现较明显的阶段性特点。

根据焦华富（1998）总结的矿区空间结构扩张演化规律，王行风（2010）将矿区空间发展分为 4 个阶段，分析了每个阶段的特点。本章从草原区煤电基地空间演替的特点出发，按点状、轴线和跳跃式扩张模式进行阶段分析。

（1）点状形成阶段（1979～2005 年）。本章以草原区胜利煤田为煤电基地建立研究区域，该区域在煤炭开发以前是典型的草原生态系统，西南向为锡林浩特市，研究区域内小规模的村镇居民点以点状形式分布，按照胜利煤电基地的总体规划，选择了距离锡林浩特市较近的、交通方便的 A 村镇、B 村镇作为首先开发的采矿点，并相继建立了电厂等相关企业，如图 8.6（a）所示。

（2）轴线扩展阶段（2005～2010 年）。为了方便各采矿点、电厂、企业之间的联系，形成了重要的交通轴线，同时，各采矿点、电厂及煤炭村镇也逐渐加强了与城区之间的联系，建立了新的交通轴线，并沿交通轴线形成新的聚居点，如图 8.6（b）所示。

（3）跳跃式扩张阶段（2010～2015 年）。随着 A、B 采矿点煤炭资源的开采，煤电基地经济发展迅速，规模也不断壮大，按规划形成新的采矿点，由于每个采矿点所辖煤炭资源范围的影响，采矿点及电厂、煤炭城镇扩展的形式多为蛙跳式的，如图 8.6（c）所示。由于胜利煤田与锡林浩特市的距离特较近，新形成的居民点周围学校、医院等配套设施发展并不明显。

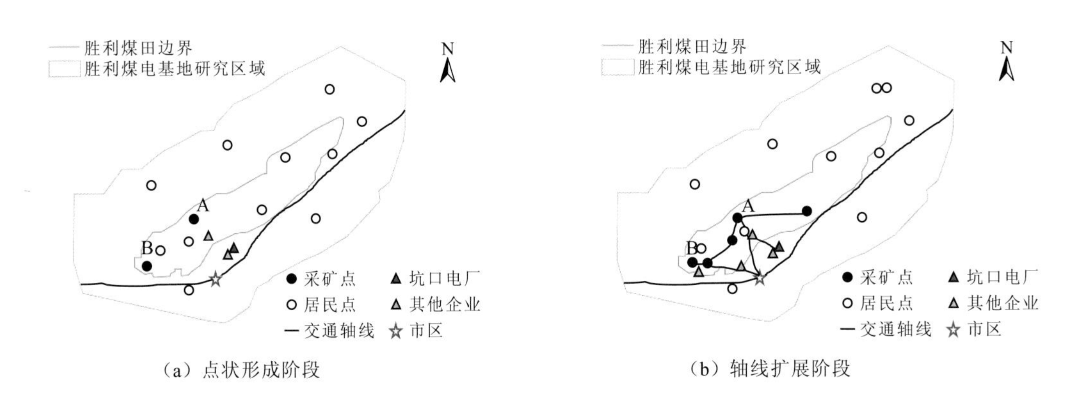

（a）点状形成阶段　　（b）轴线扩展阶段

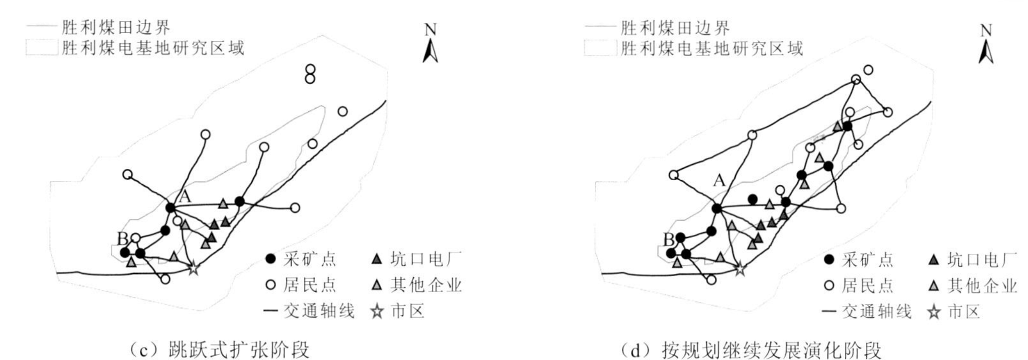

（c）跳跃式扩张阶段　（d）按规划继续发展演化阶段

图 8.6　草原区胜利煤电基地空间演替阶段分析

（4）按规划继续发展演化（2015 年起）。按煤电基地的开发规划，最后整个煤电基地形成不同等级的交通轴线连接而成的空间分布，其中煤电基地电厂规划的空间位置比较集中。随着部分井田可能资源逐渐耗竭，火电厂及其他煤炭洗选、深加工企业也将逐渐退役，小型居民点和煤炭城镇有待进行产业结构转型或逐渐消亡，如图 8.6（d）所示。

8.3　胜利煤电基地生态环境要素时空动态变化分析及扰动源识别

煤电基地中土地、水体和大气是识别该区域生态环境变化扰动源的空间载体。本节从土地利用类型、植被覆盖、土壤侵蚀及大气污染物监测 4 个方面出发，在胜利煤电基地尺度下，应用定性分析和定量评价的方法，研究煤电基地大型开发扰动下的生态环境时空动态变化效应，并进行扰动源识别。

8.3.1　土地利用类型时空演变格局分析

土地利用/覆盖的变化，表征了人类在资源利用中对土地、植被覆盖、景观格局的影响，是陆地生态系统变化的主要表现（史培军 等，2003）。土地利用类型的时空演变是分析植被变化、土壤侵蚀的基础，通过研究区域内土地类型的演变，识别土地利用类型演变的驱动因子，可为煤电基地生态环境评价提供依据。

1. 土地利用分类体系的构建

根据前文介绍的胜利煤电基地的地域环境特点，参照原国土资源部组织修订的国家标准《土地利用现状分类》（GB/T 21010—2017），将该区域内的土地类型分为草原、草甸、建设用地、露天矿区及电厂区、林地、耕地、水域及裸地，如表 8.1 所示。

表 8.1　胜利煤电基地土地利用分类表

编码	一级地类	涵盖的二级地类
1	草原	天然草地、人工牧场、其他草地等
2	草甸	沼泽草地
3	露天矿区及电厂区	露天矿矿坑、工业广场、排土场、煤仓等
4	建设用地	城镇、农村居民地 附属经济、教育、商业用地、工业建筑用地； 交通设施
5	林地	人工乔木等
6	水域	河流长度、湖泊水库面积等
7	耕地	饲料地、蔬菜大棚等
8	裸地	未利用地、裸地等

研究区域植被类型以典型草原为主，同时包含锡林河流域内的草甸草原，故将该区域内的草地分为草原和草甸两大类，同时为了突出煤电基地露天矿区及电厂区对生态环境的影响，将其从建设用地单独列出，为后续分析提供基础。研究区域内的林地以人工乔木为主，水域包含季节性河流锡林河及人工湖泊和水库等，耕地也较少，主要分布在城镇周边，以饲料地、蔬菜大棚为主，裸地主要包括一些遭到植被破坏的草地及未利用地等。

2. 土地利用类型的时空变化

本章选择美国陆地卫星 Landsat 系列携带的主题成像仪（theme imager，TM）和陆地成像仪（operational land imager，OLI）传感器的遥感影像，其空间分辨率为 30 m，进行土地利用类型的分类。经过遥感数据的预处理、分类与分类后处理，得到 1987～2017 年 30 年间 11 期的土地利用分类结果。图 8.7 为土地利用分类变化曲线，图 8.8 为 1987 年、1995 年、2004 年、2010 年、2015 年、2017 年 30 年间 6 期土地利用分类图。

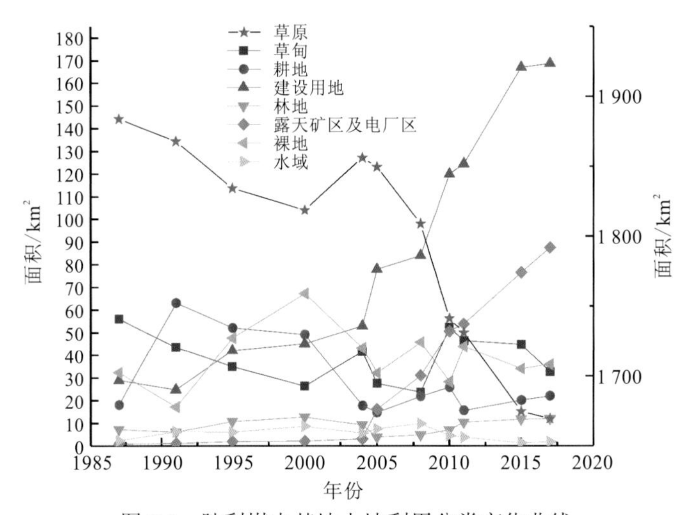

图 8.7　胜利煤电基地土地利用分类变化曲线

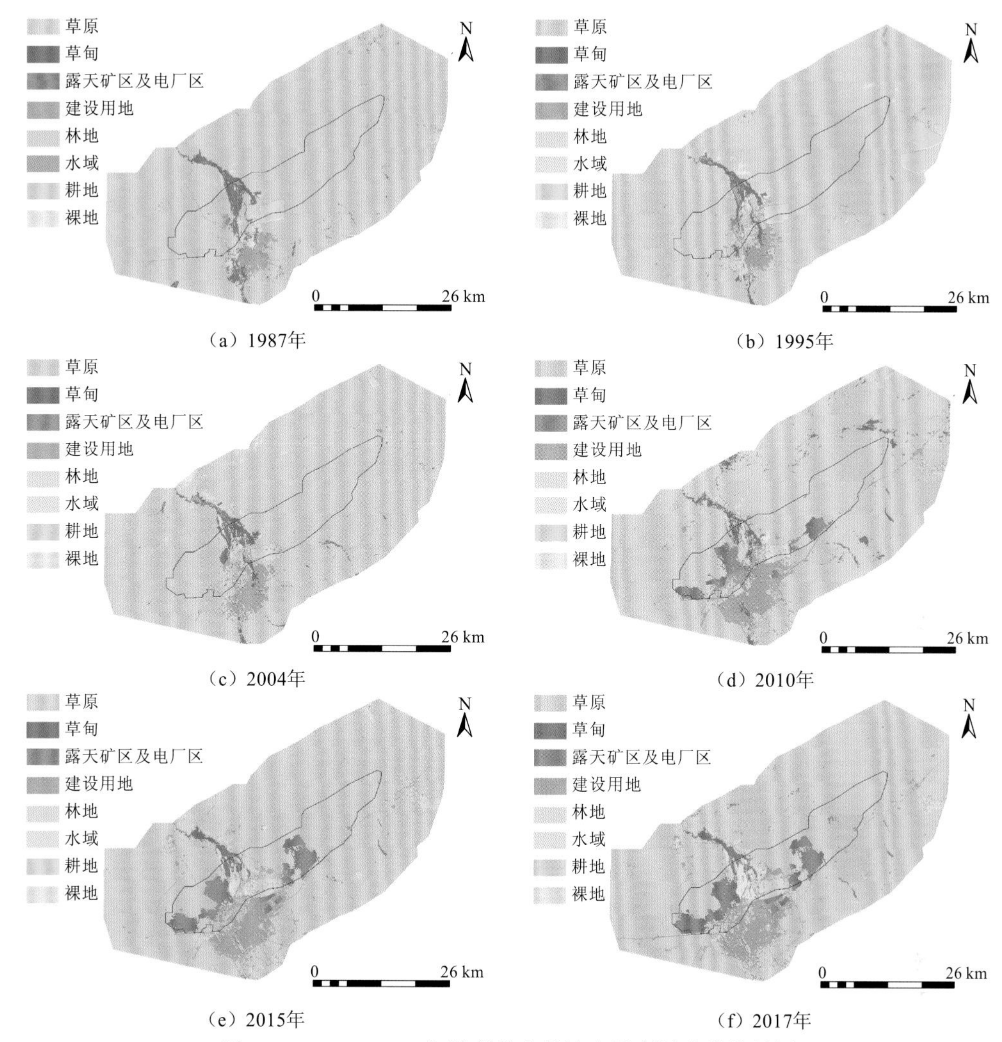

（a）1987年　（b）1995年　（c）2004年　（d）2010年　（e）2015年　（f）2017年

图 8.8　1987～2017 年胜利煤电基地土地利用分类结果图

由图 8.8 可知，胜利煤电基地的土地利用变化以草原的减少和建设用地、露天矿区及电厂区的增加为主要特征。为了研究在 30 年的时间内，各土地利用类型的变化受煤电基地开发影响的强度，将土地利用类型变化分为 1987～1995 年、1995～2004 年、2004～2010 年、2010～2017 年 4 个研究阶段，分别计算各土地利用类型面积变化的大小和速度。本节引用相关学者的土地利用动态度模型（朱会义和李秀彬，2003），其变化速率用 K 表示，计算方法为

$$K_i = \frac{A_{i,t2} - A_{i,t1}}{A_{i,t1}} \times \frac{1}{T} \times 100\% \tag{8.1}$$

式中：K_i 为土地利用类型 i 的动态度；$A_{i,t1}$、$A_{i,t2}$ 为 t_1 和 t_2 时刻土地利用类型 i 的面积；T 为研究时段所跨的年数。

由于该动态度模型反映的是不同用地类型在某个时段的变化速率，如果某一土地利用类型的面积基数较大，尽管在某一时段面积变化很大，其变化速率也可能低于面积基

数小、面积变化也小的土地类型，所以在利用土地利用动态度判断主要土地利用变化类型时，需要兼顾面积变化的大小。

从表 8.2 的统计结果来看，露天矿区及电厂区和建设用地的动态度最大，说明露天矿区及电厂区和建设用地的变化速率较大，增长速度较快，但是从变化面积来看草原的变化值在各时期都是最大的，说明草原、露天矿区及电厂区和建设用地为煤电基地内主要的变化类型，且此三种土地利用类型在 2004～2010 年的动态度最大，草原快速减少，露天矿区及电厂区和建设用地快速增加，尤其是露天矿区及电厂区的动态度达到了 246.44%，说明此阶段煤电基地的开发规模最大。从整体研究时段来看，各土地利用类型面积变化量表现为草原>建设用地>露天矿区及电厂区>草甸>耕地>裸地>林地>水域，动态度变化表现为露天矿区及电厂区>建设用地>耕地>草甸>水域>裸地>林地>草原，说明草原虽然动态度变化最小，但是其变化面积最大，仍然是研究区域内土地主要变化类型。

表 8.2　胜利煤电基地 4 个时间段各土地利用类型面积变化及其动态度

年份	统计形式	草原	草甸	露天矿区及电厂区	建设用地	林地	水域	耕地	裸地
1987～1995	面积变化/km^2	−49.40	−21.14	1.03	13.06	3.48	3.78	34.01	15.24
	动态度	−0.33	−4.71	13.37	5.63	5.91	19.59	23.44	5.88
1995～2004	面积变化/km^2	21.77	6.61	1.23	10.92	−1.48	−0.44	−34.33	−4.36
	动态度	0.13	2.10	6.86	2.88	−1.51	−0.78	−7.31	−1.02
2004～2010	面积变化/km^2	−114.95	10.67	47.50	67.05	−2.23	−1.13	8.04	−14.91
	动态度	−1.03	4.27	246.44	21.09	−3.97	−3.27	7.52	−5.75
2010～2017	面积变化/km^2	−71.72	−19.52	36.79	48.74	4.97	−2.75	−3.81	7.56
	动态度	−0.59	−5.34	10.37	5.80	9.95	−8.50	−2.10	3.81

3. 煤电基地土地利用类型转移驱动因子分析

1）煤电开发驱动指数的构建

土地利用类型变化及转移的驱动因子众多，且各因子相互影响、相互制约，驱动机制复杂烦琐，资源开发、城市发展、人口增长、气候变化等都是土地利用类型变化的驱动因子，煤电基地的开发作为资源开发中影响土地利用方式最直接最强烈的一种，主要表现在露天矿大面积的地表剥离，工业场地、运输线路的不断建设，与之配套的坑口电厂区不断扩建。同时，煤电开发促进城市工业不断发展，外来人口集聚，建设用地面积不断增加，二者具有空间上部分累积和叠加特性。

本章借鉴相关学者构建煤矿区采煤驱动指数的流程（孟磊，2010），通过煤电开发导致的各土地利用类型面积的变化量占总面积变化量的比重来评估煤电开发对煤电基地土地利用变化的强度，构建煤电开发单一地类驱动指数和综合指数（coal-electricity development land change driving index， C-EDLDI ）：

$$\text{C-EDLDI}_i = \frac{\Delta A_{m,i}}{\Delta A_i} \times 100\% = \frac{\Delta A_{m,i}}{\Delta A_{nm,i} + \Delta A_{m,i}} \times 100\% \tag{8.2}$$

$$\text{C-EDLDI} = \frac{\sum_{i=1}^{n} \Delta A_{m,i}}{\sum_{i=1}^{n} \Delta A_{nm,i} + \sum_{i=1}^{n} \Delta A_{m,i}} \times 100\% \tag{8.3}$$

式中：C-EDLDI_i 和 C-EDLDI 分别为煤电开发第 i 类土地利用类型变化驱动指数和煤电开发综合土地利用变化驱动指数；$\Delta A_{m,i}$ 为煤电开发导致的第 i 类土地利用类型的面积变化量；$\Delta A_{nm,i}$ 为非煤电开发导致的第 i 类土地利用类型的面积变化量；ΔA_i 为 i 类土地利用类型的面积总变化量，包括煤电开发和非煤电开发引起的。C-EDLDI_i 越大，煤电开发对第 i 类土地利用类型变化驱动力越强，反之越弱。

露天矿区及电厂区的面积变化是煤电开发最直接的驱动结果，本节在土地利用分类时已将露天矿区及电厂区从建设用地中单列出来，在不考虑驱动过程及其他间接驱动结果的情况下，通过计算各地类与露天矿区及电厂区之间的面积转移量，求得 $\Delta A_{m,i}$，再计算各地类与露天矿区及电厂区以外的其他地类之间的面积转移量，求和得到 $\Delta A_{nm,i}$，按上式计算得到 C-EDLDI_i 和 C-EDLDI，当 C-EDLDI_i 或 $\text{C-EDLDI} > 50$ 时，说明煤电开发成为某一土地利用类型或综合土地利用变化的主要驱动力。

2）煤电开发驱动力分析

根据本章构建的煤电开发单一地类驱动指数和综合指数的计算方法，得到胜利煤电基地 1987～1995 年、1995～2004 年、2004～2010 年、2010～2017 年 4 个研究时段的指数，如表 8.3 所示。草原的驱动指数最大，其次是建设用地和裸地，说明煤电开发对草原的驱动力大于其他地类，大部分露天矿区及电厂区均由草原转化而来。从综合驱动指数来看，煤电开发对胜利煤电基地土地利用类型变化的驱动是逐渐增强的，尤其是 2004 年以来，露天煤矿开采规模不断扩大，2010 年以来电厂开发规模也逐渐扩大，综合驱动力逐渐加大。

表 8.3　胜利煤电基地煤电开发土地变化驱动指数

土地类型	1987～1995 年	1995～2004 年	2004～2010 年	2010～2017 年
草原	0.89	3.11	26.03	31.47
草甸	0.01	0.14	0.03	0.05
建设用地	0.81	1.40	31.50	12.61
林地	0	0.27	6.17	0.21
水域	0	0	0.44	3.65
耕地	0	0	0	0.25
裸地	0.18	0.89	1.76	6.05
总计	1.30	1.83	20.87	27.30

8.3.2　植被覆盖时空变化检测

植被是地表生态的重要组成部分，在生态系统循环中起着至关重要的作用，是评价生态环境健康状况的敏感性指标，植被及其变化一直被各国学者和政府部门所关注。胜利煤电基地以露天开采为主，大面积的地表剥离与剥离物的堆积引起植被严重破坏，后续排土场复垦与植被修复成为煤电基地生态修复的主要任务。本节通过获取研究区域内的植被指数与植被覆盖度指标来分析和检测煤电基地开发引起的植被破坏及植被修复的时空变化。

1. 植被覆盖度时空变化检测测度方法

1）时空趋势分析法

趋势分析法一般是指对有关指标的各期对基期的变化趋势分析，从中寻找规律，并进行评价及预测预报（黄妙芬 等，2005）。一元线性回归分析是最常用的趋势分析法，可对栅格数据的每一个像元的变化趋势进行分析。本章选用该方法分析 1987～2017 年 30 年间的变化趋势，其计算公式如下：

$$\text{slope}=\frac{n\sum_{i=1}^{n}(i\times \text{NDVI}_i)-\left(\sum_{i=1}^{n}i\right)\times\left(\sum_{i=1}^{n}\text{NDVI}_i\right)}{n\times\sum_{i=1}^{n}i^2-\left(\sum_{i=1}^{n}i\right)}\tag{8.4}$$

式中：NDVI_i 为第 i 年的植被归一化指数（NDVI）值；i 为年序号（$1, 2, 3, \cdots, n$）；n 为总的年数。变化趋势可反映 n 年间区域内的 NDVI 变化趋势，某像元的趋势线为 n 年间 NDVI 值用一元线性回归方法得出的一个总的变化趋势，其中，斜率大于零说明 NDVI 的值是增加的，区域植被覆盖得到改善，斜率小于零说明 NDVI 的值是减小的，区域植被覆盖退化。

2）差值分析法

差值分析法是时空分析最直观、最简单的方法，通常通过求解相邻两指标之间的差量来分析其变化趋势，衡量其变化幅度（王劲峰，2010）。因此，本章通过差值分析法对不同年际的 NDVI 值、植被覆盖度值进行差值分析并制图。

利用差值分析法得到的差量，不仅要反映出相邻两指标之间的变化，同时在整个区域的分级统计中，每一个栅格指标的变化跃迁能够反映出其对整个区域变化的贡献度，转移矩阵的计算能够反映出各个分级统计的差值量的跃迁方向，其计算方法如下：

$$\boldsymbol{P}=\begin{bmatrix} P_{11} & P_{12} & P_{13} & & P_{1n} \\ P_{21} & P_{22} & P_{23} & \cdots & P_{2n} \\ P_{31} & P_{32} & P_{33} & \cdots & P_{3n} \\ \vdots & \vdots & \vdots & & \vdots \\ P_{m1} & P_{m2} & P_{m3} & \cdots & P_{mn} \end{bmatrix}\tag{8.5}$$

式中：$P_{ij}(i=1,2,\cdots,n;\ j=1,2,\cdots,n)$ 为由 P_i 到 P_j 的转移面积或转移概率。

3）空间关联法

时空趋势分析法和差值分析法都是从区域平均值及分级统计的角度对植被覆盖度的变化进行分析。为进一步研究研究区内各单元植被覆盖度的变化是否存在空间上的聚集性，揭示研究区域植被覆盖变化影响的显著程度和贡献度，从而分析煤电基地开发中露天矿开采、电厂开发及城镇发展等对植被覆盖度的影响效应，采用空间关联法进行分析。

采用空间自相关统计量 Global Moran's *I*、Getis-Ord General *G*、Getis-Ord GI*、Anselin Local Moran *I* 来测度植被覆盖度全局和局部的空间聚集性，Global Moran's *I* 和 Getis-Ord General *G* 属于全局统计量，能够反映整个研究区域指标值的空间关联模式，Getis-Ord GI*和 Anselin Local Moran *I* 属于局部统计变量，能够识别不同类型的空间聚集模式，即冷热点探测（王劲峰，2010）。

2. 植被覆盖度全局演变规律分析

本章通过两种方式获取 NDVI：一种方法是通过遥感影像反演 NDVI 值；另一种方法是直接下载应用 MODIS NDVI 产品（MODIS/Terra vegetation indices 16-Day L3 global 250 m SIN grid，MOD13Q1），其时间分辨率为 16 天，空间分辨率最大可达 250 m。

30 年来 11 期研究区域植被覆盖度的均值和方差的统计结果，如图 8.9 所示。从图中的发展趋势可以看出，胜利煤电基地植被覆盖度可以划分为三个明显的发展阶段，振荡上升期（1987～2004 年）、下降期（2004～2010 年）、上升期（2010～2017 年），植被覆盖度的离散程度 1987～2004 年总体上呈现逐渐聚拢的趋势，2005 年开始分散，2017 年又出现高度聚拢的状态。表明 2004 年以前，煤电基地开发规模小，研究区域内植被覆盖的空间异质性较小，分布较均匀；2005 年煤电基地开始大规模开发，研究区域内植被覆盖则出现明显的“高低分异”；2010 年后，各露天矿排土场复垦效果明显，则又向匀质分布发展，1987 年、2004 年、2010 年和 2017 年研究区域的植被覆盖度空间分布如图 8.10 所示。

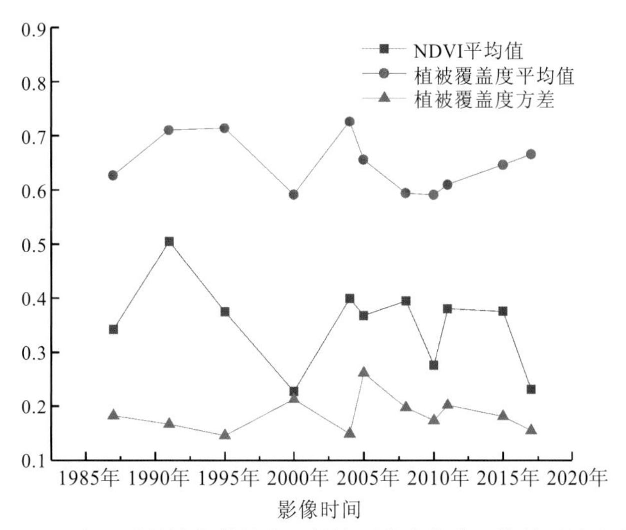

图 8.9　研究区域植被指数均值、植被覆盖度均值和植被覆盖度方差

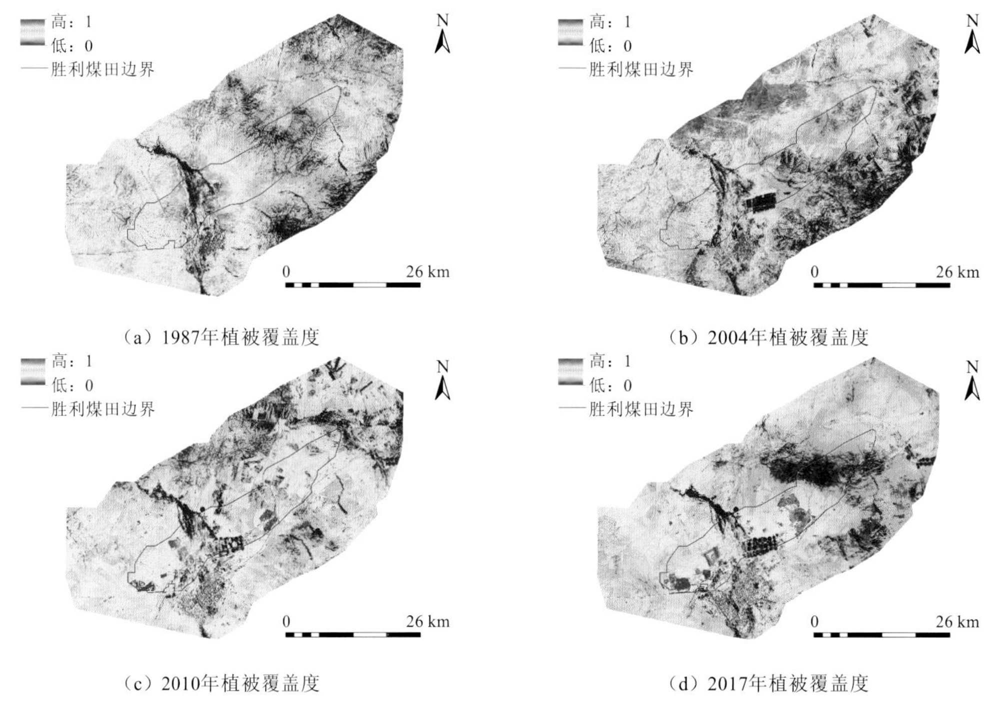

（a）1987年植被覆盖度　（b）2004年植被覆盖度

（c）2010年植被覆盖度　（d）2017年植被覆盖度

图 8.10　研究区域 30 年间 4 个重要转折时期的植被覆盖度空间分布图

1）1987～2004 年

2004 年以前，胜利煤电基地开发规模较小，植被覆盖度的变化主要受区域降水和放牧强度的影响。1987 年，沿锡林河流域两岸草地植被覆盖度较低，东北区域覆盖度较均匀，且覆盖度较高，沿锡林河两岸放牧强度较大；2004 年，随着国家禁牧政策的有效实施，研究区域内植被覆盖度整体得到提升，且分布较均匀。

2）2004～2010 年

2004～2010 年，按胜利煤电基地的规划和大规模煤炭资源的开发，露天矿的开采对地表的大面积剥离是影响区域内植被覆盖度的主要原因，且煤矿初建期间及首采区开采阶段排土场未复垦。与此同时，锡林浩特市城市规模不断扩大，建设用地与交通设施用地不断增加，植被破坏逐渐加剧。

3）2010～2017 年

2017 年，研究区域内植被覆盖度达到 2010～2017 年期间最大，与开发区域内排土场复垦效益有直接关系。

3. 植被覆盖度时空变化显著性检测及扰动源识别

前文基于研究区域植被覆盖度平均值的变化趋势讨论了胜利煤电基地 30 年间的植被覆盖度的全局变化规律。为了进一步明确研究区域内植被覆盖度的空间差异，识别植被覆盖度变化在空间上的聚集性，本节研究植被覆盖度高低聚集区域是否是草原区煤电基地植被覆盖变化的显著影响因素，从而分析露天矿开采、电厂开发及城镇发展的环境影响效应。

1）植被覆盖全局演变特征分析

根据1987～2017年30年间11期的植被覆盖度，计算研究区域内的Global Moran's *I*和General *G*的估计值[*G*(*d*)]及其相关指标（表8.4）。

表8.4　植被覆盖度全局演变空间关联性指标

年份	植被覆盖度平均值	变异系数	General Moran's *I*	*G*(*d*)	Z(*I*)	*Z*(*d*)
1987	0.626 583	0.031 594 319	0.796 864	0.000 00463	798.303834	794.787380
1991	0.710 313	0.031 594 145	0.795 041	0.000 00472	796.486898	792.188750
1995	0.713 657	0.031 594 003	0.736 78	0.000 00451	738.126635	734.191336
2000	0.591 331	0.031 594 177	0.893 537	0.000 00489	899.159539	890.567385
2004	0.726 113	0.030 520 682	0.837 948	0.000 00467	895.561311	749.675249
2005	0.655 572	0.031 594 430	0.763 709	0.000 00457	765.083986	761.070426
2008	0.593 997	0.031 594 129	0.867 510	0.000 00483	869.087754	964.821384
2010	0.590 629	0.031 594 446	0.806 498	0.000 00457	807.948705	804.337809
2011	0.609 319	0.031 594 161	0.860 170	0.000 00487	861.733246	905.301354
2015	0.646 061	0.031 593 955	0.806 695	0.000 00443	808.171694	791.001420
2017	0.665 247	0.031 594 446	0.817 079	0.000 00461	818.549140	813.277446

1987～2017年，Global Moran's *I*的估计值均为正值，检验结果显著，其数值分布较稳定，在0.73～0.90，同时具有一定的波动性，1995年和2000年尤为明显，30年间研究区域内植被覆盖度相似地区在空间上分布集中，总体平稳。同时，30年间研究区域内General *G*的观测值和期望值均为正值且非常接近，当a=0.05时，General *G*统计量十分显著，研究区域内高、低值集聚现象明显，可从以下几个不同阶段分析其集聚特点。

（1）1987～2000年，Global Moran's *I*和*G*(*d*)值分别由0.796 864和0.000 004 63迅速扩大到0.893 537和0.000 004 89，达到全期最大值；*Z*(*I*)值和*Z*(*d*)值也分别增长，由798.303 834和794.787 380增长到899.159 539和890.567 385，植被覆盖度差异显著扩大，植被覆盖度平均值降低。

（2）2004～2010年，2004年为全期植被覆盖度最高的一年，此期间为研究区域内五大露天矿全面大规模建设和投产阶段，植被覆盖度下降幅度较大，Global Moran's *I*和*G*(*d*)值有所波动，此期间的2008年，*Z*(*d*)值达到全期最大。

（3）2011年，研究区域内植被覆盖度平均值有所提高，但Global Moran's *I*和*G*(*d*)值较大，研究区域内植被覆盖度差异仍然明显。

（4）2011～2017 年，随着露天矿区土地复垦的不断开展，Global Moran's I 和 $G(d)$ 值逐渐下降，但由于露天采坑、剥离区及未复垦排土场的不断循环及城市不断扩张，研究区域内的植被覆盖度差异仍然显著。

2）植被覆盖度局部效应及冷热点探测

30 年间，研究区域内植被覆盖度差异显著，植被覆盖度高、低值集聚效应明显，Global Moran's I 和 General G 统计指标揭示了研究区域植被覆盖度的全局演变特征。为了深入揭示研究区域植被覆盖变化不同扰动源的空间变异程度，从局部单元或者小空间范围进行异质性分析。局部空间关联统计指标 Getis-Ord GI*能够探测局部空间的集聚程度，识别不同空间单元和范围的高值集聚区和低值集聚区，即热点区和冷点区的空间分布。由于研究区域内 2004 年开始露天矿大规模建设及开采，故选取 2005 年、2008 年、2010 年、2011 年、2015 年及 2017 年相对于 2004 年的植被覆盖变化作为统计量，利用 Getis-Ord GI*进行局部空间关联分析，形成研究区域植被覆盖度变化空间热点演变图（图 8.11）。

（1）从研究区域的各类型面积统计出发（表 8.5），其热点区域的面积基本保持平稳，2010 年数量略低；较热点区、次热点区、较冷点区、次点区、冷点区面积均有减少的趋势，其间也有波动，其中，2008 年的较热点区、2011 年的次热点区及 2010 年的冷点区面积增加最为明显。

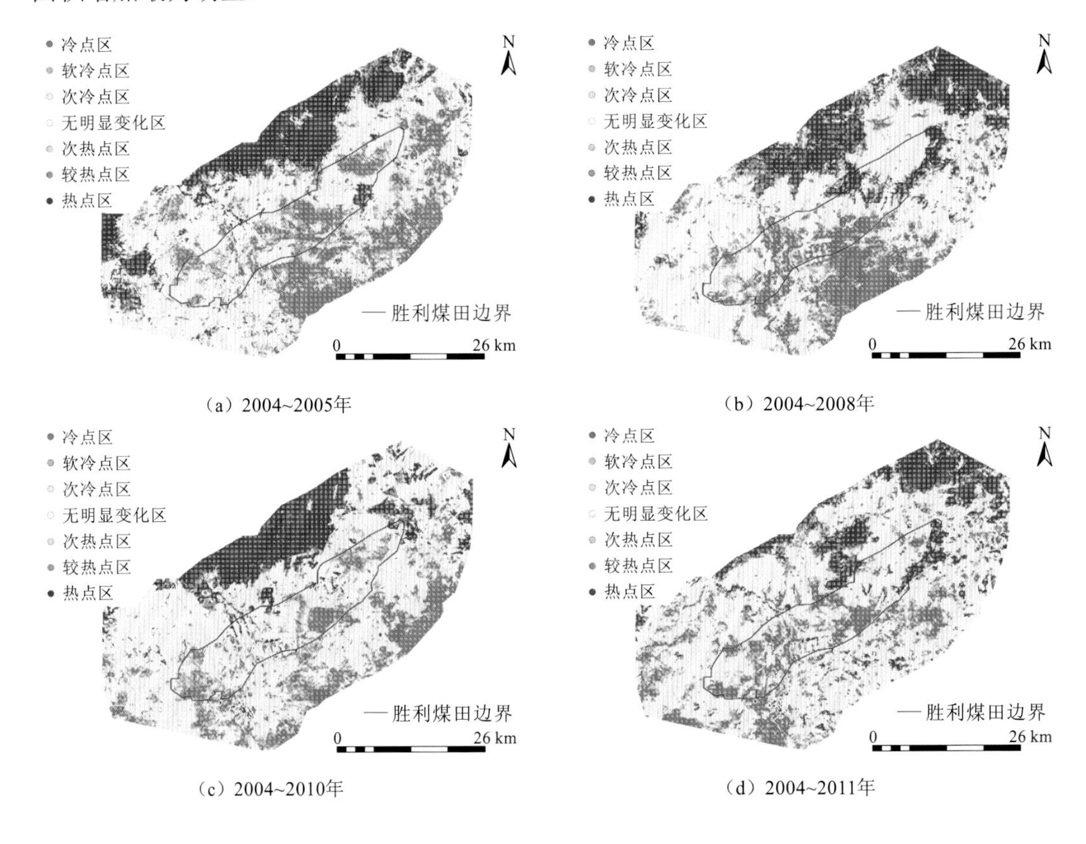

（a）2004~2005年　（b）2004~2008年

（c）2004~2010年　（d）2004~2011年

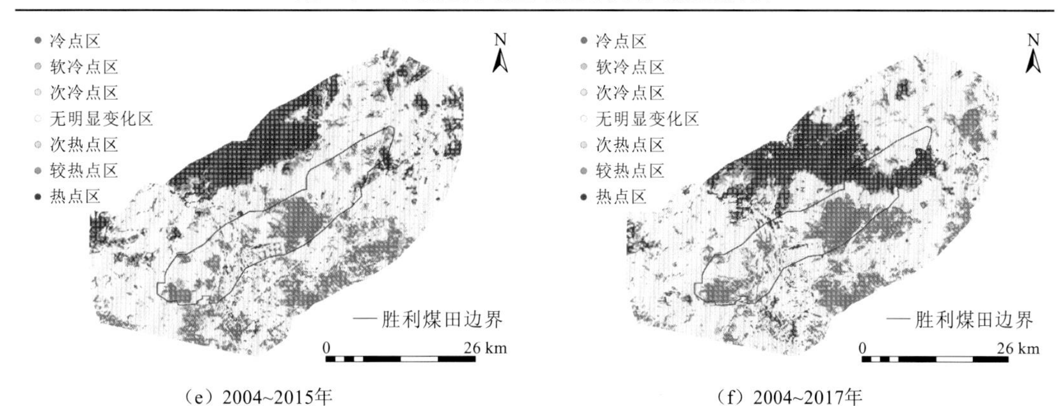

(e) 2004~2015年　　(f) 2004~2017年

图 8.11　胜利煤电基地植被覆盖度变化冷热点空间演变图

表 8.5　胜利煤电基地植被覆盖度变化热点分析各集聚类型面积统计

时段	冷点区域 /km²	较冷点区域 /km²	次冷点区域 /km²	较热点区域 /km²	次热点区域 /km²	热点区域 /km²
2004～2005 年	11.18	19.31	35.64	6.13	10.19	36.43
2004～2008 年	8.59	13.26	26.89	7.41	12.31	30.27
2004～2010 年	9.03	14.23	25.63	7.68	12.80	28.49
2004～2011 年	11.06	17.80	25.42	5.04	8.04	33.56
2004～2015 年	9.17	14.63	31.78	6.69	13.37	36.42
2004～2017 年	8.61	13.12	27.76	6.27	9.82	31.75

(2) 从各类型的空间格局分布和发展规律来看，大部分热点区域集中在胜利煤田边界的西北部，除 2008 年和 2011 年在东北角有明显集聚外，其他热点单元均为零散分布，零散分布的区域均为农田和人工乔木的栽植；冷点区空间格局则变化较大，2005 年开始逐渐集聚在锡林河两岸的胜利煤田内，由于胜利煤电基地开发的煤炭开采多以露天矿的形式开展，地表剥离面积大，植被破坏严重，开采初期未及时进行土地复垦，植被覆盖度陡降。

(3) 由于研究区域内冷热点演变中植被覆盖度的减少形成了冷点区聚集，2008 年开始冷点区在露天矿开采区形成大面积的组团，胜利一号露天矿于 2011 年实现内排后排土场大面积完成了绿化复垦，故 2015 年和 2017 年其区域内冷点聚集面积逐渐减少，并沿首采区开采方向移动；西二矿、西三矿、露天锗矿及东二矿冷点集聚明显。

植被覆盖度冷热点演变探测了研究区域内各年份植被覆盖度的空间变化状况，胜利煤田内锡林河两岸开发的露天矿冷点区聚集明显，为了研究煤电基地开发的一系列相关活动对研究区域植被扰动过程中是否存在空间上的不一致性，本章将研究时间周期按典型年份分为三个阶段：1987～2004 年、2004～2010 年、2010～2017 年，运用局部莫兰指数 Anselin Local Moran *I* 对研究区域植被覆盖度的变化进行聚类分析（图 8.12）。从图中可以看出，三个研究阶段均呈现明显的集聚效应，基本表现为“高-高”聚类和“低-

低”聚类，且各阶段集聚效应都发生了变化，即植被变化较大的区域分布比较集中，“高-低”聚类的情况非常少，其中 1987～2004 年，锡林河流域两岸“高-高”聚类明显，2004～2010 年，整个胜利煤田及其南部均呈现“低-低”聚类，2010～2017 年，胜利煤田露天开采区东二矿呈现明显的“低-低”聚类，其他区域“低-低”聚类减弱，说明煤电基地开发对植被的影响是先增强后减弱，且主要分布在露天开采区。

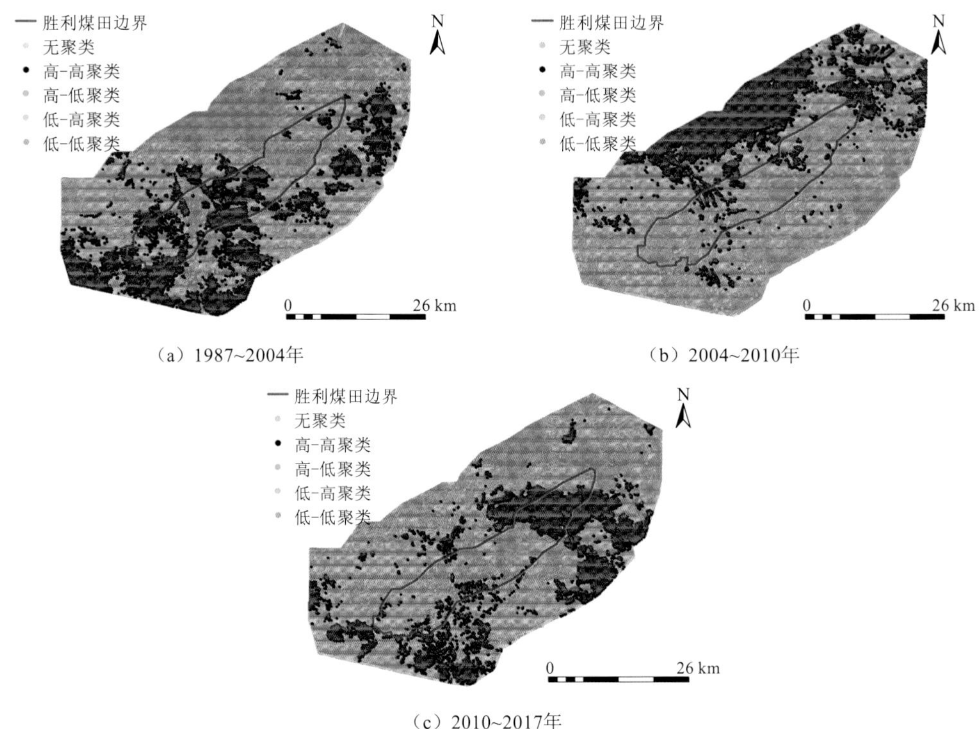

图 8.12　胜利煤电基地分阶段植被覆盖度变化聚类分析

8.3.3　土壤风-水复合侵蚀估算

我国东部草原区生态本底脆弱，处于干旱、半干旱的风-水复合侵蚀区域，近年来受气候变化及人类活动的综合扰动，草原植被正逐渐退化，土壤侵蚀日趋严重。夏、秋两季降水集中，多年平均 6～9 月降水量占全年降水量的 75%以上，以高强度降水形式出现，极易形成地表径流，造成土壤水蚀；冬、春两季大风集中，3～5 月大风日数占全年大风日数的 56.8%，土壤风蚀严重。胜利煤电基地属于土壤侵蚀风-水复合型，本节通过建立土壤侵蚀风-水复合模型对研究区域进行土壤侵蚀量估算，并进行时空变化评价。

1. 土壤侵蚀模型

1）土壤水蚀模型

本章采用修正通用土壤流失方程（RUSLE）来估算研究区域水蚀模数。其计算公

式为

$$A = RKLSCP \tag{8.6}$$

式中：A 为土壤水蚀模数[$t/(hm^2 \cdot a)$]；R 为降雨侵蚀力因子[$MJ \cdot mm/(hm^2 \cdot h \cdot a)$]，$K$ 为土壤可蚀性因子[$t \cdot h/(MJ \cdot mm)$]；L 为坡长因子；S 为坡度因子；C 为植被覆盖与管理因子；P 为水土保持措施因子。

2）土壤风蚀模型

根据我国的《土壤侵蚀分类分级标准》（SL190—2007）中关于风力侵蚀及其强度分级的判定标准，本章的研究区域属于二类风力侵蚀类型区，与巩国丽等（2014）基于风蚀模型（revised wind erosion equation model，RWEQ）计算的侵蚀模数相吻合，故利用该标准中植被覆盖度与侵蚀模数之间的关系，用最小二乘原理，建立了植被覆盖度与侵蚀模数之间的数量关系：

$$A_v = -47.07 \ln v + 217.25 \tag{8.7}$$

式中：A_v 为该区域风力侵蚀模数；v 为植被覆盖度；当 $p<0.01$ 时，$R^2=0.9481$，二者的相关性十分显著。

3）风-水复合模型

研究区域土壤风蚀主要集中在 3～5 月，土壤水蚀主要集中在 6～9 月，二者在空间上叠加、时间上交错，土壤侵蚀总模数可以利用水力侵蚀模数和风力侵蚀模数的空间叠加运算：

$$A_s = A + A_v \tag{8.8}$$

式中：A_s 为研究区域的土壤侵蚀总模数。

2. 土壤侵蚀因子的获取

1）地形因子

经现场调查，研究区域目前地形地貌变化的主要原因是露天矿开采产生的地表形变。随着胜利煤电基地的不断开采，井下开采产生的地表沉陷也将成为地表变形的主要因素。地形因子以数字高程模型为基础进行提取运算。

（1）多源多尺度本底 DEM 空洞填充。以受煤电基地开采影响较小的 2000 年航天飞机雷达地形测绘使命数字高程模型（SRTM DEM）30 m 分辨率数据为研究区域的本底 DEM，其数据质量直接影响后续提取地形因子的精度。SRTM DEM 的特点是存在一定的数据空洞。先进星载热发射和反射辐射仪全球数字高程模型（advanced spaceborne thermal emission and reflection radiometer global digital elevation model，ASTER GDEM）V2 数据则在 ASTER GDEM V1 版本上进行了空洞填充，数据保持了基本的完整性，但仍然存在噪声和异常值。若参照大多数 DEM 数据融合方法，直接利用 ASTER GDEM 对 SRTM DEM 的数据进行填充，填充结果仍然受 ASTER GDEM 精度的影响。

首先利用研究区域离散的高程点（来自于1986年研究区域基岩地质图）对ASTER GDEM进行高程精度校正，基于点面融合的方法，构建神经网络模型（岳林蔚，2017）对ASTER GDEM高程值的精度进行校正，针对每一个用于填充SRTM DEM空洞的数据块，构建GDEM与离散高程点的点对集合，建立其映射关系并进行样本训练。

利用精度校正后的ASTER GDEM数据块对SRTM DEM空洞进行填充，基于TIN差分曲面的填充算法，计算ASTER GDEM与SRTM DEM之间的垂直校正值。由于SRTM DEM空洞区域存在数据缺失，可利用空洞区域周围的数据来构建曲面，作为计算垂直校正值的基准面，利用该构建方法建立ASTER GDEM数据块的基准面，可表示为

$$S_f = A_c + S_b - A_b \tag{8.9}$$

式中：A_c为ASTER GDEM通过点面融合校正后的高程值；S_b和A_b分别为SRTM和ASTER空洞区域的基准面；S_f为填充后的SRTM曲面。

（2）多时相DEM获取。根据各个露天矿提供的实测2005年、2010年和2015年地形图中的高程点和等高线通过反距离插值法获取对应区域的30 m分辨率DEM，然后将各个露天矿的DEM与研究区域已填充2000年DEM进行叠置分析，得到2005年、2010年和2015年研究区域DEM。研究中通过地理信息系统软件利用检查点法对各时相的DEM进行精度估算，其中检查点来源于各露天矿的采掘工程平面图。后续煤电基地开发井工开采引起的地表沉陷，则可通过实测数据、无人机监测技术、雷达监测技术（郑美楠等，2020）、开采沉陷预计（刘玉成和戴华阳，2019）等方法获取数据，通过插值方法获取沉陷DEM并与本底DEM进行叠加，得到研究区域不同时期的DEM。

（3）地形因子的提取。地形因子包括坡度因子和坡长因子，其中DEM范围内地面上某点地形面与水平面的夹角即为该点的坡度，坡度越大，水流对土壤的冲刷量越大。坡长是指坡面上从地表径流产生的起点至径流产生堆积的位置或径流汇集到沟谷的距离，坡长越大，径流的速度就越大，汇聚的流量也越大，其侵蚀力就越强。

坡度因子S的算法（Farhan and Nawaiseh，2015）为

$$\begin{cases} S = 10.8\sin\theta + 0.03, & \theta < 5^\circ \\ S = 16.8\sin\theta - 0.05, & 5^\circ \leqslant \theta < 14^\circ \\ S = 21.91\sin\theta - 0.96, & 14^\circ \leqslant \theta \end{cases} \tag{8.10}$$

坡长因子L的算法（Sahli et al.，2019）为

$$L = (\lambda / 22.1)^\alpha \tag{8.11}$$

$$\alpha = \beta / (1+\beta) \tag{8.12}$$

$$\beta = (\sin\theta / 0.089) / [3.0(\sin\theta)^{0.8} + 0.56] \tag{8.13}$$

式中：θ为由DEM提取的坡度值；L为坡长因子；λ为由DEM提取的坡长；22.1为22.1 m标准小区坡长；α为坡度坡长指数。

基于2000年、2005年、2010年和2015年DEM，利用ArcGIS进行坡度因子和坡长因子的提取，如图8.13所示。

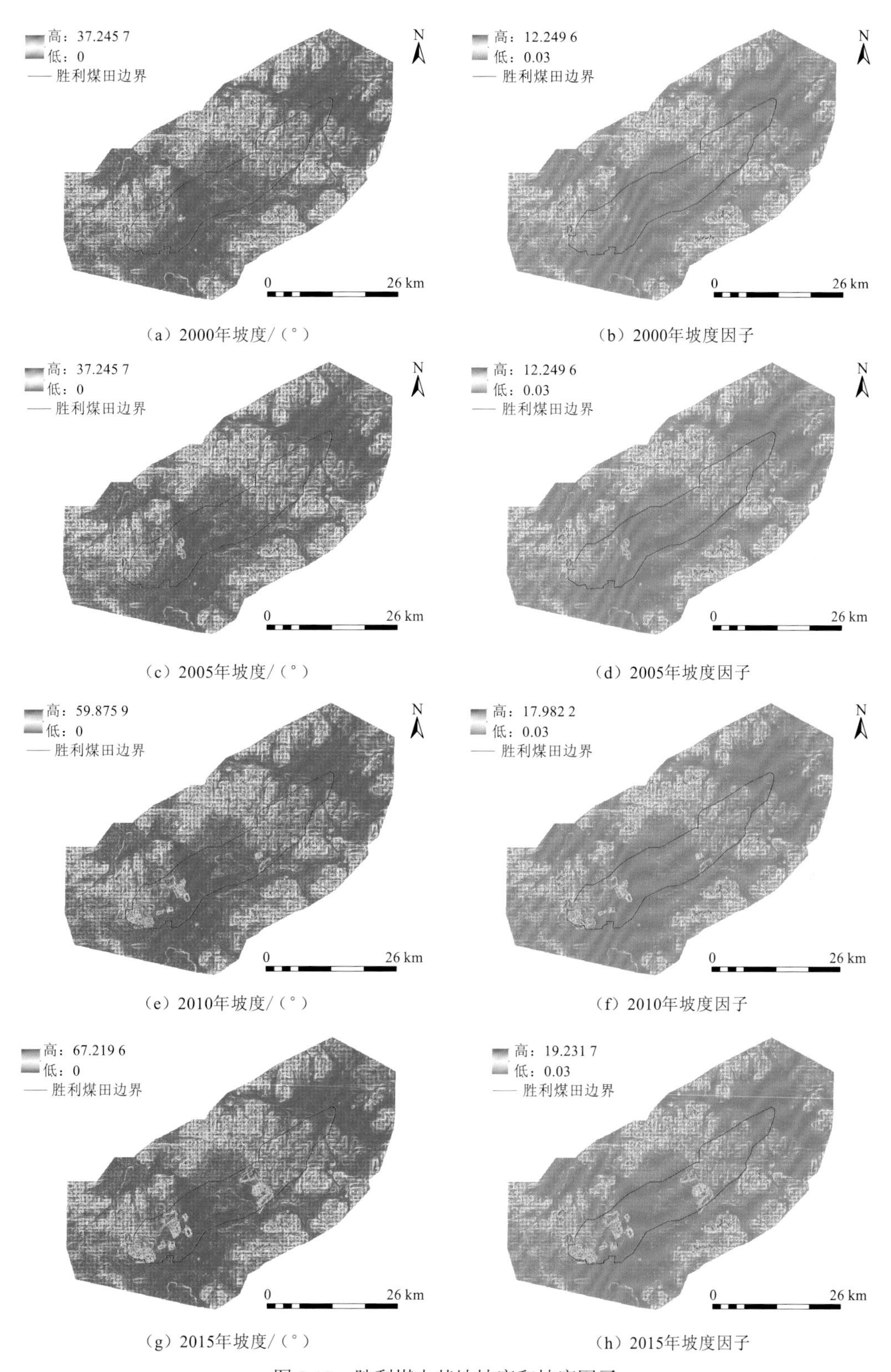

（a）2000年坡度/（°）　（b）2000年坡度因子

（c）2005年坡度/（°）　（d）2005年坡度因子

（e）2010年坡度/（°）　（f）2010年坡度因子

（g）2015年坡度/（°）　（h）2015年坡度因子

图 8.13　胜利煤电基地坡度和坡度因子

2）降雨因子

降雨是引起土壤侵蚀的驱动因素之一。侵蚀性降雨一般以日降雨量大于 12 mm 为标准，本章根据研究区域内的锡林浩特市气象区站点（区站号：54102）的监测数据（国家气象科学数据中心 http://data.cma.cn/），统计了 2000 年、2005 年、2010 年和 2015 年的侵蚀性降雨天数及降雨量，按照公式简易估算半月侵蚀力（章文波 等，2002），由此计算逐年降雨侵蚀力，如图 8.14 所示。

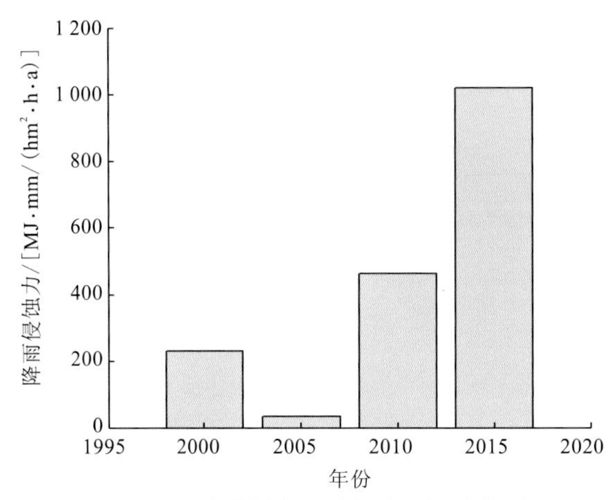

图 8.14 胜利煤电基地年降雨侵蚀力图

$$R_{半月}=\alpha\sum_{k=1}^{m}(P_k)^{\beta} \tag{8.14}$$

$$R_{年}=\sum_{1}^{24}R_{半月_i} \tag{8.15}$$

式中：$R_{半月}$为某半个月时段的降雨侵蚀力值[MJ·mm/(hm^2·h·a)]；m 为该半月内降雨量≥12 mm 的天数；P_k 为第 k 天的降雨量（mm），每月 1～15 天为一个半月时段，余下天数为另一个半月时段，全年共 24 个半月时段；$R_{年}$ 为年降雨侵蚀力[MJ·mm/(hm^2·h·a)]。

上式中 α 和 β 作为计算模型参数，可按式（8.16）和式（8.17）计算确定：

$$\beta=0.836\,3+\frac{18.144}{P_{d12}}+\frac{24.455}{P_{y12}} \tag{8.16}$$

$$\alpha=21.586\beta^{-7.1891} \tag{8.17}$$

式中：P_{d12} 为日降雨量≥12 mm 的多年平均日降雨量（mm）；P_{y12} 为日降雨量≥12 mm 年降雨总量的多年平均降雨量（mm）。

3）土壤可蚀性因子

胜利煤电基地位于锡林河流域，流域内栗钙土占流域总面积的 86.4%，除上游丘陵、岗地及东南部高台地分布有黑钙土以外其余几乎全部是栗钙土。通过下载的研究区域土壤类型图（图 8.15）可知，其中栗钙土是研究区域的主要土壤类型，石灰性草甸土、草甸沼泽土和潮土在沿锡林河两岸有少量分布。土壤可蚀性因子 K 的决定性因素是土壤颗

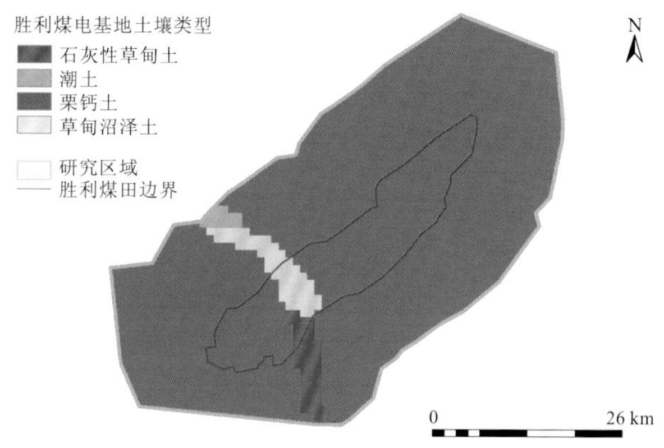

图 8.15　研究区域土壤类型

粒平均几何直径，受研究空间范围限制，土壤颗粒度受煤电基地开发的影响变异程度较小，可蚀性因子 K 可根据式（8.18）计算（周佳宁，2017），结果如表 8.6 所示。

表 8.6　研究区域土壤侵蚀因子

参数	栗钙土	石灰性草甸	草甸沼泽土	潮土
土壤侵蚀/[t·h/(MJ·mm)]	0.366	0.144	0.223	0.151

土壤可蚀性因子 K 可通过土壤粒级组成和土壤有机质含量计算：

$$K=\left[0.2+0.3\exp\left[0.025\,6\mathrm{SAN}\left(1-\frac{\mathrm{SIL}}{100}\right)\right]\right]\times\left(\frac{\mathrm{SIL}}{\mathrm{CLA}+\mathrm{SIL}}\right)^{0.3}\times\left[1.0-\frac{0.25M}{M+\exp(3.72-2.59M)}\right]\times\left[1.0-\frac{0.7\mathrm{SNI}}{\mathrm{SNI}+\exp(-5.51+22.9\mathrm{SNI})}\right]\tag{8.18}$$

式中：SAN 为砂粒含量；SIL 为粉粒含量；CLA 为黏粒含量；M 为土壤有机质含量；SNI 为砂粒系数；K 为土壤可蚀性因子[t·h/(MJ·mm)]。

4）植被因子

植被覆盖因子受煤电基地开发影响较大，特别是露天矿大面积地表剥离及排土场堆积，对区域内植被覆盖影响较大。利用第二节反演的区域内的植被覆盖度，通过文献（江忠善 等，1996）计算植被因子 C 的计算方法，得到植被因子的空间分布图。图 8.16 为 2000 年、2005 年、2010 年和 2015 年的植被覆盖因子。

$$C=\begin{cases}1, & v<5\% \\ 0.650\,8-0.343\,6\lg v, & 5\%\leqslant v\leqslant 75\% \\ 0, & v>75\%\end{cases}\tag{8.19}$$

式中：C 为植被覆盖因子；v 为植被覆盖度。

5）水土保持因子

水土保持措施一般包括耕作措施和工程措施，水土保持因子则指在有特定的水土保持措施下和未采取水土保持措施下坡面土壤流失量之比（刘宝元 等，2001）。本章的研

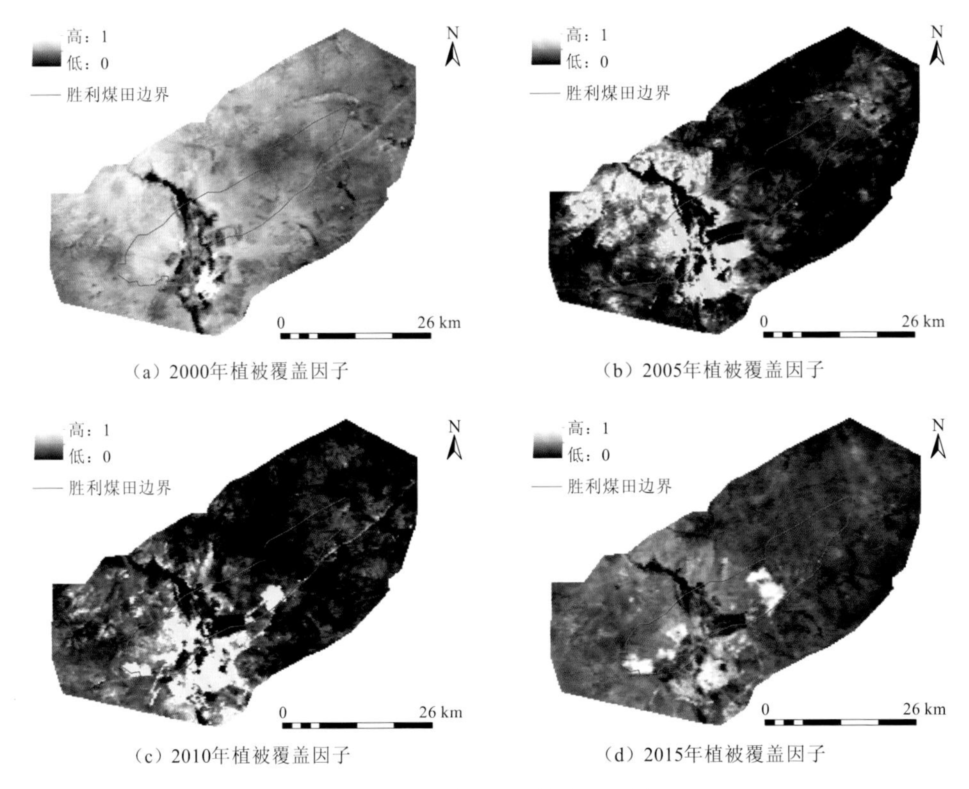

(a) 2000年植被覆盖因子　(b) 2005年植被覆盖因子

(c) 2010年植被覆盖因子　(d) 2015年植被覆盖因子

图 8.16　胜利煤电基地植被覆盖因子

究区域位于草原区，耕地和林地稀少，未发现有明显的梯田和鱼鳞坑等水土保持措施，P 的取值范围在 0～1，由于水域范围不产生水土流失，故设其水土保持因子为 0，其他区域的水土保持因子为 1。

3. 土壤复合侵蚀估算及时空变化分析

运用 GIS 栅格运算法将提取的土壤侵蚀因子及研究区域 3～5 月植被覆盖度平均值代入土壤风-水复合模型，得到研究区域 2000 年、2005 年、2010 年和 2015 年的土壤侵蚀模数和总侵蚀量，如表 8.7 所示。

表 8.7　研究区域土壤侵蚀模数及强度分级面积比例统计

年份	土壤平均侵蚀模数/[t/(hm²·a)]	总侵蚀量/（万 t/a）	微度侵蚀面积/km²	轻度侵蚀面积/km²	中度侵蚀面积/km²	强烈侵蚀面积/km²	极强烈侵蚀面积/km²	剧烈侵蚀面积/km²
2000	74.24	16 682.22	156.323 7	352.248 3	688.699 8	388.532 7	197.521 2	238.891 5
2005	25.94	58 27.44	328.648 5	777.398 4	737.551 8	129.086 1	42.224 4	6.939 9
2010	87.81	19 730.09	217.337 4	364.040 1	710.609 4	275.480 1	190.203 3	264.461 4
2015	222.77	50 048.49	85.514 4	278.416 8	511.577 1	298.119 6	291.748 5	556.590 6

1）土壤侵蚀的时间变化分析

根据研究区域风-水复合侵蚀的估算结果，2000 年和 2005 年未受煤电基地开发影响和影响较小时的土壤平均侵蚀模数分别为 74.24 t/(hm^2·a)和 25.94 t/(hm^2·a)，2005 年开始煤电基地开发规模逐渐扩大，2010 年和 2015 年的土壤平均侵蚀模数达到 87.81 t/(hm^2·a)和 222.77 t/(hm^2·a)，2000～2015 年增加了 200.07%；2000～2015 年研究区域土壤总侵蚀量由 16682.22 万 t/a 上升至 50048.49 万 t/a，增加了 33366.27 万 t/a。

参照《土壤侵蚀分类分级标准》（SL190—2007）将研究区域的土壤侵蚀模数进行侵蚀强度分级和面积比例统计，如表 8.7 所示，变化趋势如图 8.17 所示。2000 年土壤侵蚀各等级中强烈侵蚀、极强烈侵蚀和剧烈侵蚀占总比例的 40.97%。2005 年，土壤平均侵蚀模数相对于 2000 年减少了 46.3 t/(hm^2·a)，其中强烈侵蚀、极强烈侵蚀和剧烈侵蚀占总比例的 8.81%；2010 年，土壤平均侵蚀模数相对于 2005 年增加了 61.87 t/(hm^2·a)，强烈侵蚀、极强烈侵蚀和剧烈侵蚀所占总比例增加到 36.11%；2015 年，土壤平均侵蚀模数相对于 2010 年增加了 134.96 t/(hm^2·a)，土壤侵蚀模数剧增，强烈侵蚀、极强烈侵蚀和剧烈侵蚀所占总比例则增加到 56.70%。

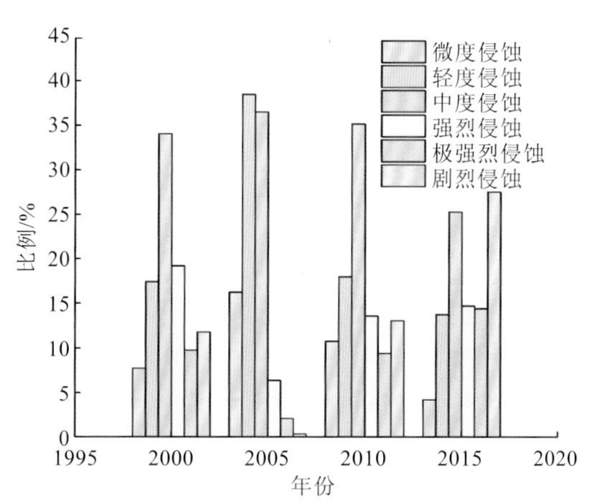

图 8.17　研究区域 2000 年、2005 年、2010 年和 2015 年土壤侵蚀分级比例变化趋势图

从分析结果可知，2000～2005 年，研究区域土壤侵蚀状况有所改善。这是由于 2000～2005 年全国范围内生态环境备受重视，通过开展“退牧还草”提高植被覆盖度，加之研究区域此期间受煤电基地开发影响非常小，土壤侵蚀状况得到改善。2005～2010 年，研究区域土壤侵蚀状况处于加剧状态，研究区域植被覆盖度降低，露天开采区域地形变化尤为凸显，降雨侵蚀力增强。2015 年，研究区域土壤侵蚀达到 2000 年以来最严重状态。

2）土壤侵蚀的空间变化分析

研究区域土壤风-水复合侵蚀分级空间分布如图 8.18 所示。综合分析研究区域四期土壤侵蚀等级的空间分布，锡林河两岸的土壤侵蚀等级基本保持在微度和轻度，其他坡度较小的区域基本保持在轻度、微度和中度侵蚀，而强烈侵蚀、极强烈侵蚀和剧烈侵蚀主要分布在坡度较大、植被覆盖度较低的区域。尤其是2010年和2015年，胜利煤田露天开采规模不断扩大，露天采场逐步开挖、排弃物大量外排，露天采坑、剥离区与排土场形成内低外高的鲜明地形，研究区域最大坡度角由本底37°上升到67°，且植被覆盖度极低，形成极强烈侵蚀和剧烈侵蚀的聚集区。

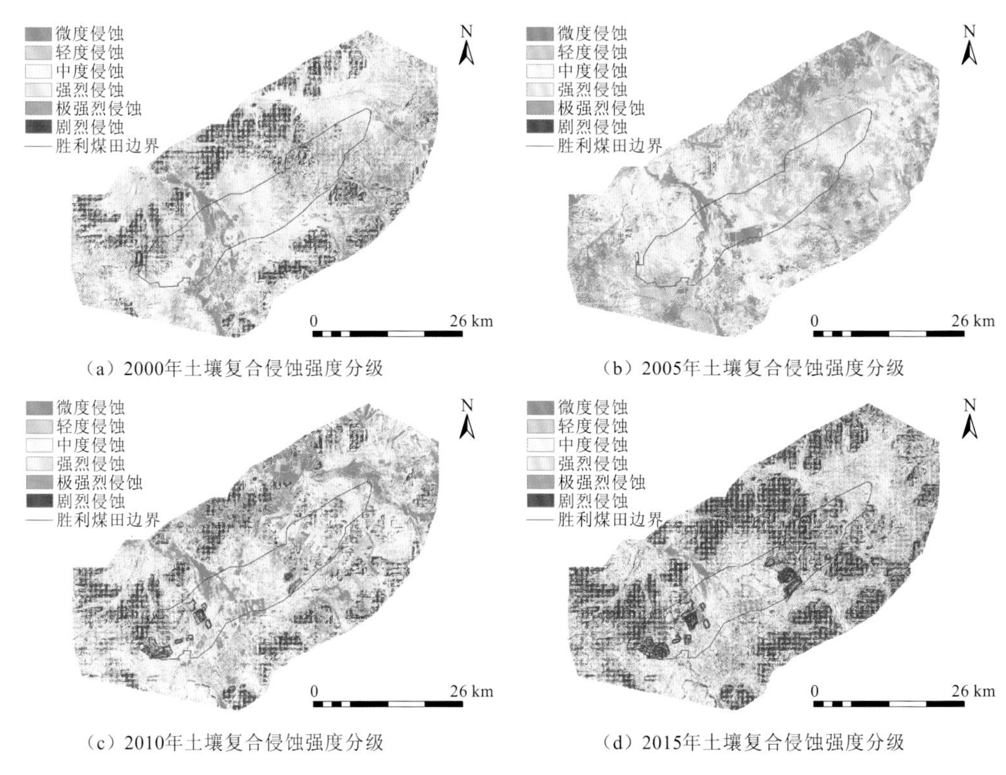

（a）2000年土壤复合侵蚀强度分级　（b）2005年土壤复合侵蚀强度分级

（c）2010年土壤复合侵蚀强度分级　（d）2015年土壤复合侵蚀强度分级

图8.18　研究区域土壤复合侵蚀强度分级图

4. 煤电开发对土壤侵蚀的影响分析

以胜利煤田边界为分界线，内部为受煤电开发影响的区域，外部为未受煤电开发影响的区域，对2000年、2005年、2010年和2015年的土壤侵蚀估算结果进行栅格运算，得到其平均侵蚀模数，如表8.8所示，其变化趋势如图8.19所示。2000年，研究区域内土壤平均侵蚀模数为74.24 t/(hm^2·a)，胜利煤田内部和外部土壤平均侵蚀模数分别为49.71 t/(hm^2·a)和88.35 t/(hm^2·a)，研究区域未受煤电开发影响时，胜利煤田土壤平均侵蚀模数内部低于外部；2005年，研究区域受煤电开发影响很小时，虽然整个区域受“退牧还草”的影响，土壤平均侵蚀模数明显降低，但胜利煤田土壤平均侵蚀模数内部却略高于外部；随着开发规模的不断扩大，研究区域2010年和2015年胜利煤田土壤平均侵蚀模数内部明显高于外部，煤电开发是导致研究区域土壤侵蚀恶化的主要因素。

表 8.8　研究区域胜利煤田内外土壤平均侵蚀模数统计

年份	土壤平均侵蚀模数 /[t/(hm²·a)]	胜利煤田内部土壤平均侵蚀模数 /[t/(hm²·a)]	胜利煤田外部土壤平均侵蚀模数 /[t/(hm²·a)]
2000	74.24	49.71	88.35
2005	25.94	26.82	25.69
2010	87.81	105.19	68.39
2015	222.77	264.46	190.80

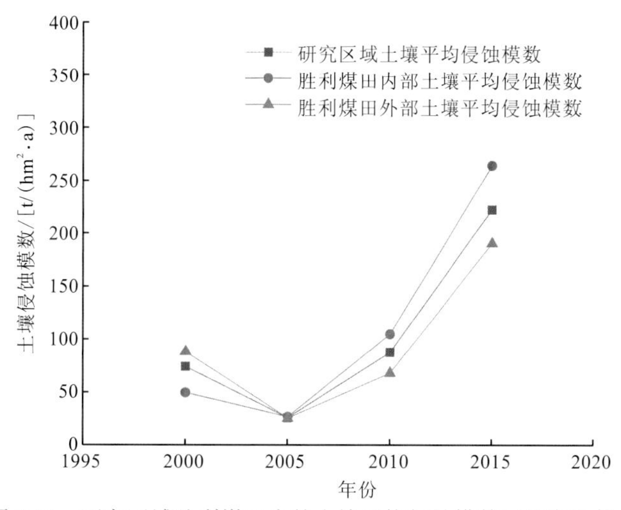

图 8.19　研究区域胜利煤田内外土壤平均侵蚀模数对比变化趋势

从 2000 年、2005 年、2010 年和 2015 年研究区域内土壤侵蚀模数变化分析结果可知，对侵蚀模数变化影响最大的是降雨因子、坡度坡长因子和植被因子的变化，其中受煤电基地开发影响变化最大的为露天开采区域内的地形因子和植被因子，地形因子可以认为是受露天煤矿开采的单一影响，植被因子则同时受气候因子、露天煤矿开采及其他因素的综合影响。

研究不同坡度、不同植被覆盖度与土壤侵蚀模数之间的关系，对于区域抗侵蚀研究有重要意义。在坡度较大的区域采取适当的水土保持措施，植被覆盖度较低的区域加强植被修复，对于煤电基地开发过程中对地形地貌变化的控制及植被修复的管理具有指导作用。

1）土壤侵蚀与坡度的相关性研究

参照《水土保持综合治理 规划通则》（GB/T 15772—2008），将研究区域 2000 年、2005 年、2010 年和 2015 年的坡度划分为 6 个等级，根据 2000 年、2005 年、2010 年和 2015 年的土壤侵蚀估算结果，采用分区统计的方法得到 2000 年、2005 年、2010 年和 2015 年研究区域不同坡度等级的面积比例、侵蚀模数、总侵蚀量比例、侵蚀等级和侵蚀模数与坡度的相关系数平均值，如表 8.9 所示。

表 8.9 研究区域不同坡度等级面积、土壤侵蚀模数及总侵蚀量统计

年份	参数	0°～5°	5°～8°	8°～15°	15°～25°	25°～35°	>35°
2000	面积比例/%	82	10.37	6.48	1.08	0.06	0.01
	侵蚀模数/[t/(hm²·a)]	37.77	151.71	345.70	888.08	1 639.93	3 224.36
	总侵蚀量比例/%	38.86	19.75	28.10	12.08	1.20	0.01
	侵蚀等级	中度	极强烈	剧烈	剧烈	剧烈	剧烈
2005	面积比例/%	81.91	10.41	6.52	1.10	0.06	0.01
	侵蚀模数/[t/(hm²·a)]	23.60	28.61	41.06	72.43	97.72	168.15
	总侵蚀量比例/%	74.82	11.53	10.35	3.07	0.22	0.01
	侵蚀等级	中度	中度	中度	强烈	极强烈	剧烈
2010	面积比例/%	81.06	10.53	6.98	1.35	0.08	0.01
	侵蚀模数/[t/(hm²·a)]	40.11	188.33	430.86	1 068.22	2 027.03	2 308.33
	总侵蚀量比例/%	32.98	20.11	30.49	14.64	1.68	0.11
	侵蚀等级	中度	剧烈	剧烈	剧烈	剧烈	剧烈
2015	面积比例/%	80.48	10.68	7.34	1.41	0.08	0.01
	侵蚀模数/[t/(hm²·a)]	132.11	353.13	739.04	1 509.95	2 492.82	6 809.17
	总侵蚀量比例/%	47.89	16.99	24.43	9.60	0.92	0.17
	侵蚀等级	极强烈	剧烈	剧烈	剧烈	剧烈	剧烈
2000～2015	侵蚀模数与坡度的相关系数平均值	0.086 8	0.262 1	0.360 7	0.382 7	0.390 1	0.391 6

2000 年，研究区域受煤电基地开发影响前，坡度<5° 的区域占总面积的 82%，表明地表坡度变化不大；2005 年，随着露天矿的不断开采，坡度>5° 的研究区域面积在逐渐增加，且主要分布在露天矿采坑、剥离区和排土场，经现场调查，造成这一变化的主要原因是露天矿采坑、剥离区及排土场的坡度角均在 18° 以上，其中工作帮整体坡高 220 m，煤层台阶坡面角 70°，岩石台阶 65°，剥离台阶坡面高度 10 m，采煤台阶坡面高度 10 m，排土场坡面角为 30°，坡面高度 15 m。

通过研究区域坡度与土壤侵蚀的相关性分析可以得出以下结论。

（1）随着坡度的增加，平均侵蚀模数逐渐增加，土壤侵蚀模数与坡度呈显著正相关，$p < 0.05$ 时，在 0°～5°、5°～8°、8°～15°、15°～25°、25°～35° 和大于 35° 6 个坡度等级，四期土壤侵蚀模数与坡度相关系数的平均值分别为 0.086 8、0.262 1、0.360 7、0.382 7、0.390 1 和 0.391 6。

（2）坡度 > 5° 的区域仅占总面积的 18.64%，总侵蚀量占 51.36%，是土壤侵蚀的集中区域。

（3）坡度在 5°～15° 的区域，2000 年的侵蚀强度在 5°～8° 为极强烈侵蚀，8°～15° 为剧烈侵蚀，2005 年为中度侵蚀，2010 年和 2015 年均为剧烈侵蚀，说明该坡度较缓和，

土壤侵蚀程度受其他侵蚀因子的影响较大。

（4）坡度在 15°～35°的区域面积逐年增加，从 2000 年的 1.14%增加到 2015 年的 1.49%，增加的部分主要集中在露天采区，土壤侵蚀模数从 72.43 t/(hm^2·a)增加到 2 492.82 t/(hm^2·a)。

（5）坡度>35°的区域土壤侵蚀模数最高达到 6809.17 t/(hm^2·a)，土壤侵蚀在这个坡度达到了峰值，说明这是土壤侵蚀最剧烈的区域。

2005～2015 年，坡度变化主要集中在露天采区，土壤侵蚀恶化明显，表明煤电基地开发引起的地形变化是影响土壤侵蚀的主要因子。

2）土壤侵蚀与植被覆盖度的相关性研究

依据《生态环境状况评价技术规范（试行）》（HJ 192—2015），将研究区域 2000 年、2005 年、2010 年和 2015 年的植被覆盖度划分为 5 个等级，同样根据 2000 年、2005 年、2010 年和 2015 年的土壤侵蚀估算结果，采用分区统计的方法得到了 2000 年、2005 年、2010 年和 2015 年研究区域不同覆盖度等级的面积比例、侵蚀模数、总侵蚀量比例、侵蚀等级和侵蚀模数与植被覆盖度的相关系数平均值，如表 8.10 所示。

表 8.10　研究区域不同植被覆盖度等级面积、土壤侵蚀模数及总侵蚀量统计

	植被覆盖度等级	0～0.05	0.05～0.2	0.2～0.5	0.5～0.7	0.7～1
2000	面积比例/%	0.09	1.05	35.39	32.10	31.37
	侵蚀模数/[t/(hm^2·a)]	191.48	123.53	106.13	64.10	48.35
	总侵蚀量比例/%	0.11	1.74	50.30	27.55	20.29
	侵蚀等级	剧烈	极强烈	极强烈	强烈	中度
2005	面积比例/%	0.11	0.88	18.02	41.13	39.86
	侵蚀模数/[t/(hm^2·a)]	183.42	95.27	47.32	28.51	12.20
	总侵蚀量比例/%	0.41	3.21	32.77	45.00	18.62
	侵蚀等级	剧烈	极强烈	中度	中度	轻度
2010	面积比例/%	0.10	1.09	19.48	52.05	27.28
	侵蚀模数/[t/(hm^2·a)]	211.23	203.16	112.42	95.68	56.74
	总侵蚀量比例/%	0.12	2.47	24.50	55.64	17.26
	侵蚀等级	剧烈	剧烈	极强烈	极强烈	强烈
2015	面积比例/%	0.15	2.29	12.96	49.54	35.07
	侵蚀模数/[t/(hm^2·a)]	373.917	234.64	224.70	219.4	195.08
	总侵蚀量比例/%	0.08	3.77	11.12	48.93	36.09
	侵蚀等级	剧烈	剧烈	剧烈	剧烈	剧烈
2000～2015	侵蚀模数与植被覆盖度的相关系数平均值	−0.903 0	−0.870 6	−0.433 6	−0.338 9	−0.318 8

通过研究区域植被覆盖度与土壤侵蚀的相关性分析可以得到以下结论。

（1）随着植被覆盖度的增加，研究区域平均侵蚀模数逐渐减少，土壤侵蚀模数与植被覆盖度呈显著负相关，$p < 0.05$ 时，在 0～0.05、0.05～0.2、0.2～0.5、0.5～0.7 和 0.7～1 5 个植被覆盖度等级，四期土壤侵蚀模数与植被覆盖度相关系数的平均值分别为 −0.903 0、−0.870 6、−0.433 6、−0.338 9 和−0.318 8。

（2）植被覆盖度在 0～0.05 的区域，15 年四期土壤侵蚀均为剧烈侵蚀，且在 2015 年达到最高值 373.917 t/(hm^2·a)。

（3）随着煤电基地的开发，研究区域植被覆盖度低于 20%的区域占总面积的比例逐渐增加，且主要集中在露天采区及电厂区、城区和主要交通线路两侧。

（4）研究区域植被覆盖度在 50%以上的面积占 77%以上，由于露天开采对地表植被的破坏性极大，15 年来增加的植被覆盖度低于 20%的区域，很难通过土地复垦和植被修复恢复到本底水平。为了最大限度地减少煤电基地开发对生态环境的影响，降低土壤侵蚀量，通过土地复垦和植被修复的各项技术，逐渐提高受影响区域的植被覆盖度。

本章提出的土壤侵蚀风-水复合模型，定量估算的 2000 年和 2005 年未受煤电基地开发影响和影响较小时的土壤侵蚀模数结果，对照《内蒙古土壤侵蚀图》（金争平，1989）和内蒙古水利科学研究院经验模型（内蒙古自治区水利科学研究院，2005），与其侵蚀等级基本一致，表明该方法对该区域的土壤侵蚀估算具有一定的适用性，通过该模型对研究区域进行土壤侵蚀估算并分级讨论坡度、植被覆盖度与土壤侵蚀模数的相关关系，为煤电基地水土保持分区防控提供了依据。

8.3.4　大气数据监测与分析

煤电基地开发过程中大气环境变化的主要影响源包括露天煤矿、燃煤电厂和城镇的大气污染物排放。胜利煤电基地目前以露天煤矿开采为主，大气污染物主要来自露天开挖采掘场、排土场的煤灰和扬尘无组织排放，煤炭储运过程的扬尘、污染物主要为总悬浮颗粒物（total suspended particulate，TSP）。此外，还有各煤矿工业场地燃煤锅炉排放的 SO_2、烟尘及少量的 NO_x，此为有组织排放点源。燃煤电厂的烟尘排放主要包括 SO_2、NO_x 和颗粒物（particulate matter，PM）。煤电基地的开发不断促进城镇的发展，同时城镇的大气污染物排放也随之增加，主要包括 CO、NO_x、臭氧（ozone，O_3）和 PM 等。环保部门颁布的《火电厂大气污染物排放标准》和《煤炭工业污染物排放标准》中，均涉及 SO_2、NO_x 和 PM 的排放标准。为了监测以上各污染物的排放量，环保部门建立了各种地面监测网点，并进行不定期监测和分析。遥感技术以其覆盖面广、能够对某一区域周期重复观测且具有空间连续性的特点，被应用于大气污染污染物监测中，尤其是对于 SO_2、NO_x 和 PM 等排放量的反演，在城市空气质量监测、新增污染源探测及燃煤电厂排放监管等方面应用广泛，故本章选取 SO_2、NO_2 和 AOD 三种污染物作为指标来评价研究区域的空气质量，其中 AOD 包含悬浮在大气中的各种半径的颗粒物，能够综合反映露天矿无组织扬尘、燃煤电厂烟尘及城镇各种颗粒物的排放。

本节通过遥感技术反演 SO_2、NO_2 的柱状浓度和气溶胶光学厚度（aerosol optical depth，AOD）来评价煤电基地开发过程对研究区域带来的空气质量影响，为生态环境的综合监测和评价提供技术途径。

1. 基于臭氧观测仪遥感数据的硫、氮排放浓度反演

1）SO_2 和 NO_2 排放量时间序列分析

（1）时序分析。本节从美国国家航空航天局（National Aeronautics and Space Administration，NASA）网站上下载了 Level-2 SO_2 和 NO_2 的数据产品，将原始条带数据转换成点状数据并对点状数据进行空间插值，得到 SO_2 和 NO_2 2005～2016 年的年平均值。SO_2 和 NO_2 的计量单位分别是 DU 和 mol/cm^2，其中，1DU（Dobson）是指对应于地表 1 m^2 的垂直大气到某一高度中所含的 SO_2 总量，用以监测煤电基地 SO_2 的时空变化。由于数据的空间分辨率较小（0.25°×0.25°），为了能够分析研究区域及其周边 SO_2 和 NO_2 的排放情况，首先获取较大区域锡林郭勒盟的 SO_2 和 NO_2 的排放数据，图 8.20 为 2005～2016 年 SO_2 和 NO_2 排放量平均值变化曲线。由变化曲线可知，SO_2 排放量平均值在 12 年间的变化分为两个阶段：2005～2010 年处于上升状态，且上升速度较快，2010 年达到监测期间的峰值 0.1109 DU，并在 2010～2016 年以后处于平稳下降趋势；NO_2 排放量平均值在 12 年间的变化也分为两个阶段，2005～2012 年处于直线上升阶段，2012 年达到监测期间的峰值 1.2842×10^{15} mol/cm^2，2012～2016 年整体处于下降趋势。

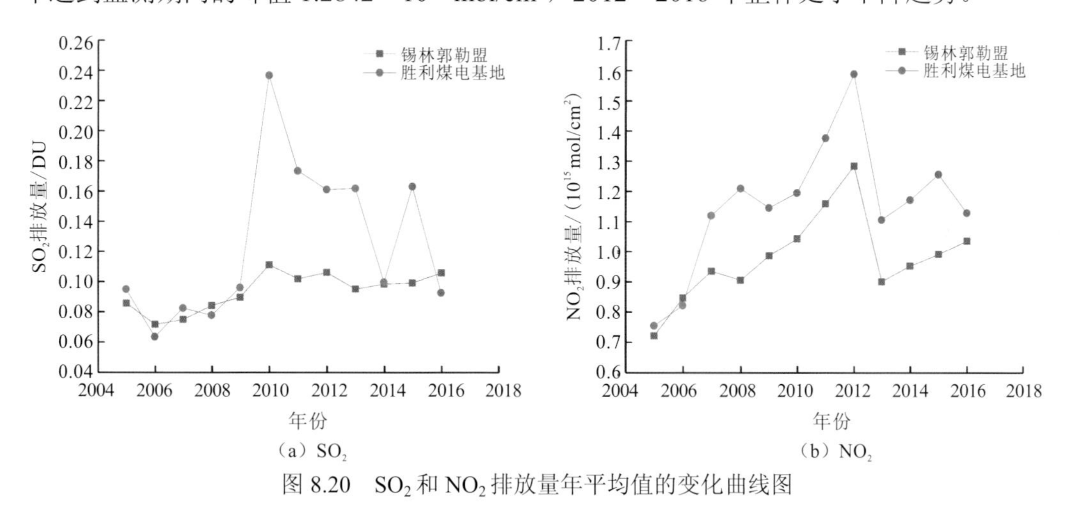

图 8.20　SO_2 和 NO_2 排放量年平均值的变化曲线图

2010 年，我国先后出台了一系列环境保护标准和污染物排放标准，对 SO_2 和 NO_2 等污染物的排放进行了一定的限制，所以从 2010 年开始，锡林郭勒盟 SO_2 和 NO_2 的平均排放量都有所下降。针对露天矿和火电厂的 SO_2、NO_2 和烟尘也有相关的排放标准，如《火电厂大气污染物排放标准》和《煤炭工业污染物排放标准》。其中，《火电厂大气污染物排放标准》规定了火力发电锅炉机组大气污染物排放浓度限值，现有锅炉 SO_2 排放限值为 200 mg/m^3，NO_2 浓度排放限值为 100 mg/m^3，粉尘排放限值为 30 mg/m^3；《煤炭工业污染物排放标准》规定颗粒物无组织排放周界外质量浓度最高不超过 1 mg/m^3，

SO_2最高不超过 0.4 mg/m^3，可见露天矿开采的大气污染物以无组织颗粒物为主。

为了明确胜利煤电基地多年来SO_2和NO_2排放量的变化，进行胜利煤电基地区域平均值统计分析，如图 8.20 所示，胜利煤电基地的SO_2排放量平均值在 2005～2009 年与整个锡林郭勒盟的平均值基本相等，在 2010 年达到统计年份的峰值，并超出整个锡林郭勒盟的平均值的一倍，2011 年后呈下降趋势，但 2011 年、2012 年、2013 年和 2015 年始终高于锡林郭勒盟平均值；NO_2排放量的平均值变化趋势与锡林郭勒盟平均值的变化趋势基本一致，除 2005 年与 2006 年基本相等外，其他年份均高于锡林郭勒盟平均值。由于胜利煤电基地从 2005 年开始大规模扩建，研究区域内包含露天矿区的开采、电厂的开发和城市的扩张，都引起SO_2和NO_2排放量的增加，平均值明显高于周边未扰动区域。

由于胜利煤电基地位于我国北方地区，全年平均气温在 0～3℃，每年的取暖时间为当年的 10 月 1 日至次年的 5 月 1 日，供暖时间为 7 个月，城市以集中供暖的方式进行，乡村则是分散小型煤炉取暖，煤作为主要燃料，煤在燃烧过程中不断排放 SO_2和NO_2等污染物，其中，11 月、12 月、1 月和 2 月的气温最低，煤的耗费量也最大，同时排放的污染物也相对较多，图 8.21 所示为研究区域多年来SO_2和NO_2的月平均值，其中，SO_2在 1 月、2 月、3 月、11 月和 12 月排放量较大，NO_2则在 1 月、2 月、3 月、10 月、11 月和 12 月排放量较大，二者的排放量均在 1 月达到最大，分别为 0.1927 DU 和 2.16×10^5 mol/cm^2。

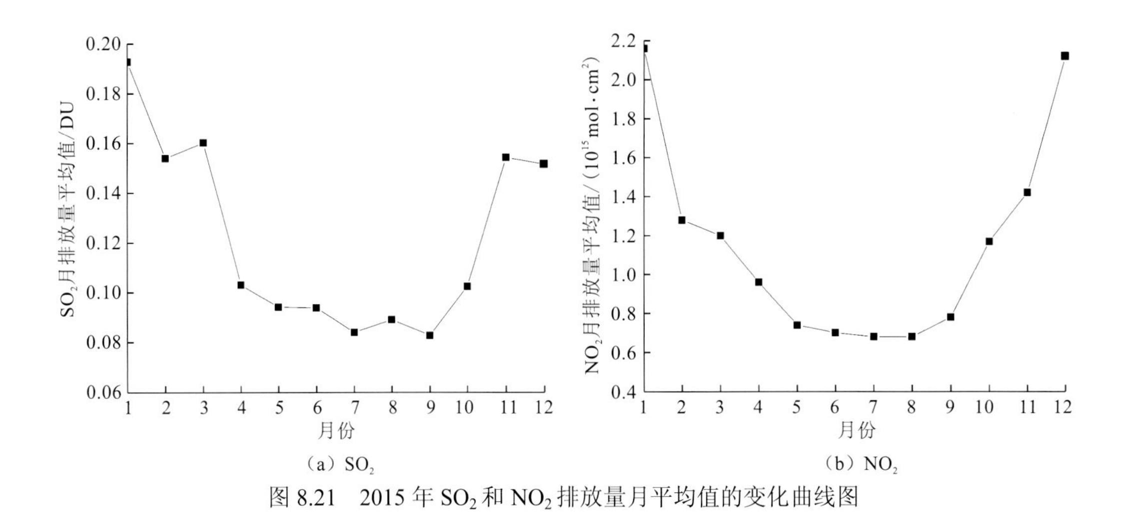

（a）SO_2　　（b）NO_2

图 8.21　2015 年SO_2和NO_2排放量月平均值的变化曲线图

（2）数据验证。SO_2和NO_2的验证方法多是与地面观测站的观测数据进行比较，从中国科学院资源环境科学数据中心下载的研究区域 2013 年 10 月以来的SO_2和NO_2日排放量数据，可以计算出每年的月排放量，与 OMI 卫星反演的柱状浓度月均值进行比较，为了避免量纲上的不一致，将 2015 年的SO_2和NO_2分别作了归一化处理后进行趋势比较，其走势相符，如图 8.22 所示，SO_2和NO_2遥感反演数据与地面监测点的数据进行相关性分析，相关系数分别为 0.72 和 0.94，相关性显著，表明遥感反演数据能够较好地反映出大气环境的质量状况。

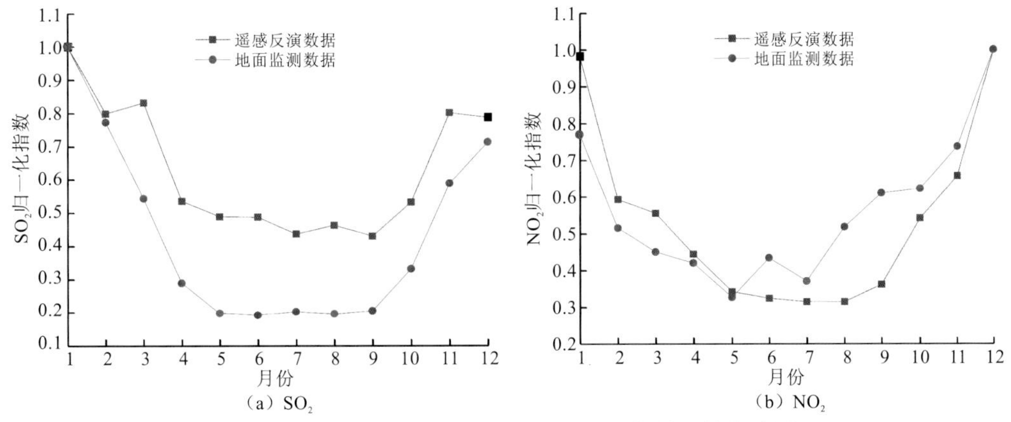

（a）SO_2　（b）NO_2

图 8.22　2015 年 SO_2 和 NO_2 排放量月平均值比较曲线图

2）SO_2 和 NO_2 排放量空间演变分析

（1）SO_2。为了能够更直观地展示 SO_2 排放量的空间分布并分析其演变规律，根据其排放量平均值 12 年的变化规律，制作了 2005 年、2010 年和 2015 年锡林郭勒盟和胜利煤电基地 SO_2 排放量空间分布图。由图 8.23 可知，对照锡林郭勒盟行政区划图，2005 年锡林郭勒盟 SO_2 排放量较高的区域，基本都分布在人口密集的市区、县城、乡村和工业厂区，2005～2010 年高值区域逐渐扩张，2010～2015 年又逐渐减少。胜利煤电基地

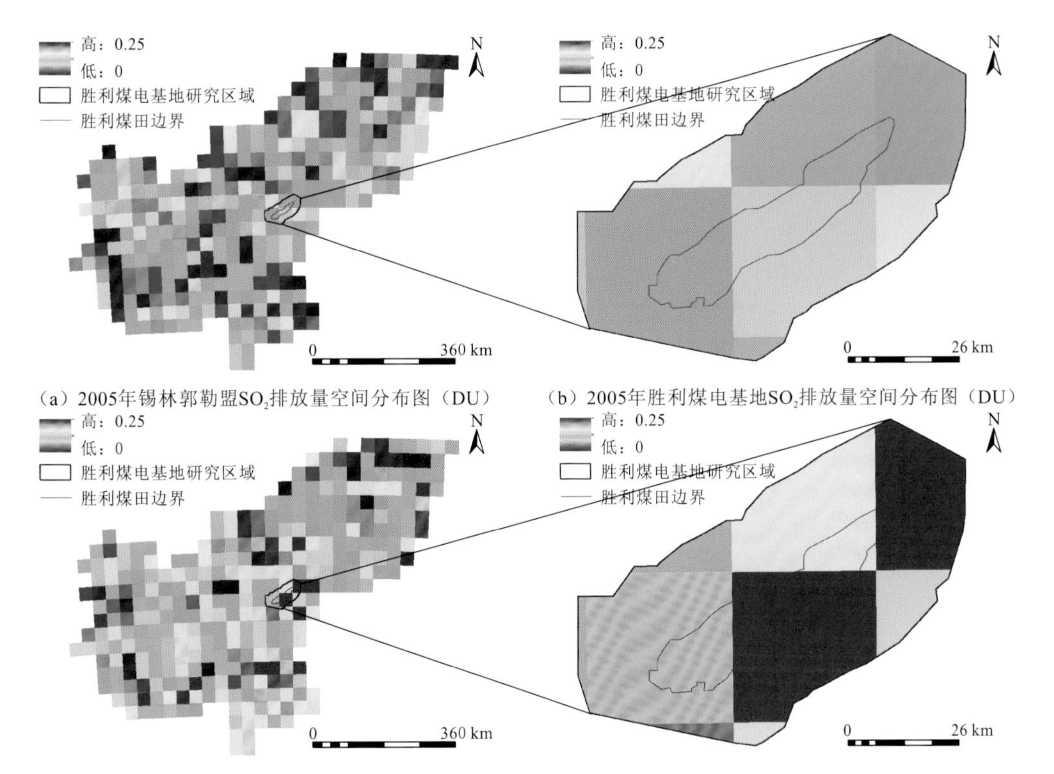

（a）2005年锡林郭勒盟SO_2排放量空间分布图（DU）　（b）2005年胜利煤电基地SO_2排放量空间分布图（DU）

（c）2010年锡林郭勒盟SO_2排放量空间分布图（DU）　（d）2010年胜利煤电基地SO_2排放量空间分布图（DU）

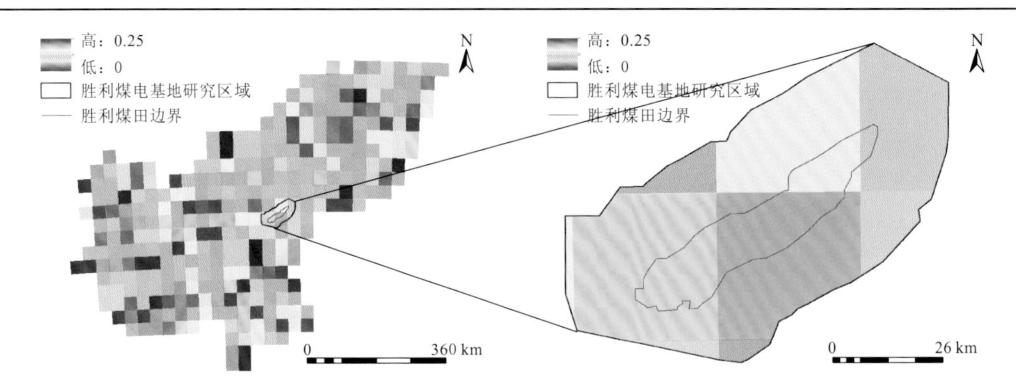

（e）2015年锡林郭勒盟SO_2排放量空间分布图（DU） （f）2015年胜利煤电基地SO_2排放量空间分布图（DU）

图 8.23 锡林郭勒盟和胜利煤电基地 2005 年、2010 年和 2015 年 SO_2 排放量空间分布图

SO_2 排放量的空间分布同样符合整个盟的分布规律，锡林浩特市市区和露天矿区及电厂区的 SO_2 排放量明显高于周围区域。

（2）NO_2。根据图 8.24 所示的 2005 年、2012 年和 2015 年锡林郭勒盟和胜利煤电基地 NO_2 排放量空间分布图可知，NO_2 污染严重的区域远大于 SO_2 污染严重的区域。在统计年间，锡林郭勒盟 NO_2 排放量由西北向东南逐渐增加，同样对照锡林郭勒盟地理位置，其东南部与华北-中原地区相邻，NO_2 的排放源较多，与全国 NO_2 污染空间分布是一致

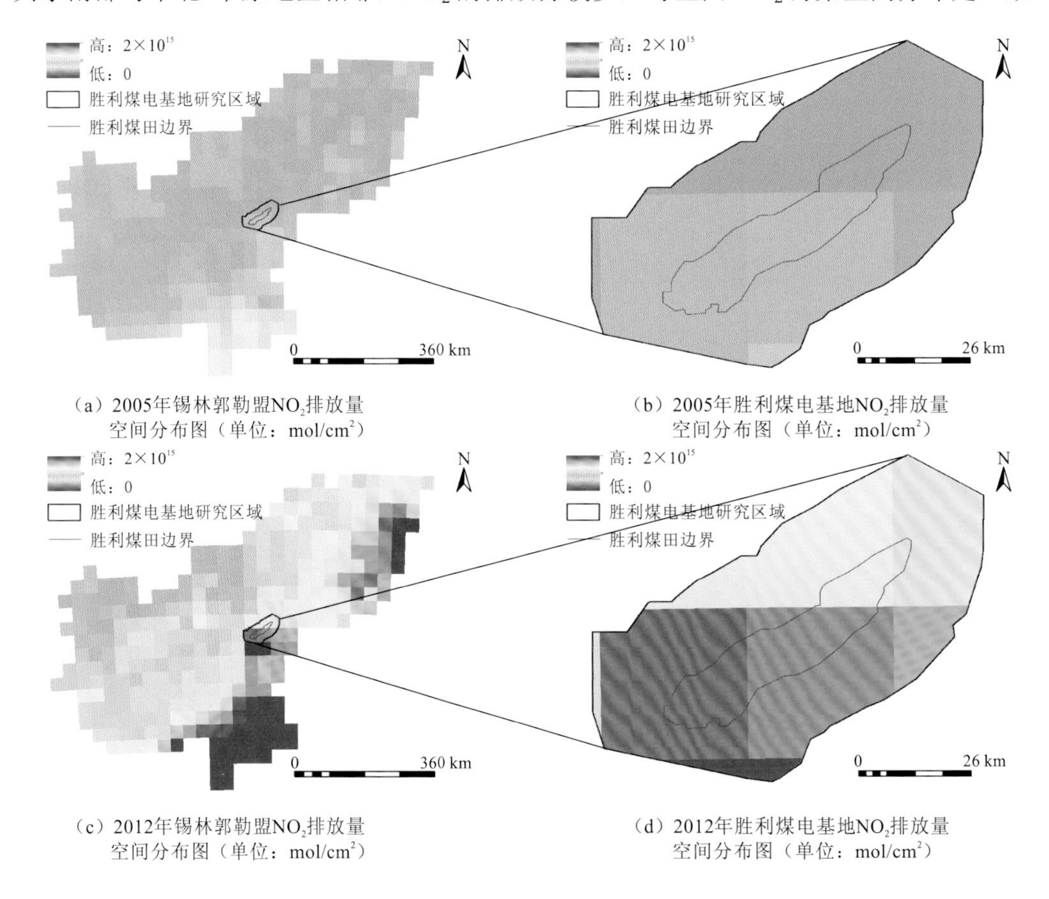

（a）2005年锡林郭勒盟NO_2排放量空间分布图（单位：mol/cm²）

（b）2005年胜利煤电基地NO_2排放量空间分布图（单位：mol/cm²）

（c）2012年锡林郭勒盟NO_2排放量空间分布图（单位：mol/cm²）

（d）2012年胜利煤电基地NO_2排放量空间分布图（单位：mol/cm²）

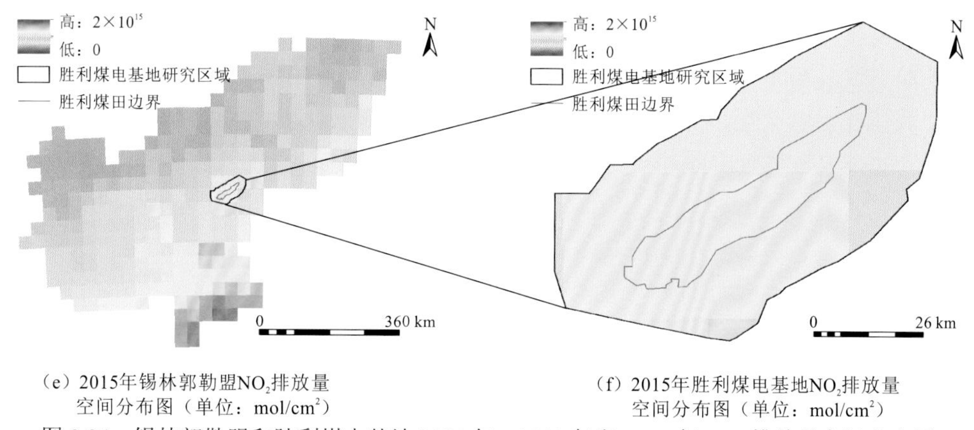

（e）2015年锡林郭勒盟NO_2排放量空间分布图（单位：mol/cm²）

（f）2015年胜利煤电基地NO_2排放量空间分布图（单位：mol/cm²）

图 8.24　锡林郭勒盟和胜利煤电基地 2005 年、2012 年和 2015 年 NO_2 排放量空间分布图

的。根据胜利煤电基地的土地利用类型空间分布情况，锡林浩特市市区和露天矿区及电厂区的 NO_2 的排放量贡献度更明显。

2. 基于 MODIS 的气溶胶厚度反演

1）AOD 时间序列分析

本节从美国国家航空航天局网站上下载了 MODIS L1B 数据和 MODIS 09 数据产品，由于数据量较大，平均每月选取云量较少的影像 10～15 景（2000 年 1 月和 2 月没有数据，取其他所有年限的平均值）根据图 8.25 AOD 反演流程，同样反演整个锡林郭勒盟 2000 年 3 月～2015 年的 AOD，并进行 2000～2015 年气溶胶厚度年均值及 2000 年、2005 年、2010 年及 2015 年月均值的计算。

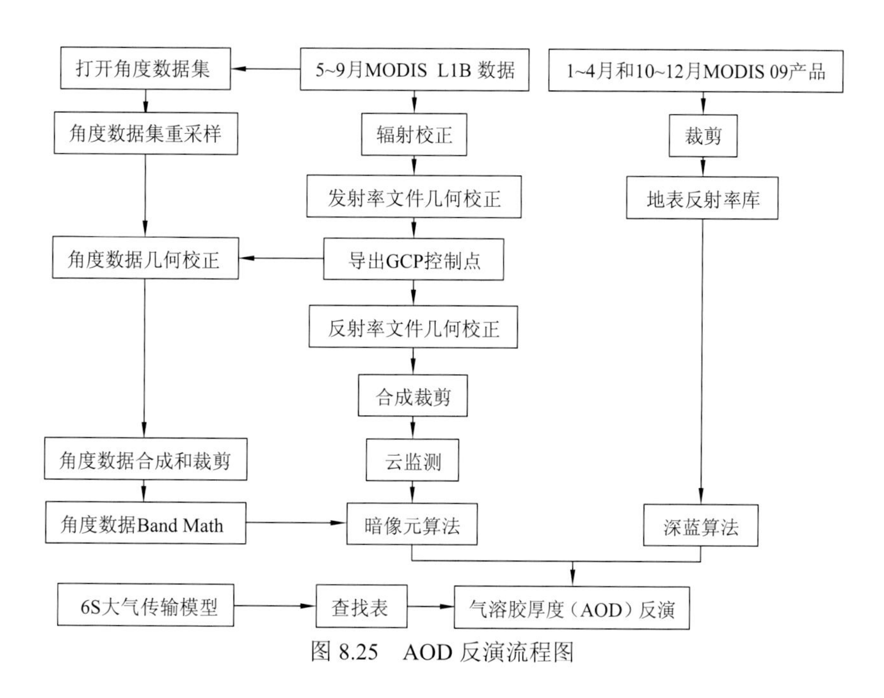

图 8.25　AOD 反演流程图

由图 8.26 可知，锡林郭勒盟和胜利煤电基地 AOD 年平均值在 2000～2016 年的变化趋势基本一致，2000～2011 年处于振荡上升阶段，2011～2016 年为缓慢下降阶段，与 2011 年我国出台《火电厂大气污染物排放标准》和《煤炭工业污染物排放标准》对污染物和烟尘的排放量进行限制相一致。由于胜利煤电基地空间区域包含锡林浩特市市区，人类活动对 AOD 的影响较大，且 2005 年后，胜利煤电基地开始大规模开发，2000～2016 年，其年平均值几乎所有年限都高于锡林郭勒盟。

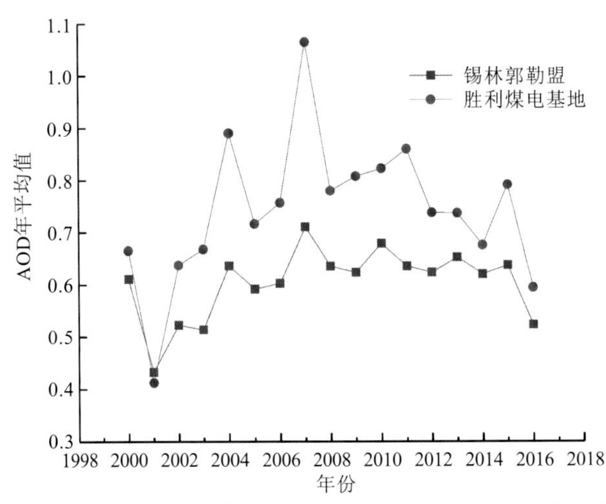

图 8.26 锡林郭勒盟和胜利煤电基地 2000～2016 年 AOD 年均值变化

根据图 8.27 研究区域内 AOD 年月均值的变化趋势，其季节性特别明显，春季最高，夏季次之，秋季最小，冬季又慢慢升高，这个研究结果与林泓锦等（2018）针对内蒙古气溶胶时空分布特征和刘贞（2013）针对中国北方地区气溶胶时空分布的研究结果趋势一致。由于研究区域的气候特点是风大、干旱、寒冷，四季分明，春季 3～5 月干燥少雨，时常伴有扬沙天气，空气质量差，AOD 值最高；降水主要集中在 6～8 月，水汽是导致气溶胶增大的一个原因，AOD 值较高；9～11 月秋高气爽，研究区域内 AOD 值达到全

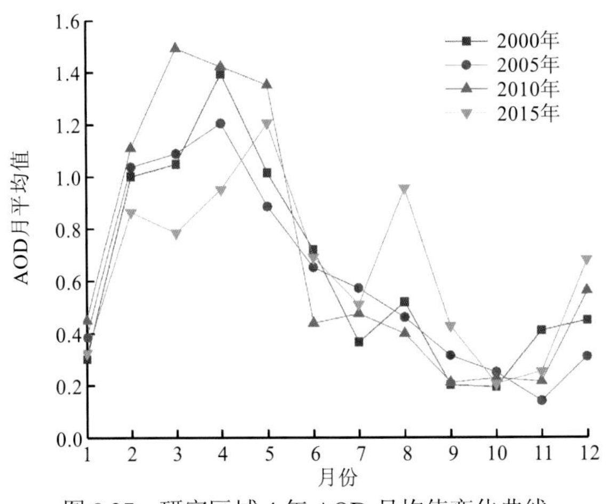

图 8.27 研究区域 4 年 AOD 月均值变化曲线

年最低；12月～次年2月，冬季寒冷漫长，降雪有可能对AOD起到湿清除作用，但大规模的燃煤取暖给大气环境带来了新的压力，AOD值有上升趋势。

利用与SO_2和NO_2相同的验证方法，对2015年反演的AOD月均值与中国科学院资源环境科学数据中心下载的研究区域的空气质量指数（air quality index，AQI）及各项污染物的排放进行了对比分析，由于PM_{10}和$PM_{2.5}$是AOD的主要成分，故本节重点分析AOD与AQI、PM_{10}和$PM_{2.5}$的关系，在进行归一化处理后进行趋势分析，如图8.28所示，其全年的发展趋势基本一致，表明可以利用遥感反演AOD进行区域内空气质量的分析。

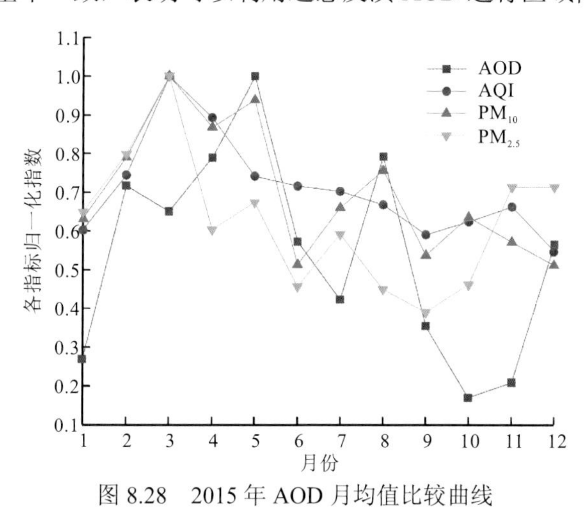

图8.28　2015年AOD月均值比较曲线

2）AOD空间演变分析

由于AOD的空间分辨率为1 km，相对SO_2和NO_2较高，所以同样按多年来AOD平均值（图8.29）的发展规律，生成胜利煤电基地2000年、2005年、2010年和2015年的AOD空间分布图。由4年的AOD空间分布可知，锡林浩特市城区所在的区域AOD较低，这是由于城市属于亮目标区，暗像元法具有一定的局限性，而城区周围AOD值基本高于平均水平，说明城区的发展是AOD值增大的重要原因之一。另外，露天矿开采对AOD值的贡献度也较大，特别是2015年，AOD的空间分布尤其显著，胜利一号露天矿、胜利西二号露天矿、胜利西三号露天矿、露天锗矿和胜利东二号露天矿AOD平均值接近于1，明显高于全区域平均水平。

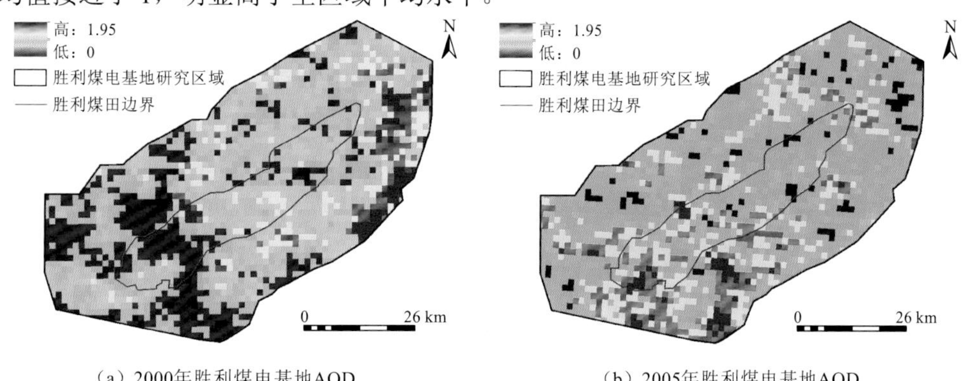

（a）2000年胜利煤电基地AOD　　（b）2005年胜利煤电基地AOD

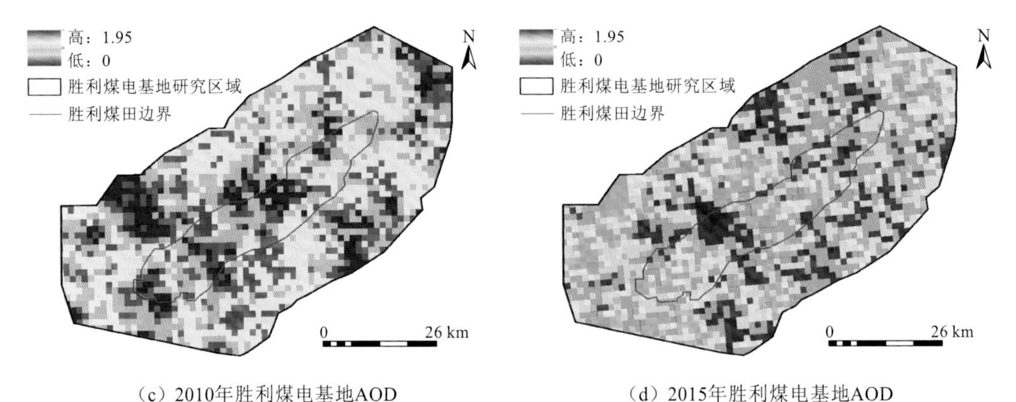

（c）2010年胜利煤电基地AOD（d）2015年胜利煤电基地AOD

图 8.29 研究区域 2000 年、2005 年、2010 年和 2015 年 AOD 平均值空间分布图

8.4 草原区煤电基地生态环境综合评价

目前，针对煤炭资源开采的生态环境评价多限于矿区或电厂群，对于煤电基地生态环境的综合评价较少。本节尝试从煤电基地的角度出发，采用综合指数的方法评价煤电基地开发对草原区生态环境的影响，并根据胜利煤电基地的开发规模对其生态环境进行预测，提出胜利煤电基地开发有机调控与生态环境修复管理对策。

8.4.1 生态环境综合评价指标体系的构建

根据前文总结的煤电基地开发对土地环境、水环境和大气环境的影响，本节从生态多源动态监测的角度出发，构建生态环境综合评价指标体系。

1. 生态效益响应因子识别

根据前文分析，草原区煤电基地生态效应为主要扰动源煤矿群、火电厂群和城区对生态环境影响的累积耦合效应，为了通过多源动态监测技术将生态效应进行量化并考虑指标数据的可获得性，研究中根据《生态环境状况评价技术规范》（HJ 192—2015）（简称《规范》），将其响应因子进行细化，如图 8.30 所示。

2. 草原区煤电基地多源综合生态评价指标体系的构建

1）指标体系的构建

生态环境状况多采用指标法进行评价，通过计算比较区域生态环境时间轴的指标值，评估生态环境的变化趋势和补偿修复的效果。《规范》中各项评价指标包括生物丰度指数、植被覆盖指数、水网密度指数、土地胁迫指数、污染负荷指数 5 个分指数和一个环境限制指数，由此构建生态环境状况指数，评价研究区域生态环境状况。

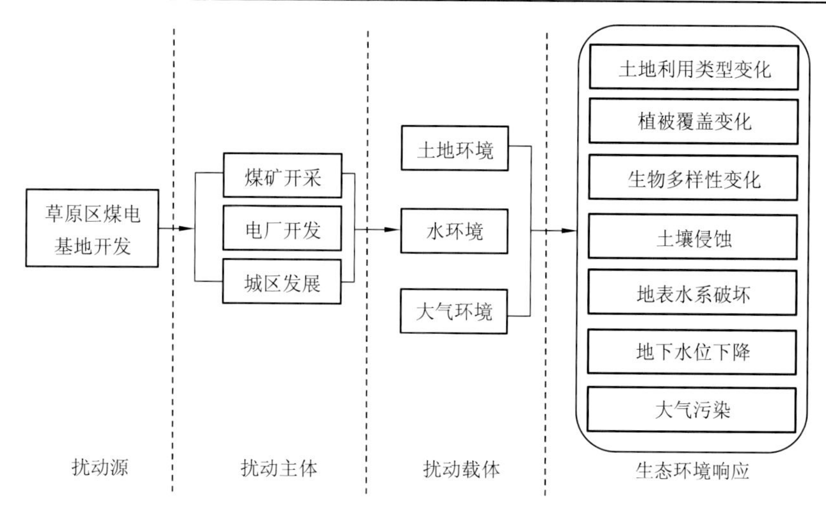

图 8.30　草原区煤电基地开发生态效应响应链

《规范》中的各项指数，科学合理地概括了区域生态环境的响应因子，从其计算方法来看，突出了土地利用类型、植被覆盖、土壤侵蚀和大气污染的重要性，根据前文对草原区煤电基地生态环境效益响应因子分析，适合对该区域生态环境状况进行评价和趋势分析。本章基于《规范》的指标体系，考虑指标数据通过多源动态监测技术的可获取性及草原区煤电基地区域生态环境的特点，重新设置了指标体系，并进行权重计算。

（1）生物丰度指数（EI_{bio}）。《规范》中提到，当生物多样性指数没有动态更新数据时，生物丰度指数等于生境质量指数的变化，故基于数据的可获取性，本节认为生物多样性指数不变，采用生境质量指数表征生物丰度指数，根据对本研究区域的现场调查，将土地利用类型分为草地、耕地、林地、水体、露天矿区及电厂区、建设用地和裸地，所构建的生物丰度指数为

$$EI_{bio}=A_{bio}\times(w_g a_g+w_l a_l+w_f a_f+w_w a_w+w_m a_m+w_c a_c+w_b a_b)/a \tag{8.20}$$

式中：A_{bio} 为生物丰度指数的归一化系数；w_g、w_l、w_f、w_w、w_m、w_c 和 w_b 分别为草地、耕地、林地、水体、露天矿区及电厂区、建设用地和裸地的权重；a 为研究区域总面积；a_g、a_l、a_f、a_w、a_m、a_c 和 a_b 分别为草地、耕地、林地、水体、露天矿区及电厂区、建设用地和裸地的面积。

《规范》将草地分为高、中、低覆盖度草地，根据研究区域植被类型，针对其草地类型的特点，将草地类型按草原类型进行细化，即分为草原和草甸，并计算其权重，计算公式为

$$EI_{bio}=A_{bio}\times(w_{g1}a_{g1}+w_{g2}a_{g2})/a \tag{8.21}$$

式中：w_{g1} 和 w_{g2} 为草原和草甸的权重；a_{g1} 和 a_{g2} 为草原和草甸的权重的面积。

（2）植被覆盖指数（EI_{veg}）。植被覆盖指数反映的是研究区域内土地植被覆盖程度，《规范》中植被覆盖指数的计算公式如下：

$$\mathrm{EI}_{\mathrm{veg}} = \mathrm{NDVI}_{区域均值} = A_{\mathrm{veg}} \times \left(\frac{\sum_{i=1}^{n} P_i}{n} \right) \tag{8.22}$$

式中：A_{veg}为植被覆盖指数的归一化指数；P_i为5～9月像元NDVI月最大值的均值（经调研锡林郭勒地区5月草场全面返青，9月已基本变黄，故选择5～9月的平均值）；n为区域像元数。本节按照《规范》的建议，采用MOD13的NDVI数据，利用8.3.2节已经统计出的2000～2015年研究区域5～9月的NDVI月最大值的均值，2000年以前的数据可以利用Landsat反演的NDVI代替。

（3）地表水网密度指数（$\mathrm{EI}_{\mathrm{den}}$）。本节采用的地表水密度指数与《规范》中的水网密度指数不同，对于该研究区域来说，跨越多个不完整行政区域，水资源量较难计算，而地表河流长度和水体面积可以通过遥感影像反演计算，可获得性强，所以地表水网密度指数可按如下公式计算：

$$\mathrm{EI}_{\mathrm{den}} = A_{\mathrm{w}} \times a_{\mathrm{w}} / a \tag{8.23}$$

式中：A_{w}为地表水网密度指数的归一化系数。

（4）土地胁迫指数（$\mathrm{EI}_{\mathrm{ero}}$）。土地胁迫指数表征研究区域内土地资源受胁迫的程度，从《规范》的计算方法来看，主要从土壤侵蚀程度的角度出发，兼顾建设用地和其他土地胁迫的影响，而这里的建设用地是指城乡居民点及县辖区以外的工矿、交通等用地，与8.3.1小节进行土地利用分类时提出的露天矿区及电厂区相对应。根据《土壤侵蚀分类分级标准》和实地调查，胜利煤电基地位于风力水力轻度-中度侵蚀区域，煤电基地开发带来的大规模土地损毁是造成土壤侵蚀加剧的主要原因之一，故本章在计算土地胁迫指数时，利用8.3.3小节土壤侵蚀的估算结果，将土地胁迫类型分为重度侵蚀[土壤侵蚀模数>5 000 t/(km^2·a)的区域]、中度侵蚀[土壤侵蚀模数在2 500～5 000 t/(km^2·a)的区域]、露天矿区及电厂区和未扰动自然侵蚀面积（不受煤电基地开发直接影响的区域）。土地胁迫指数按如下公式计算：

$$\mathrm{EI}_{\mathrm{ero}} = A_{\mathrm{ero}}(w_1 \times a_1 + w_2 \times a_2 + w_3 \times a_3 + w_4 \times a_4) \tag{8.24}$$

式中：A_{ero}为土地胁迫指数的归一化系数；w_1、w_2、w_3和w_4为重度侵蚀、中度侵蚀、露天矿区及电厂区和未扰动自然侵蚀面积的权重；a_1、a_2、a_3和a_4为重度侵蚀、中度侵蚀、露天矿区及电厂区和未扰动自然侵蚀的面积。

（5）大气污染指数（$\mathrm{EI}_{\mathrm{pol}}$）。《规范》对污染负荷指数的计算，包括化学需氧量（chemical oxygen demand，COD）、氨氮排放量、二氧化硫排放量、烟尘排放量、氮氧化物排放量和固体废物丢弃量，针对前文草原区煤电基地开发对土地环境、水环境和大气环境的影响分析，固体废物主要是露天矿剥离物和电厂粉煤灰，体现在土地资源压占和损毁上，并且煤电基地实现了矿区污水零排放。经过前文论证，煤电基地大气污染物主要代表为NO_2、SO_2和AOD，可通过遥感技术获取并时空动态监测污染排放。故大气污染指数可按下式计算：

$$EI_{pol} = A_{NO_2} \times w_{NO_2} \times D_{NO_2} + A_{SO_2} \times w_{SO_2} \times D_{SO_2} + A_{AOD} \times w_{AOD} \times D_{AOD} \quad (8.25)$$

式中：A_{NO_2}、A_{SO_2}和A_{AOD}分别为NO_2、SO_2和 AOD 的归一化系数；w_{NO_2}、w_{SO_2}和w_{AOD}为NO_2、SO_2和 AOD 的权重；D_{NO_2}、D_{SO_2}和D_{AOD}为NO_2、SO_2和 AOD 的排放量。

（6）生态环境综合评价指数（MEI_{CE}）。生态环境综合评价指数是总体评价研究区域生态环境状况级别的指标，由各分指数通过某种函数关系进行组合运算得到，一般是通过线性加权和求解（Vidal and Sánchez-Pantoja，2019）。本节上述 5 个分指数均是针对草原区煤电基地开发引发生态环境效应而建立的，计算指标均直接或间接通过多源动态监测技术获取，通过线性加权求和获得草原区煤电基地多源综合生态评价指数（multi-source ecological index of prairie coal-electricity base，MEI_{CE}）计算公式为

$$MEI_{CE} = w_{bio} \times EI_{bio} + w_{veg} \times EI_{veg} + w_{den} \times EI_{den} + w_{ero} \times (100 - EI_{ero}) + w_{pol} \times (100 - EI_{pol}) \quad (8.26)$$

式中：w_{bio}、w_{veg}、w_{den}、w_{ero}和w_{pol}分别为生物丰度指数、植被覆盖指数、地表水网密度指数、土地胁迫指数和大气污染指数的权重。依据公式可以看出，生物丰度指数、植被覆盖指数和地表水网密度指数越高，土地胁迫指数和大气污染指数越低时，MEI_{CE}越高，生态环境状况越好。

2）数据标准化

在计算MEI_{CE}之前，各分指数需要进行标准化处理，归一化指数A_i的作用就是使各系数的计算结果落入指定取值区间，此次评价选取的区间是[0, 100]，MEI_{CE}的计算值也在该区间内，归一化系数的计算方法为

$$A_i = \frac{100}{I_{max}} \quad (8.27)$$

式中：I_{max}为各分指数标准化前的最大值。

3）权重的计算

由于本章是针对草原区煤电基地开发建立的基于多源动态监测技术的评价指数，与《规范》侧重点不同，各项指标的权重需要重新计算，权重计算的方法很多，本次评价采用最常用的层次分析法。首先构建层级结构模型，如图 8.31 所示，并对各层次因子按照两两比较法建立相对重要性判断矩阵，计算判断矩阵的特征根、特征向量，找出最大特征根λ_{max}及相应的特征向量$\boldsymbol{w}$，计算一致性指标（consistency index，CI），查表找到相应阶段n的平均随机一致性指标（random index，RI），按照下式计算一致性比例 CR，当 $CR \leqslant 0.1$时，认为判断矩阵的一致性在接受范围，特征向量$\boldsymbol{w}$可作为权重向量，否则需要重新计算。

$$CI = \frac{\lambda_{max} - n}{n - 1} \quad (8.28)$$

$$CR = CI / RI \quad (8.29)$$

综合各指数权重计算和配置结果，构建草原区煤电基地生态环境综合评价体系，如表 8.11 所示。

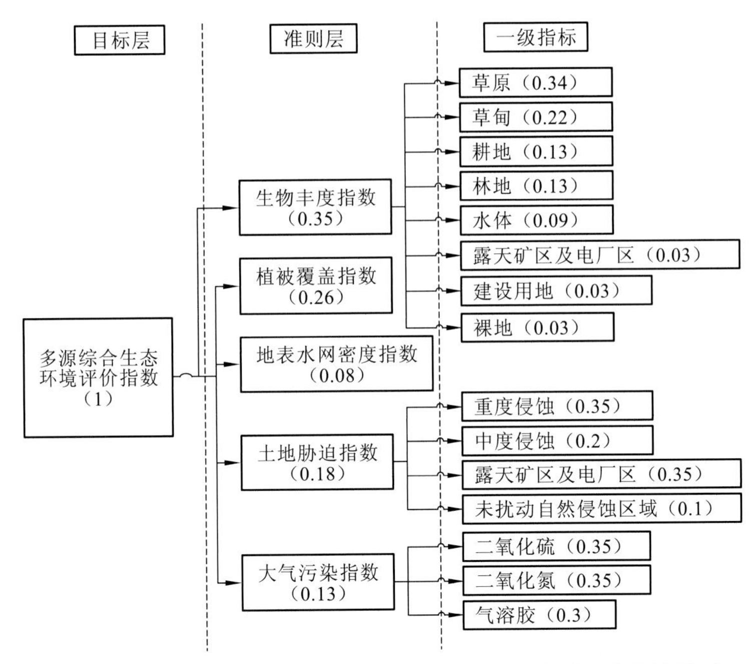

图 8.31　草原区煤电基地生态环境综合评价指标体系层次结构模型

表 8.11　草原区煤电基地生态环境综合评价体系

指数级别	指数名称	公式	释义
分指数	生物丰度指数	$EI_{bio}=A_{bio}\times(0.56\times(0.6\times a_{g1}+0.4\times a_{g2})+0.13\times a_{l}+0.13\times a_{f}+0.09\times a_{w}+0.03\times a_{m}+0.03\times a_{c}+0.03\times a_{b})/a$	值越高，生物多样性水平越高
	植被覆盖指数	$EI_{veg}=NDVI_{区域均值}=A_{veg}\times\left(\frac{\sum_{i=1}^{vi}P_i}{n}\right)$	值越高，植被覆盖度越高
	地表水网密度指数	$EI_{den}=A_{w}\times a_{w}/a$	值越高，地表水系越丰富
	土地胁迫指数	$EI_{ero}=A_{ero}\times(0.35\times a_{1}+0.2\times a_{2}+0.35\times a_{3}+0.1\times a_{4})/a$	值越高，土地胁迫越严重
	大气污染指数	$EI_{pol}=A_{NO_2}\times0.35\times D_{NO_2}/a+A_{SO_2}\times0.35\times D_{SO_2}/a+A_{AOD}\times0.3\times D_{AOD}/a$	值越高，大气污染越严重
综合指数	生态评价指数	$MEI_{CE}=0.35\times EI_{bio}+0.26\times EI_{veg}+0.08\times EI_{den}+0.18\times(100-EI_{ero})+0.13\times(100-EI_{pol})$	值越高，生态环境状况越好

8.4.2 多时空尺度生态评价单元的划分

基于生态环境综合评价指标体系对研究区域进行评价，为了能够描述生态环境状况在不同时间上的差异性和空间上的分异性，本章从不同的时间尺度和空间尺度对研究区域的评价单元进行划分，分单元计算评价指标并进行时空演变规律分析。

1. 时间尺度

随着各种地理空间数据可获取性的不断提高，尤其是遥感技术能够提供高时间分辨率的数据，为实现多时间尺度评价提供了依据。影响评价时间尺度的因素主要有三个：一是评价基础数据的时间分辨率的大小；二是评价要求确定的时间尺度；三是评价过程中选择适宜的评价时间尺度。

1）长时间尺度

从长时间尺度来考察和评价生态系统进化情况，一般按地质年代划分。

2）自然时间尺度

基本时间尺度可按自然年、季、月、旬、天、小时、分钟、秒等进行划分，在生态环境评价中，根据评价的不同需求，可按年际、季度、月份、半月、天等进行评价指标的计算，并分析多年生态环境变化。我国很多统计数据是以统计年鉴的形式出现的，即以年为时间单元进行数据统计并进行年际或多年际分析。对长时间序列的自然生态环境要素评价，如多年降水量的年际变化、季节变化及月际变化都具有重要意义。

3）重要时间节点

以评价对象演变的重要时间节点划分时间单元尺度，如我国从 1953 年开始的“五年计划”(后改为五年规划)，目前已进入第十四个五年规划，每个时期国家的规划重点、生产力分布和国民经济重要比例关系都有所不同。前九个五年规划期间，我国工业飞速发展，人口激增，耕地面积不断扩大，对生态环境的负面影响严重，随着“十五”期间提出了“退耕还林”和“退耕还草”,“十一五”开始重点进行“环境治理与生态修复”,“十二五”举国上下行动“守住绿水青山”,“十三五”开始“绿色发展”，不同时期的人类活动对生态环境的影响不同，生态环境状况不同,“五年规划”成为生态环境评价的重要时间尺度。

4）物候周期

“花木管时令，鸟鸣报农时。”生物的生长活动是生态环境的主体，物候周期是草原区煤电基地生态环境监测、评价和生态修复时间尺度选择的重要依据。

5）生命周期

生命周期理论源于生物学领域，随着生命周期理论的发展，专家学者相继提出了产品生命周期、企业生命周期和产业生命周期，而基于生命周期的生态环境评价主要针对影响主体在其生命周期内对一定空间区域内生态环境的影响。

6）研究周期

研究周期具有两层含义：一是研究课题针对研究对象所制订的研究时间区间；二是课题的研究期限，一般研究的时间尺度都不会局限于课题的研究期限。

以上所提到的时间尺度，在研究中的选择并不是相互独立的，而是根据需要进行不同时间尺度的选择，本章以煤电基地生命周期为时间主线，分别按年际、季度、月季并考虑重要时间节点和研究区域物候特点，对研究区域进行生态环境评价和分析。

2. 空间尺度

地理空间数据空间分辨率的不断提高，更易于测量和分析研究目标的空间异质性。评价单元的空间尺度选择同样取决于三个因素：一是评价基础数据的空间分辨率的大小；二是评价要求确定的空间尺度；三是评价过程中选择适宜的评价空间尺度。

1）行政单元

行政单元划分生态环境状况评价单元是最直接的方式，根据研究区域的范围和评价需求，可选择不同级别的行政单元作为评价单元，包括国家、省、市、县、区及乡镇。

2）功能单元

功能区区别于行政区的特点是按照区域资源、区位优势发展起来的经济技术开发团地组成，在某个行政区内形成若干个功能区。目前我国提出的主体功能区则突出了空间区域的生态功能，本章将具有一种主体功能的空间单元称为功能单元，按不同主体功能进行划分得到多个功能单元作为生态环境状况的评价单元，以识别不同主体功能区域生态环境状况的区别，并分析其生态环境变化的空间规律及驱动因子。

3）格网单元

随着地理信息系统（GIS）的发展，地理空间数据的格网化更有利于其空间分异的探测，目前在生态系统服务价值核算、区域土壤侵蚀估算、地形与植被分异研究、人口空间分布估算、土地利用与景观格局空间变化规律分析等方面均有应用。利用格网 GIS 研究空间区域生态环境状况的空间异质性，以格网单元作为评价单元，首先需要确定格网的大小，根据不同大小尺度的格网单元，计算其生态环境状况指数，然后比较各尺度格网单元内生态环境状况指数的离散程度，可用变异系数（coefficient of variation，CV）来衡量，变异系数越大，说明该尺度的格网单元越是研究区域生态环境状况指数空间分异的最佳格网单元（王劲峰，2010）。变异系数可用下式计算：

$$\mathrm{CV}=\frac{\sigma_{\mathrm{EI}}}{\mathrm{EI}} \tag{8.30}$$

式中：σ_{EI} 为各尺度格网单元内生态环境状况指数的标准差；EI 为各尺度格网单元内生态环境状况指数的平均值。

4）自然生态单元

我国自然生态单元的划分，一般以生态区划和大河流域为基础，2013 年“中国水土保持区划方案初步研究”中根据自然地理、水土流失、生态环境、经济社会特征等将我国分为 8 个一级区、41 个二级区和 117 三级区（赵岩 等，2013），研究区域位于锡林河流域，属于干旱半干旱敏感区域，在生态环境状况评价时，可对照该生态单元的特点进行分析。

5）自然地理环境因子

自然地理环境因子主要包括气候、水文、地貌、生物和土壤五大要素，该五大要素对区域生态环境具有直接影响，可按其在空间上的差异对研究区域进行单元划分，本章研究区域内土壤类型、生物类型及水文环境基本一致，主要考虑从地形因子、风力风向、降水因子等因素划分评价单元。

6）宏观/微观

针对一定研究区域的生态环境状况评价，宏观尺度一般以区域整体作为评价单元，而微观尺度则能分析细部变异。本章的研究区域为胜利煤电基地开发生态影响缓冲区，包含胜利煤田及坑口电厂、锡林浩特市市区及周边牧场村镇，生态环境影响源主要为煤矿和电厂，可按胜利煤电基地—露天矿/坑口电厂—格网单元三种尺度进行评价及分析。

8.4.3 评价标准、评价方法和技术流程

1. 评价标准

《规范》对生态环境状况评价结果从三个方面来分析，首先按表 8.12 将生态环境状况分为优、良好、一般、较差和差 5 个等级，同时为了分析生态环境状况的指数与基准值的变化情况，按表 8.13 将生态环境质量变化幅度分为无明显变化、略微变化、明显变化、显著变化。如果生态环境状况指数呈现波动变化的特征，则该区域生态环境敏感，根据生态环境质量波动变化幅度，将生态环境变化状况分为稳定、波动、较大波动和剧烈波动。

表 8.12 生态环境状况分级

级别	优	良好	一般	较差	差
指数	EI≥75	55≤EI＜75	35≤EI＜55	20≤EI＜35	EI＜20

表 8.13 生态环境状况变化度及波动分级

变化值	|ΔEI|＜1	1≤|ΔEI|＜3	3≤|ΔEI|＜8	|ΔEI|≥8
变化级别	无明显变化	略微变化	明显变化	显著变化
波动分级	稳定	波动	较大波动	剧烈波动

2. 评价方法和技术流程

根据本章构建的生态环境状况评价指标体系对研究区域进行评价，首先通过多源动态监测技术获取原始数据，然后计算和反演指标体系中各分指数所需的基础数据，基于 GIS 叠加计算各分指数和综合指数，并进行时空分析，具体的技术流程如图 8.32 所示。

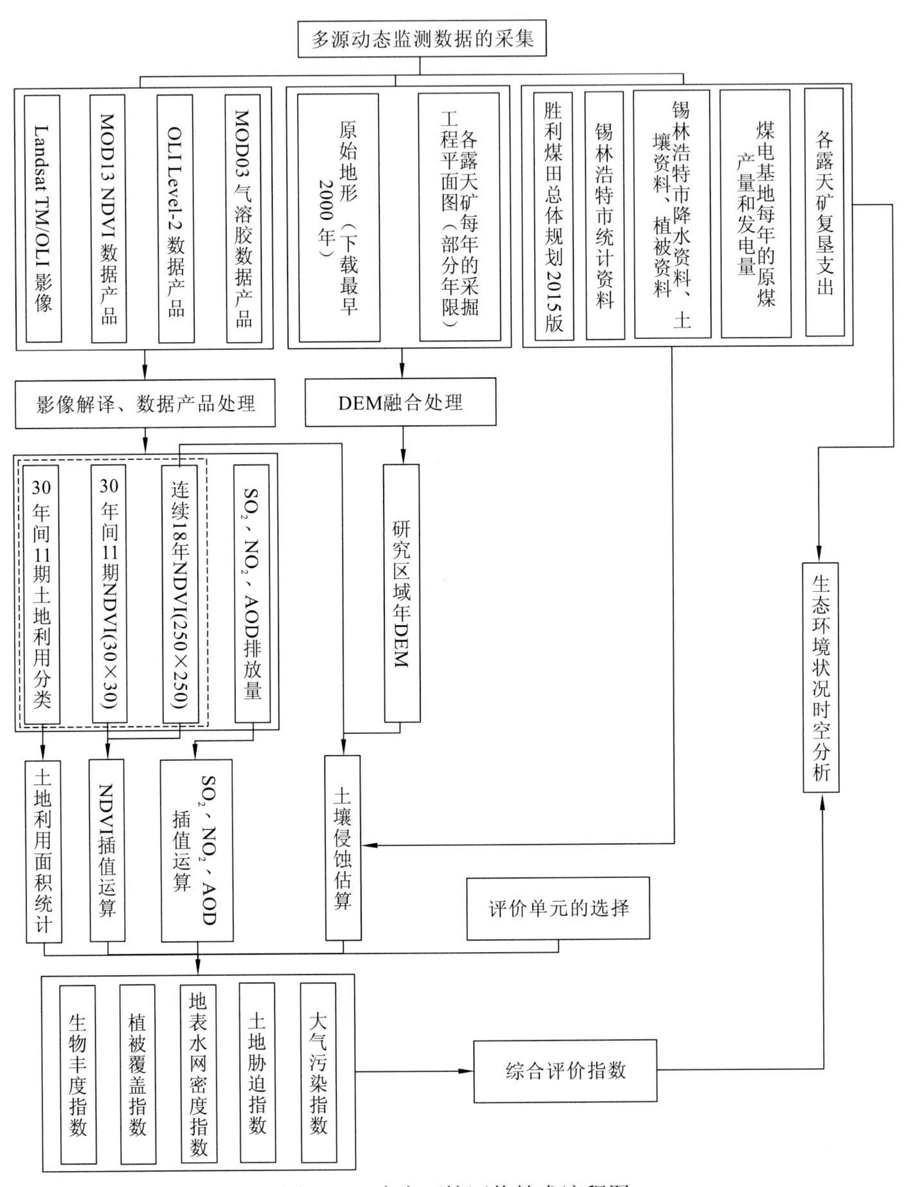

图 8.32　生态环境评价技术流程图

8.4.4　胜利煤电基地生态环境状况综合评价

1. 煤电基地宏观尺度评价

以煤电基地宏观尺度评价生态环境状况能够有效地反映生态环境的全局状况。首先基于 8.3 节基础数据处理结果完成各分指数的计算并进行归一化，得到研究区域全局评价指数，如表 8.14 所示。依据《规范》中的评价标准，按表 8.12 和表 8.13 的分级方法对研究区域生态环境全局状况进行分析。

表 8.14　胜利煤电基地综合生态评价指数计算结果

年份	生物丰度指数	植被覆盖指数	地表水网密度指数	土地胁迫指数	大气污染指数				综合指数
					SO_2	NO_2	AOD	大气污染综合指数	
2000	100	67.25	31.5	88.21	6.46	18.42	91.26	36.09	65.44
2005	97.96	83.42	100	59.48	40.0	60.05	87.56	61.31	76.3
2010	93.31	80.53	61	84.58	100	95.11	100	98.29	61.5
2015	89.91	100	21.2	100	68.83	100	94.03	87.3	60.8

（1）研究区域 15 年四期的整体生态环境状况均达到了良好及以上水平。

（2）2000～2005 年煤电基地开发规模较小，对生态环境影响较小。据调查，2000 年以前我国对草地资源、矿产资源等自然资源的开发属于粗放掠夺式，致使生态环境破坏严重，随着国家对生态环境的重视和群众环保意识的增强，2000 年以后全国开始大规模开展生态环境保护与修复，2000～2005 年$\Delta EI=10.86$，生态环境整体状况显著变好。

（3）2005～2015 年，研究区域内煤电基地大规模开发，同时伴随城市不断发展和扩张，人类活动对生态环境的影响类型和程度不断增加，造成生态环境状况显著恶化；特别是 2005～2010 年，煤电基地开发处于快速发展期，生态环境恶化程度显著。2010～2015 年，受煤电基地土地复垦和环境修复等因素的影响，生态环境全局状况无明显变化。

根据研究区域生态环境状况的评价结果可知，2000 年、2005 年、2010 年和 2015 年均达到良好等级，为了分析生态环境状况的变化情况，本章将研究时段分为 2000～2005 年、2005～2010 年和 2010～2015 年，分别计算其综合指数变化值，如表 8.15 所示，结果表明 2000～2005 年和 2005～2010 年属于显著变化且波动剧烈，但是 2000～2005 年为显著变好，而 2005～2010 年为显著变差。2010～2015 年则无明显变化，生态环境状况呈现较平稳的特征。

表 8.15　研究区域生态环境分阶段变化

生态环境状况变化阶段	综合指数变化值	变化等级	变化状况描述	波动变化状况描述
2000～2005 年	10.86	显著变化	显著变好	剧烈波动
2005～2010 年	-14.8	显著变化	显著变差	剧烈波动
2010～2015 年	-0.7	无明显变化	无明显变化	稳定

2. 基于功能区评价

为了突出煤电基地开发对研究区域生态环境的影响，按我国生态功能单元的定义，本节将其划分为露天矿区及电厂区、城乡建设区、农牧林区，根据多源生态环境评价指标体系得到各功能单元生态环境的评价结果，如表 8.16 所示，其空间分布如图 8.33 所示。

表 8.16　各功能单元综合生态评价指数计算结果

年份	露天矿区及电厂区	城乡建设区	农牧林区
2000	32.95	56.96	73.19
2005	28.21	60.50	74.58
2010	23.76	51.15	72.13
2015	24.66	50.82	70.43

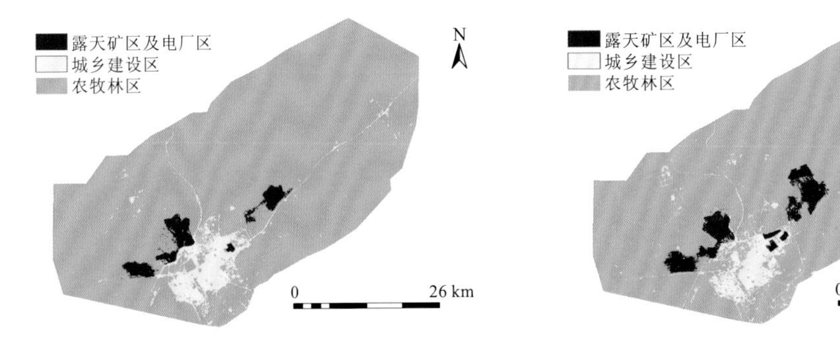

（a）2010年胜利煤电基地功能单元划分　　（b）2015年胜利煤电基地功能单元划分

图 8.33　胜利煤电基地功能单元划分

（1）露天矿区及电厂区的生态环境状况在 2000～2010 年处于恶化趋势，2010～2015 年有所好转，与排土场复垦关系密切。

（2）城乡建设区的生态环境状况则处于一般偏上和良好状态，较适合人类居住。

（3）农牧林区的生态环境则一直处于良好以上的状态，植被覆盖度较高，生物多样性较丰富。

3. 基于格网单元的生态环境状况时空变化

1）最适宜格网的选择

基于功能单元的生态环境状况评价，可以突出不同功能单元的生态环境状况，从而分析不同功能单元在发挥其功能的时候对生态环境的影响，但功能单元内会存在生态状况差异或各功能单元间也会出现生态状况接近，那么评价单元的选择对整个区域生态环境状况分异的探测至关重要，能够识别最佳分异效果的评价单元即为最适宜评价单元。本章选择不同尺寸的网格单元对研究区域进行评价，由于本章的基础数据最大空间分辨率为30 m，故选择不同格网尺寸为 30 m×30 m，60 m×60 m，…，(30 m×n)×(30 m×n)，…，3 000 m×3 000 m，其中，3 000 m 为研究区域当前开采规模最大的胜利一号露天矿井田半径的平均值，利用生态环境状况评价体系计算不同网格单元的综合生态指数，并利用式（8.30）计算各生态指数的变异系数。

图 8.34 所示为 2000 年、2005 年、2010 年和 2015 年 4 年的不同格网尺寸的变异系数变化曲线，变异系数越大，该尺寸格网单元对于生态环境状况的空间分异性研究越适宜，变异系数在格网单元 900 m×900 m 时达到最大，故以此格网单元为最适宜评价单元。

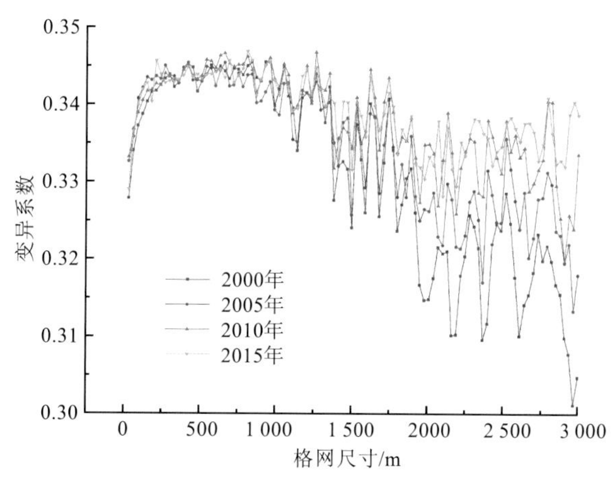

图 8.34　不同格网尺寸下生态环境状况综合指数变异系数

2）基于最适宜格网单元的时空评价

在最适宜格网 900 m×900 m 单元下进行生态环境状况评价，按表 8.12 对生态环境状况进行分级，如图 8.35 所示，并进行面积统计，统计结果如表 8.17 所示。

（1）2000 年，研究区域生态环境状况为一般等级的所占比例最大，为 75.79%，其次是良好区域，为 19.14%，生态环境状况为优的所占比例最小，为 0.01%。

（2）2005 年，研究区域生态环境状况明显好转，良好区域所占比例上升为 79.16%；2010 年研究区域 61.77%为生态环境良好区域，29.73%为一般区域，差和较差区域占8.49%，较 2000 年和 2005 年明显增加；2015 年，生态环境良好区域和一般区域分别为46.99%和 43.43%，差和较差区域为 9.57%，为研究期间比例最高。

（3）从 2000 年、2005 年、2010 年和 2015 年研究区域生态环境状况等级的空间分布

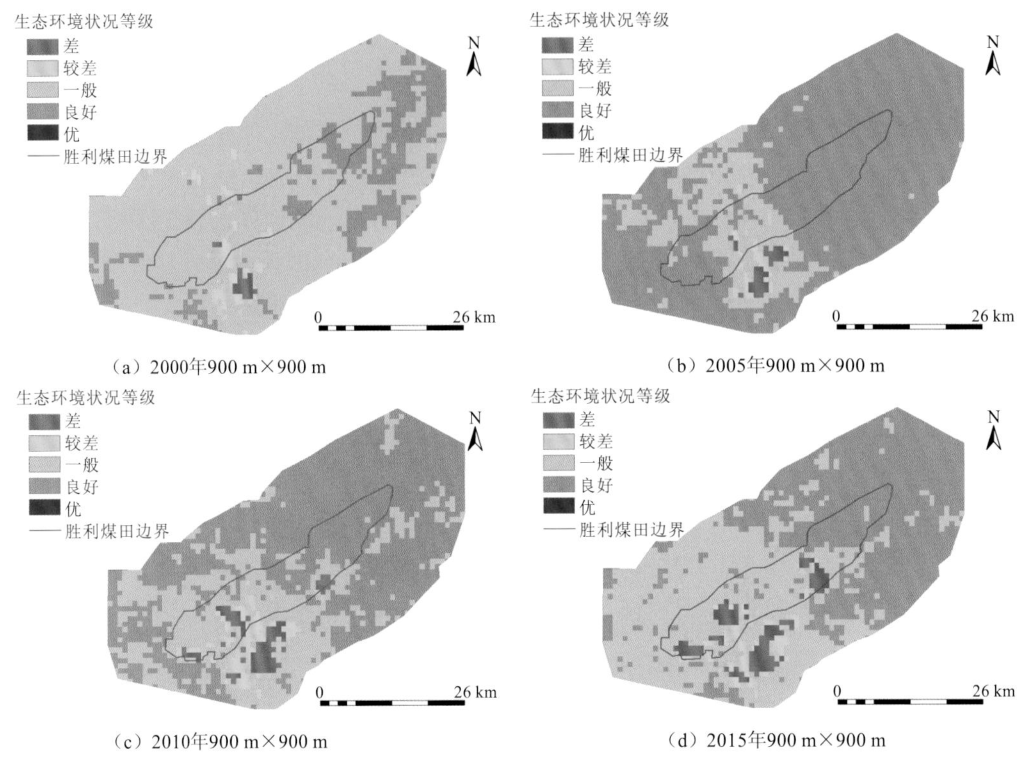

（a）2000年900 m×900 m　（b）2005年900 m×900 m

（c）2010年900 m×900 m　（d）2015年900 m×900 m

图 8.35　研究区域 900 m×900 m 格网单元生态环境状况评价结果空间分布

可知，形成以市区、居民点和露天矿区及电厂区为中心的阶梯状缓冲区，印证了城市建设、露天矿开采及电厂开发对生态环境产生的负面扰动。

表 8.17　900 m×900 m 格网单元生态环境状况分级面积统计

生态环境状况等级	2000 年		2005 年		2010 年		2015 年	
	面积/km²	面积百分比/%	面积/km²	面积百分比/%	面积/km²	面积百分比/%	面积/km²	面积百分比/%
差	16.20	0.80	26.74	1.34	64.80	3.20	87.48	4.32
较差	86.27	4.26	48.60	2.40	106.96	5.29	106.15	5.25
一般	1 533.53	75.79	345.89	17.09	601.67	29.73	878.73	43.43
良好	387.25	19.14	1 602.01	79.16	1 249.78	61.77	950.89	46.99
优	0.12	0.01	0.13	0.01	0.16	0.01	0.12	0.01

3）生态环境时空变化分析

为在最适宜格网单元下分析研究区域生态环境的时空变化，将研究时段 2000～2005 年、2005～2010 年、2010～2015 年及 2000～2015 年 4 个阶段分别进行生态环境状况栅格差值运算，参照表 8.13 进行生态环境状况变化度分级（图 8.36），并进行各变化度等级的面积统计（表 8.18）。

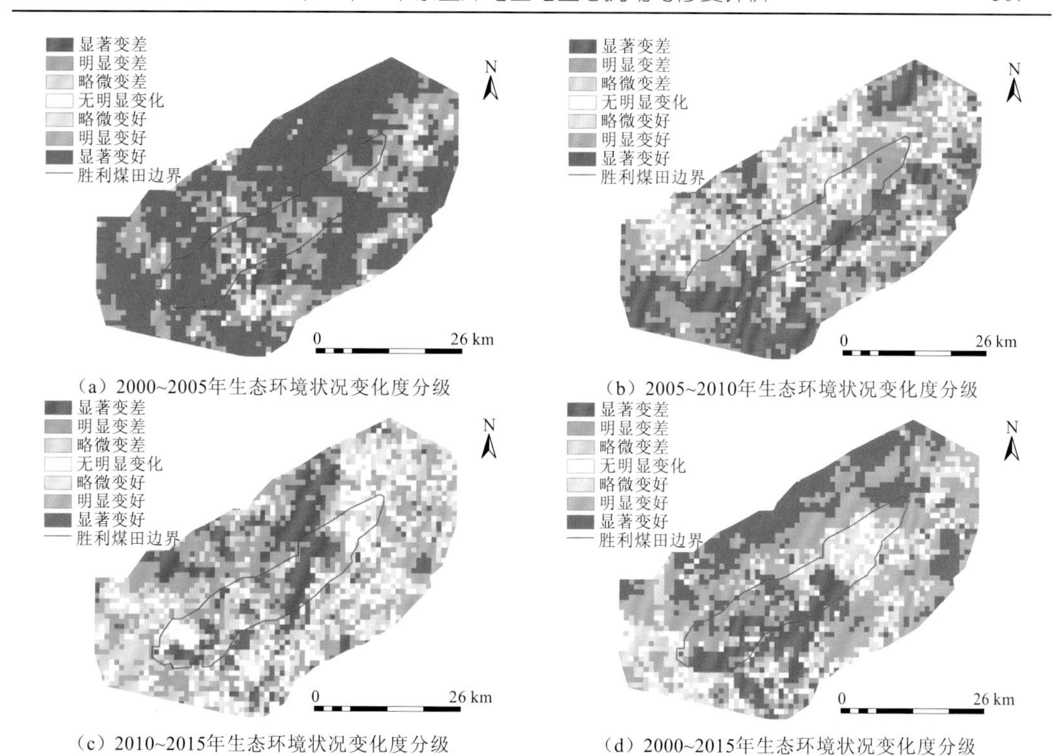

（a）2000~2005年生态环境状况变化度分级　（b）2005~2010年生态环境状况变化度分级

（c）2010~2015年生态环境状况变化度分级　（d）2000~2015年生态环境状况变化度分级

图 8.36　研究区域分阶段生态环境变化度等级空间分布

表 8.18　研究区域分阶段生态环境变化度等级面积统计表

生态环境状况变化度等级	2000～2005 年		2005～2010 年		2010～2015 年		2000～2015 年	
	面积/km^2	面积百分比/%	面积/km^2	面积百分比/%	面积/km^2	面积百分比/%	面积/km^2	面积百分比/%
显著变差	26.06	1.29	512.76	25.34	298.58	14.75	186.47	9.22
明显变差	29.09	1.44	664.52	32.84	552.38	27.3	118.1	5.83
略微变差	15.61	0.76	284.26	14.05	420.54	20.78	113.67	5.62
无明显变化	61.89	3.05	205.43	10.15	327.78	16.2	194.85	9.63
略微变好	109.59	5.42	151.16	7.47	205.11	10.14	253.75	12.54
明显变好	549.24	27.15	144.02	7.12	177.56	8.78	716.64	35.42
显著变好	1231.89	60.89	61.22	3.03	41.42	2.05	439.89	21.74

（1）图 8.36 和表 8.18 显示，2000～2005 年，生态环境状况显著变好、明显变好和略微变好的面积分别达到 1231.89 km^2、549.24 km^2 和 109.59 km^2，分别占研究区域的 60.89%、27.15%和 5.42%，总计 93.46%，变好为此期间生态环境状况变化的主要趋势；显著变差、明显变差和略微变差的区域较小，主要集中在锡林浩特市城区、乡镇居民点及露天矿区。

（2）2005～2010 年，生态环境状况显著变差、明显变差和略微变差的面积分别达到 512.76 km^2、664.52 km^2 和 284.26 km^2，分别占研究区域的 25.34%、32.84%和 14.05%，总计 72.23%，变差是此期间生态环境状况变化的主要趋势，从其空间分布来看，露天矿区及电厂区包含在显著变差的范围内，且沿省道 S307 出现一条明显的显著变差条带状区域，说明人类改造自然建设用地面积的不断扩大，对生态环境状况影响非常明显。

（3）2010～2015 年，生态环境状况显著变差、明显变差和略微变差的面积分别达到 298.58 km^2、552.38 km^2 和 420.54 km^2，分别占研究区域的 14.75%、27.3%和 20.78%，总计 62.83%，较 2005～2010 年，变差的比例降低了近 10%，但仍为研究区域主要的变化趋势；生态环境状况无明显变化的区域有 327.78 km^2，占研究区域的 16.2%，呈分散分布；显著变好区域面积为 41.42 km^2，主要分布区域为露天矿区已复垦排土场、城市湿地公园、耕地及省道 S307 沿线。

（4）2000～2015 年，时间跨度涵盖前 3 个时段，生态环境状况显著变好、明显变好和略微变好的面积分别达到 439.89 km^2、716.64 km^2 和 253.75 km^2，分别占研究区域的 21.74%、35.72%和 12.54%，总计 70%，变好为长时间跨度生态环境状况变化的主要趋势。生态环境状况显著变差、明显变差和略微变差的区域在空间分布上则显得尤为突出，露天矿区、电厂区、锡林浩特市城区及城镇居民点沿省道 S307 两侧分布，尤其是露天矿开采区及电厂区以显著变差为主，突出了煤电基地开发对生态环境影响的主体趋势。

8.5 草原区煤电基地开发弹性调控与生态环境修复管理对策

胜利煤电基地生态环境综合评价和分析结果显示，2005 年以来，随着煤电开发的规模不断扩大，生态环境显著恶化的区域主要集中在露天开采区、电厂开发区和锡林浩特市城区。根据研究区域历年来的原煤产量和火力发电量及研究区域生态环境分级状况，统计 2005 年、2010 年和 2015 年研究区域累积原煤产量和火力发电量及各年生态环境状况等级为差和较差的总面积，并进行 Person 相关性分析，累积原煤产量和火力发电量与研究区域生态环境累积恶化总面积的相关系数均为 0.855，表明煤电开发是研究区域生态环境恶化的主要驱动力。

按当前趋势发展，煤电基地开发规模不断扩大，如果生态环境修复不及时、治理不到位，生态环境损毁势必会逐渐加剧。这就需要在国家的宏观调控政策下，依据生态环境评价标准，基于多源动态数据监测平台，对开发过程生态环境的变化进行实时监测、评价、监督和管理。

8.5.1　基于国家宏观调控政策，完善法律法规

（1）加强生态环境保护意识形态建设。调查结果显示，群众对资源开发所带来的经济效益的关注度远远高于其对生态环境的负面影响。资源开发能够实现人类对“经济利益”的追求，人类对资源的无限索取和无偿索取忽略了生态环境的主体性，直至恶化的生态环境反作用于人类自身。普及资源开发与生态环境关系的科学认知，提高全民保护生态环境的意识，做到开发者及时（in time）补偿修复，管理者实时（real time）评价管理，社会公众随时（at any time）全面监督，才能实现经济发展与生态环境的协调发展，如图 8.37 所示。

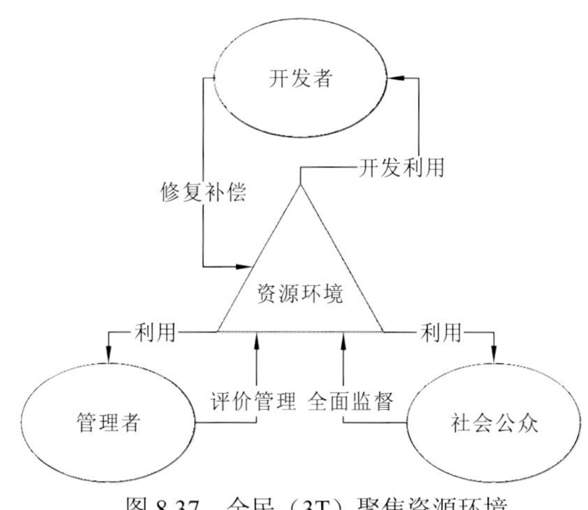

图 8.37　全民（3T）聚焦资源环境

（2）完善国家政策法规，制定专项条例。“没有规矩，不成方圆。”煤电基地生态环境的保护及修复需要在国家的宏观保护政策框架下，兼以法制约束的条件下实施。目前我国从国家到地方都有明确的对于区域资源环境保护的法规条例，对于本章研究区域适用的包括国家的《中华人民共和国矿产资源法》《中华人民共和国草原法》《中华人民共和国环境保护法》等和地方的《内蒙古自治区环境保护条例》《锡林郭勒盟环境保护治理规划》等一系列综合性条例，同时也有针对水土保持、土地复垦、防风固沙、大气污染防治等若干环境保护法规条例，这些法规条例中均对煤炭资源开发利用及环境保护修复治理提出了要求，但是针对性不强，缺乏对某区域特定本底生态环境下进行的资源开发生态环境保护实施细则和评价标准，造成各部门的分散管理，最后很难管理到位，甚至出现“三不管”区域。

胜利煤电基地仅为草原区煤电基地之一，草原区煤电基地开发规模大、时序长、本底生态脆弱，所以建议在国家和地方法律法规的基础上，针对草原区煤电基地开发全生命周期对生态环境的影响特征制定生态环境保护、修复、治理及管理专项立法和条例，并设置环境监测、管理综合部门，使煤电基地开发全生命周期中各个环节生态环境管理落到实处，做到有据可查、有法可依。我国原煤炭部制定的《煤炭工业环境保护暂行管理办法》就曾明确规定煤炭企业必须建立环境监测站，这对煤炭生产企业加强矿区资源

环境防护和治理具有积极的促进作用，但是受环境监测站与煤炭企业的利益关系限制，很难保证监测结果的真实性。所以环境监测、管理综合部门需要独立于煤炭企业管理范围，且具有明确的管理执法权。

8.5.2 搭建基于大数据的草原区煤电基地“监测-评价-管理”三位一体的多源动态监测平台

多源数据的获取、处理及分析是环境监测、综合管理部门实现其部门职能的依据。参照本章的研究成果，以大数据为基础搭建草原区煤电基地“监测-评价-管理”三位一体的多源动态监测平台，为草原区煤电基地生态环境动态监测提供技术支撑，为评价提供基础数据，并将监测评价结果公开发布，实现管理公开化，以达到社会监督管理的目的。图 8.38 为“监测-评价-管理”三位一体监测平台的基本架构。

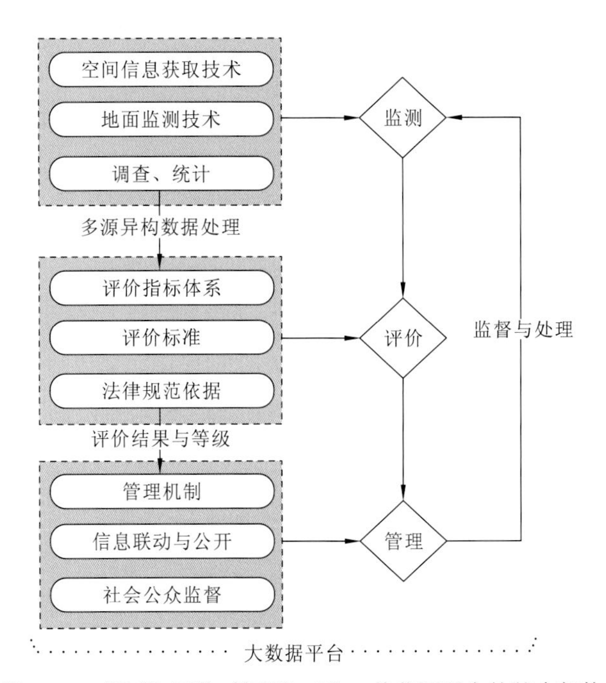

图 8.38　“监测-评价-管理”三位一体监测平台的基本架构

以大数据平台为基础的“监测-评价-管理”三位一体监测平台，以管理为目标，自下而上以“管理-评价-监测”顺序构建，能够灵活处理新情况，如管理目标的变更、评价体系和评价标准的更新、国家新政策的需求及多源监测新技术的应用。该平台的工作流程如下。

（1）明确管理目标。针对研究区域的开发计划确定阶段性管理目标，管理目标不同，评价标准不同，监测重点不同。可按空间区域确定管理目标，如可将整个研究区域作为一个整体管理目标；可以以扰动源为管理目标，如煤矿、火电厂或城区；也可以以扰动源功能区为管理目标，如露天矿排土场、井工矿塌陷区等；可按环境单元划分管理区，如土地环境、水环境和大气环境。

（2）选择（制订）评价体系。根据管理目标，确定评价体系，可以制订综合指标体系，也可以是单指标体系，如研究区域生态环境综合评价指标体系、排土场复垦率、大气质量综合指数等。

（3）获取基础数据。通过多源动态监测技术，获取评价基础数据，并进行标准化、归一化处理。

（4）计算评价指数。根据基础数据计算评价指数，并按相关标准进行评价结果的分级和判定。

（5）依据评价结果进行监督管理。管理目标评价结果低于规定标准的，依据相关法律法规进行相关的处罚，并责令整改修复，严重时需要调整开发规模和生产计划，其生态环境进入新一轮周期“监测-评价-管理”；管理目标评价结果符合标准的，可根据规定调整其“监测-评价-管理”周期。在“监测-评价-管理”不断循环中，不断更新评价标准，以最新政策进行监督管理。

8.5.3　建立草原区煤电基地生态环境修复“5W+2H+E”循环管理模式

（1）循环管理模式的建立。草原区煤电基地“监测-评价-管理”多源动态监测平台搭建完成后，建立科学的管理模式能够促进该平台监测管理功能的发挥。基于草原区煤电基地生态环境时空演变特征及扰动规律，本章建立了草原区煤电基地生态环境 5W+2H+E 循环管理模式。“5W+2H+E”源于管理学，5W+2H 最初称为七何分析法，通过 5 个 W 开头的英语单词和 2 个 H 开头的英语单词进行设问的方式发现问题和解决问题，并对其解决效果进行评价。将 5W+2H+E 应用于草原区煤电基地生态环境的循环管理，主要目的是利用该方法的周密性，在生态环境的监测过程中，对遭到严重破坏区域生态环境的修复进行管理和监督，由于煤电基地潜在扰动源较多，生态环境影响因素复杂，可防止管理疏漏造成生态环境再度恶化，5W+2H+E 的含义如表 8.19 所示。

表 8.19　草原区煤电基地生态环境“5W+2H+E”循环管理模式

表达方式	管理学含义	草原区煤电基地循环管理模式含义
W（what）	目的、内容	生态环境恶化区域修复的监督和管理
W（who）	相关人员	责任负责人
W（where）	地点或区域	修复区域
W（when）	时间或周期	修复起始时间及修复周期
W（why）	缘由或起因	生态环境不达标
H（how）	解决办法	修复方案
H（how much）	预算	修复成本及投入
E（effect）	结果、效果	修复效果评价

（2）应用分析。本章对研究区域进行生态环境评价结果显示，2000～2015 年生态环境明显变差的区域主要集中在露天矿区、电厂区和城区，尤其是露天矿的剥离区、采坑和排土场，这些区域植被覆盖度低，土壤侵蚀严重，扬尘肆虐，生态环境修复治理需要及时加强。针对研究区域内胜利一号露天矿已到界的排土场进行监测，主要通过其植被覆盖度判断其复垦情况，按 5W+2H+E 模式进行管理，如表 8.20 所示。

表 8.20　胜利一号露天矿排土场“5W+2H+E”循环管理模式分析

排土场名称	北排土场	南排土场	沿帮排土场
到界时间	2005 年	2008 年	2011 年
复垦情况	0.466 237	0.659 163	0.455 893
复垦责任人	胜利一号露天矿	胜利一号露天矿	胜利一号露天矿
空间区域/万 m^2	134	253	610
复垦时间（周期）	2006～2009 年	2007～2013 年	2011～2013 年
是否达标	否	是	否
修复方案	由责任人制定	由责任人制定	由责任人制定
修复投入	按规范标准计算	按规范标准计算	按规范标准计算
修复效果（2020 年植被覆盖度）	待监测	待监测	待监测

据排土场复垦经验，排土场复垦达到预期效果周期一般为 3～5 年，北排土场、南排土场和沿帮排土场的复垦周期均达到了 3 年以上，根据 2017 年的监测结果，北排土场和沿帮排土场的植被覆盖度均值都未达到 50%，不符合《胜利一号露天矿土地复垦与生态恢复实时方案》的要求，需要及时修复，南排土场虽然植被覆盖度平均值达到复垦要求，但是部分空间区域植被覆盖度较低，也需要重点修复。各排土场需要修复的空间区域可根据图 8.39 获得，并通过责任人制定修复方案和修复计划，并执行，待 2020 年监测其植被覆盖度变化情况判断其修复效果，其间也可定期监测其植被覆盖情况是否有所好转，督促其责任人实施修复计划和修复方案。

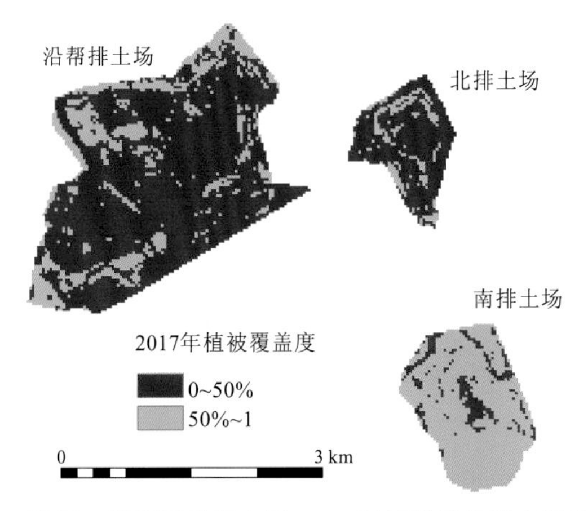

图 8.39　胜利一号露天矿排土场 2017 年植被覆盖度空间分布图

参考文献

巩国丽, 刘纪远, 邵全琴, 等, 2014. 基于 RWEQ 的 20 世纪 90 年代以来内蒙古锡林郭勒盟土壤风蚀研究. 地理科学进展, 3(6): 466-472.

黄妙芬, 刘绍民, 刘素红, 等, 2005.地表温度和地表辐射温度差值分析. 地球科学进展, 20(10): 1075-1082.

江忠善, 王志强, 刘志, 1996. 黄土丘陵区小流域土壤侵蚀空间变定量研究. 土壤侵蚀与水土保持学报, 2(1): 1-9.

焦华富, 1998. 中国煤炭城市发展模式研究. 北京: 北京大学.

金争平, 1989. 内蒙古土壤侵蚀研究. 北京: 科学出版社.

林泓锦, 都瓦拉, 玉山, 等, 2018. 基于 MODIS 的内蒙古气溶胶时空分布特征分析. 环境科学学报(12): 4573-4581.

刘贞, 2013. 基于 A-Train 卫星资料对中国北方地区气溶胶时空分布的研究. 南京: 南京信息工程大学.

刘宝元, 谢云, 张科利, 等, 2001. 土壤侵蚀预报模型. 北京: 中国科学技术出版社.

刘玉成, 戴华阳, 2019. 近水平煤层开采沉陷预计的双曲线剖面函数法. 中国矿业大学学报, 48(3): 676-681.

孟磊, 2010. 采煤驱动下平原小流域生态演变规律及评价. 徐州: 中国矿业大学.

内蒙古自治区水利科学研究院, 2005. 神华北电胜利能源有限公司胜利矿区一号露天煤矿水土保持方案报告书.

邵亚琴, 2019. 基于多源动态监测数据的草原区煤电基地生态扰动与修复评价研究. 徐州: 中国矿业大学.

邵亚琴, 汪云甲, 李永峰, 等, 2019. 草原区煤电基地开发生态环境时空响应及综合评价. 煤炭学报, 44(12): 3874-3886.

史培军, 江源, 王静爱, 等, 2003. 土地利用/覆盖变化与生态安全响应机制. 北京: 科学出版社.

汪云甲, 2017. 矿区生态扰动监测研究进展与展望. 测绘学报, 46(10): 1705-1716.

王行风, 2010. 煤矿区生态环境累积效应研究. 徐州: 中国矿业大学.

王劲峰, 2010. 空间数据分析教程. 北京: 科学出版社.

杨显明, 2017. 煤炭资源型城市产业结构演替与空间形态演化过程、机理及耦合关系研究: 以淮南淮北为例. 淮北: 安徽师范大学.

岳林蔚, 2017. 多源多尺度 DEM 数据融合方法与应用研究. 武汉: 武汉大学.

章文波, 谢云, 刘宝元, 2002. 利用日雨量计算降雨侵蚀力的方法研究. 地理科学, 22(6): 705-711.

赵岩, 王治国, 孙保平, 等, 2013. 中国水土保持区划方案初步研究. 地理学报, 68(3): 307-317.

郑美楠, 邓喀中, 张宏贞, 等, 2020. 基于 InSAR 的关闭矿井地表形变监测与分析. 中国矿业大学学报, 49(2): 403-410.

周佳宁, 2017. 内蒙古多伦县土壤侵蚀与 LUCC 的时空耦合关系研究. 呼和浩特: 内蒙古农业大学.

朱会义, 李秀彬, 2003. 关于区域土地利用变化指数模型方法的讨论. 地理学报, 58(5): 643-650.

FARHAN Y, NAWAISEH S, 2015. Spatial assessment of soil erosion risk using RUSLE and GIS techniques.

Environmental Earth Sciences, 74(6): 4649-4669.

SAHLI Y, MOKHTARI E, MERZOUK B, et al., 2019. Mapping surface water erosion potential in the Soummam watershed in Northeast Algeria with RUSLE model. Journal of Mountain Science, 16(7): 1606-1615.

VIDAL R, SÁNCHEZ-PANTOJA N, 2019. Method based on life cycle assessment and TOPSIS to integrate environmental award criteria into green public procurement. Sustainable Cities and Society, 44(1): 465-474.

索　　引